河流分类生态修复
理论、方法与实例

赵银军　赵钟楠　李原园　蓝文陆　赵进勇 等　著

科学出版社

北京

内 容 简 介

本书在河流生态系统和流域社会生态系统基础理论的基础上，分区分类从流域-河流廊道-河段多个尺度探究流域分区管控与河流分类生态修复的耦合效应，提供了系统治理理念，生态流量诊断-核算-配置，修复规划设计、评估和管理等理论技术，针对广西以及北部湾重点区域水生态修复治理存在的问题，从基础研究、专题研究和规划设计三个层面进行系统研究和规划设计，并提出了有针对性的解决方案。

本书汇集了多家科研单位多年的研究成果，涉及流域-河流廊道-河段修复基础理论、方法以及案例，可供水利、水环境、地理学、景观等专业的院校师生及相关领域的科研、技术和管理人员参考使用。

图书在版编目（CIP）数据

河流分类生态修复理论、方法与实例 / 赵银军等著. -- 北京：科学出版社, 2025. 3. -- ISBN 978-7-03-081181-3

Ⅰ. X522.06

中国国家版本馆 CIP 数据核字第 2025QD0474 号

责任编辑：邓新平　冷　玥　刘霄莹 / 责任校对：周思梦
责任印制：徐晓晨 / 封面设计：义和文创

科 学 出 版 社 出版

北京东黄城根北街 16 号
邮政编码：100717
http://www.sciencep.com

北京建宏印刷有限公司印刷

科学出版社发行　各地新华书店经销

*

2025 年 3 月第　一　版　　开本：787×1092　1/16
2025 年 3 月第一次印刷　　印张：32 1/4　插页：6
字数：750 000

定价：278.00 元

（如有印装质量问题，我社负责调换）

编 写 人 员

赵银军　　赵钟楠　　李原园　　蓝文陆　　赵进勇

张荣海　　丁　洋　　谢余初　　于子铖　　陈国梁

贺　盛　　吴红慧　　陆少娟　　黄玉荣　　卢　远

丁爱中　　张　越　　陈国清　　黄　王　　朱　健

胡　波　　林　清　　丁　峰　　童　凯　　莫嘉怡

罗金玲　　任良锁　　王　升　　孙晓琳　　李存武

韦柳艳　　李其玲　　黄祝平　　沈丹丹　　黄子圆

序

  党的十八大以来，以习近平同志为核心的党中央高度重视生态文明建设，作出一系列顶层设计、制度安排和决策部署，提出了建设美丽中国。2016 年 1 月，习近平总书记在重庆召开的推动长江经济带发展座谈会上，提出把修复长江生态环境摆在压倒性位置，共抓大保护、不搞大开发；2019 年 9 月 18 日，在郑州召开的黄河流域生态保护和高质量发展座谈会上，强调共同抓好大保护，协同推进大治理。

  广西生态优势金不换。2017 年 4 月，习近平总书记视察广西时提出了广西绿色发展的美好图景：使八桂大地青山常在、清水长流。在此背景下，南宁师范大学赵银军教授联合水利部水利水电规划设计总院、中国水利水电科学研究院、北京师范大学、广西博世科环保科技股份有限公司、中国能源建设集团广西电力设计研究院有限公司、广西壮族自治区水利电力勘测设计研究院有限责任公司、广西壮族自治区水利科学研究院等科研团队，依托北部湾环境演变与资源利用教育部重点实验室平台，立足河流生态修复科学前沿，面向广西八桂大地清水长流美好愿景以及聚焦东盟开放合作的重点地区北部湾经济区南流江流域，从流域-河流廊道-河段多个尺度综合采用系统分析、野外考察、实验分析、模型模拟等方法，剖析流域-河流水文、地貌和物理化学过程，探索了生态修复规划设计和管理等理论和技术，为广西河流生态系统保护与修复提供了科学支撑。

  该书从生态修复的视角系统研究了广西的河流和流域管理，在流域-河流系统治理、分类施策、生态修复规划设计、修复技术、流域综合管理等理论与实践方面取得了丰富的研究成果，取得了具有重要价值的科学认识，为广西生态文明建设提供了基础数据和理论技术支撑，是一部具有重要参考价值的学术著作。

张建云

张建云

中国工程院院士

2025 年 3 月

前　言

　　水是生命之源、生产之要、生态之基。河流如同地球的血管，为每一片土地带去所需的水分和养分，维系着地球的生命。黄河、长江、珠江等河流哺育了中华民族，但近百年来大规模的拦河筑坝、开挖取材、防洪减灾、排污弃废、农牧垦殖等人类活动显著改变了河流系统的水文、地貌和生态系统，从而对河流生态系统产生了巨大胁迫。河流生态修复应势而生，成为恢复河流生态系统的主要手段。2021 年联合国启动了"联合国生态系统恢复十年（2021—2030）"行动计划。河流生态修复被众多国家推崇，已成为一项全球新兴产业，是政府、学者和公众关注的热点。但对已实施的修复工程进行严格评估显示，其仅达到了原先设定参考状态的 0%～30%，河流生态修复面临巨大挑战。

　　为保障中华民族永续发展的根本大计，当前中国河流生态修复已全面展开，但因面临污染与生态问题叠加的挑战，工作难度巨大，亟须通过生态学、水利工程学、环境科学与工程学、地理学等多学科交叉融合，推动理论技术创新以提供支撑。随着理论研究和实践探索不断进步，关于河流生态修复的内涵、目标、对象、动因、修复策略、污染源解析、修复治理技术、评估与监测、规划设计等的认识与理解在不断变化，从多个角度和学科出发也开发了众多的修复技术。

　　本书为河流生态系统治理和修复较为系统地提供了分类施策、修复、治理和管理的理论基础和技术方法。本书分为 3 篇：第一篇理论方法篇，由 11 章内容组成；第二篇规划设计篇，由 5 章内容组成；第三篇北部湾南流江流域生态修复专题篇，由 12 章内容组成。

　　本书融合了作者多年来的研究成果，也得到了诸多单位、专家和朋友的鼎力相助。中国水利水电科学研究院于子铖、赵进勇、丁洋撰写了第 1 章，丁洋、赵进勇、于子铖撰写了第 3 章；中国能源建设集团广西电力设计研究院有限公司黄王、朱健撰写了第 6、第 17、18 章和第 27 章；水利部水利水电规划设计总院张越、赵钟楠、李原园撰写了第 9 章，参与撰写了第 8 章和第 13 章；北京师范大学丁爱中和广西壮族自治区水利科学研究院李存武撰写了第 10 章；广西博世科环保科技股份有限公司吴红慧、贺盛撰写了第 14 章，陆少娟、黄玉荣、张荣海撰写了第 15 章；广西壮族自治区海洋环境监测中心站蓝文陆撰写了第 16 章，参与撰写了第 17～19 章；广西壮族自治区水利电力勘测设计研究院有限责任公司陈国清撰写了第 21～25 章；南宁师范大学赵银军撰写了第 2、4、5、8、13、19、26 章，并负责统稿，林清和陈国梁撰写了第 7 章，莫嘉怡撰写了第 11 章，韦柳艳撰写了第 28 章，谢余初、罗金玲撰写了第 12 章和第 20 章，卢远、胡波、丁峰、童凯、任良锁和王升负责审稿，孙晓琳、李其玲、沈丹丹、黄子圆、黄祝平负责制图。在本书即将出版之际，谨向他们表示诚挚的谢忱。

　　本书是国家自然科学基金项目"基于结构特征的河流分类及其功能辨析与调控"

（41461021）、"南方红壤区平陆运河人工堆垫造貌对入海流域水沙过程影响机制"（52469003）、"广西北部湾南流江泥沙逆转的驱动力及对河道冲淤影响"（42161005），广西科技基地和人才专项项目"北部湾全流域生态治理集成技术研发高层次人才培养示范"（桂科 AD19110140），国家重点研发计划项目"河湖沼系统生态需水综合保障技术体系及应用"（2017YFC0404506），水利部水利水电规划设计总院委托项目"广西河流水生态修复模式与方案研究"，中国能源建设集团广西电力设计研究院有限公司委托项目"河流健康快速评价技术开发应用研究"和水灾害防御全国重点实验室"一带一路"水与可持续发展科技基金项目"广西北部湾沿海大规模速生桉种植对入海河流健康影响"（2023491511）等的研究成果，也得到了广西智库联盟成员流域高质量发展研究中心、北部湾海洋生态环境广西野外科学观测研究站、国家水利风景区发展研究中心、北部湾环境演变与资源利用教育部重点实验室、广西地表过程与智能模拟重点实验室等科研平台的大力支持。本书在撰写过程中，参考和引用了大量文献，谨向原作者表示衷心的感谢。

河流生态修复是一个多学科交叉创新、蓬勃发展的新兴领域，受作者知识水平所限，本书难免有不足之处，恳请读者批评指正。

赵银军

2025 年 3 月

目 录

序

前言

第一篇 理论方法篇

第1章 河流生态系统 ··· 3

1.1 引言 ··· 3

1.2 河流生态系统基本要素 ······························· 6

　1.2.1 水文过程 ·· 6

　1.2.2 地貌过程 ·· 7

　1.2.3 物理化学过程 ····································· 11

1.3 河流生态完整性五大生态要素特征 ················· 16

　1.3.1 水文情势时空变异性 ···························· 16

　1.3.2 河流地貌形态空间异质性 ······················ 21

　1.3.3 河湖水系三维连通性 ···························· 24

　1.3.4 水体物理化学特性 ······························ 26

　1.3.5 食物网结构和生物多样性 ······················ 27

1.4 河流分级分类 ····································· 29

　1.4.1 河流分级系统 ···································· 29

　1.4.2 水利部"三类五级"河流分级分类方法 ··········· 32

　1.4.3 浙江河道分级方法 ······························ 33

　1.4.4 基于地貌特征的河流分类 ······················ 34

1.5 河流生态系统面临的胁迫 ··························· 38

　1.5.1 水利工程 ·· 39

　1.5.2 城市化 ·· 40

参考文献 ·· 41

第2章 流域社会生态系统 ·· 44

2.1 引言 ··· 44

2.2 国内外研究现状及分析 ······························· 45

　2.2.1 以经济目标为导向的水资源配置研究 ············ 45

　2.2.2 面向生态与水文耦合的生态水文学研究 ·········· 45

　2.2.3 力图解释社会要素对水循环影响的社会水文学研究 ··· 46

2.3 流域社会生态系统建模··47
2.3.1 流域社会生态系统概化与表征····································47
2.3.2 流域社会生态系统协同演化建模·································48
参考文献···51
第3章 河流生态修复基础理论··53
3.1 引言··53
3.1.1 河流生态修复发展历程及启示····································53
3.1.2 河流生态修复目标属性特征·······································62
3.2 河流生态系统结构与功能概念模型······························66
3.2.1 河流连续体模型···66
3.2.2 洪水脉冲概念···66
3.2.3 串连非连续体概念··67
3.2.4 河流生态系统结构功能整体性概念模型·····················67
3.3 河流生态修复总体框架与治理策略·······························69
3.3.1 河流生态修复总体框架···69
3.3.2 河流生态修复治理策略···72
参考文献···73
第4章 流域系统治理··77
4.1 引言··77
4.2 山水林田湖草系统治理···79
4.3 系统治理策略··80
参考文献···81
第5章 生态空间···83
5.1 引言··83
5.2 生态空间分类··84
5.3 生态空间研究现状··85
5.4 河流生态空间研究现状···86
5.5 河岸带···87
5.6 生态边界···89
参考文献···89
第6章 独流入海河流健康评价指标体系研究·······················92
6.1 引言··92
6.2 中小河流健康主评指标特征及筛选································93
6.2.1 水文指标···93
6.2.2 水质指标···94
6.2.3 生物指标···95
6.2.4 生境指标···95

  6.2.5　社会服务功能指标 ·· 95

  6.2.6　指标相关性分析及管理目标衔接 ····························· 96

 6.3　独流入海河流健康评价指标体系构建 ····························· 98

  6.3.1　河流分类 ··· 98

  6.3.2　个性指标 ··· 98

  6.3.3　指标计算 ·· 100

  6.3.4　评价方法 ·· 105

  6.3.5　健康等级 ·· 106

 参考文献 ·· 107

第7章　沉水植物中金属元素赋存与生态修复 ·························· 109

 7.1　引言 ·· 109

  7.1.1　重金属污染来源及危害 ·· 109

  7.1.2　沉水植物生物指示作用 ·· 111

  7.1.3　沉水植物富集重金属 ··· 112

 7.2　流域概况及站位布设 ··· 112

  7.2.1　流域概况及主要沉水植物 ····································· 112

  7.2.2　样品的采集及处理 ·· 115

 7.3　沉水植物中微量元素的分布特征 ·································· 120

  7.3.1　Zn、Cu、Pb、Cd、As 元素在沉水植物中的分布 ········· 120

  7.3.2　Zn、Cu、Pb、Cd、As 元素之间的相互关系 ············· 122

  7.3.3　Zn、Cu、Pb、Cd、As 元素在不同沉水植物中的分布差异 ··· 122

 7.4　同一沉水植物中的金属元素空间分布特征 ····················· 125

  7.4.1　黑藻 ··· 125

  7.4.2　金鱼藻 ·· 127

  7.4.3　狐尾藻 ·· 128

  7.4.4　菹草 ··· 129

  7.4.5　苦草 ··· 131

 参考文献 ·· 133

第8章　河流分类保护与修复规划体系 ································· 135

 8.1　分类原则 ··· 135

 8.2　分类体系 ··· 135

 8.3　生态修复目标 ··· 137

 8.4　生态修复策略及方针 ··· 138

 参考文献 ·· 139

第9章　河湖生态流量确定和保障体系 ································· 140

 9.1　引言 ··· 140

 9.2　研究思路与方法 ·· 140

9.3　生态流量"诊断-核算-配置"技术 ··· 142

　　9.3.1　多尺度耦合的生态流量分区分类 ·· 142

　　9.3.2　河湖生态流量综合核算方法 ··· 147

　　9.3.3　生态用水配置分析 ··· 149

9.4　生态流量"监测预警-考核评估-确权定责"全过程保障 ················ 153

　　9.4.1　生态流量监测预警技术体系 ··· 153

　　9.4.2　全国河湖生态流量目标评估考核方法及应用 ························· 155

　　9.4.3　全国重点河湖生态流量保障权责体系 ·································· 156

第 10 章　河流生态修复工程技术体系 ··· 158

10.1　小流域综合治理 ··· 158

10.2　农业面源污染防控技术体系 ··· 160

10.3　河滨生态修复技术体系 ··· 161

　　10.3.1　物理措施 ·· 161

　　10.3.2　生态措施 ·· 165

　　10.3.3　化学措施 ·· 176

　　10.3.4　生物措施 ·· 176

　　10.3.5　修复措施比选 ··· 183

10.4　河口生态工程构建技术 ··· 184

10.5　流域生态补偿技术 ·· 185

　　10.5.1　基本框架 ·· 185

　　10.5.2　生态保护与修复活动生态补偿 ··· 186

参考文献 ··· 188

第 11 章　基于多媒体大数据的广西水文化变迁研究 ······························· 189

11.1　引言 ··· 189

　　11.1.1　水文化的提出 ··· 189

　　11.1.2　水文化的构成 ··· 190

　　11.1.3　水文化的分类 ··· 190

　　11.1.4　水文化变迁 ··· 191

11.2　数据来源及方法 ··· 191

　　11.2.1　技术路线 ·· 191

　　11.2.2　《人民日报》媒体介质 ·· 192

　　11.2.3　网络爬取数据 ··· 193

　　11.2.4　NLPIR 分词及文本可视化 ··· 193

11.3　数据处理 ··· 194

　　11.3.1　词库搭建 ·· 194

　　11.3.2　分词处理 ·· 194

　　11.3.3　降噪处理 ·· 195

　　11.3.4　文本可视化处理 ……………………………………………… 195
11.4　广西水文化变迁 …………………………………………………… 195
　　11.4.1　广西水文化关注度 ……………………………………………… 195
　　11.4.2　广西水文化主题演变 …………………………………………… 196
　　11.4.3　广西水文化变迁轨迹 …………………………………………… 200
参考文献 …………………………………………………………………… 203

第二篇　规划设计篇

第12章　广西国土生态修复空间分区及管控 ……………………………… 207
12.1　引言 ………………………………………………………………… 207
12.2　研究区概况 ………………………………………………………… 208
12.3　研究思路与方法 …………………………………………………… 208
　　12.3.1　国土生态修复与生态系统服务 ………………………………… 208
　　12.3.2　生态系统服务供需测算 ………………………………………… 210
　　12.3.3　生态系统服务供需匹配分析 …………………………………… 210
　　12.3.4　数据来源 ………………………………………………………… 211
12.4　广西生态系统服务供给空间格局 ………………………………… 211
12.5　广西生态系统服务供需匹配关联分析 …………………………… 212
12.6　广西县域国土生态修复空间分区与管控 ………………………… 213
参考文献 …………………………………………………………………… 216
第13章　广西河流分类保护与修复模式 …………………………………… 218
13.1　引言 ………………………………………………………………… 218
　　13.1.1　规划分区 ………………………………………………………… 218
　　13.1.2　河流水系 ………………………………………………………… 219
　　13.1.3　水生态环境问题与风险 ………………………………………… 220
13.2　广西河流廊道保护与修复格局 …………………………………… 222
13.3　千里（十二）长廊 ………………………………………………… 225
13.4　亲水文化传承 ……………………………………………………… 231
13.5　河流生态廊道分类保护与修复规划 ……………………………… 232
　　13.5.1　河湖生态流量保障 ……………………………………………… 232
　　13.5.2　河湖生态空间管控 ……………………………………………… 233
　　13.5.3　南流江生态廊道保护与修复 …………………………………… 234
　　13.5.4　钦江生态廊道保护与修复 ……………………………………… 236
　　13.5.5　防城河生态廊道保护与修复 …………………………………… 237
　　13.5.6　北流河生态廊道保护与修复 …………………………………… 239
　　13.5.7　郁江生态廊道保护与修复 ……………………………………… 240

    13.5.8　桂江生态廊道保护与修复 ·· 242

    13.5.9　贺江生态廊道保护与修复 ·· 244

    13.5.10　龙江生态廊道保护与修复 ··· 246

    13.5.11　柳江生态廊道保护与修复 ··· 246

    13.5.12　西江干流生态廊道保护与修复 ··································· 248

    13.5.13　右江生态廊道保护与修复 ··· 251

    13.5.14　左江生态廊道保护与修复 ··· 254

第 14 章　贺州市龟石水库入湖口生态治理设计 ····················· 256

  14.1　概况及主要环境问题 ··· 256

    14.1.1　概况 ··· 256

    14.1.2　主要环境问题 ··· 257

  14.2　治理思路 ··· 259

  14.3　技术比选 ··· 260

    14.3.1　人工湿地 ··· 260

    14.3.2　蜂巢格室生态护岸 ··· 263

    14.3.3　水库消落带植被恢复 ··· 265

    14.3.4　河滨缓冲带 ··· 266

    14.3.5　生态沟渠 ··· 268

  14.4　巩塘河入江口水质净化工程设计 ·· 269

    14.4.1　设计思路 ··· 270

    14.4.2　生态沟渠 ··· 270

    14.4.3　河滨缓冲带 ··· 273

  14.5　富川县污水处理厂尾水提升工程设计 ··································· 273

    14.5.1　设计目标 ··· 274

    14.5.2　设计原则 ··· 274

    14.5.3　设计思路 ··· 275

    14.5.4　设计方案 ··· 276

  14.6　龟石水库水源区生态修复工程设计 ····································· 288

    14.6.1　设计思路 ··· 289

    14.6.2　蜂巢格室生态护岸 ··· 289

    14.6.3　水库消落带 ··· 290

  14.7　沙洲河入湖口水质净化工程设计 ·· 290

    14.7.1　设计思路 ··· 291

    14.7.2　河滨缓冲区及河口修复区 ··· 291

第 15 章　钦州市茅岭江流域水生态修复工程 ······················· 293

  15.1　概况及主要环境问题 ··· 293

    15.1.1　概况 ··· 293

15.1.2　主要生态环境问题 ……………………………………… 294

15.2　规划依据 …………………………………………………… 297

15.3　治理思路 …………………………………………………… 300

15.3.1　技术路线和总体思路 …………………………………… 300

15.3.2　总体方案 ………………………………………………… 302

15.4　污水处理厂尾水湿地工程 ………………………………… 303

15.4.1　现状分析 ………………………………………………… 303

15.4.2　污水处理厂尾水湿地设计 ……………………………… 303

15.4.3　结构设计 ………………………………………………… 307

15.5　生态护岸建设工程设计 …………………………………… 308

15.5.1　设计目标及范围 ………………………………………… 308

15.5.2　工程设计 ………………………………………………… 308

15.6　支流水生态修复工程设计 ………………………………… 310

15.6.1　建设区域选择 …………………………………………… 310

15.6.2　工程设计 ………………………………………………… 311

15.7　生态沟渠建设工程 ………………………………………… 312

15.7.1　建设区域选择 …………………………………………… 312

15.7.2　平面布置 ………………………………………………… 313

15.7.3　工程设计 ………………………………………………… 313

15.8　河滩地生态修复工程 ……………………………………… 314

15.8.1　平面布置 ………………………………………………… 314

15.8.2　工程设计 ………………………………………………… 315

15.9　削减量计算 ………………………………………………… 315

15.10　乔灌木植物种植 ………………………………………… 321

15.10.1　施工技术 ……………………………………………… 321

15.10.2　后期管护 ……………………………………………… 323

第16章　北部湾陆海统筹生态环境修复方案 ………………… 324

16.1　北部湾陆海统筹修复的需求 ……………………………… 324

16.1.1　北部湾及其入海河流概况 ……………………………… 324

16.1.2　北部湾环境质量及主要生态问题 ……………………… 325

16.1.3　北部湾生态环境问题溯源 ……………………………… 329

16.2　北部湾陆海统筹修复总体方案 …………………………… 330

16.2.1　北部湾陆海统筹修复目标 ……………………………… 330

16.2.2　北部湾陆海统筹修复技术路线 ………………………… 331

16.3　海湾和流域控制单元问题诊断 …………………………… 332

16.3.1　廉州湾生态环境问题诊断 ……………………………… 332

16.3.2　钦州湾生态环境问题诊断 ……………………………… 336

16.4　流域主要污染源解析及问题诊断 ································· 340

　　16.4.1　南流江流域污染源解析及问题诊断 ······················ 340

　　16.4.2　西门江污染源解析及问题诊断 ···························· 341

　　16.4.3　钦江污染源解析及问题诊断 ······························ 342

　　16.4.4　茅岭江污染源解析及问题诊断 ···························· 344

16.5　以海定陆污染物总量分配 ······································ 344

　　16.5.1　近岸海域水质目标确定 ··································· 344

　　16.5.2　以海定陆污染物总量分配方法 ···························· 345

　　16.5.3　海域污染物总量分配 ····································· 346

　　16.5.4　以海定陆流域污染物总量分配 ···························· 349

16.6　北部湾陆海统筹修复对策 ······································ 353

　　16.6.1　入海河流水污染防治对策 ································· 353

　　16.6.2　主要海湾及近岸海域污染防治对策 ························ 355

　　16.6.3　保护修复重要生态系统 ··································· 357

　　16.6.4　提升能力加强生态环境监测网络建设 ······················ 358

　参考文献 ··· 359

第三篇　北部湾南流江流域生态修复专题篇

第17章　南流江水生态状况评估 ·· 363

17.1　引言 ··· 363

17.2　南流江概况 ·· 363

17.3　水生态状况调查评价 ··· 364

　　17.3.1　调查方法 ·· 364

　　17.3.2　多样性评价方法 ··· 365

　　17.3.3　鱼类多样性及保护对策 ··································· 365

　　17.3.4　浮游植物多样性 ··· 370

　参考文献 ··· 373

第18章　南流江流域水质状况评价与水质污染成因分析 ··················· 374

18.1　引言 ··· 374

18.2　数据来源与方法 ··· 374

　　18.2.1　数据来源 ·· 374

　　18.2.2　水质评价方法 ··· 374

18.3　水质状况评价 ·· 376

　　18.3.1　单因子水质标识指数空间变化 ····························· 376

　　18.3.2　综合水质标识指数空间变化 ······························ 377

　　18.3.3　单因子水质标识指数年际变化 ····························· 378

18.3.4　综合水质标识指数年际变化 ·· 379

18.4　水质污染成因 ·· 380

参考文献 ··· 381

第19章　不同空间尺度景观格局对南流江水质的影响 ··························· 383

19.1　引言 ·· 383

19.2　数据来源与方法 ·· 384

19.2.1　空间尺度的建立 ··· 384

19.2.2　水质指标的选取及测定 ··· 384

19.2.3　土地利用类型的划分 ·· 384

19.2.4　景观格局指数 ·· 385

19.2.5　景观特征与水质相关性分析 ··· 385

19.3　景观特征与水质关联分析 ··· 386

19.3.1　水质空间变化特征 ··· 386

19.3.2　不同空间尺度陆地景观组成差异 ·· 387

19.3.3　景观特征与水质指标的Spearman秩相关分析 ······························· 388

19.3.4　景观特征与水质指标的冗余分析 ·· 390

19.4　讨论 ·· 391

19.4.1　景观特征对水质影响 ·· 391

19.4.2　景观格局对水质影响 ·· 392

19.4.3　不同空间尺度景观特征对水质影响 ·· 392

参考文献 ··· 393

第20章　南流江流域生态安全格局构建与修复分区——生态系统服务视角 ··· 395

20.1　引言 ·· 395

20.2　研究方法 ··· 397

20.2.1　生态系统服务供给与需求的计算方法与模型 ·································· 397

20.2.2　生态安全格局构建 ··· 400

20.3　南流江流域生态系统服务供给与需求分析 ·· 401

20.3.1　南流江流域生态系统食物供给服务供给与需求分析 ························· 401

20.3.2　南流江流域生态系统固碳服务供给与需求分析 ······························ 402

20.3.3　南流江流域生态系统土壤保持服务供给与需求分析 ························· 402

20.3.4　南流江流域综合生态系统服务供需空间匹配 ·································· 403

20.4　流域生态安全格局构建与分区管控建议 ··· 403

20.4.1　生态源地识别 ·· 404

20.4.2　生态廊道识别结果 ··· 405

20.4.3　生态节点 ·· 406

20.4.4　分区管控建议 ·· 407

参考文献 ··· 409

第 21 章　南方红壤区侵蚀性雨量标准及降雨侵蚀力时空变化 ················· 412

　21.1　研究方法 ··· 412

　21.2　流域侵蚀性雨量标准的确定 ··· 413

　21.3　降雨侵蚀力的时间变化特征 ··· 415

　　　21.3.1　降雨侵蚀力年际变化及突变 ·· 415

　　　21.3.2　降雨侵蚀力季节和汛期、非汛期变化 ································ 416

　21.4　降雨侵蚀力的空间变化特征 ··· 417

　　　21.4.1　降雨侵蚀力整体空间格局变化特征 ··································· 417

　　　21.4.2　降雨侵蚀力空间变化趋势分析 ······································ 418

　　参考文献 ··· 420

第 22 章　南流江流域土壤侵蚀特征分析 ·· 421

　22.1　修正的通用土壤流失方程 ··· 421

　22.2　土壤侵蚀因子 ··· 423

　22.3　土壤侵蚀时间变化特征 ··· 424

　22.4　土壤侵蚀的空间变化特征分析 ··· 427

　　　22.4.1　流域土壤侵蚀的总体空间变化 ······································ 427

　　　22.4.2　基于渔网的侵蚀强度热点分析 ······································ 428

　　　22.4.3　基于不同市（县）区的侵蚀热点分析 ································· 429

　　　22.4.4　基于不同海拔的侵蚀热点分析 ······································ 432

　　参考文献 ··· 433

第 23 章　南流江水文连通性时空变化 ·· 434

　23.1　引言 ··· 434

　23.2　连通性指数 ··· 434

　23.3　连通性指数空间分布 ··· 435

　23.4　连通性指数空间变化 ··· 437

　23.5　不同土地利用类型 IC 分布 ·· 438

　23.6　不同土壤类型与植被对 IC 分布的影响 ····································· 439

　23.7　连通性指数与年径流量的关系 ··· 442

第 24 章　南流江泥沙输移比时空变化 ·· 444

　24.1　泥沙输移比空间分布 ··· 444

　24.2　泥沙输移比的空间变化 ··· 446

　24.3　泥沙输移比与输沙量的关系 ··· 446

　24.4　流域产沙量模拟与实测输沙量的关系 ····································· 447

第 25 章　南流江流域泥沙收支平衡 ·· 449

　25.1　引言 ··· 449

　25.2　流域泥沙沉积量 ··· 449

　25.3　流域泥沙沉积汇分布 ··· 449

25.4　流域侵蚀源空间分布 ··· 452

25.5　流域输沙量变化分析 ··· 452

第 26 章　南流江生态流量核算 ·· 455

26.1　引言 ··· 455

26.2　研究方法 ··· 455

26.3　生态流量计算 ··· 457

26.4　适宜生态流量确定 ··· 460

参考文献 ··· 461

第 27 章　南流江河流健康评价及修复对策 ································ 463

27.1　南流江分类分段 ··· 463

27.2　数据来源及方法 ··· 464

27.2.1　数据来源 ··· 464

27.2.2　不同河流类型健康指标权重计算 ·································· 464

27.3　水文健康评价 ··· 467

27.3.1　生态流量满足程度 ·· 467

27.3.2　水文准则层得分 ·· 467

27.4　水质健康评价 ··· 468

27.4.1　水质优劣程度 ·· 468

27.4.2　水体自净能力 ·· 469

27.4.3　水质准则层得分 ·· 469

27.5　生物健康评价 ··· 470

27.5.1　鱼类多样性指数 ·· 470

27.5.2　浮游植物多样性指数 ·· 471

27.5.3　生物准则层得分 ·· 472

27.6　生境健康评价 ··· 472

27.6.1　河流连通性 ·· 472

27.6.2　河岸稳定性 ·· 473

27.6.3　河岸植被覆盖率 ·· 475

27.6.4　水土流失率 ·· 475

27.6.5　蜿蜒度 ·· 476

27.6.6　自然岸线保有率 ·· 476

27.6.7　生境准则层得分 ·· 476

27.7　社会服务健康评价 ··· 477

27.7.1　水资源开发利用率 ·· 477

27.7.2　公众满意度 ·· 478

27.7.3　灌溉保证率 ·· 479

27.7.4　防洪达标率 ·· 480

　　　　27.7.5　社会服务功能准则层得分 ·· 480
　　27.8　健康状况 ·· 481
　　　　27.8.1　分段健康状况 ··· 481
　　　　27.8.2　综合健康状况 ··· 484
　　27.9　分类管理对策 ··· 486
　　参考文献 ··· 488
第 28 章　南流江流域土壤硒含量空间格局与富硒产业布局 ··········· 489
　　28.1　引言 ··· 489
　　28.2　数据来源与研究方法 ·· 489
　　　　28.2.1　数据来源 ·· 489
　　　　28.2.2　数据处理及分析方法 ·· 489
　　28.3　土壤硒含量统计分析 ·· 491
　　28.4　土壤硒含量的空间分布 ·· 492
　　28.5　土壤硒潜在环境风险评价 ·· 492
　　28.6　富硒产业布局 ··· 493
　　参考文献 ··· 495

附录：河岸稳定性调查表 ··· 496
彩图

第一篇　理论方法篇

第1章　河流生态系统

1.1　引　　言

联合国"千年生态系统评估"（Millennium Ecosystem Assessment）计划给出的"生态系统"（ecosystem）定义是："生态系统是由植物、动物和微生物群落，以及无机环境相互作用而构成的一个动态、复杂的功能单元。"从组分上看，河流生态系统包括生物组分和非生物组分（图 1-1），前者指存在于该生态系统空间内的有机体，后者指构成生态系统环境要素的各种物理因子、化学因子等非生物因子[1]。河流生态系统包括生物和非生物及其相互作用过程，表现出相应的生态功能。从生物地球化学的角度而言，河流生态系统至少在三个重要方面与其他生态系统不同：首先，它们是流动系统，为定居生物提供动能来源以及外部产生的营养物质；其次，它们是空间复杂的系统，与相邻的陆地生态系统之间有相对较大的缓冲带，这对处理流入河流的营养物质和其他通量具有重要意义；最后，它们是过渡系统，在自然界中从小型、浅层的一级河流，转变为大型、相对较深、稳定的河流，光、营养物质、水能等之间的相互作用构成了生物群落，这种结构沿着河流从源头到河口都在变化[2-3]。河流的某些属性可以反映整个生态系统的特性：总生产力、代谢、有效能量利用、可利用能源多样性、物种等。所有生态系统都与周围环境发生交换，河流生态系统尤其如此，显示出高度的纵向、横向和垂向连通性。人类自古逐水而居，河流具有供水、灌溉、运输、发电等功能，几乎所有的河流都有人类开发和利用活动的印记。

河流生态系统是一个开放的系统，以异养生物为主，其中涵盖的生物组分由生产者、消费者和分解者组成（图 1-1）。河流中的生产者主要指以简单无机物制造食物的自养生物，如有根植物或漂浮植物，以及体型小的浮游植物。藻类是最主要的浮游植物，它是有机物质的主要制造者。河流中的消费者主要是指不能利用无机物质制造有机物质的动物，属于异养生物，包括草食性动物如以浮游植物为食的浮游动物、杂食性动物如某些底栖动物，以及以其他动物为食的肉食性动物，如某些以浮游动物为食的鱼类。河流中的分解者是指以植物和动物残体及其他有机物为食的小型异养生物，如河流中的细菌、真菌，以及蟹、软体动物和蠕虫等无脊椎动物，它们将复杂的有机物分解为简单的无机物归还于环境，再被生产者利用。

1. 能量来源和营养循环

在河流食物网中，所有的能量来源于初级生产。初级生产者包括周丛藻、硅藻及其他自养微生物，分布在石块、木头和其他基质表面，当光照、营养盐和其他条件适宜时迅速生长繁殖。来自消落区的有机物如枯枝落叶、动植物残骸等进入河流，成为重要的能量来源。具体来看，河流生态系统中的能源主要来源于：①外来的碎屑有机物，包括粗

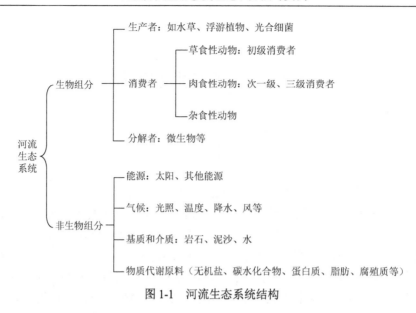

图 1-1　河流生态系统结构

颗粒有机物（CPOM）、树枝和树叶；②小于 1mm 的细颗粒有机物（FPOM），如碎叶、无脊椎动物粪便和溶解在雨水中的有机物等；③小于 0.5μm 的溶解态有机物（DOM），如雨水冲刷过树叶或其他植物叶分泌的 DOM，过滤周围森林、农田和居民下渗产生的 DOM 以及生活和工业排放物中含有的 DOM。除这些碎屑有机物能量输入可供异养生物利用外，河流中的水草、浮游植物、硅藻和水藓等自养生物可通过光合作用制作有机物来补充能量。能量的损失主要源于生物通道（呼吸消耗）和地理通道（流向下游）。从整体来看，河流生态系统结构表现为细菌、藻类、大型植物、原生动物、无脊椎动物、脊椎动物（如鱼类、两栖动物、爬行动物以及哺乳动物）等生物在个体、物种、种群、群落、生态系统 5 个等级上组织并构成复杂食物网络以及能量流动和传递，进而形成丰富多样的河流生态系统。在陆地系统和静水系统中，营养物基本是在原地实现再循环的。营养物基本是从土壤或水体进入植物或消费者体内，然后再以腐屑有机物或分泌物的形式重新回到土壤和水体中，此后会沿着大体相同的路线进行再循环。DOM 和 POM（颗粒有机物）的营养形式，常常会被水流带到下游，至于输送到下游的速度快慢，则取决于水流速度。[4]

2. 食物网

水生动物为生存、生长和繁殖的需要，必须有一定数量和质量的食物保障，而且对食物供应还有时间要求。在整个生命周期中，水生动物的食物需求是随时间变化的。如成鱼的食物需求与幼鱼就有很大差别，成年鳟鱼进食体长较大的无脊椎动物和小鱼，而幼年鳟鱼则消费蚊虫和昆虫幼虫，直到它们长大以后，才能消费尺寸较大的食物，大多数消费者都具有很专门的口器和进食器官。生物可以按照其食物来源和在食物网中的位置进行分类，在生物分类中还需考虑食物的获取位置、季节及可达性及其变化。在食物网中充满着竞争。在生物之间，为争夺食物、空间、生殖伙伴等因素都存在着竞争关系。竞争也是一种生命调节机制，借以确定生物个体在生态系统中的数目和位置。

河流生态系统中的食物链（food chain）是物质循环和能量交换的通道，在河流生态系统结构中具有至关重要的作用。通过食物链，可将生物与生境，生产者与消费者，消费者与消费者，消费者与分解者连接在一起。在河流生态系统一般存在两种最主要的食物链，即捕食食物链和碎屑食物链。众多食物链交错连接，形成一个网状结构，称为食物网。据马晓利等调查[5]，白洋淀现存鱼类食物网主要由以下四类食物链构成：①以浮游植物为摄食起点的食物链，包括浮游植物→植食性无脊椎动物→杂食性鱼类→高级肉食性鱼类，浮游植物→草食性鱼类→高级肉食性鱼类，浮游植物→植食性无脊椎动物→低级肉食性鱼类→高级肉食性鱼类，共 3 条食物链；②以底栖硅藻为摄食起点的食物链，即底层藻类→杂食性鱼类→高级肉食性鱼类；③以有机碎屑为摄食起点的食物链，包括有机碎屑→低级肉食性鱼类→高级肉食性鱼类，有机碎屑→无脊椎动物→中级肉食性鱼类，底层藻类→无脊椎动物→中级肉食性鱼类，共 3 条食物链；④以水生维管束植物为摄食起点的食物链，即水生维管束植物→草食性鱼类→肉食性鱼类。

在食物网中，系统内营养能量分布呈金字塔型。通过 Ecopath 模型对太湖生态系统结构研究发现，太湖生态系统的物流可以合并为 6 个整合营养级（图 1-2）。由图可见，太湖初级生产者的生产量为 19 539t/(km²·a)，被摄食的量为 2198t/(km²·a)，比例仅占其生产量的 11.2%，其余都流至碎屑从而进入再循环。而初级生产者生产量流入营养级Ⅱ的流量仅占营养级Ⅱ总流入量的 13.4%，其余均为有机碎屑流入量，可见碎屑食物链在生态系统能量流动中的重要性。从各个营养级流入碎屑的营养流共计 18 950t/(km²·a)，加上径流输入的 397.23t/(km²·a)，合计 19 347.23t/(km²·a)，基本和初级生产者的生产量持平[6]。

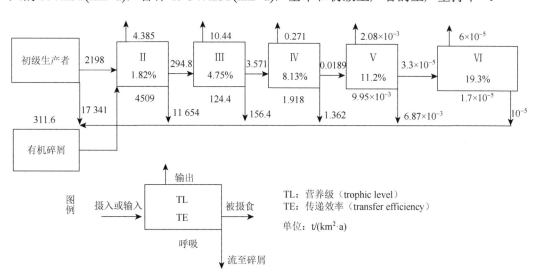

图 1-2　太湖生态系统 2007～2009 年各营养级之间的物质流动[6]

每个营养级总流量由输出（被捕捞量和沉积脱离系统的量）、被摄食、呼吸和流至碎屑的量共同组成。初级生产者和有机碎屑的流量等于其生产量，营养级Ⅱ及其以上营养级的总流量等于其摄入量。每个营养级的传递效率等于其输出和被摄食的量之和与其营养级总流量的比值，表明该营养级在系统中被利用的效率。

河流生态系统是一个动态的系统，其动态性表现在其内部各元素都随时间不断发生变化。在较长的时间尺度中，气候变化、水文条件以及河流地貌特征的变化导致河流生态系统的演替；在较短的时间尺度中，水文条件的年周期变化导致河流水位的涨落，引起河流扩展和收缩，其连续性条件呈依时变化特征[7]。另外，这也使河滨带具有高度的空间异质性特征。河滨带是河流水体边缘与河岸岸坡交汇的水陆交错带，河滨带的宽度随流量、降雨和地貌特征扩展或收缩。在汛期，地表水渗入河床含水层补充地下水，同时漫溢到河漫滩，河滨带宽度随之扩展。在枯水季，河流仅靠主槽内的水流维持，河滨带宽度随之收缩。由于水动力学条件和来沙状况变化，在河道与河漫滩之间频繁出现冲刷和淤积过程，作为二者的过渡带，河滨带地貌始终处于变动之中[8]。

河流生态系统还是一个非平衡、非线性的系统，其中生产者、消费者和分解者与非生物成分通过非线性相互作用产生协同作用和相干效应，形成生态系统耗散结构。生产者、消费者和分解者之间，以及它们与非生物成分之间具有非独立相干性和时空中的非均衡性以及多体间的非对称性的关系。生产者、消费者和分解者都是由单个生命有机体通过非线性相互作用组成，其中任何一个要素的变化都不会单一影响另外一个因素，而是影响到多种因素。例如水污染对生产者、消费者和分解者的影响，水中的有机物含量高，水被污染的速率就加快，水中氧气的衰减速率与有机物含量有关，有机物含量越高，则氧气衰减越快；不仅使这一水域的生产者（如藻类）、消费者（如鱼类）、分解者与非生物成分之间的非平衡、非线性系统遭到破坏，也使以这一水域中消费者（如鱼类）为食物的其他动物消失，水域周围的植物也受到影响，甚至对这一水域周围的人类健康也有损害，从而使整个河流生态系统非平衡、非线性结构遭到破坏[8, 9]。

1.2　河流生态系统基本要素

1.2.1　水文过程

水文过程包括水流的年内洪枯变化和年际变化过程，其中洪水不仅可以塑造河道，也是泥沙及其他物质通量输移的主要动力因素，还是洄游物种洄游、生产的主要起始信号。每一场洪水，都会重塑微生物斑点和工程河段尺度的栖息地，而每一场特大洪水都会显著改变景观河段尺度的河道和洪泛区的环境，同时伴随着河流物质通量的巨大变化。同样，枯水过程不仅可以维持缓慢、清澈的水流，有利于水生植物及两栖动物的生长，底质也可以露滩、曝气，促进底泥污染物质的分解，改善水质，有利于岸边植物、水禽、候鸟的生长。过去比较忽视枯水过程的生态作用，其实枯水过程与洪水过程一样，对于河流生态系统具有同等重要的作用[10]。

水文循环是联系地球水圈、大气圈、岩石圈和生物圈的纽带。水文循环是生态系统物质循环的核心，是一切生命运动的基本保障。自然界的水在太阳能的驱动下，不断地在海洋、河流、湖泊、水库、沼泽等水面以及土壤和岩石等陆面进行蒸发（evaporation），在植物的茎叶面产生散发——蒸腾（transpiration）。实际上，很难把蒸发与蒸腾这两种水分损失现象严格区分开，因此常用蒸散（evapotranspiration）这个词把两个过程结合起来表述。蒸散形成的水汽进入大气圈后，在适当的条件下凝结为水滴，当水滴足以克服空气阻力时就会以降水的形式降落到地球表面，形成雨、雪和冰雹。地表面的降水会被植物枝叶截留，临时储存于植物枝叶表面，当水滴质量超过表面张力后才落到地面。截留过程延缓了降雨形成径流的时间。落到地面的降雨一部分在分子力、毛管力和重力作用下渗透到地下，首先进入土壤表层的非饱和的"包气带"，包气带中的水体存在于土壤孔隙中，处于非饱和状态，形成由土壤颗粒、水分和空气组成的三相结构。包气带的表层参与陆面蒸发，包气带的下层连接地下水层。地下水层是饱和的土壤含水层，是一种由土壤颗粒与水分组成的二相结构。地下水层与河流湖泊联通，水体随之注入河流湖泊。降雨的另一部分在重力作用下形成地表径流进入河流、湖泊、水库等，最后汇入海洋。由此，水的蒸散—降雨、降雪—水分截留—植物吸收—土壤入渗—地表径流—汇入海洋的过程构成了完整的水文循环[8]。

1.2.2　地貌过程

1. 河流地貌

河流地貌是流水动力与地壳运动营力共同作用于地球表层形成的地貌形态[11]，其中河谷和河床地型主要受水流本身影响。水流是河流系统最重要的组成要素，是河流系统的动力所在和功能源泉，没有流动的水体，河流系统就无从谈起。河流在大陆上分布极广，是塑造大陆形态和建造大陆沉积物的重要营力。河流的地质作用过程包括侵蚀作用、搬运作用和沉积作用。三者前后衔接，互相联系。沈玉昌等认为，河流地貌是研究地表"永久性"和"暂时性"线状水流的侵蚀作用和沉积作用所造成的各种地貌形态的形成、发展和演变规律的科学[12]。近几十年来，河流地貌学研究已不再将目光局限于水系与河谷地貌的历史过程与形态描述，也开始关注河床地貌的现代过程，并试图从动力学的角度解释河流地貌的形成机制[11, 13]。河流系统是由河流源头、湿地、湖泊以及众多不同等级的支流和干流组成的流动的水网、水系或河系[14]，其中河流地貌是河流运动过程中在不同空间尺度上河流水文泥沙情势产生的地貌形态，记录了河流运动过程的轨迹[15]，是理解河流、河漫滩长期变化过程的关键。水流是塑造河床的动力，径流大小、变幅、各流量级持续时间等要素决定了水沙两相流的造床动力特征，泥沙则是改变河床形态的物质基础，沙量的多少、颗粒的粗细影响着河床变形的方向，不同的水沙组合特征决定了河床的平面形态、断面特征、河湾数量、蜿蜒度、植物结构等[16]。

河流地貌是河流在运动过程中所形成的地貌形态，而其又转变成了河流的边界条件，记录了河流的运动过程。在《自然地理辞典》中河流地貌被定义成由河流引起的自然环境形态。Newson等则认为，河流地貌是研究流域内河道在短、中和较长时间尺度上泥沙来源、连续变化和存储，以及由此产生的河道和洪泛区（平原）的形态[17]。简单来说，河流地貌就是河流运动过程中，在不同空间尺度上河流水文泥沙情势产生的地貌形态，记录了河流运动过程轨迹。

2. 河流地貌多样性

河流地貌多样性（fluvial geomorphology diversity）包含三层含义：一是河流地貌种

类多样性，其具体表现在河谷地貌、河床地貌、河流水流形态多样以及三者组合形式多样上[15]。常见的河谷地貌有峡谷（"V"形河谷）、河漫滩河谷和成形河谷。常见的河流水流形态有瀑布、小瀑布、平流、死水、滑流、回流、渗透流等（图 1-3）。常见的河床地貌单元有壶穴、岩槛、边滩、心滩、江心洲、泛滥平原等（图 1-4）。二是形成河流地貌过程的多样性，即受河流过程和人类活动双重作用；一直以来，河流作用作为一种重要的地貌营力受到重视。在河流冲刷、搬运、沉积、淋溶作用下，沿河形成一系列水文地貌斑块。水文地貌斑块受气候、地形、土地利用等影响，各斑块的物理和化学条件不同，决定了斑块内系统新陈代谢、初级生产力、有机质、无机盐和生物群落的不同。20 世纪七八十年代以来，随着人类改造和利用自然能力增强，人类活动影响和形成的河流地貌引起了广泛关注[18]。人类活动影响和形成的河流地貌主要包括直接地挖掘（侵蚀）、建造（堆积）形成的河流地貌和间接地影响侵蚀与堆积过程形成的河流地貌（表 1-1）。人类活动过程形成的河流地貌过程往往叠加在河流自然地貌过程上，产生叠加效应。三是地带性，即河流流经不同自然带，使得河流地貌也具有一定的地带性。

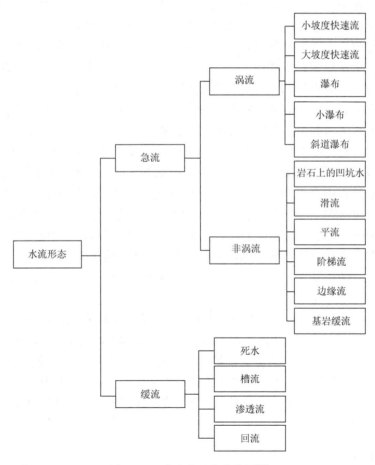

图 1-3　河流水流形态分类图[15]

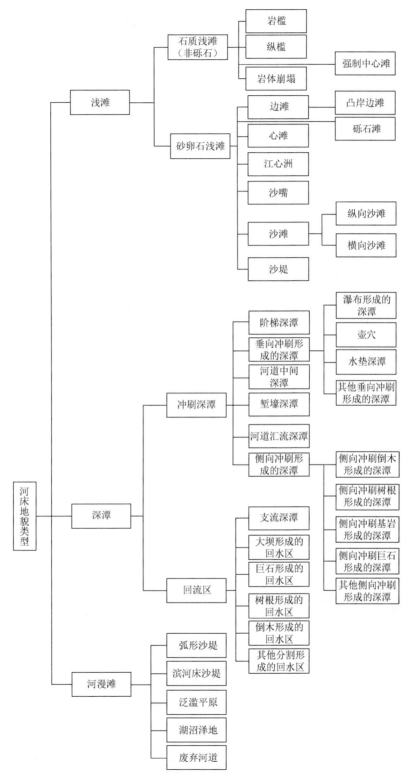

图1-4　河床地貌单元分类图[15]

表 1-1　人类活动影响和形成河流地貌的过程

直接人工过程	间接人工过程
（1）建造过程 　沿河倾倒固体废弃物：包括松散的、固化的、熔化的废弃物； 　侵占河道：如耕种、修路、建筑	（1）土壤侵蚀 　农业活动、植被破坏、人为火灾、道路等工程建设以及采矿、战争等影响土壤侵蚀，加速河道沉积与侵蚀
（2）挖掘过程 　挖掘河道、采砂、削切、采矿、爆破、弹坑、疏浚	（2）河岸不稳 　震动、载荷增加等引起河岸滑坡、崩塌
（3）建造与挖掘混合过程 　河道整治	（3）河流过程 　筑坝、修建运河、排水、河岸保护等影响河流水文过程，进而形成不同河流地貌

3. 河流地貌多样性与河流生境多样性的统一

河流地貌和河流生态系统间相互作用、相互影响，共同演化（图 1-5）。河流地貌主要包括地形和地貌过程两个因素，在河流生态系统中扮演积极和正面角色。地形原则性地决定了河流生物群落分布。山区的溪流、河流及岸坡区是河流地貌过程和植物群落相互作用最强烈的地方。陆域植被群落控制了地貌过程的速率；相反，地貌过程破坏、销毁植被群落为新的植被群落生长提供了机会。

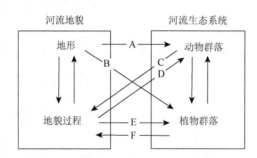

图 1-5　河流地貌与河流生态系统间的关系

A. 原则性定义了动物栖息地并通过植物群落来影响；B. 原则性定义了河流生态系统植物群落的分布；C. 通过表面和重力侵蚀影响土壤、泥沙移动，通过坝、踩踏影响河流过程；D. 泥沙过程影响水生生物；E. 通过翻倒、分割、固化干扰植被和破坏植被，为建立新的、有特色的栖息地创建场地并转移养分；F. 控制土壤和泥沙传输和存储

河流生境又称河流栖息地（habitat），是为河流生命体提供生活、生长、繁殖、觅食等的生命赖以生存的局部环境，形成于河流演化的区域背景上并构成了河流生命体的基础支持系统。有什么样的生境就造就了什么样的生物群落，二者是不可分割的[8]。生境多样性由其内部的地貌单元决定[20]，是生物群落的多样性的基础。目前，地貌学家从水流形态出发，定义了物理栖息地，主要有深潭、浅滩、缓流、急流、岸边缓流和回流等地貌类型。生态学家重点关注河流中的介质，定义了功能性栖息地，主要有漂石、卵石、砾石、砂、粉砂以及根、沉水植物、边缘植物、落叶、木头碎屑、挺水植物、浮叶植物、阔叶植物、苔藓和海藻等植物类[21]。物理栖息地和功能性栖息地存在一定的对应关系，两者联合描绘河流栖息地具有更好的效果。研究发现，在温带平原河流中，流量和流速决定并控制了河道内大型植物的移植、持续性生长[22]。

不同的水流形态与河床地貌单元组合，构成了河流生境光照、水温、含氧量、食物、流速、底质等特征多样化。如在急流区，河流底质多为石质或其他坚硬物质，河床多以浅滩形式出现，此区域生产者多为附着藻类，动物以各种昆虫幼虫（结网滤食的石蛾幼虫、体型扁平的扁幼虫以及石蝇幼虫）为主的溪流种，这些动物能适应流速大的水文条件，抵御水流的冲刷，此区域浮游生物缺乏。缓流区水较深但水流较平缓，底质一般较疏松，此区域生产者以丝状藻类及一些沉水植物为主，消费者多见一些穴居的无脊椎动物或埋藏生物，包括某些蜉蝣幼虫、蜻蜓目幼虫、寡毛类等，鱼类亦常在此区出现。许多河流物种在其完整的生命周期（如鱼产卵期、孵化期、稚鱼期、成年期）中需要一系列不同类型的栖息地。随着时间的变化，水文条件决定哪种栖息地有用[23]。

4. 河流地貌多样性指数

为了定量化表征河流地貌多样性，可借鉴香农-维纳多样性指数表示形式，建立河流地貌多样性指数（fluvial geomorphology diversity index，FGDI），其计算公式为[15]

$$\text{FGDI} = -\sum_{i=1}^{s} P_i \log_2 P_i \qquad (1\text{-}1)$$

式中，FGDI 为研究单元河流地貌多样性指数；S 为河流地貌类型单元总数；P_i 为第 i 种河流地貌类型单元占总河流地貌类型单元的比例。FGDI 取值 0～1，数值越高代表河流地貌多样性越高。

1.2.3　物理化学过程

1. 流域污染物陆域迁移转化过程

1）迁移过程（污染物迁移）

污染源可分为点源污染与非点源污染，其中点源污染主要包括工业点源污染与城市生活点源污染，非点源污染主要包括农业非点源污染与城市径流污染，各类污染源中的污染物质通过陆域产生，随着排污口直排、地表径流等方式迁移到水体中，造成水环境污染。污染源迁移示意图如图 1-6 所示。

流域污染物在陆域的迁移形式分为溶解态与吸附态，溶解态是两种以上物质混合而成为一个分子状态的均匀相，吸附态是当流体与多孔固体接触时，流体中某一组分或多个组分在固体表面处呈现积蓄[24]。流域污染物的传输路径与污染物的物理化学形态有关，吸附态污染物通过地表径流迁移到水域中。溶解态污染物视化学成分的不同迁移方式有所区别，例如氮的迁移方式可以分为地表径流迁移与淋溶迁移。氮磷等营养物质流失是造成地表水富营养化的主要原因，下面以氮为例，详细介绍氮污染物迁移过程[25]。

一般来说，氮的迁移可以分为径流迁移和淋溶迁移。氮的径流迁移是指溶解于径流的矿质氮，或吸附于泥沙颗粒表面以无机态和有机态氮的形式随径流而损失；氮的淋溶迁移是指土壤中的氮随水向下移动至根系活动层以下，从而不能被作物根系吸收所造成的氮损失。氮的径流迁移主要有以下两种：①悬浮态流失，即污染物结合在悬浮颗粒上，

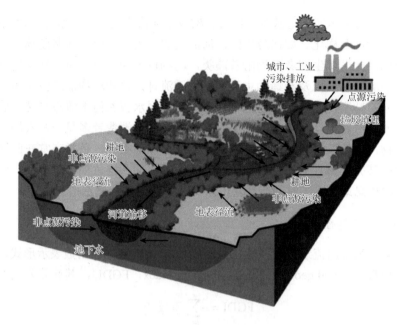

城市、工业
污染排放

点源污染

垃圾填埋

耕地
非点源污染

地表径流

耕地
非点源污染

地表径流

河道输移

非点源污染

地下水

图 1-6 污染源迁移示意图

随土壤流失进入水体；②淋洗态流失，即水溶性较强的污染物被淋洗而进入径流。迁移途径主要包括氮随水在坡面土壤的养分流失、土壤剖面淋溶和土壤中溶质运移等过程在量和形态上的变化。

  关于氮的径流迁移影响因子研究多集中于流失形态（包括径流携带、侵蚀泥沙）、降雨、肥料种类、植被覆盖度以及不同的土地利用方式等。降雨和径流是土壤氮流失的主要驱动力，当降雨强度超过土壤下渗速度时产生径流并汇集，形成地表径流冲刷与土壤侵蚀。侵蚀泥沙有富集氮养分的特点，减少地表径流和土壤侵蚀、降低表土中速效氮养分含量是减少农田地表径流氮流失的关键。

  氮的淋溶迁移是一种累积过程。土壤中发生硝态氮淋洗必须满足两个基本的条件，一是土壤中大量残留硝酸盐，二是存在水分运动，促进或阻碍这两个条件之一的任何因素都影响氮淋溶的发生与否及程度大小。硝酸盐淋失量和周期降雨量呈显著的线性相关，土层硝态氮的淋失程度在一定范围内与灌水量呈正相关。

  2）转化过程

  污染物在陆域转化取决于污染物和土壤的理化性质。其中最主要的降解方式为生物降解。微生物在合适的环境条件下，能使污染物转化为其他无毒或毒性较小的化合物。下面以氮为例，详细介绍氮的转化过程。

  氮在迁移过程中（图 1-7），因为外界或本身的原因会发生一系列的物理化学反应，在这些反应过程中，氮将会发生价态以及自身形态等变化，具体反应过程如下。

  （1）矿化/固持作用。简单来说，矿化作用是研究区内土壤中的有机氮在一些外界作用下转化为无机氮的过程，而固持作用则是土壤中的无机氮化合物通过一系列反应转化为有机氮的过程。固持作用是矿化作用必不可少的过程和主要的条件。生物固持与矿化作用是土壤中同时进行的两个方向相反的生物学过程：当易分解的能源物质过量存在（即碳氮比大于 25～30）时，生物固持速率大于矿化速率，表现为净生物固持；当土壤中无机氮的含量趋于减少，随着能源物质的消耗，则表现为净矿化。在淹水饱和环境下，土壤中有机氮的矿化/固持速率较低，暂予忽略。

（2）吸附/解吸作用。吸附是指物质（主要是固体物质）表面吸住周围介质（液体或气体）中的分子或离子的现象，可分为物理吸附和化学吸附。

物理吸附，是指吸附剂与吸附质之间通过分子间引力（即范德瓦耳斯力）而产生的吸附，在吸附过程中物质不改变原来的性质，因此吸附能小，被吸附的物质很容易再脱离，如用活性炭吸附气体，只要升高温度，就可以使被吸附的气体逐出活性炭表面。

化学吸附，是指吸附剂与吸附质之间发生化学作用，生成化学键而引起的吸附，在吸附过程中不仅有引力，还运用化学键的力，因此吸附能较大，要逐出被吸附的物质需要较高的温度，而且被吸附的物质即使被逐出，也已经产生了化学变化，不再是原来的物质了，一般催化剂都是以这种吸附方式起作用。

解吸是指吸附的逆过程，又称气提或汽提，是将吸附的气体与吸附剂分开的操作。解吸的作用是回收溶质，同时再生吸附剂（恢复吸收溶质的能力）。

（3）硝化/反硝化作用。硝化作用是指通过一系列的化学反应将氨氧化为亚硝酸盐继而将亚硝酸盐氧化为硝酸盐的作用。反硝化作用（denitrification）也称脱氮作用，反硝化细菌在缺氧条件下，还原硝酸盐，释放出分子态氮（N_2）或一氧化二氮（N_2O）的过程，植物吸收氮化物以摄取 NO_3^- 和 NH_4^+ 为主，反硝化作用使硝酸盐还原成氮气，从而降低了土壤中氮素营养的含量。

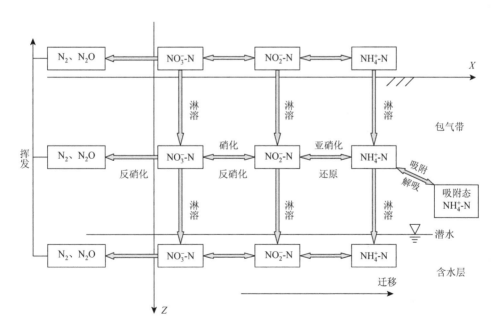

图 1-7　氮迁移转化示意图[25]

（4）化学还原。化学还原即运用化学试剂通过得失离子的方法进行化学反应的方法，在地下环境中，由于还原性物质在土壤中大量存在，所以 NO_3^- 将会和这些物质发生还原反应，从而产生 NH_4^+、NO_2^- 和 N_2 等。

（5）氮素的损失。氮素可以通过各种转化和移动过程而离开土壤-植物系统，从而带来氮肥施用的经济损失以及对环境带来一定的影响，氮素损失直接减少了植物可吸收氮素的数量，从而降低了施肥的增产效果，并造成环境污染等问题的发生。

2. 流域污染物水体迁移转化过程

污染物在水体中的迁移转化方式是一种涉及物理、化学和生物学的极其复杂的综合过程。水体中污染物的迁移和转化，包括物理输移过程、化学转化过程和生物降解过程。污染物在水体的物理输移过程，主要包括污染物随水流的对流与扩散，受泥沙颗粒和底岸的吸附与解吸、沉淀与再悬浮，底泥中的污染物运输等；化学转化过程主要是污染物在水体中发生化学反应的变化过程；生物降解过程则是在微生物的作用下产生的变化过程，通常是污染物在水中最主要的转化过程。流域污染物水体迁移转化过程如图1-8所示。

1）物理输移过程

（1）对流与扩散

对于溶解性和悬浮性的污染物质，其物理过程主要有对流与扩散两种基本方式。对流指的是由于含有污染物的水体运动而产生的迁移过程；而扩散指的是由水体中污染物迁移所产生的浓度梯度而产生的非平流转移过程，这种过程是由于布朗运动而引起物质分子的随机运动，或由于湍流而引起的分子级迁移过程。

（2）吸附与解吸

水中溶解的污染物或胶状物，当与悬浮于水中的泥沙等固相物质接触时，会被吸附在泥沙等表面，并在适宜的条件下随泥沙等一起沉入水底，使水的污染浓度降低，起到净化作用。另外，河流的底岸也有吸附作用。与之相反，被吸附的污染物，当水流条件（如浓度、流速、pH、温度等）改变时，也可能从吸附面上解脱一部分又进入水中，使水的污染浓度增加。前者称吸附，后者称解吸。大量研究表明，吸附能力远大于解吸能力，可相差几个数量级。因此，吸附与解吸的总趋势是使水体溶解的污染物浓度降低。

（3）沉淀与再悬浮

水中悬浮的有机物颗粒和吸附有机物的泥沙等，当流速减缓时，可能出现沉淀，使水体净化；当流速变大时，沉淀为底泥的有机物可能被冲刷再浮于水中，使污染物浓度增大。

2）化学转化过程

（1）光解过程

有机物的光解过程是指在光的作用下，有机物发生分解的过程，通常分直接光解、敏化光解和光化学催化降解三种类型。在地表水中，光解效果主要受到水体对光的吸收效率、光量子产率、吸收光波长、光照强度及时间以及环境条件如水的浊度等因素影响。

光解过程是有机物真正的分解过程，因为它不可逆地改变了反应分子的结构，可强烈地影响水环境中某些污染物的归趋。

（2）水解过程

有机物的水解作用是有机物与水之间发生反应，在反应中，有机物的官能团—X 和水中的—OH 发生交换。一般而言，水解速率主要受到 pH 的影响，而常见的地表水体中 pH 在 7.0～9.0，所以在天然水体中，除酯类有机物外，水解效果不明显。

（3）氧化还原过程

有机物的氧化还原过程是指有机物发生失去电子的氧化过程或者得到电子的还原过程。有机物通常需要含氧自由基等强氧化剂在加热或催化等合适的条件下才可以被直接氧化，需要化学还原剂在加热或催化等合适的条件下才可以被直接还原。

3）生物降解过程

（1）碳化过程

在水环境中，好氧细菌在好氧条件下对碳水化合物进行氧化分解，使有机物产生生化降解的过程，即水中的碳化过程。反应速度按一级动力学公式描述，即反应速度与剩余有机物浓度成正比。

（2）硝化过程

在水中，氨氮和亚硝酸盐氮在亚硝化细菌和硝化细菌作用下，被氧化成硝酸盐氮的过程，即水中的硝化过程。

（3）厌氧过程

当水体中有机物（主要指耗氧有机物）含量超过一定限度时，从大气供给的氧满足不了耗氧的要求，水体便呈现厌氧状态。这时有机物开始腐败，并有气泡冒出水面（主要是 CH_4、H_2S、H_2 等气体），发出难闻的气味。在这种条件下，水体发生强烈的酸性发酵，其 pH 在短时间内降低到 5.0～6.0。在这个发酵阶段，主要是碳水化合物被分解，然后

图 1-8　流域污染物水体迁移转化过程示意图

改绘自文献[26]

是蛋白质被分解，有机酸和含氮的有机化合物开始分解，并生成氮、胺、碳酸盐及少量的二氧化碳、甲烷、氢等气体，与此同时，还产生硫化氢。

4）其他过程

（1）挥发过程

在气液界面，物质交换的另一种重要过程是挥发。对于许多物质，挥发过程是一个重要的过程。当溶质的化学势降低之后就会发生溶质从液相向气相的挥发过程。

（2）大气沉降

大气沉降是指大气中的污染物通过一定的途径被沉降至地面或水体的过程，分为干沉降和湿沉降。

1.3　河流生态完整性五大生态要素特征

河流生态完整性是指水生态系统结构与功能的完整性。河流生态要素包括水文情势、河流地貌形态、水体物理化学特征和生物组成等，各生态要素交互作用，形成了完整的结构并具备一定的生态功能。这些生态要素各具特征，对整个水生态系统产生重要影响。生态要素的特征概括起来共有五项，即水文情势时空变异性、河流地貌形态空间异质性、河湖水系三维连通性、水体物理化学特性以及食物网结构和生物多样性。基于生态完整性概念，如果各生态要素特征发生重大改变，就会对整个生态系统产生重大影响。生态完整性是生态管理和生态工程的重要概念。通过对生态系统整体状况和各生态要素状况评估，可以分析各生态要素对整个水生态系统的影响程度，进而制定合理的生态保护和修复策略[27]。

1.3.1　水文情势时空变异性

自然水文情势（natural hydrological regime）是指人类大规模开发利用水资源及改造河流之前，河流基本处于自然状态的水文过程。自然水文情势是维持生物多样性和生态系统完整性的基础。

1. 水文情势时空变异性是生物多样性的基础要素

水文情势时空变异性是淡水生物多样性的基础要素。在时间尺度上，受到大气环流和季风的影响，水文循环具有明显的年内变化规律，形成雨季和旱季径流交错变化，或者形成洪水期与枯水期有序轮替，造就了有规律变化的径流条件，形成了随时间变化的动态生境多样性条件。对于大量水生和部分陆生动物来说，其在生活史各个阶段（如产卵、索饵、孵卵、喂养、繁殖、避难、越冬、洄游等）需要一系列不同类型的栖息地，而这些栖息地是受动态的水文过程控制的。水文情势随时间变化，引起流量变化、水位涨落、支流与干流之间汇流或顶托、主槽行洪与洪水侧溢、河湖之间动水与静水转换等一系列水文及水力学条件变化，这些变化形成了生物栖息地动态多样性，满足大量水生生物物种在生命周期不同阶段的需求，成为生物多样性的基础。在空间尺度上，在流域或大区域内降雨的明显差异，形成了流域上中下游或大区域内不同地区水文条件的明显差异，造就了流域内或大区域内生境差异，在流域或大区域内形成了不同的生物区系（biota）。总之，水文情势的时空变异性导致流域或大区域的群落组成、结构、功能以及生态过程都呈现出多样性特征。

水文过程承载着陆地水域物质流、能量流、信息流和物种流过程。所谓"物质流"和"能量流"，是指水流作为流动的介质和载体，将泥沙、无机盐和残枝败叶等营养物质持续地输送到下游，促进生态系统的光合作用、物质循环和能量转换。所谓"信息流"是指河流的年度丰枯变化和洪水脉冲，向生物传递着各类生命信号，鱼类和其他生物依此产卵、索饵、避难、越冬或迁徙等，完成其生活史的各个阶段，比如长江四大家鱼在洪水上涨时产卵达到高峰，同时河流的丰枯变化也抑制了某些有害生物物种的繁衍。所谓"物种流"是指河流的水文过程为洄游类鱼类的洄游以及鱼卵和树种的漂流提供了必要条件。因此可以说，水文情势时空变异性是河流物质流、能量流、信息流和物种流的驱动力。

2. 水文情势五种要素

水文过程是河流生态系统演进的主要驱动力之一。根据自然水文情势理论，水文过程可以分为低流量过程、高流量过程和洪水脉冲过程三种生态流组分。每一种水文组分可用流量、频率、持续时间、出现时机和变化率等五种水文要素来描述。

流量。流量是单位时间通过河流特定横断面的水体体积。流量随时间变化，是时间的函数。瞬时流量可以用水文测验方法实测。以水文测验系列数据为基础按照概率论演算出来的流量值，对应着该流量值发生频率，比如频率为1%的洪水流量。一些流量值诸如年、季、月、旬、日的平均流量，最大流量（或称洪峰流量），年最小流量（或称最小枯水流量），漫滩流量，等等，都具有特定的指标性质，分别对应着特定的生态过程和生态特征。

频率。频率是指超过某一特定流量值的水文事件发生的概率。比如某洪水频率 $P = 1\%$，表示其发生概率为百分之一。流量越大，出现的频率越小。洪水重现期是洪水发生频率的另一种表示方法，以年为单位，是指某量级的洪水在很长的时期内平均多少年出现一次。比如1%频率洪水即通常所说的百年一遇洪水，是指重现期为100年的洪水，其含义是在很长的时期内，平均100年出现一次该量级的洪水。又如多年平均流量，发生频率50%，其重现期为2年。需要注意的是，应从概率论的概念理解其含义。洪水频率决定了洪水的规模和对生态系统的干扰程度。

持续时间。持续时间是指一种特定水文事件发生所对应的时间段，比如年内超过某一特定流量值的天数、河床内低于某一特定流量值的天数、年内洪水期河漫滩被淹没的天数等。持续时间常影响特定水文事件的生态响应，比如洪水历时决定了河流与滩区营养物质交换的充分程度。

出现时机。水文事件出现时机也称预见性，指水文事件发生的规律性，比如每年洪峰发生时间等。具有季节性降雨特征的流域，雨季的径流模式多变，往往在大暴雨后出现峰值流量。而以冰雪融水为径流主体的河流，其径流模式明确并具有可预见性。生态学家更多关注那些与生物生命周期相关的水文事件出现时机，比如洪水峰值出现时机、河漫滩的淹没时机等。洪水发生的时机关系到水文-气温的耦合关系，即洪水脉冲与温度脉冲的耦合，会涉及一些植物物种生长适宜条件。

变化率。水文条件变化率是指流量从一个量值变到另一个量值的速率，反映时间-流量过程线的斜率。生态学家更关心对于生态过程有较大影响的水文条件变化率，如洪水过程的涨水速率、河漫滩洪水退水速率等。

自 20 世纪 90 年代，国外学者提出了多种自然水文情势的量化指标体系，其中以美国 Richter 等[28, 29]和 Mathews 等[30]提出的 5 类 33 个水文变化指标（indicators of hydrologic alteration，IHA）为代表。Richter 等[29]把 IHA 修正为 5 类流量组分共 34 个水文参数，见表 1-2。

表 1-2　IHA 流量组分和水文参数[27]

流量组分类型	水文参数
1. 逐月低流量	每日历月低流量的平均值或中值 （小计 12 个参数）
2. 极端低流量	每个水文年或每个水文季出现极端低流量的频率 极端低流量持续时间的平均值和中值 极端低流量时的最小流量 发生时机 （小计 4 个参数）
3. 高脉冲流量	每个水文年或每个水文季出现高脉冲流量的频率 高脉冲流量持续时间的平均值和中值 峰值流量（高脉冲流量时的最大流量） 发生时机（峰值流量的时间） 上涨率 下降率 （小计 6 个参数）
4. 小洪水 （2～10 年一遇）	小洪水发生频率 小洪水事件持续时间的平均值和中值 峰值流量（小洪水时的最大流量） 发生时机（峰值日期） 上涨率 下降率 （小计 6 个参数）
5. 大洪水 （10 年以上一遇）	大洪水发生频率 大洪水事件持续时间的平均值和中值 峰值流量（大洪水时的最大流量） 发生时机（峰值日期） 上涨率 下降率 （小计 6 个参数）
	总计 34 个参数

3. 水文情势的生态响应

各水文情势要素与生态过程存在着相关关系。表 1-3 汇总了水文情势变化的生态响应[23]。

在流量要素方面，可以把年内时间-流量过程曲线划分为三部分，即低流量、高流量和洪水脉冲流量（图 1-9）。低流量是常年可以维持的河流基流，河流基流是大部分水生生物和常年淹没的河滨植物生存所必不可少的基本条件，基流也为陆生动物提供了饮用水。高流量维持水生生物适宜的水温、溶解氧和水化学成分；增加水生生物适宜栖息地的数量和多样性；刺激鱼类产卵；抑制河口咸水入侵。洪水脉冲流量的生态影响包括：促进河湖连通和水系连通，为河湖营养物质交换以及鱼类洄游提供条件；洪水侧向漫溢，淹没了河漫滩，营养物质被输移到水陆交错带，鱼类在主槽外找到了避难所和产卵场；洪水消退，大量腐殖质进入主槽顺流输移。洪水脉冲还为漂流性鱼卵漂流、仔鱼生长以及植物种子扩散提供合适的水流条件，可抑制河口咸潮入侵，为河口和近海岸带输送营养物质，维持河口湿地和近海生物生存。

表 1-3　水文情势变化的生态响应

水文要素	要素的改变	生态响应
流量和频率	流量增加或减小	侵蚀或淤积；敏感物种丧失；藻类和有机物受冲刷力度被改变；生命周期被改变
	流量稳定	能量流动改变；外来物种入侵或生存风险增加，导致以下响应出现：本地物种灭绝、当地有商业价值的物种受到威胁、生物群落改变；洪泛平原上植物获得的水和营养物质减少，导致幼苗脱水、种子散播无效、植物生存所需的斑块栖息地和二级支流丧失、植被侵入河道
出现时机	季节性洪峰流量丧失	扰乱鱼类活动信号；产卵、孵卵、迁徙；鱼类无法进入湿地或回水区；水生食物网的结构改变；河岸带植物的繁衍程度降低或消失；外来河岸带物种入侵；植物生长速度减慢
持续时间	低流量延长	水体中有机物富集；植被覆盖减少；植物生物多样性降低；河岸带物种组成荒漠化；生理胁迫引起植物生长速度下降、形态改变或死亡
	基流的峰值部分延长	下游漂浮的卵消失
	洪水持续时间改变	改变植被覆盖的类型
	洪水淹没时间延长	植被类型改变；树木死亡；水生生物失去浅滩栖息地
变化率	水位迅速改变	水生生物被淘汰或搁浅
	洪水退水速率加快	秧苗无法生存

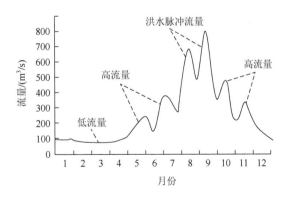

图 1-9　自然水文过程的 3 种水流组分

不同频率的洪水产生的干扰程度不同。一般认为，中等洪水脉冲产生的干扰对于滩区生态系统的生物群落多样性更为有利。而两种极端情况，一种是特大、罕见洪水，另一种是极度干旱，它们对于滩区生态系统的干扰更多是负面的。特大、罕见洪水对滩区生态系统可能产生破坏作用甚至引起灾难性的后果，极度干旱则会导致滩区某些敏感物种丧失以及物种演替。

水文事件的出现时机是水文情势的另一个重要要素。许多生物在生活史不同阶段，对于水文条件有不同的适应性，表现为利用或者躲避高低不同的流量。如果丰水期与高温期相一致，对许多植物生长都十分有利。河漫滩的淹没时机对于一些鱼类来说非常重要，因为这些鱼类需要在繁殖期进入河漫滩湿地。如果淹没时间与繁殖期相一致，则有利于这些鱼类的繁殖。

某一流量条件下水流过程持续时间，能够检验物种对持续洪水或持续干旱的耐受能力。比如河岸带不同类型植被对于持续洪水的耐受能力不同，水生无脊椎动物和鱼类对于持续低流量的耐受能力不同。耐受能力低的物种逐渐被适应性强的物种所取代。

水文条件变化率会影响物种的存活和共存。在干旱地区的河流出现大暴雨时，非土著鱼类往往会被洪水冲走，而土著鱼类能够存活下来，从而保障了土著物种的优势地位。

洪水水位涨落也会引发生物不同的行为特点（behavioral trait），比如鸟类迁徙、鱼类洄游、涉禽的繁殖以及陆生无脊椎动物的繁殖和迁徙。每一条河流都携带着生物的生命节律信息。观测资料表明，一些河漫滩植物的种子传播与发芽在很大程度上依赖于洪水脉冲，即在高水位时种子得以传播，低水位时种子萌芽。另外，依据洪水信号，一些具有江湖洄游习性的鱼类以及在干流与支流洄游的鱼类，在洪水期进入湖泊或支流，随洪水消退回到干流。我国国家一级保护动物长江鲟主要在宜昌段干流和金沙江等处活动，春季产卵，产卵场在金沙江下游至长江上游，汛期则进入水质较好的支流活动。

以长江中下游为例，说明水文情势的生态影响。图1-10绘出2000年长江宜昌水文站的流量过程线，区分出3种流量过程，即低流量过程、高流量过程和洪水脉冲过程，对应这3种流量过程，其生态响应概述如下。

（1）低流量过程：流量普遍降至6000m³/s以下，水流在主河槽流动，水位较低，流速较小，流态平稳，利于鱼类越冬；长江干流流量减小，水位降低，洞庭湖和鄱阳湖的水流向长江，两湖维持在合适水位，为越冬候鸟提供越冬场；低流量期一定大小的流量还起到维持河流的温度、溶解氧、pH、河口的盐度在合适范围内的作用。

（2）高流量过程：5、6月的高流量过程，正好是长江中游大部分鱼类繁殖的高峰期。以青鱼、草鱼、鲢鱼、鳙鱼四大家鱼为例，高流量的涨水过程是刺激家鱼产卵的必要条件。河道流量的增加，会对水体的温度、溶解氧、营养盐等环境指标有一定的影响；随水位升高，河宽、水深、水量增加，水生生物栖息地的面积和多样性随之增多；适合的水文、生境条件是大部分鱼类选择夏季高流量期产卵的重要原因。另外，10、11月的高流量过程，是秋季产卵鱼类的繁殖期。由于秋季的高流量过程发生在洪水之后，此时的河床底质普遍洁净，水质较好，流速大小适宜，长江重要濒危鱼类中华鲟的产卵正好发生在这一时期。

（3）洪水脉冲过程：7、8、9月的洪水脉冲过程，长江中游水流普遍溢出主河道，流向河漫滩区，促进了主河道与河漫滩区的营养物质交换，形成了浅滩、沙洲等新栖息地，为一些鱼类的繁殖、仔鱼或幼鱼生长提供了良好的繁育场所。洪水过程也是塑造长江中游河床形态的主要驱动力。长江中游复杂的河湖复合型生态系统，需要洪水期的大流量促进长江干流与通江湖泊洞庭湖、鄱阳湖以及长江故道之间的物质交换和物种交流。

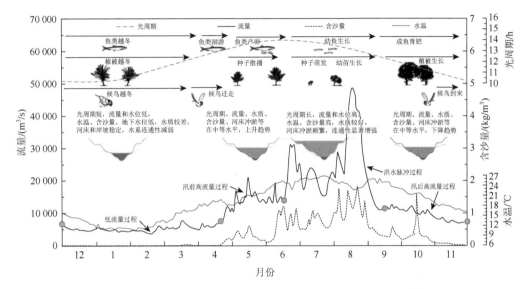

图 1-10　2000 年长江宜昌水文站流量过程与生物过程关系[31]

1.3.2　河流地貌形态空间异质性

空间异质性（spatial heterogeneity）是指某种生态学变量在空间分布上的不均匀性及其复杂程度。河流地貌形态空间异质性是指河流地貌形态（morphology）的差异性和复杂程度。河流地貌形态空间异质性决定了生物栖息地的多样性、有效性和总量。大量观测资料表明[32]，生物多样性与河流地貌形态空间异质性呈正相关关系。

在河流廊道尺度内，水流常年对地面物质产生的侵蚀和淤积作用，引起岸坡冲刷、河流淤积、河流的侧向调整以及河势变化。在河川径流特别是季节性洪水作用下，形成了河流的地貌格局，包括：纵坡变化、单股河道或多股河道；形成河流蜿蜒性；构造了河漫滩、台地等地貌结构；形成了不同的河床基质级配结构。地貌结构持续变化，使河流形态在纵、横、深三维方向都显现出高度空间异质性特征。河流廊道尺度的空间异质性为生物提供了一种变化多样的环境，使得这里的生物多样性十分丰富[33]。在河流廊道尺度，空间异质性表现为河型多样性和形态蜿蜒性、河流横断面的地貌单元多样性、河流纵坡比降变化规律。

1. 河型多样性和形态蜿蜒性

河流平面形态多样性，表现为河流具有多种河型，包括：顺直型、辫状型、网状型、游荡型和蜿蜒型等，创造了多样的栖息地条件。不同河型的河流生物多样性特征不同。

在自然界，整条河流呈顺直状是十分罕见的，仅在河流的局部河段呈顺直形态。顺直型河道常处于变化之中。河道左右两岸冲刷与淤积交错发生，导致边滩交错发育，河道以缓慢的速度从顺直型河道向蜿蜒型河道演变。水流分布较均匀，水流条件较简单，对河流两岸冲刷较小，也不易产生泥沙淤积。顺直型河流行洪、内陆运输功能较好，但地貌、栖息地方面较为薄弱，水生态与水环境功能较差。辫状型河段和游荡型河段的生物多样性相对较低，而蜿蜒型河段较高。一般来说，沿河流纵向，植物多样性沿程逐渐增高，特别是河流从山区进入丘陵和平原地区，河滨带逐渐变宽，河段的物种丰度会达到峰值。另外，在大型支流汇入干流的汇流处，河滨带同样会出现物种丰度峰值。从栖息地选择角度分析，鱼类、水生昆虫类和甲壳类动物具有迁徙能力，这些生物能够自主运动到多样性较高的栖息地，比如溪流上游的卵石河床、干支流汇合口等。

　　蜿蜒型河道是世界上分布最广的河道形态，包含多种地貌单元，最突出的特征是具有深潭-浅滩交错分布的空间格局，并且沿河形成深潭-浅滩序列（图 1-11）。深潭位于蜿蜒型河流弯曲的顶点，浅滩位于河流深泓线相邻两个波峰之间。深潭水深大，流速低；而浅滩水深小，流速高。地貌格局与水力学条件交互作用，形成了深潭与浅滩交错，缓流与湍流相间的格局。当水流通过河流弯曲段的时候，深潭底部的水体和部分底质随环流运动到水面，环流作用可为深潭内的漂浮类和底栖类生物提供生存条件。对于鱼类而言，深潭-浅滩序列具有多种功能，深潭里有木质残骸和其他有机颗粒可供食用，所以深潭里鱼类生物量最大。幼鱼喜欢浅滩，因为在这里可以找到昆虫和其他无脊椎动物作为食物。浅滩处水深较小，存在更多的湍流，有利于增加水体中的溶解氧。砾石基质的浅滩有更多新鲜的溶解氧，是许多鱼类的产卵场。贝类等滤食动物生活在浅滩，能够找到丰富的食物供应。卵石和砾石河床具有匀称的深潭-浅滩序列，粗颗粒泥沙分布在浅滩内，而细颗粒泥沙分布在深潭中。不同的基质环境适合不同物种生存。纵坡比降较高的山区溪流也有深潭依次分布格局，但是没有浅滩分布，水体从一个深潭到下一个深潭之间靠跌水衔接，形成深潭-跌水-深潭系列，这种格局有利于水体曝气，增加水体中的溶解氧。

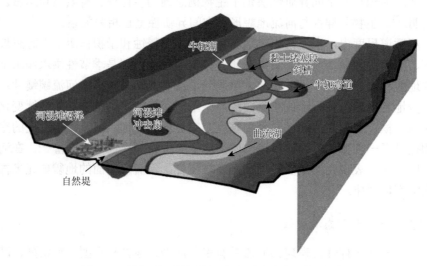

图 1-11　蜿蜒型河道侧向运动形成河漫滩地貌多样性

2. 河流横断面的地貌单元多样性

河流横断面主要组成为干流河槽、河滨带和河漫滩。干流河槽断面多为几何非对称形状，具有异质性特征（图 1-12）。除了干流河槽、河滨带和河漫滩以外，地貌单元还包括季节性行洪通道、江心洲、洼地、沼泽、湿地、沙洲和台地，还有古河道和牛轭湖。多种地貌单元随水文情势季节性变化，创造了多种栖息地环境。

在河道内栖息地生存的藻类、苔藓和固着水生植物，成为河流内的初级生产者，它们与鱼类、甲壳类和无脊椎动物构成复杂的食物网。从河滨带进入河流的残枝败叶、动物残骸和有机碎屑，成为河流另一类初级生产力来源。

河滨带是河流水体边缘与河岸岸坡交汇的水陆交错带，兼备水生与陆生生境条件，具有高度空间异质性特征，加之水文条件季节性变化引起的动态性，使河滨带的生物多样性达到很高的水平，特别能满足两栖动物繁殖的需求。河滨带也是爬行动物、鸟类和哺乳动物的适宜栖息地。

河漫滩生态系统主要受季节性洪水控制。汛期洪水超过漫滩水位向两侧漫溢，水体不仅充满了洼地、沼泽、湿地、小型湖泊和整个河漫滩浅水区域，而且为河漫滩生物群落带来了大量营养物。淹没的河漫滩创造了一种静水栖息地，为鱼类提供了产卵条件。洪水消退时，又把淹没区的枯枝落叶和腐殖质带入主槽。河漫滩是物质交换和能量传递的高效区域。

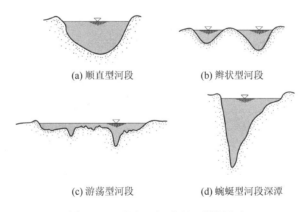

(a) 顺直型河段　　　　　　　(b) 辫状型河段

(c) 游荡型河段　　　　　　　(d) 蜿蜒型河段深潭

图 1-12　平原河流不同河型横断面

3. 河流纵坡比降变化规律

从整体看，一条河流的纵坡比降在上游较大，中下游逐渐变小，呈下凹型曲线。从发源地直到河口，河流的纵向结构大体可以划分 5 个区域，即河源、上游、中游、下游和河口段，分别对应着不同的生物区。河源区大多是冰川、沼泽等。河流的上游段大多位于山区和高原，河床多为基岩和砾石。河道陡峭，水流湍急，下切力强，以河流的侵蚀作用为主。中游段大多位于丘陵和山前平原地区，河道趋于平缓，下切力不大但侧向侵蚀明显，以淤积作用为主。沿线陆续有支流汇入，流量沿程加大，出现河道-滩区格局并形成蜿蜒型河道。下游段多位于平原地区，河道平缓，流速变缓，以河流的淤积作用为主，河道多呈宽浅状，外侧发育有完好的河漫滩，依自然条件可发展成蜿蜒型、辫状型或网状型等河型。在河口地区，由于淤积作用在河口形成三角洲，河道分汊，河势散乱。

综上所述，纵坡比降的基本规律和影响是：从河源到河口，河流纵坡比降由大变小，水动力由强变弱，泥沙颗粒由粗变细，据此确定了相应的河型，创造了多样的生境。

1.3.3　河湖水系三维连通性

河湖水系三维连通性是基于景观结构连续性概念，并且结合水文学和生态学理论提出的，具体是指河流纵向、垂向和侧向连通性。水是传递物质、信息和生物的介质，因此河湖水系的连通性也是物质流、信息流和物种流的连通性。三维连通性使物质流（水体、泥沙和营养物质）、物种流（洄游鱼类、鱼卵和树种漂流）和信息流（洪水脉冲等）在空间流动通畅，为生物多样性创造了基本条件（图 1-13）。

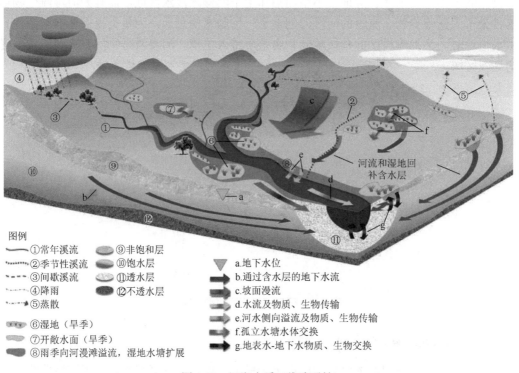

图例

① 常年溪流　⑨ 非饱和层　　a. 地下水位
② 季节性溪流　⑩ 饱水层　　b. 通过含水层的地下水流
③ 间歇溪流　⑪ 透水层　　c. 坡面漫流
④ 降雨　⑫ 不透水层　　d. 水流及物质、生物传输
⑤ 蒸散　　　　　　　　　e. 河水侧向溢流及物质、生物传输
⑥ 湿地（旱季）　　　　　f. 孤立水塘水体交换
⑦ 开敞水面（旱季）　　　g. 地表水-地下水物质、生物交换
⑧ 雨季向河漫滩溢流，湿地水塘扩展

图 1-13　河湖水系三维连通性

物理连通性与水文连通性是交互作用的。物理连通性是地貌物理基础，水文连通性是河湖生态过程的驱动力，两种因素相结合共同维系栖息地的多样性和种群多样性。降雨、径流过程、洪水频率和发生时机等水文要素的时空变化，对于河湖水系三维连通性至关重要。所以，应把河湖水系三维连通性看作是一个动态过程，在空间概念的基础上

还须加入时间维度。在更长的时间尺度内，由于全球气候变化、水文情势变化和地貌演变，河湖水系三维连通性也处于变化之中。所以，在长时间尺度内，要考虑河湖水系三维连通性的易变性（variability）问题。

连通性的相反概念是生境破碎化（habitat fragmentation）。工程构筑物（大坝、堤防、道路等）和水库径流调节等人类活动，破坏了三维连通性条件，引起景观破碎化，导致水生态系统结构、功能和过程受到负面影响。

1. 河流纵向连通性——上下游连通性

河流纵向连通性是指河流从河源直至下游的上下游连通性，也包括干流与流域内支流的连通性以及最终与河口及海洋生态系统的连通性。河流纵向连通性是许多物种生存的基本条件。纵向连通性保证了营养物质的输移，鱼类洄游和水生生物的迁徙，以及鱼卵和树种漂流传播。在一些河流上建设的大坝，阻断了河流纵向连通性，造成了景观破碎化；阻塞了泥沙、营养物质的输移；洄游鱼类受到阻碍；人工径流调节导致水文情势变化，引起了一系列负面生态问题。

2. 河流垂向连通性——地表水与地下水连通性

河流垂向连通性是指地表水与地下水之间的连通性。垂向连通性的功能是维持地表水与地下水的交换条件，维系无脊椎动物生存的重要条件。降雨渗入土壤，先是通过土壤表层，然后进入饱和层或称地下含水层。在含水层中水体储存在土壤颗粒空隙或地下岩层裂隙之间，含水层具有渗透性，容许水体缓慢流动。地表水和地下水之间存在着交换关系。随着地下水的补充或流出，地下水的水量和水位都会发生变化，导致地下水位与河床高程相对关系发生变化。当地下水位低于河床高程时，河流向地下水补水；反之，当地下水位高于河床高程时，地下水给河流补水。地表水与地下水之间的水体交换，也促进了溶解物质和有机物的交换。城市地面硬化铺设以及河岸不透水护坡影响了垂向连通性，引起一系列生态问题。

3. 河流侧向连通性——河流与河漫滩连通性

河流侧向连通性是指河流与河漫滩之间的连通性，是维持河流与河岸间横向联系的基本条件。侧向连通性促进岸边植被生长，形成了水陆交错的多样性栖息地，也保证了营养物质输入河道。侧向连通性还是洪水侧向漫溢的基本条件。洪水漫溢向河漫滩输入了大量营养物质，同时，鱼类在主槽外找到了避难所和产卵场。洪水消退，大量腐殖质和其他有机物进入主槽顺流输移，形成高效物质交换和能量转移环境。如果河流与河漫滩之间没有构筑物（堤防、道路）阻隔，则陆生动物可以靠近河滨带饮水、觅食、避难和迁徙。人工结构物如缩窄河滩建设的堤防以及道路设施，会对河流侧向连通性产生负面影响。

4. 河流-湖泊连通性

河流与湖泊间的连通性，保证了河湖间注水、泄水的畅通，同时维持湖泊最低蓄水量和河湖间营养物质交换，河湖连通还为江河洄游型鱼类提供迁徙通道。年内水文周期变化和脉冲模式，为湖泊湿地提供了动态的水位条件，促进水生植物与湿生植物交替生长。河湖连通，交互作用，吞吐自如，动态的水文条件和营养物，使湖滨带成为鱼类、水禽和迁徙鸟类的理想栖息地。

由于自然力和人类活动双重作用，不少湖泊失去了与河流的水力联系，出现河湖阻隔现象。就自然力而言，湖泊因长期淤积或地质构造运动致使湖水变浅，加之湖泊中矿物营养过剩，使水生生物生长茂盛，逐步沼泽化，改变了河湖高程关系，长期演变就会丧失与河流的连通性。人类活动方面，因围湖造田和防洪等目的，建设闸坝等工程设施，造成河湖阻隔。另外，在入湖尾闾处河道因人为原因淤积或下切，也会打破河湖间注水-泄水格局。河湖阻隔后，湖泊水文条件恶化，蓄水量减少，水位下降，或者汛期湖泊向河流泄水不畅。水文情势改变后，水体置换缓慢，水体流动性减弱。加之污水排放和水产养殖污染，湖泊水质恶化，使不少湖泊从草型湖泊向藻型湖泊退化，引起湖泊富营养化，导致湖泊生态系统严重退化。

1.3.4 水体物理化学特性

河流湖泊等水体物理化学特性需要维持在正常范围，以满足水生生物的生长与繁殖的需要。水体的物理化学特性也是决定淡水生物群落构成的关键因素。

1. 水温

河湖水体温度变化对于所有水生生物的初级生产力、呼吸、营养循环、生长率、新陈代谢等生态过程都具有重要影响。各种淡水生物都有其独特的生存水温承受范围。大部分淡水动物都是冷血动物，无法调节自身体温，它们的新陈代谢必须依靠外界热量。如果水温升高将提高整个食物链的代谢和繁殖率，这是正面效应。水温升高的负面效应是温度升高会使溶解氧（DO）降低，如果鱼类和其他水生生物长期暴露在 DO 浓度为 2mg/L 或更低的条件下时则会死亡，此外，水体还会产生恶臭气味。水温升高还会导致有毒化合物增加，耗氧污染物危害加剧。

2. 溶解氧

溶解氧是鱼类等水生生物生存的必要条件。溶解氧（DO）反映水生生态系统中新陈代谢状况。溶解氧是大气溶解、植物光合作用放氧过程和生物呼吸耗氧过程三者达到平衡之后水体中的氧气浓度。水中的氧气主要通过水生植物、动物和微生物的呼吸而流失。当水中的植物生物量过多时会消耗大量氧气。农业施肥和养殖业等生产活动向河湖排入大量需氧有机污染物，这些污染物在生物化学分解过程中也会消耗大量水中的溶解氧。

3. 营养物

除了二氧化碳和水以外，水生植物（包括藻类和高等植物）还需要营养物质支持其组织生长和新陈代谢，氮和磷是水生植物和微生物生长需要的最主要营养元素。大气中的氮经藻类固氮作用后，通过水生植物的同化作用在植物体内合成有机氮（蛋白质），并进一步被其他植食动物吸收利用。水体中的磷主要来自流域内地表汇入。人类活动加剧了氮和磷向地表水的迁移，人类生产的化肥和洗衣剂等排入河湖后，释放出大量溶解氮和溶解磷，改变河湖营养状况，使河湖富营养化，严重破坏了水生态系统的结构和功能。

4. pH

水的酸性或碱性一般通过 pH 来量化。pH 为 7 代表中性条件，pH 小于 5 表明中等酸性条件，pH 大于 9 表明中等碱性条件。许多生物过程如繁殖过程，不能在酸性或碱性水中进行。低 pH 水体中物种丰度降低。pH 的急剧波动也会对水生生物造成压力。河流水体酸性来源于酸雨和溶解污染物，湖泊水体酸碱度取决于地表径流、流域地质条件以及地下水补给。

5. 重金属

在环境污染方面所说的重金属主要是指汞、镉、铅、锌等生物毒性显著的元素。酸性矿山废水、废弃煤矿排水、老工业区土壤污染以及废水处理厂出水等都是重金属污染源。如果重金属元素未经处理排入河流、湖泊和水库，就会使水体受到污染。重金属累积会对水生生物造成严重不利影响，重金属进入生物体后，常与酶蛋白结合，破坏酶的活性，影响生物正常的生理活动，导致生物慢性中毒甚至死亡。如果人类进食累积有重金属的鱼类和贝类，重金属就会进入人体产生重金属中毒，重者可能导致死亡。

6. 有毒有机化学品

有毒有机化学品是指含碳的合成化合物，如多氯联苯（PCB）、大多数杀虫剂和除草剂。由于自然生态系统无法直接将其分解，这些合成化合物大都在环境中长期存在和不断累积。有毒有机化学品可通过点源和非点源进入水体，其在水环境中的迁移转化过程包括溶解、沉淀、吸附、挥发、降解以及生物富集作用。

1.3.5　食物网结构和生物多样性

上述水文情势、河流地貌形态、连通性和水体物理化学特性等生态要素，都属于水生态系统中的非生命部分（或称生命支持部分）。水生态系统的核心是生命系统。非生命部分的生态要素直接或间接对生命系统产生影响，特别是影响河流湖泊等的食物网结构和生物多样性。

1. 食物网结构

河流生态系统实际存在两条食物链，这两条食物链联合起来形成一个完整的食物网。

所有食物网的基础都是初级生产。河流的初级生产有两种，一种称为"自生生产"，即河流通过光合作用利用氮、磷、碳、氧、氢等物质生产有机物，此类初级生产者是藻类、苔藓和大型植物。如果阳光充足和有无机物输入，这些自养生物能够沿河繁殖生长，这种自生初级生产构成了一条食物链的基础，这条食物链加入河流食物网，形成的营养金字塔是：光合作用-初级生产者-植食动物-初级肉食动物-高级肉食动物。另一种初级生产称为"外来生产"，是指由陆地环境进入河流的外来物质如落叶、残枝、枯草和其他有机物碎屑等粗颗粒有机物（CPOM）被数量巨大的撕食者（shredder）、收集者（collector）及各种真菌和细菌破碎、冲击后转化成细颗粒有机物（FPOM），成为初级肉食动物的食物来源，成为另外一条食物链的基础。这条食物链加入河流食物网，形成的营养金字塔是：流域有机物输入-撕食者-收集者-初级肉食动物-高级肉食动物。由以上分析可以发现，是初级肉食动物（或称二级消费者）把两条食物链结合起来，形成河流完整的食物网。这就是所谓"二链并一网"的食物网结构（图 1-14）。

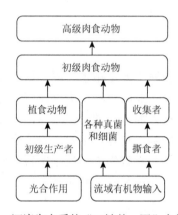

图 1-14　河流生态系统"二链并一网"食物网结构

　　图 1-15 显示林区溪流生态系统食物网结构。溪流食物网基于两种主要资源，一是从河滨带进入溪流的物质，诸如残枝败叶、种子以及支流的无脊椎动物；二是河流内的初级生产量，河流中多为藻类、苔藓和固着水生植物。有的河流有大量枯枝落叶等物质输入，成为主要食物来源。处于食物网底层的无脊椎动物群落，主要构成撕食者和收集者。撕食者以粗颗粒有机物为主要食物，与其他微型水生植物和动物一起分解摄食水生维管束植物的枯枝落叶等残体组织，或者直接摄食活的水生维管束植物，如毛翅目石蛾科苏石蛾属（*agrypnia*）、鳞石蛾科鳞石蛾属（*Lepidostoma*）、部分大蚊（crane fly）幼虫等。收集者以微粒、碎屑为食，这些物质一部分来自粗颗粒有机物的分解，另一部分由可溶性有机物、藻类和原生动物等形成的絮状物组成，在光照条件好且枯枝落叶输入较少的河流，初级生产力较强，着生藻类等食源丰富。无脊椎动物群落构成主要是刮食者（scraper），刮食者在河床岩石底质或有机底质上刮食周丛生物、着生藻类和其他微生物。刮食者包括蜉蝣目中的扁蜉科和小蜉科。当遮阴作用引起光照作用减弱时，可被刮食者食用的蓝绿藻减少，导致供给无脊椎动物群落的营养物质减少。

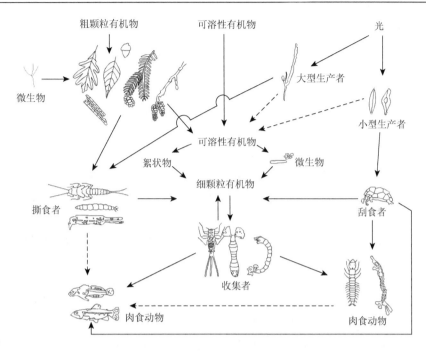

图 1-15 林区溪流生态系统食物网结构

2. 生物多样性

河川径流动态水文情势是河流生态系统的驱动力,河流地貌形态空间异质性提供了栖息地多样性条件,成为河流生物多样性的基础。河流是动水系统,经过长期演变过程,在河流系统生活的生物,从形态和行为上都已经适应了动水条件。河流系统的分区不同,生物的分布格局各异。河道是河床中流动水体覆盖的动态区域,是水生生物最重要的栖息地之一。河道内栖息地生存着各种鱼类、甲壳类和无脊椎动物等,与藻类和大型植物等构成复杂的食物网。

河滨带具有水陆交错特征,加之生境的高度动态性,使河滨带生物多样性十分丰富。河滨带的生物集群包括大量的细菌、无脊椎动物、鸟类和哺乳动物等。影响河滨带植物物种多样性关键因素包括:洪水频率、生产力和地貌复杂性。河漫滩是洪水漫滩流量通过时水体覆盖的区域,季节性洪水是河漫滩生态系统的主要驱动力,河漫滩的初级生产者主要有藻类和维管植物。一些大型水生植物如凤眼莲、水浮莲,能够适应季节性洪水和变动的水位条件,保持较高的初级生产力。在河流-河漫滩系统生活着种类繁多的淡水鱼群,一些珍稀、濒危物种也生活在河漫滩湿地。

1.4 河流分级分类

1.4.1 河流分级系统

流域中的河流一般可表达为分叉树枝状,树枝的端点称为"源",树的根部成为

"出口"。1945年，Horton首先提出了一个划分组成流域各河流的方法。在此基础上，国际著名的地貌学家Strahler于1957年提出"Strahler河网分级方法"，其规则定义为：直接发源于河源的河流为1级河流；同级的两条河流交汇形成的河流的等级比原来增加1级；不同等级的两条河流交汇形成的河流的等级等于原来河流中等级较高者。但是由于此方法只在同级相交时才会提高级别，因此此种方法仅保留了最高级别连接线的级别，并没有考虑所有水系网络的连接线（图1-16）。美国河流管理就采用Strahler河网分级方法，并建立全国河流分级数据库。美国环境保护署发布的国家河流和溪流评估场地评估手册将美国河流基于Strahler河网分级方法分为大河（5级及以上）、其他河流（大河之外的5级及以上）、大型溪流（3~4级）和小溪（1~2级）。另外，还有Shreve方法（图1-16）。有研究认为这三种河流分级方法均不能有效表明河流密度的概念，它们通常都将水系作为树状结构来处理，对于网状水系的分级效果并不明显。余炯等[34]认为Horton、Strahler、Shreve河流分级规则并不具备地貌学河流分级的实质性意义，很难反映河流各等级的物理特征（坡降、地貌单元等），即使是同级河流，由于流经地区水文和地质条件的差异，其物理特征也是存在差异的。另外，也有综合流域面积、长度、设计流量等，采用模糊综合评判、灰色聚类分析将河流分为重要河流、主要河流、一般河流三个等级，这种分级方式可称为工程学分级方式。不过模糊综合评判的权重形成具有比较大的任意性，因为这种方法的评判向量的分量和权重分配是通过专家评定的，人为影响较大，而灰色聚类分析方法相对来说有比较充分的理论依据，但灰色聚类分析方法和模糊综合评判方法又很难体现各级河流的演变特征（时空变化）。

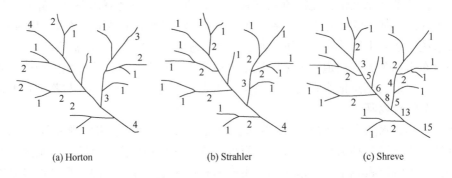

|(a) Horton|(b) Strahler|(c) Shreve|

图1-16 常见的河流等级划分规则

目前我国基础地理信息数据库中1:25万数据库对河流进行的分级，综合考虑了流域面积、河流长度、流量、航运等级、河流密度以及重要性，将现有河流划分为6个等级（其中有名称非5级以上的河流都归为第6级别），所有6级以下河流则未分级，那么6级以下河流的等级就很难定义了。在实际河流等级划分过程中往往没有考虑河流的时空概念，合理的河流等级划分要能反映其时空尺度的变化。现代研究认为，流域水文响应是地貌扩散和水动力扩散对降落在流域上具有一定时空分布的净雨共同作用的结果。在空间上，河流的地貌特征从源头到入海都是变化的，在时间上也具有易变性，可见，河流是呈大尺度的时空动态变化。近年来，全球水资源危机、水环境恶化、洪涝灾害促使人类给予河流更多的关注，就河论河的研究方法已经逐步发展成将河流与水文水动力学、地貌学、生物学相互结合，对河流的研究也已经从个体河流上升到系统层次，逐步认识到河流及其陆生环境的密切关系，开始关注河流系统的纵向和横向联系，关注河流生物群落的生态特性[34]。

北美一些研究学者提出的一种基于生态功能的河流等级划分具备该优点，其为跨地区的河流等级划分提供了一个概念性的框架，是一种比较全面和具有实际意义的河流等级划分方法。他们认为，每条河流都具有一系列特征：系统结构、复杂程度、生物地球化学特性、生物繁殖力等，可概括为河流的物理、生物特性，这些特征与当地的气候、地质及人类活动有关。理想的河流等级体系是基于地质与气候背景之间、河流生态环境特征与生物之间的相互作用的等级体系。气候、地质特征是大范围、长期作用于河流环境的因素，小范围的局部地貌和生物作用在短时间内改变河流特征。以近年来北美河流等级划分的概念为基础，将大区域（生态区）与小的微生态区尺度联系起来进行分级考虑，是一种基于生态功能的河流分级体系。最早的基于生态功能的河流等级划分系统是由 Warren 在 1979 年提出的，描述了由 5 个变量（河底物质、气候、水化学、生物群和繁殖）定义的 11 个等级（从大于 $10km^2$ 的区域到小于 $1m^2$ 的微生态区），对复杂的等级系统提出了明确的理论结构，但没有具体的划分方法。1986 年，Frissell 等讨论了河流分级问题，并建立一个扰动和恢复时间的连续性生态敏感区，从中可以看出，微生态环境对干扰最为敏感，小范围生态区特征事件不会影响大系统的特征，而大范围的干扰事件会直接影响小范围的河流特征。Frissell 提出的河流等级划分方法建立了可划分单元（如流域、河流、河区、河段、浅滩/深潭、微生态区），该河流等级划分方法在嵌套空间上可分辨的层次拓展了 Warren 的理论，仅需要一两个时空尺度来划分河流等级层次，是基于不同时空尺度上描述的长期有效的河流等级划分方法，具有可操作性。有学者以浙江省为例，利用该生态功能河流等级分类方法，分别对浙江省的河流进行了分级，并对应提出了各等级河流的生态保护目标和对策[34]。

流域：流域是以水为媒体融合起来的生物、人类活动、社会与自然资源综合体。其尺度大，可反映河流生态系统的积累过程。流域的景观格局、土地开发、水环境及水资源时空上的配置方式对河流生态系统的状态起决定性的影响。为此，生物多样性的保护需提到流域等级层次上。流域局部或某一要素的干扰都会引起河流、河区、河段、浅滩/深潭、微生态区的变化，在生态保护方面需要重点把握流域系统的整体性。

河流：河流是流域生态系统的核心组成，也是流域尺度内人类活动的承载体。河流的物理、生物特点具有时空动态连续性。其生态保护目标在于流量配置，人工干扰的恢复，地形、坡度的塑造，河岸植被带建设，维护河流边缘生态交错带，等等，以保证河流纵向上的连续性，促进生物、沉积物运输通道的畅通。

河区：河区是人类活动大范围长期作用所在的河流等级层次，如毁林垦荒、裁弯取直、工农业污水排放、水运、挖沙，该区也是洪灾损失最为严重的河流等级层次。该区生境多样化，有利于生物群落的繁衍，为此"人水和谐"，保证生态需水量是该区的生态保护目标。在河源区需实施封山育林、退耕还林的水土保持工作；在干流区可保留河滩，维持河流的自然形态，采用生态型防洪堤，建设生物栖息地，合理布置排污口，建设河岸带景观等；在河口区合理布置排污口、采用生态防潮堤、保证生物洄游通道等。

河段：河段尺度上的生态保护活动需同河区、河流、流域的生态保护联系起来，其可更具体地反映河流生态系统状况，需综合考虑河段在河流等级层次中的位置与作用。该等级层次的生态保护目标主要在护坡、护岸建设、鱼道与栖息地建设、亲水景观设计规划、河岸带景观建设。

浅滩/深潭：该层次水陆紧密联系，缓流急流相间，是开放的生态环境，水体温度、氧气分布均匀，大量生物物种可以在该等级层次找到生存、栖息、繁殖环境，有利于保持较高的生物多样性。其生态保护目标是尽量保持浅滩/深潭层次，在特殊情况下需人为营造阶梯-深潭、浅滩-深潭单元。

微生态区：由于河底各级泥沙组成、沉水植物、挺水植物具有吸附污染物净化水体的功能，其生态保护目标为保持河床物质的多质性，实施水生植物的栽种或保护。综合而言，基于生态功能的河流等级划分将河流的物理特征和生态特征相结合，相对以前河流等级的划分来说是一个进步。它不仅全面考虑了河流的物理、生物特征，还考虑了河流时空尺度上的变化，在空间尺度上已经上升到流域的尺度，对整个流域的水资源开发利用、水生态系统和环境保护、河流各级层次的治理均有重要意义。

1.4.2 水利部"三类五级"河流分级分类方法

综合考虑河流自然属性、分级管理和治理要求，由于我国河流众多，长期以来，河流治理管理工作中存在分级分类不规范问题。为推动新阶段水利高质量发展，强化流域统一治理管理，提高河流治理管理科学化规范化水平，水利部出台了"三类五级"河流分级方法。

拟按"三类五级"进行规范，"三类"包括大型河流、中型河流、小型河流，"五级"包括一至五级河流。河流分级分类主要指标（试行）详见表1-4。总体上，一级河流主要为水法、防洪法等法律法规中规定的国家重要江河，对保障国家水安全和生态安全具有举足轻重的作用和全局性影响；二级河流主要为跨省、自治区、直辖市的其他重要江河，对区域经济社会发展和生态保护具有重要作用；三至五级河流主要对应省级、地市级、县级河流。具体划分中，对保障国家或区域水安全具有重要作用的河流，可适当提高河流等级。

表 1-4　河流分级分类主要指标（试行）①

河流级别	河流类别	流域面积/万 km²	综合性指标				流经区域
			耕地/万亩②	人口/万人	涉及城市规模	重大基础设施	
一	大型河流	≥20	≥10 000	≥2 000	超大、特大	特别重要	跨省界（国界）
二		5～20	2 000～10 000	500～2 000	大	重要	

---

① 表中部分范围存在交叉，原文如此。
② 1 亩≈666.7m²。

续表

河流级别	河流类别	流域面积/万 km²	综合性指标				流经区域
			耕地/万亩	人口/万人	涉及城市规模	重大基础设施	
三	中型河流	1~5	100~2 000	100~500	中等	中等	跨地市
四		0.3~1	50~100	20~100	Ⅰ型小城市	一般	跨区县
五	小型河流	<0.3	<50	<20	—	—	跨乡镇

注：1. 河流分级分类综合考虑河流自然属性、流域保护治理管理重要性等主要要素指标。具体划分中，原则上在满足 3 个及以上指标条件下，综合确定河流等级。

2. 对国家或地区发展和安全具有重要作用的河流，可视其重要程度相应提高其等级。

3. 本次河流分级分类不包括湖泊。同一河流干流和支流不划为同等级河流。

4. 平原水网地区如无法测算"流域面积"值，可采用"地理范围"替代。

5. 根据 2014 年国务院印发《国务院关于调整城市规模划分标准的通知》，城市规模以城区常住人口为统计口径。

6. 重大基础设施判定参考《国务院办公厅关于开展重大基础设施安全隐患排查工作的通知》[国办发〔2007〕58 号]、《水利水电工程等级划分及洪水标准》（SL 252—2017）、《电力设施治安风险等级和安全防护要求》（GA 1089—2013）、《通用机场建设规范》（MH/T 5026—2012）、《高速铁路设计规范》（TB 10621—2014）、《公用电信设施保护安全等级要求》（YD/T 2664—2013）等文件和标准规范。

1.4.3　浙江河道分级方法

浙江省水系水网密布，与独立入海河流和小河道形成了独特的河网水系。《浙江省河道等级划分技术标准（试行）》先根据自然地貌的不同将全省河道分为山丘区河道、平原河网区河道和滨海岛屿区河道，再分类进行分级划定。山丘区河道等级划分的指标标准见表 1-5，当某条河道的分级指标满足表中（1）、（2）、（3）任意两项指标或同时满足（1）、（4）、（5）三项指标者，这条河道自上游起始断面起整条河道可定为相应等级。

表 1-5　浙江省山丘区河道等级划分指标[①]

分级指标		序号	省级	市级	县级	乡镇级
流域面积		（1）	≥1500km²	250~1500km²	10~250km² 或二级支流跨区县	<10km²
行洪能力		（2）	大型及重要中型水库泄洪道	大、中型水库泄洪道	中小型水库泄洪道	—
控制对象	城市或人口	（3）	保护地级市或人口大于 50 万	保护县级城市或人口 20 万~50 万	保护乡镇或人口 10 万~20 万	保护重要村庄或人口小于 10 万
	交通	（4）	国家、省级交通要道	县级交通要道	乡镇交通要道	乡村要道
	工矿企业	（5）	国家、省级重要企业	市级重要企业	县级重要企业	一般企业

平原河网区河道等级划分指标见表 1-6，满足指标（1）和（3）或指标（2）和（3）

---

① 表中部分范围存在交叉，原文如此。

者，即可定为相应等级；或满足指标（1）和（2）两项，且满足指标（7）或满足指标（3）的下一级，也可定为相应等级；或满足指标（1）和（2）两项，且满足（4）～（6）中任意两项指标者，可划为相应等级。

表 1-6　浙江省平原河网区河道等级划分指标表①

分级指标		序号	省级	市级	县级	乡镇级
引排能力		（1）	流域性引排骨干河道	区域内引水和排水、连接骨干河道	区县局部地区引水和排水、水量调蓄河道	乡镇局部地区排水和引水河道
河道范围		（2）	跨省、跨市河道	跨区县	跨乡镇	跨村
平均河宽/m		（3）	≥70	≥50	≥30	<30
控制对象	城市或人口	（4）	保护省会城市主城区或人口大于50万	保护地级市主城区或人口20万～50万	保护县城及乡镇或人口10万～20万	保护重要村庄或人口小于10万
	面积/km²	（5）	≥1500	250～1500	40～250	5～40
	工矿企业	（6）	特大型	大型	中型	中小型
航道等级		（7）	四级	五级	六级	七级

1.4.4　基于地貌特征的河流分类

河床演变学通常采用的是"自小河而大河"的河流分级法，通过最小河流单元的合理选取，可以使河流分级"标准化"，减少任意性，进而也便于区别和比较不同流域或不同水系的河流分级数与大小。河流地貌学起源于对景观长期演变的阐述，主要目的在于描述和分析流水作用所形成的地貌特征。美国地貌学家 Davis 采用地理循环（geographical cycle）理论，根据河流发展的相对阶段将河流分为三类，提出了年轻-成熟-年老的河流分类法，对河流进行了定性的描述。但它主要是一个交流的工具，而不是科学的解释。河流地貌学更多关注的是泥沙侵蚀、输移和淤积。虽然在研究方法上注重对过程的分析，但在20世纪，河流地貌学则主要应用经验和描述性的方法。现代的应用河流地貌学则更多应用水力学、地质、土坡稳定、泥沙输移和水文方面的技术和经验。在河流管理中，地貌学的作用是把局部区域管理所关注的问题与大尺度的流域和河流过程联系起来，确定系统内对不稳定性的容许度，延长管理所关注的时间尺度，识别系统极限值，建立工程学和生态学之间的联系。在这样一条技术路线下，河流分类只是各类分析工作的开始。

河流地貌分类方法在河流生态修复领域的应用中有一个基本假定，即物理特征决定可能的生物特征。但这种假定还没有得到很好的检验，生物学家对此也并不完全认同。大多分类方法把结构特征而不是功能特征，作为相似性的准则。传统的河流地貌分类方法主要是根据河型进行分类。在西方国家应用最广泛的河型分类方法是 Leopold 所提出的方法，把河流分为顺直、蜿蜒和辫状三类。

目前 Rosgen 河流分类法被美国森林、土地管理等机构所广泛采用，特别是在河流规划

---

① 表中部分范围存在交叉，原文如此。

设计中具有重要作用。它主要针对具体河型和状态建立水流条件与泥沙的关系，把某一河段的数据外插到具有类似特征的河段，如水流阻力分析、水力几何关系、临界剪应力估算、泥沙冲淤变化等。这些方法有助于设计人员从河流的外在表征预测它的性态，如河流类型的演变，鱼类栖息地质量评价等。此外还有助于不同专业的技术人员就一些问题进行交流。Rosgen 河流分类法是几个不同分类方法的综合，它综合了河流地貌特征与其他河流特征[35]，所涉及的一些主要特征参数包括平滩水位、汊道数、宽深比、蜿蜒度、河道水面坡降、河道材料和宽窄率。这些数据是具体河段的测量结果，而不是整个河流不同河段的均值。

1）平滩水位

平滩水位在河流生态修复设计中占有非常重要的地位。可以根据水文资料分析确定平滩水位，也可以通过实地调查来确定，主要调查内容和关键参数包括：边滩的表面高程（河道堆积物顶高程），植被变化的分界（特别是多年生植被的下部边界），河道断面坡度变化的位置，陡坡的顶端（塌岸的顶端），河床材料粒径变化的位置，漂浮物堆积线和水痕。

2）汊道数

一条河流的水流所流经的河道数，可从地形图、航拍照片或通过现场观察获得。如果水流只通过一条河道，则称为单束河道。如果水流通过几条河道，则称为辫状河道。

3）宽深比

宽深比定义为平滩水位所对应的河道水面宽度与平均水深的比值，平均水深为沿河道断面等间距布置的 20 点所对应的水深平均值。该值描述了河道的形状和尺寸，根据宽深比大小可将河道区分为宽浅式和窄深式两种。宽深比小于 12 为低宽深比，大于 12 为适度或高宽深比。

4）蜿蜒度

蜿蜒度定义为河段两端点之间沿河道中心轴线长度与两点之间直线长度的比值，也可用河谷坡降与河道水面坡降的比值来描述。河流的蜿蜒度表明了河流的弯曲程度，一般情况下，河道坡降和河床材料颗粒大小降低时，蜿蜒度相应增大。

5）河道水面坡降

河道水面坡降为沿某一河段两断面之间水面高程差与沿河道中心轴线河道长度的比值。这两个断面至少应跨越两个蜿蜒段，或河段长度达到 20～30 倍平滩宽度。河道水面坡降对河道形态特征、河流泥沙、水力特性和生物功能具有重要作用。

6）河道材料

河床和河岸材料不仅影响河流泥沙输送和河流水力特性，而且还影响河流的几何形状和形态，可用于解释河流生物功能和生物稳定性。Rosgen 把河床材料分为基岩、漂石、鹅卵石、砾石、砂和泥（粉砂和黏土）。

7）宽窄率

一些河段岸坡非常陡，而其他一些河段岸坡非常缓，逐渐过渡到河漫滩。这类特征用宽窄率来描述并通过现场测量确定。宽窄率为河漫滩区（或对应两倍平滩水深的高程位置）的河宽与平滩宽度之比。

Rosgen 河流分类法从 1973 年开始研究，并于 1985 年形成目前分类法的雏形。它分为四个层次（图 1-17），即地貌特征、地貌描述、河流状态和验证。

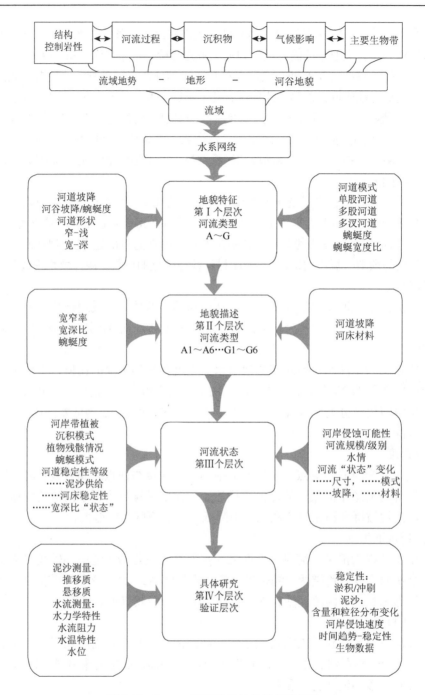

图 1-17　Rosgen 河流分类法体系概述框架

　　第 Ⅰ 个层次（图 1-18），即地貌特征，根据河道坡降、平面形态、断面几何特征，河流被分为 7 个主要类型，标注为 A～G。

　　第 Ⅱ 个层次地貌描述（图 1-19），主要包括宽窄率、宽深比、蜿蜒度、河道坡降和河床材料。该层次首先根据主要河床材料的类型和平均粒径，把河流分成 42 个亚

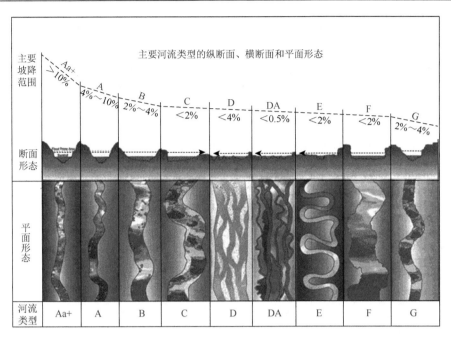

图 1-18 Rosgen 河流分类法（第 I 个层次）[35]

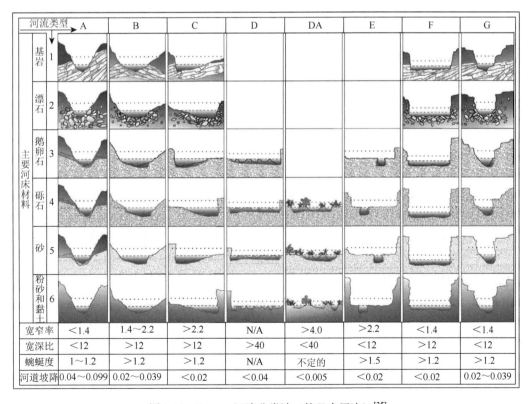

河流类型	A	B	C	D	DA	E	F	G
宽窄率	<1.4	1.4~2.2	>2.2	N/A	>4.0	>2.2	<1.4	<1.4
宽深比	<12	>12	>12	>40	<40	<12	>12	<12
蜿蜒度	1~1.2	>1.2	>1.2	N/A	不定的	>1.5	>1.2	>1.2
河道坡降	0.04~0.099	0.02~0.039	<0.02	<0.04	<0.005	<0.02	<0.02	0.02~0.039

图 1-19 Rosgen 河流分类法（第 II 个层次）[35]

类，标注为 A1～G6。根据在美国、加拿大和新西兰三国获得的 450 条河流实测资料，对分类准则的取值范围进行了进一步细化，形成自然河流分类简表（图 1-20）。按照不同特征描述参数（宽窄率、宽深比、蜿蜒度、河道坡降、河床材料）的变化范围，把河流进一步细分为 82 种子类型。

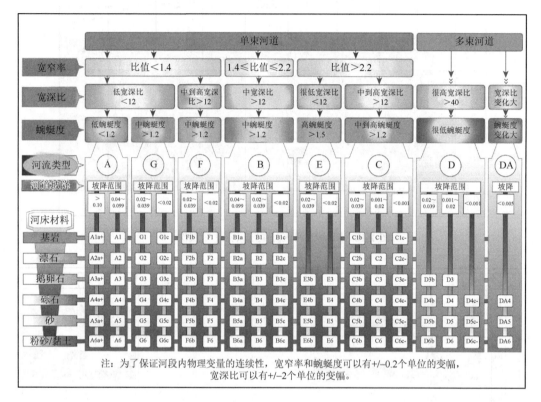

图 1-20 自然河流分类简表[35]

第Ⅲ个层次的描述可用于对河流修复工程进行详细分析，评价某一个具体河段的质量和发展趋势。所需要调查的资料包括河岸带植被、沉积模式、蜿蜒模式、河流状态变化、水情、河流规模/级别、植物残骸情况、河道稳定性等级、河岸侵蚀可能性等。

第Ⅳ个层次的分类可用于验证具体分析结果，它包括修复河段一些关键数据的实地测量，如泥沙推移质和悬移质、河岸侵蚀速度、泥沙含量和粒径分布变化、水力学特性、生物数据（鱼的数量、水生昆虫、河岸带植被的演变）等。在该层次，可以评价修复措施的有效性和各类修复活动的影响，并建立一些关键参数之间的经验关系，如时间趋势-稳定性等。

1.5 河流生态系统面临的胁迫

河流生态系统是由水生生物群落和非生物环境相互作用和相互影响形成的较为稳定

的生态系统。河流生态系统不仅是重要的自然生态系统，也是重要的生态廊道之一，在维系物质、能量和信息交换过程中发挥着重要的生态功能。近百年人类大规模的经济建设活动，一方面给社会带来了巨大繁荣，另一方面给全球河流生态系统造成了巨大的破坏。工业化、城市化的快速发展和人类活动干扰引起的河流水质污染、水文节律紊乱、生境破坏和土地利用模式改变等因素，正在导致河流生态系统遭受前所未有的威胁与破坏，河流生态系统的严重退化已成为区域可持续发展的瓶颈[36]。

河流系统的生态完整性是由河流的"自然动态特性"（natural dynamic character）或"自然流态"（natural flow regime）来维持的[23]。河流生态系统面临的胁迫大致为以下五方面遭到破坏或退化：物理及水文完整性和连通性、化学适宜性、生物完整性、防洪/供水功能以及水文化等。涉及的人类活动包括工业化、城市化、水资源开发利用、水利工程、旅游业等[8]。

1.5.1　水利工程

水利工程对河流生态系统的胁迫主要表现在两方面：一是自然河流的渠道化，二是自然河流的非连续化。在不断增加的电力、灌溉需求的推动下，大水电站得到快速发展，其建设及运行改变了河流的自然流态，并在社会层面也形成一定影响，如移民，其对生态、社会的负面影响得到广泛认可[37]。河流被挡水坝阻挡，在大坝上游形成水库，水库按其功能目标实行人工调度，水库改变了地貌景观格局；人工径流调节改变了自然水文情势，使大坝上游和下游的栖息地条件均发生改变。进而言之，大坝不仅使水流受阻，使水流连续性中断，而且使河流本来连续的物质流、能量流、物种流和信息流中断，使河流出现顺水流方向非连续性特征[8]。因此，世界各国逐渐开始寻找"更清洁、更环保"的河流治理和电力利用方式，这也导致了小水电站项目在一段时间内的激增。近些年来，随着相关研究的逐步深入，越来越多的研究正在质疑小水电站对生态影响较小的观点[38]，Kibler等提出当将小水电站功率输出标准化时，其影响和大水电站一样严重[39]。

我国小水电站的发展建设在不同的历史时期，其发展导向、定位、实际效用均各有侧重。中华人民共和国成立后至改革开放前，小水电站发展建设的主要目的是解决无电、缺电地区的用电问题；改革开放后至20世纪末，小水电站主要是为了解决农村地区电气化、贫困地区脱贫致富等问题；在进入21世纪后，小水电站的主要目的转变为促进可再生能源的利用，缓解资源约束矛盾。不同历史时期的小水电站建设在促进经济社会发展、能源结构转型等方面发挥了重要作用[40]。但与此同时，部分流域、河流存在着无序和过度开发等问题，使河流生态系统遭到了严重的破坏。如在长江流域，根据2018年生态环境部排查结果，长江经济带共有小水电站2.43万座，约占全国小水电站总数的52%。小水电总装机容量5972万kW，约占全国小水电总装机的75%，经统计，引水式电站约占79%。小水电站的密集建设造成部分中小河流生境高度破碎化，尤其是引水式电站，引水导致水文过程节律变异严重，水域面积减少或消失，鱼类适宜生境减少，生存空间大幅压缩[41]。

小水电站大多建立在山区源头河流，山区河流的源头通常拥有较低的水温、较高的溶氧、较快的流速等独特的栖息地特征，为许多区域特有物种提供适宜的栖息生境。大部分山区河流因为水电站建设而改变了水文过程,小水电站尤其是引水式电站,往往在其下游会形成局部减脱水河段,流量、水位的急剧减少,扰乱了河段的季节性变化,降低了纵向、横向上的连通性,破坏了水生生物群的栖息地。由急流变成缓流,水温呈现上升、溶解氧浓度呈现下降的趋势,水生生物避难所的数量、面积显著下降,浅滩出现频率变低,栖息地结构变差,改变了水生生物的群落、空间分布、结构组成等[42]。Jumani 等以印度西高止山脉的小水电站为例,认为其修建及运行显著改变了河流的平面形态、水化学特性以及鱼类群落的组成和多样性,在减脱水河段尤为明显[43],根据其实地观察结果,下游局部河段一年中约有 7~9 个月出现减脱水现象。Gibeau 等通过文献调研,归纳总结了小水电站对鲑鱼生存影响的三种途径——引水导致挡水坝下游流量骤减、低水头大坝导致栖息地的破碎化、水文时间序列一致性遭到破坏,在自然低流量期间按比例引走较多流量可能会增加河段春、夏季节的变暖幅度,从而影响鲑鱼的产卵、孵化等;小水电站的取水坝通常位于高坡度河流中,大坝的修建致使鲑鱼无法逾越障碍从而导致栖息地呈现破碎化,影响鱼类基因的交流,降低了种群生存能力[44]。Kubečka 等对捷克 23 个小水电站进行调查,发现引水导致鱼类群落从大型转向小型,个体的质量、生物量明显下降。其中,引水超过年平均流量 50%的小水电站,其下游鱼类生物量减少了 60%以上[45]。

1.5.2　城市化

城市化进程对河流生态系统结构、过程与功能产生显著影响,部分引起河流生态系统退化。具体表现在以下三个方面:一是由于城市扩展而造成的河流面积减少,特别是与河流相连接的湿地面积减少和河漫滩消失;二是河流整治中构建的各种水利工程对河流床体结构的破坏;三是流域尺度上发生的景观结构、类型[46]。

城市化过程中土地需求不断增加,城市管理者和建筑者为了获得更多的空间,加大了对河流的利用和开发。在河流平面形态上,通过裁弯取直和顺直化改造,把蜿蜒型河道改造成直线或折线型河道。在河流横断面上,把形状多样的河道断面改造成梯形或矩形等几何规则断面。为防止冲刷坍岸和降低水力糙率,在岸坡采取混凝土或干砌块石不透水护坡。通过这样的整治工程,具有较高空间异质性的自然河流变成了渠道化的河流,造成河流面积下降,这是城市化过程中存在的主要问题之一,也是对河流生态系统影响最为严重的一个方面。图 1-21 表示了蜿蜒型河流渠道化前后对比。蜿蜒型河道的基本特征是深潭-浅滩序列交错格局。深潭流速低,营养物丰富,鱼类有遮蔽物,鱼类生物量高。浅滩流速较快又多湍流,溶解氧高,常成为鱼类产卵场和贝类及其他小型动物的庇护所。蜿蜒型河道的遮阴条件好,水温适宜。如果实施了裁弯取直改造,深潭-浅滩序列消失,地貌空间异质性明显下降,生境条件变得单调化。具体表现为顺直型河道缺乏营养物的储存场所,水流平顺,流速分布沿河单一。几何形状规则的河道断面,缺乏合适的遮阴条件及鱼类隐蔽物,水温日内波动幅度大。总之,渠道化的河流栖息地数量减少,鱼类物种多样性下降。另外,岸坡采取混凝土或干砌块石不透水护坡,其负面效应是截断了地表水与地下水的交换通道,使河流垂向连通性受阻。其结果一是妨碍了地下水补给,二是造成土壤动物和底栖动物丰度降低[8]。

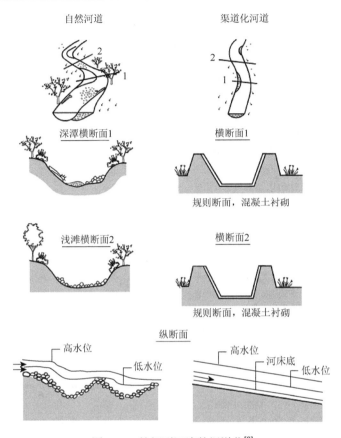

图 1-21 蜿蜒型河流的渠道化[8]

在景观生态学中,河流作为廊道发挥着重要的生态功能,如通道、过滤、屏障、源和汇作用等,与河流相关的各种景观要素与河流间相互作用共同维系整个流域生态系统的平衡与稳定,但是城市化的进程却打破了原有的结构和关系。此外,城市化造成景观要素间空间关系发生了相当大的改变,以城市化水平由低到高为序列,在不同区域中河流的频数和密度存在明显差异:村镇级河流频数高于市区级河流频数数倍;村镇级河流密度在高度城市化地区低于市区级河流密度,但在低度城市化地区则高于市区级河流密度 10 倍以上;由市、区两级河流构成的干流长度比例随城市化进程基本呈上升趋势。干流型网状结构是高度城市化地区的基本河流结构,井型网状结构是中度城市化平原河网地区经人为改造形成的河流结构。因此,随着主导土地利用类型的变化,河流形态结构发生着具有内在联系的趋势性变化,自然型→井型→干流型河流结构是平原河网地区一种可能的演变趋势。三种类型河流结构不仅在空间形式上差异显著,而且在景观、形态、结构、发育和功能等方面特征迥异[46]。

参 考 文 献

[1] 赵钟楠,李原园,郑超蕙,等. 基于复杂系统演化理论的河流生态修复概念与思路研究[J]. 中国水利,2018(21):18-20.

[2] Levin S A. Encyclopedia of Biodiversity[M]. New York:Academic Press,2013.

[3] Delong M D, Thoms M C. An Ecosystem Framework for River Science and Management[M]//Gilvear D J, Greenwood M T, Thoms M C. River Science: Research and Management for the 21st Century. New Jersey: Wiley-Blackwell, 2016.

[4] 熊治平. 河流概论[M]. 北京：中国水利水电出版社，2011.

[5] 马晓利，刘存歧，刘录三，等. 基于鱼类食性的白洋淀食物网研究[J]. 水生态学杂志，2011，32（4）：85-90.

[6] 李云凯，贡艺. 基于碳、氮稳定同位素技术的东太湖水生食物网结构[J]. 生态学杂志，2014，33（6）：1534-1538.

[7] 董哲仁，孙东亚，赵进勇，等. 河流生态系统结构功能整体性概念模型[J]. 水科学进展，2010，21（4）：550-559.

[8] 董哲仁. 生态水利工程[M]. 北京：中国水利水电出版社，2019.

[9] 姜广举，林国标，史晓平. 当代生态文明建设研究：基于生态系统的耗散结构视角分析[J]. 江西农业大学学报（社会科学版），2011，10（3）：71-76.

[10] 陈进. 长江生态系统特征分析[J]. 长江科学院院报，2015，32（6）：1-6.

[11] 张根寿. 现代地貌学[M]. 北京：科学出版社，2010.

[12] 沈玉昌，龚国元. 河流地貌学概论[M]. 北京：科学出版社，1986.

[13] 孙昭华，李义天，黄颖. 水沙变异条件下的河流系统调整及其研究进展[J]. 水科学进展，2006（6）：887-893.

[14] 文伏波，韩其为，许炯心，等. 河流健康的定义与内涵[J]. 水科学进展，2007（1）：140-150.

[15] 赵银军，丁爱中. 河流地貌多样性内涵、分类及其主要修复内容[J]. 水电能源科学，2014，32（3）：167-170.

[16] 张为. 水库下游水沙过程调整及对河流生态系统影响初步研究[D]. 武汉：武汉大学，2006.

[17] Newson M D, Large A R G. 'Natural' rivers, 'hydromorphological quality' and river restoration: A challenging new agenda for applied fluvial geomorphology[J]. Earth Surface Processes and Landforms: The Journal of the British Geomorphological Research Group, 2006, 31（13）: 1606-1624.

[18] 杨景春，李有利. 地貌学原理[M]. 北京：北京大学出版社，2001.

[19] Waring R H. Forests, fresh perspectives from ecosystem analysis: Proceedings of the 40th annual Biology Colloquium[C]. Corvallis: Oregon State University Press, 1980.

[20] Thomson J R, Taylor M P, Fryirs K A, et al. A geomorphological framework for river characterization and habitat assessment[J]. Aquatic Conservation: Marine and Freshwater Ecosystems, 2001, 11(5): 373-389.

[21] 石瑞花，许士国. 河流生物栖息地调查及评估方法[J]. 应用生态学报，2008，19（9）：2081-2086.

[22] Franklin P, Dunbar M, Whitehead P. Flow controls on lowland river macrophytes: A review[J]. Science of the Total Environment, 2008, 400(1-3): 369-378.

[23] Poff N L R, Allan J D, Bain M B, et al. The natural flow regime[J]. BioScience, 1997, 47(11): 769-784.

[24] 周利. 农业非点源污染迁移转化机理及规律研究[D]. 南京：河海大学，2006.

[25] 徐凤伟. 海河流域典型区农业面源污染物迁移转化规律研究[D]. 邯郸：河北工程大学，2018.

[26] 徐聪. 典型河口水库痕量有机污染物赋存特征及其迁移转化模拟研究[D]. 上海：上海交通大学，2018.

[27] 董哲仁. 论水生态系统五大生态要素特征[J]. 水利水电技术，2015，46（6）：42-47.

[28] Richter B D, Baumgartner J V, Powell J, et al. A method for assessing hydrologic alteration within ecosystems[J]. Conservation Biology, 1996, 10（4）: 1163-1174.

[29] Richter B D, Thomas G A. Restoring environmental flows by modifying dam operations[J]. Ecology and Society, 2007, 12（1）: 12.

[30] Mathews R, Richter B D. Application of the indicators of hydrologic alteration software in environmental flow setting 1[J]. JAWRA Journal of the American Water Resources Association, 2007, 43（6）: 1400-1413.

[31] 王俊娜. 基于水文过程与生态过程耦合关系的三峡水库多目标优化调度研究[D]. 北京：中国水利水电科学研究院，2011.

[32] 王宏涛，董哲仁，赵进勇，等. 蜿蜒型河流地貌异质性及生态学意义研究进展[J]. 水资源保护，2015，31（6）：81-85.

[33] Likens G E. River Ecosystem Ecology: Encyclopedia of Inland of Water[M]. New York: Academic Press, 2010.

[34] 余炯，孙毛明，曹颖，等. 基于生态功能的河流等级划分及应用：以浙江省河流为例[J]. 地理研究，2009，28（4）：1115-1127.

[35] Rosgen D L. A classification of natural rivers[J]. Catena，1994，22（3）：169-199.

[36] 张宇航，渠晓东，彭文启，等. 北京市河流生态系统健康评价[J]. 环境科学，2023，44（10）：5478-5489.

[37] Dudgeon D. Large-scale hydrological changes in tropical Asia：Prospects for riverine biodiversity：The construction of large dams will have an impact on the biodiversity of tropical Asian rivers and their associated wetlands[J]. BioScience，2000，50（9）：793-806.

[38] Abbasi T，Abbasi S A. Small hydro and the environmental implications of its extensive utilization[J]. Renewable and Sustainable Energy Reviews，2011，15（4）：2134-2143.

[39] Kibler K M，Tullos D D. Cumulative biophysical impact of small and large hydropower development in Nu River，China[J]. Water Resources Research，2013，49（6）：3104-3118.

[40] 李萌，龚群超，潘家华. 碳中和目标下中国小水电价值评估与发展战略转型[J]. 北京工业大学学报（社会科学版），2022，22（2）：86-104.

[41] Pracheil B M，DeRolph C R，Schramm M P，et al. A fish-eye view of riverine hydropower systems：The current understanding of the biological response to turbine passage[J]. Reviews in Fish Biology and Fisheries，2016，26（2）：153-167.

[42] Benejam L，Saura-Mas S，Bardina M，et al. Ecological impacts of small hydropower plants on headwater stream fish：From individual to community effects[J]. Ecology of Freshwater Fish，2016，25（2）：295-306.

[43] Jumani S，Rao S，Kelkar N，et al. Fish community responses to stream flow alterations and habitat modifications by small hydropower projects in the Western Ghats biodiversity hotspot，India[J]. Aquatic Conservation：Marine and Freshwater Ecosystems，2018，28（4）：979-993.

[44] Gibeau P，Connors B M，Palen W J. Run-of-River hydropower and salmonids：Potential effects and perspective on future research[J]. Canadian Journal of Fisheries and Aquatic Sciences，2017，74（7）：1135-1149.

[45] Kubečka J，Matěna J，Hartvich P. Adverse ecological effects of small hydropower stations in the Czech Republic：1. Bypass plants[J]. Regulated Rivers：Research & Management：An International Journal Devoted to River Research and Management，1997，13（2）：101-113.

[46] 彭涛，柳新伟. 城市化对河流系统影响的研究进展[J]. 中国农学通报，2010，26（17）：370-373.

第 2 章 流域社会生态系统

2.1 引 言

社会生态系统是人类社会存在和发展的基础，是指一个具有不可预期、自组织、非线性、多稳态、阈值效应、历史依赖等特征，由生物、地理、自然元素与相关的社会行为者、社会体制所组成的复杂交互系统。社会生态系统重在强调人类社会与自然环境之间的整体性和协调性，是社会系统与生态系统的耦合。其相关研究起源于 20 世纪 70 年代，取得了一系列研究成果。2009 年 Ostrom 的社会生态系统可持续性研究框架文献，将社会生态系统研究提上了新的高度，吸引了全球可持续性领域众多学者的广泛参与（表 2-1）。

表 2-1 社会生态系统研究领域研究热点[1]

热点主题	代表性关键词	词频排序
政策与决策	保护、生态系统管理、生物多样性保护、适应性管理、协同管理、政策、决策、视角	3102
恢复力与脆弱性	韧性、脆弱性、框架、动态模型、模式、修复、阈值、稳定性、气候变化、环境变化	2024
复杂性与不确定性	复杂性、不确定性、系统、生态系统、社会系统、生态、森林、农业、景观生态学	1472
可持续性	可持续性、可持续发展、指标、生态经济、进化、生物多样性、人口、社区	1272

流域社会生态系统是社会和生态协同演化的复杂系统[1-3]。在此系统中，水资源管理通过调整水量在社会系统和生态系统之间的分配直接影响生态系统的健康状况，而水资源管理是流域特定社会文化、经济、技术水平和政治体制的直接产物[4]。社会系统通过影响水资源管理决策进而作用于生态系统，形成社会与生态耦合的流域演化机制。当前水资源管理旨在解决人类用水的供需矛盾，忽略了社会和生态用水之间的动态平衡。其假设流域生态系统只具有单一平衡态，即当前的稳定状态，但是全球研究发现，流域生态系统是具有多种稳定态的动态平衡系统，外部的社会和自然扰动会在长时间尺度上引起流域不同平衡态之间的转化[5]。流域社会与生态平衡态演化由系统快变量（如水文、经济、工程）与慢变量（如生态与社会价值观念）相互作用导致，社会和生态系统的慢变量经过长期累积决定了流域演化的阈值[6]。然而，长期以来流域水资源管理是通过调控社会生态系统的快变量旨在短期内提高水资源的利用规模和效益，获取更高的经济产出。这种管理对决定系统平衡态变迁的社会与生态慢变量缺乏敏感性。因此，当前流域水资源管理未曾考虑流域社会生态系统状态的长期演变，对生态和社会慢变量的积累变迁缺乏反馈机制。这严重限制了人类维持流域社会生态系统长期可持续的能力。

2.2　国内外研究现状及分析

2.2.1　以经济目标为导向的水资源配置研究

国内外水资源配置研究是于 20 世纪 60 年代之后在水利工程规划与水库优化调度的现实需求下逐渐开展的。国外对水资源配置研究最早起源于 1978 年 Shafer 等提出的水资源系统模拟框架下水资源的配置和管理，并据此建立了相应流域管理模型[8]。此后随着数学规划和模拟技术的发展，以经济目标为导向，在深入分析用水户和各方利益相关者的边际成本和效益下配置水资源成为主要的水资源配置方式[9]。随着社会经济的不断发展，经济导向的水资源配置理念已经经历了以供水量最大为目标的水资源配置方式、以经济效益最大化为目标的水资源配置方式和以可持续发展为目标的水资源配置方式这三个主要发展阶段。

我国于 20 世纪 60 年代也开始了以水库优化调度为先导的水资源配置研究，之后在区域、流域以及跨流域等层面上的研究也逐步展开。20 世纪 80 年代中期，经济导向的水资源配置方案多用于实现有限水资源量在各分区和用水部门间的优化配置。但是，20 世纪 90 年代以来，华北、西北、东北等地区水资源短缺与生态环境恶化现象普遍加剧，社会经济快速发展背景下经济优先水资源配置策略对生态系统产生的负面影响逐渐显现[10-11]。水资源配置研究开始注重水资源开发利用与生态系统演变之间的关系，以实现经济社会发展与生态环境的协调和可持续发展。水资源优化配置在强调数学模型和最优化方法的同时，还逐渐加强了河流健康生命、水循环机理、水资源实时调度、水资源管理制度等研究。

综上，过去几十年的流域水资源配置和规划，主要以满足人类的短期经济利益为目标、以生态用水为约束，进行水资源的分配和调度。虽然逐步拓展到水资源-经济系统-生态系统的综合配置研究，但是仍然未能将水文、生态和社会经济系统作为对等的子系统，在长时间尺度上理解多系统的交互作用；也未能从协同演化的角度，分析流域经济和生态系统的平衡状态及其变迁规律。这就使得以经济利益为目标的水资源配置无法充分考虑其对生态系统和社会系统的长期影响，进而导致流域生态系统状态退化和降级。

2.2.2　面向生态与水文耦合的生态水文学研究

传统的水资源管理是基于供水和人类需水的平衡，不是流域人类用水和生态用水的平衡。1992 年 Dublin 国际水与环境大会正式提出了生态水文学的学科概念。生态水文学是揭示生态系统中的生态格局和生态过程背后水文学机制的科学[12-15]。通过研究不同时空尺度上水文过程与生物动力过程的耦合机制与规律，实现水资源的可持续管理[16]。

经过近几十年的研究和发展，生态水文学研究取得了迅速发展[17-18]。生态水文学为流域生态系统保护和受损生态系统修复（如 Murray-Darling 流域、塔里木河、黑河和石羊河等流域综合治理）[19-20]，以及流域可持续发展（黑河流域生态-水文过程集成研究）提供重要支撑[21-22]。另外，传统的水资源管理中假设流域生态系统只有一个平衡状态，而在生态水文领域的研究过程中，发现生态系统存在多个状态，社会或者自然干扰将会导致系统在各个状态之间转化并影响其功能[23]。例如在干旱半干旱地区草地荒漠化和治理研究中就发现了灌丛和草本植被之间的演替规律，水分条件和土壤异质性在演替的过程中起决定性作用[24]；另外在全球气候变化的背景下，自然植被系统在自然选择进化压力驱使下也会更新自身最优的生物状态，以维持一定的植被形态和生态功能[14]。

但目前生态水文学研究主要基于观测数据，缺少对长时间尺度下流域生态水文系统不同平衡态及其演变过程的研究。考虑到生态水文系统的现状取决于长期以来各类影响因素的累积效应[26]，需要在长时间尺度中识别生态水文演变，分析历史时期（百年、千年甚至万年尺度）的气候-植被的变化对当前系统的影响[27]，以指导流域长期的水资源规划和管理。

2.2.3　力图解释社会要素对水循环影响的社会水文学研究

自进入人类世以来，人类对水文过程产生了巨大影响，人-水关系发生了显著变化，将人类活动作为水循环的内在因素是人-水耦合系统研究的最重要特征[28]。Geels 刻画了荷兰水技术和社会协同进化的轨迹[29]；Falkenmark 分别运用绿水和蓝水的概念分析了水与自然和水与人类社会的关系[30]；Schimel 等强调了社会-水文关系演变的重要性[31]；Kallis 研究了古雅典水资源发展的演变过程——水供给和需求的恶性循环[32]；Pataki 等描绘了城市水管理中社会和生态过程的相互作用[33]。这些研究大都从共进化背景出发，研究人-水关系的耦合及其协同进化，但只是定性的研究，未进行定量表达，没有预测能力[4]。加强水和人类系统之间的相互作用和互馈机制的定量表达成为水文科学发展的迫切需求[2, 34]。

社会水文学于 2012 年应运而生。社会水文学作为一门以发现为基础的定量科学，在研究过程中将人类和人类活动视为水循环动力学中的一部分，观察、理解和预测真实生活中的社会水文现象，揭示社会要素通过人类决策反馈系统对流域水文生态系统的影响，探究人-水耦合系统的相互作用及其协同进化的动力学机制[35-37]。目前主要的研究包括分别对塔里木河流域和黑河流域历史时期的人-水关系变化进行了描述，但缺乏演变机制的刻画[4]。针对水资源利用管理的具体需求采用案例分析方式，通过建立社会水文模型框架，对包括环境意识、人类价值观念和规范等变量进行了参数化表达，探索了人类系统和水系统之间的关键反馈机制[38-40]。但这些研究从传统水文水资源背景出发，通过水量平衡模拟刻画水文过程，仅仅根据需要引入几个社会变量，缺乏水文和社会因子间互馈机制的普适表达，因而缺乏社会水文学共性机理问题探讨[39-41]。

另外一组学者从环境社会学的角度，利用跨学科的方法，系统地定义和量化影响人-水关系耦合的社会要素，为基于传统社会学理论的以定性描述性为主的社会变量集成到生态水文模型提供基础。Wei 等基于悉尼先驱晨报，采用内容分析法，量化了墨累达令河流域过去 170 年水资源的社会价值观念（经济发展 vs 环境可持续）变化，发现社会价值观念呈 S 型曲线变化；Xiong 等揭示了中华人民共和国成立以来我国水资源管理政策变化过程；还有学者定量地分析了黑河流域过去 2000 年农业技术的时空变化。这些关于社会水文学社会侧支要素的研究在尉永平等编著的《社会水文学理论、方法与应用》一书中得到综合概括[25]。

　　总之，社会水文学的产生为揭示流域社会生态系统耦合平衡态的演化规律及其对水管理的反馈机制研究提供了契机和方向，但目前社会水文学的研究无论在理论还是方法上还不够系统和深刻，特别是其核心基础理论的研究存在空白，难以直接用于实现指导流域水资源管理的愿景目标。

2.3　流域社会生态系统建模

2.3.1　流域社会生态系统概化与表征

　　可将流域社会生态系统定义为五个核心子系统，它们分别是水文、生态、经济、水资源、社会子系统（图 2-1），并按如下描述定义各子系统。①生态子系统：与流域水循环相关的具有一定功能和结构的生态系统；②经济子系统：与水资源开发利用相关的经济生产活动；③水文子系统：作为生态子系统与经济子系统之间的交互系统，通过经济子系统与生态子系统的用水（分水）比例影响流域自然侧和社会侧水循环过程，驱动流域系统演化；④水资源子系统：影响流域水平衡以及经济和生态系统用水份额的管理政策和措施；⑤社会子系统：流域水资源管理者和用水利益相关者价值观念、行为实践的集合，它是影响水资源管理决策的社会驱动因子。

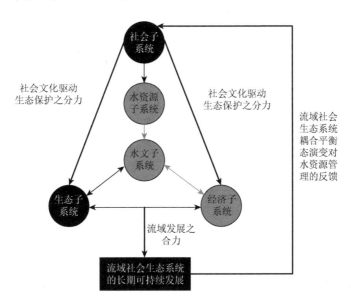

图 2-1　流域社会生态系统组成及对水资源管理反馈机制示意图

灰色为传统水资源管理研究对象，黑色为社会水文学研究对象

首先将按下列关系建立概念性的流域"水文-生态-经济-水资源-社会"多系统耦合机制（图 2-1）。水文子系统是整个系统的枢纽，通过水文子系统，流域经济生态子系统耦合演变。流域经济生态子系统的现状与社会系统预期之间的差距是流域经济生态子系统对流域水资源管理的反馈。这种反馈首先反映到流域社会子系统的变化，即社会生态偏好和经济发展偏好的水资源分配意愿的改变，该意愿的改变也受制于实现水资源重新分配的生态保护技术与经济发展技术的可行性。当重新分水的社会意愿和技术的可行性达到适宜的程度，水资源重新分配的制度、政策、措施就会出台并实施。接着水资源在生态子系统与经济子系统之间重新分配并对流域水文经济生态子系统的耦合产生影响。然后根据各子系统变化快慢（从月尺度到百年、千年尺度）概化各子系统间耦合的时间尺度，解析流域生态经济系统平衡态变化的时间尺度。

流域社会生态系统表征指标及数据获取方法见表 2-2。①水文子系统：用流域尺度时空变化的降雨、蒸散、径流、地下水位等表征流域水平衡的变化。②经济子系统：采用人口、生产总值（GDP）以及粮食产量等作为核心指标。③生态子系统：以植被叶面积指数、自然绿洲蒸散量和净初级生产力等作为干旱区流域生态系统变迁的指标。④水资源子系统：用水资源管理的制度、政策与措施对流域用水在经济子系统与生态子系统之间分配的综合影响来表达。以不同历史时期与水管理有关的制度、政策与措施等文献为基础数据库，用社会学的内容分析法与大数据挖掘技术，量化水资源管理对流域生态和经济系统间水量分配的影响。⑤社会子系统：用影响水资源管理制度变迁政策措施出台的社会意愿与承受能力来表示。社会意愿用水文化（对某一问题的社会价值取向）来表达，而文化可由结构化的社会符号（如媒体）所表达。社会的承受能力用与水相关的技术进步来表述。同样采用内容分析法与大数据挖掘技术量化这两个影响水资源管理的社会变量。

表 2-2　流域社会生态系统表征指标及数据获取方法

子系统	表征指标	数据源	获取方法
水文子系统	河川径流量与水平衡，蒸散、径流、土壤湿度等	树轮、湖泊、冰芯代用资料以及现代观测和遥感资料	水文重建、历史分析、遥感反演和收集处理等
经济子系统	各经济部门用水量、人口、粮食产量、耕地面积以及 GDP	统计年鉴、历史文献资料和图集、遗迹遗址	文本挖掘、统计分析、重建和收集
生态子系统	植被覆盖度、自然绿洲蒸散量、净初级生产力等	航片、遥感影像、实地测量、古遗址遗迹、孢粉、树轮等	目视解译/自动分类、野外实测、自然绿洲重建
水资源子系统	水资源管理对流域生态和经济系统间的水量分配的影响	历史时期相关水管理的制度、政策与措施的文献，现代水政策数据库	内容分析法、大数据挖掘、问卷调查
社会子系统	对水资源重新分配的社会意愿与承受能力	历史文献资料、现代媒体；历史水利技术文献，现代水利技术统计数据	文本分析、大数据挖掘、问卷调查

2.3.2　流域社会生态系统协同演化建模

以流域为基本单元，以水文、生态、经济、水资源、社会子系统协同演化的基本机制，用表征五个子系统的基本变量，以流域水资源在经济系统与生态系统分配为关键指标和连接纽带，模拟水文、生态、经济、水资源、社会子系统之间的互馈机制（图 2-1）。按自然科学倡导的用最少的变量和参数重现重要的行为变化的原则（爱因斯坦），用非线性动力学进行模型构建。根据文献以及它们之间的关系，定义所选变量随时间变化的函数关系式以及它们之间的关系，建立非线性动力方程组。

1. 水文子系统

流域水量平衡可以表示为

$$\mathrm{ET} = P - R - \mathrm{d}s / \mathrm{d}t \tag{2-1}$$

其中，ET 为蒸散量（本节亦视为总用水量）；P 为降水量；R 为径流量；s 为流域 t 时段的储水量。

ET 又可表示为

$$\mathrm{ET} = \mathrm{ET}_{\mathrm{en}} + \mathrm{ET}_{\mathrm{ec}} \tag{2-2}$$

其中，$\mathrm{ET}_{\mathrm{en}}$ 和 $\mathrm{ET}_{\mathrm{ec}}$ 分别为生态子系统用水量和经济子系统用水量，是连接五个子系统的关键变量。

2. 经济子系统

人均用水与人均 GDP 的关系采用环境库兹涅茨曲线（EKC）表示如下：

$$\mathrm{ET}_{\mathrm{ec,mean}} = a_0 + a_1 Y + a_2 Y^2 + \varepsilon \tag{2-3}$$

其中，$\mathrm{ET}_{\mathrm{ec,mean}}$ 为人均用水量；Y 为人均 GDP；其他为常数或随机项。

粮食产量与经济子系统用水量 $\mathrm{ET}_{\mathrm{ec}}$ 之间的关系可以表示为

$$G_{\mathrm{grain}} = \mathrm{a} \cdot \mathrm{NPP}_{\mathrm{ec}} = \mathrm{a} \cdot \mathrm{b} \cdot \left[1 - \mathrm{e}^{\mathrm{c}(\mathrm{ET}_{\mathrm{ec}} - 20)} \right] \tag{2-4}$$

其中，G_{grain} 为粮食产量；$\mathrm{NPP}_{\mathrm{ec}}$ 为作物净初级生产力；a、b、c 为常数。

3. 生态子系统

因地制宜地采用作物、草地、林地等不同类型的叶面积指数和降水的关系进行分析。生态子系统净初级生产力和生态子系统用水量的关系表示如下：

$$\mathrm{NPP}_{\mathrm{en}} = \mathrm{d} \cdot \left(1 - \mathrm{e}^{\mathrm{f}(\mathrm{ET}_{\mathrm{en}} - 20)} \right) \tag{2-5}$$

其中，$\mathrm{NPP}_{\mathrm{en}}$ 为生态子系统净初级生产力；d 和 f 为常数。

4. 水资源子系统

水资源管理强度可用水资源管理文献中出现的政策与措施的密度与其影响强度来表示：

$$G_{\theta,t} = DG_{\theta,t} \cdot SG_{\theta,t} \tag{2-6}$$

$$DG_{\theta,t} = \partial N_{\theta,t} / \partial t \tag{2-7}$$

$$SG_{\theta,t} = \sum n_{i,\theta,t} / N_{\theta,t} \tag{2-8}$$

其中，$G_{\theta,t}$ 表示 t 时段内水资源管理强度；$DG_{\theta,t}$，$SG_{\theta,t}$ 分别表示水资源管理（制度、政策、措施等）的密度及影响强度；$N_{\theta,t}$ 表示 t 时段内水资源管理总文献集合中出现该管理类型（θ）的数目；根据不同水资源管理类型对水资源分配的影响将影响强度分为 5 级，从大到小的次序是法律条例、规定办法、意见、方案细则、通知，并赋予相应权重（$n_{i,\theta,t}$）。接着按照生态导向和经济导向将水资源管理分为两类。

5. 社会子系统

与水资源管理类似，社会意愿可用媒体文章或历史文献的出现次数与语气强弱来表示：

$$W_{\theta,t} = DW_{\theta,t} \cdot SW_{\theta,t} \tag{2-9}$$

$$DW_{\theta,t} = \partial M_{\theta,t} / \partial t \tag{2-10}$$

$$SW_{\theta,t} = \sum m_{i,\theta,t} / M_{\theta,t} \tag{2-11}$$

其中，$W_{\theta,t}$ 表示 t 时段内社会意愿强度；$DW_{\theta,t}$，$SW_{\theta,t}$ 分别表示媒体文章或历史文献的密度及影响强度；$M_{\theta,t}$ 表示 t 时段内总媒体集合中出现该类文章的数目；将语气强弱程度分为 5 类，从大到小的次序是支持、有偿支持、中立、不赞成、反对，并赋予相应权重（$m_{i,\theta,t}$）。按照生态导向和经济导向将社会意愿分为两类：

$$W_t = W_{\text{en},t} + W_{\text{ec},t} \tag{2-12}$$

其中，$W_{\text{en},t}$ 和 $W_{\text{ec},t}$ 分别表征生态导向和经济导向的社会意愿。

类似地，社会承受能力指标可用水利技术文献中出现的技术密度与影响强度表示：

$$C_{\theta,t} = DC_{\theta,t} \cdot SC_{\theta,t} \tag{2-13}$$

$$DC_{\theta,t} = \partial L_{\theta,t} / \partial t \tag{2-14}$$

$$SC_{\theta,t} = \sum l_{i,\theta,t} / L_{\theta,t} \tag{2-15}$$

其中，$C_{\theta,t}$ 表示 t 时段内水利技术的影响程度；$DC_{\theta,t}$，$SC_{\theta,t}$ 分别表示不同水利技术的在相关技术文献中出现的密度及强度；$L_{\theta,t}$ 表示 t 时段内总水利技术文献中出现该类技术的数目；可将水利技术对水资源管理决策的影响强度分为五级，从大到小对应为防洪蓄水工程、配水调度工程、条件配套管理工程、降雨径流预测技术以及田间耗水监测技术，并赋予相应权重（$l_{i,\theta,t}$）。按照生态导向和经济导向将水利技术分为两类。

6. 子系统交互关系

三个实体子系统（生态、水文、经济）之间的关系，如前所述，已通过流域水量平衡方程建立联系。实体系统与两个非实体系统（水资源与社会）之间的关系，同样通过水量平衡方程建立联系，根据概化的流域社会生态系统协同演变的机制，其关系可表示为

$$\text{ET}_{\text{ec}} = f(G_{\text{ec},t}) \tag{2-16}$$

$$\text{ET}_{\text{en}} = f(G_{\text{en},t}) \tag{2-17}$$

$$G_{ec,t} = f(W_{ec,t}, C_{ec,t}) \qquad (2\text{-}18)$$

$$G_{en,t} = f(W_{en,t}, C_{en,t}) \qquad (2\text{-}19)$$

参 考 文 献

[1] 马学成，巩杰，柳冬青，等. 社会生态系统研究态势：文献计量分析视角[J]. 地球科学进展，2018，33（4）：435-444.

[2] Montanari A，Young G，Savenije H H G，et al. "Panta Rhei-Everything Flows"：Change in hydrology and society-The IAHS Scientific Decade 2013-2022[J]. Hydrological Sciences Journal，2013，58（6）：1256-1275.

[3] Lu Z X，Wei Y P，Xiao H L，et al. Trade-offs between midstream agricultural production and downstream ecological sustainability in the Heihe River basin in the past half century[J]. Agricultural Water Management，2015，152：233-242.

[4] Lu Z X，Wei Y P，Xiao H，et al. Evolution of the human-water relationships in Heihe River basin in the past 2000 years[J]. Hydrology and Earth System Sciences，2015，19（5）：2261-2273.

[5] Wei J，Wei Y P，Western A. Evolution of the societal value of water resources for economic development versus environmental sustainability in Australia from 1843 to 2011[J]. Global Environmental Change，2017，42：82-92.

[6] Norgaard R B，Kallis G，Kiparsky M. Collectively engaging complex socio-ecological systems：Re-envisioning science，governance，and the California Delta[J]. Environmental Science & Policy，2009，12（6）：644-652.

[7] 黄承梁. 以人类纪元史观范畴拓展生态文明认识新视野：深入学习习近平总书记"金山银山"与"绿水青山"论[J]. 自然辩证法研究，2015，31（2）：123-126.

[8] Shafer J M，Labadie J W. Synthesis and Calibration of A River Basin Water Management Model[M]. Fort Collins：Colorado State University，1978.

[9] Dinar A，Rosegrant M W，Meinzen-Dick R S. Water Allocation Mechanisms：Principles and Examples[M]. Washington，D.C.：World Bank Group，1997.

[10] 王浩，游进军. 水资源合理配置研究历程与进展[J]. 水利学报，2008，39（10）：1168-1175.

[11] 王浩，游进军. 中国水资源配置30年[J]. 水利学报，2016，47（3）：265-272.

[12] Zalewski M，Janauer G A，Jolánkai G. Ecohydrology：A New Paradigm for the Sustainable Use of Aquatic Resources[M]. Paris：United Nations Educational，Scientific and Cultural Organization，1997.

[13] Rodriguez-Iturbe I. Ecohydrology：A hydrologic perspective of climate-soil-vegetation dynamics[J]. Water Resources Research，2000，36（1）：3-9.

[14] Eagleson P S. Ecohydrology：Darwinian Expression of Vegetation Form and Function[M]. Cambridge：Cambridge University Press，2002.

[15] Berry S L，Farquhar G D，Roderick M L. Co-Evolution of Climate，Soil and Vegetation[M]//Anderson M G. Encyclopedia of Hydrological Sciences. Hoboken：Wiley，2006.

[16] 夏军，丰华丽，谈戈，等. 生态水文学概念、框架和体系[J]. 灌溉排水学报，2003，22（1）：4-10.

[17] 丰华丽，夏军，占车生. 生态环境需水研究现状和展望[J]. 地理科学进展，2003，22（6）：591-598.

[18] 丁婧祎，赵文武，房学宁. 社会水文学研究进展[J]. 应用生态学报，2015，26（4）：1055-1063.

[19] 陈亚宁，郝兴明，李卫红，等. 干旱区内陆河流域的生态安全与生态需水量研究：兼谈塔里木河生态需水量问题[J]. 地球科学进展，2008，23（7）：732-738.

[20] 郭静，粟晓玲. 概念性生态水文模型区分气候变化与土地利用变化的径流影响[J]. 水力发电学报，2014，33（3）：36-42.

[21] Cheng G D，Li X，Zhao W Z，et al. Integrated study of the water-ecosystem-economy in the Heihe River Basin[J]. National Science Review，2014，1（3）：413-428.

[22] 程国栋，肖洪浪，傅伯杰，等. 黑河流域生态—水文过程集成研究进展[J]. 地球科学进展，2014，29（4）：431-437.

[23] Scheffer M，Bascompte J，Brock W A，et al. Early-warning signals for critical transitions[J]. Nature，2009，461：53-59.

[24] 李新荣，张志山，王新平，等. 干旱区土壤植被系统恢复的生态水文学研究进展[J]. 中国沙漠，2009，29（5）：845-852.

[25] 尉永平，张志强，等. 社会水文学理论、方法与应用[M]. 北京：科学出版社，2017.

[26]　吕文，杨桂山，万荣荣. "生态水文学"学科发展和研究方法概述[J]. 水资源与水工程学报，2012，23（5）：29-33.

[27]　Greenwood M T，Wood P J，Monk W A.The use of fossil caddisfly assemblages in the reconstruction of flow environments from floodplain paleochannels of the River Trent，England[J]. Journal of Paleolimnology，2006，35（4）：747-761.

[28]　Falkenmark M. Water and mankind：A complex system of mutual interaction[J]. Ambio，1977，6（1）：3-9.

[29]　Geels F W. Technological transitions as evolutionary reconfiguration processes：A multi-level perspective and a case-study[J]. Research Policy，2002，31（8-9）：1257-1274.

[30]　Falkenmark M. Freshwater as shared between society and ecosystems：From divided approaches to integrated challenges[J]. Philosophical Transactions of the Royal Society of London. Series B：Biological Sciences，2003，358（1440）：2037-2049.

[31]　Cleveland C. The Encyclopedia of Earth[EB/OL]. （2020-08-11）. https://psrc.aapt.org/items/detail.cfm?ID=5033.

[32]　Kallis G. Coevolution in water resource development：The vicious cycle of water supply and demand in Athens，Greece[J]. Ecological Economics，2010，69（4）：796-809.

[33]　Pataki D E，Carreiro M M，Cherrier J，et al. Coupling biogeochemical cycles in urban environments：Ecosystem services，green solutions，and misconceptions[J]. Frontiers in Ecology and the Environment，2011，9（1）：27-36.

[34]　Wagener T，Sivapalan M，Troch P A，et al. The future of hydrology：An evolving science for a changing world[J]. Water Resources Research，2010，46（5）：1-10.

[35]　Sivapalan M，Konar M，Srinivasan V，et al. Socio-hydrology：Use-inspired water sustainability science for the Anthropocene[J]. Earth's Future，2014，2（4）：225-230.

[36]　Sivapalan M，Savenije H H，Blöschl G. Socio-hydrology：A new science of people and water[J]. Hydrological Processes，2012，26（8）：1270-1276.

[37]　陆志翔，尉永平，冯起，等. 社会水文学研究进展[J]. 水科学进展，2016，27（5）：772-783.

[38]　Elshafei Y，Sivapalan M，Tonts M，et al. A prototype framework for models of socio-hydrology：Identification of key feedback loops and parameterisation approach[J]. Hydrology and Earth System Sciences，2014，18（6）：2141-2166.

[39]　Pahl-Wostl C，Arthington A，Bogardi J，et al. Environmental flows and water governance：Managing sustainable water uses[J]. Current Opinion in Environmental Sustainability，2013，5（3）：341-351.

[40]　Kandasamy J，Sounthararajah D，Sivabalan P，et al. Socio-hydrologic drivers of the pendulum swing between agricultural development and environmental health：A case study from Murrumbidgee River basin，Australia[J]. Hydrology and Earth System Sciences，2014，18（3）：1027-1041.

[41]　Di Baldassarre G，Viglione A，Carr G，et al. Debates—Perspectives on sociohydrology：Capturing feedbacks between physical and social processes[J]. Water Resources Research，2015，51（6）：4770-4781.

第3章　河流生态修复基础理论

3.1　引　　言

3.1.1　河流生态修复发展历程及启示

1. 河流生态修复发展历程

纵观西方发达国家河流生态修复发展历程发现，西方河流生态修复走出了一条先污染后治理的发展道路，经历了初期的河流大肆开发利用、河流水质恢复和保护、河流恢复三个阶段。20 世纪 50 年代，西方发达国家开展了以治理河流污染为主要目标的河流保护行动。德国创立了"近自然河道治理工程学"，将生态学原理引入工程设计当中实现河流自然健康状态[1]，成为河流生态修复技术的主要理论基础[2]。1938 年德国 Seifert 首先提出了"亲河川整治"理念，1962 年，美国著名生态学家 Odum 提出"生态工程"一词。1965 年德国 Ernst Bittmann 在莱茵河用芦苇和柳树进行了生物护岸实验，实现了对河流结构的修复，被视为最早的河流生态修复实践[3]。到 20 世纪 80 年代，水污染问题基本得到控制以后，发达国家开始将河流保护行动计划的宏观目标定位于河流生态系统修复，初期目标以重建小型河流物理栖息地为主[4]。德国、瑞士等国先后提出了"重新自然化"概念，将河流修复到接近自然的程度。欧洲开始兴起河道复原工程，即将原有裁弯取直河道恢复成弯曲自然河道[4]。20 世纪 90 年代，澳大利亚开展了国家河流健康计划（National River Health Program，NRHP）[5]，日本、韩国等国家开始倡导"多自然型河川"整治，以恢复河流蜿蜒性、建立河道与洪泛区之间的联系、修复河滨带植被、保护土著物种、优化水流条件等为主要修复目标[6]。进入 21 世纪后，欧盟颁布了迄今为止对其最重要的《水框架指令》；美国开始了全国水生资源调查，旨在确定全国的河流、湖泊等水体的生态状况以及识别对其造成影响的因素，从而更好地规划河湖生态保护与修复的项目。2018 年联合国水资源发展报告题目为"基于自然的水问题解决方案"，提出了基于自然的水问题解决策略体系，强调了维持河湖健康的生态水利工程体系的重要性[7]。2019 年联合国宣布"联合国生态系统恢复十年（2021—2030）"决议，由联合国环境规划署和联合国粮食及农业组织（简称联合国粮农组织）牵头实施，大规模恢复退化和被破坏的生态系统[8]。

我国水生态修复工作从 20 世纪 90 年代开始，此时以水生态重建视角的生态工程为主，目标是人类协助生态系统重建，在人为活动辅助下创造或促进生态系统发展，核心理念是应对水生态环境破坏问题，实施人为保护措施。例如 1999 年，为了解决黄河断流问题，按照国务院授权，水利部黄河水利委员会对黄河水量实施统一调度，开创大江大河统一调度的先河。21 世纪新时期以来，水生态修复的核心理念是保障水生态安全，促进人与自然和谐发展。水生态修复工程主要围绕三大方面，即统筹山水林田湖草沙系统治理、推进水资源全面节约和循环利用、实施重要生态系统保护与修复重大工程，旨在全面增进水生态系统服务功能，维护山水林田湖草沙生命共同体。具体如图 3-1 所示。

2. 河流生态修复相关技术标准进展

国际上发达国家或地区对河流生态保护与修复的认识较早，由河流生态修复实践逐渐认识到需要从流域进行系统规划设计才能很好地实现河流生态修复的长期效果，并已将其相关研究成果提升到国家政策和立法的高度。美国很早就已认识到河湖生态环境已经遭到人类破坏的问题，并积极地开展河湖生态保护与修复的相关研究与实践。1905 年就颁布了《标准检验法》（水的标准分析方法第 1 版），对水质监测进行了规定。1933 年，美国签署了《田纳西河流域管理局法案》，实施对该流域的综合治理与全面发展计划，提出要改善流域生态环境。20 世纪 40 年代，随着水库建设和水资源开发利用程度的提高，美国鱼类资源相关管理部门进行了一系列的河道内流量研究[9]。20 世纪 70 年代，美国通过一系列有关河湖保护的联邦立法，1972 年颁布的《清洁水法》是美国河湖生态保护修复的重要法律依据。20 世纪 80 年代，美国联邦政府、资源质量监测研究委员会提出，水资源的质量必须与其用途相联系，不仅要考虑化学指标，更应关注生态指标，如栖息地质量与生物多样性及完整性。20 世纪 90 年代以后，美国更加重视河湖生态保护修复，相关项目、投资与研究成果逐渐增加[7]。表 3-1 对美国河流生态保护与修复相关技术标准进行了梳理。

英国是最早进行工业革命的国家，工业化的推进为其带来巨大效益的同时，也使其河湖生态系统遭到严重破坏。1876 年英国《河流污染防治法》问世，这是英国历史上第一部防治河流污染的国家立法，也是世界上第一部水环境保护法规[10]。自 20 世纪 60 年代开始，英国开始关注生态环境用水，1963 年水资源法对河湖最低流量有所规定。20 世纪 80 年代初期开始，英国河流管理和保护的重点从认识上发生了重大的战略性转变，河流管理从最初以改善水质为重点，拓展到注重河流生态系统的恢复。进入 90 年代后，陆续实施了一系列的生态治理，具有代表性的是 1995 年在 Cole 河流和 Skerne 河流实施的河道修复项目。随着生态理念的深入，步入 21 世纪后，河湖生态系统退化问题逐渐受到更为广泛的关注与重视[7]。基于此，表 3-2 对英国河流生态保护与修复的相关技术标准进行归纳梳理。

自 20 世纪 60 年代，澳大利亚就开始制定涉及最低流量（或水位）的相关政策。20 世纪 80 年代中期开始，河流环境因素开始得到重视，同期澳大利亚开展了首次河流状况调查。自 20 世纪 90 年代开始，河流修复成为澳大利亚河流管理的焦点之一，各类河流修复方式被用于澳大利亚河流管理过程中，以用于恢复受到人类活动影响的河道。澳大利亚政府于 1992 年开展了国家河流健康计划，用于监测和评价澳大利亚河流的生态状况，评价现行水管理政策及实践的有效性，并为管理决策提供更全面的生态学及水文学数据。表 3-3 对澳大利亚近些年河流生态保护与修复相关技术标准进行归纳。

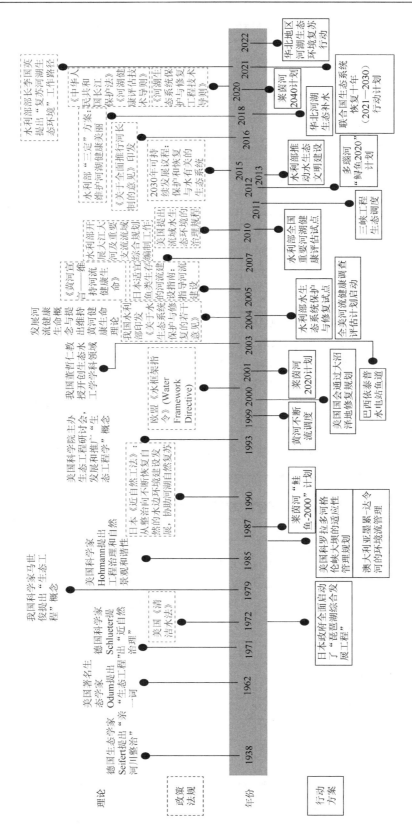

图 3-1   水生态修复理论与实践发展历程

表 3-1　美国河流生态保护与修复相关技术标准[7]

年份	名称	备注
1980	《栖息地评估程序》HEP（1980）	提供了 150 种栖息地适宜性指数（HSI）标准报告
1985	以保护水生生物为目标的水质基准技术指南	规定了试验数据的收集范围及质量要求，推导水生生物基准的程序和方法
1995	河流地貌分类方法	侧重于河流生态系统功能的评估
1998	《河道廊道修复的原理、方法和实践》	涵盖恢复河道走廊动态平衡和功能的大量方法
1999	快速生物评估协议（RBPs）	通过等级评分累积形式，评价影响水体质量的物理生境结构
2000	湖库营养物基准技术指南；河流营养物基准技术指南	建立了评价水体营养状态和制定生态区营养物基准的技术方法
2000	防洪墙、堤防和堤坝景观植被和管理导则	在总则中阐述了植被恢复的目的在于保障自然环境和人居环境的和谐统一
2000	水生生物资源生态恢复指导性原则	涵盖保存和保护水生生物资源、恢复生态完整性等多项指导原则
2001	河流恢复工程的水力设计	为从事河流恢复工程的技术人员提供系统的水力设计方法
2007	河溪修复手册	提供了一整套的河流修复的理论和实践指导
2008	流域水环境恢复和保护的方案编制指导手册	提出河流治理方案编制的基本流程
2013	流域水体保护与修复规划快速编制指南	制定流域规划全面评估污染源，然后优先考虑保护与修复策略来解决这些问题，从而提升流域水质
2017	2017 国家湖泊评估指南	包括野外作业手册、实验室作业手册、质量保证项目计划与场地评估指南等部分，目的是为全美的湖泊、池塘和水库提供全面的"湖泊状况"评估
2018	2018/2019 国家河流与溪流评估指南	包括质量保证项目计划、场地评估指南、野外作业手册和实验室操作手册等部分，目的是为美国境内的河流和溪流提供全面的"水流状况"评估

表 3-2　英国河流生态保护与修复相关技术标准[7]

年份	名称	备注
1984	河流无脊椎动物预测和分类系统（river invertebrate prediction and classification system，RIVPACS）	预测河流自然状态下的大型无脊椎动物，评价英国河流生态情况
1992	河流生境调查（river habitat survey，RHS）	RHS 是一套包含调查方法和评价模型的河流生境研究技术体系
1998	河流保护评价系统	通过调查评价确定河流保护价值
1998	国家生物多样性政策	第三项目标"为了生态系统的适当功能，维持和改善环境的稳定性"
2001	城市河流调查（urban riven survey，URS）	城市河流调查、分类与决策支持
2001	水环境影响评价导则	对环评方法进行了指导
2002	流量指南	对部分河流建议堤坝后退以保证河流基本流量
2005	《英格兰东部河流河道整治中心河流修复指南》	指导水生态系统保护与修复工作
2008	未来之水——英格兰政府水资源管理战略	减少河流流量和降低河流水位，影响生活和环境的供水，威胁水生动植物的生存

续表

年份	名称	备注
2011	河流生态修复监控评价导则	基于项目规模和复杂性进行监测
2013	国家复苏指南：环境问题	涵盖英国紧急情况恢复阶段可能出现的环境问题
2016	英国和爱尔兰生态影响评价导则——陆地、淡水和海岸	提供了生态影响因素识别、影响范围确定、生态背景值调查等方面的具体指导
2016	公民科学与志愿者监测	帮助当地社区参与流域管理计划

表 3-3　澳大利亚河流生态保护与修复相关技术标准[7]

年份	名称	备注
1993	澳大利亚河流状态调查法	为河流物理和环境状况调查提供详细信息
1994	澳大利亚河流评价系统（Australian river assessment scheme，AUSRIVAS）	利用大型无脊椎动物对栖息地状况进行评估
1994	河流地貌类型法（GRS）	评估不同尺度上的栖息地或物理结构状况
1999	环境流导则	对河流生态基流进行规定
1999	河流状况指数（index of stream condition，ISC）	通过现状与原始状况比较进行健康评估
2000	《河流生态修复手册》	涵盖河道控制、河岸防护、截弯河流的修复、鱼道设计等方面
2001	西澳大利亚河流的属性、防护、修复以及长期管理指导	阐述了澳大利亚西南部河道恢复的基本理念和有关技术
2011	环境流导则草案	为环境流的确定提供依据
2016	澳大利亚生态修复实践国家标准	为澳大利亚全国的生态修复项目提供能确保最佳生态修复实践的准则
2019	澳大利亚生态恢复实践的国家标准（第二版）	重构了"减少影响-修复-生态恢复"三层生态恢复体系。目前，该标准已经被世界恢复生态学会采用，升级为国际标准

　　欧洲自 20 世纪中叶就已认识到河流和滩地生态修复的必要性，20 世纪 70 年代以来，相继出台了一系列的水政策与相关技术标准，其目的是缓解、停止并逐步消除人类活动对河湖水体的影响，保护与修复河湖生态系统，保证人民群众和环境健康，促进经济社会的可持续发展。其中，2000 年颁布的《水框架指令》是欧盟迄今为止颁布的最重要的法规之一[11]。它的出台表明，欧盟不仅是一个"经济联盟"，还是一个指导其成员国来努力实现环境的健康可持续发展的联盟，后者与水资源的管理与利用密切相关。《水框架指令》包含了明确的实施进度。该指令要求所有水体生态环境质量在 2027 年前达到良好水平，相关工作以 6 年为 1 个周期循环开展，例如，2009～2015 年为第一个周期，2015～2021 年为第二个周期。为学习欧盟在河湖生态保护和修复上积累的经验，近些年我国先后翻译出版了《欧盟地下水指令手册》《生态流量技术指南》。基于上述论述，表 3-4 对欧盟近些年河流生态保护与修复相关技术标准进行归纳。

表 3-4　欧盟河流生态保护与修复相关技术标准[7]

年份	名称	备注
1975	《地表水指令》	与饮用水相关的河流、湖泊和沼泽的水质管理
1976	《游泳水质量标准指令》	对欧盟的地表水和海水浴场提出了水质控制目标

年份	名称	备注
1991	《城市污水处理指令》	旨在减少城市污水和某些工业废水对水环境造成的影响
1992	《栖息地指令》	特别区域、物种保护规定
1998	《饮用水质量标准指令》	是欧洲各国制定本国水质标准的主要依据
2000	《水框架指令》	建立了一个综合水资源管理的框架
2003	风险评价技术指导文件	给出了水生态系统的风险评估方法
2014	《环评指令》	将环境因素纳入项目计划和方案的准备工作中，以减少对环境的影响

其他的一些典型国际组织还有国际生态恢复协会、欧洲河流修复中心、亚洲河流生态修复网络、联合国粮农组织等。国际生态恢复协会（SER）是一个国际性的非营利组织，成员遍布 70 个国家。SER 推进了生态恢复的科学、实践和政策，以维持生物多样性，在不断变化的气候中提高适应力，并重新建立自然与文化之间的生态健康关系[12]。欧洲河流修复中心（ECRR）旨在促进与建设整个欧洲生态河流恢复的关键网络，支持欧盟《水框架指令》、《洪水指令》、联合国可持续发展目标、联合国欧洲经济委员会水公约、生物多样性公约以及国家政策的实施[13]。在中国、日本、韩国相关学者的共同推动下，2006年 11 月亚洲河流生态修复网络（Asian River Restoration Network，ARRN）这一民间组织成立。ARRN 致力于构建一个河流生态修复信息交流的平台，共享、借鉴河流生态修复的先进技术和成功经验。联合国粮农组织（FAO）是联合国专门机构之一，是各成员国间讨论粮食和农业问题的国际组织。粮农组织的宗旨是提高各成员国人民的营养和生活水平，实现农、林、渔业一切粮食和农业产品生产和分配效率的改进，改善农村人口的生活状况从而为发展世界经济作出贡献[14]。上述国际组织，聚焦生态修复，代表性的技术标准涵盖原则、技术、实施方法等内容，为全球（或区域）的生态修复提供技术支持。表 3-5 对其进行归纳分析。

表 3-5 部分国际组织河流生态保护与修复相关技术标准[7]

组织名称	年份	名称	备注
国际生态恢复协会（SER）	2016	《生态修复实践国际标准（第一版）》	提供能确保最佳生态修复实践的准则
	2019	《生态修复实践国际标准（第二版）》	为恢复实现预期目标提供了一个大框架，同时解决了包括有效设计和实施在内的挑战，应对了复杂的生态系统动态
欧洲河流修复中心（ECRR）	1999	《河流生态修复手册（第一版）》	涵盖多种在工程实例中应用的技术
	2002	《河流生态修复手册（第二版）》	增加黑水河、Ogwen 河等工程实例，介绍其相关技术
	2013	《河流生态修复手册（第三版）》	增加 Valency 河、Findhorn 河等工程实例，推广河道修复的良好做法
亚洲河流生态修复网络	2009	《基于流域生态适宜方法的河流修复导则（第一版）》	介绍恢复亚洲理想河流环境所必需的原则和实施方法
	2012	《基于流域生态适宜方法的河流修复导则（第二版）》	涵盖恢复亚洲理想河流环境必不可少的基本思想和政策
联合国粮农组织	2008	FAO渔业技术手册第 6 册第 1 增补部分《针对渔业的内陆水域修复手册》	指导针对渔业的内陆水域修复

　　与欧美国家比较，我国在河流生态保护修复方面的科学研究起步晚，监测与研究工作也相对较少[15]，我国的河流生态保护与修复工作始于 20 世纪 90 年代。1994 年淮河爆发污染事故，流域水质从局部变差向全流域恶化发展。辽河、淮河、海河、太湖、巢湖、滇池（简称"三河三湖"）在《国民经济和社会发展"九五"计划和 2010 年远景目标纲要》中被确定为国家的重点治理流域，自此大规模流域治污工作全面展开[16]。2004 年，水利部印发了《关于水生态系统保护与修复的若干意见》（水资源〔2004〕316 号），首次从国家部委层面提出了水生态保护与修复的指导思想、基本原则、目标和主要工作内容，并在全国开展了 14 个不同类型的水生态系统保护与修复试点工作，起到了引领和示范作用，标志着国家水生态保护与修复意识的全面觉醒[17]。2011 年中央一号文件特别指出，要坚持人水和谐原则。这一阶段明显从"重视水利工程建设"向"强调人水和谐发展"逐步转变。该时期专门针对河湖生态修复与保护的标准较少，但随着"人水和谐"理念的深入，相关部门颁布了江河流域规划环境影响、河湖生态需水、区域生物多样性等规划与评估的相关标准，为人水和谐发展提供依据[18]。2014 年环境保护部（现生态环境部）制定了《湖泊流域入湖河流河道生态修复技术指南（试行）》，针对入湖河流生境的改善及修复提出了一系列技术方法和保护措施指南。2015 年水利部颁布了《河湖生态保护与修复规划导则》（SL 709—2015）行业标准。2016 年、2017 年中共中央办公厅、国务院办公厅先后印发了《关于全面推行河长制的意见》和《关于在湖泊实施湖长制的指导意见》，水生态系统保护与修复在全国范围展开。这些修复工程大多集中在城市河段，以工程措施、改善水质和美化环境见长，同时也逐渐关注通过治理自然过程来修复和维持生态系统功能[17]。2016 年 9 月，财政部、国土资源部、环境保护部联合印发了《关于推进山水林田湖生态保护修复工作的通知》，要求以"山水林田湖是一个生命共同体"理念，改变当前各类生态系统分割式治理，加强各生态要素和生态系统之间的有机联系，推进山水林田湖系统综合治理修复[19]。2020 年 8 月，自然资源部、财政部、生态环境部研究制定了《山水林田湖草生态保护修复工程指南（试行）》，指导和规范全国山水林田湖草生态保护修复工程实施。总之，中国河流生态修复面临污染与生态问题叠加，正处在发展和改革完善阶段。河流生态修复的目的从解决具体问题转向综合全面提升整个河流生态系统状况。河流生态修复更多地被纳入更为广泛的以流域为单元的河流治理规划和流域山水林田湖草系统治理当中[20-22]。表 3-6 对其进行了归纳分析。

表 3-6　我国河湖生态保护与修复相关技术标准[7]（截至 2020 年）

发布年份	部门*	标准	发布年份	部门*	标准
2002	国家环保总局	《地表水环境质量标准》（GB 3838—2002）	2014	国家能源局	《水电工程鱼类增殖放流站设计规范》（NB/T 35037—2014）
2006	水利部	《江河流域规划环境影响评价规范》（SL 45—2006）	2015	水利部	《河湖生态保护与修复规划导则》（SL709—2015）
2007	水利部	《地表水资源质量评价技术规程》（SL 395—2007）	2015	环保部	《生态环境状况评价技术规范》（HJ 192—2015）
2007	农业部	《渔业生态环境监测规范》（SC/T 9102.3—2007）	2015	国家能源局	《水电站分层取水进水口设计规范》（NB/T 35053—2015）

续表

发布年份	部门*	标准	发布年份	部门*	标准
2008	水利部	《城市水系规划导则》（SL 431—2008）	2015	国家能源局	《河流水电开发环境影响后评价规范》（NB/T 35059—2015）
2009	水利部	《生态风险评价导则》（SL/Z 467—2009）	2016	水利部	《水生态文明城市建设评价导则》（SL/Z 738—2016）
2009	住房和城乡建设部	《城市水系规划规范（2016 年版）》（GB 50513—2009）	2017	环保部	《湖泊营养物基准制定技术指南》（HJ 838—2017）
2010	水利部	《河流健康评估指标、标准与方法（试点工作用）》（办资源〔2010〕484 号文）	2017	住房和城乡建设部	《城市湿地公园设计导则》
2010	国家质量监督检验检疫总局	《水域纳污能力计算规程》（GB/T 25173—2010）	2017	水利部	《绿色小水电评价标准》（SL 752—2017）
2010	水利部	《河湖生态需水评估导则（试行）》（SL/Z 479—2010）	2017	住房和城乡建设部	《污水自然处理工程技术规程》（CJJ/T 54—2017）
2010	农业部	《水生生物增殖放流技术规程》（SC/T 9401—2010）	2017	住房和城乡建设部	《城市河道生态治理技术导则》（RISN-TG030—2017）
2010	国家林业局	《国家湿地公园总体规划导则》	2017	环保部	《淡水水生生物水质基准制定技术指南》（HJ 831—2017）
2011	水利部	《水利水电工程环境保护设计规范》（SL 492—2011）	2018	生态环境部	《环境影响评价技术导则 地表水环境》（HJ 2.3—2018）
2011	环保部	《环境影响评价技术导则 生态影响》（HJ 19—2011）	2018	生态环境部	《土壤环境质量 农用地土壤污染风险管控标准（试行）》（GB 15618—2018）
2011	环保部	《区域生物多样性评价标准》（HJ 623—2011）	2018	国家市场监督管理总局	《农村生活污水处理导则》（GB/T 37071—2018）
2013	水利部	《生态清洁小流域建设技术导则》（SL 534—2013）	2018	国家能源局	《水电工程水生生态调查与评价技术规范》（NB/T 10079—2018）
2013	水利部	《水利水电工程鱼道设计导则》（SL609—2013）	2019	国家市场监督管理总局	《城市污水再生利用 景观环境用水水质》（GB/T 18921—2019）
2013	水利部	《水资源保护规划编制规程》（SL 613—2013）	2019	国家能源局	《水电工程景观规划设计规范》（NB/T 10346—2019）
2013	水利部	《水环境监测规范》（SL 219—2013）	2020	生态环境部	《生态环境健康风险评估技术指南 总纲》（HJ 1111—2020）
2013	水利部	《水库降等与报废标准》（SL 605—2013）	2020	水利部	《河湖健康评估技术导则》（SL/T 793—2020）
2014	国家林业局	《自然保护区建设项目生物多样性影响评价技术规范》（LY/T 2242—2014）	2020	水利部	《河湖生态系统保护与修复工程技术导则》（SL/T 800—2020）
2014	水利部	《河湖生态环境需水计算规范》（SL/Z 712—2014）			

*如有两个及以上发布部门，只写其中第一个。

从河流生态修复发展历程认识到其经历了：①从最初聚焦单纯的结构性修复发展到整个系统结构与功能和过程的综合修复[23-25]；②从河段、小溪针对某一具体河流的修复工程到河流生态系统、流域、区域大尺度整体修复[26-27]（如在美国的密苏里河，我国的长江、黄河、永定河，已经推进整体生态修复）；③从水要素修复扩展到山水林田湖等要素的系统修复；④从单问题导向（如水质）转变为多问题导向[22]；⑤多学科工程规划与设计技术广泛发展，例如生态水工学[24]、负反馈规划设计方法[28]、集成设计框架[29-30]、人工湿地及处理设备[31]等。

从河流生态修复工程层面来看，欧洲、北美、澳大利亚、日本主要围绕较小河流生态修复开展实践[2,32]，修复目标较为具体，易于界定。直到 20 世纪 80 年代早期，美国的河流生态修复大部分是安装河道内结构，例如堰，主要目的是改善鱼类栖息地。据佛罗里达河流生态修复数据库（Florida Stream Restoration Database）中 178 个河流生态修复工程统计，岸线管理、溪流整治、改善水流、加固河岸、改造河道、提高河道栖息地、连通河漫滩、清除入侵物种和拆除水坝分别占 23%、19%、13%、12%、11%、11%、6%、4% 和 1%[33]。欧盟境内 23 000 条河流生态修复工程以改善河道水质、修复河岸、改善河道内水流、提高河道栖息地质量为目标，分别占 55%、23%、11%、11%[34]。Palmer 等[35]从全球公开发表的 149 篇文章（99% 发表于 2002～2014 年）中统计了 644 个修复工程信息，发现修复目标中生物多样性、稳定河岸、河岸栖息地、水质、河道内栖息地和其他目标分别占 33%、22%、18%、14%、11% 和 2%。国外河流生态修复研究 75% 致力于河道形态修复，大约 40% 是尝试修复丧失的河岸植被和湿地群落[36]。普遍来说，河流生态修复工程目标一般集中在河岸带稳定、水质改善、栖息地增加、生物多样性的增加、渔业发达及美学和娱乐[37]。而大型河流生态系统的修复工作也已有一些实例，如密西西比河、长江等，主要依托流域生态修复规划整体实施，包括了多重规划目标和众多工程目标。

从河流生态修复技术标准进展来看，随着时间的推移，国内外河流生态保护与修复相关标准趋于完善。阶段由单一向全过程转化，范围由单一向综合转化，形式由单一向多元转化，由"自上而下"开始向"自上而下 + 自下而上"转变。涉及内容与时俱进，结合修复目标按时更新。早期的技术标准更加注重水环境的改善，如水质监测评估、水污染防治、水质目标控制与提升、河湖富营养化治理等；在意识到河湖生态系统整体性后，对生态指标的关注逐渐提升，指标涉及的方面包括河湖生态流量满足程度、水质达标率、栖息地适宜性、生物多样性等。在参考引用国内外相关技术标准时，切记先了解标准的总则与使用范围，如美国的《河道廊道修复的原理、方法和实践》、英国的《英格兰东部河流河道整治中心河流修复指南》、澳大利亚的《河流生态修复手册》、日本的《多自然型河流建设的施工方法及要点》、加拿大的《安大略河流修复手册》、欧洲河流修复中心的《河流生态修复手册》以及我国的《河湖生态系统保护与修复工程技术导则》虽都是指导河湖生态保护与修复的技术标准，都包含河湖保护与修复的基本理论知识、修复方案设计、技术等内容，但出发点、侧重点与修复目标有所不同。美国的河流生态修复以非城市区域为多，更强调与接近"自然"，尽可能地消除干扰因素；其余国家大都是在接受干扰因素的情况下，恢复河流的结构与功能，强调生态与工程的结合，提倡"仿自然"[7]；我国河流生态修复与保护的关键是"人水和谐"，《河湖生态系统保护与修复工程技术导则》也是倾向于"仿自然"，提倡结合河流生态系统的实际情况，协调防洪、排涝、供水安全等需求和河流生态系统的关系，从而再实施河流生态保护与修复的相关工作[38]。

新发展阶段的河流生态保护与修复需把握尺度、格局、空间和容量四个重点。关于尺度，在流域、河流廊道、河段等不同尺度上，河湖生态保护与修复的工作阶段、工作内容、重要问题和边界条件均有极大不同，需分尺度制定策略；关于格局，在流域大层面，需要结合国土空间规划，把控多类型水利工程的布局、规模、强度和运行方式，提升水系连通程度，构建生态水网，形成河湖生态安全格局，提高区域生态承载力；关于空间，在河流廊道层面，需要结合河湖岸线划定明确生活、生态和生产"三生"空间，并与陆域生态保护红线、基本农田控制线和城镇开发控制线体系有机衔接，为水利绿色基础设施的综合效益发挥提供基本保障；关于容量，在区域河段层面，需依据河段功能定位和周边土地利用类型，把控水土资源质量底线，以河湖生态环境容量倒逼两岸产业转型升级，促进水岸共荣[7]。

3.1.2 河流生态修复目标属性特征

在确定河流生态修复目标的过程中发现随着河流生态修复理论技术与实践发展，其表现出多种属性特征，使其成为河流（流域）生态修复规划、设计的一项技术难题。对众多河流生态修复实践中确定的修复目标进行逻辑论证发现存在以下特征。

1. 层次性

流域、区域、国家层面的生态修复规划，既包含了大尺度、长期性的总体目标（goals），也有中短期的具体目标（图 3-2），具有层次性。澳大利亚昆士兰州东南部健康水道战略（2007—2012）确定到 2020 年该地区流域成为健康的生态系统，支撑当地人民的生产和生活方式，设定了战略目标（类似总体目标）和管理目标（类似具体目标）[22]。《永定河综合治理与生态修复总体方案》提出的治理整体目标是将永定河恢复为"流动的河、绿色的河、清洁的河、安全的河"[39]，并提出了生态水量、水环境、生态等具体治理目标。浙江省实施了以"水清、流畅、岸绿、景美"为目标的"万里清水河道建设"工程。规划总体目标是由一系列工程项目目标来系统实现。河流生态修复项目也往往包括整体性与具体修复目标[40]。总体目标一般是指大尺度、长远的目标，不一定可测量，也不一定有形，例如水安全目标服务于区域或国家水战略目标，而中、短期目标由具体的评估指标来评估，是具体的、可测量的、有形的和可感知的。

一个区域或国家应提出统一的河流生态修复整体目标，可以指导制定次一级流域、各单个河流生态修复工程目标，使得众多河流生态修复工程具有统一的总体目标和个性的工程目标。美国河流修复科学综合项目（National River Restoration Science Synthesis Project）提出了河流生态修复公共目标的概念，具体目标包括：增加美学、娱乐和教育功能，稳定河岸，改造河道，清除或改善水坝与围堰、提供鱼通道，连接河漫滩，改善水流，增强河道内栖息地，管理河道内物种和保护储备岸线空间[41]。欧盟《水框架指令》提出要求成员国地表水体在 2015 年达到地表淡水生态系统状况 5 级标准中的良好状态。

西班牙提出了河流生态修复的国家策略，其中就提出西班牙河流生态修复整体目标是：①提高西班牙河流管理者的相关河流科学集成科学背景，统一生态修复概念、术语和目标；②应用《水框架指令》和定义流域管理规划中的修复措施，帮助流域管理机构；③通过集成传统水资源管理、防洪工程、土地利用规划和农村发展计划中的修复和保护活动来促进多学科方法；④促进公共参与和利益相关者投入到水资源管理和修复活动中；⑤开展修复试点证实西班牙河流生态修复的可能性[39]。

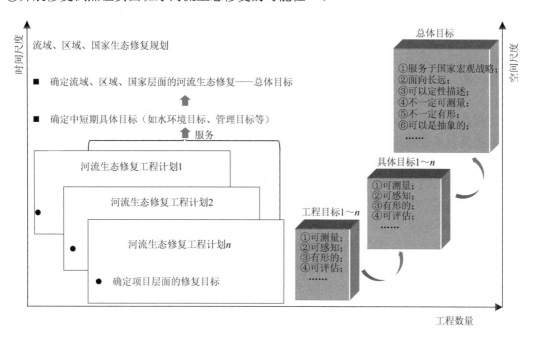

图 3-2　河流生态修复目标层次性结构

2. 地域性

受区域地带性影响，其河流自然状态本就存在显著差异。例如，黄河流经青藏高原、内蒙古高原、黄土高原和华北平原等四个地貌单元，横跨高原气候区、温带大陆性气候和温带季风气候，具有水少沙多、时空分布不均、水资源贫乏和"善淤、善决、善徙"等特点。在修复目标制定过程中，需要考虑自然地理条件差异和经济社会发展水平造成的河流禀赋条件、河流状况差异以及未来经济社会发展预期[32]，分类分段设置修复目标。我国不同层级流域水生态环境治理规划与管理很少考虑这一差异性，导致制定的相关规划与管理方案缺乏针对性与适用性，因此亟需对河流分类修复[42-43]。以天然水流恢复、河流自然化、使鱼类和底栖无脊椎动物重回到河流作为生态修复目标，实现河流生态系统完整性恢复，均需考虑所处地域的生态信息来制定相应的目标。河流生态修复也被认为属于发达国家的行动，普遍以农业、渔业、河流自然化发展和防洪为目标，而发展中国家则难以实施[36]。

3. 矛盾性

河流是一个复杂、开放、非线性系统，往往同时扮演多重角色，具有多重功能。

河流各功能之间本就存在完全兼容、不兼容和条件兼容三种关系[44]。在河流修复过程中难点在于破除既有利益关系，重建新的利益关系。需要平衡人类和自然环境需求[45]、人类多种不同需求和多重利益需求。这些需求之间经常是互相冲突的。例如，城市供水、农业灌溉供水与生态环境需求之间，稳固河岸和控制洪水与保持河流的自然水文过程之间[46]，上游区、中游区和下游区之间，防洪管理、水电站开发与生物多样性保护之间，都存在矛盾。在河流生态修复过程中，人类欲望与自然过程的矛盾处于不断妥协当中[45]。澳大利亚科学家提出了"健康工作的河流"概念来兼顾河流健康与为人类服务。

从河流生态修复工程层面来看，众多修复工程主要围绕单一目标，例如改善水质。而在一些经济发达流域，存在许多竞争性用户，河流生态修复需要达到多个或相互矛盾的目标，其修复目标可能同时包含改善水质、防洪、通航、增强生物多样性、景观娱乐以及加强基础设施建设等。

从修复技术视角来看，有些修复技术本身就会造成修复目标的矛盾。例如大量研究表明大型倒木（large woody debris）能为鱼和无脊椎动物提供关键栖息地[47]，但沿岸大型树木需要在不断侵蚀河岸情况下倾倒入河，倾倒后又会继续加深河岸侵蚀。此外，大型倒木增加了洪水灾害风险[48]。许多传统修复技术设计用来创建"稳定"的栖息地和河道（例如生成浅滩-深潭序列栖息地、使河道蜿蜒），但这些设计经常与河流的运动过程是对立的。例如，河流栖息地由泥沙供应和运输，在流量变化和洪水作用下侧向侵蚀河道，建立河漫滩与河岸动力连续的过程形成。尝试建立稳定的栖息地或尝试控制河道就是典型的未考虑河流动力因素。

4. 多学科性

从河流生态修复学科发展来看，经过近几十年的研究与实践，生态学、水利工程学、环境科学迅速融入河流生态修复研究与实践当中，推动了河流生态修复研究的快速发展[6]。大尺度、多学科的方法应用到河流生态修复是一种趋势[49-50]。自20世纪70年代，随着生态学的发展与应用，生态学与水利工程学逐渐融合，水利工程在满足人类社会需求的同时，逐渐也需满足维持生态系统可持续性与多样性的需求。因此，在水利工程规划、设计和施工过程中，众多的生物材料、生态技术（如生态清淤积）和理念（如洄游鱼道）应用到传统水利工程建设当中，或对已建成的水利工程进行升级改造，都为河流生态修复提供了重要技术支撑。众多国家进行了河流生态工程研究与实践，先后出现了一批典型成果，如德国的"河川生态自然过程"，日本的"多自然建设工法"，美国的"自然河道设计技术"，中国的"生态水工学"[51]。生态水工学经过十几年取得了飞速发展，在水利水电工程生态影响机理[52-53]、河流生态修复规划设计方法[28]、兼顾生态保护的水库调度方法（如小浪底水库调水调沙试验）[53]、河流健康评估、河流生态状况定量评价等方面取得了一定成果。而生态学关注了河流生态修复中的河流生物群落结构、生存空间与廊道的构建，特定生物恢复以及其与环境间的相互作用。景观生态学利用斑块-廊道-基底模式，让景观异质性、斑块连通性、多样性融入河流生态修复技术方案，景观修复融入河流生态修复当中。环境科学关注了人工湿地、污染物监测、治污材料等在河流生态修复中的应用。部分学者呼吁从河流地貌多样性入手修复河流，为河流修复提供了新的视角和切入点[54-59]。

5. 不确定性

当前众多河流生态修复活动逐渐从生硬的工程措施转向基于生态的、过程的修复活动，其基于"在修复措施的介入下，河流顺着修改的自然过程（物理、化学和生物过程）通过自身修复、演化，进而提高河流系统活力，恢复或提高河流功能可持续地为人类服务"的假设。这些过程嵌入在流域背景过程当中[59-61]，受多重因素交互作用影响，是一个非线性的、长期的过程。传统水文不确定性本身就是科学家面临的一大难题。河流生态修复过程常基于历史条件设计即一致性假设，而当前众多河流表现出很强的不一致性。中国平均降雨量未发生趋势性变化，但海河、辽河、黄河中下游等北方缺水地区 1980 年以来降水明显减少。2000 年以来，黄河来沙量由 16 亿 t/a 减少为 2 亿～3 亿 t/a，黄土高原主要产沙支流的来水量也减少约 50%。下垫面变化是黄河近年来水沙锐减的原因，其中林草植被和梯田等坡面因素减少贡献率约占 80%、水库和淤地坝等沟道因素减少贡献率约占 20%[62]。再加上气候变化、土地利用变化、人口增长、城市化以及人类价值信仰变化均存在很大不确定性[63]，需要高度重视[64]。河流生态修复需要面临未来压力和风险考验以及社会需求的不断变化，修复过程难于估量，进而影响以此设定的河流生态修复目标，使得河流生态修复目标也具有了不确定性。

6. 尺度性

流域功能和生态系统完整性由其多尺度时空嵌套物理、化学和生态过程决定。在时空嵌套格局中，次一层尺度嵌套在高一层尺度中，而高一层尺度作为次一层尺度的背景。在次一层时空尺度上表现出的过程与模式受到高一层尺度过程的限制。在功能结构上高一层尺度表现出对次一层尺度的约束。例如，流域尺度的水文情势等变化，直接影响了河道内生境结构和稳定性，大致确定了河道生物群落[65]。

大尺度的河流生态修复整体目标需要多个项目层面的具体目标来支撑实现。河流生态修复规划、项目不同层面的修复目标，也反映出它的尺度性特性。目前已普遍认识到，河流系统退化的主导因子在流域，那么基于局地尺度的场地修复是难以成功的。为此，众多治理工程项目都是以流域尺度进行总体规划和设计，如我国浙江省实施的"万里清水河道建设"工程和"美丽河湖"行动。然而当面对全局性、复杂的、影响面广的问题，当地政府或团体受预算、能力和制度限制往往只能进行自己控制范围内的修复，造成相应问题的尺度错位。许多修复工程因为选择了错误的尺度而失败[66,67]。流域山水林田湖草等生态要素相互嵌套在不同尺度生态系统当中，在水沙、生态等过程中进行尺度切换，系统共治也应考虑尺度性。2020 年 8 月自然资源部、财政部、生态环境部研究制定的《山水林田湖草生态保护修复工程指南（试行）》要求根据不同保护修复尺度设定保护修复总体目标和具体目标，并分别提出了区域（或流域）、生态系统和场地三级尺度目标设计要求。

7. 阶段性

确定河流生态修复目标，实质就是定义一个期望的未来河流状况，这是一个发展的过程。1987年，莱茵河保护国际委员会（ICPR）通过了国际著名的"莱茵河行动计划"，也称"鲑鱼-2000计划（Salmon-2000 Plan）"，提出了"到2000年鲑鱼重返莱茵河"作为各国修复莱茵河的主要目标。2001年，莱茵河流域各国部长会议又通过了《莱茵河2020计划》，详细制定了莱茵河流域包含4个方面的治理目标：生态系统改善、防洪、水质及地下水保护等方面的目标，提出了更系统、更全面、更严格的莱茵河治理目标。总的来看，初期修复目标应该是水质达标[39]；之后发展为针对某一种指示物种进行修复，让指示物种返回河流；进一步提出修复河流生态系统的完整性，提高生物群落的多样性[6]。人类对河流几个世纪的干扰恢复需要许多年，生态修复工作不可能一蹴而就，因此制定生态修复目标也应"循序渐进"[17]。应充分认识河流生态修复背后生态学过程的长期复杂性。河流生态修复效果的评价指标是生物多样性的提高，而目前我国对河流生态修复的研究主要关注于生态工程技术的研究，在生物特别是水生生物对河流生境变化以及河流循环过程的响应机制等生态学过程方面的研究尚比较缺乏。

3.2　河流生态系统结构与功能概念模型

3.2.1　河流连续体模型

Vannote等提出了河流连续体概念（river continuum concept），这种理论认为由源头集水区的第一级河流起，以下流经各级河流流域，形成一个连续的、流动的、独特而完整的系统，称为河流连续体[68]。它在整个流域景观上呈狭长网络状，基本属于异养型系统，其能量、有机物质主要来源于相邻陆地生态系统产生的枯枝落叶和动物残肢以及地表水、地下水输入过程中所带的各种养分。

河流连续体模型应用生态学原理，把河流网络看作是一个连续的整体系统，强调河流生态系统的结构与功能与流域的统一性。所以，上游生态系统过程直接影响下游生态系统的结构和功能。这一理论还概括了沿河流纵向有机物的数量和时空分布变化，以及生物群落的结构状况，使得有可能对于河流生态系统的特征及变化进行预测[69]。

3.2.2　洪水脉冲概念

Junk等基于在亚马孙河和密西西比河的长期观测和数据积累[70]，于1989年提出了洪水脉冲概念（flood pulse concept，FPC）。Junk等认为，洪水脉冲是河流-河漫滩系统生物生存和交互作用的主要驱动力。洪水脉冲概念是对河流连续体概念的补充和发展。

洪水脉冲功能有以下两个方面：形成河流-河漫滩系统侧向连通系统；形成生物生命节律信息流。

1. 形成河流-河漫滩系统侧向连通系统

当汛期河道水位超过平滩水位以后，水流开始向河漫滩漫溢，形成河流-河漫滩系统侧向连通系统。洪水脉冲作用以随机的方式改变连通性的时空格局，从而形成高度异质性的栖息地特征。在高水位下，河漫滩中的洼地、水塘和湖泊由水体储存系统变成了水体传输系统，即从静水系统发展为动水系统，为不同类型物种提供了避难所、栖息地和索饵场。强烈的水流脉冲导致大量的淡水替换，同时输移湖泊、水塘中的有机残骸堆积物，调节水域动植物种群。当河流水位回落，河流与小型湖泊、洼地和水塘之间的连通性削弱，河漫滩的水体停止运动，滞留在河漫滩的水体又恢复为静水状态。总之，洪水脉冲作用把河流与河漫滩动态地联结起来，形成了河流-河漫滩有机物高效利用系统。

2. 形成生物生命节律信息流

每一条河流都携带着生物生命节律信息，河流本身就是一条信息流。在洪水期间洪水脉冲传递的信息更为丰富和强烈。观测资料表明，鱼类和其他一些水生生物依据水文情势的丰枯变化，完成产卵、孵化、生长、避难和迁徙等生命活动。在巴西 Pantanal 河许多鱼种适宜在洪水脉冲时节产卵。在澳大利亚墨累-达令河如果出现骤发洪水，当洪水脉冲与温度脉冲之间的耦合关系错位，即洪峰高水位时出现较低温度，或者洪水波谷低水位下出现较高温度，都会引发某些鱼类物种的产卵高峰。

3.2.3　串连非连续体概念

串连非连续体概念（serial discontinuity concept，SDC）是 Ward 和 Starford 为完善 RCC 而提出的理论，意在考虑水坝对河流的生态影响。因为水坝引起了河流纵向连续性的中断，导致河流生命参数和非生命参数的变化以及生态过程的变化，所以需要建立一种模型来评估这种胁迫效应。SDC 定义了 2 组参数来评估水坝对于河流生态系统结构与功能的影响。一组参数称为"非连续性距离"，定义为水坝对于上下游影响范围的沿河距离，超过这个距离水坝的胁迫效应明显减弱，参数包括水文类和生物类；另一组参数为强度（intensity），定义为径流调节引起的参数绝对变化，表示为河流纵向同一断面上自然径流条件下的参数与人工径流调节的参数之差。这组参数反映水坝运行期内人工径流调节造成影响的强烈程度。SDC 也考虑了堤防阻止洪水向河漫滩漫溢的生态影响，以及径流调节削弱洪水脉冲的作用。在 SDC 中非生命因子包括营养物质的输移和水温等[69]。

3.2.4　河流生态系统结构功能整体性概念模型

董哲仁等[71]提出了河流生态系统结构功能整体性概念模型（holistic concept model for the structure and function of river ecosystems），简称 HCM，该模型是一个完整反映河流生态系统整体性的概念模型（图 3-3），可作为河流生态修复工作开展的指导框架。该模型包含 3 个生境因子，为水文情势、水力条件和地貌景观，并基于生境因子与河流生态过程、水生生物生活史特征及生物多样性的相关关系，模型又细分为 4 个子模型：河流四维连续体模型（4-dimension river continuum model，4D RCM）；水文情势-河流生态过程耦合模型（coupling model of hydrological regime and ecological process，CMHE）；水力条件-生物生活史特征适宜性模型（suitability model of hydraulic conditions and life history traits of biology，SMHB）；地貌景观空间异质性-生物群落多样性关联模型（associated model of spatial heterogeneity of geomorphology and the diversity of biocenose，AMGB）。图 3-3 表示了河流水文、水力和地貌等自然过程与生物过程的耦合关系，标出了 4 个子模型在耦合关系中所处的位置，同时标出了相关领域所对应的学科。

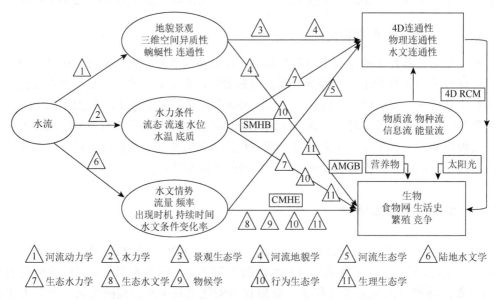

图 3-3　河流生态系统结构功能整体性概念模型示意图

改绘自文献[71]

1. 河流四维连续体模型

河流四维连续体模型反映了生物群落与河流流态的依存关系，是在 Vannote 等提出的河流连续体概念以及其后一些学者研究工作的基础上进行改进后提出的，把原有的河流内有机物输移连续性，扩展为物质流、能量流、物种流和信息流的三维连续性。

2. 水文情势-河流生态过程耦合模型

水文情势-河流生态过程耦合模型描述了水文情势对于河流生态系统的驱动力作用，也反映了生态过程对于水文情势变化的动态响应。水文情势可以用 5 种要素描述，即流量、频率、出现时机、持续时间和水文条件变化率。水文情势-河流生态过程耦合模型反映了水文过程和生态过程相互影响、相互调节的耦合关系。一方面，水文情势是河流生物群落重要的生境条件之一，水文情势影响生物群落结构以及生物种群之间的相互作用。

另一方面，生态过程也调节着水文过程，包括流域尺度植被分布状况改变着蒸散和产汇流过程，从而影响水文循环过程等。

3. 水力条件-生物生活史特征适宜性模型

水力条件-生物生活史特征适宜性模型描述了水力条件与生物生活史特征之间的适宜性。水力条件可用流态、流速、水位、水温等指标度量。河流流态类型可分为缓流、急流、湍流、静水、回流等类型。生物生活史特征指的是生物年龄、生长和繁殖等发育阶段及其历史所反映的生物生活特点。鱼类的生活史可以划分为若干个不同的发育期，包括胚胎期、仔鱼期、稚鱼期、幼鱼期、成鱼期和衰老期，各发育期在形态构造、生态习性以及与环境的联系方面各具特点。多数底栖动物在生活史中都有一个或长或短的浮游幼体阶段。幼体漂浮在水层中生活，能随水流动，向远处扩散。藻类生活史类型比较复杂，包含营养生殖型、孢子生殖型、减数分裂型等。

4. 地貌景观空间异质性-生物群落多样性关联模型

地貌景观空间异质性-生物群落多样性关联模型描述了河流地貌格局与生物群落多样性的相关关系，说明了河流地貌格局异质性对于栖息地结构的重要意义。对河流地貌形态的认识是理解河流自然栖息地结构的基础。河流地貌的形成是一个长期的动态过程。水流对地面物质产生侵蚀，引起岸坡冲刷、河道淤积、河道的侧向调整以及河势变化，构造了河漫滩和台地。河流在径流特别是洪水的周期性作用下，形成了多样性的地貌格局，包括纵坡变化、蜿蜒性、单股河道或分汊型河道、河漫滩地貌以及不同的河床底质及级配结构。由于河流形态是水体流动的边界条件，因而河流的地貌格局也确定了在河段尺度内河流的水力学变量，如流速、水深等。另外，河流形态也影响与植被相关的遮阴效应和水温效应。

河流形态的多样性决定了沿河栖息地的有效性、总量以及栖息地的复杂性。河流的生物群落多样性对于栖息地异质性存在着正相关响应。这种关系反映了生命系统与非生命系统之间的依存与耦合关系。实际上，一个区域的生境空间异质性和复杂性越高，就意味着创造了多样的小生境，允许更多的物种共存。栖息地格局直接或间接地影响着水域食物网、多度以及土著物种与外来物种的分布格局。

3.3　河流生态修复总体框架与治理策略

3.3.1　河流生态修复总体框架

河湖水生态环境问题反映在断面水质是否达标上，但根源是水域和陆域相关问题的综合叠加，以及城乡区域内自然-社会高度耦合的交互影响。从自然特点来看，影响断面水质是否达标的空间尺度大且多、时间尺度上受水期周期性波动影响显著、边界上模糊且延伸性强。在空间尺度上，流域内片状分布的农林田地、城乡建设区，密集分布的农村生活污水和畜禽养殖废水排放点均构成面源污染负荷来源，单点分布的不达标排污口或污水处理厂站等构成了点源污染负荷来源，受污染河段或湖泊内的淤泥底质则构成了内源污染负荷来源，除了上述相对固定的污染源，船舶航运、交通运输等移动污染源也随时会成为污染负荷来源。在时间尺度上，一年内的丰、平和枯水期周期交替变化，直接影响着河湖内水环境容量高低，相同的污染负荷排入河湖水系，在不同水期的同一断面水质达标情况会有极大不同。在边界上，影响某个断面某个指标达标情况的污染源边界往往较难界定，水质断面-陆域影响区的响应关系建立需长期观测，而影响某个指标的污染源溯源分析也需要厘清污染物迁移输移转化等相关机理。从社会特点来看，地方管理部门对城乡水环境治理的复杂性和长期性认识不足，往往存在制定过短时间内达标的理想计划，或者单纯寄希望于某项关键技术，在具体实施过程中忽视了流域水文和污染物迁移规律，导致事倍功半[72]。

综上，河流生态修复总体框架具体遵循流域水文水动力过程、水环境过程与水生态过程基本规律，连接源头控制、过程阻控和末端治理三个关键环节，统筹流域山水林田湖草生态要素，考虑河湖水系自然-社会高度耦合特点，最后探索形成"三全三可"框架：全覆盖、全过程、全要素，以及问题可定位定时识别、措施可落地有效、效果可定量预测。

1. "三全"

（1）全覆盖。全覆盖指的是在流域视角下对断面水质达标问题进行分析，统筹陆域和水域。在陆域，将全部陆域面积进行网格划分，形成若干控制单元，把产水产污分配到各个控制单元里，以控制单元为抓手做好"减源"，减少关键污染物的污染负荷排放和入河。在水资源配置、水量分配等环节根据水质类别进行分质供用水，合理分配生产、生活、生态用水，最大限度减少入河污染负荷，强化"节水就是治污，就是减少污染负荷排放"的意识，形成以水量平衡和污染负荷排放最低为导向的水资源量质统筹配置方案。在水域，通过生态水利工程体系和市政工程体系的合理调度，增加河湖水系内清水比重，改善水系水动力循环条件，提高河湖水系的自净能力，做好"增容"，增加城乡河湖水系水环境容量。

（2）全过程。全过程指的是遵循流域内水文循环和污染物输移转化规律，从污染源源头控制、污染负荷过程阻控到水系内末端治理的全环节。在污染源源头控制方面，通过点源、面源、内源、移动源等不同类型污染源控制，减少污染负荷产生量。对于入河排污口直排、不达标污水处理厂站排放、管网漏排溢流排放等点源类型尤其需重点关注。对于农林田地、城市初雨径流、密集的农村生活污水、畜禽养殖废水等面源主要类型需通过产业调整、土地利用方式优化、分散式处理等方式减少源头排放。因多年水产养殖或污染物累积排放所造成的河湖底泥等内源污染物需在底泥取样、释放试验等分析基础上分类施策，或生态清淤，或原位处理，或加强监测，并形成清淤-处理-资源化利用的全链条模式。对于船舶航运、交通运输等移动源，需做好监控预警，防止发生水污染突发事故。在污染负荷过程阻控方面，需基于生态水文学和生态水工学原理，遵循流域水循环和给水排水规律，根据径流产生和污染物输移转化的规模、频率、时机、持续时间和变化情况，选择合适的坡地、台地、坑塘、建成区、岸滨带等多类型空间区域，结合天然林保护、林区建设、基本农田、生态清洁小流域、生态灌区、海绵城市、自然型湿地等工作，构建截留、削减、转化等组合式阻控体系，减少进入河湖水系的污染负荷总量。在河湖水体末端治理方面，需在保证水利工程安全和不影响河道行洪能力前提下，基于生态水力学和生态水工学原理，结合闸坝工程、河道整治工程等，通过单点工程合理调度或生态化改造、河道内直接接触氧化、闸坝群调度改善水动力循环条件等措施提高水体自净能力、进一步减少污染负荷。

（3）全要素。流域内山水林田湖草和城乡建设区域特征对于流域产流产污情况有很大影响，各要素的不同格局特征直接影响了植物截留、下渗、填洼与蒸发等降雨损失类型，从而影响流域径流量，进而影响河湖内水量，而不同要素对于污染负荷的削减降解功能也存在差异，从而影响流域污染负荷的产生量和入河量。山体坡度、植被覆盖度等特征直接影响其水源涵养能力，也是非点源污染输移的重要影响因素；水则是维持生态系统良性运行的核心要素，是流域内污染负荷输移的重要载体；林不仅能涵养水源、调节河川径流、保护土地资源，还能降低林间径流的流速，促进颗粒状污染物沉积，从而对泥沙及污染物进行阻截与削减；农田既是非点源污染的重要来源，也是可进行土壤渗滤、沟渠阻控等污染负荷削减的重要空间；湖泊是调蓄洪水的主要空间，对于水量及水体自净能力均有较大影响；而城乡建设区，人为改变了自然流域的下垫面状况，增加了流域不透水面积，从而影响了降雨径流的产流过程，并且城乡建设区的污染物来源和处理过程更加复杂，直接影响了河湖内的水量及水质变化过程。

2. "三可"

（1）问题可定位定时识别。在城乡水环境治理方案中，需要强化问题导向，既能在空间尺度上识别出来引起某个控制断面某项指标超标的关键陆域控制单位或片区，又能在时间尺度上明晰问题突出的敏感时段。为实现此目的，在控制断面水质变化分析方面，须在现有数据和补充监测基础上，分析水系内所有控制断面水质指标的时空变化特征，识别出上下游、干支流中的关键问题断面及其特征污染物的周期性变化规律；在陆域污染源解析及污染负荷计算等方面，需在陆域控制单元体系下分析评估与特征污染物相关的污染源分布状况与排污强度，分析污染源对控制断面水质的季节性影响特点，建立陆域污染负荷排放与控制断面水质指标之间的定性或定量关系，找出导致水质超标的主要污染源、污染项目和超标原因，并定位到具体的控制单元或片区，必要时需开展入河排污口及河湖水质水量同步监测，研究确定特征污染物与河流水质过程的响应参数。

（2）措施可落地有效。措施可落地有效体现在国土空间土地类型布局、总体措施体系构建和具体措施选择三个方面。在国土空间优化方面，可利用景观生态学基底-斑块-廊道格局分析方法，对流域内山水林田湖草及城乡建设区域等不同土地类型进行综合分析，以各生态要素利于完成生态过程及最小化污染负荷产生量为指引，优选最佳国土空间优化方案和土地类型布局，并注意河湖生态廊道范围与生态红线、基本农田控制线和城镇开发利用控制线之间的衔接。在城镇建设区域内，尤其需关注初雨径流污染的判定和控制措施、海绵城市措施的布局和规模、短期极值暴雨的叠加等方面因素对于河湖水环境质量存在的长期或短期影响。在总体措施体系构建方面，根据设计水文条件，选择适宜方法确定河湖水系水环境容量，并按照河湖水系—入河排污口—控制单元次序倒推出陆域每个控制单元的污染负荷控制总量，再根据实际排放总量确定需削减总量，通过定性分析措施与问题的对应性、估算措施效果与需削减总量的匹配性等步骤，确定待削减总量所需要的补充措施，并最终形成可落到空间控制单元的措施体系。在具体措施选择方面，需根据当地的水文气候、自然地理、资源禀赋等自然情况和社会经济条件，根据国内外类似案例的运行情况，形成适用技术清单，从中选择易操作、可奏效的技术措施。

（3）效果可定量预测。为提高问题针对性和措施有效性，需对措施效果进行多个情景下的定量预测，根据预测结果优化措施总体布局，必要时还应能推演不同分步措施的递进实施效果。可利用流域分布式水文模型、城市管网模型与水系水动力水质模型相结合的耦合模型技术对不同组合措施的效果进行定量预测。在选择流域分布式水文模型时，需根据流域内土地利用方式特点、农村与城市区域的比例等因素合理选择模型类型，将模型计算得出的径流量、产污量、产沙量等作为水系水动力水质模型的输入条件，并将各控制单元的污染负荷削减量作为控制指标；在城市管网模型中，对于汛期溢流污染、初期雨水收集能力等方面需重点关注；在水系水动力水质模型中，需合理设置控制断面，将控制断面某项指标的达标率作为控制指标，并重点关注河道水质变化敏感时期及关键断面的水质改善水平。

3.3.2　河流生态修复治理策略

河流生态修复治理策略为正向分析、反向设计和正向实施的"三步走"策略，策略流程图如图 3-4 所示。

（1）正向分析，即从陆域至水体分析。首先，对上位规划进行解读，并分析治理区的自然和社会现状，确定流域水环境治理总目标，流域网格化，划分控制单元，并确定指标体系；其次，诊断流域水环境问题，利用源强系数、数值模型等方法估算流域各个控制单元污染负荷；最后，分析河流控制断面水质变化情况，建立"断面水质-排口-陆域单元"的响应关系，识别陆域的关键控制单元和断面水质的敏感时段。

（2）反向设计，即从水体至陆域设计。首先，基于水质现状和水质治理目标，分别计算河湖水系水环境容量和河湖水系水域纳污能力，进而确定污染负荷削减总量；其次，根据"断面水质-排口-陆域单元"的响应关系，将污染负荷削减总量分配至各个控制单元；最后，针对每个控制单元的污染负荷削减量，选择相应的治理措施，使治理措施可以有效地落地到各个控制单元上。

（3）正向实施，即从陆域至水体实施。首先，综合考虑流域污染物输移过程、山水林田湖草沙及建设区域等全部要素，连接源头减排、过程阻控和末端治理三个关键环节，对措施进行总体布局；其次，根据流域现状，选择适宜的模型方法，定量预测治理措施对污染物的削减效果，判断水域控制断面水质指标达标情况；最后，若控制断面水质不达标，则继续优化措施布局并预测，直至达标。

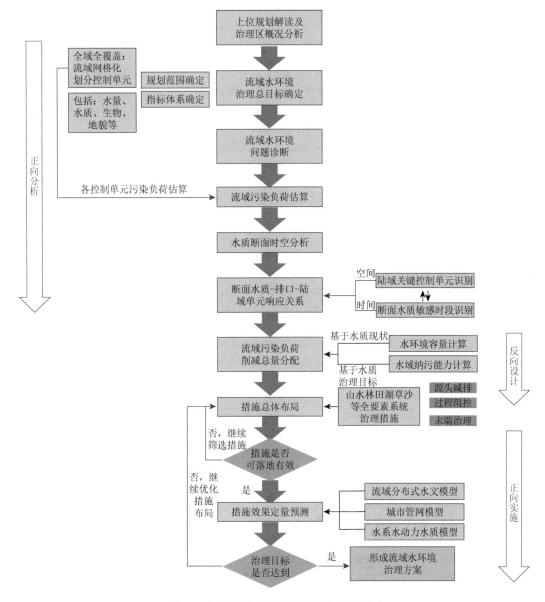

图 3-4　河流生态修复"三步走"治理策略

参 考 文 献

[1]　Laub B G，Palmer M A. Restoration ecology of rivers[J]. Encyclopedia of Inland Waters，2009：332-341.

[2]　王文君，黄道明. 国内外河流生态修复研究进展[J]. 水生态学杂志，2012，33（4）：142-146 .

[3]　De Waal L C，Large A R G，Gippel C J，et al. River and floodplain rehabilitation in Western Europe：Opportunities and constraints[J]. Large Rivers，1996，9（3-4）：679 - 693.

[4]　彭静，李翀，徐天宝. 论河流保护与修复的生态目标[J]. 长江流域资源与环境，2007，16（1）：66-71.

[5]　吴阿娜，杨凯，车越，等. 河流健康状况的表征及其评价[J]. 水科学进展，2005（4）：602-608.

[6]　Hobbs R J. Ecological management and restoration：Assessment，setting goals and measuring success[J]. Ecological

Management & Restoration，2003，4（s1）：S2-S3.

[7] 赵进勇，于子铖，张晶，等. 国内外河湖生态保护与修复技术标准进展综述[J]. 中国水利，2022（6）：32-37.

[8] 段克，袁国华，郝庆. 流域生态修复项目管理研究[J]. 中国国土资源经济，2020，33（4）：40-45.

[9] 徐志侠，陈敏建，董增川. 河流生态需水计算方法评述[J]. 河海大学学报（自然科学版），2004（1）：5-9.

[10] 胡德胜. 英国的水资源法和生态环境用水保护[J]. 中国水利，2010（5）：51-54.

[11] Oliveira P C D R，Geest H G V D，Kraak M H S，et al. Over forty years of lowland stream restoration：Lessons learned？[J]. Journal of Environmental Management，2020，264：110417.

[12] Gann G D，Mcdonald T，Walder B，et al. International principles and standards for the practice of ecological restoration. Second edition[J]. Restoration Ecology，2019，27（S1）：S1-S46.

[13] European Centre for River Restoration. European Centre for River Restoration Position Paper 2019/20[R]. 2019.

[14] 赵进勇，孙东亚，董哲仁，等. 国内外河流生态修复导则研究进展：第十五届海峡两岸水利科技交流研讨会论文集[C]. 北京：中国水利水电科学研究院，2011.

[15] 彭文启. 新时期水生态系统保护与修复的新思路[J]. 中国水利，2019（17）：25-30.

[16] 徐敏，张涛，王东，等. 中国水污染防治40年回顾与展望[J]. 中国环境管理，2019，11（3）：65-71.

[17] 林俊强，陈凯麒，曹晓红，等. 河流生态修复的顶层设计思考[J]. 水利学报，2018，49（4）：483-491.

[18] 左其亭. 新时代中国特色水利发展方略初论[J]. 中国水利，2019（12）：3-6，15.

[19] 叶艳妹，陈莎，边微，等. 基于恢复生态学的泰山地区"山水林田湖草"生态修复研究[J]. 生态学报，2019，39（23）：8878-8885.

[20] 邵雅琪，王春丽，肖玲，等. 妫水河流域山水林田湖草空间格局与生态过程分析[J]. 生态学报，2019，39（21）：7893-7903.

[21] 钟业喜，邵海雁，徐晨璐，等. 基于文献计量分析的流域山水林田湖草生命共同体研究进展与展望[J]. 江西师范大学学报（自然科学版），2020，44（1）：95-101.

[22] 李原园，赵钟楠，王鼎. 河流生态修复-规划和管理的战略方法[M]. 北京：中国水利水电出版社，2019.

[23] Clarke S J，Bruce-Burgess L，Wharton G. Linking form and function：Towards an eco-hydromorphic approach to sustainable river restoration[J]. Aquatic Conservation：Marine & Freshwater Ecosystems，2003，13（5）：439-450.

[24] 董哲仁，孙东亚，赵进勇，等. 生态水工学进展与展望[J]. 水利学报，2014，45（12）：1419-1426.

[25] Beechie T J，Sear D A，Olden J D，et al. Process-based principles for restoring river ecosystems[J]. BioScience，2010，60（3）：209-222.

[26] 陈兴茹. 国内外河流生态修复相关研究进展[J]. 水生态学杂志，2011，32（5）：122-128.

[27] 孙东亚，赵进勇，董哲仁. 流域尺度的河流生态修复[J]. 水利水电技术，2005，36（5）：11-14.

[28] 赵进勇，董哲仁，孙东亚，等. 河流生态修复负反馈调节规划设计方法[J]. 水利水电技术，2010，41（9）：10-14.

[29] 赵银军，丁爱中，李原园. 河流功能管理技术框架构建[J]. 水电能源科学，2014，32（4）：159-162.

[30] Beechie T J，Pess G R，Pollock M M，et al. Restoring rivers in the twenty-first century：Science challenges in a management context[J]. The Future of Fisheries Science in North America，2009，31：697-717.

[31] An S Q，Xu D L，Ren L J，et al. Device for artificial wetland sewage treatment and method for treating sewage thereof：United States Patent 9878931[P]. 2018-01-30.

[32] 徐菲，王永刚，张楠，等. 河流生态修复相关研究进展[J]. 生态环境学报，2014，23（3）：515-520.

[33] Speed R，Li Y Y，David T，et al. River Restoration：A Strategic Approach to Planning and Management [M]. Paris：United Nations Educational，Scientific and Cultural Organization，2016.

[34] 郑天柱，周建仁，王超. 污染河道的生态修复机理研究[J]. 环境科学，2002（s1）：11-13.

[35] Wohl E，Lane S N，Wilcox A C. The science and practice of river restoration[J]. Water Resources Research，2015，51（8）：5974-5997.

[36] Nienhuis P H，Leuven R. River restoration and flood protection：Controversy or synergism？[J]. Hydrobiologia，2001，444（1-3）：85-99.

[37] 董哲仁，孙东亚，彭静. 河流生态修复理论技术及其应用[J]. 水利水电技术，2009，40（1）：4-9.

[38]　中国水利水电科学研究院. 河湖生态系统保护与修复工程技术导则：SL/T 800—2020[S]. 北京：中华人民共和国水利部，2020.

[39]　Speed R A，Li Y Y，Tickner D，et al. A framework for strategic river restoration in China[J]. Water International，2016，41（7）：998-1015.

[40]　Prach K，Durigan G，Fennessy S，et al. A primer on choosing goals and indicators to evaluate ecological restoration success[J]. Restoration Ecology，2019，27（5）：917-923.

[41]　Castillo D，Kaplan D，Mossa J. A synthesis of stream restoration efforts in Florida（USA）[J]. River Research & Applications，2016，32（7）：1555-1565.

[42]　胡官正，曾维华，马冰然，等. 河流类型划分及其水生态环境治理技术路线图[J]. 人民黄河，2021，43（6）：98-105，111.

[43]　Zhao Y J，Ding A Z. A decision classifier to classify rivers for river management based on its structure in China：An example from the Yongding River[J]. Water Science & Technology，2016，74（7）：1539-1552.

[44]　赵银军，丁爱中，沈福新，等. 河流功能理论初探[J]. 北京师范大学学报（自然科学版），2013，49（1）：68-74.

[45]　Sparacino M S，Rathburn S L，Covino T P，et al. Form-based river restoration decreases wetland hyporheic exchange：Lessons learned from the Upper Colorado River[J]. Earth Surface Processes and Landforms，2019，44（1）：191-203.

[46]　Montgomery D R，Abbe T B，Buffington J M，et al. Distribution of bedrock and alluvial channels in forested mountain drainage basins[J]. Nature，1996，381（6583）：587-589 .

[47]　Grabowski R C，Gurnell A M，Burgess-Gamble L，et al. The current state of the use of large wood in river restoration and management[J]. Water and Environment Journal，2019，33（3）：366-377.

[48]　Eyquem J. Using fluvial geomorphology to inform integrated river basin management[J]. Water and Environment Journal，2007，21（1）：54-60.

[49]　Hale R，Mac Nally R，Blumstein D T，et al. Evaluating where and how habitat restoration is undertaken for animals[J]. Restoration Ecology，2019，27（4）：775-781.

[50]　董哲仁. 生态水工学的理论框架[J]. 水利学报，2003（1）：1-6.

[51]　董哲仁. 怒江水电开发的生态影响[J]. 生态学报，2006（5）：1591-1596.

[52]　陈永灿，付健，刘昭伟，等. 三峡大坝下游溶解氧变化特性及影响因素分析[J]. 水科学进展，2009，20（4）：526-530.

[53]　王卫红，田世民，孟志华，等. 小浪底水库运用前后黄河下游河道河型变化及成因分析[J]. 泥沙研究，2012（1）：23-31.

[54]　Kondolf G M，Boulton A. J，O'Daniel S，et al. Process-based ecological river restoration：Visualizing three-dimensional connectivity and dynamic vectors to recover lost linkages[J]. Ecology & Society，2006，11（2）：1-16.

[55]　米艳杰，何春光，王隽媛，等. 河流地貌多样性修复技术研究[J]. 水利水电技术，2010，41（10）：15-17，30.

[56]　赵进勇，孙东亚，董哲仁. 河流地貌多样性修复方法[J]. 水利水电技术，2007（2）：78-83.

[57]　赵银军，丁爱中. 河流地貌多样性内涵、分类及其主要修复内容[J]. 水电能源科学，2014，32（3）：167-170.

[58]　Williams J E，Wood C A，Dombeck M P. Understanding Watershed-Scale Restoration[M]//Williams J E. Watershed Restoration：Principles and Practices. Bethesta：American Fisheries Society，1997.

[59]　Whipple A A，Viers J H. Coupling landscapes and river flows to restore highly modified rivers[J]. Water Resources Research，2019，55（6）：4512-4532.

[60]　Kuemmerlen M，Reichert P，Siber R，et al. Ecological assessment of river networks：From reach to catchment scale[J]. Science of the Total Environment，2019，650：1613-1627.

[61]　Brooke S，Chadwick A J，Silvestre J，et al. Where rivers jump course[J]. Science，2022，376（6596）：987-990.

[62]　刘晓燕，等. 黄河近年水沙锐减成因[M]. 北京：科学出版社，2016.

[63]　Palmer M A，Filoso S. Restoration of ecosystem services for environmental markets.[J]. Science，2009，325（5940）：575-576.

[64]　张建云. 流域生态修复实践与认识[J]. 中国水利，2019（22）：11-13.

[65]　赵银军，丁爱中，李原园. 河流分类及功能管理[M]. 北京：科学出版社，2016.

[66]　Roni P，Beechie T J，Bilby R E，et al. A review of stream restoration techniques and a hierarchical strategy for prioritizing

restoration in Pacific Northwest watersheds[J]. North American Journal of Fisheries Management，2002，22（1）：1-20.

[67] Del Tánago M G，De Jalón D G，Román M. River restoration in Spain：Theoretical and practical approach in the context of the European Water Framework Directive[J]. Environmental Management，2012，50（1）：123-139.

[68] Vannote R L，Minshall G W，Cummins K W，et al. The river continuum concept [J]. Canadian Journal of Fisheries and Aquatic Sciences，1980，37：130-137.

[69] 董哲仁. 河流生态系统结构功能模型研究[J]. 水生态学杂志，2008，29（5）：1-7.

[70] Junk W J，Bayley P B，Sparks R E. The flood pulse concept in river-floodplain systems[J]. Canadian Special Publication of Fisheries and Aquatic Sciences，1989，106（1）：110-127.

[71] 董哲仁，孙东亚，赵进勇，等. 河流生态系统结构功能整体性概念模型[J]. 水科学进展，2010，21（4）：550-559.

[72] 赵进勇，彭文启，丁洋，等. 流域视角下的城乡河湖水环境治理"三全三可"策略及案例分析[J]. 中国水利，2020（23）：9-13.

第4章 流域系统治理

4.1 引　　言

系统思想源远流长，但作为一门科学——系统论，是 20 世纪 30 年代由美籍奥地利人、理论生物学家贝塔朗菲（Ludwig von Bertalanffy）主要创立的。系统论是研究系统的结构、特点、行为、动态、原则、规律以及系统间的联系的理论，至今发展成为一门新兴学科——系统科学。系统论的核心思想是系统的整体观念，把研究和处理的对象看作一个整体系统来对待，强调任何系统都是一个有机的整体，它不是各个部分的机械组合或简单叠加。系统中各要素不是孤立地存在着，系统的整体功能是各要素在孤立状态下所没有的性质，每个要素在系统中都处在一定的位置上，发挥着特定的作用，要素之间相互关联，构成了一个不可分割的整体。要素是整体中的要素，如果将要素从系统整体中割离出来，它将失去要素的作用。系统论的主要任务就是以系统为对象，从整体出发来研究系统整体和组成系统整体各要素的相互关系，把握系统整体，达到最优的目标。

流域是以水为媒介，由水、土、气、生等自然要素和人口、社会、经济等人文要素相互关联、相互作用而共同构成的自然-社会-经济复合系统，系统内部自然与人文各要素以及上下游、左右岸的变化存在着共生和因果联系，形成不可分割的有机整体，其中任一要素在不同时空尺度的局部性调整均将不可避免地对整个流域产生重要影响。以流域为研究单元，探索流域治理的理论与实践，有助于理解流域演变的客观规律，提高治理效率与效果，促进流域资源可持续利用和生态环境的持续改善[1]。

中国流域普遍存在自然生态与社会发展问题交织，先天不足与后天失养问题交织，新老问题交织，水陆问题交织，各类问题之间相互联系影响，关系错综复杂。因此，流域的治理，涉及流域内生态和经济社会发展两个方面，同时，还涉及相关流域之间的关系，可以说是一项复杂的系统工程。流域系统治理就是要统筹生态保护与经济社会发展两个方面，统筹水治理与社会治理，把流域作为一个完整的系统，运用系统论的思维来治理。

流域治理研究与实践经历了以协调流域水资源利用为主要目的的单一目标管理阶段、以流域水土资源综合利用为主要目的的多目标管理阶段、以环境治理与保护为主要目的的流域一体化管理阶段，以及现在所处的以人与自然和谐为主要目标的流域综合管理新阶段[2]。水是流域内部不同时空尺度、不同要素相互联系的纽带，成为传统流域治理研究的核心。但如今已由原来单纯水文过程的研究转为流域内包括水、沙、营养元素、重金属污染的物质输移过程研究；从研究土壤侵蚀、土地退化，到包括土壤侵蚀产生的非点源污染物导致的环境问题研究；人类活动、生态景观学、流域生态健康、流域生态承载力成为重要的研究内容。流域问题的跨学科综合研究成为学科发展的需要，也是流域综合管理实践的迫切需求[3]。

近年来，随着全球化、区域一体化的发展，流域治理问题变得日趋复杂，矛盾不断凸显，对全流域进行统一治理成为新时期流域管理的趋势[4-6]。全流域治理能综合考虑流域内经济、社会、生态、环境等诸多因素，实现水、土及相关资源的协调发展，因此，在美国、澳大利亚、新西兰等国家得以广泛开展。澳大利亚墨累-达令河流域开发了以全流域生态、社会、经济和谐发展为目标，集成流域上下游、左右岸、多部门的全流域生态治理模型，实现了从单一的水资源保护到自然生态系统整体保护再到全流域系统的综合治理效果，成为全世界流域综合治理的典范[7]。在我国，部分流域也逐渐尝试进行全流域治理[8-10]，但由于缺乏典型的全流域治理示范，全流域治理研究缺少实践数据和参照标准，对空喊话，亟待突破。

开展全流域治理的一个重要前提是进行流域健康评价。近年来，国际流域健康评价主要侧重以流域关键生态资产保护与修复为目标，从河流生态学角度出发，设置多个评价指标综合评价流域健康[11-13]。美国环境保护署 1999 年出版的快速生物评估协议（RBPs）利用了鱼类、底栖生物和附着生物来评价河流的健康状况[14-15]，能够较好地反映被评价河流的生物状况。澳大利亚河流状况指数（ISC）强调了评估河流健康主要环境特征的长期性，同时，结合水文状况指标，从河流生态学和水文学两个方面对河流健康作出评价[16-17]。此外，河流健康卡制度成为当前河流健康评价研究的热点之一[18]，该方法以河流健康评估与社会互动为基础，通过对海陆交错带、流域扰动、水生生物、水质和泥沙、水文过程和地表结构等进行打分，通过与社区、政府和行业部门的合作，准确掌握流域生态系统健康程度，结合流域内经济社会发展状况进行评价。该方法在澳大利亚多个流域（如 Murrumbidgee、Cooper Creek、Burdekin、Hunter 等）得到了很好的应用与推广，已成为澳大利亚各州政府高效行使政府职能的工具[19]。在我国，许多学者在考虑流域社会功能及水文、生态因素的同时，将防洪达标率、洪灾损失率、供水保证率和水电开发率等指标纳入评价体系中[20]，对流域健康进行综合评价，具有良好的研究基础。但是，流域健康评价是因地制宜、实践驱动的系统工程，如何根据流域的属性，流域内社会经济系统与生态系统的长期耦合机制进行评价，是目前流域健康评价研究中的难点和前沿。

流域土地资源综合管理是全流域治理的重要组成部分。当前，全球土地资源管理研究已进入了以土地资源系统为对象的综合集成与系统研究阶段[21]，土地资源的可持续利用及其复杂性研究成为国内外关注的热点。在国际上为响应 IGBP 和 IHDP 发起的 LUCC 计划，深入开展了土地利用变化及其效应研究[22]。国家层面的土地资源治理模式正逐渐从单一化的指标控制、片面强调"占补平衡"向节约集约、环境友好、生态文明的综合要求转型[23]。土地资源环境承载力方面建立了基于人粮关系的土地资源承载力模型和土地承载指数模型[24-25]。农业土地面源污染治理方面则集成了水肥优化应用技术、种植制度优化技术、农药减量化与残留控制技术、污染物质的生态拦截等技术[26]，实现面源污染梯度治理模式。但是，目前针对土地资源综合管理的研究仍主要侧重于以任务为导向的土地评价、规划、治理等方面，围绕流域尺度土地资源综合性、系统性的集成研究仍显不足。特别是鲜见土地利用变化规模效应引发的流域生态系统平衡态转变的研究，使得土地资源治理停留在短期、局部效应上。

流域水环境污染是全流域生态治理面临的重大挑战。河流是一个复杂、开放、非线性系统，具有不可逆性，人类对河流系统的理解还存在局限性。流域生态修复可能涉及防洪、航运、城乡规划、工农业生产、水资源保护、景观娱乐等多个目标，如何平衡这些目标是一大挑战。另外，当前修复是基于"在修复措施的介入下，河流顺着修改的自然过程（物理、化学和生物过程）通过自身修复、演化，进而提高河流活力，恢复或提高功能可持续地为人类服务"的假设。然而在社会经济与气候迅速变化的条件下，这些基于历史条件设计的河流修复过程存在很多不确定性。而目前我国河流生态修复主要关注生态工程技术的研究，对河流生境变化引起的河流循环过程变化方面的研究还很缺乏。因此，充分认识河流生态修复背后水文生态过程的复杂性是又一挑战[27]。从生态治理技术的角度看，近年来，基于生态毒理学、分子生物学等新兴跨学科理论的污染物识别与生态修复技术成为环境污染治理领域的国际前沿[28]。作为环境污染的标记，环境中发生的氧化损伤与其他生物标记物如基因毒性、免疫毒性等都会对大规模环境监测起到重要作用[29-30]，而高效液相色谱、气质联用、酶联免疫法等的发展则提升了传统分子生物标志物的检测灵敏度和特异性[31]。此外，分子生物学和基因工程技术在超累积植物品种培育中的应用，植物-微生物联合修复技术在污染物吸收、转移和降解中的作用机制及应用，以及生物、物理和化学等多种修复措施的综合利用，也为流域环境污染治理提供了新的思路[32-34]。

综上所述，目前流域高质量发展之路是亟须耦合资源环境与人类社会进行系统研究的，但目前的研究与技术开发仅集中在这些单一生态问题上。流域是以水为媒介，由自然要素和人文要素相互关联、相互作用而共同构成的自然-社会-经济复合系统，是进行生态综合治理的最佳尺度。

4.2　山水林田湖草系统治理

党的十八大以来，习近平总书记从生态文明建设的整体视野提出"山水林田湖草是生命共同体"的论断，强调"统筹山水林田湖草系统治理"。山水林田湖草系统治理是指按照山水林田湖草是生命共同体的理念，从系统工程和全局角度出发，围绕各重点生态区域的生态功能定位、生态本底状况、主要生态问题，遵循自然生态系统演替内在机理，统筹推进山水林田湖草整体保护、系统修复、综合治理，有利于解决自然生态系统间的割裂保护、单向修复等问题，有利于促进自然生态系统质量整体改善、生态产品供给能力全面增强。

（1）基本内涵

山水林田湖草各要素之间并非相互隔离，而是一个有机的统一体，人的生命在田，田的生命在水，水的生命在山，山的生命在土，土的生命在树。这六个要素组成的生命共同体是社会发展的环境基础，与人是共生关系，忽略其中任一方面都会导致系统崩溃[35]。因此，山水林田湖草系统治理要求在坚持自然价值理念和持续发展观的前提下，真正改变以前的分类保护、单项治理的修复模式，把过去的单一要素保护修复转变为以多要素构成的生态系统服务功能提升为导向的保护修复。

（2）基本特征

一是整体性。山水林田湖草组成的是一个多层次、关系复杂且有序的系统，不同要素之间关联紧密，牵一发而动全身，这种复杂的相互关系就是山水林田湖草系统整体性的体现。虽然这六个要素在生态系统中占据着不同的生态地位，其生态重要性没有高低之分，但"山"遭到破坏必然影响"水"和"林"，进而对"草""湖"和"田"造成影响，产生一系列的连锁反应，这都是其整体性的表现[35]。

二是系统性。按照自然生态的系统性，统筹考虑自然生态各要素，以及山上山下、地上地下、陆地海洋、流域上下游，进行系统保护、宏观管控、综合治理，增强生态系统循环能力，维护生态平衡。对于生态系统受损严重、开展治理修复最迫切的重要区域，要将山水林田湖草作为一个陆域生态系统，在生态系统管理理论和方法的指导下，采用自然修复与人工治理相结合、生物措施与工程措施相结合的方法，开展系统性修复。

三是尺度性。山水林田湖草生态保护修复要分析评价不同尺度景观格局下，生物迁移、污染物传输等诸多生态过程的相互关系和影响，按照"源—廊道—汇"生态过程调控原理，因地制宜采取加速、延缓、阻断、过滤、调控等管理和技术工程手段，实施系统性保护修复。

四是均衡性。山水林田湖草是生态系统的重要组成要素，其生命共同体理念也说明这6个要素在空间中的相关关系是均衡的，发展也是均衡的。6个要素的均衡发展在生态系统服务功能中发挥着多种作用，如涵养水源、保持水土、促进生物多样性发展、防风固沙、净化水质、净化大气等。只有统筹协调好这六个要素之间的关系，才能保证生态系统功能得到充分发挥。

4.3 系统治理策略

流域系统治理要在更广更长的时空维度，谋划空间更加广泛、领域更加全面、布局更加协调、效果更加持久的治理方略，统筹水灾害、水资源、水生态、水环境的治理，协同推进各目标的实现；构建完善的水沙调控与防洪减灾体系、水资源配置与节约集约利用体系、水生态保护与水污染防治体系、治理能力现代化的水治理体系；将流域作为有机整体，耦合河流与社会治理、工程措施与非工程措施并重，突破"单一措施、单一目的"的做法，统筹各种要素，注重"综合措施、综合目标"，综合施策；坚持问题导向与目标导向相协调，注重源头治理、标本兼治，重点坚持"五个统筹"。

一是流域统筹。流域是具有层次结构和整体功能的复合系统，其中流域水环境不仅构成了经济社会发展的资源基础与生态环境的控制因素，也是诸多水问题和生态问题的共同症结所在。流域是地球陆地表面特定的地理单元，在流域自然边界中包含有山、水、林、田、湖、草各个自然要素。山水林田湖草是一个生命共同体，因此以"流域系统"为空间视角，实施山水林田湖草系统治理，统筹生活、生产、生态用水需求，兼顾上下游、左右岸、干支流，协调好社会经济空间与生态空间和点线面的关系，增强治理的全局性和系统性。

二是水陆统筹。以资源环境承载力为刚性约束，协调处理好水资源、水环境、水生态以及水土流失治理。坚持"治水"和"治岸"两手抓，要河上治表，更要陆上治本。

三是水沙统筹。深入研究水沙关系变化规律，治水治沙结合，完善水沙调控体系，增加流域调水调沙动力。

四是措施统筹。在进一步加强工程措施，完善水治理工程体系的同时，必须认识到，目前水的问题，特别是水资源、水生态、水环境问题，主要原因来源于经济社会，因此，更重要的是要调整人的行为和纠正人的错误行为，综合运用法律、行政、经济、工程、科技等手段，政府与市场"两手发力"，实施系统治理，做到工程措施和非工程措施的有机结合。

五是陆海统筹。陆源污染是海洋环境污染的主要来源，占海洋污染的 70%～80%，这些污染一方面来自农业的化学品，另一方面来自工业活动产生的污染物，对海洋环境影响较为频繁、持久和显性。陆海统筹就是将陆域、海洋两大生态系统进行统筹考虑，在科学认识贯穿山、河、城、田、湖（库、淀）、海的物质和能量循环过程的基础上，对陆域和海洋环境保护进行总体布局与综合规划，推进国家生态环境治理体系和治理能力现代化。例如综合考虑广西南流江流域陆域与廉州湾海域水质目标，遵循南流江流域-河口-廉州湾近岸海域的污染路径，构建了基于陆海统筹的南流江流域污染物总量分配技术体系。首先，以廉州湾近岸海域环境功能区水质目标为约束条件，计算入海化学需氧量（COD）、氨氮、总氮（TN）和总磷（TP）的最大允许排放量，分别为 24 494t/a、3 425t/a、10 052t/a、776t/a。然后以南流江河口最大允许排放量和南流江流域水功能区水质目标为约束条件，计算南流江流域陆域 COD、氨氮、TN 和 TP 的最大允许排放量，分别为 126 365t/a、5 403t/a、8 939t/a、1 127t/a。为实现入海总量的控制目标要求，重点应在南流江流域削减污染物排放量，到 2020 年，南流江流域主要污染控制工程项目的削减能力已超过 2020 年污染物总量控制削减量[36]。

参 考 文 献

[1]　尉永平，张志强，等.社会水文学理论、方法与应用[M]. 北京：科学出版社，2017.

[2]　杨桂山，于兴修，李恒鹏，等. 流域综合管理发展的历程、经验启示与展望[J]. 湖泊科学，2004（增）：1-10.

[3]　Wei Y P，Ray I，Western A W. Understanding ourselves and the environment in which we live[J]. Current Opinion in Environmental Sustainability，2018，33：161-166.

[4]　Warner J. The Beauty of the Beast：Multi-Stakeholder Participation for Integrated Catchment Management[M]// Warner J. Multi-Stakeholder Platforms for Integrated Water Management. London：Routledge，2016.

[5]　Allen W，Fenemor A，Kilvington M，et al. Building collaboration and learning in integrated catchment management：The importance of social process and multiple engagement approaches[J]. New Zealand Journal of Marine and Freshwater Research，2011，45（3）：525-539.

[6]　Gallart F，Llorens P. Water resources and environmental change in Spain. A key issue for sustainable integrated catchment management[J]. Cuadernos de Investigación Geografica，2013，27：7-16.

[7]　Mitchell B，Hollick M. Integrated catchment management in Western Australia：Transition from concept to implementation[J]. Environmental Management，1993，17（6）：735-743.

[8]　李波，濮培民. 淮河流域及洪泽湖水质的演变趋势分析[J]. 长江流域资源与环境，2003，12（1）：67-73.

[9]　李沈丽. 异龙湖流域生态环境的综合治理[J]. 林业调查规划，2009，34（2）：108-111.

[10]　陈致泰. 汾河水系全流域污染治理建议[J]. 山西水利科技，2010（1）：11-13.

[11]　张红叶，蔡庆华，唐涛，等. 洱海流域湖泊生态系统健康综合评价与比较[J]. 中国环境科学，2012，32（4）：715-720.

[12]　Belletti B，Rinaldi M，Buijse A D，et al. A review of assessment methods for river hydromorphology[J]. Environmental Earth Sciences，2015，73（5）：2079-2100.

[13]　郦天昳，彭建，刘焱序，等. 基于集对分析的区域生态文化健康评价：以云南省大理白族自治州为例[J]. 地理科学进展，2017，36（10）：1270-1280.

[14]　Barbour M T，Gerritsen J，Snyder B D，et al. Rapid Bioassessment Protocols for Use in Streams and Wadeable Rivers：Periphyton，Benthic Macroinvertebrates and Fish[M]. Washington，D.C.：US Environmental Protection Agency，Office of Water，1999.

[15]　Buss D F，Borges E L. Application of rapid bioassessment protocols（RBP）for benthic macroinvertebrates in Brazil：comparison between sampling techniques and mesh sizes[J]. Neotropical Entomology，2008，37（3）：288-295.

[16]　Ladson A R，White L J，Doolan J A，et al. Development and testing of an Index of Stream Condition for waterway management in Australia[J]. Freshwater Biology，1999，41（2）：453-468.

[17]　Deng X J，Xu Y P，Han L F，et al. Assessment of river health based on an improved entropy-based fuzzy matter-element model in the Taihu Plain，China[J]. Ecological Indicators，2015，57：85-95.

[18]　Smith L，Porter K，Hiscock K，et al. Catchment and River Basin Management：Integrating Science and Governance[M]. London：Routledge，2015.

[19]　Oeding S，Taffs K H，Cox B，et al. The influence of land use in a highly modified catchment：Investigating the importance of scale in riverine health assessment[J]. Journal of Environmental Management，2018，206：1007-1019.

[20]　王宏伟，张伟，杨丽坤，等. 中国河流健康评价体系[J]. 河北大学学报（自然科学版），2011，31（6）：668-672.

[21]　刘彦随，陈百明. 中国可持续发展问题与土地利用/覆被变化研究[J]. 地理研究，2002，21（3）：324-330.

[22]　刘彦随. 土地综合研究与土地资源工程[J]. 资源科学，2015，37（1）：1-8.

[23]　United Nations Environment Programme. Decoupling Natural Resource Use and Environmental Impacts from Economic Growth[M]. Nairobi：UNEP/Earthprint，2011.

[24]　Rees W E. Ecological footprints and appropriated carrying capacity：What urban economics leaves out[J]. Environment and Urbanization，1992，4（2）：121-130.

[25]　Peters C J，Wilkins J L，Fick G W. Testing a complete-diet model for estimating the land resource requirements of food consumption and agricultural carrying capacity：The New York State example[J]. Renewable Agriculture and Food Systems，2007，22（2）：145-153.

[26]　杨林章，冯彦房，施卫明，等. 我国农业面源污染治理技术研究进展[J]. 中国生态农业学报，2013，21（1）：96-101.

[27]　赵银军，丁爱中. 河流地貌多样性内涵、分类及其主要修复内容[J]. 水电能源科学，2014，32（3）：167-170.

[28]　Valavanidis A，Vlahogianni T，Dassenakis M，et al. Molecular biomarkers of oxidative stress in aquatic organisms in relation to toxic environmental pollutants[J]. Ecotoxicology and Environmental Safety，2006，64（2）：178-189.

[29]　Gagné F，Auclair J，Turcotte P，et al. Ecotoxicity of CdTe quantum dots to freshwater mussels：Impacts on immune system，oxidative stress and genotoxicity[J]. Aquatic Toxicology，2008，86（3）：333-340.

[30]　董璐玺，谢秀杰，周启星，等. 新型环境污染物抗生素的分子生态毒理研究进展[J]. 生态学杂志，2010，29（10）：2042-2048.

[31]　李巍，莫瑾，萧浪涛. 生物传感器在植物激素测定中的研究进展[J]. 生物技术通报，2010，8：24-28.

[32]　王庆海，却晓娥. 治理环境污染的绿色植物修复技术[J]. 中国生态农业学报，2013，21（2）：261-266.

[33]　Arzani A，Ashraf M. Smart engineering of genetic resources for enhanced salinity tolerance in crop plants[J]. Critical Reviews in Plant Sciences，2016，35（3）：146-189.

[34]　National Academies of Sciences，Engineering and Medicine. Genetically Engineered Crops：Experiences and Prospects[M]. Washington，D.C.：National Academies Press，2016.

[35]　余新晓，贾国栋. 统筹山水林田湖草系统治理 带动水土保持新发展[J]. 中国水土保持，2019（1）：5-8.

[36]　王黎，胡守明，孟庆佳，等. 陆海统筹的南流江流域污染物总量分配研究[J]. 环境污染与防治，2023，45（2）：194-198.

第 5 章 生 态 空 间

5.1 引　言

生态空间（ecological space）是生态学理论与空间理论的结合体，广义上与生物群体活动相联系的一切环境条件均可称为生态空间，指维持区域生态平衡和可持续发展且具有重要生态功能的空间用地[1]，包括具有自然属性和以提供生态产品或生态服务为主导功能的国土空间，涵盖需要保护和合理利用的森林、草原、湿地、河流、湖泊、滩涂、岸线、海洋、荒地、荒漠、戈壁、冰川、高原冻原、无居民海岛等[2]。从土地利用的角度看，与生态空间相对应的概念是生态用地。目前对生态用地的界定是土地中除城建用地、农业用地之外的区域，是区域内保持的自然或人工的山、水、植被用地，是城市内部和城市外围整体生态环境最主要的组成部分和最重要的生态实体。生态用地主要是指各类天然和人工植被，以及各类水体和湿地，它们不断同外界进行物质和能量交换，从而影响和改造区域生态环境。

20 世纪 90 年代，国际科联环境问题科学委员会成立，旨在探讨生态空间与生态系统服务功能、生物多样性的关系，分析生态空间可提供的生态系统服务价值。河流、湖泊、水库、地下水等陆地水环境为各类水生生物提供了适宜生存的水环境[3]。河流生态空间是指生物群落在河流范围内发生的一切生物活动，且能维持生物生存环境并具有重要河流生态功能的空间用地。从维护自然生态系统良性循环出发，将江河、湖泊、湿地等水域岸线空间划定为水生态空间；对于经济社会系统，按照保障经济社会水安全的要求，将水库、运河、洪水蓄滞场所、集中式饮用水水源、骨干输（排）水渠（沟）以及水源涵养、水土保持等部分陆域生态空间划定为水生态空间[2]。即水生态空间依据其自然生态特征分为以水体为主的河流、湖泊等水域空间，以水陆交错为主的岸线空间，以及与保护水资源数量和质量相关联的陆域涉水空间[2]。由于河流随季节气候条件而丰枯变化，河流水域和岸线的范围也随河流的丰枯而变化。我国南方河流径流量的年际变化小，滩涂在枯水期裸露，丰水期淹没，而北方的河流径流量年际变化较大，部分滩涂常年裸露，在遇洪水时仍是必不可少的重要行洪通道。因此，自然河流的水域空间与岸线空间存在不断交替变化的过程[2]。正是因为河流水位的涨落变化，滋润着两岸土地，提供各种生态服务，河流空间内物种繁多，在生物多样性发生与养育上极具特色。

河流生态空间是水生态空间的组成部分，包括为人类提供水生态服务的河流湖泊等水域空间、岸线空间，为涵养水源和保持水土所需的部分陆域空间，为提高防洪保护要求的行蓄滞洪涉及的区域等[2]。伴随着流量、水深、流速、脉冲、冲刷物的流入等水环境的变化，形成多种多样的生物环境条件，生物栖息地也具有较大的空间异质性[3]。随着现代化的发展对河流生态系统和湿地的破坏，人类开始对河流生态系统进行保护和修复[4-5]。

5.2　生态空间分类

河流生态系统是水生态系统的一部分，为了满足水生态空间为经济社会服务属性要求，界定河流水域空间和岸线空间的各自功能分类管理的空间范围，河流水域空间可以定义为河道两岸临水控制线所围成的区域，河流岸线空间可以定义为河流外缘控制线和临水控制线之间的带状区域。临水控制线是指为了满足稳定河势、保障河道行洪安全和维护河流健康生命的基本要求，在河岸临水一侧顺水流方向或湖泊沿岸周边临水一侧划定的管理控制线。外缘控制线是指水域岸线资源保护和管理的外缘边界线，一般以河（湖）堤坝工程背水侧的管理范围外边线作为外缘控制线，对无堤段河道可以设计洪水位与岸边的交界线作为外缘控制线。陆域水生态空间主要是指对维护流域水生态良性循环，促进江河湖泊休养生息具有重要作用的水源涵养区、水土流失重点防治区等与水有关的部分生态空间。陆域水生态空间划分为水源涵养空间和水土保持生态空间。通过明晰水生态空间的功能来对水生态空间范围进行划分，以《全国主体功能区规划》为依据，统筹兼顾人地协调发展的理念，水生态空间可划分为水生态空间禁止开发区（水生态保护红线区）、水生态空间限制开发区和水安全保障引导区[2]。基于水功能需求的生态空间分类如图 5-1 所示。

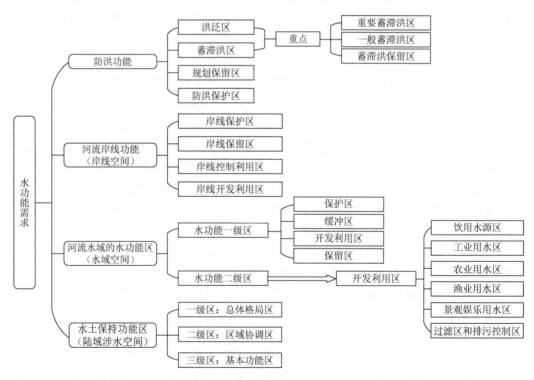

图 5-1　基于水功能需求的生态空间分类

改绘自文献[2]

赵银军等[6]在对河流功能区划的内涵与区划原则的阐述基础上,构建河流功能二级区划体系,即保护区、保留区、开发利用区和缓冲区这4类一级功能区和11类二级功能区,并总结出河流功能区划指标与排除法、GIS 空间分析方法、指标表征法3种区划方法,再以黄河为实例进行河流功能的区划,结果表明区划方法合理可行,为河流管理提供有效的管理工具。邓伟[7]从自然、社会经济和生态环境三方面出发,构建14项定量指标,通过聚类分析和空间叠加方法,结合三峡库区的生态敏感性和服务功能评价,将三峡库区生态功能区划为4个生态功能区和7个生态功能亚区,并将三峡库区的生态经济空间分为6个生态经济大区和8个生态经济亚区。李昭阳等[8]筛选和构建关键性生态空间辨识指标,即生物多样性、土壤保持、水资源安全这3个关键性因子,通过层次分析法、权重法、空间叠加方法对吉林省辽河流域的生态空间进行重要性等级划分,科学界定区域的关键生态空间,为区域生态安全评价和预警提供理论支撑。

5.3　生态空间研究现状

生态空间的相关研究主要集中在景观生态学、城市规划、生态系统等领域。景观生态学领域主要聚焦了空间斑块变化引起的生态系统格局的变化,最终导致景观生态系统功能的变化过程。19世纪中期,在规划师 Frederick 等的不断思考中,认为景观、生态是一个自然生态系统,并开始在规划中融入生态的思想[9]。Warren 将数百张关于土壤、河流、森林和其他景观要素的地图叠加,开展了全美国的景观规划,包括城镇体系、公园、娱乐区和公路交通等内容[7]。Turner 等[10]通过转换概率方法建立了景观格局空间模拟模型,研究佐治亚州景观变化对森林、野生动物种群、景观生产力和农作物等几方面的影响。Munyati 对赞比亚 Kafue 沼泽在 1984～1994 年的景观格局动态分析,得到周期性洪水变化对湿地景观转化产生较大影响的结论[11]。景观格局是景观生态学研究的核心内容和热点问题,随着研究方法和遥感、GIS 技术的应用,景观格局的动态演变即时间异质性问题成为重点[12]。赵景柱[13]首次构建了景观生态空间格局变化评估的指标体系。

城市规划中涉及生态空间的以城市生态空间理论、城市生态空间方法研究和城市生态空间规划的研究为主。20世纪初,Geddes 的《城市开发》[14]和《进化中的城市》[15],将生态学原理运用到城市中去[16]。在 20 世纪 60 年代后,在《寂静的春天》等代表著作的影响下,国际社会对生态危机产生广泛的关注。McHarg[17]通过其因子叠加的生态规划法,提出了一个城市与区域规划的研究框架,加快了生态学与规划学的有效融合,并得到学术界的广泛应用与认可。城市生态空间规划是为了解决城市发展与环境保护之间的问题,协调人与自然的共存。景观生态学中的格局分析和空间模型方法与遥感技术结合,促进了土地利用规划的科学性和可行性,空间生态位分析、空间干扰分析和空间特征分析是城市生态空间的主要研究方法。最具代表性的城市生态空间规划是 Nester 建立的法兰克福城市生态规划模型。余雪[18]从空间途径做切入口,包括适宜性、生态敏感性、环境承载力这三方面,探讨如何运用空间途径对城市生态用地进行调控。杨鹏飞等[19]从城市生态空间的内涵特点、组成要素、现状格局特征等角度出发,对建立长沙都市区城市生态空间优化方案进行了考量。

目前对生态系统的普遍认识是共同栖息在一定区域内的所有生物（生物群落）及其环境构成的统一体。生态系统格局和空间结构反映了各类生态系统自身的空间分布规律和各类生态系统之间的空间结构关系，是人类针对不同区域特征实施生态系统服务功能保护和利用的重要依据[20-22]。可以在生态空间用地比例、布局、功能和管理 4 个层面建立生态网络评价体系，提出宏观优化对策[23]。许尔琪等[24]根据生态功能区划、主体功能区划、全国防沙治沙规划等相关的系列文献资料，将国家的核心生态空间界定为水源涵养区、土壤保持区、防风固沙带、洪水调蓄区、河岸防护带和生物多样性保护区等 6 个具有重要生态功能的分区。该研究指出中国核心生态空间呈现出的不稳定性，发挥重要生态功能的用地类型在不断减少，以生产、生活功能为主体的用地类型增加，不合理利用的开发削弱了核心生态空间功能的现状。利用景观生态学原理研究流域尺度上土地利用及其空间格局对河流水质的影响，已成为流域环境研究中的热点问题。

5.4　河流生态空间研究现状

河流生态系统的形成和演变，是经过漫长的岁月才相对趋于稳定，指河流生物群落与大气、河水及底质之间连续进行物质交换和能量传递，形成结构和功能统一的流水生态单元，其主体为河流中的生物群落，是生物群落及其对环境的需求[25]。河流生态系统包括河流上中下游、河口、泛区滩地等不同生境。河流地貌、水流流态和水质是影响河流生态系统的主要环境因子，影响河流生态系统的景观多样性、生物多样性[3]。

随着人类的不断发展、土地利用类型的快速转换，流域过度开发、拦沙坝或混凝土河坝等各项工程造成不透水域扩大、水面与绿地减少，破坏了河流生态系统与景观。长期以来，由于河流岸线范围不明，权责不清、功能不合理利用，部分岸线无序和过度开发，已造成生态与功能严重退化，严重影响河流健康运行[26]。2016 年中共中央办公厅、国务院办公厅印发的《关于全面推行河长制的意见》（以下简称《意见》），明确提出"加强河湖水域岸线管理保护，严格水域岸线等水生态空间管控，依法划定河湖管理范围，落实规划岸线分区管理要求，强化岸线保护和节约集约利用严禁以各种名义侵占河道、围垦湖泊、非法采砂，对岸线乱占滥用、多占少用、占而不用等突出问题开展清理整治，恢复河湖水域岸线生态功能"。为了深入贯彻《意见》，2017 年 9 月 7 日中共中央水利部办公厅组织制定了《"一河（湖）一策"方案编制指南（试行）》。我国已于 2008 年颁发了《全国河道（湖泊）岸线利用管理规划技术细则》（以下简称《细则》），重点针对河湖岸线利用问题进行规划，而《意见》及后续的指南则要求岸线不仅需要考虑利用，更需考虑保护，应结合地方实际与管理可行性划定生态空间才具有合理性。可见，《细则》与当前实施河长制要求不相符。加之，谢高地等[27]根据人类的自然资源消费量和同化人类产生的废弃物所需要的生产空间进行估算，并与给定区域的实际生物承载力进行比较，评估中国自然资产利用的生态空间占用状况，结果表明中国目前的生态承载力已难以维持现有人口目前的生活水平。因此，坚持因地制宜的科学制定岸线保护、利用、建设和管理的规划已成为我国当前经济发展的迫切任务。

刘丽娟等[28]利用流域尺度上土地利用对河流水质的影响，阐述了景观格局在水环境中的重要性,同时对景观-水质模型的研究进展进行总结,指出土地利用的空间格局与水环境的量化关系是目前的研究热点,流域水质模拟和景观格局的集成本地化应用还需进一步研究。水生态空间的演化与水安全机理是生态水文学在水环境研究应用的关键议题之一[29]。邓伟等[30]研究东辽河流域地表水生态空间的演化分异,表明其流域水生态空间形成了以河渠网为中心的高值分布网和以湖库为中心的高值分布"岛",为流域治理提供参考。潘文斌等[31]以湖北保安湖为例,结合生态系统学与经济学对湖泊生态系统服务功能的价值进行评估,提出最小价值所对应的服务功能决定了整个水生态系统整体的稳定性;肖建红等[32]定性地分析了水坝工程对河流生态系统服务功能的影响,定量地评价了三峡工程对于当地的服务功能的影响程度;王金龙等[33]建立了水生态功能三级分区指标体系,对辽河流域水生态服务功能进行评价,得出每个区域的服务功能等级和主导服务功能结构。杨晴等[2]统筹考虑未来河流水域空间和岸线功能分类用途管控需求,将水生态空间功能管控划分为水生态保护红线区、水生态空间限制开发区、水安全保障引导区这三大类,并制定水生态空间划分和水生态保护红线划定的技术标准,用于指导全国开展以省域为单元的水生态空间管控工作。邓伟[7]在 GIS 的支持下对三峡库区的生态格局和生态过程进行分析,在理论与实证的结合下形成生态空间管控与规划方案,从四个方面对三峡库区生态空间进行定量化分析,并从自然条件、社会经济和生态环境这三个方面,结合生态敏感性和生态系统服务功能重要性评价,从而对三峡库区的生态功能进行区划,引导区域生态环境可持续发展。宋明晓[34]基于 3S 技术研究吉林省辽河流域 1989—2012 年的生态空间演变特征,从生物多样性保护、土壤保持、水资源安全等重要性空间分布来反映流域内的空间结构特征,结果表明辽河流域景观连通性较好,景观格局复杂程度降低,受外界干扰程度大,为区域生态安全评价和预警提供理论支撑。陈琪[35]基于 GIS 技术以水网密集地区的苏州吴江区为例,通过对现状与 2020 年空间格局进行比较来构建一个优化的吴江区生态空间格局,提出吴江区生态空间格局的优化策略。

由此可见,目前对河流生态空间的研究主要是对水功能服务评价和通过功能来对岸线进行规划管理,但河流生态的演变有着自身的规律,而它的自身发展需要一定的占地空间,而往往对这个空间的界定到目前没有一个明确的标准。河流生态空间到底在哪,范围是多少;从自然属性方面考虑对河流生态空间进行划分,替河流发声,按照自然的演变,河流的发展到底需要多大的占地空间才能确保河流顺其自然地发展而且使其受到的人类破坏程度最小;等等——这些问题还有待解决。

5.5 河 岸 带

在河流生态空间的研究中,关于河岸带的研究相对较多。河岸带(riparian zone)的定义由 Lowrance、Malanson 以及陈吉泉等概况总结[36-38],得到大多数学者认可的有广义和狭义这两种定义[39]。河岸带在广义上指靠近河边、受水流直接影响的植物群落及生长环境,其植物种群的复杂度以及微气候等与周边区域明显不同;狭义上指从水-陆交界处至河水影响消失的地带,具有水域和陆地的双重属性。目前,国内外学者对河岸带的研究主要集中在生态河岸带的定义、功能、管理及保护技术等,其中最具代表性的是 Naiman

等[40]和张建春[41]，他们将河岸线的功能概括为廊道功能、植物截流纳污的缓冲带功能、植物根部固土的护岸功能。其次是集中在对河岸带的治理、保护及修复上，如上海市大富浜、横港河岸带的生态景观改造[42]。

河岸带是一个复杂的系统，涉及河段、河流和流域尺度，在时间上更加关注现时、短期和长期尺度，既涉及水文、气象、生物、土壤、地理等因素，又涉及社会生产、岸线管理和人文历史。河岸带的宽度计算主要受坡度、土壤类型、植被类型、降雨量和岸外的土地利用等因素影响[43]，当河岸带宽度满足一定条件时，才能最大程度地发挥其功能。河岸带宽度通常包括最小宽度、最大宽度和最优宽度。最小宽度指满足河岸带主体功能要求的最低宽度；最大宽度指满足所有功能的最大宽度，即当岸外可利用土地资源足够时，满足河岸带生物栖息要求的宽度；最优宽度指既满足防洪安全、环境保护、生态保护要求，又满足降低占地的经济成本要求的宽度[43]。因此，在计算河岸带宽度时，应综合考虑多尺度、多因素综合影响的多目标优化计算方法。河岸带宽度的计算方法主要有统计回归模型、基于动态机制的数学模型、综合优化模型等。Nieswand 等[44]把河岸带坡度与宽度作为影响河岸侵蚀的最主要因子，以建立河岸带宽度与坡度的回归计算关系；Mander 借鉴通用水土流失方程，建立地表径流强度、流域坡降、坡度、地表粗糙度系数、渗透系数、土壤吸附能力与河岸带宽度之间的回归关系式；Brown 等[45]通过坡面流速与泥沙沉降速度的比值来计算泥沙有效沉降在坡面上的河岸带最小宽度；Lowrance 等[46]运用 Remm 模型将河岸带的横纵向分别分成 3 层，模拟水流、泥沙、营养、植物生长等在横向和垂向的动态变化，并预测河岸带在不同的宽度、土壤特性、植被分布等因素下对水质和河岸侵蚀的影响。该模型已在美国佐治亚蒂顿地区的河岸带管理中得到较好的应用，但其中所需要的基础数据较多，在广泛地应用于其他地区这方面有一定的困难。类似对河岸带的研究，王传胜等[47]对辽宁省海岸带陆域、海域生态空间进行生态重要性和环境胁迫性评价，把海岸带重点生态空间的类型划分为生物多样性保护、水源涵养与土壤保持、河流湿地保护与环境治理、海岛海岸保护与侵蚀防治这 4 类，为沿海各地的相关规划和生态环境保护提供依据。

由于地域的差异，当地经济情况的发展水平不尽相同，各国对不同功能要求的河岸带宽度给出的参考范围值相差较大。在满足削减污染的条件下，美国推荐的河岸带宽度为 5～30m[48-49]，澳大利亚推荐值为 5～10m[50]，加拿大推荐值为 5～65m[51-52]；在满足能提供良好水生生物栖息地的条件下，美国推荐的河岸带宽度为 30～500m，澳大利亚推荐值为 5～30m，加拿大推荐值为 30～50m；在能提供良好陆生生物栖息地的条件下，美国推荐的河岸带宽度为 30～500m，澳大利亚推荐值为 10～30m，加拿大推荐值为 30～200m。英国研究人员发现，在满足保护河流及湿地的河岸植被缓冲带下，河岸带最小宽度在 15～30m[53]；爱尔兰规定在中等或较陡的坡地，河岸带最小宽度为 10～20m，在侵蚀严重的地区，则应为 15～25m[53]。

有机质丰富的河岸土壤，能显著降低地表水和进入溪流的地下水中的营养素[54-57]。Peterjohn 等研究美国马里兰州罗德河沿岸的湿地森林发现[58]，自然系统管理的栖息地流域可有效减少扩散源的污染。英国的鲑鱼咨询委员会引进了缓冲区这一综合的集水区管理方法。法国在一项研究中展示了一个 30m 宽的冲积森林足以去除所有的硝酸盐，但不是所有的研究都能得出水质明显改善的趋势。在美国东部已经研究得出结论，国家立法规定的 23m 的缓冲区宽度不足以清除非点源污染，因此建议在河口地区使用 80m 宽度。根据对河流保护功能的不同，不同学者依据具体细节对河岸带宽度给出了不同的建议。

5.6 生 态 边 界

生态边界的概念范围虽广泛但其有细微的差异，在对实地边界设计、建模或比较不同的边界时，应考虑边界的一些属性。生态边界可以用多种方式进行分类，其中大部分人认可的边界特征有四种：①起源和维持；②空间结构；③功能；④时间动态。这些属性彼此相关并且可能在生态边界中相互作用，但我们人为地将它们隔离以使分类清晰和完整。

一旦我们将注意力放在有形边界上，我们就可以分析界限是如何产生的。由于斑块之间的不连续性（例如森林-田地边界），边界可能会出现。现有的边界可能来自仍在运行的力量（当代边界）或不再在该场地运行的力量（残余边界）。例如，湖泊或海洋中相邻的风驱动朗缪尔环流之间的边界是当代边界，因为只要风持续，结构就会持续，而冰川和未发育的地形之间的边界是一个残余边界。

进一步细分边界来源，例如，我们可以区分自然边界和人为边界，这些边界可能具有明显不同的空间结构[59]和功能。一般地说，依据研究的斑块与边界系统的内外过程，可以将边界分为外生的边界和内生的边界。新熔岩流与较老的岩层之间的边界[60]是外生的边界。相比之下，由继承和捕食种子共同作用维持的森林边缘[61]是内生的边界，如同在珊瑚礁周围的放牧光环[62]，这取决于肉食性鱼类的觅食距离或栖息在礁石内的无脊椎动物。当然，由于外源和内源因素的结合，出现了许多边界。短暂的浮游动物斑块可能来自风驱动的朗缪尔环流与浮游动物的行为之间的相互作用[63]。

事实上，许多生态边界都是动态的[64]。关于边界的时间动态的两个基本问题：一是边界的位置、结构和功能是否随时间稳定？二是边界的年龄和历史是什么？边界的属性和位置都可能随着时间而改变，边界位置或属性的变化可能是可预测的或不可预测的。由于边界的影响可能是累积的，边界的年龄和历史可能决定其功能特性和边界周围的当地生态条件。

参 考 文 献

[1] 李边疆，王万茂. 区域土地利用与生态环境耦合关系的系统分析[J]. 干旱区地理，2008，31（1）：142-148.

[2] 杨晴，张梦然，赵伟，等. 水生态空间功能与管控分类[J]. 中国水利，2017（12）：3-7，21.

[3] 郭书英. 海河流域水生态治理体系思考[J]. 中国水利，2018（7）：4-7.

[4] 汤学虎. 河流廊道生态修复的工程技术原理和应用：以中法武汉生态城高罗河生态廊道为例[J]. 中外建筑，2018（8）：181-184.

[5] 许宏福. 基于 GIS、生态网络的生态控制线规划方法刍议：以广州花都区生态控制线为例[J]. 智能城市，2018，4（10）：66-67.

[6] 赵银军，丁爱中，潘成忠，等. 河流功能区划理论与实例[J]. 科技导报，2013，31（16）：60-64.

[7]   邓伟. GIS 支持下的三峡库区生态空间研究[D]. 重庆：重庆大学，2014.

[8]   李昭阳，宋明晓，张赢月，等. 基于生物多样性保护的生态空间辨识研究：以吉林省辽河流域为例[J]. 江苏农业科学，2017，45（7）：220-224.

[9]   周霞，张林艳，叶万辉. 生态空间理论及其在生物入侵研究中的应用[J]. 地球科学进展，2002（4）：588-594.

[10]   Turner M G，Ruscher C L. Changes in landscape patterns in Georgia，USA[J]. Landscape Ecology，1988，1（4）：241-251.

[11]   Munyati C. Use of principal component analysis（PCA）of remote sensing images in wetland change detection on the Kafue Flats，Zambia[J]. Geocarto International，2004，19（3）：11-22.

[12]   刘颂，郭菲菲，李倩. 我国景观格局研究进展及发展趋势[J]. 东北农业大学学报，2010，41（6）：144-152.

[13]   赵景柱. 景观生态空间格局动态度量指标体系[J]. 生态学报，1990，10（2）：182-186.

[14]   Geddes P. City Development：A Report to the Carnegie Dunfermline Trust[M]. New Brunswick：Rutgers University Press，1973.

[15]   Geddes P. Cities in Evolution[M]. London：Routledge/Thoemmes Press，1998.

[16]   白家泽，王双超. 城市新区土地利用与景观生态建设浅析[J]. 科协论坛（下半月），2010（2）：118-119.

[17]   McHarg I L. Design with Nature[M]. Hoboken：Wiley，1969.

[18]   余雪. 城市地域生态调控的空间途径[J]. 山西建筑，2008（27）：82-84.

[19]   杨鹏飞，谢浩东. 长沙都市区生态空间结构组织模式优化[J]. 规划师，2009，25（5）：35-38.

[20]   王仰麟，赵一斌，韩荡. 景观生态系统的空间结构：概念、指标与案例[J]. 地球科学进展，1999（3）：24-30.

[21]   肖笃宁，布仁仓，李秀珍. 生态空间理论与景观异质性[J]. 生态学报，1997（5）：3-11.

[22]   徐新良，刘纪远，邵全琴，等. 30 年来青海三江源生态系统格局和空间结构动态变化[J]. 地理研究，2008（4）：829-838，974.

[23]   张远景，俞滨洋. 城市生态网络空间评价及其格局优化[J]. 生态学报，2016，36（21）：6969-6984.

[24]   许尔琪，张红旗. 中国核心生态空间的现状、变化及其保护研究[J]. 资源科学，2015，37（7）：1322-1331.

[25]   赵银军，丁爱中，李原园. 河流分类及功能管理[M]. 北京：科学出版社，2010.

[26]   夏继红，严忠民，蒋传丰. 河岸带生态系统综合评价指标体系研究[J]. 水科学进展，2005（3）：345-348.

[27]   谢高地，鲁春霞，成升魁，等. 中国的生态空间占用研究[J]. 资源科学，2001（6）：20-23.

[28]   刘丽娟，李小玉，何兴元. 流域尺度上的景观格局与河流水质关系研究进展[J]. 生态学报，2011，31（19）：5460-5465.

[29]   刘强，严登华，何岩，等. 东北地区农业用水安全预警研究[J]. 水土保持通报，2003（5）：53-57.

[30]   邓伟，严登华，何岩，等. 流域水生态空间研究[J]. 水科学进展，2004（3）：341-345.

[31]   潘文斌，唐涛，邓红兵，等. 湖泊生态系统服务功能评估初探：以湖北保安湖为例[J]. 应用生态学报，2002（10）：1315-1318.

[32]   肖建红，施国庆，毛春梅，等. 河流生态系统服务功能及水坝对其影响[J]. 生态学杂志，2006（8）：969-973.

[33]   王金龙，李法云，吕纯剑，等. 辽宁北部典型流域水生态功能三级分区与水生态服务功能评价[J]. 气象与环境学报，2014，30（4）：105-112.

[34]   宋明晓. 基于 3S 技术的辽河流域（吉林省段）景观格局演变及关键性生态空间辨识研究[D]. 长春：吉林大学，2017.

[35]   陈琪. 基于 GIS 技术的苏南水网密集地区生态空间格局优化研究：以苏州吴江区为例[D]. 苏州：苏州科技学院，2015.

[36]   Allan C J，Vidon P，Lowrance R. Frontiers in riparian zone research in the 21st century[J]. Hydrological Processes，2010，22（16）：3221-3222.

[37]   Malanson G P. Riparian Landscapes[M]. Cambridge：Cambridge University Press，1993.

[38]   陈吉泉. 河岸植被特征及其在生态系统和景观中的作用[J]. 应用生态学报，1996（4）：439-448.

[39]   Gregory S V，Swartson F J，Mckee W A，er al，An ecosystem perspective of riparian zones[J]. Bioscience，1991，41：540-551.

[40]   Naiman R J，Decamps H，Pollock M. The role of riparian corridors in maintaining regional biodiversity[J]. Ecological Applications，1993，3（2）：209-212.

[41]   张建春. 河岸带功能及其管理[J]. 水土保持学报，2001（S2）：143-146.

[42]   王准. 上海河道新型护岸绿化种植设计[J]. 上海交通大学学报（农业科学版），2002（1）：53-57.

[43]　夏继红，鞠蕾，林俊强，等. 河岸带适宜宽度要求与确定方法[J]. 河海大学学报（自然科学版），2013，41（3）：229-234.

[44]　Nieswand G H，Hordon R M，Shelton T B，et al. REPLY TO DISCUSSION by William Whipple, Jr.:"Buffer strips to protect water supply reservoirs：A model and recommendations"[J]. Journal of the American Water Resources Association，1991，27（3）：555.

[45]　Brown M T，Hamann R. Calculating buffer zone width for protection of wetlands and other environmentally sensitive lands in ST. Johns County[R].Gainesville：Jones，Edmunds & Associates，Inc，2000.

[46]　Lowrance R R，Altier L S，Williams R G，et al. REMM：The riparian ecosystem management model[J]. Journal of Soil & Water Conservation，2000，55（1）：27-34.

[47]　王传胜，朱珊珊，党丽娟. 辽宁海岸带重点生态空间分类研究[J]. 资源科学，2014，36（8）：1739-1747.

[48]　Hawes E，Smith M. Riparian buffer zones：Functions and recommended widths[J]. Eightmile River Wild and Scenic Study Committee，2005，15：2005.

[49]　Wenger S. A review of the scientific literature of riparian buffer width，extent and vegetation[R].Athens（Georgia）：Institute of Ecology，University of Georgia，1999.

[50]　Price C，Lovett S，Lovett J. Managing riparian widths：Fact Sheet 13[R]. Canberra：Land and Water Australia，2005.

[51]　Lee p，Smyth C，Boutin S. Quantitative review of riparian buffer width guidelines from Canada and United States[J]. Journal of Environmental Management，2004，70：165-180.

[52]　Hansen B，Reich P，Lake P S，et al. Minimum width requirements for riparian zones to protect flowing waters and to conserve biodiversity：A review and recommendations with application to the State of Victoria[R]. Melbourne：Department of Sustainability and Environment，Monash University，2010.

[53]　饶良懿，崔建国. 河岸植被缓冲带生态水文功能研究进展[J]. 中国水土保持科学，2008（4）：121-128.

[54]　Howard-Williams C，Vincent C L，Broady P A，et al. Antarctic stream ecosystems：Variability in environmental properties and algal community structure[J]. Internationale Revue der Gesamten Hydrobiologie und Hydrographie，1986，71（4）：511-544.

[55]　Cooke J G. Sources and sinks of nutrients in a New Zealand hill pasture catchment II. Phosphorus[J]. Hydrological Processes，1988，2（2）：123-133.

[56]　PINAY，DECAMPS，ARLES，et al. Topographic influence on carbon and nitrogen dynamics in riverine woods[J]. Archiv Für Hydrobiologie，1989，114（3）：401-414.

[57]　Fustec E，Mariotti A，Grillo X，et al. Nitrate removal by denitrification in alluvial ground water：Role of a former channel[J]. Journal of Hydrology，1991，123（3-4）：337-354.

[58]　Peterjohn W T，Correll D L. Nutrient dynamics in an agricultural watershed：observations on the role of a riparian forest[J]. Ecology，1984，65（5）：1466-1475.

[59]　Turner M G，Gardner R H，O'Neill R V. Landscape Ecology in Theory and Practice：Pattern and Process[M]. New York：Springer，2001.

[60]　Aplet G H，Vitousek H. Ecosystem development on Hawaiian lava flows：Biomass and species composition[J]. Journal of Vegetation Science，2010，9（1）：17-26.

[61]　Sork V L. Distribution of pignut hickory（Carya glabra）along a forest to edge transect and factors affecting seedling recruitment[J]. Bulletin of the Torrey Botanical Club，1983，110（4）：494-506.

[62]　Ogden J C，Brown R A，Salesky N. Grazing by the echinoid *Diadema antillarum* Philippi：Formation of halos around West Indian patch reefs[J]. Science，1973，182（4113）：715-717.

[63]　George D G，Edwards R W. Daphnia distribution within Langmuir circulations[J]. Limnology and Oceanography，1973，18：798-800.

[64]　Fagan W F，Fortin Marie-josée，Soykan C . Integrating edge detection and dynamic modeling in quantitative analyses of ecological boundaries[J]. BioScience，2003，53（8）：730-738.

第 6 章　独流入海河流健康评价指标体系研究

6.1　引　言

河流健康自 20 世纪 80 年代提出以来便得到了广泛关注，目前已成为世界各国河流管理、保护与生态修复的工具和管理目标。美国、澳大利亚、英国、南非等国家对于河流健康评价的研究起步较早，建立了相对成熟的调查方法与评价体系，如快速生物评估协议（Rapid Bioassessment Protocols，RBPs）[1]、生物完整性指数法（IBI）[2]、河流生境调查（RHS）。2002 年唐涛等首次将河流健康概念引入国内[3]，之后得到了广泛关注。河流健康评价主要有生物监测法和综合指标体系法。生物监测法是根据优势物种，例如鱼类、大型无脊椎动物、浮游动植物的存在来评估河流健康状况。国内对河流健康的研究重点关注了其社会服务功能，河流健康评价更偏向于采用综合指标体系法。耿雷华等[4]提出了包含河流的服务功能、环境功能、防洪功能、开发利用功能和生态功能 5 个准则层和 25 个指标的河流健康评价体系。闫正龙等[5]利用 PSR 模型和粗糙集理论构建了包含 34 项指标的平原地区河流系统健康评价指标体系。朱卫红等[6]从河流生物、水文、河形态、河岸带状况、水体理化参数五个维度选取了大肠杆菌几何均值量和水量等 22 个指标；Kong 等[7]基于河流主导功能构建了山区型河流健康评价指标体系。我国长江、黄河、珠江等流域管理机构在总结国内外相关研究成果的基础上也进行本地化研究[8-10]。上述研究证实了应用生物监测法和综合指标体系法对大型河流健康评估的适应性，但中小河流由于缺乏足够的监测数据而应用受限[11]。

中小河流健康评估是全球关注的问题[11]。但对中小河流尚未有明确的定义，依据 2013 年水利部和国家统计局公布的《第一次全国水利普查公报》，流域面积在 100～10 000km² 的河流有 22 671 条，多为七大江河干流及主要支流以外的三级和四级支流、独流入海河流、跨国河流、平原排洪河流等，这些河流流程短、河面窄、坡降大、人口和产业较为密集，对人类活动和气候变化响应更迅速、更直接，在洪水控制、水资源保护、维持生物多样性方面扮演重要角色，其中以独流入海河流最为典型[14]。

独流入海河流是指在地表狭长低洼处流动且径直入海的水体，其流程短、流路急、分支少且河口段在河流系统中占比高，在水沙以及潮汐作用下河流与河口作用-反馈密切，二者不宜割裂考虑。独流入海河流与其他类型河流相比，规模相对较小、源短流急、水沙变化大，对气候变化与人类活动响应更为剧烈。2022 年 12 月福建省出台了《独流入海型河流生态建设指南》（DB35/T 2095—2022）地方标准，对此类河流治理进行了系统指导。而位于亚热带沿海地区的独流入海河流，由于流域人口密布、人类活动剧烈且易受热带气旋等极端天气影响，是典型代表。

2010 年水利部印发《全国重要河湖健康评估（试点）》，并围绕着水资源管理制度和河长制建设，于 2010—2020 年组织开展全国重要河湖健康评估试点工作。通过近十年的研究探索与实践检验，2020 年 9 月水利部颁布实施了《河湖健康评价指南（试行）》[11]和《河湖健康评估技术导则》（SL/T 793—2020），作为指导性文件指导后续的河湖健康评估工作，但《河湖健康评价指南（试行）》明确指出本指南不适用于入海河口。20 世纪70 年代，国外学者就将河口当作一个单独的生态系统来研究，参考河流的多指标评价法或预测模型法对河口的生态状态和功能进行评价[12]。国内的河口健康评价研究内容则主要集中于河口环境质量评价、生态环境质量评价、生态系统恢复和风险评价等方面，后续也逐渐拓展到河口生态健康展开研究[12-13]。

　　综上，针对河流、河口健康评价构建了许多的指标体系，其尺度、评估对象和导向等各不相同，且部分依据专家咨询和参考前人研究的构建过程过于主观，普适性有待进一步总结，理解和推广应用难度较大[15]。独流入海河流生态系统较为特殊，生态修复及功能提升亟须河流健康评价支撑，但缺少适宜的评价指标体系。为此，根据期刊文献时效性、权威性、代表性等原则，作者从中国知网（http://www.cnki.net/）、Web of Science（https://www.webofscience.com/）以主题"河流健康（river health）"进行文献搜索，得到2010 年至 2020 年的中文核心、硕博毕业论文以及 SCI 期刊相关文献 423 篇，并通过人为判读从中筛选出 40 篇中小流域的河流健康评价体系文献，对这 40 个评价指标体系中的590 个指标按水文、水质、生物、生境、社会服务功能 5 类，采用频数统计进行主评指标筛选，衔接管理目标，再结合入海河流分类分段特征，构建独流入海河流健康评价指标体系（图 6-1），以期为《河湖健康评价指南（试行）》的完善提供参考，并为入海河流生态修复提供科学支撑。

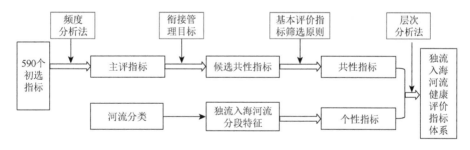

图 6-1　独流入海河流健康评价指标体系构建思路

6.2　中小河流健康主评指标特征及筛选

6.2.1　水文指标

　　河流水文情势是河流生态系统演化的驱动力，不断运输着水沙等物质、塑造水生生物栖息地环境、影响河流物种种群结构。水流是河流功能的源泉，是河流健康与否的基础。40 个评价指标体系中共有水文参评指标 64 项，将指标进行分类归并筛选出 5 类频数大于 2 的指标（图 6-2），其中生态基流类采用频数不小于 10 次。具体来看，生态基流类关注点相对集中，重点考虑了日生态流量保证率。流量关注点较为分散，采用了多种不同的指标形式，例如流量过程变异程度采用了 3 次，其余包括流量变异情况、流量变化率、枯水期流量变化率、河道水量状态、单位面积径流量、最大泄洪流量、水量、径流系数方差、年径流量、年径流变异系数等均只采用了一次。流量过程变异程度被认同感相对较高。因此，选择生态流量和流量过程变异程度指标作为候选主评指标。

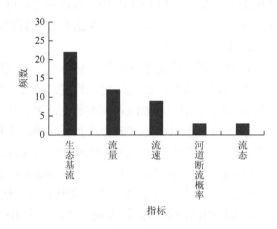

图 6-2　水文指标的采用情况

6.2.2　水质指标

水环境是河流生物生存和发展的物质基础，也是为人类提供可持续水源的前提。早期河流健康评价研究就主要依赖于水质评价。40 个评价指标体系中共有水质参评指标129 项，共筛选出 21 个频数不小于 2 的水质指标（图 6-3），其中氨氮、溶解氧、化学需氧量的采用次数最高，采用频数不小于 10，说明被认同感很高，可作为的水质状况的候选指标。

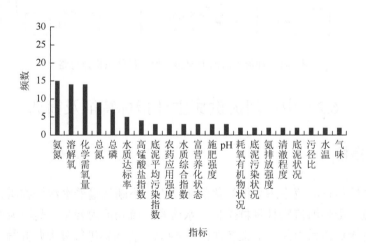

图 6-3　水质指标的采用情况

6.2.3　生物指标

河流生物状况直接反映了河流生态系统质量。许多研究表明生物多样性高的生态系统易于降低水体中的营养盐，提升水质。40 个评价指标体系中生物指标共有参评指标 62 项，将生物指标进行归类统计，共筛选出 7 个频数不小于 2 的生物指标（图 6-4），其中鱼类指标的采用次数最高，浮游植物类指标和底栖生物多样性指数次之，采用频数均不小于 10，可作为生物候选指标。

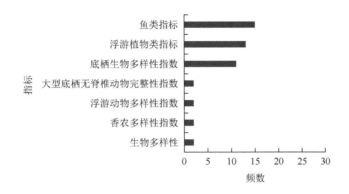

图 6-4　生物指标的采用情况

6.2.4　生境指标

生境是物种或物种群落赖以生存的生态环境。一般来说，有什么样的生境就造就什么样的生物群落，生境与生态系统存在多样性统一关系。生境指标历来也是河流健康关注的焦点。40 个评价指标体系中生境指标共有参评指标 158 项，将生境指标进行归类统计，共筛选出 18 个频数不小于 2 的生境指标（图 6-5），其中河流连通性、植被覆盖率、河岸稳定性、河床稳定性采用率依次较高，采用频数均不小于 10，可作为生境候选指标。

6.2.5　社会服务功能指标

采用《河湖健康评估技术导则》（SL/T 793—2020）对河流健康的定义，社会服务功能是指在河流生态状况良好的基础上，具有可持续的为人类社会提供服务的能力。河流的社会服务功能应该是河流健康的重要标志。40 个评价指标体系中社会服务功能指标共有参评指标 168 项，因此我们按照防洪、景观等功能对其进行分类统计，其中景观功能、防洪达标率、水资源开发利用率、万元 GDP 用水量和水功能区水质达标率采用频次依次较高，均不小于 10，可作为候选指标（图 6-6）。

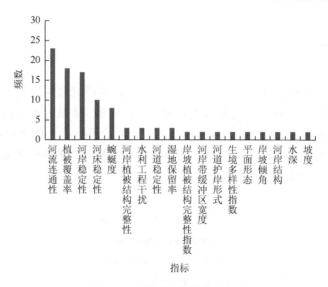

图 6-5　生境指标的采用情况

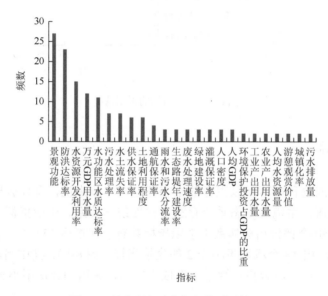

图 6-6　社会服务功能指标的采用情况

6.2.6　指标相关性分析及管理目标衔接

通过评价指标分类频数统计初步筛选出了关注度较高的 17 个主评指标,但对比发现指标间存在相互关联,应进一步聚类降低指标多重贡献,提升指标体系的科学性。此外,为了提升评价指标体系的实用性以便于推广应用,主评指标应尽可能与河流管理部门的考核目标一致。

水文指标初选出了生态基流和流量,二者之间存在相关关系。生态基流是维持河流生态系统演化和确保其不退化的基本流量,由流量计算所得,且生态流量已成为当前我国河流管理的主要考核目标。为衔接管理目标，考虑将生态流量满足程度和流量过程变异程度纳为水文状况的主评指标。

初选出的化学需氧量、氨氮，常用作水质断面考核指标，但各地河长制水质考核目标不尽相同。为了衔接不同的考核水质目标，参考《河湖健康评价指南》由评价河段水质考核断面最差的水质项目来度量水质状况，即统一采用水质优劣程度指标来表示。初选的溶解氧指标对水生生物非常重要，常用来衡量水体自净能力，从另一个角度反映河流生态系统健康程度。

鱼类位于水生生态系统生物链的顶端，显著影响其他类群，能较为全面地反映水体生物群落情况，也常被作为指示物种[16]，特别是很多珍稀鱼类往往成为环境保护与修复的重点目标。例如《北京市水生态健康等级指示物种（2021 版）》提出采样 15 种水生生物作为北京市水生态健康等级的指示物种，其中鱼类占了 73%（11 种）。用浮游植物多样性评价河流状况具有一定的认同度[15]。相比较鱼类与浮游植物，底栖生物在我国研究较为缺乏。为此确定用鱼类多样性指数、浮游植物多样性指数作为河流健康评价的生物主评指标。

初选的生境指标有河流连通性、植被覆盖率、河岸稳定性、河床稳定性。其中河岸稳定性和河床稳定性均表示河流形态结构的稳定性，二者相互促进，由于河床稳定性相对难以量化，为此选用河岸稳定性作为河流形态结构稳定性的表征指标。植被覆盖体现的是植被的生长情况，但是植被覆盖率通常由流域植被覆盖率和河岸植被覆盖率表示。河岸带提供陆栖息地和遮蔽区，植被过渡区沉降泥沙和吸附污染物，并能维持溪流水温[17]。与流域植被覆盖率相比，河岸植被覆盖率更能对河岸形态结构稳定和生态系统的正常发挥起到重要作用，与河流稳定性相辅相成。河岸带河流连通性的变化（尤其是水利工程如水坝的兴建），将会直接改变河流的水沙变化，进而破坏河岸与河床的稳定，而河流连通性与河岸稳定性又存在明显的相关关系，可认为该指标也能揭示河流的形态结构，因此将该指标确定为生境指标之一。

初选的社会服务功能指标有景观功能、防洪达标率、水资源开发利用率、万元 GDP 用水量和水功能区水质达标率。水资源开发利用率和万元 GDP 用水量在不同方面体现了流域的水资源开发利用情况与经济发展水平。两个指标都是为了满足人类用水需求而提出的，既体现了河流的供水能力，又反映人类社会发展对水资源的压力，但水资源开发利用率的国际阈值考虑到了环境用水量，而万元 GDP 用水量仅仅是从满足人类使用的角度考虑，从生态保护和可持续发展的管理角度出发，本书选择水资源开发利用率作为表征社会服务功能的关键指标。虽然景观功能的采用率较高，该指标评价具有美学和人文景观价值的河流，但不具备实用性，故在此不考虑该指标。另外，水功能区水质达标率与前面的水质优劣程度和水体自净能力两个指标有所重复，根据独立性的操作原则，在此也不考虑该指标。防洪主要是为了人民生命安全和财产安全不受洪水威胁，使得经济能够顺利发展；而防洪工程仅集中在人类密集区，而无人居住的河段则无，故防洪达标率视情况而定。一条健康的河流除了要维持生态功能外，还要为人类社会提供服务功能，而公众的满意程度与否最能体现河流的社会服务程度，因此本书参考《河湖健康评价指南》选取公众满意度指标。最后筛选出 11 个主评指标作为独流入海河流健康评价的共性指标，具体如表 6-1 所示。

表 6-1　独流入海河流健康评价的共性指标

准则	共性指标
水文	生态流量满足程度
	流量过程变异程度
水质	水质优劣程度
	水体自净能力
生物	鱼类多样性指数
	浮游植物多样性指数
生境	河流连通性
	河岸稳定性
	河岸植被覆盖率
社会服务功能	水资源开发利用率
	公众满意度

6.3　独流入海河流健康评价指标体系构建

6.3.1　河流分类

河流分类是区分河流时空分异的手段，认识河流复杂性的途径，是河流管理的基础。河流分类是指为揭示河流时空分异规律，按照分类准则将河流划分为特征相对相似的河流类型的过程[18]。为了体现不同河流类型特征，本书基于河流结构特征的河流分类方法，兼顾河长管辖范围，将独流入海河流划分为河源段、河谷段、平原段、城市段、河口段 5 种评价河流类型，同时结合《河湖健康技术指南》和《河湖健康评估技术导则》，分类分段从水文、水质、生物、生境和社会服务 5 个方面分别构建评价指标体系（图 6-7）。

6.3.2　个性指标

从河流的生态系统角度出发，筛选准则层的候选指标得到主评指标，然而针对具体的河流，要根据河流的实际情况选择合适的个性指标，因此根据入海河流的结构特点，划分为河源段、河谷段、平原段、城市段、河口段 5 个评价河流类型。

水土保持对河流健康有重要影响，上游区一般是水土保持的重点区域，因此将反映水土流失程度的水土流失率作为河源段的个性指标。河流蜿蜒是河流的基本特征，与渠道化河流相比，自然河流蜿蜒会形成深潭、浅滩、阶梯和多样水流等不同生境，对生物多样性和生态系统健康有重要作用。因此考虑选用蜿蜒度指标作为河谷段的个性指标。

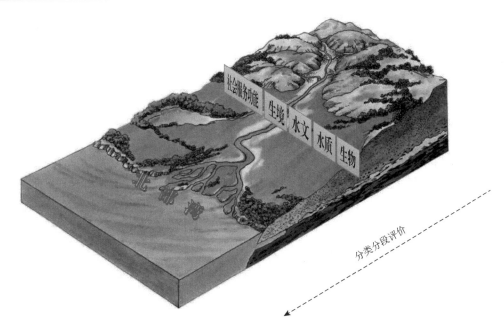

图 6-7　独流入海河流健康评价指标体系构建概念图

独流入海河流主要集中在广西和海南等沿海地区，流域地势相对平坦，人口密度大，平原区农业活动强度较大，因此平原段主要考虑灌溉保证率指标。城市河段社会经济发展程度较高、人口聚集，防洪安全往往被摆在首位，因此在城市段考虑增加防洪达标率作为个性评价指标。

河口是人类活动频繁区域，自然海岸区域往往对应着丰富多样的生境环境和高的生物多样性，也易于被感知和监测，故增加自然岸线保有率作为河口段健康个性评价指标。最后确定包括 16 个指标在内的独流入海河流健康评价指标体系，具体如表 6-2 所示。

表 6-2　独流入海河流健康评价指标体系

目标层	准则层	共性指标层	个性指标层
独流入海河流健康评价指标体系 A	水文 B1	生态流量满足程度 C1	1. 河源段：水土流失率 C12 2. 河谷段：蜿蜒度 C13 3. 平原段：灌溉保证率 C14 4. 城市段：防洪达标率 C15 5. 河口段：自然岸线保有率 C16
		流量过程变异程度 C2	
	水质 B2	水质优劣程度 C3	
		水体自净能力 C4	
	生物 B3	鱼类多样性指数 C5	
		浮游植物多样性指数 C6	
	生境 B4	河流连通性 C7	
		河岸稳定性 C8	
		河岸植被覆盖率 C9	
	社会服务功能 B5	水资源开发利用率 C10	
		公众满意度 C11	

6.3.3　指标计算

1. 水文

1）生态流量满足程度

保障一定的流量过程是维护生态系统稳定和多样性的关键[19]。对于不断流河流，分别计算最小日平均流量（10 月～次年 3 月和 4～9 月）占多年平均流量（近 30 年）的比值，取两者的最低评分来表示该指标。

$$\mathrm{EF}_1 = \min\left[\frac{q_\mathrm{d}}{Q}\right]_{m=4}^{9}, \quad \mathrm{EF}_2 = \min\left[\frac{q_\mathrm{d}}{Q}\right]_{m=10}^{3} \quad (6\text{-}1)$$
$$\mathrm{EF} = \min(\mathrm{EF}_1, \ \mathrm{EF}_2)$$

式中，EF_1，EF_2 分别表示 10 月～次年 3 月、4～9 月最小日平均流量（q_d）占多年平均流量（Q）的最低百分比。

生态流量满足程度的评价标准见表 6-3。

表 6-3　生态流量满足程度得分标准表

（10 月～次年 3 月）最小日平均流量占比/%	≥30	[20, 30)	[10, 20)	[5, 10)	＜5
得分	100	80	40	20	0
（4～9 月）最小日平均流量占比/%	≥50	≥40	≥30	≥10	＜10
得分	100	80	40	20	0

2）流量过程变异程度

该指标可以较好地反映河流水资源开发利用对河流生态环境、水文状况的影响。通过评价年实测与天然月径流量的偏差来表征。计算公式如下：

$$\mathrm{DF} = \sqrt{\sum_{n=1}^{12}\left(\frac{q_n - Q_n}{\bar{Q}}\right)^2} \quad (6\text{-}2)$$

$$\bar{Q} = \frac{1}{12}\sum_{n=1}^{12} Q_n \quad (6\text{-}3)$$

式中，DF 为流量过程变异程度；q_n、Q_n 分别为评价年第 n 月的实测和天然月径流量（单位：$\mathrm{m^3/s}$）；$\bar{Q}$ 为评价年天然月径流量的平均值（单位：$\mathrm{m^3/s}$）；m 为月份。

流量过程变异程度的评价标准见表 6-4。

表 6-4　流量过程变异程度得分标准表

流量过程变异程度	≤0.05	(0.05, 0.1]	(0.1, 0.3]	(0.3, 1.5]	＞1.5
得分	100	75	50	25	0

2. 水质

1) 水质优劣程度

水质优劣程度的指标选择要结合各地河流水质考核指标的要求, 根据《地表水环境质量标准》(GB 3838—2002) 对选择的水质考核指标进行评价 (表 6-5)。

表 6-5　水质优劣程度指标得分标准表

水质类别	I、II	III	IV	V	劣 V
得分	[90, 100)	[75, 90)	[60, 75)	[40, 60)	[0, 40)

2) 水体自净能力

溶解氧是水生生物新陈代谢不可或缺的环境因子, 溶解氧浓度的高低都会对水生动植物的生长产生影响[20]。按照非汛期和汛期对评价年的溶解氧浓度进行平均并对其打分, 依照 GB 3838—2002 的溶解氧的 III 类水质满足水生动植物的基本要求, 以溶解氧 III 类水质限值 5mg/L 为标准值来进行评价 (表 6-6)。

表 6-6　水体自净能力指标得分标准表

溶解氧浓度/(mg/L)	饱和度≥90%(≥7.5)	≥6	≥3	≥2	0
得分	100	80	30	10	0

3. 生物

1) 鱼类多样性指数

鱼类多样性指数能够反映出鱼类的整体状况, 选取反映鱼类多样性的指标进行综合评估[21]。计算公式 [式 (6-4)] 和评价标准 (表 6-7) 如下:

$$H = -\sum_{i}^{s} (P_i) \log_2 (P_i) \tag{6-4}$$

式中, H 是鱼类多样性指数; s 是鱼类群落中出现的所有种类的数量; P_i 是鱼类群落中第 i 个种群的比例。

表 6-7　鱼类多样性指数指标得分标准表

鱼类多样性指数	≥3.5	[2.5, 3.5)	[2, 2.5)	[1, 2)	[0.5, 1)
得分	100	80	60	40	0

2) 浮游植物多样性指数

与其他水生植物比较, 浮游植物具有较短的生长周期和对环境的敏感性, 其变化情

况可以很好地反映河流的生态状况[22]。选取香农-维纳多样性指数来计算浮游植物多样性指数，表达式为

$$SW = -\sum_{i=1}^{S} \frac{n_i}{N} \log_2\left(\frac{n_i}{N}\right) \qquad (6-5)$$

式中，SW 表示浮游植物多样性指数；S 表示种类个数；n_i 为第 i 种的个体数；N 表示浮游植物群落中的个体总数。

浮游植物多样性指数的评价标准见表 6-8。

表 6-8　浮游植物多样性指数指标得分标准表

浮游植物多样性指数	≥4	[3, 4)	[2, 3)	[1, 2)	[0, 1)
得分	100	80	60	40	0

4. 生境

1）河流连通性

河流连通性是根据单位河长内，影响河流流通状况的大坝、水闸等建筑物数量来评价[23]。计算公式为

$$G = N/L \qquad (6-6)$$

式中，G 代表河流连通性；L 代表河道的长度；N 代表闸坝的数目。

河流连通性的评价标准见表 6-9。

表 6-9　河流连通性指标得分标准表

河流连通性/(个/100km)	[0, 0.3]	(0.3, 0.6]	(0.6, 0.9]	(0.9, 1.2]	>1.2
得分	100	80	60	40	0

2）河岸稳定性

河岸稳定性是通过实地考察调研，对河岸带的岸坡倾角、岸坡高度，河岸带基质、河岸冲刷等情况来进行定性评价（表 6-10）。

表 6-10　河岸稳定性指标得分标准表

河岸特征	稳定	基本稳定	次不稳定	不稳定
分值	100	75	25	0
岸坡倾角/(°)	[0, 15]	(15, 30]	(30, 45]	>45
岸坡植被覆盖率/%	[75, 100]	[50, 75)	[25, 50)	[0, 25)
岸坡高度/m	[0, 1]	(1, 2]	(2, 3]	(3, 5]
基质（类别）	基岩	岩土	黏土	非黏土
河岸冲刷状况	无	轻度	中度	重度

3）河岸植被覆盖率

该指标表示河岸带的自然和人造植被的面积占河岸带的面积比重。调查河岸带范围内的乔木、灌木和草本植被的覆盖情况，利用直接评判得分法、遥感解译等方法对该指标进行评价（表 6-11）。

表 6-11　河岸植被覆盖率指标得分标准表

河岸植被覆盖率/%	说明	得分
(0, 5]	几乎无植被	0
(5, 25]	植被稀疏	25
(25, 50]	中密度覆盖	50
(50, 75]	高密度覆盖	75
(75, 100]	极高密度覆盖	100

4）水土流失率

水土流失率用水土流失面积与总土地面积之比表示，是衡量流域水土保持以及治理程度的指标，其评价标准见表 6-12。

表 6-12　水土流失率指标得分标准表

水土流失率/%	[0, 10]	(10, 15]	(15, 25]	(25, 30]	(30, 100]
得分	100	80	60	40	0

5）蜿蜒度

河流的蜿蜒度是河段实际长度与直线长度之比，间接反映了河流生境的丰富程度以及河流结构的纵向多样性[24]，本书研究参考蜿蜒型河道公认蜿蜒度健康标准 1.4～1.6。计算公式［式（6-7）］和评价标准（表 6-13）如下：

$$W = S/Z \qquad (6\text{-}7)$$

式中，W 表示蜿蜒度；S，Z 分别表示河流的实际长度和直线长度，长度单位为 km。

表 6-13　蜿蜒度指标得分标准表

蜿蜒度	≥1.6	[1.4, 1.6)	[1.3, 1.4)	[1.2, 1.3)	[1, 1.2)
得分	100	80	60	40	20

6）自然岸线保有率

该指标是指在没有外力干扰状态下的水体与陆地的分界线，采用自然岸线长度占总岸线长度的比例[25]来计算。可以以自然岸线保有率是否达到管控目标为判断依据，广西海岸线 2020 年管控目标为≥35%[26]，具体评价标准见表 6-14。

表 6-14　自然岸线保有率指标得分标准表

自然岸线保有率/%	[95, 100]	[80, 95)	[65, 80)	[50, 65)	[0, 50)
得分	100	80	60	40	0

5. 社会服务功能

1）水资源开发利用率

水资源开发利用率是衡量流域或区域内水资源开发和使用状况的重要指标，反映了与经济、社会和生态环境的协调程度[27]。国际公认的合理利用水资源的比例为 30%，本书以此作为参考值。计算公式如下：

$$WURT = WS/WR \times 100\% \tag{6-8}$$

式中，WURT 表示水资源开发利用率（单位：%）；WS 表示河流流域地表水供应量（单位：万 m^3）；WR 表示河流流域地表水资源量（单位：万 m^3）。

水资源开发利用率的评价标准见表 6-15。

表 6-15　水资源开发利用率指标得分标准表

水资源开发利用率/%	(0, 20]	(20, 30]	(30, 40]	(40, 50]	(50, 100]
得分	100	80	50	20	0

2）公众满意度

公众满意度反映公众对河流社会服务功能的满意程度，采用公众调查方法评价，其得分取评价流域（区域）内参与调查的公众得分的平均值[28]（表 6-16）。

表 6-16　公众满意度指标得分标准表

公众满意度	[95, 100]	[80, 95)	[60, 80)	[30, 60)	[0, 30)
得分	100	80	60	40	0

3）灌溉保证率

灌溉保证率采用实际灌溉面积与有效灌溉面积之比度量[29]，其评价标准见表 6-17。

表 6-17　灌溉保证率指标得分标准表

灌溉保证率/%	[95, 100]	[80, 95)	[60, 80)	[50, 60)	[0, 50)
得分	100	80	60	40	20

4）防洪达标率

防洪达标率是指在满足防洪标准的堤防长度中，所占总堤防长度的比例。若该流域未对防洪标准进行相应规划，可参照《防洪标准》（GB 50201—2014）[30]确定。

$$FDRI = RDA/RD \times 100\% \tag{6-9}$$

式中，FDRI 表示防洪达标率（单位：%）；RDA 表示达到防洪标准的堤防长度（单位：m）；RD 表示堤防总长度（单位：m）。

防洪达标率的评价标准见表 6-18。

表 6-18　防洪达标率指标得分标准表

防洪达标率/%	[95, 100]	[85, 95)	[70, 85)	[50, 70)	[0, 50)
得分	100	75	50	25	0

6.3.4　评价方法

1. **层次分析法**

层次分析法（AHP）是一种具有思路简单，条理清晰，便于理解，灵活性和实用性强等特点的系统分析方法。AHP 不但可以用来进行定量分析，而且还可以进行定性分析。AHP 将决策者的经验判断，利用相关标度对各因素进行数量化、模型化，按其重要性顺序排列，并利用排序结果进行分析[31]。具体步骤如下：

（1）构建层次结构模型：根据独流入海河流健康评价指标体系构建层次结构模型。

（2）对每一层次的各元素构造判断矩阵。以 U_i，U_j（$i, j = 1, 2, \cdots, n$）表示 B 元素的因素，U_{ij} 表示 U_i 相对于 U_j 的重要值，并用 U_{ij} 构成 B-U 判断矩阵 P。

$$p = \begin{bmatrix} U_{11} & U_{12} & \cdots & U_{1n} \\ U_{21} & U_{22} & \cdots & U_{2n} \\ \vdots & \vdots & & \vdots \\ U_{n1} & U_{n2} & \cdots & U_{nn} \end{bmatrix} \tag{6-10}$$

具体分析时，要按照两两因素对照比较，其中用 U_{ij} 表示 U_i 与 U_j 的重要性指数，比较结果需要对照表格确定具体数值，层次分析法的重要性标度如表 6-19 所示。

表 6-19　判断矩阵等级标度及其含义

标度	含义
1	两因素相互比较，具有同等重要性
3	两因素相比，前者比后者比较重要
5	两因素相比，前者比后者显著重要
7	两因素相比，前者比后者强烈重要
9	两因素相比，前者比后者极其重要
2，4，6，8	2，4，6，8 分别表示相邻判断的中值（表示上述相邻判断的中间值）
倒数（$U_{ji} = 1/U_{ij}$）	因素 j 相比 i 更加重要

（3）计算相关的重要性顺序，即判断矩阵要满足：

$$AW = \lambda_{max} W \qquad (6\text{-}11)$$

式中，λ_{max} 是判断矩阵 A 的最大特性根，而 W 是 λ_{max} 对应的最大特征向量。

（4）对判断矩阵进行一致性指标（CI）计算。

$$CI = (\lambda_{max} - n) / (n-1) \qquad (6\text{-}12)$$

式中，如果 CI = 0 时，则判断矩阵是满意的一致性。相反，CI 越大说明一致性越差。

（5）计算矩阵的一致性比值。将平均随机一致性指标（RI）（表 6-20）与 CI 进行比较，当 CI/RI≤0.1 时，一致性结构可以被视作是满意的。反之，当 CI/RI＞0.1 时，必须对判断矩阵 P 进行重新调整，直到满足一致性。

表 6-20 平均随机一致性指标

阶数	1	2	3	4	5	6	7	8	9
RI	0	0	0.58	0.90	1.12	1.24	1.32	1.41	1.45

2. 综合指标评价法

河流健康评价是一个多层次、多属性、多尺度的决策问题，其中任何一项指标都是从一个侧面反映了河流的健康状态，为了能够全面反映河流健康现状，通过百分制对各项指标进行标准化，并设定权重，总分按加权平均求得，计算公式如下：

$$E_i = \sum^{m} \left[E_{mw} \times \sum^{n} E_{nw} \times E_{nr} \right] \qquad (6\text{-}13)$$

式中，E_i 为第 i 评价河段的综合得分；E_{nw} 为指标层第 n 个指标的权重；E_{nr} 为指标层第 n 个指标的得分；E_{mw} 为第 m 个准则层的权重。

同一准则层内，当某一指标无法开展健康评价时（并非该评价指标评价分值为 0），其对应权重将按比例分配至该准则层内剩余所有指标的权重中去。

河流采用河段长度为权重，按以下公式进行河流健康赋分计算：

$$E = \frac{\sum\limits_{i=1}^{R_s} (E_i \times w_i)}{\sum\limits_{i=1}^{R_s} (w_i)} \qquad (6\text{-}14)$$

式中，E 为河流健康综合赋分；E_i 为第 i 个评价河段健康综合赋分；w_i 为第 i 个评价河段的长度（单位：km）；R_s 为评价河段个数。

6.3.5 健康等级

根据《河湖健康技术指南》和《河湖健康评估技术导则》，将河流健康分为五类：非常健康、健康、亚健康、不健康、劣态。具体见表 6-21。

表 6-21　河流健康评价分类表

分类	状态	得分范围	颜色	RGB 色值
一类河流	非常健康	[90, 100]	蓝	0，180，255
二类河流	健康	[75, 90)	绿	150，200，80
三类河流	亚健康	[60, 75)	黄	255，255，0
四类河流	不健康	[40, 60)	橙	255，165，0
五类河流	劣态	<40	红	255，0，0

参 考 文 献

[1] Hughes R M，Paulsen S G，Stoddard J L. EMAP-Surface Waters：A multiassemblage，probability survey of ecological integrity in the U.S.A [J]. Hydrobiologia，2000，422：429-443.

[2] Karr J R. Defining and measuring river health [J]. Freshwater Biology，1999，41（2）：221-234.

[3] 唐涛，蔡庆华，刘建康. 河流生态系统健康及其评价[J]. 应用生态学报，2002（9）：1191-1194.

[4] 耿雷华，刘恒，钟华平，等. 健康河流的评价指标和评价标准[J]. 水力学报，2006（3）：253-258.

[5] 闫正龙，高凡，黄强. 基于 PSR 模型和粗糙集的平原地区河流系统健康评价指标体系研究[J]. 西北农林科技大学学报（自然科学版），2013，41（12）：200-208，219.

[6] 朱卫红，曹光兰，李莹，等. 图们江流域河流生态系统健康评价[J]. 生态学报，2014，34（14）：3969-3977.

[7] Kong Q X，Xin Z B，Zhao Y J，et al. Health assessment for mountainous rivers based on dominant functions in the Huaijiu River，Beijing，China[J]. Environmental Management，2022，70：164-177.

[8] 李国英. 维持黄河健康生命[J]. 科学，2004，56（3）：33-35.

[9] 陈进. 长江健康评估与保护实践[J]. 长江科学院院报，2020，37（2）：1-6，20.

[10] 彭文启. 河湖健康评估指标、标准与方法研究[J]. 中国水利水电科学研究院学报，2018，16（5）：394-404，416.

[11] Su Y F，Li W M，Liu L，et al. Assessment of medium and small river health based on macroinvertebrates habitat suitability curves：a case study in a tributary of Yangtze River，China[J]. Water Policy，2020，22（4）：602-621.

[12] 水利部河湖管理司. 河湖健康评价指南（试行）[S]. 2020.

[13] 孙涛，杨志峰. 河口生态系统恢复评价指标体系研究及其应用[J]. 中国环境科学，2004，24（3）：381-384.

[14] 赵艳民，秦延文，马迎群，等. 基于 PSR 的长江口生态系统的健康评价[J]. 环境工程，2021，39（10）：207-212.

[15] 黎树式. 南亚热带独流入海河流水沙变化过程研究[D]. 上海：华东师范大学，2017.

[16] 冯彦，何大明，杨丽萍. 河流健康评价的主评指标筛选[J]. 地理研究，2012，31（3）：389-398.

[17] 尚文绣，彭少明，王煜，等. 面向河流生态完整性的黄河下游生态需水过程研究[J]. 水利学报，2020，51（3）：367-377.

[18] Wu J H，Lu J. Spatial scale effects of landscape metrics on stream water quality and their seasonal changes[J]. Water Research，2021，191：116811.

[19] Zhao Y J，Ding A Z. A decision classifier to classify rivers for river management based on its structure in China：An example from the Yongding River[J]. Water Science & Technology，2016，74（7）：1539-1552.

[20] 严开勇. 基于 GIS 与 RS 的綦江流域（重庆段）生态健康状态评价研究[D]. 重庆：重庆交通大学，2015.

[21] 胡国安. 平原河网区河流健康评估方法及应用[D]. 扬州：扬州大学，2018.

[22] 田野. 黄河内蒙古段河流健康评价[D]. 呼和浩特：内蒙古农业大学，2016.

[23] 路枫，李磊，齐青松，等. 哈尔滨城市河网丰水期浮游植物群落分布特征及驱动因子[J]. 环境科学，2021，42（7）：3253-3262.

[24] 石国栋. 渭河陕西河段健康评价及生态需水分析[D]. 西安：西安理工大学，2020.

[25] 杨文慧. 河流健康的理论构架与诊断体系的研究[D]. 南京：河海大学，2007.

[26] 北京市生态环境局. 生态环境质量评价技术规范：DB11/T 1877—2021[S]. 北京：北京市市场监督管理局，2021.

[27] 张昌宁. 广西北部湾大开发影响下近岸海域海洋资源资产负债表研究[D]. 南宁：广西大学，2019.

[28] 贾蕊. 赣江南昌段河流健康评价研究[D]. 南昌：南昌大学，2012.

[29] 中国水利水电科学研究院.河湖健康评估技术导则：SL/T 793—2020[S]. 北京：中国水利水电出版社，2020.

[30] 葛平磊. 三川河河流健康诊断及评价[D]. 太原：太原理工大学，2014.

[31] 中华人民共和国水利部. 防洪标准：GB 50201—2014[S]. 北京：中国计划出版社，2014.

第7章 沉水植物中金属元素赋存与生态修复

7.1 引 言

7.1.1 重金属污染来源及危害

1. 重金属污染危害

重金属是指相对密度大于 5 的金属（一般指密度大于 $4.5g/cm^3$ 的金属）。约有 45 种，一般都是属于过渡元素，如铜（Cu）、铅（Pb）、锌（Zn）、铁（Fe）、钴（Co）、镍（Ni）、锰（Mn）、镉（Cd）、汞（Hg）、钨（W）、钼（Mo）、金（Au）、银（Ag）等。

在环境污染方面所说的重金属主要是指俗称水银的汞（Hg）、镉（Cd）、铅（Pb）、铬（Cr）以及"类金属"——砷（As）等生物毒性显著的重金属[1]。

重金属污染与其他有机化合物的污染不同。不少有机化合物可以通过自然界本身物理的、化学的或生物的净化，使有害性降低或解除。而重金属不能被生物降解，相反却能在食物链的生物放大作用下，成千百倍地富集，最后进入人体，从而造成公害。

尽管铁（Fe）、锰（Mn）、锌（Zn）、铜（Cu）等重金属是生命活动所需要的微量元素，但是大部分重金属如汞、铅、镉等并非生命活动所必需。所有重金属超过一定浓度都对人体有害[1]。

金属有利或有害不仅取决于金属的种类、理化性质，而且还取决于金属的浓度及存在的价态和形态，即使是有益的金属元素，若其浓度超过某一数值也会有剧烈的毒性，使动植物中毒，甚至死亡。金属有机化合物（如有机汞、有机铅、有机砷、有机锡等）比相应的金属无机化合物毒性要强得多，可溶态的金属又比颗粒态金属的毒性要大，六价铬比三价铬毒性要大，等等。

重金属在人体内能和蛋白质及各种酶发生强烈的相互作用，使它们失去活性，也可能在人体的某些器官中富集，如果超过人体所能耐受的限度，会造成人体急性中毒、亚急性中毒、慢性中毒等，对人体会造成很大的危害。

常见的几种重金属对人体的危害如下：

（1）汞：食入后直接沉入肝脏，对大脑、神经、视力破坏极大。天然水每升水中含 0.01mg，就会导致人中毒。

（2）镉：导致高血压，引起心脑血管疾病；破坏骨骼和肝肾，并能引起肾功能衰竭。

（3）铅：是重金属污染中毒性较大的一种，一旦进入人体将很难排出。能直接伤害人的脑细胞，特别是胎儿的神经系统，可造成先天智力低下；对老年人会造成痴呆等。另外还有致癌、致突变作用。

（4）钴：对皮肤有放射性损伤。

（5）钒：伤人的心、肺，导致胆固醇代谢异常。

（6）锑：与砷能使银首饰变成砖红色，对皮肤有放射性损伤。还能伤害骨骼、肝脏、肾脏。

（7）铊：会使人患多发性神经炎。

（8）锰：超量时会使人甲状腺功能亢进。也能伤害重要器官。

（9）砷：是砒霜的组分之一，有剧毒，会致人迅速死亡。长期接触少量，会导致慢性中毒。另外还有致癌性[1-3]。

2. 重金属污染的来源

重金属一般以天然浓度广泛存在于自然界中，在自然条件下不会对人体健康造成危害[4]。重金属污染的主要来源是工业污染，其次是交通污染和生活垃圾污染。工业污染大多通过废渣、废水、废气排入环境；交通污染主要是汽车尾气的排放；生活污染主要是一些生活垃圾（如废旧电池、破碎的照明灯、没有用完的化妆品、上彩釉的碗碟等[1]）的污染。

这些大量未经处理的工业"三废"、汽车尾气、城市垃圾等，使环境中重金属含量急剧升高。这些以各种化学状态或化学形态存在的重金属，它们不能被生物降解，在进入环境或生态系统后就会存留、积累和迁移，造成危害。如随废水排出的重金属，即使浓度低，也可在藻类和底泥中积累，被鱼和贝的体表吸附，产生食物链浓缩，从而造成公害。如日本的水俣病，是因为工业排放的废水中含有汞，在经生物作用变成有机汞后造成的；又如痛痛病，是由工业排放的镉所致。汽车尾气排放的铅经大气扩散等过程进入环境，造成目前地表铅的浓度已有显著提高，致使近现代人体内铅的吸收量比以前的人增加了约 100 倍，损害了人体健康。

然而，更为严重的是在自然过程（大气沉降、地表径流等）和人为作用（农田灌溉等）下，重金属污染物在不同环境介质中不断进行着迁移转化，从而造成严重的二次污染（图 7-1）。

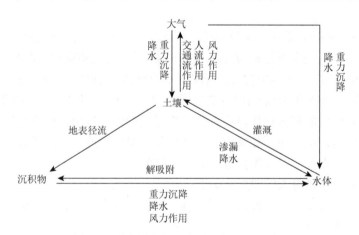

图 7-1　重金属在各环境因子中的迁移转化

3. 水体重金属污染情况

随着人口增长和工业化进程加快，人类对水环境的影响不断加大，营养元素、重金属、有机物等通过生活污水、工业废水等形式进入河流、湖泊等地表水体，引起水质恶化，造成水生生物大量死亡，最终影响人类生存和发展。其中，重金属污染是当前面临的突出水环境问题之一[5]。江河湖库底质的污染率高达 80.1%[6]。2003 年黄河、淮河、松花江、辽河等十大流域的流域片重金属超标断面的污染程度均为超Ⅴ类[7]。2004 年太湖底泥中总铜、总铅、总镉含量均处于轻度污染水平[8]。黄浦江干流表层沉积物中 Cd 超背景值 2 倍、Pb 超 1 倍、Hg 含量明显增加；苏州河中 Pb 全部超标、Cd 为 75% 超标、Hg 为 62.5% 超标[9]。城市河流有 35.11% 的河段出现总汞超过地表水Ⅲ类水体标准，18.46% 的河段面总镉超过Ⅲ类水体标准，25% 的河段有总铅的超标样本出现[10]。由长江、珠江、黄河等河流携带入海的重金属污染物总量约为 3.4 万 t，对海洋水体的污染危害巨大。全国近岸海域海水采样品中铅的超标率达 62.9%，最大值超一类海水标准 49.0 倍；铜的超标率为 25.9%，汞和镉的含量也有超标现象[11]。大连湾 60% 测站沉积物的镉含量超标，锦州湾部分测站排污口邻近海域沉积物锌、镉、铅的含量超过第三类海洋沉积物质量标准[12]。重金属污染时有发生，如 2011 年云南曲靖重金属污染水库事件（5000t 铬渣非法倒入水库）、2012 年广西龙江镉污染事件、2013 年广西贺江水体污染事件（水体镉、铊等重金属污染）、2014 年广西大新县重金属污染事件（废水、废渣进入灌溉水渠）等。国外同样存在水体重金属污染问题，如波兰由采矿和冶炼废物导致约 50% 的地表水达不到水质三级标准[13]。可见，水体重金属污染已成为一个普遍的环境污染问题。

7.1.2　沉水植物生物指示作用

指示植物（indicator plant）也称检验植物，是指对环境中的一个因素或各因素的综合条件具有指示作用的植物种，有时是指植物群落。由于植物进行固着性的生活，较动物容易成为环境的指标。

沉水植物是指植物体全部位于水层下面营固着生活的大型水生植物，是水生态系统的重要组成部分和主要的初级生产者。其中比较常见的有菹草、黑藻、狐尾藻、苦草、黄丝草等[14]。沉水植物都沉没在水中，其根、茎、叶都能吸收重金属，所以其体内重金属分布比较均匀[15-17]。

沉水植物种类繁多、分布广泛，用来监测水体的污染有其独特的优势。具体表现在：①其分布广泛性，能方便地进行区域间不同污染水体污染程度对比。②其生存环境稳定，不像可移动的生物如鱼类等可以受不同水体环境的影响，故对周围水体的监测比较稳定，只受固定水域水体环境的影响，所以比用可移动的生物来指示水体环境的污染状况更为准确。③沉水植物是水生态系统的重要组成部分和主要的初级生产者，利用沉水植物对重金属的富集来了解沉水植物与周围环境中的重金属污染之间的相互关系，能够帮助我们更合理地制定有害污染物的环境管理标准，较早地对潜在的污染问题提出警告。所以，利用沉水植物作为水体污染的指示植物，具有非常重要的意义。

根据已有的文献报道，在植物能够忍受的浓度范围内，植物对水体中微量元素的吸收具有累积性，体内微量元素的富集量与周围环境中的相对质量分数呈显著的正相关。不同种类植物的富集能力差别很大，水生植物对各种微量元素富集能力的顺序从大到小一般是：沉水植物、浮水植物、挺水植物[14, 16]。

以往的研究表明：环境中的重金属含量与植物组织中的重金属含量正相关[18-20]，植物组织中很多元素的含量是环境中的几十甚至是上百倍，因此，可以通过分析植物体内的重金属的含量来指示环境中的重金属水平[21-24]。一个成功的例子是欧洲苔藓监测项目发现植物组织（比如叶子）是当地环境化学组分可靠的指示物[25]；我国的戴全裕在20世纪80年代初从水生植物的角度对太湖进行了监测和评价，认为水生植物对湖泊重金属具有监测能力[15]；湖南省环境保护科学研究院的彭克俭等也在研究中发现沉水植物与环境中的重金属含量存在正相关，能很好指示出水体里面的重金属元素含量[16]；徐勤松等研究论证了利用沉水植物水车前作为指示生物来监测水体镉的可行性[26]；方堃研究证明了两种海洋微藻——小球藻（*Chlorella sp.*）和新月菱形藻（*Nitzschia closterium*）对水体中多氯联苯的吸附，结果证明了可以利用海洋微藻监测水体多氯联苯污染程度[27]；胡肄慧等研究发现凤眼莲、芦苇、蒲草、杏菜、黑藻等高等水生植物对含砷、汞、镉的水体具有生物监测作用和水体净化功能[23]；万大娟等研究了水体中多氯代有机化合物对沉水植物多花黑麦草（*Lolium multiflorum* Lamk.）的生理影响[28]。黄亮等对长江中游水生植物对重金属的监测做了研究[17]，证实了水生植物可以作为重金属污染的指示植物。沉水植物海菜花对水质污染十分敏感，是监测水体质量的指示植物之一，在多数受污染的高原湖泊如昆明的滇池、石屏的异龙湖、玉溪的杞麓湖等湖泊都已灭绝。

7.1.3　沉水植物富集重金属

沉水植物对重金属的富集研究主要集中在4个方面：①沉水植物对重金属（包括放射性物质）的吸收、积累和净化作用；②沉水植物对重金属的抗性强弱和机制；③沉水植物用于监测水体的重金属污染；④沉水植物的重金属胁迫机制，包括重金属对植物形态和显微结构的损伤，对植物抗氧化酶系统的影响，对植物的叶绿素、蛋白质以及光合与呼吸作用等生理生化指标的影响，植物对重金属的吸附和转运动力学，以及Zn对Cd毒害的拮抗等[29]。

与陆生生态系统相比，沉水植物生物积累的估算要简单一些，重金属污染物在水体、沉积物中存在，可以被沉水植物的根系所吸收。这类吸收有主动吸收和被动吸收，前者是靠细胞的代谢吸收，后者则是利用根内外浓度的差别、电化学梯度差使污染物向根内扩散。叶表面的吸收则是通过表皮细胞渗入与吸附，是重金属元素进入植物体内的重要渠道。

7.2　流域概况及站位布设

7.2.1　流域概况及主要沉水植物

1. 研究期间刁江流域基本情况

刁江流域位于东经104°26′～112°04′，北纬20°54′～26°24′，地处桂西北，发源于南丹县，流经南丹县、金城江区和都安瑶族自治县，在都安县百旺乡那浩村汇入红水河，流经12个乡镇、48个自然村、200多个自然屯，流程229km，其中南丹县境内21.5km。刁江流域主要包括河池市的南丹、金城江区以及都安县。刁江系珠江水系红水河的源头，属于中、南亚热带季风气候区，气候温暖，各地年平均气温在16.5～23.1℃，平均降水日191.9d，平均降水量1497.9mm，年均日照总时数1257.1h，无霜期209d。刁江流域中含有丰富的矿产资源，以有色金属矿藏为主。流域内的丹池成矿带是广西重要的锡多金属成矿带之一，其北起南丹县北部的麻阳汞矿，向南经大厂矿田至五圩矿田，成矿带内的锡、锑、汞、银储量均占广西总储量的一半以上，且其铅锌矿储量占区内总储量的三分之一以上。河池南丹县被称为"有色金属之乡"以及"中国的锡都"。据 2003~2005 年相关研究显示，刁江流域矿产资源的开发，致使刁江流域的土壤重金属污染严重，农田受到严重的 As、Cd、Pb、Zn 污染[30]，即使在距刁江流域 227km 的下游地区，土壤中 As、Cd、Pb、Zn 含量仍超标严重[31]。

2. 土壤镉污染空间分布

刁江流域土壤重金属镉含量数据来自中国环境科学研究院，于 2013 年 9 月采样，共 817 个土壤样点（已剔除异常点）。

按照 1~6 等级以及镉含量最大值的分类标准，将刁江流域的土壤镉样点数据分为 7 级，等级越高，含量越高 [图 7-2（a）]。可知，4 级以上样点分布密集，样点镉含量大于 1.0mg/kg 者居多，特别地，高镉含量样点主要集中在东北和西南地区，镉含量大部分在 5.0mg/kg 以上，部分样点在 10.0mg/kg 以上，污染情况比较严重。

由于数据不符合正态分布，采用 IDW 方法进行插值，绘制出刁江流域土壤重金属镉含量插值图 [图 7-2（b）]。可以看出，整个刁江流域镉污染严重，污染范围较广，其中以东北和西南地区污染情况最为突出，镉含量在 5.0mg/kg 以上，部分区域在 10.0mg/kg 以上，污染面积较大。

刁江流域内，采矿区主要分布在刁江的上游（南丹县），矿区的开采导致该地区土壤重金属污染严重。都安县境内无矿业活动，但在拉仁、拉烈、永安、澄江、安阳、保安、东庙、高岭、大兴、地苏等乡镇的部分区域呈中-重度污染状态，研究认为与污水灌溉有关[32]。

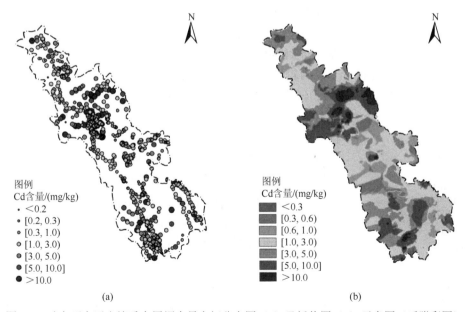

图 7-2　矿产研究区土壤重金属镉含量空间分布图（a）及插值图（b）示意图（后附彩图）

3. 刁江流域主要沉水植物

刁江流域的沉水植物比较丰富，比较常见的有菹草、苦草、金鱼藻、黑藻、狐尾藻等。

图 7-3　菹草

菹草（*Potamogeton crispus*）（图 7-3），眼子菜科，眼子菜属，又叫虾藻、虾草。具近圆柱形的根茎。茎稍扁，多分枝，近基部常匍匐地面，于节处生出疏或稍密的须根。叶条形，无柄，长 3～8cm，宽 3～10mm，先端钝圆，基部约 1mm 与托叶合生，但不形成叶鞘，叶缘多少呈浅波状，具疏或稍密的细锯齿。穗状花序顶生，具花 2～4 轮。花果期 4～7 月。菹草生命周期与多数水生植物不同，它在秋季发芽，冬春生长，4～5 月开花结果，夏季 6 月后逐渐衰退腐烂，同时形成鳞枝（冬芽）以度过不适环境。冬芽坚硬，边缘具有齿，形如松果，在水温适宜时才开始萌发生长。

菹草为多年生沉水草本植物，生于池塘、湖泊、溪流中，静水池塘或沟渠较多，水体多呈微酸至中性。分布于我国南北各省，为世界广布种。可做鱼的饲料或绿肥。

苦草（*Vallisneria natans*）（图 7-4），水鳖科，苦草属，又名蓼萍草（湖南），多年生无茎沉水草本，有匍匐枝。叶基生，线形，长 30～50cm，宽 5～10mm，顶端钝，边缘全缘或微有细锯齿，叶脉 5～7 条，无柄。雌雄异株，雄花小，多数，生于叶腋，包于具短柄的卵状 3 裂的佛焰苞内，雄蕊 1～3；雌花单生，径约 2mm，佛焰苞管状，先端 3 裂，长约 1～2cm，有棕褐色条纹，有长柄，丝状，伸到水面，受粉后，螺状卷曲，把子房拉回水中，花被片 6，两轮排列，内轮常退化，外轮带红粉色，较大，花柱 3、2 裂；子房下位，胚珠多数。果圆柱形，成熟时长约 14～17cm。种子多数，丝状。花期 8 月，果期 9 月。主要分布于我国吉林、河北、山东、湖南、广西、四川、云南等省（自治区），世界热带和温带地区都有分布。

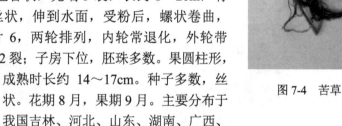

图 7-4　苦草

金鱼藻（*Ceratophyllum demersum*）（图 7-5），金鱼藻科，金鱼藻属。沉水性多年生水草，全株深绿色。茎细长，平滑，长 20～40mm，疏生短枝。叶轮生，开展，每 5～9 枚集成一轮，无柄，长 1.2～1.5cm，通常为一回二叉状分歧，有时为二回二叉状分歧，裂片丝状线形或线形，稍脆硬，先端具 2 个短刺尖，边缘散生刺伏细齿。花小，单性，每 1～3 朵单生于节部叶腋，具极短的花梗，总苞深裂，总苞片 8～12 枚，线形，长达 1mm

图 7-5　金鱼藻

余，顶端具 2 个短刺尖，花后宿存；雄花具多数雄蕊，雄蕊狭椭圆形，几无花丝，花药外向，药隔的附属体顶端具 2 个短刺尖；雌花具 1 枚雌蕊，花柱宿存，呈针刺状。坚果椭圆状卵形或椭圆形，略扁平，长 4～5mm，宽约 2.5mm，具 3 枚针刺。花期 6～7 月，果期 8～9 月。金鱼藻对 Cu^{2+} 的吸持作用较强。群生于淡水池塘、水沟、稳水小河、温泉流水及水库中。分布于中国（东北、华北、华东、台湾），蒙古国，朝鲜，日本，马来西亚，印度尼西亚，俄罗斯及其他一些欧洲国家，北非及北美，为世界广布种。

图 7-6　黑藻

黑藻（*Hydrilla verticillata*）（图 7-6），俗称温丝草、灯笼薇、转转薇等，属水鳖科，黑藻属，单子叶多年生沉水植物，茎直立细长，长 50～80cm，叶带状披针形，4～8 片轮生，通常以 4～6 片为多，长 1.5cm 左右，宽约 1.5～2cm。叶缘具小锯齿，叶无柄。黑藻为雌雄异体，花白色，较小，果实呈三角棒形。秋末开始无性生殖，在枝尖形成特化的营养繁殖器官鳞状芽苞，俗称"天果"，根部形成白色的"地果"。冬季天果沉入水底，被泥土污物覆盖，地果入底泥 3～5cm，地果较少见。冬季为休眠期，水温 10℃以上时，芽苞开始萌发生长，前端生长点顶出其上的沉积物，茎叶见光呈绿色，同时随着芽苞的伸长在基部叶腋处萌生出不定根，形成新的植株。待植株长成又可以断枝再植。广布于池塘、湖泊和水沟中。我国南北各省份均有分布。

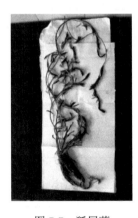

图 7-7　狐尾藻

狐尾藻（*Myriophyllum verticellatum* Linn.）（图 7-7），小二仙草科，狐尾藻属，沉水植物。叶轮生，线形至卵形，全缘或为羽状分裂。花小无柄，生于叶腋，或成穗状花序，单性，雌雄同株或异株，或杂性株。雄花具短萼筒，先端 2～4 裂或全缘，花瓣 2～4 片，雄蕊 2～8 枚。雌花萼筒与子房合生，具深槽，无裂片或 4 裂，花瓣小或缺，子房下位，花柱 4（2）裂，通常弯曲，具羽毛状柱头。果实具 4 深槽，或分裂为 4 果瓣。我国狐尾藻属植物常见有 4～5 种，如小狐尾藻、穗花狐尾藻、轮叶狐尾藻、三裂叶狐尾藻等。这几种狐尾藻，在我国南北方均有分布，生于池塘和湖泊中，有些可作绿肥。

7.2.2　样品的采集及处理

2006 年 12 月、2007 年 7 月和 2008 年 3 月分别对刁江的几条支流的沉水植物进行采集（表 7-1）。从刁江的各支流的源头出发，沿河一直往下游走，每隔 2～3km 采集一次，每个样点都用手持式"Garmin-12Channel GPS"（精度 15m）定位，记录采样点准确的经纬度坐标，同时对样点附近沉积物、水的 pH，温度，COD 等值进行测量。植物样品采集后立即漂洗，去泥，分类，称重，装入保鲜袋，贴好标签，运回实验室。在实验室使用纯水反复清洗植物样品，避免用力揉搓，直至清洗后的水看不到杂质，再用去离子水漂洗两次。将样品放入烘箱，60℃恒温，烘干至恒重，然后用不锈钢的料理机进行粉碎，粉碎后的样品装入密封袋中，贴好标签待用。采样点的位置分布如图 7-8 所示。

表 7-1 刁江流域样品采集表

采集时间	样品名称	样品编号	纬度（N）	经度（E）	采样地点	采样地点描述	水体类型	采样点*
2006 年12 月	黑藻	HV5	24°32′11.40″	107°44′35.16″	河池九圩-2	九圩镇桥下，上有国道，河面宽	河流	4
	黑藻	HV6	24°33′24.48″	107°49′31.08″	河池河口	河口附近（刁江流域）	河流	12
	狐尾藻	MV10	24°33′24.48″	107°49′31.08″	河池河口	河口附近（刁江流域）	池塘	12
	菹草	PC7	24°33′24.48″	107°49′31.08″	河池河口	河口附近（刁江流域）	池塘	12
2007 年7 月	金鱼藻	CD1	24°41′44.16″	107°37′5.52″	河池长老乡	长老乡公路旁的一条小河，周围是农田	河流	2
	金鱼藻	CD3	24°32′11.40″	107°44′35.16″	河池九圩-2	九圩镇桥下，上有国道，河面宽	河流	4
	黑藻	HV2	24°41′44.16″	107°37′5.52″	河池长老乡	长老乡公路旁的一条小河，周围是农田	河流	2
	黑藻	HV3	24°33′11.52″	107°46′46.92″	河池六万	六万附近一小河流口	河流	9
	狐尾藻	MV1	24°41′44.16″	107°37′5.52″	河池长老乡	长老乡公路旁的一条小河，周围是农田	河流	2
	狐尾藻	MV2	24°32′18.24″	107°44′57.48″	河池九圩-1	九圩镇北面的河边的一条小水沟中	溪流	5
	狐尾藻	MV3	24°32′11.40″	107°44′35.16″	河池九圩-2	九圩镇桥下，上有国道，河面宽	河流	4
	狐尾藻	MV4	24°34′19.56″	107°47′22.92″	河池拔旺	拔旺村马路边的一条小溪里面	溪流	15
	狐尾藻	MV5	24°34′8.76″	107°48′34.20″	河池那余	那余附近刁江上游	河流	11
	菹草	PC1	24°41′44.16″	107°37′5.52″	河池长老乡	长老乡公路旁的一条小河，周围是农田	河流	2
	菹草	PC3	24°32′18.24″	107°44′57.48″	河池九圩-1	九圩镇北面的河边的一条小水沟中	溪流	5
	菹草	PC4	24°33′11.52″	107°46′46.92″	河池六万	六万附近一小河流口	河流	9
	苦草	VN2	24°41′44.16″	107°37′5.52″	河池长老乡	长老乡公路旁的一条小河，周围是农田	河流	2
	苦草	VN3	24°32′18.24″	107°44′57.48″	河池九圩-1	九圩镇北面的河边的一条小水沟中	溪流	5
	苦草	VN5	24°32′11.40″	107°44′35.16″	河池九圩-2	九圩镇桥下，上有国道，河面宽	河流	4
	苦草	VN6	24°34′19.56″	107°47′22.92″	河池拔旺	拔旺村马路边的一条小溪里面	溪流	15
	苦草	VN7	24°34′8.76″	107°48′34.20″	河池那余	那余附近刁江上游	河流	11
2008 年3 月	黑藻	N1	24°43′25.32″	107°36′19.26″	河池长老乡	河池长老乡中学附近的小河	河流	1
	苦草	N2	24°43′25.32″	107°36′19.26″	河池长老乡	河池长老乡中学附近的小河	河流	1
	水车前	N3	24°31′33.48″	107°45′19.08″	河池九圩-3	河池九圩西引水渠	河流	3
	狐尾藻	N4	24°31′33.48″	107°45′19.08″	河池九圩-3	河池九圩西引水渠	河流	3
	苦草	N5	24°31′38.04″	107°45′53.22″	河池九圩-4	九圩新桥下	河流	7
	苦草	N6	24°32′4.50″	107°45′53.34″	河池九圩	九圩小河口	河流	8
	黄丝草	N7	24°34′14.58″	107°48′56.70″	河池那浪	那浪	河流	10
	苦草	N8	24°34′14.58″	107°48′56.70″	河池那浪	那浪	河流	10
	菹草	N9	24°33′23.46″	107°49′33.72″	河池红渡	红渡口	河流	13
	黄丝草	N10	24°33′23.46″	107°49′33.72″	河池红渡	红渡口	河流	13

续表

采集 时间	样品 名称	样品 编号	纬度（N）	经度（E）	采样地点	采样地点描述	水体 类型	采样 点*
2008 年 3 月	苦草	N11	24°33′23.46″	107°49′33.72″	河池红渡	红渡口	河流	14
	菹草	N12	24°33′25.98″	107°48′22.5″	河池大河口村	大河口村	河流	16
	黄丝草	N13	24°33′21.72″	107°50′27.96″	河池大河口桥	大河口桥下	河流	13
	黑藻	N14	24°31′37.14″	107°45′0.54″	九圩八万	九圩八万桥下	河流	6
	苦草	N15	24°31′37.14″	107°45′0.54″	九圩八万	九圩八万桥下	河流	6

*对应图 7-8 的采样点位。

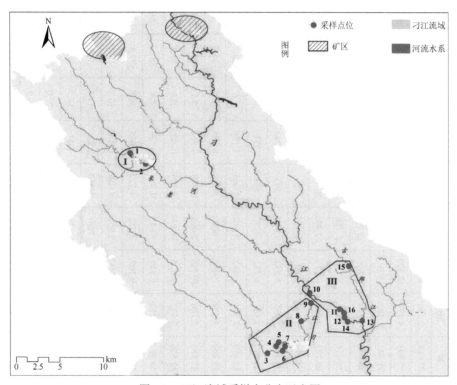

图 7-8　刁江流域采样点分布示意图

植物样品采用微波消解：将粉碎好的样品于 65℃下烘干 24h，取出后放入干燥器中冷却待用。具体步骤：①从干燥器中取出样品，于天平室称 200～300mg 样品，放入编号对应的聚四氟乙烯消化罐中。②每个消化罐中加入 2.0ml 18Ω超纯水，5.0ml 浓 HNO_3，1.0ml HF（48%），盖上内盖，拧紧外盖的护套。③将样品放于 CEM MSD2000 微波消解系统中按番茄叶消解方案进行消解。④消解完成后将消化罐中的消解液转移至 50ml 离心管中，用 18Ω超纯水清洗消解罐，加入硼酸固体 1g，并最终将消解液稀释到 30ml。

矿质营养元素（K，Na，Ca，Mg）和微量元素（Cd，As，Cu，Fe，Mn，Pb，Zn，Al）的含量分析是由使用多元素标准溶液校准的 ICP-AES 法（PS 系列等离子体/阶梯光栅光谱仪，利曼实验室公司）测定。

样品测定结果见表 7-2。

表 7-2　刁江流域样品测定结果

采样点	采样地点	样品名称	分析的元素含量(mg/kg)													采样时间
			Ca	K	Mg	Na	Mn	Fe	Al	Cu	Pb	Zn	Cd	As	
1	河池长老乡	黑藻	46 902	27 658	2 366	4 205	19 736	9 114	12 741	26.5	69.0	354.3	7.2	181.4	2008 年 3 月
		苦草	29 814	55 803	4 592	12 525	30 014	8 665	9 409	33.3	69.5	399.2	9.3	132.8	
		金鱼藻	179 232	11 042	1 582	931	600	2 176	5 369	10.3	28.7	32.1	6.2	46.4	
2	河池长老乡	黑藻	55 571	30 370	3 214	7 265	13 724	7 553	8 416	15.5	36.1	149.8	10.1	109.1	2007 年 7 月
		狐尾藻	48 921	36 411	2 173	8 172	5 758	1 910	1 568	7.8	25.1	88.6	6.9	28.0	
		菹草	17 068	49 722	2 715	8 575	12 492	26 622	6 622	17.8	37.6	146.9	19.3	223.1	
		苦草	57 821	54 299	5 698	802	1 370	706	572	8.6	7.3	41.0	5.9	19.4	
3	九圩八万	黑藻	127 551	20 280	1 935	3 853	1 140	593	1 043	11.6	28.3	84.9	3.4	29.2	2008 年 3 月
		苦草	174 067	29 077	2 163	6 432	677	465	771	11.7	25.6	43.9	2.2	23.5	
4	河池九圩-2	黑藻	59 080	12 419	2 524	1 612	3 617	1 663	1 156	9.6	20.2	142.0	5.6	22.3	2006 年 12 月
		金鱼藻	188 762	11 399	1 829	938	690	3 098	6 288	10.5	34.7	35.3	7.2	61.8	
		狐尾藻	32 339	47 385	2 180	10 527	5 664	1 759	1 561	9.1	24.6	79.8	7.7	28.1	2007 年 7 月
		苦草	23 512	32 556	3 432	7 628	17 494	6 225	10 425	0.4	31.3	159.4	9.8	92.0	
5	河池九圩-1	狐尾藻	47 573	39 481	2 213	8 910	5 643	1 965	1 574	8.4	382.9	89.3	9.2	27.8	2007 年 7 月
		菹草	23 816	20 616	1 661	9 109	2 732	4 122	3 605	38.5	77.4	1 425.7	111.6	172.7	
		苦草	53 801	34 813	2 215	10 342	2 952	4 066	2 853	13.3	18.4	75.1	7.1	36.7	
6	河池九圩-3	水车前	222 141	12 275	1 600	1 079	786	1 010	1 221	13.7	30.3	24.8	1.4	32.0	2008 年 3 月
		狐尾藻	41 633	58 154	8 831	863	3 676	820	847	16.7	36.5	273.2	12.6	35.5	
7	河池九圩-4	苦草	27 516	57 815	5 306	12 799	10 491	4 732	3 371	29.0	40.4	515.8	5.7	57.8	2008 年 3 月
8	河池九圩	苦草	102 528	43 417	4 074	7 368	6 385	3 060	1 353	29.2	24.9	111.3	3.8	32.7	2008 年 3 月
		黑藻	58 494	37 331	5 794	2 534	2 475	2 728	1 741	11.1	19.4	88.1	8.9	54.0	
9	河池六万	菹草	57 766	36 003	6 535	2 623	2 158	2 521	1 876	6.2	20.6	73.8	6.2	48.9	2007 年 7 月

续表

采样点	采样地点	样品名称	分析的元素含量/(mg/kg)												采样时间
			Ca	K	Mg	Na	Mn	Fe	Al	Cu	Pb	Zn	Cd	As	
10	河池那浪	黄丝草	213 435	15 462	2 279	1 185	578	845	1 360	15.4	32.7	21.0	1.4	31.7	2008 年 3 月
		苦草	31 910	48 956	5 405	13 202	2 754	2 083	2 157	19.1	26.6	214.9	6.1	47.3	
11	河池那余	狐尾藻	18 227	24 511	1 554	12 239	4 292	1 187	1 026	6.7	7.9	65.5	5.3	25.2	2007 年 7 月
		苦草	68 439	40 471	2 257	12 437	4 125	2 287	2 742	12.9	17.1	73.8	8.7	24.3	
12	河池河口	黑藻	22 786	11 508	2 756	1 239	24 610	14 490	8 115	131.8	395.6	8 302.1	579.9	1 046.6	2006 年 12 月
		狐尾藻	10 798	15 092	3 587	3 407	779	2 231	1 746	9.3	24.4	118.7	136.0	33.9	
		菹草	26 218	13 008	1 917	1 810	9 530	5 985	5 038	69.0	230.8	3 740.7	185.5	459.7	
13	河池红渡	菹草	24 062	34 474	2 553	9 220	22 580	7 675	7 227	34.2	140.0	5 837.4	87.9	642.9	2008 年 3 月
		黄丝草	64 429	9 804	2 949	1 097	11 960	23 794	15 096	47.7	305.5	2 497.0	20.8	1 498.9	
		苦草	21 109	60 301	5 289	16 792	34 047	5 658	4 450	74.9	194.1	12 194.1	124.0	4 899.3	
14	河池大河口桥	黄丝草	249 078	17 690	5 007	3 173	288	1 248	1 858	13.2	49.4	97.5	1.8	56.8	2008 年 3 月
15	河池拔旺	狐尾藻	20 063	20 423	1 422	9 703	1 577	2 429	2 290	32.4	57.1	1 072.3	89.8	110.1	2007 年 7 月
		苦草	68 038	38 307	2 254	11 663	4 013	2 280	2 760	14.8	21.4	89.0	9.4	36.1	
16	河池大河口村	菹草	31 189	24 728	1 577	11 018	31 732	2 420	2 310	35.7	131.8	10 181.9	78.0	1 278.0	2008 年 3 月

7.3 沉水植物中微量元素的分布特征

Zn、Cu、Pb、Cd、As 都属微量元素。其中，Zn、Cu 是植物生长所必需的元素，在植物的生长过程中有着重要的作用；Pb、Cd、As 属非必需元素。必需元素与非必需元素一样，超过一定的限度对植物都是有害的。

7.3.1 Zn、Cu、Pb、Cd、As 元素在沉水植物中的分布

分析结果如表 7-2 所示：Zn 元素含量变化范围为 21.0～12 194.1mg/kg，最高值约为最低值的 581 倍，平均含量约为 1359.5mg/kg；Cu 元素含量变化范围为 0.4～131.8mg/kg，最高值约为最低值的 330 倍，平均含量约为 23.8mg/kg；Pb 元素含量变化范围为 7.3～395.6mg/kg，最高值约为最低值的 54 倍，平均含量约为 75.6mg/kg；Cd 元素含量变化范围为 1.4～579.9mg/kg，最高值约为最低值的 414 倍，平均含量约为 44.5mg/kg；As 元素含量变化范围为 19.4～4899.3mg/kg，最高值约为最低值的 253 倍，平均含量约为 324.6mg/kg。我们可以发现，这些微量元素在沉水植物中的含量相对其他元素变化比较大，最高值一般为最低值的上百倍。

Zn、Cu、Pb、Cd、As 元素在沉水植物中的含量频数分布如图 7-9 至图 7-13 所示。

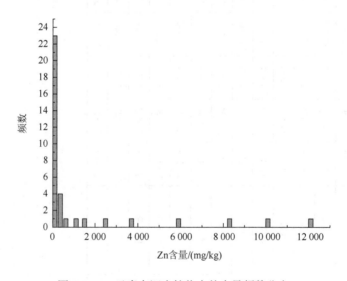

图 7-9 Zn 元素在沉水植物中的含量频数分布

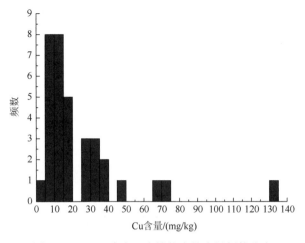

图 7-10 Cu 元素在沉水植物中的含量频数分布

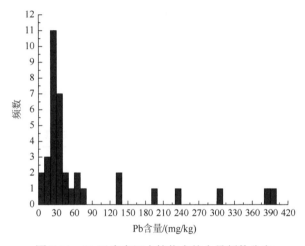

图 7-11 Pb 元素在沉水植物中的含量频数分布

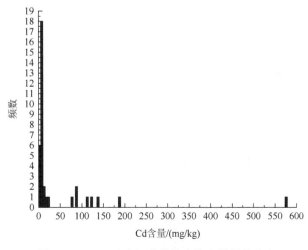

图 7-12 Cd 元素在沉水植物中的含量频数分布

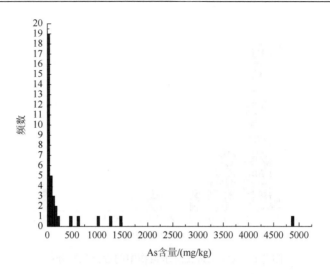

图 7-13　As 元素在沉水植物中的含量频数分布

7.3.2　Zn、Cu、Pb、Cd、As 元素之间的相互关系

Zn、Cu、Pb、Cd、As 元素都属微量元素，它们之间的相互关系如表 7-3 所示。

表 7-3　Zn、Cu、Pb、Cd、As 元素相关系数

元素	Cu	Pb	Zn	Cd	As
Cu	1				
Pb	0.72	1			
Zn	0.75	0.579	1		
Cd	0.88	0.639	0.60	1	
As	0.59	0.46	0.84	0.33	1

表 7-3 表明，除 As 与 Cd 元素（As 与 Cd 的相关系数为 0.33），As 与 Pb 元素（As 与 Pb 的相关系数为 0.46）之外，其他元素之间的相关系数都已经超过了 0.5，其中 Cu 与 Cd 相关系数、Zn 与 As 相关系数接近 0.9，沉水植物中各微量元素变化趋势大体一致。

7.3.3　Zn、Cu、Pb、Cd、As 元素在不同沉水植物中的分布差异

根据以往的工作和经验，对于不同沉水植物中的 Zn、Cu、Pb、Cd、As 元素含量，取该植物各样点含量的中值（表 7-4）进行比较是比较合适的。不同沉水植物中的 Zn、Cu、Pb、Cd、As 元素含量比较如图 7-14 至图 7-18 所示。可见，菹草对 Zn、Cu、Pb、Cd、As 的富集程度明显高于黑藻、金鱼藻、狐尾藻、苦草和黄丝草。

表 7-4　不同沉水植物中 Zn、Cu、Pb、Cd、As 元素的含量

样品名称	元素含量/(mg/kg)				
	Cu	Pb	Zn	Cd	As
黑藻	13.5	32.2	145.9	8.0	81.6
金鱼藻	10.4	31.7	33.7	6.7	54.1
狐尾藻	9.1	25.1	89.3	9.2	28.1
菹草	35.0	104.6	2583.2	82.9	341.4
苦草	14.8	25.6	111.3	7.1	36.7
黄丝草	15.4	49.4	97.5	1.8	56.8

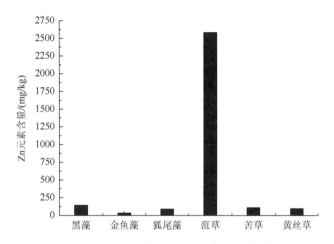

图 7-14　不同沉水植物中 Zn 元素含量的比较

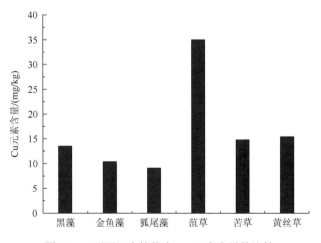

图 7-15　不同沉水植物中 Cu 元素含量的比较

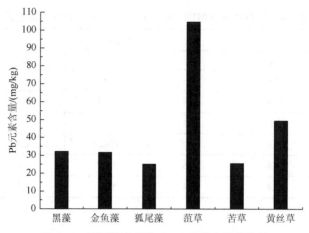

图 7-16　不同沉水植物中 Pb 元素含量的比较

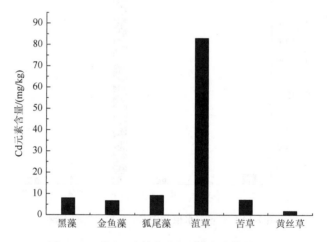

图 7-17　不同沉水植物中 Cd 元素含量的比较

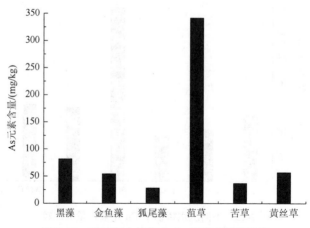

图 7-18　不同沉水植物中 As 元素含量的比较

不同沉水植物之间 Zn、Cu、Pb、Cd、As 元素含量的方差分析结果（表 7-5）显示，

$F(=1.43)<F_{crit}(=2.62)$，$P(=0.25)>0.05$，表明不同沉水植物中 Zn、Cu、Pb、Cd、As 元素的含量不存在显著性差异。

表 7-5　不同沉水植物之间 Zn、Cu、Pb、Cd、As 元素含量的方差分析结果

差异源	SS	df	MS	F	P-value	F_{crit}
组间	1 451 149.47	5.00	290 229.89	1.43	0.25	2.62
组内	4 859 677.76	24.00	202 486.57			
总计	6 310 827.24	29.00				

7.4　同一沉水植物中的金属元素空间分布特征

为了便于比较和分析，我们把采样点分为 3 个区域：Ⅰ区、Ⅱ区和Ⅲ区。其中，Ⅰ区、Ⅱ区分别位于刁江的两条支流上，处于刁江上游的大厂镇和车河镇分别为两个矿区，矿区的废水、废渣沿河往下，最后流经Ⅲ区（图 7-8）。

不同的沉水植物能较好地指示出周围环境的变化，不同沉水植物中 Mn、Zn、Cu、Pb、Cd、As 元素含量的最高值均出现在Ⅲ区或Ⅱ区。按污染的轻重来分，Ⅲ区属于重污染区，Ⅱ区（城镇区）次之，Ⅰ区最轻。具体如下。

7.4.1　黑藻

黑藻属水鳖科，由表 7-1 可以得知，采样点 1、2、3、4、9、12 都分布着黑藻。黑藻中 Ca、K 元素的含量在各采样点的分布如图 7-19 所示。

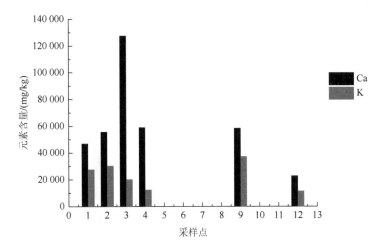

图 7-19　不同采样点的黑藻中 Ca、K 元素含量的分布

黑藻中 Mg、Na、Mn、Fe、Al 元素的含量在各采样点的分布如图 7-20 所示。

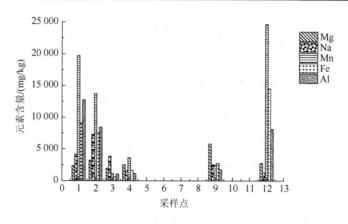

图 7-20　不同采样点的黑藻中 Mg、Na、Mn、Fe、Al 元素含量的分布

　　黑藻中 Cu、Pb、Cd、Zn、As 元素的含量在各采样点分布如图 7-21 和图 7-22 所示。

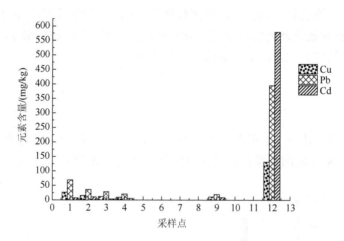

图 7-21　不同采样点的黑藻中 Cu、Pb、Cd 元素含量的分布

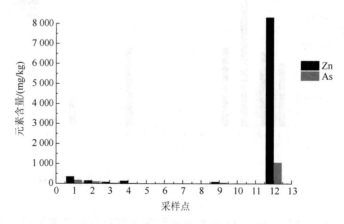

图 7-22　不同采样点的黑藻中 Zn、As 元素含量的分布

黑藻中 Mn、Fe、Zn、Cu、Pb、Cd、As 元素含量的最高值都出现在Ⅲ区 12 号采样点；而 Ca 元素的最大值则出现在Ⅱ区的 3 号采样点，最小值出现在Ⅲ区 12 号采样点。K 元素最大值则出现在Ⅱ区的 9 号采样点。

7.4.2　金鱼藻

金鱼藻属金鱼藻科，由表 7-1 可以得知，采样点 2、4 都分布着金鱼藻。

金鱼藻中 Ca、K 元素的含量在各采样点的分布如图 7-23 所示。

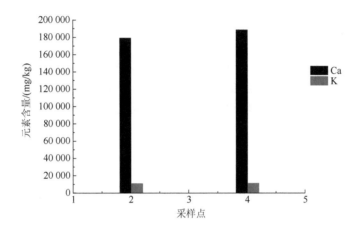

图 7-23　不同采样点的金鱼藻中 Ca、K 元素含量的分布

金鱼藻中 Mg、Na、Mn、Fe、Al 元素的含量在各采样点的分布如图 7-24 所示。

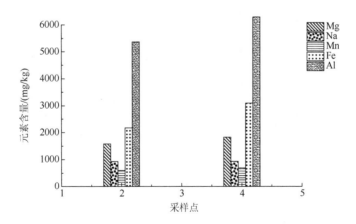

图 7-24　不同采样点的金鱼藻中 Mg、Na、Mn、Fe、Al 元素含量的分布

金鱼藻中 Cu、Pb、Cd、Zn、As 元素的含量在各采样点的分布如图 7-25 所示。

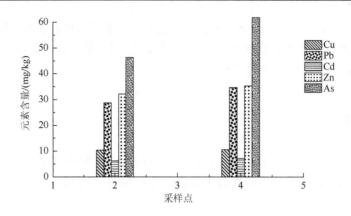

图 7-25　不同采样点的金鱼藻中 Cu、Pb、Cd、Zn、As 元素含量的分布

2 号采样点位于 I 区，4 号采样点位于 II 区，金鱼藻中 Mn、Fe、Al、Zn、Cu、Pb、Cd、As 元素在 4 号采样点的含量均高于 2 号采样点，而 4 号采样点的 Ca、K、Mg、Na 元素含量同样高于 2 号采样点，但两采样点之间各元素含量的差异不是很大。

7.4.3　狐尾藻

狐尾藻属小二仙草科，采样点 2、4、5、6、11、12、15 均分布狐尾藻。狐尾藻中 Ca、K 元素的含量在各采样点的分布如图 7-26 所示。

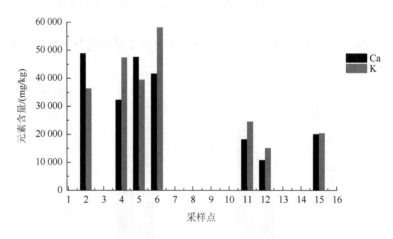

图 7-26　不同采样点的狐尾藻中 Ca、K 元素含量的分布

狐尾藻中 Mg、Na、Mn、Fe、Al 元素的含量在各采样点的分布如图 7-27 所示。狐尾藻中 Cu、Pb、Zn、Cd、As 元素的含量在各采样点的分布如图 7-28 所示。

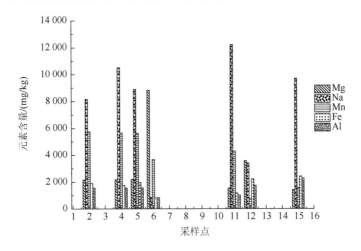

图 7-27　不同采样点的狐尾藻中 Mg、Na、Mn、Fe、Al 元素含量的分布

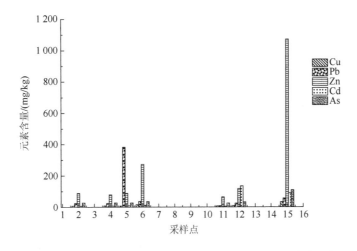

图 7-28　不同采样点的狐尾藻中 Cu、Pb、Zn、Cd、As 元素含量的分布

2 号采样点位于 I 区，4、5、6 号采样点位于 II 区，11、12、15 号采样点位于III区，狐尾藻中 Zn、Cu、Cd、As 元素含量的最高值均出现在III区，Pb、Mg 元素的最大值则出现在 II 区，而狐尾藻中 Ca、K 元素在III区的含量则低于 I 区、II 区。II 区采样点狐尾藻中的元素含量普遍高于 I 区，这可能与 II 区是较大的城镇区有关。

7.4.4　菹草

菹草属眼子菜科，由表 7-1 可以得知，采样点 2、5、9、12、13、16 都分布着菹草。菹草中 Ca、K 元素的含量在各采样点的分布如图 7-29 所示。

菹草中 Mg、Na、Mn、Fe、Al 元素的含量在各采样点分布如图 7-30 所示。

菹草中 Cu、Pb、Cd、Zn、As 元素的含量在各采样点的分布如图 7-31 和图 7-32 所示。

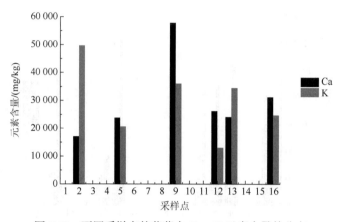

图 7-29　不同采样点的菹草中 Ca、K 元素含量的分布

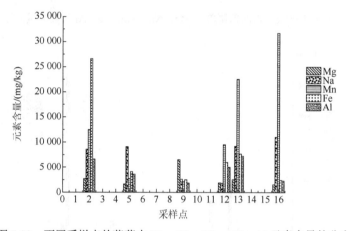

图 7-30　不同采样点的菹草中 Mg、Na、Mn、Fe、Al 元素含量的分布

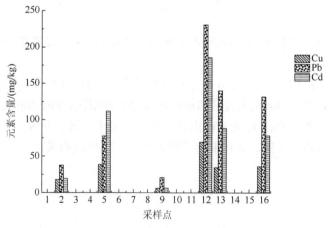

图 7-31　不同采样点的菹草中 Cu、Pb、Cd 元素含量的分布

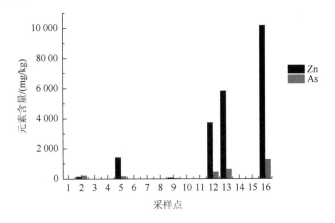

图 7-32　不同采样点的菹草中 Zn、As 元素含量的分布

　　2 号采样点位于 Ⅰ 区，5、9 号采样点位于 Ⅱ 区，12、13、16 号采样点位于Ⅲ区，菹草中 Mn、Al、Zn、Cu、Pb、Cd、As 元素含量的最高值均出现在Ⅲ区，K、Fe 元素的最大值则出现在 Ⅰ 区。

7.4.5　苦草

　　苦草属水鳖科，由表 7-1 可以得知，采样点 1、2、3、4、5、7、8、10、11、13、15 都分布着苦草。苦草中 Ca、K 元素的含量在各采样点的分布如图 7-33 所示。

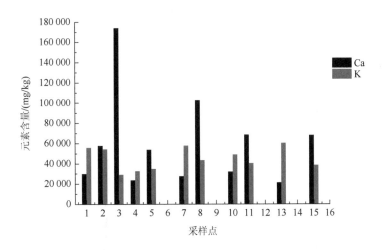

图 7-33　不同采样点的苦草中 Ca、K 元素含量的分布

　　苦草中 Mg、Na、Mn、Fe、Al 元素的含量在各采样点的分布如图 7-34 所示。
　　苦草中 Cu、Pb、Cd、Zn、As 元素的含量在各采样点的分布如图 7-35 和图 7-36 所示。

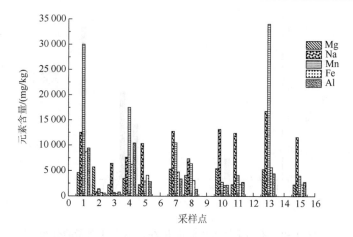

图 7-34　不同采样点的苦草中 Mg、Na、Mn、Fe、Al 元素含量的分布

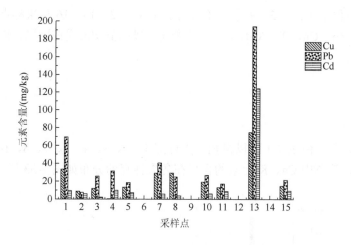

图 7-35　不同采样点的苦草中 Cu、Pb、Cd 元素含量的分布

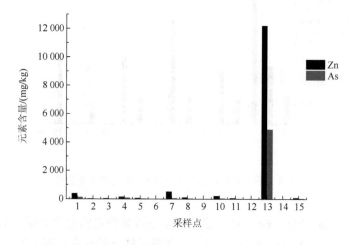

图 7-36　不同采样点的苦草中 Zn、As 元素含量的分布

1、2 号采样点位于 I 区，3、4、5、7、8 号采样点位于 II 区，10、11、13、15 号采样点位于 III 区，苦草中 Mn、Zn、Cu、Pb、Cd、As 元素含量的最高值均出现在 III 区。

参 考 文 献

[1] 李蕊，周琦. 重金属污染与检测方法探讨[J]. 广东化工，2007，34（3）：78-80.

[2] 贾广宁. 重金属污染的危害与防治[J]. 有色矿冶，2004，20（1）：39-42.

[3] 刘培桐. 环境学概论[M]. 北京：高等教育出版社，1987.

[4] 常学秀，文传浩，王焕校. 重金属污染与人体健康[J]. 云南环境科学，2000，19（1）：59-61.

[5] 潘霞，叶舒帆，郑晓茶，等. 4 种植物组合对富营养化和重金属复合污染水体的净化效果[J]. 环境工程，2023，41（7）：69-75.

[6] 周怀东，彭文启，等. 水污染与水环境修复[M]. 北京：化学工业出版社. 2006.

[7] 胡必彬. 我国十大流域片水污染现状及主要特征[J]. 重庆环境科学，003，25（6）：15-17.

[8] 顾征帆，吴蔚. 太湖底泥中重金属污染现状调查及评价[J]. 甘肃科技，2005（12）：21-22，34.

[9] 成新. 太湖流域重金属污染亟待重视[J]. 水资源保护，2002（4）：39-41.

[10] 赵璇，吴天宝，叶裕才. 我国饮用水源的重金属污染及治理技术深化问题[J]. 给水排水，1998，24（10）：22-25.

[11] 国家环境保总局. 中国近岸海域环境质量公报（2001 年）[R]. 2002.

[12] 辽宁省海洋与渔业厅. 2003 年辽宁省海洋环境质量公报[R]. 2004.

[13] 刁维萍，倪吾钟，倪天华. 水环境重金属污染的现状及其评价[J]. 广东微量元素科学，2004，11（3）：1-5.

[14] 金鉴明，胡舜士，陈伟烈，等. 广西阳朔漓江河道及其沿岸水生植物群落与环境关系的观察[J]. 广西植物，1981，1（2）：11-17.

[15] 戴全裕. 水生高等植物对太湖重金属的监测及评价[J]. 环境科学学报，1983，3（3）：213-221.

[16] Peng K J，Luo C L，Lou L Q，et al. Bioaccumulation of heavy metals by the aquatic plants Potamogeton pectinatus L. and Potamogeton malaianus Miq. and their potential use for contamination indicators and in wastewater treatment[J]. Science of the Total Environment，2008，392（1）：22-29.

[17] 黄亮，李伟，吴莹，等. 长江中游若干湖泊中水生植物体内重金属分布[J]. 环境科学研究，2002，6（15）：1-4.

[18] Løbersile E M，Steinnes E. Metal uptake in plants from a birch forest area near a copper smelter in Norway[J]. Water，Air，and Soil Pollution，1988，37：25-39.

[19] Sawidis T，Stratis J，Zarhariadis G. Distribution of heavy metals in sediments and aquatic plants of the river Pinions（Center Greece）[J]. Science of the Total Environment，1991，102：261-266.

[20] Böhm P，Wolterbeek H，VerburgT，et al. The use of tree bark for environmental pollution monitoring in the Czech Republic[J]. Environmental Pollution，1998，102（2-3）：243-250.

[21] Ray S，White W. Selected aquatic plants as I indicator species for heavy metal pollution[J]. Journal of Environmental Science and Health. Part A：Environmental Science and Engineering，1976，11（12）：717-725.

[22] Jenner H A，Jannnsen-Mommen J P M. Duckweed Lemna minor as a tool for testing toxicity of coal residues and polluted sediments[J]. Archives of Environmental Contamination and Toxicology，1993，25：3-11.

[23] 胡肄慧，陈章龙，陈林芝，等. 凤眼莲等水生植物对重金属污水监测和净化作用的研究[J]. 植物生态学与地植物学丛刊，1981，5（3）：187-192.

[24] Čeburnis D. Steinnes E. Conifer needles as biomonitors of atmospheric heavy metal deposition：Comparison with mosses and precipitation，role of the canopy[J]. Atmospheric Environment，2000，34（25）：4265-4271.

[25] Rühling Å，Steinnes E. Atmospheric heary metal deposition in Europe 1995—1996[R]. Copenhagen：Nordic Council of Ministers，1998：1-66.

[26] 徐勤松，施国新，杜开和. 镉胁迫对水车前叶片抗氧化酶系统和亚显微结构的影响[J]. 农村生态环境，2001，17（2）：30-34.

[27]　方堃. 海洋微藻对多氯联苯的吸附作用研究[D]. 大连：大连海事大学，2006.

[28]　万大娟，陈娴，贾晓珊. 植物吸收和降解水体中多氯代有机污染物的作用[J]. 环境工程，2006，24（3）：15-17.

[29]　马剑敏，靳萍，吴振斌，等. 沉水植物对重金属的吸收净化和受害机理研究进展[J]. 植物学通报，2007，24（2）：232-239.

[30]　宋书巧，梁利芳，周永章，等. 广西刁江沿岸农田受矿山重金属污染现状与治理对策[J]. 矿物岩石地球化学通报，2003，22（2）：152-155.

[31]　宋书巧，吴欢，黄钊，等. 刁江沿岸土壤重金属污染特征研究[J]. 生态环境学报，2005，14（1）：34-37.

[32]　吴洋，杨军，周小勇，等. 广西都安县耕地土壤重金属污染风险评价[J]. 环境科学，2015，36（8）：2964-2971.

第8章 河流分类保护与修复规划体系

8.1 分 类 原 则

分类（classification），又称类型研究，是对研究对象属性的归纳，将大量个体按照某种属性归入某个类别，通过揭示分类对象的属性特征，用类群取代个体，从而减少处理对象的数量，便于识别和处理。分类的目的是掌握一个分类函数或分类模型（又称作分类器），该模型能把数据库中的数据项映射到给定类别中的某一个类[1]。分类和分区都必须遵循以下基本原则。

（1）互斥性。划分后的各子项必须互斥。对于分类来说，各类别之间没有交叉和重叠，某个个体只能属于一种类型；分区也遵循互斥性原则，选择合适的指标体系后，所有地表区域都应归入某个分区，不要彼此冲突。

（2）一致性。划分标准必须前后一致，否则被划分出来的类型相互交叉或重叠。在自然区划中，对不同大区进行次一级划分时，也必须保持同级分区上指标的一致性。

（3）周延性。划分后子项的外延之和必须等于母项的外延，不能过宽或过窄，即划分的子类型之和刚好等于高一级的类型，子区之和刚好等于上一级大区，不存在某些个体没有被划分，或是某些个体同时属于两个类别的现象。

（4）层次性。划分不能越级，每一次划分时必须把母项划分到它最临近的子项，逐级细分，不应遗漏某些子项。

分类分区原则具有普适性，常见的气候分类、土壤分类、植被分类、地貌分类、人口分类等均遵循上述原则，当然河流分类也不例外。河流生态修复分类的互斥性、一致性、周延性和层次性原则保证了河流生态修复分类方法的逻辑性、准确性和实用性。

8.2 分 类 体 系

本书站在河流分类研究前沿，结合广西河流生态保护修复实际，从层次分类视角，"自上而下"递进地分为三级（表 8-1），保证最低级分类单元的完整性。

第一级：依据人类活动对河流的干扰程度将河流分为天然河流和人工河流。在人类世时代，与河流自然地貌营力冲刷河道、雕刻地形相比，人类活动显示了更强大的作用力。据统计，全球每年由河流运输入海的泥沙量约为 24 亿 t，而由人工开挖运送的岩石和土壤高达 3000 亿 t[2]。各类水利工程的建设对河流系统结构造成了持久性和根本性的改变，具有突变性和不可恢复性。沟渠、水库、渠道化等水利工程完全是人工构筑物，但已成为河流系统的一部分，不可分割，且具有了一些河流特征，在河流生态修复中也需重点考虑。

第二级：对于天然河流，基于河流纵向过程不同，分为江河源头区河段、峡谷河段、河谷盆地段、平原河段和河口段，理论上对应了河流的河源到河口整个流路。对人工河流来说，水利工程类型是其最主要的区别，依次分为水库、沟渠和城区段。

第三级：以主导功能进行分类。基于当前社会发展和认知水平，面向广西河流生态修复实践，按照不同河流类型的主导功能定位（水源涵养、水源供给、廊道功能、栖息地功能、水质净化、地貌功能、景观文化娱乐）及可能工作导向的不同，划分出了 16 种基本河流生态修复类型，即：①江河源头水源涵养与保护型；②江河源头栖息地保育型；③江河源头水环境保护型；④重要河流水源地保护型；⑤峡谷河段生态保护型；⑥重要水生生境保护型；⑦河谷盆地生态廊道维护型；⑧平原河段生态廊道保护与修复型；⑨水环境综合治理型；⑩河口生态系统保护与修复型；⑪重要水库水源地保护型；⑫水库水环境综合治理型；⑬沟渠生态改造提升型；⑭城区生态廊道建设型；⑮城区水环境综合治理型；⑯特色山水景观保护型。水文化水景观保护与彰显可能在众多河流生态修复类型中均会或多或少体现（表 8-1）。

水源涵养功能来源于国家主体生态功能区划中提出的水源涵养、防风固沙、土壤保护和生物多样性维护四大生态功能。水源涵养功能与河流功能密切相关，能在河流生态修复规划中很好地衔接主体功能区划。栖息地功能、水质净化、廊道功能来源于河流功能中的生态功能，而水源供给、文化景观来源于河流功能中的社会功能。

保护与修复工作导向和工作强度按照以下原则分类设计：①自然或者近自然河流生态系统按照未退化或轻度退化进行保护（保育）与维护、中度退化进行保护与修复、重度退化的进行治理；②人工河流则进行生态化改造提升。

表 8-1　广西河流生态修复规划分类体系

主导功能	河流							
	天然河流					人工河流		
	江河源头区河段（R1）	峡谷河段（R2）	河谷盆地段（R3）	平原河段（R4）	河口段（R5）	水库（R6）	沟渠（R7）	城区段（R8）
水源涵养（F1）	江河源头水源涵养与保护型	—	—	—	—	—	—	—
水源供给（F2）	—	重要河流水源地保护型				—	重要水库水源地保护型	沟渠生态改造提升型	—
廊道功能（F3）	—	峡谷河段生态保护型	河谷盆地生态廊道维护型	平原河段生态廊道保护与修复型				城区生态廊道建设型
栖息地功能（F4）	江河源头栖息地保育型	重要水生生境保护型			河口生态系统保护与修复型	—	—	城区水环境综合治理型
水质净化（F5）	江河源头水环境保护型	—	—	水环境综合治理型		水库水环境综合治理型	—	
地貌功能（F6）	—	—	—	—		—	—	
景观文化娱乐*（F7）	特色山水景观保护型							

注："—"表示此类型不常见。

*景观文化娱乐功能具有大众性和附属性，即各河流类型生态修复可能会不同程度考虑水景观保护与水文化彰显。

8.3 生态修复目标

我国水安全的范畴主要包括水资源、防汛抗旱、水生态和水环境安全。面对我国水安全呈现出新老问题互相交织的严峻形势，特别是水旱涝灾害频发、水生态损害、水环境污染等新问题愈加突出，河流生态修复成为破解水生态损害和水环境污染等问题的重要技术手段。

以需求牵引、问题导向，从实现一个国家或地区人类生存发展所需的有量、有质的水资源且可持续地维持流域中人与生态环境健康的途径出发，梳理出了河流生态修复整体目标要求，即水量目标、水质目标和生态目标（表 8-2）。结合当前我国河流管理手段，水量目标依托生态流量实现，水质目标依托水功能区水质达标实现，生态目标依托生态状况来实现。

表 8-2 河流生态修复整体目标

参数	问题	途径	目标
水量	短缺	高效利用	可持续
水质	污染	治理	达标
生态	破坏/损害	修复	良好

当前水功能区管理已成为我国一项重要的管理手段，依其主导功能划定的水域执行相应的水环境质量标准；此外，为保障河湖生态用水量，维护河流健康，水量目标依托生态流量来保障（表 8-3）。

表 8-3 与水功能区管理目标衔接

水功能区		生态修复目标	考核指标
保护区		水质达标、满足生态流量、生态状况极好	水功能区达标率、生态流量、生物、栖息地状况
缓冲区		水质达标、满足生态流量、生态状况中等	水功能区达标率、生态流量、生物、栖息地状况
开发利用区	饮用水源区	水质达标、满足生态流量、生态状况良好	水功能区达标率、生态流量、生物、栖息地状况
	工业用水区	水质达标、满足生态流量、生态状况中等	水功能区达标率、生态流量、生物、栖息地状况
	农业用水区	水质达标、满足生态流量、生态状况中等	水功能区达标率、生态流量、生物、栖息地状况
	渔业用水区	水质达标、满足生态流量、生态状况良好	水功能区达标率、生态流量、生物、栖息地状况
	景观娱乐用水区	水质达标、满足生态流量、生态状况良好	水功能区达标率、生态流量、生物、栖息地状况
	过渡区	水质达标、满足生态流量、生态状况中等	水功能区达标率、生态流量、生物、栖息地状况
	控制区	水质达标、满足生态流量、生态状况中等	水功能区达标率、生态流量、生物、栖息地状况
保留区		水质达标、满足生态流量、生态状况极好	水功能区达标率、生态流量、生物、栖息地状况

8.4　生态修复策略及方针

按照"与河流一起工作"策略，顺应河流生态系统自身运动、演化行为特征，设计工程与非工程措施构建复杂的生态系统结构，增强生态系统韧性，激发或增强生态系统自我修复能力，促进河流生态系统自我恢复，实现河流生态系统长期可持续演化。因此，根据不同河流生态修复类型的主导功能差异，分类设计其修复策略和重点（表 8-4）。此外，在具体应用中，各修复类型的修复重点应在满足防洪的前提下，附加地考虑栖息地、景观文化娱乐功能，以满足人类对绿水青山的多元化需求。

表 8-4　河流生态修复类型的调整的潜力和典型修复策略

序号	河流生态修复类型	主导功能	修复（管理）理念及策略
1	江河源头水源涵养与保护型	水源涵养	从山水林田湖草角度进行流域资源系统保护与培育，通过封山育林、科学间伐、水土保持、林种改造、退耕还林还草、退水还旱、旱作雨养、生态补偿等工程与非工程相结合，以河道为中心建立生态修复区、生态治理区和生态保护区三道防线，增强流域生态系统水源涵养能力
2	江河源头栖息地保育型	栖息地功能	依托特定珍稀保护生物进行流域水陆域生物大保护，从山水林田湖草系统角度构建或增强珍稀保护生物全生命过程所需的典型栖息地，以"线带面"带动区域生态系统活力，实现栖息地长期自我保育
3	江河源头水环境保护型	水质净化	按照山水林田湖草系统大保护理念，从内扩水环境容量、外抓减排出发，进行划区保护、源头减排、植树造林、退耕还林还草、负荷削减等，以提升流域水环境容量，实现水质达标
4	重要河流水源地保护型	水源供给	从河流物质通量角度，按照水源保护区外"源控、水降、修复"，区内"封禁"即保护区内禁止一切危害水质行为，沿河程科学分配水污染通量，实现水源地水质目标达标
5	重要水生生境保护型	栖息地功能	依托各类水产种质等珍稀水生生物划定保护区大保护，营造全生命过程的生境保护区（如产卵场、索饵场、越冬场和洄游通道），构建通畅的生物廊道和生物多样性保护网络，退捕转产，增殖放流，以"线带面"增强河流生态系统活力，实现河流生态系统健康演化
6	峡谷河段生态保护型	廊道功能	按照保护优先、自然恢复为主的策略维持现有的河流生态系统、辅助增强河流纵横向连通性
7	河谷盆地生态廊道维护型	廊道功能	按照保护优先、自然恢复为主的策略维持现有的河流生态系统，辅助进行河流自然化修复和连通性增强，提升河流自然化比例
8	平原河段生态廊道保护与修复型	廊道功能	秉承近自然修复的理念，在满足防洪目标的前提下进行自然岸线重塑
9	水环境综合治理型	水质净化	从流域河流物质通量角度，按照"源头减排、过程阻断、末端治理"建立多级、多尺度、多过程修复体系
10	河口生态系统保护与修复型	栖息地功能、水质净化、地貌功能	依托代表性河口水生植物划区保护，通过人工栽培、增殖放流、河口生物群落修复等构建复杂多样的河口生态系统
11	城区生态廊道建设型	廊道功能	秉承近自然修复的理念，充分尊重河流系统的自然规律，考虑廊道与生态、防洪、游憩、设施等功能的整合与协调，追求尽可能地恢复河流原有的自然状态与自然过程，重塑岸线，改造河床，营造生境与栖息地，建构三级廊道（生物廊道、行洪廊道和行水廊道）

续表

序号	河流生态修复类型	主导功能	修复（管理）理念及策略
12	城区水环境综合治理型	栖息地功能、水质净化、地貌功能、景观文化娱乐、地貌功能	从河道的上下游、左右岸出发，按照"净化、截污、清淤、修复"进行河流水环境改善以及河流生态景观建设
13	重要水库水源地保护型	水源供给	以水源地水质达标为目标，划定饮用水水源保护区，禁止一切危害水质行为
14	水库水环境综合治理型	水质净化	从流域河流物质通量运动角度，按照"源控、面调、岸沉、水降"建立多级、多尺度、多过程修复体系
15	沟渠生态改造提升型	水源供给	以生态景观美化为导向进行河岸带景观建设
16	特色山水景观保护型	景观文化娱乐	从流域综合考虑山、水、林、田、湖、草间相互影响，对特色山水进行保护

参 考 文 献

[1]　赵银军，丁爱中，李原园. 河流分类及功能管理[M]. 北京：科学出版社，2016.

[2]　杨景春，李有利. 地貌学原理[M]. 北京：北京大学出版社，2001.

第9章 河湖生态流量确定和保障体系

9.1 引 言

改革开放 40 多年，我国走过了发达国家 200 多年工业化和上百年城市化的进程，人口增长、经济发展与水资源短缺的矛盾进一步加剧，很多河湖生态环境问题在较短时期内集中显现。一方面，我国水资源禀赋条件先天不足，水资源时空分布严重不均，南方地区的 60%、北方地区的 70% 以上的降雨集中在汛期，但是灌溉用水、城乡和工业供水不会因为枯水季节而减少，枯水季节经济社会用水与河湖生态用水产生严重矛盾。另一方面，我国经济增长方式比较粗放，部分地区产业布局没有充分考虑水资源承载能力，海河、黄河、辽河流域水资源开发利用率分别高达 106%、82% 和 76%，西北内陆河流开发利用已接近甚至超出水资源承载能力，导致河湖湿地萎缩、绿洲退化，生态功能明显下降。

河湖生态流量是维系河湖生态功能、控制水资源开发强度的重要指标，事关生态文明建设全局。党中央、国务院高度重视河湖生态流量保障工作。习近平总书记在不同场合多次就加强河湖生态流量保障、建设幸福河湖作出重要指示。2015 年 4 月，党中央和国务院印发的《关于加快推进生态文明建设的意见》，明确提出"研究建立江河湖泊生态水量保障机制"。同月，国务院印发的《水污染防治行动计划》进一步提出"科学确定生态流量。在黄河、淮河等流域进行试点，分期分批确定生态流量（水位），作为流域水量调度的重要参考"。根据 2018 年水利部"三定"方案，指导河湖生态流量水量管理是水利部新增的重要职责之一。

国内外学术研究和政府管理均高度重视河湖生态流量，已有的研究和实践成果主要聚焦于机理、方法、调度等生态流量确定和保障过程的某一环节，或特定区域/流域、特定生物的生态流量确定问题。我国区域间强差异的水情特点和河湖禀赋、累积性高强度且需求刚性化的水资源开发利用、推动人水和谐绿色发展的现实需要，迫使我国河湖生态流量管控工作，必须在充分考虑区域河湖差异和统筹生活、生产、生态"三生"用水需求基础上，摸清河湖生态保护修复现状和存在的问题，科学制定分区分类河湖生态流量确定与保障准则，形成一整套确定和保障技术体系，为推动经济社会高质量发展、实现河湖健康永续提供有力的技术支撑。

9.2 研究思路与方法

在全面梳理国内外河湖生态流量理论方法研究成果和实践经验教训的基础上，结合我国水资源特点、生态保护要求和水资源调配管理的需要，统一河湖生态流量概念内涵。

充分利用全国和流域水资源综合规划、全国水资源保护规划、重要江河流域综合规划、主要江河流域水量分配方案，以及批复的有关涉水建设项目的取水许可和环境影响评价等成果，结合第三次全国水资源调查评价等有关工作，形成系统完整的重要河湖及其主要控制断面有关基础台账。

根据不同类型河湖的水资源禀赋条件、开发利用程度、生态功能定位和保护要求以及可能的水源条件等因素，提出河湖分区分类原则，明确不同类型河湖生态流量确定的准则方法和阈值。以重要河湖及其主要控制断面为对象，根据河湖水资源基础台账，分析计算并经合理性与可达性分析后，确定重要河湖及其主要控制断面生态流量，研究提出重要河湖生态流量保障思路与对策（图 9-1）。

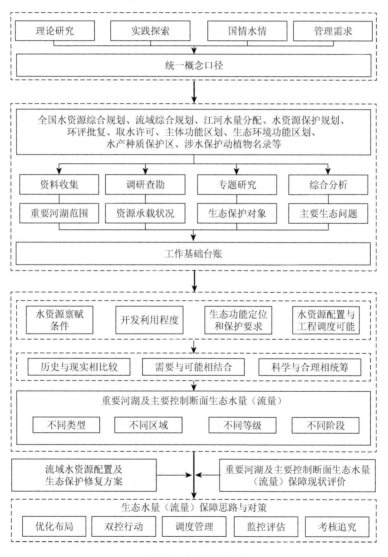

图 9-1　技术路线图

9.3　生态流量"诊断-核算-配置"技术

9.3.1　多尺度耦合的生态流量分区分类

1. 河湖生态流量指标体系

从如何实现河湖生态环境服务最大化角度出发，生态流量是河湖系统功能实现程度的定量表达，生态流量应该是由最小需水量和最大用水量两个阈值（即上限与下限）限定的区间值，阈值范围内生态流量的大小基本上决定了河流系统功能所处的状态。基于此，进一步完善了生态流量体系及特征值，生态流量体系包括基本生态流量和目标生态流量，其中基本生态流量又包括生态基流和敏感期生态流量；生态流量包括年际、年内不同时段特征值及过程。

生态流量作为一个限值要求，受自然环境过程和人为扰动条件的影响，在不同区域、不同类型河湖的要求是有区别的。一方面，在不同区域的自然环境过程影响下，河流生态系统及其保护对象表现出区域间的空间异质性，在自然地理条件、水资源禀赋条件主导下，区域生态系统类型的差异决定了河流生态功能及保护目标的差别，如干旱区、湿润区的生态系统类型是不同的，从而使得生态流量具有空间地域性；另一方面，同一区域内的河流受天然流量大小、人类取用水、工程调控条件的影响，其生态流量的要求也表现出明显的差异，如同一区域流量规模相近的两条河流，受其控制性水库调控能力不同的影响，生态流量的保障能力将有区别。综上所述，对于不同区域、不同类型的河湖，应当针对其相应的生态特征和保护对象需求确定不同的生态流量阈值。国际上在进行河道内流量研究时也提出了"适应性管理"的理念，其实质就是要求根据不同河流、同一河流不同河段以及不同的时间确定适宜的管理目标与需水标准。

因此，根据我国各地的地理区位与气候特点、水资源禀赋条件、生态功能定位与特点进行了分区，按照河流大小及其丰枯变化程度、径流调控能力和水资源开发利用程度进行河流的分类。分区、分类与生态流量的关系如图9-2所示，第一，分区反映自然地理、水资源禀赋条件及水生态系统的区域性差异，体现生态流量在区域或流域层面上的差异性特征，同时给出不同区域生态流量保障的推荐阈值特征，为各区域生态流量的科学确定提供参考。第二，分类是在分区基础上进行划分，实现"由面到线"，即从分区到河流、河段；反映河流自然水文及水动力过程、生物过程以及工程调控程度的差异，体现生态流量在河流或河段尺度上的差异性需求；主要根据河流分类，设定生态基流的保证率确定准则。第三，生态流量的保护对象，即河湖的生态保护目标可分为物种和生态河流廊道功能两大类，保护物种可根据保护名录等进行识别；也可根据生态保护目标分组，给出生态流量组分构成。

2. 生态流量河湖分区体系

1）分区原则

以指导生态流量计算方法选取和阈值确定为导向，根据水生态保护目标的水胁迫与用水需求特点，识别生态流量确定的主要因素，采用河湖水文水资源条件、生态保护对

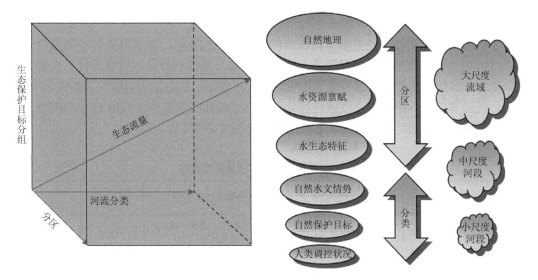

图 9-2　分区、分类与生态流量的关系示意图

象及其分区特征、水资源开发利用状况等区划成果。同一分区及分类河流，水生态保护
目标应对的水文胁迫与生态水文需求基本相似；同一分区及分类河流，相关研究成果可
以类比及类推；在基础调查与研究区域，分区分类支持建立水文过程-生态保护目标或生
态系统响应关系；将生态流量的主要影响要素聚焦在生态重要性和水资源开发压力的相
互关系上，按照生态重要性和水资源开发压力的相互关系进行分类，之后再通过 GIS 空
间叠加和聚类得到相应的生态流量分区分类方案。

具体分区原则如下：

体现生态流量空间格局的异质性。通过寻求影响河湖生态流量的不连续性和一致性
来描述其空间分布格局的异同，反映河湖生态流量空间分布格局的异质性，体现出分区
分类的指导思想是使区域内差异最小化、区域间差异最大化。

充分依托已有各类区划成果。集成已有的全国自然区划、生态功能区划、水文生态
分区、水生态功能区、淡水鱼类区划等国内各类区划和研究成果，并参考全球淡水生态
区划等国外研究成果进行分区。同时，分区与国家现有的水资源分区、主体功能区划等
相关区划成果相互衔接，以体现分区的系统性、层次性和协调性。

尽量保持流域及河湖水体生态完整性。在分区中尽量保护流域边界完整，结合自然
区划等分区情况维持流域水生态系统的完整性。

综合考虑影响生态流量确定的多个要素。自然地理状况、水资源禀赋条件、水文特
征、生态敏感目标分布以及水资源开发利用状况等均为影响生态流量的重要因素，将通
过定量化指标将不同影响因素体现在分区分类的工作中。

分区分类与定性定量相结合。分区解决宏观层面上区域自然地理和气候条件、流域上
下游水资源条件、水生态系统特点等差异特点，为河湖生态流量阈值确定提供支持；分类
在分区的基础上，体现河湖生态流量的类型差异，为河湖生态流量计算方法、参数确定以
及计算准则的确定提供支撑。同时，为了便于操作，在分区分类中考虑与定性定量相结合。

2）分区要素

生态流量的空间差异性主要体现在自然地理条件的差异、水资源条件的差别以及生态系统类型及其分布格局的差异等方面，根据我国自然地理分区、气候分区、水资源分区、生态分区等专题数据，按照地形地貌、水资源禀赋、生态功能与特征，析构出海拔、降水、气温等指标。结合生态敏感目标分布、水资源分区等图件，利用 GIS 空间叠加及空间聚类等技术方法，进行河湖生态流量初步分区（表 9-1）。

表 9-1　中国河湖生态流量初步分区

分区	海拔/m	降水量/mm	气温/℃	淡水鱼类区系及主要鱼类	涉水敏感目标	水资源开发利用强度
松花江流域寒温冷水河湖区	448.92	399.46	0.56	北方区（宁蒙高原区），鲤科、鳅科、鲇科及刺鱼科	多	较弱
辽河流域寒温冷水河湖区	410.46	478.98	5.78	北方区（宁蒙高原区），鲤科、鳅科、鲇科及刺鱼科	较少	较强
海河平原高胁迫河湖区	567.52	508.38	8.88	华东区（或江河平原区），以江河平原鱼类为主，如鲢、鳙等	较多	强
黄河流域上游高原河湖区	2 592.12	350.42	1.92	华西区（中亚高山区），裂腹鱼类及鳅科条鳅属	多	较强
黄河中下游平原高胁迫河湖区	1 131.74	568.70	8.69	华东区（或江河平原区），以江河平原鱼类为主，如鲢、鳙等	较多	较强
淮河平原高胁迫河湖区	64.44	802.94	13.70	华东区（或江河平原区），以江河平原鱼类为主，如鲢、鳙等	较多	强
长江上游江河源头河湖区	4 386.20	515.53	−1.89	华西区（中亚高山区），裂腹鱼类及鳅科条鳅属	较少	弱
长江上游江河平原河湖区	1 512.00	865.37	12.08	华东区（或江河平原区），以江河平原鱼类为主，如鲢、鳙等	多	弱
长江中下游江河平原河湖区	366.43	1 023.86	15.13	华东区（或江河平原区），以江河平原鱼类为主，如鲢、鳙等	多	较弱
东南诸河多水河湖区	392.33	1 239.43	16.67	华南区（岭南山麓区），以鲃亚科、鲤科等鱼类为主	较多	弱
珠江流域多水河湖区	501.19	1 213.97	18.94	华南区（岭南山麓区），以鲃亚科、鲤科等鱼类为主	较少	弱
西南诸河高原河湖区	3 034.15	737.00	8.04	华南区（岭南山麓区），以鲃亚科、鲤科等鱼类为主	较少	弱
西北干旱缺水河湖区	1 896.42	120.90	−9.33	宁蒙区（宁蒙高原区）、部分华西区（中亚高山区），鲤科、鳅科、鲇科及刺鱼科，部分裂腹鱼类	少	较强

3）分区范围

利用中国自然地理区划、多年平均降水量、水生态区划、水资源开发利用率分布图，结合生态敏感目标分布、水资源分区等图件，采用 GIS 空间叠加及空间聚类等技术方法，将全国划为五大分区，分别为东北寒区、黄淮海半湿润区、东部湿润区、青藏高原区、西北内陆区。

东北寒区总面积 123.79 万 km^2，主要包括松花江和辽河 2 个水资源一级区，包括嫩江、第二松花江、黑龙江干流、图们江、西辽河、东辽河等 14 个水资源二级区。

黄淮海半湿润区总面积 131.24 万 km^2，主要包括黄河（龙羊峡以下）、淮河、海河 3 个水资源一级区，包括滦河及冀东沿海、海河北系、海河南系、徒骇马颊河、龙羊峡至兰州、淮河上游（王家坝以上）、淮河中游（王家坝至洪泽湖出口）、山东半岛沿海诸河等 16 个水资源二级区。

东部湿润区总面积 213.12 万 km^2，主要包括长江（金沙江以下）、珠江、东南诸河、西南诸河（红河流域）等 4 个水资源一级区，包括嘉陵江、乌江、汉江、洞庭湖水系、鄱阳湖水系、太湖水系、南北盘江、珠江三角洲等 26 个水资源二级区。

青藏高原区总面积 217.91 万 km^2，主要包括长江（金沙江以上）、黄河（龙羊峡以上）、西南诸河（除红河外）、西北诸河（羌塘高原区）等 4 个水资源一级区，包括岷沱江、澜沧江、怒江及伊洛瓦底江、雅鲁藏布江、羌塘高原内陆河等 10 个水资源二级区。

西北内陆区总面积 263.31 万 km^2，主要为西北诸河（不含羌塘高原区）水资源一级区，包括内蒙古高原内陆河、河西走廊内陆河、青海湖水系、天山北麓诸河、塔里木河源流、塔里木河干流等 14 个水资源二级区。

中国生态流量分区状况和特征如表 9-2 和表 9-3 所示。

表 9-2 中国生态流量分区状况（1980～2016 年）

分区名称	地表水资源量/亿 m^3	地表水开发利用率/%	主要水生态问题		重要生态敏感保护目标/个			
			断流河长/km	湖泊萎缩面积/km^2	国际重要湿地	中国重要湿地	国家级省级涉水自然保护区	国家级水产种质资源保护区
东北寒区	1246	30.7	1777	253	13	25	137	66
黄淮海半湿润区	1300	67.0	4307	2431	5	28	82	128
东部湿润区	14 957	20.0	—	—	20	51	110	268
青藏高原区	7706	2.0	—	—	9	39	42	27
西北内陆区	996	52.0	1344	3670	2	30	25	22

表 9-3 中国河湖生态流量分区特征

分区名称	河湖生态系统特征
青藏高原区	大江大河源头区、中华水塔，是我国重要的生态安全屏障，国家级自然保护区分布广泛，是我国特有土著鱼类和珍稀濒危鱼类重要分布区之一
西北内陆区	干旱半干旱区，生态脆弱区。水资源匮乏、生态脆弱，水资源开发利用过度引发植被退化、河流断流、湖泊萎缩、土地沙化等问题
东部湿润区	水资源量丰富，开发利用总体不高；水电开发、水资源调控工程较多，存在水电开发对鱼类洄游通道造成影响、水生生物多样性下降等问题。大量分布有国家级水产种质资源保护区、珍稀濒危鱼类和洄游鱼类"三场"（即产卵场、索饵场和越冬场）、湖泊及河口湿地等
黄淮海半湿润区	水资源短缺、开发利用率总体较高，大部分区域经济社会发展已超过水资源承载能力，河流断流干涸、湖泊萎缩、连通性受阻、土著鱼类栖息地质量下降等生态问题突出
东北寒区	水资源量相对较好，辽河流域等部分河流水资源开发利用程度较高；分布有大量的国家级自然保护区和冷水性鱼类

3. 生态流量河湖分类体系

1) 分类原则与依据

河流水文地貌过程维持着河流生态系统正常的结构和功能，分类反映影响生境状况的水文地貌过程在河流或河段尺度上的不同，进而体现不同生境对生态流量在河流或河段尺度上的差异性需求。选择能够总体反映河流水文地貌过程的河流规模和工程调控程度为指标进行分类。

分类根据河流大小与丰枯变化程度、开发利用程度和工程调控能力等因素，对水体及其周围陆地所在的空间单元进行分类与整合，反映相同类型河流水文情势变化引起的生态响应具有相似性。分类是生态流量研究的需要，是阈值确定、保证率分析和协调保障的基础。生态流量分区和分类的结合，综合反映水生态现状及流域管理的要求。

综合上述情况，分类原则如下：①分区协调原则，应在分区自然地理条件、水资源禀赋条件、生态功能定位与特点等面上特征下，细化确定分类；②流域整体性原则，应根据流域水文循环特点，综合分析水文情势变化与生态系统响应关系，统一确定分类方案；③发生学原理，相似的水生态功能往往具有统一的发生原理和共同的发展过程，响应于流域开发利用程度和工程调控能力，生态流量分类的确定将遵循发生原因一致性；④水陆一致性原则，要从陆域驱动和水域功能两个方面，对水体及其周围陆地综合考虑和统一分类，从而保持水生态功能过程的完整性。

2) 分类指标考虑

河流的大小、开发利用程度和工程调控能力是影响其水文过程的主要因素，将其作为分类的指标对河湖进行分类；分类指标的具体定义、依据及其生态水文特点等如表 9-4 所示。值得注意的是，自然或近自然的水文过程，是保护河流生态系统的最理想选择；流域开发利用和工程调控导致河流水文过程已经难以接近天然过程。实际水文过程偏离天然过程的变化程度越大，对生态越不利。

表 9-4　生态流量分类指标、依据及特点

分类指标		分类依据	生态水文特点	生态流量保障原则
河流大小	河流的大小反映同类地区丰枯变化的差异，决定了河湖水文水动力条件	大	流域面积≥3000km², 多年平均天然流量 $Q \geq 150m^3/s$ 或年径流变差系数 $Cv < 0.3$	以干流和一级支流为主，径流年内年际变幅相对较小，生态地位较为突出	径流年内年际变幅相对较小，生态流量标准要求从高
		小	流域面积<3000km², 多年平均天然流量 $Q < 150m^3/s$ 或年径流变差系数 $Cv \geq 0.3$	以二级及以下支流及山区河流为主，径流年内年际变幅相对较大	径流年内年际变幅相对较大，生态流量标准要求适度从低
工程调控能力	通过工程调蓄可以调节径流过程，提高生态流量的保障程度	强	径流调节能力≥30%	调节能力强且以年、多年调节水库为主的河流	河流开发利用程度高，生态用水被严重挤占，生态流量制定标准不宜过高
		弱	径流调节能力<30%	调节能力低且以月调节或没有工程调控能力的河流	河流开发利用程度低或无开发利用，生态流量制定标准要从严

分类指标			分类依据	生态水文特点	生态流量保障原则
开发利用程度	开发利用程度改变了河流生态水文过程，对生态流量保障产生不同程度的影响	高	经济社会用水消耗本地地表水资源量的比例≥40%	河流开发利用程度高，生态用水被挤占；生态系统结构和功能受到一定程度损害	调节能力强且以年、多年调节水库为主的河流，生态流量应以接近自然水文节律从高标准合理确定
		低	经济社会用水消耗本地地表水资源量的比例<40%	河流开发利用程度低；生态系统结构和功能维持在较好水平	调节能力低且以月调节或没有工程调控能力的河流，按照天然过程确定生态流量

9.3.2 河湖生态流量综合核算方法

1. 思路原则

根据我国不同区域水资源条件、生态环境特点和水资源供需态势进行分区分类；针对不同分区和不同类型河流的生态保护目标和经济社会用水需求，统筹协调平衡"三生"用水，确定不同区域生态流量确定准则，考虑现实可行性，合理确定重点河流生态流量。

河湖生态流量确定应遵循以下原则：①尊重河流自然规律。要符合河湖天然水文条件和生态规律，兼顾河流上下游间的水流过程特性及上游水量对下游来水量的影响关系，在充分考虑到上、下游各河段生态需水量都能得到保证的基础上，确定河湖生态流量，不能脱离河流的实际情况。②合理确定保护目标。河流具有调节气候、补给地下水、排沙输沙、稀释降解污染物、维持湿地及河口地区生物生存栖息环境、维持河流系统生物多样性等多方面的生态环境功能。要按照河湖水资源条件、生态功能定位与保护修复要求，合理确定生态保护目标，明确生态水文过程要求。③统筹"三生"用水配置。要按照人水和谐要求，根据水资源配置的可能性，平衡维持河湖健康和经济社会用水需求，合理配置生态用水，优先保证基本生态流量。④坚持现实合理可行。对水资源开发利用过度已经造成常年断流的河流，可根据未来水资源配置方案，分步骤、分阶段合理确定生态流量目标。

2. 科学计算

控制断面的生态流量按照以下原则分析计算：

南方河流和北方常年有水河流应明确生态基流，生态基流原则上采用 Tennant 法、Qp 法等综合确定，有条件的河流可采用湿周法、R2-CROSS 法等水力学法进行校核分析；采用水文学法计算的月均流量应采用实测水文系列校验。

对于具有重要保护意义的河流（河口）湿地，以河水为主要补给源的河谷林，土著、特有、珍稀濒危等重要水生生物或者重要经济鱼类栖息地、"三场"及洄游通道等重要生态保护对象，应根据生态保护对象敏感期需水机理及其过程要求，选择栖息地模拟法、整体分析法等方法或进行专项研究，确定敏感期生态流量。

基本生态流量的年内不同时段值，可根据资料条件，以日、旬、月等不同的时间尺度分析计算。各时段的基本生态流量，可用 Qp 法或 Tennant 法等方法计算，相应参数取值应按照《河湖生态环境需水计算规范》等有关规定，并考虑水资源情势，按不同来水频率的"丰增枯减"原则合理确定。基本生态流量的全年值，应根据基本生态流量的年内不同时段值加和（加权）得到。目标生态流量可采用 Tennant 法等方法确定不同时段值和全年值，也可根据地表水资源可利用量分析确定其全年值。

3. 综合确定

通过与实测径流系列对比分析，并考虑工程调节、节水潜力，以及有关水资源配置方案实施进展情况等因素，分析生态流量过去的满足程度，并结合水资源配置方案、水生态保护修复方案和具体调度方案，分析在规划水平年达到的可行性。通过分析经济社会发展目标、生态系统服务目标等，结合人工调节措施的运用，分析生态流量目标可达性后，综合确定控制断面生态流量目标。将生态流量计算值通过水文模型、水资源模型以及调度模型进行河流水系和流域尺度的核算，通过设计保证率和满足程度两个限制因素，通过对未来产汇流情况预测、水资源供需变化形势预判和调度保障手段的提升，分析确定未来不同条件下的生态流量目标。

基于核算的全国 477 条重点河流 932 个断面生态流量目标的统计分析，首次提出了覆盖全国的不同分区不同类型的河流生态流量目标确定推荐阈值（表 9-5），并纳入水利行业标准《河湖生态环境需水计算规范》（SL/T 712—2021）。

表 9-5　生态流量分区阈值

分区名称	分类	生态基流（径流量百分比）/%	基本生态流量（径流量百分比）/%
东北寒区	水资源较丰沛、工程调控能力较强	≥10	≥20
	水资源紧缺，开发利用程度较高，用水矛盾突出	≥5	≥10
黄淮海半湿润区	开发利用程度较低的山区河段	10~15	≥20
	开发利用程度较高的山区河段	5~10	≥10
	平原断流干枯萎缩严重的河段	根据水源条件分阶段制定入海水量和平原河段槽蓄水量目标要求	
东部湿润区	水资源开发利用程度不高的河流	≥20	30~40
	开发利用程度较高支流	≥15	≥30
	水电开发程度较高的中小河流	≥10	≥15
青藏高原区	受人类活动影响较小的河湖	≥20	30~40
	水资源开发利用程度相对较高的河流	15~20	25~30
西北内陆区	开发利用程度较高的河流	—	30~40
	开发利用程度较低、水源补给条件较为稳定的河流	—	40~50
	下游河谷林草漫滩生态流量和入尾闾湖泊	—	—

9.3.3　生态用水配置分析

1. 配置目标

生态用水必须遵循自然规律、生态规律、经济规律、社会规律，协调水资源可持续利用、生态环境健康循环、经济社会刚性合理用水可持续之间的关系，以生态系统的自然规律和生态规律为指引，按照水资源-经济社会-生态系统生命共同体的总体要求，进行生态用水的时空配置。优先配置生态基流和敏感期生态流量，确保生态系统不遭受难以恢复的破坏；提升基本生态流量的配置精度，提高不同区域、不同时段基本生态流量的配置能力和水平；提升目标生态流量配置的科学性，协同经济社会刚性合理用水需求，在保障重点领域及地区供水安全的基础上，科学合理配置目标生态流量，维持水资源系统和生态系统的稳定性和良性循环，实现水资源与经济社会及生态环境的协同高质量发展。

2. 配置原则

坚持遵循规律。遵循生态系统的自然规律和生态规律；一方面，全力保障好生态系统的基本生态用水需求，特别是生态基流和水生生物不同生长期的生态敏感用水需求；另一方面，处理好与经济社会的经济规律和社会规律的关系，协同生态用水需求和经济社会刚性合理用水需求之间的关系，促进水资源系统、生态系统、经济社会系统的和谐发展。

坚持系统观念。河湖生态用水与其他用水之间是竞争共存的关系，要坚持系统观念，具体体现在：统筹流域和区域内的河道内的生活、生产、生态"三生"用水、河湖生态用水、航运发电用水等不同用户，优先满足居民生活用水和最小生态用水；统筹协调河道内与河道外、城镇与乡村用水，统筹考虑水量与水质要求，保障水生态安全、供水安全、水环境安全；统筹协调不同区域之间、河流上下游与左右岸之间的用水；统筹考虑现状用水情况与未来需水要求，并适度留有余地，保障水资源的可持续利用。总之，要统筹协调各个环节和各方面的关系，追求人水和谐，保障流域和区域协调系统发展。

坚持高效利用。充分考虑全面建设节水型社会的要求，以节水促减污，以限排促节水。合理抑制需求和有效增加供给，以各类工程和非工程措施的最佳组合，按水资源的不同用途以及保证条件，合理配置地表水与地下水、当地水与外流域调水、水利工程供水与其他多种水源供水。提高水资源循环利用的水平和效率，统筹水资源利用的经济效益、社会效益和生态效益，发挥水资源的多种功能。

坚持综合平衡。协调和平衡各地区河湖生态用水需求，综合分析资源、水量、水质和水生态环境各要素间关系，加强水资源需求侧与供给侧的调控，合理控制流域内各地区对水资源的消耗量和污染物入河总量，合理安排生态环境用水量，充分考虑河道内外水量平衡、水资源的供用耗排平衡、水资源的供需平衡、水污染负荷平衡以及生态平衡及其综合平衡状况，实现水资源可持续利用。

3. 总体要求

　　河湖生态系统本身是一个开放的复杂系统，河湖生态用水又与水资源系统和经济社会系统相互交织关联，离开水资源禀赋条件和经济社会用水需求谈河湖生态用水没有意义，也是不现实的。河湖生态系统的脆弱性和调控的艰巨性，决定了河湖生态用水配置必须是在水资源、经济社会与生态三大系统之间的均衡配置，必须通过协调各开放复杂系统的协同行动，促使水资源、经济社会与生态各个系统本身的有序演化，以及各系统之间的动态平衡和协同发展，以期呈现水资源的可持续利用、经济社会的可持续发展以及生态环境的良性循环。这就需要通过谋划河湖生态用水的科学合理的配置：对于河道外用水，要明确水资源开发利用上限，严格实行用水总量控制，明确水功能区限制纳污红线，严格控制入河污染物，明确用水效率控制红线，坚决遏制用水浪费；对于河道内河湖生态用水，要明确生态流量管控目标，制定生态流量保障方案，全面提升生态用水保障水平，实现资源、环境、经济社会的协同发展，以河湖生态系统的良性循环支撑经济社会的可持续发展。

　　实施保持生态系统良性循环的生态用水安全保障战略。由于对地表水资源的过度开发，我国北方地区挤占河湖湿地生态环境用水现象十分普遍，同时由于地表水资源短缺或遭到严重污染，我国许多地区不得不依靠过度开采地下水来维持经济社会的发展。因此，在进行水资源供需分析与配置时，首先要在河道内外水资源供需平衡分析的基础上进行水资源的合理配置，通过河道内外的水资源供需平衡分析和水资源综合平衡分析，合理调配水沙、水盐关系，保障塑造良性河流通道、维护河流健康等的基本生态环境用水；通过各行业用水的合理配置，退还被挤占的地下水；通过合理调配各种水源、加强水工程的生态优化调度，保障或增加河道生态流量，维持湖泊的合理生态水位和地下水位。

　　实施保障刚性合理用水需求的供水安全保障战略。过去，水在经济社会发展布局中的引导能力总体不够，"以水定城、以水定地、以水定人、以水定产"没有得到真正的体现，导致我国经济社会布局与水资源禀赋条件的不适应，特别是北方地区，水、经济社会、生态环境的矛盾日益突出。因此，经济社会发展总体规划、城市总体规划、重大建设项目布局等要把水资源作为重要的制约因素纳入到规划之中，发挥水资源在推动发展方式转变方面的基础性和导向性作用。对于城乡居民基本用水需求、生态环境基本生态用水需求、经济社会刚性用水需求、涉及国家战略和国家安全的基本用水需求，是刚性合理用水需求，要千方百计地解决。通过构建国家水网等配置工程，协调经济社会刚性合理用水需求与河湖生态用水之间的矛盾，对水资源进行时空优化配置，实现经济社会用水与河湖生态用水之间的平衡。

　　实施水资源-经济社会-生态系统协同发展的总体战略。河湖生态用水配置应统筹处理好水资源、经济社会和生态三大系统的关系，逐步提高水资源-经济社会-生态复合系统协同程度，保障水资源-经济社会-生态协同发展。按照转变经济发展方式、优化产业结构、降低资源消耗、提高发展质量和保护生态环境的要求，保障国民经济又好又快发展。在建设节水型社会、提高水资源利用效率的基础上，要通过水资源合理配置，全面缓解我国水资源短缺的状况，显著提高流域和区域未来供水保障程度，增强支撑和保障经济社会发展的能力。通过水资源合理配置退还目前水资源过度开发地区挤占的生态环境用水、压减超采的地下水和进行生态环境建设，提高河道内生态环境用水量比例，改善城乡人居生态环境。严控入河排污量，从根本上扭转全国江河水污染的状况，有效控制主要污染物入河量，恢复和增强水体自我调节功能，改善我国水生态环境状况。较大程度地提高水资源开发过度地区的水资源承载能力，将各流域和各地区的水资源消耗量控制在其水资源可利用量范围内，部分有条件的地区适当留有余地，实现水资源的可持续利用。通过实施水资源-经济社会-生态系统协同发展的总体战略，保障经济社会的可持续发展、水资源的可持续利用以及生态环境的良性循环。

4. 配置技术

1）河湖生态用水配置的概念和内涵

河湖生态用水是生态系统的控制要素，而水不仅仅在生态系统中流动，也贯穿到了经济社会系统的各个角落，使得在进行河湖生态用水配置的时候，必须对经济社会用水进行同步考虑，因此，水具有经济、社会、生态、环境等多重属性，处于多种系统的激烈竞争关系之中；同时水又直接和间接地受到各种自然和人为因素的强烈干扰，其数量和质量因而发生变化，从而影响其自身的稳定性、可再生性和可持续性。河湖生态用水配置的实质就是将水资源-经济社会-生态系统组成的复合系统作为一个整体进行调配，提高水资源的承载能力，降低人类活动对水资源的负荷与压力，对资源环境的占用达到最小的程度并且可持续，让河湖生态系统用水得到合理保障，使得三大系统能够协同发展，复合系统的总体效益达到最大，实现螺旋式的动态演进。

河湖生态用水配置是将流域演进过程中的水资源循环及其相伴生的物质循环、能量循环、化学循环和生物循环过程作为一个整体进行考虑，通过对系统间、区域间、要素间，水资源的自然属性、经济属性和生态属性功能的调节与调配，维护水资源的可再生性、提高水资源的承载能力，促进水资源高效利用、缓解水资源供需矛盾，强化对水资源与水生态的保护，遏制生态环境恶化趋势，实现水资源可持续利用、经济社会可持续发展和生态环境良性循环。

因此，河湖生态用水配置是在复杂系统协同发展的总体调配格局与框架下进行的，是一个复杂的动态平衡与演进过程，涉及多层次、多目标的系统工程。河湖生态用水配置包含三个层次的协同：一是通过对以流域为单元的水循环过程及其伴生的物质循环、能量循环、化学循环和生物循环过程的整体调控，实现对水资源-经济社会-生态复合系统各子系统格局、结构和功能之间的总体协调以及复合系统的整体协同。二是在河道内外水量平衡、河道外供需平衡、河道内需水与用水平衡、污染物入河量与允许纳污能力平衡，流域水沙关系、水盐关系协调等平衡关系进行调控的基础上，通过水资源-经济社会-生态三个系统各系统要素之间的协同配置，特别是对三大系统水量、水质、水生态等主要因素的整体调控，实现水资源的良性循环和综合平衡。三是通过对水资源开发、利用、治理、配置、节约和保护的格局的宏观调控与协同配置，满足维护生态平衡和经济社会发展对水资源的需要，防止对水资源的无序开发和利用，在对水资源进行合理开发利用的同时，注重对水资源的节约和保护；既满足人民生活生产、社会稳定和维系生态系统平衡的基本需求，保障经济社会供水安全，实现生态环境良性循环，又协调各用水竞争领域的利益和目标，发挥水资源经济效益、社会效益和生态效益，使综合效益最大，实现水资源的可持续利用。

2）河湖生态用水配置思路与技术

在系统分析和辨识不同流域不同地区水与河湖生态系统相互作用和演变的机理和规律的基础上，按照山水林田湖草沙生命共同体发展的原理，以维系良好生态环境为前提，以协调流域和区域水资源承载能力与经济社会发展格局的匹配关系、维系良性水循环关系和流域演进、保障生态安全和供水安全可持续为目标，根据我国当前河湖生态用水的现实，按照河湖生态系统不同情景下的用水目标，实施生态基流（敏感期生态流量）、基本生态流量、目标生态流量等不同水平保障目标的配置；按照河湖生态用水在规划和管理中的应用需求，实施断面、流域、区域、水资源分区等不同空间尺度之间的配置；按照河湖生态用水在不同时间段的需求，实施总量、过程等不同层级之间的配置；同时，河湖生态用水不仅仅涉及河湖地表水，也涉及河湖径流与地下水的良性转换与交换，河湖生态用水配置还需统筹地表、地下两个维度的配置，河湖生态用水配置技术路线见图9-3。

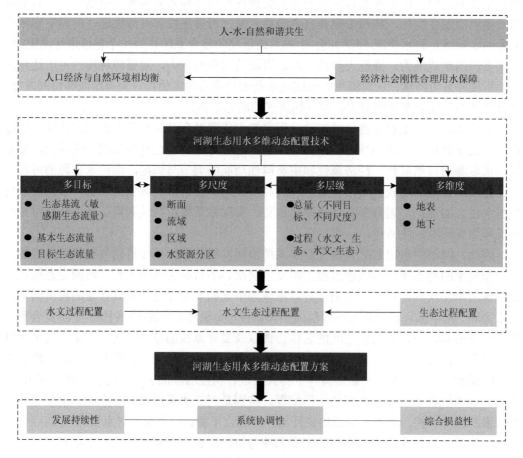

图9-3　河湖生态用水配置技术路线

河湖生态用水配置的核心就是在保障经济社会刚性合理用水需求基础上，协同生态健康良性循环用水需求，推动人口经济与资源环境相均衡发展，最终实现人-水-自然和谐共生，为人类提供一个可持续生存发展的生态系统。

河湖生态用水配置技术的核心就是构建"生态基流（敏感期生态流量）-基本生态流量-目标生态流量"多目标、"断面-流域-区域-水资源分区"多尺度、"总量-过程"多层级、"地表-地下"多维度的河湖生态用水多维动态配置技术。在目标上，根据水资源条件和管理需求，划分生态基流（敏感期生态流量）、基本生态流量、目标生态流量等三个目标，生态基流是维持水生态系统功能不丧失所需要保留的底线流量，是千方百计应保障的最低需求，用水保证率一般应该在95%以上；敏感期生态流量维系河湖生态系统中水生生物等组分或功能在特定时段对于流量及其过程的需求，用水保证率一般应该在95%以上；基本生态流量是给定的生态保护目标所对应的生态环境功能不丧失所需要保留的基本水流过程，一般是根据维系河湖基本形态、基本栖息地、基本自净能力等要求所需要保留的水流过程，用水保证率一般在75%～90%；目标生态流量是维持良好生态状况或维持给定生态保护目标所需要保留的水流过程，是确定河湖地表水资源开发利用程度的控制指标，用水保证率一般在50%～75%。在空间尺度上，考虑断面、流域、区域、水资源分区等四个尺度，断面尺度上，重点是考虑主要控制断面需求，其是工程规划设计和调度的基础；流域尺度上，重点强调河流水系上下游、左右岸、干支流生态用水的系统保障过程；区域尺度上，重点是解决行政区和区域的水资源开发利用上限控制和生态用水保障水平评价等；水资源分区尺度上，重点是考虑河道内外水量平衡、河道外供需平衡、河道内需水与用水平衡、水污染负荷平衡以及水沙关系、水盐关系等流域循环关系能够维持良性的状态。在不同层级上，首先要满足河湖生态用水的总量需求，并在此基础上，根据水资源禀赋条件，对河湖生态用水的不同水期、季、月、旬、日等过程进行配置。同时，要遵循地表水和地下水转换过程，河湖生态用水配置是地表水和地下水的联合配置。

9.4　生态流量"监测预警-考核评估-确权定责"全过程保障

9.4.1　生态流量监测预警技术体系

1. 分级预警值的设置

设置"黄-橙-红"三级预警体系，并针对不同类型的河湖生态流量目标确定相应的三级预警临界阈值。针对生态基流控制断面，其"黄-橙-红"三级预警临界阈值默认为生态基流目标的150%、120%、100%。特殊断面，如基流目标特别大或特别小，不适宜采用相对值进行预警的断面，也可采取人工输入方式确定预警阈值。针对敏感生态需水控制断面，按照敏感需水类型采取不同预警方式：

（1）敏感期生态流量：默认以50%时间节点的总流量小于生态流量目标50%作为黄色预警标准；以75%时间节点的总流量小于生态流量目标75%作为橙色预警标准；以90%时间节点的总流量小于生态流量目标90%作为红色预警标准。可人工调整。

（2）年生态流量：默认以 60%时间节点的总流量小于生态流量目标 60%作为黄色预警标准；以 67%时间节点的总流量小于生态流量目标 75%作为橙色预警标准；以 75%时间节点的总流量小于生态流量目标 90%作为红色预警标准。可人工调整。

（3）生态水位：默认以水位目标+20cm、水位目标+10cm、水位目标作为"黄-橙-红"三级预警临界阈值。可人工调整。

（4）敏感期生态流量：默认为生态流量目标的 120%、100%、80%。可人工调整。

（5）敏感期脉冲流量：以对应时段 50%时间节点没有发生符合要求的脉冲过程作为黄色预警标准；以 67%时间节点没有发生符合要求的脉冲过程作为橙色预警标准；以 90%时间节点没有发生符合要求的脉冲过程作为红色预警标准。可人工调整。

（6）敏感期涨水过程：以对应时段 50%时间节点没有发生符合要求的涨水过程作为黄色预警标准；以 67%时间节点没有发生符合要求的涨水过程作为橙色预警标准；以 90%时间节点没有发生符合要求的涨水过程作为红色预警标准。可人工调整。

2. 预警系统

基于国家水资源管理系统，融合现有国控水资源数据库、实时水雨情数据库、水利部"一张图"服务及管理信息等数据，建立了全国重点河湖生态流量监测预警与调控保障系统。系统主要包括监测断面基础信息、实时监测数据、指标阈值等综合展示，并对生态流量达标情况进行判别，对不达标监测断面发布预警（图 9-4）等功能。具体功能包括：

图 9-4　断面历史预警信息记录界面

（1）实现通过 GIS 地图展示生态流量控制断面的水位及流量监测站群分布、流域生态流量监测情况等，并采用不同的图标或颜色设计区分监测状态、预警状态等；

（2）对于单个生态流量控制断面，实现从断面基本信息、生态流量指标值、断面监测统计情况、断面实时监测信息等展示，并可以实现特定时间段内监测信息的查询、数据导出等功能；

（3）对于达到各级预警值的断面，及时向管理部门、相关流域和省区具体管理人员发送预警信息，告知目前预警状态；对于红色预警的发生，设置信息发送功能，在 2 小时内通报河流所在流域管理部门；

（4）以月报、季报、半年报、年报的形式，及时总结最新达标情况，以图表形式进行直观表现，并发送主管人员，对于连续 3 个月出现红、橙预警的重点河流，进行预警信息记录，发送相关部门，纳入当年最严格水资源管理制度考核；

（5）综合上游断面来水、取用水情况以及控制工程调蓄情况，对不达标断面进行成因分析，根据成因采取相应管理措施；

（6）运用短期水文预报模型、中长期径流预报模型、水库调度和河道径流演进模型等，对关键断面未来不同日、月尺度的流量过程进行模拟预测；

（7）结合河流水量分配方案、水量调度方案、各年度/月度水量调度计划等，构建综合考虑生态流量、区域供水以及水利工程利用等多维需求的调度方案。

9.4.2　全国河湖生态流量目标评估考核方法及应用

1. 总体要求

河流控制断面生态基流、最小下泄流量目标保障状况采用整编的逐日平均流量进行评价。湖泊最低生态水位保障状况采用旬平均水位进行评价。河流控制断面敏感期生态流量目标保障状况应根据实施方案中相关时长要求进行评价。

原则上，生态基流、最低生态水位和最小下泄流量目标的保证率应不小于 90%；对于已经批复/印发实施方案中另有保证率要求的控制断面，按照批复要求执行但不应低于上述要求。敏感生态流量目标保证率应根据敏感保护对象要求和自然水文规律，按照实施方案要求，科学合理确定其保证率要求。河湖生态流量（水量）管控考核评价数据有效性应满足河流流量测验规范（GB 50179—2015）、水位观测标准（GB/T 50138—2010）、水文资料整编规范（SL/T 247—2020）等相关标准规定的要求。

2. 达标情况评价方法

采用频次评估方法，生态流量目标满足程度的计算公式为

$$CR_i = A_i/B_i \times 100\% \qquad (9\text{-}1)$$

式中，i 表示样本序号；CR_i 表示生态流量目标满足程度（单位：%）；A_i 表示评估时段内满足生态流量目标的实测径流监测样本数；B_i 表示评估时段内参与生态流量评估的实测径流监测样本总数，采用日均值的计算样本总数为 365/366，旬均值为 30，月均值为 12，其余根据实际确定计算总频次数。

生态流量目标破坏深度计算公式：

$$D_i = (1 - R_i/EF_i) \times 100\% \qquad (9\text{-}2)$$

式中，D_i 表示生态流量目标破坏深度（单位：%）；R_i 表示评估时段内实测径流量（单位：m^3/s）、水位（单位：m）、水量（单位：万 m^3）；EF_i 表示控制断面生态流量保障目标。

当评估时段内逐日实测径流量均大于生态流量目标值，则为"优良"等级；当来水

频率劣于设计保证率，逐日实测径流量小于生态流量目标值但优于生态流量目标破坏深度，则为"合格"等级；其余情景，则为"不达标"等级。

3. 保障措施评估方法

对生态流量目标的保障措施进行分类，根据措施的具体手段可分为调度措施、治理措施、监管措施等。根据措施实施主体，又可分为流域、省级和市县级。对每类保障措施分为制定、实施和见效三个阶段，对每个阶段的及时性、力度、见效程度等进行分析，最终得出保障措施的评估结果。

采取定量与定性结合的方式进行分析，最终采用量化打分的方式，从调度措施、治理措施、监管措施 3 个层面展开，每个层面对应三个阶段和三个程度指标，每项指标评价结果分为 Ⅰ、Ⅱ、Ⅲ、Ⅳ 共 4 级，分别对应 10、6、3、0 的评分。

9.4.3 全国重点河湖生态流量保障权责体系

1. 河湖权责制度

河湖权责制度是指政府及其职能部门对河湖相关权责进行确认、保护和监管的各种制度。河湖权责制度是实现河湖权责法律规定，保护相关权利主体的所有权、使用权和收益权等权利的重要制度保障，也是开展河湖管理与保护工作的基础和先决条件。河湖权责制度主要包括两个层次：一是河湖相关资源及附属物等的权责确认制度，包括河湖权利客体的界定（即河湖空间范围、所负载的资源及附属物的类型和数量等的划定），以及河湖权利主体的确认（包括所有权、使用权和收益权等）；二是开展河湖权责管理的制度，是法律对河湖权责规定的外在表现形式和保障措施，包括河湖管理范围划定制度、河湖权利归属的法律认定方式（即产权证明），以及对河湖范围内各种资源权责的保护和监管制度等。

河湖权责制度与河湖管理制度既有关联又有区别：一方面，对河湖进行管理必须界定和落实相关各方在河湖开发利用与保护方面的权利和义务，因此河湖权责管理是河湖管理的基础和核心；另一方面，河湖管理的范围要比河湖权责管理的范围宽，除了对各种权责进行确认、保护和监管之外，河湖管理者还要基于社会公共利益的角度，对各种涉河湖行为进行规制，包括防洪区管理、河道整治、水环境治理和河湖生态保护修复等。

河湖是一个整体性的抽象的集合概念，目前我国尚未将河湖作为一个整体进行明确的权责设定，世界各国也未有相关明确表述见诸法律。但是与河湖权责关系密切或者有相似性、可比性的权责法律表述仍有许多，均散落在各个相关法律的条文中。《中华人民共和国宪法》第九条规定，"矿藏、水流、森林、山岭、草原、荒地、滩涂等自然资源，都属于国家所有，即全民所有，由法律规定属于集体所有的森林和山岭、草原、荒地、滩涂除外"。该法律条款中明确提出了"水流"的概念，并在《中华人民共和国民法典》以及其他法律中延续使用，成为有关江河、湖泊、水资源等概念的特定法律表述，并明确将"水流"的所有权归属于国家所有。

2. 生态流量权责体系

根据水资源管理权限划分，制定了生态流量保障主体确定的基本要求。针对水工程断面、河道外取水断面、省界断面、把口断面等不同类型生态流量控制断面，确定了断面生态流量管控和监督的责任主体及其职责要求；并以流域为单元，根据上下游断面的拓扑关系，提出了在流域上下游、干支流各控制断面不同组合关系下，特定控制断面生态流量保障权责确定方法。根据控制断面的性质、工程调度管理权限等，结合上下游、干支流的其他断面相互关系，综合确定河湖生态流量责任主体，明确不同主体工作责任及权限。责任主体原则上应包括保障责任主体、调度责任主体、监管责任主体、监测责任主体和考核责任主体。

根据不同控制断面的性质，确定保障责任主体。工程断面保障责任主体原则上为工程管理单位；省界、把口等断面保障责任主体原则上为断面以上地方人民政府。对于省界河流控制断面等河湖生态流量保障存在多个责任主体时，由流域管理机构会同相关责任主体协商确定河湖生态流量保障责任范围、内容、优先顺位等。对于位于省级行政区江河流域范围内的水库、水电站等控制性工程，其水量调度权限不属于地方人民政府及其主管部门的，因工程水量调度目标不落实导致河湖生态流量不达标的，不予界定为省级地方人民政府的责任。

根据水资源管理权限、工程调度管理权限等，合理确定生态流量调度责任主体。根据断面性质，确定监管责任主体。原则上跨省河湖监管责任主体为流域管理机构，其他跨行政区域河湖的监管责任主体为共同的上一级水行政主管部门，其他不跨行政区域河湖的监管责任主体为所在区域的上一级水行政主管部门。结合断面调度管理权限，确定监测责任主体。水文站作为控制断面时，监测责任主体应为该水文站监测单位。相关水工程作为控制断面时，其监测责任主体原则上应为相关水工程运行管理单位。

第10章 河流生态修复工程技术体系

10.1 小流域综合治理

以流域为单元，采取工程与生物措施相结合的方式以河道为中心，建立"生态修复区、生态治理区、生态保护区"三道防线（图10-1），进行流域综合治理，对重要的江河源头及水源涵养区开展生态保护和修复。"生态修复区、生态治理区、生态保护区"的空间格局布设治理措施，对应着流域从远山、高山到低山、村庄再到河道的递变，存在着水土流失、农业面源污染、村庄人居环境差以及河道水生态退化等问题。

图10-1 河流廊道横向三道防线示意图

第一道防线，在生态修复区内选择天然（次生）植被生长状况较好、比较偏远、人和牲畜活动难以到达、水土流失极其严重的区域进行封禁。目的是减少人类对林地的干扰和破坏，使其沿着自然演替的方向发展，进而使种群不断地繁衍和扩大。同时还要因地制宜实施地表径流污染物拦截与净化利用工程、入湖河口污染负荷削减工程。第二道防线，在生态治理区营造水源保护林，护岸护坡，并进行土地整治和污水处理。第三道防线，在生态保护区进行河（库）滨带治理、湿地恢复和沟道清洁治理。

1. 水土保持及沙源调控

河流泥沙是河流地貌发展的动力和物质源泉（表10-1）。在地质尺度上，泥沙系统可能被分割成源、传输、存储河段。泥沙运动驱动河流短期的形态淤积或河流-河漫滩系统的进化。在稳定河段，泥沙供应和传输的连续性维持了局部动力平衡。泥沙过程和沉积的特征支撑了形态的复杂性，对提高河道内和河岸栖息地生物多样性至关重要。

表 10-1　流域典型泥沙源

河段	泥沙源
上游	岩石滚落、碎石斜坡、泥石流、山崩、冻融、层流、小河和冲沟、过度放牧、焚烧、壕沟（森林和公路）、采石场
中游	河谷边坡、阶地边坡、土壤滑动、河漫滩侵蚀、支流、耕种的土地、场地排水沟渠、城市径流、壕沟（森林和公路）、采矿和采石
下游	地面水流、支流、耕作的农田、风吹起的土壤、建设场地、城市径流、砂砾作业区、河口沉积

2. 土地整治

土地整治对于生态系统服务、生物多样性保护具有重要意义。耕地资源稀缺严重制约我国农业和生态的可持续发展，而通过土地整治可以实现耕地的占补平衡。为实现耕地保护目标，严格自然资源用途管制。

梯田是山区坡面治理效果最理想的一种水土保持工程措施，也是流域土地治理的重心和农田基本建设的主要形式。一般坡度在 20°以下且土层较厚的坡耕地，均应修成梯田。梯田的长、宽、高因地制宜，交通便利、集中连片，做到田、路、渠、林结合。根据纵坡的不同，梯田可分为水平梯田、隔坡梯田、坡式梯田和反坡梯田（表 10-2）。

表 10-2　梯田工程主要类型

类别	主要技术
水平梯田	梯田田面呈水平、各块梯田将坡面分成整齐的台阶，种植农作物、果树等。在人多地少的丘陵地区，提倡修建水平梯田，其作物产量提高明显，且景观效果理想
隔坡梯田	在坡面上将 1/3～1/2 面积保留为坡地，1/3～1/2 面积修成水平梯田，形成坡梯相间的台阶形式。从坡面流失的水土可被截留于隔坡梯田上，有利于农作物生长，梯田上部坡地种植牧草和灌木，形成粮草间种、农牧结合的方式
坡式梯田	顺坡向每隔一定间距沿等高线修筑地埂而成的梯田，逐年翻耕、径流冲淤并加高地埂，田间坡度逐渐减缓
反坡梯田	田面微向内侧倾斜，反坡一般可达 2°，能增加田面蓄水量，并使暴雨过多的径流由梯田内侧安全排走。适宜种植旱作与果树

3. 畜禽养殖与放牧管理

按照环境容量核定畜禽养殖规模、推进规模化生态养殖、划定禁养区以及养殖粪便污水资源化利用；按照植被情况科学轮换放牧，保护植被，并限制牲畜群落等对河岸的踩踏。

4. 森林保育与开发

按照自然环境条件保育本地树种资源，降低桉树等对生态系统影响较大的树种比例或替换树种。分区分类对森林资源进行开发与保护。围绕水生态敏感区设置禁止、限制开发区。

5. 农村农业面源污染治理

设立农村垃圾集中收集处理点，生活污水均通过化粪池处理后，用于农灌、植树、造林等方式回用；各类保护区内农业种植逐步退出；推进测土配方以及病虫害防治，科学减少农药化肥使用。

10.2 农业面源污染防控技术体系

随着对工业污染源防控力度加大，农业面源成为当前流域污染关注的重点。在农业生产过程中，农田中的土粒、氮、磷、农药、重金属及其他有机或无机污染物，在降水或灌溉过程中，通过农田地表径流、农田排水和地下渗漏进入水体造成污染。流域农业面源污染包括土壤侵蚀、农田化肥农药流失、畜禽养殖污染、农村生活污水等农业面源污染。

农业面源污染因具有发生随机性、排放途径及排放污染物不确定性、时空差异性和监控、处理困难等特点，成为一项流域性水环境问题，导致地表水富营养化、有毒有害物质严重超标、地下水硝酸盐含量增加，水生态系统退化。农村面源污染已成为流域水环境污染防治的瓶颈。

截纳技术利用地表植物的吸收、固定、阻截、渗滤作用，减少 N、P 有机质的流失，对地表径流水进行截纳（表 10-3）。土壤-植物渗滤系统不仅具有较高截纳容量，其中的经济植物还能创造一定的经济效益。人工湿地技术适用于污水处理，具有氮、磷去除能力强、处理效果好、维护和运行费用低、为多种生物提供良好栖息地等优点，在农村生活污水处理方面具有很好的发展前景，是控制农业面源污染的有效技术手段。

表 10-3 农业面源污染生态截纳技术

截纳技术	基本内容
人工湿地技术	由土壤或人工填料（如碎石等）和水生植物组成独特的土壤-植物-微生物-动物生态系统，应用于污水和地表水处理，具有去除 N、P 能力强，维护和运行费用低等优点
前置库技术	利用水库蓄水功能，截留表层土壤中污染物淋溶而产生的径流污水，经物理、生物作用净化，控制面源污染，减少湖泊外源有机污染负荷，去除入湖地表径流中的 N、P
多水塘沟渠系统	以水塘为点、沟渠为线，构建多水塘湿地生态系统，具有河流和湿地双重特征，既能以排水和灌溉为主要目的，又具有净化水质的功能。通过物理-化学-生物过程拦截污染物、沉降泥沙和颗粒物，利用土壤-微生物-植被协同作用，通过底泥吸附、截留沉淀、水生植物吸收、微生物分解降解污染物，高效净化污染

截纳技术	基本内容
生态缓冲带技术	建设缓冲带通过植物吸收和沉淀来自农田地表径流、废水排放携带的污染物，形成污染物质进入水体的生物和物理阻隔屏障，从而过滤、缓冲、净化水体
水土保持技术	以梯田、植草水道和水渠改道工程措施，拦蓄天然降水及上部来的径流和泥沙，减蚀蓄水；推行水土保持耕作方法、沿等高线种植技术等耕作措施；提高植物覆盖度，增加土壤团粒结构，提高土壤有机质含量，增加土壤微生物的种类和数量，降低农田养分流失，改善土壤水分条件，控制农田面源污染
农业生态工程技术	有机肥与无机肥、叶面施肥、分次施肥、测土配方施肥等多种施肥方式结合，平衡施肥技术；种植豆科作物及施用固氮菌肥，推广生物固氮技术；开发新型肥料、膜控制释放农药，减少污染。构建种植-养殖-沼气生态模式，生物多层次利用，减少污染物排放

10.3 河滨生态修复技术体系

10.3.1 物理措施

1. 生态清淤与疏浚

生态清淤是在满足环境要求的前期下，利用合适的机械削除河流、湖泊、水库表层污染严重的淤泥和底泥，削减内污染源，以期改善河流湖库水质和底栖环境，促进水生态系统的恢复。目前国内外主要的清淤方法有耙吸式挖泥船清淤、抓斗式挖泥船清淤、绞吸式挖泥船清淤、吸扬式挖泥船清淤、水力泥浆泵机组清淤、陆地机械开挖以及人工清淤等，这些方法都有各自的优缺点（表 10-4）。

表 10-4 主要清淤方法及其性能特点比较

清淤方法	性能特点比较
耙吸式挖泥船清淤	（1）目前国内最小的耙吸式挖泥船的舱容为 500m³，满载吃水一般均在 3m 以上，难于在浅水水域施工； （2）耙吸式挖泥船为整体船，运输困难； （3）施工中，低浓度泥浆将溢流入水体中，船舶航行时螺旋桨会搅起底泥，造成污染； （4）边走边挖，不适合要求疏挖区长度短的区域施工，挖泥平面控制精度差
抓斗式挖泥船清淤	（1）挖掘较硬密的土质，直接开挖原状土，不破坏底泥现状，挖掘效率高； （2）不适合松软淤泥的开挖，易漏泥，易造成污染，需采取防扩散措施； （3）对付厚度较薄的底泥时，效率将大幅降低； （4）辅助船较多时，施工易受干扰
绞吸式挖泥船清淤	（1）对土质适应性好，排距远，且可直接串接泵站进行远距离输送，在生产率及排距的选择上亦较灵活，工作效率高，能耗和成本较低； （2）在输送过程中，采用管道输送，不会使泥土散落而造成污染； （3）由于采用绞刀头机械底泥切割工作，有效减少了对周围底泥的扰动所产生的二次污染； （4）小型船由于设计生产率低，其泥泵、吸泥管口较小，易被杂质堵口
吸扬式挖泥船清淤	（1）适于挖吸含水量较高的淤泥，对于稍密实或稍黏性的泥土难于吸动，需加高压喷水装置使泥土松动，将使污染泥土较大范围地悬浮和扩散，造成污染； （2）此类船型为早期的疏浚工程船舶，船舶陈旧，性能较差，属淘汰船型

清淤方法	性能特点比较
水力泥浆泵机组清淤	(1) 适合于水深较浅、水量较小的河道（沟渠）、湖泊； (2) 当疏浚量较大时，需投入大量机械设备和人工，施工强度和工人劳动强度较大； (3) 由于泥浆机排距短，需设置接力池进行多级接力输送； (4) 基本上为干滩施工，需建临时排水围堰，在施工期间必须进行导流排水作业，排水工程量大； (5) 施工受气候影响较大，不适宜雨季施工； (6) 施工现场开敞作业，污染底泥裸露于空气中，污染中的腐败气体挥发，污染周围空气
陆地机械开挖	(1) 适合于水深较浅、水量较小的河道（沟渠）、湖泊； (2) 当疏浚量较大时，需投入大量设备和人工，施工劳动强度较大，组织管理困难； (3) 用货车进行运输，公路运量大，容易造成二次污染，受交通影响较大，安全性差； (4) 干滩施工，需建临时围堰和导流系统，施工期间导流排水作业工程量大； (5) 施工受气候影响较大，不适宜雨季施工； (6) 在疏浚区内需修建大量运泥通道，以便运输污染底泥至岸上堆场； (7) 施工现场开敞作业，污染底泥裸露于空气中，污染中的腐败气体挥发，污染周围空气
人工清淤	(1) 适合于水深较浅、水量较小的河道； (2) 因现场条件机械设备无法到达，河道（沟渠）施工周期长，施工劳动强度大

2. 生态补水

生态补水是水资源综合治理与保护体系中不可或缺的一个内容，是旨在恢复河道基流，提升地下水位，增强河流自净能力，促进河道生态恢复，缓解河道周边生态恶化，进一步提升水生态环境的有效举措。生态补水是一种改善水环境的快速有效途径，河流的稀释能力和效果取决于河流的水力推流和扩散能力。

3. 生态流量管理

以生态流量为抓手，加强江河湖库水量调度管理，采取闸坝联合调度、生态补水等措施，合理安排闸坝下泄水量和泄流时段，维持河湖基本生态用水需求，重点保障枯水期生态基流。确定生态流量时应当体现流量过程，反映河道天然来水丰枯变化。其包括以下四种管理模式：一是以生态保护目标为核心的生态流量管理，主要维护河湖中水生生物各自生存环境需求，如水量、水质、温度和流速，一些特有水生生物还有产卵洄游等特殊需求。二是维持基本水量（水位）的生态流量管理。对于没有特殊生态保护目标的中小河流或湖泊，河湖中的生物对于流量过程基本没有特殊需求，只要能够保证河湖生态系统的基本需求，就不会发生脱水现象而造成河湖水生生物灭绝。三是实行总量控制的生态流量调度。对于既没有特殊生态保护目标也没有河湖生态系统水量过程要求的河流，如西北干旱地区的塔里木河、黑河等，只要在特定时段保证河湖下泄一定水量，即可满足河湖下游或尾闾地区的需求。四是应急补水性的生态流量管理。虽然应急补水属于干旱缺水等紧急情况下的应急水量调度，但其改善河湖生态状况的效果不容忽视，而且近年来应急补水案例越来越多，发挥的作用越来越大，也可以作为生态流量管理的一种类型。

4. 水库生态调度

针对水库对河流生态系统的影响，在完成经济社会综合目标的前提下，将生态环境改善作为目标，进行生态调度：①满足最小生态径流量：以河道内生态需水量为基础（河道及连通的湖泊、湿地、洪泛区范围内的陆地），生态需水量须维持水生生物栖息地生态平衡、合理的地下水位、水沙平衡及通航要求，使河流保持稀释和自净能力。泄流量过大或消能不足则造成岸坡土体结构破坏，改变地貌。②恢复天然水文情势：水文情势主要由水文周期和来水时间组成，其自然变化驱动昆虫、浮游生物和众多植物进行生命活动，并极大影响泥沙的动态特性、河床地貌及化学工况、河流热状况、栖息地结构等情况。③防治库区水体污染：由于光、热及水体内部各种营养元素特别是氮、磷等元素的富集，水体生产力逐渐提高，某些浮游藻类异常增殖，导致水体富营养化。④缓解下游气体过饱和：水体中溶解气体饱和度超过当地大气压下的相对饱和度时就形成总溶解气体过饱和。

结合国内外研究将水库生态调度分为 5 类。①水量调度：水量对流域的水质、流速、地貌变化等起主导作用，调度主要为两方面：一是满足河流自净需要、维持河道状态及水生生物生存繁衍的生态需水调度；二是创造适宜水文条件，合理调控下泄流量，模拟天然情势。②泥沙调度：泥沙运动过程中，重金属、有毒物质、盐及微生物吸附在泥沙颗粒表面，随迁移扩散、释放造成水体污染。多采用"蓄清排浑"、控制泄流方式等降低泥沙淤积，控制其影响。③水质调度：从质量守恒方程出发，控制水库蓄水量，使出库营养物质浓度符合要求，改善水库环境，缓解河流污染及水体富营养化。④生态因子调度：针对水温、径流值、土壤侵蚀率等单项影响因子采取不同调度实现治理目的。如高坝水库泄水，水流消能导致气体过饱和，不利于水生生物，则在保证防洪安全的同时延长泄洪时间，调节下泄最大流量，优化开启设施，使不同掺气量的水流掺混。⑤综合调度：实际调度需同时考虑多种因素，结合多模型建立综合模型。如水质水量联合调度，据各功能用水要求，以水质为约束条件，优化水量配置。

5. 人工曝气

人工曝气充氧采用人工曝气的方式向水体充氧，可以加速水体复氧过程，提高水体中好氧微生物的活力，达到改善水质目的。但日夜曝气充氧能耗高，并且仅依靠水的曝气充氧只能局部提高水体中的溶解氧含量，很难保证整个水体提高水体中的溶解氧含量，因此其只能作为景观水处理的辅助手段。

6. 河道连通性修复

河道连通性修复包括：因地制宜地拆除河床及岸坡表面的混凝土和水泥覆盖层，进行生态化改造，恢复水陆连通性；拆除废旧的拦河设施，在落差大的断面设置多级跌水，设置鱼道，恢复河道的纵向连通性；对部分拦河闸坝实施生态改造，开展鱼类生境修复；加强生态调度，塑造河道、增强栖息地功能等。国外恢复河流水流的部分案例如表 10-5 所示。

表 10-5 恢复河流水流案例

河流/地点	措施	生态目标
巴拉布河/威斯康星州（美国）	拆除水库大坝	拆除许多水坝，使河水自由流动，可以改善水质，使多种鱼类能够进出繁殖地
肯纳贝克河/缅因州（美国）	拆除水库大坝	拆除许多水坝，河水自由流动，使大量鱼类能够进出繁殖地
帕买哈克溪/纽芬兰省（加拿大）	拆除水库大坝	恢复河水自由流动，以利于鳟鱼和鲑鱼的繁衍和生长
维也纳河/（法国）	拆除水库大坝	为鲑鱼繁衍提供通道
科尔河/牛津郡（英国）	改变水库运行方式	恢复洪水漫滩，以改善水生生物和滩地生物栖息地环境
科罗拉多河/亚利桑那州（美国）	改变水库运行方式	调节下泄流量，重塑河滩，加大回水区和漩涡区的水深
科萨河/阿拉巴马州（美国）	改变水库运行方式和方案	加大枯水流量，以利于濒危蜗牛及本地特产鱼类的生长
格茹河/（南非）	改变水库运行方式和方案	水库下泄大流量，以利于濒危鲹鱼的产卵
格伟蒂尔河/新南威尔士（澳大利亚）	改变水库运行方式和方案	延长出库大流量过程，加大枯水流量，有助于水鸟栖息和鱼类迁徙
喀辅埃河/赞比亚	改变水库运行方式和方案	水库下泄洪水，以利濒危羚羊的生长和生物多样性的增加
拉克兰河/新南威尔士（澳大利亚）	改变水库运行方式和方案	使河水重新自然流动，压咸水，冲走蓝-绿藻类，以利于鱼类和处于幼年期鸟类的生长
拉冈河/喀麦隆	改变水库运行方式和方案	水库下泄洪水，恢复滩地生态系统，发挥其各种生态服务功能
密西西比河上游/明尼苏达州（美国）	改变船闸-水库运行方式	恢复枯水位，恢复滩地植被
蒙河/泰国	打开大坝泄洪闸	恢复河流自然流动两年，恢复沼泽树林、鱼类迁徙，压咸水
马兰比季河/新南威尔士（澳大利亚）	改变水库运行方式	恢复河水天然的变化，以改善湿地和水生生物栖息地环境
西奥多西娅河/不列颠哥伦比亚省（加拿大）	改变水库运行方式	恢复河水天然流态，以恢复鲑鱼种群及整个生态系统
圣玛利亚河/艾伯特省（加拿大）	改变水库运行方式和方案	增加枯水流量，并降低洪水消退概率，以利于增加三叶杨的数量
巴克豪楼河/俄勒冈州（美国）	减少农业用水	恢复春季和夏季流量，以利于鲑鱼和虹鳟种群的生长
爱琴河/汉普郡（英格兰）	减少城市用水	增加流量，以利于鲑鱼生长
小皮斯米都河/新泽西州（美国）	湿地恢复	恢复湿地的纳污能力来改善野生动物栖息地环境
基西米河/佛罗里达州（美国）	恢复河流弯曲	重塑自然河道，增加生物多样性

注：资料来源于 www.freshwaters.org。

7. 水电站绿色认证

推进绿色水电站评估认证，对于丧失使用功能或严重影响生态又无改造价值的水电站，强制退出；对于有改造价值的水电站，通过改造生态泄放设施和建设生态堰坝、生态机组、过鱼通道等手段，积极修复河流生态流量。

10.3.2　生态措施

1. 河岸缓冲带

河岸缓冲带在地理空间上是典型的三维结构边缘交界区。在纵向上，多个功能区蜿蜒交错；在垂向上，地表水与地下水相互交换；在横向上，地表水系统与陆地系统交汇。河岸缓冲带的这一结构特点决定了河岸缓冲带存在着较为复杂的水文、水动力过程、生态过程和溶质迁移转化过程。

河岸缓冲带只有满足一定的宽度要求，才能有效发挥其功能。在河道与陆域区设置一定宽度的缓冲带，吸收、降解、沉淀营养物质等，稳定河岸，拦截泥沙。不同功能保护目的下的河岸缓冲带推荐宽度如表 10-6 所示。

表 10-6　不同功能保护目的下的河岸缓冲带推荐宽度

功能	特征	推荐宽度/m
水质保护	在缓坡拦截地表径流携带的泥沙、污染物，促进地下水补给	10～50
	控制硝酸盐	20～30
	控制浊度	30
栖息地增强	具有多种灌木和乔木，为缓冲带和水生生物提供栖息地和食物	9～90
河道稳定	缓冲带上的草本植物可降低堤岸湿度，植物根部可增强堤岸的抗冲刷能力	9～15
坦化洪水	缓冲带促进洪水滞留，截流地表径流增加流动时间，降低洪峰	15～150
碎屑物质输入	缓冲带内的碎叶、碎屑等输入河流，是河流生态系统的重要养分输入源头和栖息地	3～15
野生动物保护	提供食物、水、掩护	100～170
	保护鱼、小型两栖动物、鸟类	7～60
	保护无脊椎动物种群	>30
	大型哺乳动物、爬行动物、大型两栖动物	200
	养殖鸟类社区	11～200
	提供有机废物	15
	保护小型哺乳动物	10～20
渔业保护		10～20

河岸缓冲带生态过程是在确保护岸结构稳定性和安全性的前提下兼顾工程的生态效益，与非生态硬质护岸的概念和要求存在本质区别。非生态型护岸工程主要采用

砌石、钢筋混凝土及土工模袋等硬质材料,阻止了水体与土壤的渗透交换,而生态型护岸工程则采取天然石材、木材、透水砖、多孔渗透性混凝土等材料。河岸缓冲带生态工程建成后可形成一种可渗透性界面,在水陆生态系统之间起着桥梁作用,保证河岸与河流水体之间的水分交换和调节,实现土体与生物相互涵养,适合生物生长的仿自然状态。河岸缓冲带生态护岸的常用类型包括多自然型护岸、自然型护岸、自然原型护岸(表 10-7),其功能包括抗洪护堤、滞洪补枯、增加物种多样性、提高水体自净能力、景观功能等。

表 10-7 生态护岸的常用类型比较

项目	多自然型护岸	自然型护岸	自然原型护岸
适用范围	高差≥4m,坡度≤70°的河段	水位落差较小、坡度自然的河段	降雨量不大、水位落差小的河段
护岸材料	植物材料、格垄、金属网垄、预制混凝土构件等	植物以及树桩、树枝插条、竹篱、草袋等可降解或可再生材料	植物材料,石洞采用置石、叠石以减少水流冲蚀
亲水效益	偏重结构安全,兼顾一定的亲水效应,但景观较生硬	保护河岸自然特性,与周围环境相融合,具有自然的亲水特征	高度保留河岸的自然形态,适宜多种游娱活动
生态效益	具有岸栖生物的生长环境,保持水陆生态结构和生态边缘效益	对生态系统干扰较小,岸栖生物丰富,具有较好的生态功能	对生态系统干扰最小,岸栖生物丰富,生态功能健全稳定
景观效应	软硬景观相结合,通过水陆结合的绿色种植能营建较自然的景观	软质景观为主,植物种类繁多,层次丰富,近自然程度高	软质景观,植物种类繁多,层次丰富,近自然程度高
工程造价	投资较大,但防护效果好	施工方便,周期短	投资少,技术简单,维护成本低
工程安全性	具有较高的抗冲刷和固坡性能,适用于冲刷强度较大的河岸	属于中等强度型护岸,用于低等或中等冲刷程度的河岸	属于低强度型护岸,不适用于流速高、河势变化剧烈的河段

2. 生态护岸

生态护岸是利用植物或者植物与土木工程相结合,对河道坡面进行防护的一种河道护坡形式。生态护岸集防洪效应、生态效应、景观效应和自净效应于一体,不仅是护岸工程建设的一大进步,也将成为今后护岸工程建设的主流。生态护岸在防止河岸塌方的同时,还能使河水与土壤相互渗透,增强河道自净能力。

一直以来,防洪排涝等为河流的基本功能,所以选用的河流护岸结构比较坚硬且断面形式单一,主要考虑工程形象、水土保持、河流冲刷及行洪速度等因素,一般采用预制混凝土块、现浇混凝土、干砌块石或浆砌石护岸等结构为河流护岸的主要形式。生态护岸则是借助土木工程措施,将绿色植被与非生命材料相结合以增强坡面稳定性和抗侵蚀能力的护岸。构筑生态护岸时一般采用植物、石块等天然材料或者天然与人工相结合的材料,这样既能保证达到预期的处理效果,又不至于破坏原有的河岸带生境而且具有较强的抗冲刷能力。生态护岸类型主要有植被护岸、生态袋护岸、石笼生态护岸、多孔结构护岸、植生型生态混凝土护岸等(表 10-8)。

1)植被护岸

植被护岸是目前河道治理中应用最为广泛,治理效果最为明显的护岸技术。它是利用植物具有涵养水源、防风固土的原理，通过植物根系稳定河道周围岩土同时美化周围环境的生态技术。根据护岸材料的不同，植被护岸可分为全系列护岸、土壤生物工程护岸、土工合成材料植被护岸以及生态混凝土植被护岸等。

全系列护岸主要用于居民区、交通主干道附近和水土侵蚀较轻的地区，虽然绿化效果较好，但其固土效果较差，若自然灾害较为严重，则不适宜种植。土壤生物工程护岸适用于坡度较大、自然气候较为恶劣的地区，可以采用作物秸秆进行填埋，工程费用低，固土效果见效快，但存在一定的滑坡风险。土工合成材料植被护岸则是在活性植被的基础上加入了土木工程材料，固土效果明显，还能蓄水、保护边坡，但坡度较大则不适宜。生态混凝土植被护岸则用于水土流失最严重及坡度较大的地区，固土效果最好，还能起到一定的水土自我净化能力，但是其中添加的水泥易受温度等其他因素的影响。植被护岸中四种类型的固土效果从强到弱排序分别为生态混凝土植被护岸、土工合成材料植被护岸、土壤生物工程护岸、全系列护岸。

2）生态袋护岸

生态袋护岸（图 10-2）是将草籽、种植土等装入由聚乙烯、聚丙烯等高分子材料制作而成的土工网袋，再通过联结扣将多个生态袋连接起来，构建出稳定的致密内部结构，生态袋本身能起到制止土壤及内部植被混合物营养成分的流失。且生态袋可随不同现状护岸情况，调整适宜的岸坡比，以满足不同护岸情况。与植被护岸的固土效果相比，生态袋护岸较适用于滑坡体边坡的坚固与稳定，防滑效果较好，但其费用较高，投资大，长期稳定性低，需定期保养和维护。

图 10-2   生态袋护岸

3）石笼生态护岸

石笼生态护岸（图 10-3）是将石头用钢丝网缠绕与填石料结合或者植被结合作用于岸坡。石笼网结构的抗流水冲刷能力最强，石笼间的空隙能够摆脱河水波浪的冲击，为河道中的水生生物如鱼类、微生物等提供适宜的生长环境，表面形成的生物膜利于水质改善；空隙中的植被除了为生物提供遮蔽层、避难所及有机物的来源外，亦可减缓水流冲击，促进泥沙淤积。与其他护岸相比，石笼生态护岸的固土效果最为明显，抗水流冲刷能力强，较适用于河道水流湍急的地区。

4）多孔结构护岸

多孔结构护岸（图 10-4）是利用多孔砖进行植草的一类护岸，常用的多孔砖有八字砖、六棱护岸网格砖等。这种具有连续贯穿的多孔结构，为动植物提供了良好的生存空间和栖息场所，可在水陆之间进行能量交换，是一种具有呼吸功能的护岸。同时异株植物根系的盘根交织与坡体有机融为一体，形成了对基础坡体的锚定作用，也起到透水透气、保土、固坡的效果。多孔结构护岸形式多样，可根据需求选择不同类型的多孔砖。多孔砖的孔隙可以用来种栽，水下部分可以作为鱼虾的栖息地，具有较强的水循环能力与抗冲刷能力。

图 10-3　石笼生态护岸　　　　　　　　图 10-4　多孔结构护岸

5）植生型生态混凝土护岸

植生型生态混凝土护岸（图 10-5）是目前中国采用的新型绿色护岸技术，也是属于植生型护岸技术的一种，它是在混凝土中覆盖种植绿色植物，植物可以在混凝土内的土壤中生长，形成一个绿色生态的可再生体系。植生型生态混凝土护岸结构包含四个部分，分别为混凝土、基质、土壤和植被等。适用于河道流速不大于 3m/s 的河岸，可应用于斜坡及直立挡墙。在坡体与植生型生态混凝土的结合作用下，能够提高坡体的抗震能力，增加耐冻性能，增强自我修复功能，真正发挥生态与养护合一的生态护岸功能，实现长期稳定可持续性发展的生态护岸。在选择植生型生态混凝土时，首先要注意生态混凝土的合理优化配合比，注意水泥的种类与强度等级；其次，通过添加外加剂的方式，配比生态混凝土，以达到改善土质微观结构，平衡混凝土 pH 的效果。在选择生态孔中的植物时，应当根据当地的气候特征，选择容易存活的种料，比如在温润或寒冷的地方，可以选择暖季型草坪草种或者是冷季型草坪草种。

生态护岸类型、材料选择以及具体的护坡设计参数需根据工程实际情况进行比选,具体见表 10-8 和表 10-9。

图 10-5　植生型生态混凝土护岸

表 10-8　各种生态护岸类型的材料及优缺点比较

类型		材料	优点	缺点
植被护岸		柳、杨等植被固土	主要应用于水流条件平缓的中小河流	抗冲刷能力较弱
土工材料复合种植基护岸	土工网垫固土种植基护岸	网垫、种植土和草籽	固土效果好；抗冲刷能力强；经济环保	抗暴雨冲刷能力取决于植物的生长情况；在水位线附近及以下不适用该技术
	土工单元固土种植基护岸	聚丙烯等片状材料经热熔粘连成蜂窝状的网片	材料轻、耐磨损、抗老化、韧性好、抗冲击力强、运输方便；施工方法方便，并可多次利用	适用的河道不能太陡，水流不能太急，水位变动不宜过大
	土工格栅固土种植基护岸	聚丙烯、聚氯乙烯（PVC）等高分子聚合物经热塑或模压而成的二维网格状或具有一定高度的三维立体网格屏栅（分为塑料、钢塑、玻璃和玻纤聚酯土工格栅四大类）	抗冲刷能力较强，能有效防止河岸垮塌；造价较低，运输方便，施工简单，工期短；土工格栅耐老化，抗高低温	土工格栅裸露时，经太阳暴晒会缩短其使用寿命；部分聚丙烯材料的土工格栅遇火能燃烧
石笼生态护岸		低碳钢丝包裹上 PVC 材料后使用机械编织而成的箱型结构	具有较强的整体性、透水性、抗冲刷性、生态适宜性；应用面广；有利于自然植物的生长，使岸坡环境得到改善；造价低、经济实惠，运输方便	在平原地区的适用性不强；在局部护岸破损后需要及时补救，以免内部石材散落，影响岸坡的稳定性
植生型生态混凝土护岸		由多孔混凝土、保水材料、缓释肥料和表层土组成	为植物生长提供基质；抗冲刷性能好；护岸孔隙率高，为动物及微生物提供繁殖场所；保证被保护土与空气间的湿热交换能力	降碱处理问题；强度及耐久性有待验证；可再播种性需进一步验证；护岸价格偏高
生态袋护岸		依据特定的生产工艺，把肥料、草种和保水剂按一定密度定植在可自然降解的无纺布或其他材料上，并经机器的滚压和针刺等工序而形成的产品	稳定性较强；具有透水不透土的过滤功能；利于生态系统的快速恢复；施工简单快捷	易老化，生态袋孔隙过大袋状物易在水流冲刷下带出袋体，造成沉降，影响岸坡稳定，需要进行固定
多孔结构护岸		常见的多孔砖有八字砖、六棱护岸网格砖等	形式多样；孔隙既可以用来种草，水下部分还可以作为鱼虾的栖息地；具有较强的水循环能力和抗冲刷能力	河堤坡度不能过大；河堤必须坚固，土需压实、压紧，否则经河水不断冲刷易形成凹陷地带；成本较高，施工工作量较大；不适合砂质土层，不适合河岸弯曲较多的河道

类型	材料	优点	缺点
自嵌式挡土墙护岸	自嵌块,主要为曲面型、直面型、景观型和植生型	防洪能力强;孔隙为鱼虾等动物提供良好的栖息地;节约材料;造型多变,满足不同河岸形态的需求;对地基要求低;抗震性能好;施工简便,施工无噪声,后期拆除方便	墙体后面的泥土易被水流带走,在水流过急时容易导致墙体垮塌;该类护岸主要适用于平直河道;弯道需要石材量大,且容易造成凸角,此处承受的水流冲击较大,使用这类护岸有一定的风险

表 10-9　生态护坡材料关键参数

生态护坡材料	最陡设计坡比	最大抗冲流速/(m/s)
一般的浅草护坡	1:2.0	1.0
长势茂盛的茅草护坡	1:2.0	2.0
格宾石笼护坡（挡墙）	1:0.5	5.0
生态袋护坡	1:1.5	4.0
养护良好的三维植被网护坡	1:2.0	4.0
联锁板护坡	1:1.5	4.0
木桩加柳条捆护坡	1:1.5	3.0

　　护岸建设会破坏滨水带的植被,护岸完成后使用当地及附近的水生植物品种进行滨水带修复,挺水植物是一种常见选择。

　　(1)芦苇(图 10-6):芦苇去污能力强,易于栽种,已逐渐成为国际上公认的水体生态系统及人工湿地处理污水的首选植物。芦苇不但具有较高的污染物去除率,研究表明芦苇还具有很强的储碳固碳能力,可以有效吸收温室气体、减少温室效应对全球以及人类造成的危害。芦苇具有广泛的适应性,在淡水、碱性、轻盐性的湿地都有分布,甚至在强酸性的湿地和干旱沙丘也能生长。

图 10-6　芦苇种植示意图

　　(2)香蒲(图 10-7):植物根系发达,能耐高浓度的重金属且适应能力强,生长快,富集能力强等,还可以有效净化城市生活污水及降低工矿废水中的磷、氮、化学需氧量(COD)、生化需氧量(BOD)、总悬浮物等指标。香蒲是国际上公认的一种治理污染的植物，其结构与功能相对特殊：叶片成肉质、栅栏组织发达等。香蒲长期生长在高浓度的重金属废水中，形成了特殊的结构以抵抗恶劣环境，并能自我调节某些生理活动，以适应污染毒害。香蒲以其野生水生植物这一特点广泛应用于各地水环境生态系统的建设中，能为区域获得良好的生态保护效应，也能为其他生物提供栖息地，丰富整个区域的生物多样性。

图 10-7　香蒲种植示意图

3. 生态净化塘技术

生态净化塘技术是用利用天然池塘或人工修建的浅水池塘，将农田排水或径流水固体物沉于池底，溶于水中或悬浮水中的有机物进行分解，并提供藻类营养物。藻类进行光合作用放氧，为微生物利用以分解污水中的有机物质，达到净化水质的目的，在农田氮磷污染防治方面具有较好的推广价值。

生态净化塘对污水的净化作用主要是通过稀释作用、沉淀和絮凝作用、微生物的代谢作用、浮游生物以及水生植物的作用来完成的。污水进入塘后与塘内已有的污水先进行一定程度的混合，使进水得到稀释，虽没有改变污染物的性质，却降低其中各项污染指标的浓度，为进一步的净化作用创造了条件。塘内的污水所挟带的悬浮物质，在重力作用下，沉于塘底，使污水中的悬浮物（SS）、BOD、COD 等各项指标得到降低。此外，塘水中含有大量的具有絮凝作用的生物分泌物，在其作用下，污水中的细小悬浮颗粒产生絮凝作用，小颗粒聚集成大颗粒，沉于塘底成为沉积层。沉积层通过厌氧分解进行稳定。综合当地地势、地形、地貌等情况考虑，在河塘深水区建造前端沉降塘系统，在浅水区建造后端滞留系统，用于收集、滞留沟渠排水，通过颗粒物的重力降尘作用，让污水中的氨氮、总磷得以净化，进而提高农业面源污染物的拦截效率。同时在塘面建设人工生态岛屿，一方面能够充分吸收、净化氮磷污染物；另一方面，还能够给水鸟提供宜居环境，增加生物多样性，形成人工湿地生态群落缓冲区，进一步净化水质，改善生态功能。

4. 河岸植被恢复

在河岸缓冲带培育和种植植被，营造乔、灌、草多层植物群落结构，固定农田氮、磷元素，减少泥沙侵蚀和泥沙沉积。

5. 人工湿地

人工湿地是人们有目的地建立一种与天然湿地相似的人工生态系统，水特征为水饱和或淹水状态，植物是耐湿或水生植物，土为水成土。人工湿地有狭义和广义两种概念。根据《湿地公约》，广义的人工湿地包括：①养殖池塘；②池塘，包括小水塘、灌溉池塘，面积<8hm²；③灌溉土地，包括灌渠、水稻田；④季节性泛滥的农田，包括湿草地、牧场；⑤盐业用地，包括盐生洼地、盐田等；⑥蓄水用地，包括水库、水坝、库区、河堰，面积>8hm²；⑦低洼地，包括泥土、砖块、砾石等洼地、矿区池塘；⑧废水处理区，包括沉淀池、氧化塘等；⑨运河、水沟等。狭义的人工湿地是指用于降解污染物的人工湿地。本书所指的湿地为此类湿地。狭义的人工湿地依据不同的分类方式和理解角度，所产生的人工湿地概念也不尽相同。功能上的概念：人工湿地是依据土地处理系统及水生植物处理污水的原理，由人工建立的具有湿地性质的污水处理生态系统。结构组成上的概念：人工湿地是由独特的土壤（基质）和生长在其上的耐湿或水生植物组成，是一个人为参与的基质-植物-微生物的生态系统。净化机理上的概念：人工湿地利用基质-植物-微生物间的物理、化学和生物三重协同作用，通过过滤、吸附、沉淀、离子交换、植物吸收和微生物分解等来实现对污水的净化。

污染物去除机理主要包括：

（1）对 SS 的去除机制。悬浮固体物质在流经湿地过程中，会因填料的截留和植物的阻隔而沉积，从污水中去除。在表面流人工湿地中，水流较缓慢，使悬浮固体物质有足够时间同污水在湿地运移过程中发生沉积、截留和再悬浮。为尽量减少污水处理过程中再悬浮现象的发生，设计湿地的流速不宜过大，应根据湿地的摩擦特征、颗粒的沉淀特征和颗粒的扰动临界剪切力来确定。湿地植物及其散落物和根系构成了湿地的过滤床，该过滤床具有较大的孔隙度，通过惯性沉积、流线截留和扩散沉积过滤悬浮物质，并在一定程度上可限制再悬浮现象的发生。在潜流人工湿地中，水体不与植物的散落物直接接触，与表面流人工湿地形成的过滤床所产生的沉积过程不同，而且湿地表面的风和动物也不会再引起再悬浮现象的发生。潜流人工湿地对悬浮固体物质的去除是通过介质过滤作用，颗粒沉积在水滞留的孔隙中，发生着颗粒化过程。

（2）对有机物的去除机制。污水中的有机物包括溶解性有机物和颗粒性有机物。颗粒性有机物通过在湿地基质中的沉积、过滤作用可以很快地被截留，进而被分解或利用，可溶性有机物则通过植物根系生物膜的吸附、吸收及厌氧好氧生物代谢降解过程而被分解去除。

（3）对氮的去除机制。不同形态的氮在人工湿地中会发生转化，有机氮在氨化细菌的氨化作用下转变为 NH_3-N，再通过硝化作用，硝化细菌把 NH_3-N 转化为 NO_2-N 和 NO_3-N，最后通过反硝化过程，细菌在厌氧或缺氧环境中利用有机物产能，将 NO_2-N 和 NO_3-N 代替 O_2 作为电子受体，最终使氮以 N_2O 和 N_2 形式从系统中根本去除。硝化只改变 N 的形态，反硝化才真正将 N 去除。一般在潜流人工湿地中，主要是厌氧环境的，反硝化速率明显高于硝化速率，硝化作用是脱氮的限制步骤。

（4）对磷的去除机制。污水中磷的存在形式常见的有磷酸盐、聚磷酸盐和有机磷酸盐等。人工湿地对磷的去除主要是通过基质物理化学作用、植物吸收、与有机物结合、微生物的正常同化和过量积累等，而磷最终从系统中去除是依赖于湿地植物的收割和饱和基质的更换。对磷吸收作用最强的是基质吸收作用，吸收效果与基质中铁、铝、钙等离子浓度有关。对磷吸收最少的是植物吸收。

除以上 4 种之外，还有植物吸收和介质吸附。

6. 栖息地连通与增强

栖息地修复首先是重新连通孤立的高质量栖息地。其次是修复水文、地质（泥沙运移路径）和河岸过程（道路、家禽等）。仅当修复自然过程后或者需要短期修复栖息地，才能使用河道内栖息地增强技术（增加木材、砾石或者营养物等）（图 10-8）。道路运输

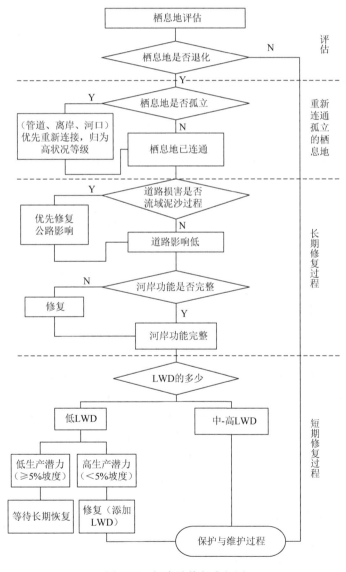

图 10-8　栖息地修复流程图

带来的细小沉积物通过地表侵蚀渗入产卵砾石，降低鱼卵的存活率，而与公路相连的滑坡处的沉积物（砾石和更大的沉积物）增加了河沙的供应，填充了鱼聚集的深潭并通过沉积和侧向迁移降低河床和河岸稳定性。河道内木质碎屑对维持和建立鱼类栖息地有着重要作用。投放大型木质碎屑（LWD）或者卵石成了最常用的技术来提高鱼类栖息地，弥补由几十年来土地利用活动引起的河道栖息地的简单化。单个的原木、一捆木刷、卵石、充满岩石的篾筐和产卵砾石均是常见的投入河流修复栖息地的原材料。

7. 修复深潭-浅滩序列

自然河流纵断面整体上呈深潭-浅滩交替序列。深潭和浅滩是河床最常见的地貌形态，其随着河流上游来水来沙情势不断改变和迁移，可形成多种水流条件，创造丰富多样的河流生境。当恢复河流深潭和浅滩地貌时，通过泥沙过程，模仿自然河道显示的典型特征。具体来说，深潭具有以下特征[1-2]：①约占河长 50%以上；②比连接的浅滩窄 25%左右；③除高山河流外，水流速度低、水面平静；④横截面具有非对称性；⑤由松散的混合砂砾材料组成，枯水期上面沉积细颗粒泥沙；⑥位于弯曲河流的凹岸（围绕或刚好位于凹岸顶点的下游）；⑦趋向于在洪水的落水段和低水位期沉积，在涨水段和丰水期侵蚀；⑧为水生生物提供栖息地和避难所；⑨增添了河流的娱乐性和美学价值。浅滩具有以下特征：①约占了河长的 30%～40%；②浅滩间距一般是 5～7 倍河道宽度，很少小于 3 倍或多于 10 倍河道宽度；③高出平均河床高度 0.3～0.5m；④比连接的深潭宽达 25%；⑤流速快，伴随有粗粒泥沙、浅滩流；⑥具有均匀或轻微不对称的横断面；⑦常位于弯曲河道的凸岸；⑧趋向于在高泥沙传输时沉积，在洪水落水段和枯水流时侵蚀；⑨水流复氧能力强，为鲑鱼提供产卵砂砾，为不同无脊椎动物提供栖息地，也为大型植物提供了生长场所；⑩增添了河流娱乐性和美学价值。

在砂砾河床和上游粗粒泥沙供应充足的情况下，深潭和浅滩将在河道内自然形成。然而，许多渠道化或退化的河流不再具有足够的河流能量或泥沙供应来恢复自然河流深潭-浅滩序列，只能由人工恢复。人工建立深潭-浅滩序列应考虑：①选择水流分选好的细小颗粒创建一个浅滩表面，把深潭移出的材料暂时存储在浅滩。当使用大型材料时，要确保稳定性。有可能不能产生自然的河床状况，也就不能提供好的水底栖息地或产卵条件。②在高能量环境构建浅滩可能需要使用拦截石来避免冲刷特征。创建一系列的拦截石坝，一些拦截石可以做自然调整。在下游河段末端可使用单个拦截坝阻止砂砾损失。③对于弯曲河段，在弯曲段与弯曲顶端之间，挖掘深潭。浅滩应该位于弯曲之间，围绕或刚好在弯曲变形点的下游。④对于顺直的河道，在河道交替边上，挖掘深潭，中间由浅滩隔开。⑤浅滩间距应该是 3～10 倍河道宽度，但应避免规则的间距。⑥间隔应该靠近陡峭河段，长的间隔选在平坦的或更弯曲河段。⑦深潭应该至少 0.3m 深。⑧深潭应该逐渐过渡到下一个浅滩，上游最深点是深潭长度的一半，且泥沙应该是松散的。⑨在季节性河流，由于河流具有高沙流或河岸不稳定、坡降大，通常很难创建深潭和浅滩[2]。

自然河流中深潭和浅滩是交互存在的。深潭是低于周边河床 0.3m 以上的部分，浅滩是高出周边河床 0.3～0.5m 的部分，且其顶高程的连线坡度应与河道坡降一致。一般在蜿蜿型河道的凸岸由于泥沙淤积形成浅滩，凹岸则受到冲刷，形成深潭；在顺直段会形成浅滩（图 10-9）。

深潭和浅滩的存在能够增加河床的比表面积及河道内环境，有利于加快有机物的氧化作用，促进硝化作用和脱氮作用，增强水体的自净能力。同时有利于形成水体中的不同流速和生境，使附着在河床上的生物数量大大增加，增加水生生物多样性（图 10-10）。深潭-浅滩序列在河道泥沙输移方面十分重要；对河道蜿蜒形态也具有促进作用。为防止岸坡侵蚀，应采取适当的岸坡加固措施。

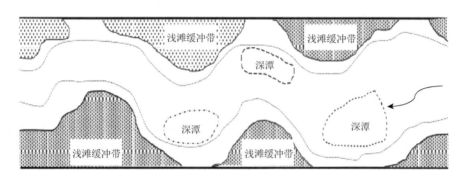

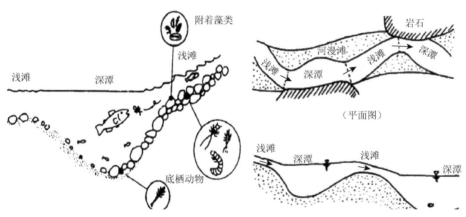

图 10-9 河道深潭浅滩恢复设计

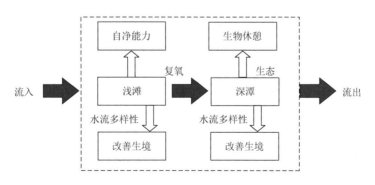

图 10-10 深潭-浅滩工艺原理

8. 滩地生态修复技术

滩地是指河流流经的河岸受泥沙沉积而形成的天然滩涂土地，随着河流水量水位的变化，滩地的地形地貌、植被覆盖和动植物栖息等都在随之变化。滩地上大量淤积泥沙常年裸露在环境中，导致河流生态系统不连续，趋于生态破碎化；更有甚者，滩地有时会被侵占为耕地，出现水土流失等现象时，农业面源污染直接入河，造成水质恶化，尤其不利于生态系统的恢复。

在水体生态安全的基础上，恢复河道总体生物栖息功能是河流进一步的发展需要，一条生物共生、鱼虾鸟类丰富的河道是实现可持续发展的基本要义。具体措施包括：

（1）柔化岸线，以阶梯台阶、石笼、种植驳岸等方式建设驳岸。尽可能地柔化岸线是滨水生态建设中公认的有效策略，通过阶梯台阶、石笼、种植驳岸等形式柔化驳岸的技术也越来越成熟。

（2）修复滩地植物群落，形成滨水湿地，培育生境。在柔化驳岸的基础上，修复滩地植物群落，形成滨水湿地，有目的地规划出集中与分散型湿地，可以很好地起到净化雨污、培育生境以及创造生态景观的作用。

10.3.3　化学措施

1. 投加除藻剂

投加除藻剂是一种简便、应急的控制水华的办法，可以取得短期的效果，常用的除藻剂有硫酸铜和西玛三嗪等。但投加化学除藻剂会向水中引入新的化学成分，有些不仅对藻类有抑制作用，对其他生物也存在毒性。在生产实践中发现，投加化学药剂有时候效果并不理想，往往清杀之后，藻类水华照样大量出现。此外，现阶段的药物对藻类无选择性，在杀死蓝藻等水华的同时，也杀死了其他藻类，污染了水体。另外，对大型的水体来说，使用化学药剂工作量大，费用较高，效果难以保证。一旦除藻剂等被分解或稀释至无毒害作用，藻类大量繁殖就会很快发生，往往形成恶性循环。

2. 投加沉磷剂

常采用的沉磷剂有三氯化铁、硝酸钙、明矾等化学药剂。投加的这些药剂与水中的磷结合，絮凝沉淀进入底泥后会对河道底栖生物产生较大影响，对河流环境的不利影响尚不完全清楚，而且投加化学药剂，公众可能难以接受，因此此种方法一般只作为改善水体水质的应急措施。

10.3.4　生物措施

生物措施包括：①微生物净化技术（直接投菌技术、固定化微生物技术、土著微生物净化技术、微生物生态床载体、生物膜载体技术等）；②水生植物净化技术；③生物操纵净化技术。本节重点介绍水生植物净化技术。

1. 水生植物生长特性指标[3]

1）生活型

依据水生植物的形态特征及其对水体的适应性，水生植物的生活型包括挺水植物、浮叶植物、漂浮植物和沉水植物。水生植物适应水深与生活型密切相关。除此之外，不同生活型水生植物的泌氧能力、抑藻能力、微生物附着生长能力及污染物净化能力都具有不同的特点。研究表明，挺水植物和沉水植物通常是水体修复和水质净化中作用较大的两种类型。挺水植物是指根及根状茎生长在水体底泥中，茎和叶挺出水面的水生植物，适应水深为 0~1.5m。挺水植物通常适用于处理浅水区域的污水，可以在沿岸地带引植，在人工湿地中的应用也较为广泛，常见应用种类包括芦苇、水葵、美人蕉、水葱、黄菖蒲等。沉水植物是指大部分生活周期内营养体全部沉没水中，植株扎根基底的水生植物。沉水植物适宜的水深范围较广，可在 0.3~6m 的水域内生长，是目前较高效的原位去除水体中污染物的水生植物。由于水底光照限制，对于藻密度和浊度较高的水域，需要经过一定处理提高水体透明度后再栽种沉水植物进行修复。常见用于修复的沉水植物包括苦草、矮慈姑、金鱼藻等。浮叶植物是指植株扎根基底，光合作用部分仅叶漂浮于水面或仅部分叶漂浮于水面的水生植物，其适应水深范围为 0.15~5m，可与其他生活型植物组合达到净化水质和美化景观的作用。常见用于水质净化和生态修复的浮叶植物主要有睡莲、荇菜、水鳖、菱等。漂浮植物是指整个植物体浮悬水面，根在水面下但不接触基底的水生植物，所需水深能使植株漂浮即可。漂浮植物中的凤眼莲、大薸、浮萍等植物生长速度快、适应能力较强、养分去除能力显著，适用于处理氮磷含量较高的生活污水和工业废水。

2）温度

水生植物的生长通常都有适宜的温度范围，水温的变化会通过影响光合作用、呼吸作用及细胞分裂和生长来影响水生植物的生长、生理特征，温度过高或过低都不利于水生植物的生存，因此生态治理工作需要掌握不同水生植物的适宜温度范围。水生植物一般能在 5~35℃的温度范围内正常生长，其中大部分植物的适宜水温为 10~30℃，为常温种，在春夏季生长较为旺盛，如苦草、穗花狐尾藻、金银莲花、芡实、菰、菖蒲、小香蒲、水烛、宽叶香蒲、假马齿苋、旱伞草等。部分水生植物能够在小于 10℃的低温下维持生长，为耐低温种，在秋冬春低温季节仍能保持正常生长，如菹草、水毛茛、粉绿狐尾藻、香菇草、鸢尾等。此外，能够在 30℃以上生长的水生植物具有耐高温特性，为耐高温种，如水蕴草、金鱼藻、凤眼莲、大薸、槐叶萍、荷花、梭鱼草、蕹菜等。利用水生植物进行生态修复时，在不同温度特点的地区，应选择合适的水生植物。

3）水体 pH

pH 会通过影响水中溶解性无机碳的存在形式而影响水生植物的光合作用。较高的 pH 条件不利于水生植物的生长。而高 pH 还会加剧非离子态氨的解离，从而会对水生植物生长有一定的抑制作用。多数水生植物的 pH 适宜范围在 6~8，为中性种，如伊乐藻、金鱼藻、大薸、紫萍、睡莲、芦苇、旱伞草、石菖蒲等。可在 pH 大于 8 的水体中正常生长的水生植物具有耐碱特性，为耐碱种，如苦草、穗花狐尾藻、浮萍。部分水生植物可在 pH 小于 6 的水域中正常生长，具有耐酸特性，如穗花狐尾藻、黑藻、萍蓬草、水芹等。

4）生物量

水生植物的生物量是指在单位空间内植物的质量，在一定程度上能指示水生植物的个体大小，水体水生植物生物量的恢复与管理对于水质净化和生态修复工作的开展十分重要。依据水生植物的生物量水平可以将水生植物分为高生物量植物、低生物量植物和中等生物量植物，生物量大于 $1kg/m^2$ 的水生植物属于高生物量水平，如凤眼莲、芦苇、香蒲、美人蕉等；而生物量小于 $0.5kg/m^2$ 的水生植物属于低生物量水平，如金鱼藻、伊乐藻、槐叶萍、浮萍等；介于两者之间的水生植物属于中等生物量水平，如黑藻、再力花等。

5）生长速率

生长速率是水生植物生物量的增加率，反映了水生植物生长的旺盛程度。生长速率受环境条件和底泥及水体的营养程度的影响较大，且不同种类表现出不同的规律。在选用水生植物进行生态修复时，需考虑植物的生长速率。水生植物的污染物去除能力与其生长速率存在一定正相关关系，但需要注意的是，生长速率较快的植物可能不易控制，甚至易出现大面积扩张的情形而引起更大的危害。因此，了解水生植物的生长速率有助于判断其对于污染物的去除能力并为水生植物的管理提供依据。

6）营养吸收的主要部位

水生植物根、茎、叶的吸收作用是去除水和底泥中氮、磷营养盐的主要途径，通常情况下水生植物的茎叶多吸收水中的氮、磷元素，而根或根状茎多吸收底泥中的氮、磷元素。水生植物各部位对氮、磷营养盐的吸收受到植物生理形态、底泥间隙水与上覆水中营养盐浓度比及水流情况的影响。对于挺水植物而言，由于大部分茎叶挺出水面，因此主要由根部从沉积物中吸收养分，茎从水体中少量吸收养分。而沉水植物整株生活在水面下，根、茎、叶均能从水体中吸收营养物质。一般情况下根系吸收是沉水植物获取氮、磷和微量元素的主要途径，叶片吸收则是获取钙、镁、钠、钾和硫酸盐等元素的主要途径。也有研究证实植物可以通过茎、叶独立吸收养分。了解水生植物各部位吸收营养盐的贡献情况，可以根据水体的污染特点选择相应类型的植物进行水质净化，增加选择的针对性。

7）锚定（抗水流冲击、风浪扰动）能力

水生植物在自然水域中常常会受到一系列机械胁迫，水生植物生态修复工程应用中发现实际种植的植物常因受到大风、暴雨等恶劣天气影响而出现连根拔起、生物量减小甚至死亡的现象，因此水生植物抵御这些外界干扰因素的能力是影响生态修复效果的重要指标。水生植物的锚定能力是指水生植物通过根系及茎部将植株固定于底泥中的能力，即抗水流冲击、风浪扰动等外力影响的能力。水生植物由于形态结构的差异，抵御外界机械胁迫的策略也有所不同。挺水植物直立挺拔，茎较粗壮可支撑植物重量，在水流和风浪作用下采取"强度和硬度"机械抵抗应对策略。而沉水植物、浮叶植物和漂浮植物在浮力作用下，无须茎、叶支撑即可保持直立状态，只需具有承受一定水流拖曳作用的柔韧性，采取"柔韧和延展"机械抵抗应对策略。此外，在沉积物中扎根形成的半球型表面面积、底泥黏性和根系强度都会影响水生植物的锚定能力。因此，在水生植物生态修复工程中需要选择根系发达、茎部粗壮的水生植物以应对不良天气环境因素的干扰，确保后续修复工作的持续进行。

8）水生植物资源化利用

人工种植的水生植物若不加以管制极有可能出现疯长、腐烂分解等现象，不仅影响视觉效果，更会影响水生植物的净化效率，甚至会对水体产生二次污染。若在筛选水生植物进行生态修复时认识并考虑其资源化利用潜力，选择具有较高经济效益的水生植物，则有利于推进水生植物管理与控制工作的实施，在发挥本身生态价值的同时产生附加的经济效应。凤眼莲、芦苇、香蒲等水生植物的利用途径较为广泛，属于资源化利用潜力相对较大的水生植物。

水生植物具有良好的水质净化和生态修复潜力，在实际应用中应从功能、生长特性和资源化利用等 3 个方面考虑不同水域的植物适用性。功能指标是筛选植物的核心指标，可分为水生植物的水质净化能力和生态修复能力。水生植物的水质净化能力包括促进悬浮物沉降、水体增氧、藻类抑制、氮磷吸收及蓄积、促进有机污染物降解及重金属吸附沉淀能力，而生态修复能力则可从水生植物的群落构建能力、促进水生动物生长发育能力及生态安全性角度加以评判。生长特性是植物生长的基础指标，水体水深、水温、pH 等环境条件是影响水生植物生长的重要因素，需要根据待修复水域的环境条件特征进行水生植物的选择。水生植物的生物量、生长速率、营养吸收部位和锚定能力等指标与植物种类和环境条件相关，并能直接影响其水质净化能力和生态修复效果，也可以作为管控依据。在水生植物的资源化利用方面，选择具有工业原料用途、食药用途、生物能源用途等多种利用途径的水生植物既能净化水体，又能产生经济效益，并避免水生植物在水体中自然腐烂而引发的二次污染[3]。

2. 常见水生态修复植物

（1）芦苇。其适应性广、抗逆性强，生长速度快，生命力强，易管理。

净化功能主要表现为：①迅速吸收淤泥中的氮、磷、钾及铜、铁等微量元素，净化水质；②增加水体中的氧气含量，或有抑制有害藻类繁殖的能力；③遏止底泥营养盐向水中的再释放，利于水体的生物平衡。

（2）美人蕉。其抗性较好，叶茂花繁，花色艳丽而丰富，花期长，适合大片的湿地自然栽植，是绿化、美化、净化环境的理想花卉。生长适宜温度为 15～28℃，清明节前后可栽植。

净化功能主要表现为：①迅速吸收淤泥中的氮、磷、钾及铜、铁等微量元素，净化水质。②能吸收二氧化硫、氯化氢，以及二氧化碳等有害物质。

（3）水葱（图 10-11）。其株形奇趣，株丛挺立，富有特别的韵味，可于水边池旁布置，甚为美观。适宜生长在沼泽地、沟渠、池畔、湖畔浅水中。最佳生长温度 15～30℃，10℃以下停止生长；能耐低温，北方大部分地区可露地越冬。

净化功能主要表现为：①粗壮的匍匐根状茎能迅速吸收污水中的氨氮、磷酸盐等无机小分子营养源；②发达的须根覆盖面积大，结合微生物可有效分解污泥中的大分子有机物；③特异的组织结构最大限度富集污水中的重金属，有效降低重金属含量；④对酚的净化能力有强效作用。

图 10-11 水葱

（4）菖蒲（图 10-12）。其叶片翠绿如剑，花色艳丽而大型，如飞燕群飞起舞，靓丽无比，极富情趣，可布置于园林中的池畔河边的水湿处或浅水区，既可观叶，亦可观花，是观赏价值很高的水生植物。生长适温为 15～35℃，10℃ 以下低温生长停滞，在华北、西南、江南可以露地越冬，春季再发叶。

净化功能主要表现为：①发达的肉质根能有效地进行气体交换，提高水体中的溶氧量；②绒毛状须根能迅速吸收污泥中的氨氮、磷、钾及微量元素、重金属；③平衡水体的生物量及营养物质，有效抑制藻类爆发。

图 10-12 菖蒲

（5）千屈菜（图 10-13）。其花期长，色彩艳丽，片植具有很强的渲染力，是极好的水景园林造景植物。生命力极强，管理粗放，耐寒，喜光，喜湿，宜浅水泽地种植。

净化功能主要表现为：①根茎上的微生物使硝化菌、氨化菌等加速氨氮向亚硝酸态氮和硝酸态氮的转化过程；②迅速地吸收与利用被分解的有机污染物，减少底泥向水体中的营养盐释放；③发达的根系具有很强的穿透作用，使得水力传输得到加强和维持。

（6）香蒲。香蒲与其他水生植物按照观赏和生态功能进行合理搭配设计，能充分创造出一个优美的水生自然群落景观。

图 10-13　千屈菜

净化功能主要表现为：①适应能力强，耐高浓度的重金属，生长快，富集能力强；②有效净化城市生活污水及去除工矿废水中的磷、氮、悬浮物等污染物；③为微生物与水生动物提供栖息地；④提高空气中的氧气含量及污水中的溶氧量。

（7）荷花。其生命力强，易管理，适应环境广。生长适温为 23～33℃，当气温高达 40℃时，还能花繁叶茂，是置景观赏、景区旅游、水面绿化、河道管理、净化水质、沼泽湿地之首选。

净化功能主要表现为：①有效降低水体及污泥中的氨氮、磷、钾及微量元素、重金属的含量；②增加水体中的氧气含量，或有抑制有害藻类繁殖的能力；③遏止底泥营养盐向水中的再释放，利于水体的生物平衡。

（8）凤眼莲（图 10-14）。又称水葫芦，易大量繁殖，7～10 月的温度是最适宜凤眼莲生长的温度，最低和最高水温分别为 22℃和 32℃，平均水温 28.7℃。

图 10-14　凤眼莲

净化功能主要表现为：①吸收大量的氮及其他营养物质；②大量繁殖降低了水体无

机磷浓度；③通过增加根表面积来获取更多的营养物质；④发达的根系与水接触面积较大，形成一道密集的过滤层；⑤水体悬浮物被根系黏附或吸附而沉降，透明度提高；⑥通过与藻类竞争光照和营养来抑制藻类生长；⑦根系分泌物对多种藻类生长有不同程度的抑制作用；⑧能吸收稀有元素，并可用于处理高浓度的造纸厂废水、牲畜粪便等，且能忍受高盐分含量的炼油厂废水。

（9）黑藻（图10-15）。其既耐寒又耐热，在15～30℃的温度范围内生长良好，越冬不低于4℃。自然界常见于水塘中，适应各种水质。

净化功能主要表现为：①生长快速，能迅速吸收水中大量的肥料，净水能力强；②对水体中的总磷、总氮均有明显的去除效果；③吸收水体和底质间隙水中的营养物质；④通过光合作用向上覆水释放大量氧气，提高水体溶解氧含量；⑤为水体复杂的食物链提供食物。

图10-15　黑藻

（10）苦草（图10-16）。其植株叶长、翠绿、丛生，是植物园水景、风景区水景、庭院水池的良好水下绿化材料。较耐热、耐碱性，有较强的适应风浪能力。

图10-16　苦草

净化功能主要表现为：①能从水体中迅速吸收氮、磷等物质，对污染水体中的总氮和总磷均具有明显的净化效果；②可以显著改善城市缓流污染河道底泥氧化还原环境，减少致黑物质亚铁的含量；③促进黑臭河道中铁、硫的自然循环，防止亚铁、H_2S 的累积，明显改善底泥黑臭现象，消减恶臭气味；④可显著提高沉积物的致密程度，降低底泥含水率，有效改善表层底泥流动状态；⑤减少河道底泥冲刷迁移和抑制黑臭物质悬浮，提高水体透明度。

（11）金鱼藻（图 10-17）。金鱼藻多年生长于小湖泊静水处，全株沉于水中。在 2%～3%的光强下，生长较慢，在 5%～10%的光强下，生长迅速。

净化功能主要表现为：①直接吸收底泥和水体中的氮、磷营养物质；②分泌的化感物质对藻类有明显的抑制作用；③有效提高水体溶解氧浓度；④有效促进水体中生物和非生物性悬浮物质沉淀，抑制底泥沉积物再悬浮；⑤有效提高水体透明度；⑥为水体复杂的食物链提供食物。

图 10-17　金鱼藻

10.3.5　修复措施比选

没有任何两条河流的形态、风貌和氛围是完全相同的。河流是景观的脉络，它充满活力，变化无穷。在对河流空间进行修复设计时，要因地制宜地选择适宜的修复方法（表 10-10）。

表 10-10　各种河道生态修复技术分析

技术	形式	优点	缺点	适用范围
河流线型	直线型	占地少、泄洪能力强	生态功能衰退	不提倡
	自然弯曲型	减缓洪峰、生态效应好	占地较多	提倡
河流断面	矩形断面	占地少	隔离水陆生态系统	城市河道
	梯形断面	不阻断水陆生态系统	亲水性差，陡坡阻碍植物生长，缓坡占地较大	农村中小河道
	复式断面	兼顾亲水性和泄洪作用	结构抗压力小，占地较多	河滩开阔的河道
	双层断面	安全性和亲水性较好	施工工艺较复杂	城镇区域河流

续表

技术	形式	优点	缺点	适用范围
河岸护坡	混凝土结构	占地少，抗冲刷性好	透水性差，柔韧性差，生态效应差	不提倡
	浆砌石结构	占地较少，造价低	透水性差，柔韧性差，生态效应一般	以泄洪为主的城市河道
	干砌石结构	施工方便，造价低，生态效应好	稳定性差，抗冲刷性差	农村中小河道
	石笼结构	生态效应好，稳定性好，透水性好	造价高	一般河道均适用
	土工格栅结构	生态效应好，稳定性好，透水性好	占地较多，施工复杂	河滩开阔的河道
	生态砌砖结构	生态效应好，稳定性好，透水性好	占地较多，施工复杂	河滩开阔的河道
生物修复技术	水生植物修复技术	易形成"水生植物-微生物-微型动物"生态系统	—	一般河道均适用
	生物填料技术	技术简单	—	城镇区域河道
	生物浮岛技术	易形成"植物-微生物-动物"共生体	施工较复杂	城市河道
	生物沉床技术	占地少	施工较复杂	城市河道
	人工湿地	生态效应好，景观优美	占地多，投资高	河滩开阔河道
河岸带植被布置	自然群落式	亲近自然，景观丰富多彩，层次感鲜明	占地多	河岸带开阔河道
	人工规则式	视觉上比较整齐，占地较少	显得刻板	城市河道

10.4　河口生态工程构建技术

流域河口侵蚀、地面沉降等灾害的发生频率和强度日益增加，传统的河堤、丁坝、防波堤等防护工程维护成本高、更新困难，而且可能造成水质恶化、生态退化等后果。采用沙滩养护技术、滨海防护林构建技术、盐沼湿地建设技术、复合生态工程防护技术修复和重建河口生态系统，可以起到消浪、蓄积泥沙、抬升地面、消纳污染等作用，有效地应对灾害风险，形成滨海防护技术体系（表10-11），对流域生态系统的恢复、污染治理和鸟类与野生动物栖息地保护具有重要作用。

红树林防护林是我国沿海比较特殊的一种滨海防护林，也是海岸湿地类型之一，自然分布于海南、广西、广东、福建、台湾等省（自治区）。除传统利用红树林提供建材、薪柴、食物（包括林下地面和水域的海产品）、药物、饲料、肥料、化工原料（如单宁）等森林产品外，人们逐渐认识到其通过衰减波浪、滞缓水流、捕沙促淤及红树林根系对沉积物的固结作用来防浪护岸；一般红树林带宽度大于100m，覆盖度大于0.4，高度大于2.5m（粤东、海南等小潮差海区）或大于4.5m（粤西、北部湾等大潮差海区），其消浪效果可达80%以上，达到良好的防浪护堤效果。此外，红树林生态系统不仅对生活污水具有某种程度的抗性或耐受力，林下土壤可沉积较多重金属，红树林植物和林下土壤都还有吸收各种污染物的能力和净化海洋环境的作用。与许多人工湿地或天然草本湿地进行污水处理相比较，红树林生态系统吸收和积累污染物的容量大，且由于有潮水运动不易产生蚊蝇和臭气，成本低，管理费用低，具有独特的优越性。

因此，当前人类活动逐渐从毁林围海造田或造盐田、毁林围塘养殖、毁林围海搞城市建设等向红树林生态系统保育转变。

表 10-11　滨海防护技术体系

防护技术	技术要点
沙滩养护	采集沙料，沿海岸填充沙堤、沙丘，借助潮汐、风场的作用将补充的沙料运输到岸滩上，保护和减缓滩面受风浪、风暴潮等的侵蚀强度，提供旅游休闲功能
滨海防护林构建	提高设计和造林水平，形成由消浪林带、海岸基干林带、内陆纵深防护林带组成的多层次建设结构，在沙质海岸由多树种组成海岸基干林带，将潮间带生物与工程海防措施相结合，发挥防护林功能
盐沼湿地建设	种植盐生植物，构建乔木与草本植物相结合的植物护滩模式；湿地植物淤积泥沙，防治海岸侵蚀和地面沉降，有效抵御海平面上升造成的灾害
复合生态工程防护	依据区域生境条件、植被特点、水动力和冲淤状况，根据防护需求设计不同类型的生态海岸防护体系。沙质岸：结合防护设施和生态工程建设，沿岸填造沙堤和沙丘保护滩面，形成岸堤-沙滩-防护林体系；泥质岸：建立人工鱼礁、植被护坡生态工程，形成人工鱼礁-盐沼湿地立体生态防护体系

10.5　流域生态补偿技术

10.5.1　基本框架

生态补偿最初源于自然生态补偿，是生态系统对外界干预的一种自我调节，以维持系统结构、功能和系统稳定。随着人类环境意识增强和对生态环境价值的认可，生态补偿概念得到不断发展。一般认为生态补偿是保护资源的经济手段。通过对损害（或保护）资源环境的行为进行收费（或补偿），提高该行为的成本（或收益），从而激励损害（或保护）行为的主体减少（或增加）因其行为带来的外部不经济性（或外部经济性），达到保护资源的目的。从外部性理论，生态补偿可定义为引起生态服务消费负的外部性行为者通过合理的方式补偿其承受者和生态服务享有者，通过适当的方式补偿其供给者。从经济学、生态学等综合角度，生态补偿可定义为：用经济的手段达到激励人们对生态系统服务功能进行维护和保育，解决由于市场机制失灵造成的生态效益的外部性并保持社会发展的公平性，达到保护生态与环境效益的目标。

流域生态补偿是生态补偿应用领域的拓展，是以水生态系统为媒介，研究流域内区域间由于水引起损益变化引发的补偿问题。流域内行为主体活动影响水文循环和泥沙过程，改变了水生态系统服务功能，并通过水生态系统传导给利益相关者，从而需要行为主客体之间进行利益协调。从更为直观的角度看，流域生态补偿主要是指在流域单元内，人类活动加强了上、中、下游生物和物质成分循环、能量流通和信息交流，引起流域内区域间利益关系失衡。

生态补偿经过几十年的发展，已经逐渐从最初惩治负外部性（环境破坏）行为转向激励正外部性（生态保护）行为。相继出现了"谁污染，谁付费"污染者付费原则（polluter-pays principle，PPP），"谁保护，谁受益"保护者受益原则（provider-gets principle，PGP），"谁受益，谁补偿"受益者付费原则（beneficiary-pays principle，BPP）。此处，保护和受益是指通过对生态系统的保护，使得行为主体受益。获得生态系统服务的受益者，即补偿主体，需对生态系统的保护者补偿。

流域生态保护与修复活动补偿运行机制如图 10-18 所示。

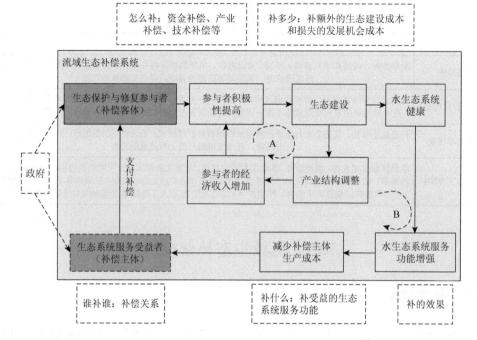

图 10-18　流域生态保护与修复活动补偿运行机制[4]

10.5.2　生态保护与修复活动生态补偿

从整个流域来看，生态保护与修复活动具有正外部性，并对整个流域的生态安全起着决定性作用。保护与修复区内主要以生态保护与建设、生态修复活动和发展生态经济为主，限制大规模、高强度的工业化和城镇化活动。具体讲，假定保护与修复区的生产活动由式（10-1）给出：

$$O_{\text{local}} = f_o(x_1, x_2, \cdots, x_n) \tag{10-1}$$

式中，O_{local} 表示保护与修复区的产出，包括生态和经济收益；$x_1, x_2, \cdots, x_n$ 是 n 种不同的投入，包括生态工程建设与维护、生态修复与治理、转变经济发展模式、发展生态经济等投入。

保护与修复区生产活动的外部性由式（10-2）给出：

$$w = f_w(x_1, x_2, \cdots, x_n) \tag{10-2}$$

式中，w 是 O_{local} 流出保护与修复区的清洁水、空气等生态资源，是 O_{local} 产生的外部性，w 的大小反映了保护与修复区生产活动外部性的强弱。

流域的产出由式（10-3）给出：

$$O_{\text{catchment}} = f_w(z_1, z_2, \cdots, z_m, w) \tag{10-3}$$

式中，$O_{\text{catchment}}$ 表示流域的产出，包括生态和经济收益；$z_1, z_2, \cdots, z_m$ 是 m 种不同的投入，

包括各类经济建设和管理投入。我们看到，由于外部性，w 进入了流域生产函数，但 w 的水平和是否进入流域生产函数不受流域生产控制。

图 10-19 中，如果不考虑外部性，O_{local} 最优点位于 B 点，$O_{catchment}$ 最优点位于 A 点。当 w 较小时，O_{local} 与 $O_{catchment}$ 正相关，$O_{catchment}$ 的生产曲线为 ADC 线，即受区域保护与修复活动外部性影响，整个流域产出有所增加。当 w 较大时，O_{local} 与 $O_{catchment}$ 正相关，$O_{catchment}$ 的生产曲线为 AEC 线，即受区域保护与修复活动外部性影响，整个流域产出显著增加。

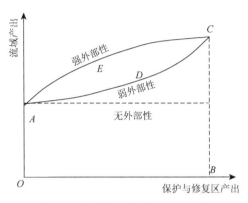

图 10-19　保护与修复区产出曲线

采用经济学成本-效益分析方法，建立保护与修复类成本效益曲线（图 10-20）。在不考虑外部性情况下，区域保护与修复活动与流域收益互相独立，区域保护与修复的最优状态是区域保护与修复边际成本等于区域保护与修复边际收益（MC_{local} 与 MR_{local} 相交于 A 点）。事实上，区域保护与修复活动具有很强的经济正外部性，其对整个流域有益，其在整个流域的收益远远高于在本区域的收益，即 $MR_{catchment}$ 远大于 MR_{local}。区域保护与修复者为了实现流域产出利益最大化，积极进行生态保护建设与修复，使得区域保护与修

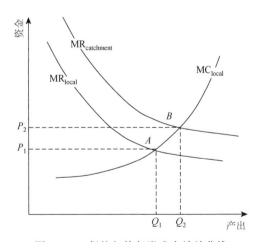

图 10-20　保护与修复类成本效益曲线

MC_{local}：区域保护与修复边际成本，包括生态建设投入、发展生态经济等成本；MR_{local}：区域保护与修复在本区域的边际收益，包括生态和经济收益；$MR_{catchment}$ 区域保护与修复在整个流域的边际收益，包括生态和经济收益。

复边际成本等于区域保护与修复在整个流域的边际收益（MC_{local} 与 $MR_{catchment}$ 相交于 B 点）。区域保护与修复产出从 Q_1 提高到 Q_2，而 P_2-P_1 则是区域保护与修复者额外的投入，包括生态保护与修复费用以及损失的发展机会。为实现区域协调发展，整个流域收益最优，应补偿区域修复与保护者，而 P_2-P_1 即为理论补偿量。如果区域保护与修复者得不到 P_2-P_1 补偿，积极性受挫，将影响流域其他地区的水生态环境安全，影响并提高流域其他地区的生产生活成本。如果区域保护与修复者得到流域其他受益地区的适当补偿，将其用于解决保护与修复区生态保护与建设和社会发展任务，兼顾效益与公平，将实现双赢。

参 考 文 献

[1]　Beechie T J，Pess G R，Pollock M M，et al. Restoring rivers in the twenty-first century: Science challenges in a management context[J]. The Future of Fisheries Science in North America，2009，31：697-717.

[2]　Sear D A，Newson M D，Thorne C R. Guidebook of applied fluvial geomorphology[R]. London：Thomas Telford，2010.

[3]　李锋民，陈琳，姜晓华，等. 水质净化与生态修复的水生植物优选指标体系构建[J]. 生态环境学报，2021，30（12）：2411-2422.

[4]　赵银军，魏开湄，丁爱中，等. 流域生态补偿理论探讨[J]. 生态环境学报，2012，21（5）：963-969.

第 11 章　基于多媒体大数据的广西水文化变迁研究

11.1　引　　言

11.1.1　水文化的提出

"水文化"一词首次出现在 1988 年 10 月 25 日淮河流域宣传工作会议上，时任淮河水利委员会宣传教育处长李宗新先生在《加强治淮宣传工作，推进治淮事业发展》的讲话中提出："现在有人提出要开展水文化的研究，要研究水事、水政、水利的发展历史和彼此关系；研究水文化与人类文明、社会发展的密切关系；研究水利事业的共同价值观念等。我们认为这种研究是很有意义的，应成为我们宣传工作的重要内容。"

在"水文化"概念提出之后，学者们对水文化进行了深入解读。兴利认为：第一，水与社会生活关系密切；第二，水与人们思想观念关系密切；第三，水与社会组织机构、社会制度、法制建设关系密切[1]。范友林认为，水文化是指水利界根据本民族的传统和本行业的实际，长期形成的共同文化观念、传统习惯、价值准则、道德规范、生活信念和进取目标[2]。冯广宏认为，水文化包括逐步认识自然水的过程中形成的知识总结，借水为喻的种种哲理，与水接触所遗存的历史轨迹，与水接触所传播的生活习俗与信仰，受水环境感染而产生的美学表现等[3]。冉连起认为，研究水文化说穿了就是研究人与水的关系，水文化是人的生存、发展与水关系的总和[4]。李可可认为，在学术领域，应该更多地使用"水利文化"一词。水利文化的定义应该沿袭广义文化的概念，是指人类社会在除水害兴水利及与此有关的历史实践活动中所创造出来的物质文化与精神文化（诸如制度、技术和知识、思想价值、艺术、风俗习惯等）的总和[5]。汪德华认为，所谓水文化，即人类社会历史发展过程中积累起来的关于如何认识水、治理水、利用水、爱护水、欣赏水的物质和精神财富的总和[6]。李宗新认为，水文化是一种反映水与人类、社会、政治、经济、文化等关系的水行业文化[7]。陈杰认为，水文化有广义和狭义之分。广义的水文化是大文化概念，即城市水利在形成和发展过程中创造的精神财富和物质财富的总和；狭义的水文化是指河湖等水景观以及河湖等所发生的各种现象对人的感官发生刺激，人们对这种刺激会产生感受和联想，通过各种文化载体所表现出来的作品和活动[8]。袁志明认为，水文化是人们在与水打交道的过程中创造的一种文化成果，其中最重要的内容是水精神或者说水利精神[9]。杨大年认为，水文化是指自然界中的水在人类社会历史发展过程中所发生的各种变化及其运动发展规律[10]。

随着水文化研究的不断深入，联合国确定 2006 年世界水日的主题是"水与文化"。2009 年 11 月，首届中国水文化论坛召开，水利部陈雷部长在会上指出："建设生态文明，必须大力倡导先进的生态文化观，营造良好的生态文化氛围。我们要把水文化建设与生态文明建设紧密结合起来，广泛汲取水文化中蕴含的生态文化内涵和生态文明成果，牢固树立节约资源、保护环境的理念，从人与自然的对立走向人与自然的和谐，从追求人的一生幸福转向追求人类的世代幸福，推动我国生态文明建设的深入实践。"2020 年全国水利工作会议召开，鄂竟平部长指出："先进水文化，就是要宣传展示我国长期治水实践形成的灿烂文化，深入挖掘水文化内涵及其时代价值，讲好治水故事，营造全社会爱水节水惜水的良好氛围，进一步坚定文化自信。""着力推进水文化建设，充分发掘和弘扬黄河、大运河等江河水文化，宣传治水历史名人，延续历史文脉，坚定文化自信。"为我国当前和今后一个时期水文化建设提出了明确要求和基本遵循[11]。

11.1.2　水文化的构成

对于水文化的认识可概括为：水文化是人类认识水、利用水、治理水的相关文化，是人类在长期的历史发展过程中，与水产生互动而形成的相关文化。从广义上看，水文化既包括物质形态的文化遗存，又包括人们在和水相处中产生意识形态的文化，是物质财富和精神财富的总和。其内涵可分为 3 个方面：精神文化、制度文化和物质文化，三者相互关联、相互作用，密不可分，构成一个有机统一的整体。精神文化是灵魂，制度文化是保障，物质文化是载体[12]。据此，水文化可分为意识形态类水文化、行为规范类水文化和物质形态类水文化 3 个层次。

第一层次，意识形态类水文化，又称精神类水文化、观念类水文化，包括 3 类：①纯意识类水文化，如对待水的心理、心态、观念、道德、伦理、信仰、价值观、认知方式等；②文学艺术类水文化，如有关水的美学、音乐、诗歌、文学、绘画等；③治水科学类水文化，如治水哲学、治水思想、治水理论、治水技术等。

第二层次，行为规范类水文化，又称制度类水文化，包括 2 类：①与水有关的乡规民约，如风俗习惯、宗教仪式；②治水法律法规、生产管理条例等。

第三层次，物质形态类水文化，又称物质类水文化，包括 2 类：①与水有关的作品，如与水有关的书画，与治水有关的文献等；②治水建筑物、器具等，如堤坝、闸、水车等。

11.1.3　水文化的分类

学术界对水文化的分类方式是较为多样，依其特点可分为河流文化、湖库文化、三角洲河网区水文化、海洋文化、水利工程文化五大类[13]。河流文明是水文化中的一种特殊且最重要的文明类型。广西河流众多，孕育了灿烂的水上文明。一方面，人天性有亲水性，河流的亲水空间可以为人们提供休闲、放松、戏水的场所，人们则通过在水边垂钓、散步、休息来亲近河流，享受到与水重逢的喜悦，解除来自精神和肉体的各种烦恼，达到亲近自然、了解自然、观察自然、保护自然、潜移默化式的环境教育目的；另一方面，人们表现出的亲水性是历史文化长期沉淀的结果，人们通过同河流的亲身交流来传承河流文明。

深入理解河流与人之间的关系问题，需要从文化角度，建立起"河流生命"的概念[14]。

生态伦理学家指出，生命不仅指人类和其他有机体，而且也包括河流大地景观和生态系统[15]。从哲学观点来，只要具有存在和消亡过程，都具有生命。河流由大自然孕育，一般开始于地质运动过程，经历河床下切、沟谷侵蚀、水系发育、河床调整，最终全线贯通，形成一条奔腾跌宕的河流。河流遵循自然生态规律实现自身的发展和演化，并受地质运动等自然因素或人类活动影响，很多河流最终消亡[16]。从这一角度讲，河流符合生命体的基本特征。当前，人水矛盾的根本原因在于人类对河流价值主体地位的忽视，未能把河流看作生命体，尊重和平等对待这一生命。只有赋予河流生命意义，才能树立河流价值主体地位，才能正视人与河流的关系，才能改变以人为中心的价值取向[17]。

11.1.4 水文化变迁

水文化是以水为主体（或者背景）所产生的文化及其发展情况。水文化的实质是透过人与水的关系反映人与人关系的文化[18-19]。水文化变迁主要指人类治水理念的变化，如从除害兴利到可持续利用再到应对气候变化等[20]。文化的产生离不开人的参与。水，作为一种自然资源，它与文化的结合同样离不开人的参与，水文化产生更离不开人的参与。人与水发生联系是水文化的产生前提，只有人与水发生了联系，人们才会认识水；有了认识，才会有了思考，才会有治水、用水、管水的创造。

近年来，学者意识到水资源的可持续性管理与社会文化的作用具有重要的联系，人们对水文化的关注度在不断上升。林艺通过研究水与生态旅游之间的关系，发现云南少数民族水文化可以促进云南生态旅游的发展[21]。水文化的传播与文学、地理学、园林学等相互交融，同时，与水利工程、哲学、文化典籍及神话传说、宗教信仰有密切的关系[18]。熊永兰等通过科学知识图谱法的方式定量研究我国水文化，得出我国水文化变迁轨迹，为进行水文化研究提供了一种新方法[20]。以上众多的研究为确定水文化的影响因素提供了重要依据，同时，为研究水文化变迁方法的确定提供了重要参考。但在我国关于水文化变迁的研究尚不多见，对广西水文化变迁的研究则更为鲜见，对于部分地区或某些特定地区水文化变迁的研究在大媒体数据中也甚少发现。选择研究广西水文化变迁，将研究范围缩小，使得研究的对象更深入且内容也更为具体。

本章的主要研究目的是探讨广西水文化变迁的阶段性特征、广西水利政策法规与广西水文化变迁轨迹的关系、改变水资源管理模式对水的社会价值观变化不敏感的现状。在前人的基础上，首先，利用 Python 进行数据的获取；其次，利用 NLPIR 分词系统进行数据的预处理；接着，利用词云工具进行数据的可视化；最后，进行结果分析，分析得出广西水文化的变迁轨迹和各个阶段影响广西水文化变迁的因素。

11.2　数据来源及方法

11.2.1　技术路线

大数据是信息技术发展的一个产物，又称巨量资料，是资料量规模巨大且复杂，经过处理过程后具有一定价值的数据。全球数据的爆炸式增长，离不开移动互联网、物联网云、云计算等的快速发展，以及智能终端、应用商店等的迅速普及[22]。多媒体是一个大集合体，包含多方面的内容，如文字、视频、图片等[23]。随着网络的发展，开始出现多种多样的数据，同时，数据的复杂度也变得越来越高。利用传统的数据收集分析手段已经不能满足这些复杂多样的数据分析。通过 NLPIR 分词系统对数据进行分析，可以获取目标数据下隐藏的真实信息，同时，可以实现对多媒体数据进行快速而又准确的处理。结合实际情况，提出本章的研究技术路线（图 11-1）。

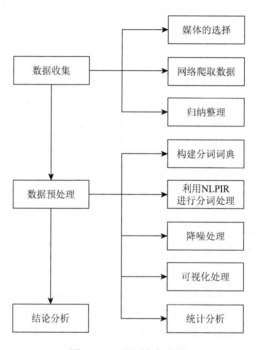

图 11-1　研究技术路线

11.2.2　《人民日报》媒体介质

报纸，之所以能在人类传播媒介发展史上存在并延续至今，与其自身具有的文化负载功能及新闻传播功能紧密相关。此外，报纸可以表达媒体对新闻的价值判断，经过专业、精要编辑后的报纸可以更准确细致地表达这一判断。报纸作为重要的传播媒介，具有内容综合性程度高，携带、留存、阅读方便，信息量大，说明性强的特点，传递信息的载体为文字符号、图片等。报纸区别于其他媒体在于它的权威性和公众力，这一特性的产生是因为大多数报纸历史悠久，且党政相关部门为主要承办单位。报纸可以作为研究水文化的可靠来源，在于它的长时期连续存档的特性，及从历史的角度来分析公众舆论[20]。

《人民日报》在我国的传播具有广泛性、权威性，是传递文化、政策的重要载体，是我国意识形态主流的重要体现。通过对《人民日报》自创刊以来的所有内容进行数字化处理，利用数据库进行存储，《人民日报》成为我国发行至今的所有报纸中，最早具有电子版存储的报纸。所以，本章以《人民日报》作为研究广西水文化变迁的主要媒介，将通过 Python 网络爬虫获取的 1946 年至 2003 年（受数据获取影响，仅研究到 2003 年）的报纸作为研究对象，得到水文化的发展变化轨迹。

11.2.3　网络爬取数据

通过 json 解析网页源码，再利用 Python 编写代码进行文章的爬取，将"广西""桂""云南""滇"作为一级关键词，以广西的主要河流，如"盘江""南盘江""红水河""左江""右江"等作为二级关键词。从"《人民日报》数据库"中下载指定年份中广西所有与水相关的文章，并以.txt 的格式进行保存。共下载《人民日报》1946 年到 2003 年的文章数量为 21 714 篇。所获取的 1946 年到 2003 年广西与水相关的文章篇数占《人民日报》总发行篇数比例如图 11-2 所示。

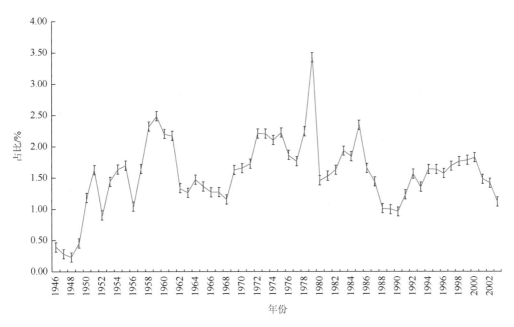

图 11-2　1946～2003 年广西与水相关的文章篇数占比分布

11.2.4　NLPIR 分词及文本可视化

中文自动分词的应用很广泛，其基本处理原理是针对输入文字串进行分词、过滤处理，输出中文单词、英文单词和数字串等一系列分割好的字符串[24]。梁南元提出了我国自主实现的第一个自动分析系统——现代书面汉语分词系统 CDWS[25]。我国的中文分词系统主要分为两种——基于词频统计[26]和基于规则[27]。ICTCLAS 分词法是中国科学院计算技术研究所经过十余年倾力打造研究的中文词法分析系统。2009 年重新调整命名为 NLPIR 汉语自动分词系统，全球用户突破 30 万个。NLPIR 通过了国内和国际的公开评测，拥有统一的语言计算理论框架，具有性能最优、应用最广泛的特点，同时也是目前世界上最好的中文汉语词法分析器。

将获取的关键词利用词云工具进行文本可视化处理，制作词云图。通过调整不同颜色、不同字号大小及布局等来直观展示关键词文本，便于进行观察和归纳总结广西水文化变迁轨迹。

11.3　数　据　处　理

11.3.1　词库搭建

《水利水电科技主题词表》是国内编制的较好地覆盖社会科学、自然科学等多个领域的专业型主题词表之一。但由于市场经济及社会生产力的快速发展，以及近 20 多年来该词表都未进行重新编制，很多新的水利水电科技概念得不到准确表述，主题词表的缺陷也开始变得日益明显，开始变得不适应水利水电行业新形势的需要。因此，我们需要利用水资源核心期刊构建水资源方面的专业领域期刊主题词表，并整合到 NLPIR 汉语自动分词系统自带的词库中，进行新词库的搭建及完善，最终形成专业领域期刊词典与 NLPIR 汉语自动分词系统自带词典相结合的自定义专业领域词典。在词库搭建之时，发现有很多可供搭建词库的资料，在众多的资料之中，经过严谨的比较筛选，选择能最大程度反映广西水文化变迁的报刊，分别是《水利学报》《水利水运工程学报》《水力发电学报》《水科学进展》。从这四份报刊所收录的文章中，通过直接判读的方式摘取与水的论述及意识形态相关程度较高的词语。在搭建词库的时候，需对关键词进行判别，避免词库出现片面化的情况。根据关键词的词性不同，赋予不同的后缀。例如：河流属于名词，所以该词的后缀是 nz，崩塌属于动词，所以该词的后缀是 ng，把这些摘取的词语放到 txt 中整合处理，形成 NLPIR 汉语自动分词系统的自定义专业领域词典。

11.3.2　分词处理

现如今分词在专业领域的应用愈发重要，提高专业领域中文自动分词准确率尤为重要[28]。NLPIR 汉语自动分词系统的功能主要分为四个，分别是分词、用户词典、关键词提取和指纹提取，是自然语言处理和信息检索的一大利器，是针对大数据内容处理需要而产生的[29]。本章利用 NLPIR 对按时间段划分的报纸文章进行分词处理，得到广西分时间段分词词数（表 11-1）。

表 11-1　1946～2003 年分时间段分词词数统计

时间段	分词数/个	标点符号数/个	最终分词数/个
1946～1952 年	955 467	161 469	793 998
1953～1957 年	1 391 298	200 168	1 191 130
1958～1962 年	2 119 359	316 431	1 802 928
1963～1965 年	628 563	99 942	528 621
1966～1970 年	711 663	155 118	556 545
1971～1975 年	1 035 475	172 643	862 832
1976～1980 年	1 197 793	194 539	1 003 254
1981～1985 年	1 477 263	251 959	1 225 304
1986～1990 年	1 477 846	247 171	1 230 675
1991～1995 年	1 503 468	252 939	1 250 529
1996～2000 年	1 979 081	328 886	1 650 195
2001～2003 年	1 125 587	107 808	1 017 779

11.3.3　降噪处理

根据 NLPIR 汉语自动分词系统分词处理、提取关键词处理后得到的所占权重高的词语，以及在某时间段具有显著特征的词，作为进行降噪处理提取关键词的参考依据。对分词结果进行降噪处理，即通过直接判读的方式，提取与水的论述及意识形态有关的词语做水文化变迁轨迹的分析和研究。在这个过程中，只提取与水有关的内容，而剔除掉与水无关的内容，这个过程称为降噪。对分词结果进行降噪处理，去除没有意义的单个字及标点符号，合并相同词，得到广西分时间段水文化变迁关键词。

11.3.4　文本可视化处理

对经过降噪处理后的关键词根据其在文章中出现的次数进行词频统计，再利用词处理工具进行关键词的可视化处理。词云图，又称文字云，是对文本中出现频率较高的"关键词"通过图形的形式展现出来，突出文本主旨。通过对提取的关键词进行词云图展示，可以直观地感受影响广西水文化变迁的因素。

11.4　广西水文化变迁

11.4.1　广西水文化关注度

经济发展在不同历史时期的鲜明特征是我国五年计划划分的重要依据。在水文化演化过程中，政治事件和水事件发挥着重要作用，故将 1946~2003 年《人民日报》与我国五年计划相对应，划分为 12 个时间段（其中个别阶段，如 1946~1952 年、1963~1965 年、2001~2003 年，非实际的五年计划阶段）。1946 年到 2003 年分时间段《人民日报》发行广西与水相关的文章数量如表 11-2 所示。据表 11-2 统计发现，随着时间的推移，《人民日报》对广西与水有关的报道呈现总体上升趋势（图 11-3），说明人们对水文化的关注度在不断提升。

表 11-2　1946~2003 年分时间段《人民日报》发行广西与水相关的文章数量统计

时间段	发行文章数量/篇	时间段	发行文章数量/篇
1946~1952 年	732	1976~1980 年	1 708
1953~1957 年	1 311	1981~1985 年	2 828
1958~1962 年	2 360	1986~1990 年	2 638
1963~1965 年	650	1991~1995 年	2 773
1966~1970 年	689	1996~2000 年	2 985
1971~1975 年	1 363	2001~2003 年	1 703

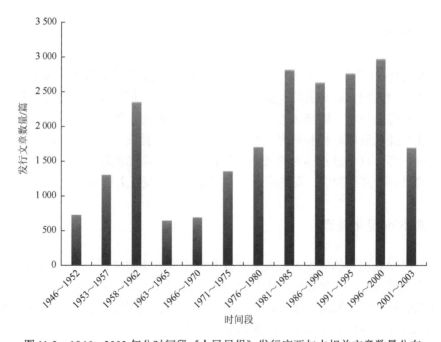

图 11-3　1946~2003 年分时间段《人民日报》发行广西与水相关文章数量分布

11.4.2　广西水文化主题演变

根据前面经分词处理、降噪处理得到广西分时间段水文化主题及体现（表 11-3），结合《人民日报》广西水文化变迁关键词云图（图 11-4）对广西水文化变迁主题进行分析。结果如下：

1946～1952 年：由图 11-4 可以看出，广西出现频率最高的关键词是抗旱、防汛、水灾、旱灾、洪水及水利工程。中华人民共和国成立初期，如 1949 年珠江流域发生洪灾，灾情严重，导致多个县市受灾；1950 年，广西爆发了严重的水旱灾害；1951 年 9 月完成良凤江水利工程建设，即建成良凤江水坝。因此，中华人民共和国成立初期广西的水文化主题为防洪抗旱与小型水利工程建设。

1953～1957 年：水库、洪水、旱灾、防汛、兴修水利、水灾是该五年期间出现次数最多的词语。"一五"期间，广西兴修水利，如修建金田水库、三江水坝，进行水库、水坝的建设。同时，完善灌溉系统，进行车水灌田、浅水灌溉；因地制宜地采取多种办法，进行防洪抗旱。此广西的水文化主题为防洪抗旱、水利灌溉、兴修水利工程与水力发电工作。

1958～1962 年："二五"期间，广西进行水利建设，特别是水库工程的建设，如龟石水库、合浦水库、凤亭河水库的建设。1958 年，广西各地都发生了不同程度的干旱；1962 年，广西全区各地连续降雨甚至大暴雨，多地出现中华人民共和国成立以来最大洪峰。因此，该时间段广西的水文化主题为防洪抗旱和水利工程建设。

1963～1965 年：我国出现了农田水利建设的高潮，发展建设一系列水利工程。在此期间，广西多地发生水旱灾害，水利相关部门通过多种方式来缓解灾情，如建设引水工程、兴修水利及推广使用新型提水工具——水轮泵。防汛抗旱、农田水利建设与水电工程建设成为该时间段广西水文化的核心主题。

1966～1970 年：我国在"文化大革命"时期（至 1976 年）展开了大规模的农田水利建设。该时间段，广西进行了一系列水利工程建设，如兴修水利工程和小型水电站、通过新建水轮泵扬水站进行农田灌溉等。同时，广西也遭遇了不同程度的旱涝灾害，如 1968 年，广西遭遇郁江洪水，导致郁江两岸的多地被淹。因此，防汛抗旱、水利建设与水利设施管理成为该时间段的广西水文化主题。

1971～1975 年：在"文化大革命"时期，需要通过开垦大量农田来解决粮食供应问题。为提高粮食产量需进行农田的基本建设，包括造田、农业生产、拦河引水、治山、治水等。"四五"期间，广西开始重视中、大型水电站的建设，如红水河大化水电站（1975 年开工，1985 年竣工）等。且由于广西发生多起水库溃坝事件，水库建设与管理逐渐得到重视。水利工程建设（以水电站建设为主）与水利建设成为广西该时期水文化的主题。

1976～1980 年：十年"文化大革命"刚刚结束，快速恢复生产，改变经济发展缓慢甚至停滞状态成为我国当前首要任务。在这期间，广西自然灾害频发，多地出现旱涝、台风、冰雹等现象，对当地的经济发展造成了一定的影响。"五五"期间，广西进行了一系列的农田水利建设、电力建设，如红水河大化水电站的建设等。自然灾害、农田基本建设与水电建设成为广西该时期的水文化主题。

1981～1985 年："六五"期间，广西水旱灾害频繁，多地发生洪涝灾害及出现饮水问题，如广西贵县的洪涝灾害和广西环江县的饮水问题较为突出。为更好抗洪救灾，解决饮水问题，广西在此期间大力发展水利建设、引水工程，如进行红水河梯级水电站、大化水电站、岩滩水电站等建设。此时，广西水文化的主题为防洪、水利工程建设（水电站的建设）和植树造林。

1986～1990 年："七五"期间，广西继续进行红水河岩滩水电站等水利工程的建设。该时期，广西洪涝灾害频繁，如 1988 年广西遭受了特大洪涝灾害。因此，水利电力建设和防汛抗洪成为该时间段广西水文化的主题。

1991～1995 年："八五"期间，广西柳州市和桂平市分别发生了特大洪灾和特大旱灾。广西继续发展水利建设事业，建设龙滩水电站、岩滩水电站等。在此期间，国家大力推行造林项目，广西生态保护意识增强，开始大量植树造林，合理开发利用水资源、矿产资源及森林资源。防洪抗旱、水电站工程及生态保护成为该时间段广西水文化的主题。

1996～2000 年："九五"期间，广西洪涝灾害频繁，且由于广西以喀斯特地貌为主，连续暴雨易造成塌方。广西的西江是广西主要的河流汇集地，连续暴雨易发生水灾，水灾造成大量的财产损失。所以，防洪、水利建设与资源管理是该时期广西水文化的主题。

2001～2003 年：生态资源包括自然资源、水电资源和生态环境，该时期的生态资源存在很多生态问题，如水土流失、石漠化、沙尘暴、水质污染和植被稀少等。针对这些生态问题，有关部门通过涵养水源、绿化环境、防风、固沙、蓄水、生态治理、工程修复等治理方式，使生态问题得到了进一步改善。生态问题、防洪与生态治理成为该时期广西水文化的主题。

表 11-3　广西分时间段水文化主题及体现

时间段	主题	主题的体现
1946～1952 年	防洪抗旱	灾情、水灾、防洪、防汛、洪水、旱灾、抗旱
	小型水利工程建设	水利事业、水利工程、水库工程、良凤江水利工程、引水、治水
1953～1957 年	防洪抗旱	旱灾、干旱、防汛、水灾、洪水
	水利灌溉	灌水、车水灌田、浅水灌溉、灌溉渠、灌溉系统、河道
	兴修水利工程与水力发电工作	金田水库、水库、兴修水利、水力发电、建设大型水坝、三江水坝
1958～1962 年	防洪抗旱	防旱抗旱、旱灾、洪水、红河、澜沧江
	水利工程建设	水利施工、蓄水保水、兴修水利、水利工程、小型水电站、农田水利、水利建设、水库、水土保持计划、机械供水站
1963～1965 年	农田水利建设与水电工程建设	兴修水利、水库管理、水利设施、水利计划、冬修水利、水利工程、水库、水土保持、农田建设、水电站、水轮泵
	防汛抗旱	涝灾、台风、干旱、引水工程、抗旱、旱涝、旱灾、造林活动
1966～1970 年	水利建设与水利设施管理	水利设施、水轮泵扬水站、水利工程、水利水电、小型水电站、兴修水利、大办水利
	防汛抗旱	暴雨、春汛、旱涝、抗旱、治水、引水、洪水、农田灌溉、疏浚河道
1971～1975 年	水利建设	河坝、拦河引水、治山、治水、农田水利建设、筑坝、水利工程
	水利工程建设（以水电站建设为主）	排灌机械、修渠、灌溉渠、水利资源、植树造林、洛东水电站、中型水电站、北仑河、水库、红水河
1976～1980 年	自然灾害	抗旱、防洪、旱涝、洪涝、台风、寒潮、冰雹、排涝
	农田基本建设与水电建设	农田基本建设、灌溉渠道、红水河、大化水电站、西江、水土流失、植树造林、邕江、右江、电力建设、水利建设

续表

时间段	主题	主题的体现
1981～1985 年	防洪	台风、抗洪救灾、大暴雨、洪水
	水利工程建设（水电站的建设）	红水河梯级水电站、水电站、水力发电、大化水电站、红水河、水库、引水工程、火力发电
	植树造林	植树造林、水资源、荒山造林
1986～1990 年	水利电力建设	水土流失、水利建设、兴修水利、水电工程、排污
	防汛抗洪	防汛、洪峰、暴雨、红水河、防洪、洪涝灾害、抗洪、汛期、台风
1991～1995 年	防洪抗旱	特大涝灾、暴雨、洪水、抗洪抢险、抗洪救灾、抗旱、旱涝、水灾
	水电站工程	电气建设、水利工程、引水工程、珠江三角洲、龙滩水电站、岩滩水电站、三峡工程、水库
	生态保护	造林绿化、防护林、森林资源、国家造林项目、矿产资源
1996～2000 年	防洪	抗洪、泥石流、塌方、洪涝灾害、台风、风暴潮、水灾、排涝
	水利建设与资源管理	西江、河道、综合治理、水利建设、保水、水资源、开垦、绿化、植树造林、森林
2001～2003 年	生态问题	水土流失、污染、生态脆弱、石漠化、沙尘暴、断流、沙化、过度放牧、生态恶化、植被稀少、水质
	防洪与生态治理	抗洪、汛期、开发水电、自然资源、水电资源、生态工程、涵养水源、速丰林

图 11-4　《人民日报》广西水文化变迁关键词云图（1946～2003 年）

11.4.3 广西水文化变迁轨迹

新闻报道对公众的言论及政策的形成具有一定的导向作用[34-35]。因此，本节结合广西水文化主题（表 11-3），通过对广西不同时期的主要水利政策法规及洪灾旱灾情况（表 11-4）进行分析，得到广西水文化变迁轨迹。由此可看出，广西的水文化变迁轨迹主要分为 3 个阶段：中华人民共和国成立初期、"一五"到"七五"期间、"八五"至 2003 年。对广西水文化变迁轨迹的进行分析，结果如下：

中华人民共和国成立初期，我国在 1949 年发生大面积水灾，其中，长江中下游和珠江流域灾情最为严重；1950 年，广西爆发了严重的水旱灾害；1951 年 9 月广西完成良凤江水利工程建设，建成良凤江水坝。而这一时期，广西的水文化主题正是以防洪抗旱为主。

"一五"到"六五"时期，我国颁布了许多水利政策相关法规，其中，重点颁布与农田水利建设与管理、水土保持相关的水利政策法规。广西的水利政策主要集中在农田水利建设、防汛抗灾、小流域治理、水土保持及水利电力建设。"一五"期间，广西开始有计划有步骤地进行地方河流的开发与治理，建设小型农田水利，如 1955 年 12 月贵县三渌水库开工；1954 年广西颁发了《广西省①农田水利灌溉工程管理试行办法》；1955 年提出《广西省农田水利初步规划意见（草案）》等。"二五"期间，广西颁布一系列与水电建设和防汛相关的规定并兴建水库。如 1958 年西津水电站开工并修建龟石水库、黄铺水库、凤亭河水库等；1961 年 8 月颁发了《1962 年水利工程勘测设计的规定》《关于安度汛期复核中小型水库水文水利计算方法的几项规定》，制订《农村小型水电站经营管理通则》等。1963~1965 年，国家层面制定的农田水利建设方面的政策法规较少，广西在这方面颁布的相关政策法规也较少。人民公社化运动期间，我国出现了农田水利建设的高潮，发展建设一系列水利工程。在此期间，广西的水利工程主要为建设小型水电站并对来宾、柳江、河池等 5 个县的地下水利用进行调查。"文化大革命"以后，我国制定的水利政策主要是以灌溉和农田水利工程管理为主。广西水利部门开始颁布一系列与农田水利规划有关的工作规划、河流综合规划以及水利电力建设的规划和报告。在农田水利建设方面的规划、报告，如《广西壮族自治区 1975~1980 年农田水利基本建设规划（草案）》《广西水利化简明区划报告》等；在河流综合规划方面的报告，如《红水河综合利用规划》《珠江流域西江水系柳江综合利用规划报告》《珠江流域西江水系郁江综合利用规划》《广西桂江综合利用规划报告》等。此外，在电力建设方面，广西先后编制了一系列的水利电力发展规划，如《广西第二个五年及第三个五年水利电力发展规划》《广西壮族自治区 1963~1968 年全区电力规划》《1964~1967 年电力工业建设规划》《广西中型水利电力资源开发利用规划》等[36]。防治水土流失是水土保持和水利建设工作的重要组成部分[37]。广西的水土保持工作分为四个阶段，分别为起步探索阶段（20 世纪 50 年代初到 60 年代中期），停滞阶段（20 世纪 60 年代中期到 70 年代中期），恢复、试验、示范阶段（十一届三中全会后到 20 世纪 80 年代末）、加快发展新阶段。

---

① 1958 年以前广西壮族自治区被称为广西省。

起步探索阶段主要是通过修造梯田梯地、培筑地埂保土、修建拦沙坝等方式来进行水土保持，治理措施单一，规模小，且效果不明显；在"文化大革命"时期，广西的水土保持工作处于停滞阶段；在恢复、试验、示范阶段，广西主要通过颁布相关治理规划、报告来加强水土保持工作，并开展小流域综合治理试点；随着我国《中华人民共和国水土保持法》的颁布与实施，广西开始进入水土保持的加快发展新阶段，并颁布了一系列与水土保持有关的政策法规，如《广西壮族自治区实施〈中华人民共和国水土保持法〉办法》《关于加强水土保持工作的通知》等。

"七五"以来，我国的水资源管理模式发生了变化，开始由供水管理转变为需水管理[38]，包括注重水资源保护、水资源的需求量管理、经济结构和产业结构的转变等。而广西的水资源管理形式的转变是在 20 世纪 90 年代以后，即"八五"及以后。广西 1994 年 10 月颁布了《关于进一步加强水利工作的决定》（28 条）[39]，该《决定》的颁布意味着广西水利观念的转变。同时，有关部门通过涵养水源、绿化环境、防风、固沙、蓄水、生态治理、工程修复等方式来进行生态保护，解决生态问题。

由图 11-5、图 11-6 可以看出广西 1950～2003 年水灾情况，洪涝灾害给广西带来了巨大的经济损失，同时也影响着人们的生产、生活。防汛抗洪是广西 1946～2003 年大部分时间段的水文化主题。为了加强对于洪水的治理[40]，广西实施的系列措施有：颁布了一系列防洪规划报告，如《红水河综合利用规划报告》；加强水利工程建设；加强重要河段监管，实时关注水位情况；等等。

表 11-4　1946～2003 年分时间段广西主要的水利政策法规涉及的内容和洪灾旱灾情况

时间段	主要的水利政策法规涉及的内容	洪灾与旱灾
1946～1952 年	N/A	洪灾、旱灾
1953～1957 年	建设小型水利；水旱灾害工作；灌溉工程管理	洪灾、旱灾
1958～1962 年	水电建设；水库、水电站管理；防汛	洪灾、旱灾
1963～1965 年	水文工作管理；地下水利用	旱灾、洪灾
1966～1970 年	防汛；制定度汛标准	洪灾、旱灾
1971～1975 年	兴建大型水电站；检查水库	N/A
1976～1980 年	水利工程保护；红水河综合利用	洪灾、旱灾
1981～1985 年	水利工程管理；防汛抗洪；小水电发展；水利工作开展	洪灾
1986～1990 年	水利工程设施保护；防汛抗洪；水利电力建设；水利水土保持	洪灾
1991～1995 年	海河堤整治；水土保持；防汛；水利工作	洪灾、旱灾
1996～2000 年	水利建设；水库管理；防洪工程建设；防汛抗洪；水土保持	洪灾
2001～2003 年	百色水利枢纽工程；河道管理；防汛工作；广西水功能区划；农村水电建设；水土保持	洪灾

　　注：N/A 表示无统计数据。1954 年之前主要的水利政策法规及洪灾与旱灾根据《中国水利年鉴 2001》中的"20 世纪中国水利大事年表"统计，1954 年以后的则根据文献[40]统计。

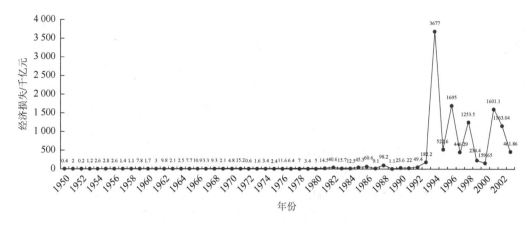

图 11-5　广西 1950～2003 年水灾经济损失情况

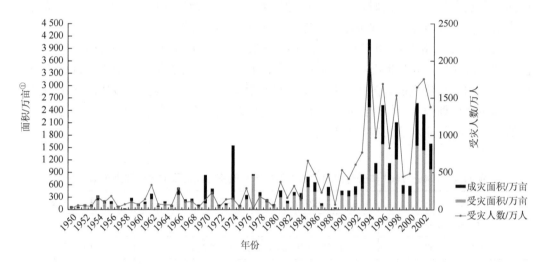

图 11-6　广西 1950～2003 年水灾受灾面积、受灾人口情况

　　本章以广西为例，运用 Python 技术、NLPIR 汉语自动分词系统以及词处理工具进行广西水文化变迁研究，为定量研究水文化变迁提供了技术参考。通过将广西水利政策与对应时期水文化主题结合分析，得出水文化变迁轨迹，发现其呈现出一定的阶段性特征：中华人民共和国成立初期，水文化主题主要为防洪抗旱；"一五"到"七五"期间，水文化主题主要为农田水利建设、水利工程建设、防洪抗旱、水土保持；"八五"以后，水文化主题主要为生态保护、资源管理、生态治理。20 世纪 90 年代以后，人们的水意识发生了转变，开始重视资源的保护与生态治理，特别是水资源的可持续利用。通过对广西水文化变迁分析，发现广西对国家颁布的水利政策落实普遍较为延迟。同时，从广西水文化变迁轨迹可以看出，防汛抗洪和水土保持是贯穿于广西自中华人民共和国成立以来每个五年计划时期，防汛抗洪一直是广西的水文化核心主题。政策的实施情况与洪涝

---

① 1 亩≈666.7m^2。

灾害在一定程度上阻碍了广西的生产力发展，导致广西的经济发展缓慢。本章尚存在一些问题需要我们进一步讨论：数据来源方面，数据来源为《人民日报》，但其是否能精确地涵盖水文化变迁因素，需要进一步考证；数据处理方面，将分词结果利用直接判读的方式实现关键词的提取及广西水文化变迁轨迹的确定，具有一定的主观性。

参 考 文 献

[1]　兴利. 试谈水文化的内涵[J]. 治淮，1990（2）：47.

[2]　范友林. 从水文化的实质谈起[J]. 治淮，1990（4）：55.

[3]　冯广宏. 何谓水文化[J]. 中国水利，1994（3）：50-51.

[4]　冉连起. 水文化琐论二则[J]. 北京水利，1995（4）：59.

[5]　李可可. 关于水利文化研究的思考[J]. 荆州师专学报，1998（1）：41-43.

[6]　汪德华. 试论水文化与城市规划的关系[J]. 城市规划汇刊，2000（3）：29-36，79.

[7]　李宗新. 简述水文化的界定[J]. 北京水利，2002（3）：44-45.

[8]　陈杰. 水文化建设研究初探[J]. 城市规划，2003（9）：84-86.

[9]　袁志明. 水文化的理论探讨[J]. 水利发展研究，2005（5）：59-61.

[10]　杨大年. 中国水文化[M]. 北京：人民日报出版社，2005.

[11]　戴培超，沈正平. 水环境变迁与徐州城市兴衰研究[J]. 人文地理，2013（6）：55-61.

[12]　杜建明，陈金成，赵拥军. 水文化解读和水文化工程建设[J]. 河北水利，2008（12）：46-47.

[13]　黄伟宗，司徒尚纪. 中国珠江文化史[M]. 广州：广东教育出版社，2010.

[14]　李国英. 建立"维持河流生命的基本水量"概念[J]. 人民黄河，2003（2）：1-25.

[15]　侯全亮. 河流伦理：维度黄河健康生命的人文基础[J]. 中国水利，2005（1）：60-62.

[16]　李肖强. 河流管理的伦理维度研究[J]. 人民黄河，2010，32（3）：1-3，140.

[17]　刘弘. 关于人与河流关系的哲学思考[J]. 科学之友，2009（2）：113-115.

[18]　李宗新. 浅议中国水文化的主要特性[J]. 北京水利，2004（6）：56-57.

[19]　孟亚budget，于开宁. 浅谈水文化内涵、研究方法和意义[J]. 江南大学学报（人文社会科学版），2008（4）：63-66.

[20]　熊永兰，张志强，Wei Y P，等. 基于科学知识图谱的水文化变迁研究方法探析[J]. 地球科学进展，2014，29（1）：92-103.

[21]　林艺. 云南少数民族水文化与生态旅游[J].经济问题探索，2006（4）：110-113.

[22]　陈如明. 大数据时代的挑战、价值与应对策略[J]. 移动通信，2012，36（17）：14-15.

[23]　于婷. 大数据时代的数据挖掘技术与应用[J]. 通讯世界，2018，25（12）：18-19.

[24]　刘件，魏程. 中文分词算法研究[J]. 微计算机应用，2008（8）：11-16.

[25]　梁南元. 书面汉语的自动分词与一个自动分词系统：CDWS[J]. 北京航空学院学报，1984（4）：97-104.

[26]　费洪晓，康松林，朱小娟，等. 基于词频统计的中文分词的研究[J]. 计算机工程与应用，2005（7）：67-68，100.

[27]　姚天顺，张桂平，吴映明. 基于规则的汉语自动分词系统[J]. 中文信息学报，1990（1）：37-43.

[28]　张华平，商建云. NLPIR-Parser：大数据语义智能分析平台[J]. 语料库语言学，2019，6（1）：87-104.

[29]　戴梦溪. 提高小学数学应用题分词及词性标注准确率的研究[D]. 武汉：华中师范大学，2017.

[30]　韩普，姜杰. HMM 在自然语言处理领域的应用研究[J]. 计算机技术与发展，2010，20（2）：245-248，252.

[31]　胡春静，韩兆强.基于隐马尔可夫模型（HMM）的词性标注的应用研究[J].计算机工程与应用，2002（6）：62-64.

[32]　韩普，姜杰. HMM 在自然语言处理领域的应用研究[J]. 计算机技术与发展，2010，20（2）：245-248，252.

[33]　刘云中，林亚平，陈治平. 基于隐马尔可夫模型的文本信息抽取[J]. 系统仿真学报，2004（3）：507-510.

[34]　Wanta W，Golan G，Lee C. Agenda setting and international news：Media influence on public perceptions of foreign nations[J]. Journalism & Mass Communication Quarterly，2004，81（2）：364-377.

[35]　Bengston D N，Fan D P，Celarier D N. A new approach to monitoring the social environment for natural resource management and policy：The case of US national forest benefits and values[J]. Journal of Environmental Management，1999，56（3）：

　　　　　181-193.

[36]　汪恕诚. 水利满足社会与经济发展的五个层次[J]. 广西水利水电，2000（3）：1-3.

[37]　潘靖海. 广西水土保持工作的回顾与展望[J]. 广西水利水电，2004（S2）：47-49.

[38]　贺缠生. 流域科学与水资源管理[J]. 地球科学进展，2012，27（7）：705-711.

[39]　何聪，韦恩斌. 广西水利水电勘测设计 50 年回顾[J]. 广西水利水电，2004（S2）：35-37，40.

[40]　广西水利（电力）厅 50 年大事记（1954～2004）[J]. 广西水利水电，2004（S2）：107-126.

第二篇　规划设计篇

第12章 广西国土生态修复空间分区及管控

12.1 引 言

随着我国社会经济发展和人口不断增长,人们对土地需求也不断增加,但由于土地资源的有限性和空间性严重制约着土地的供给和开发[1-3],致使区域人地矛盾和资源环境问题日益突出[2-3]。为此,我国在20世纪90年代就提出土地整治,对未利用、低效或闲置、损毁(污染)和退化土地进行综合整治与修复[3-5],包括土地深度利用与再开发、污染或退化土地的生态修复、基本农田建设与保护、撂荒土地复垦与整理、土地利用结构调整与规划等活动[3-5]。近几年来更是强调提高土地利用效益、永续利用、改善环境与景观的国土生态修复[4-6],重视在国土生态修复空间分区基础上因地制宜地实施差别化的措施和对策[7]。

国土空间分区是开展国土整治与生态修复具体工程项目的空间指导与前提基础[6-7],目前主要是根据修复目的,结合地形地貌、土地利用、气候、水文、土壤、植被及区位等各个要素或评价指标及其体系进行国土整治或生态修复的空间分区综合研究[7-9],较少从国土生态修复的目的——生态系统服务提升与供需平衡的角度开展案例分析[9-10]。生态系统服务及其供需权衡协同是人类活动与生态系统相互作用响应的结果,其生态系统空间结构-格局-过程-功能-人类惠益(服务)相互关联作用的理论能为国土生态修复提供理论支撑[11]。为此,随着我国国土综合整治与生态修复的发展和生态系统服务研究的不断深入[12-14],越来越多的学者尝试从生态系统服务的角度探讨国土生态修复或整治分区[14-16],如刘春芳等在分析评估生态系统服务供给功能(食物供给、生境质量、碳固持和土壤保持)基础上,结合各项生态系统供给服务障碍因素,讨论了甘肃省榆中县农田整治分区与调控[15]。田美荣等以生态系统服务功能和生态系统退化程度为指标,将巴林右旗土地生态修复分区划分为7个二级区29个生态区[16]。管青春等通过分析生态系统服务供需匹配度和协调度,探讨和划分了河北省曲周县的农业生态管理空间分区并提出各分区的管理措施[17]。可见,从生态系统服务角度开展区域国土生态修复的空间分区是可行[17]。但这些研究更多考虑的是生态系统服务的供给量,较少从生态系统服务供需关系的角度开展案例分析[9-10]。同时,在国土生态修复规划体系中,省(自治区)级国土生态修复的分区规划是国家土地整治任务指标的具体分解,也是各县乡部署国土生态修复工程的理论依据和把控方向[18]。因此,有必要基于生态系统服务供需特征与空间匹配关系开展省(自治区)级国土生态修复的空间分区的案例研究。

广西是我国喀斯特石漠化治理核心区之一,也是南方人工桉树林规模种植集中区,区内生态环境脆弱、土地利用和生态系统服务区域差异性大、土地生态系统退化严重[19],故本章拟以广西壮族自治区为研究区,通过测算和分析各县市生态系统服务供给和需求状况[10]、空间分异特征、匹配类型及关联程度，对广西国土生态修复的空间分区进行讨论与划分，旨在为广西国土生态修复的规划和差异化管理提供基础理论依据。

12.2　研究区概况

广西壮族自治区（简称广西）地处中国地势第二阶梯向第三阶梯过渡的云贵高原东南缘[19]，地形地貌复杂多样，地势大致呈西北向东南倾斜，四周为山地和高原环绕，山岭连绵、岭谷相间、交错纵横，中部和南部多为丘陵土坡和盆地，是典型的山岭丘陵盆地地貌[19-20]。广西属于亚热带季风气候区，气候温暖、雨水丰沛，夏季日照充足、高温多雨、雨热同期，冬季温凉少雨，年平均气温 21.1℃，年平均降水量 1600mm 左右[19-20]。同时，植物种类繁多，森林覆盖率高[19]。总体上看，广西拥有峰林、山地、丘陵、洼地、盆地、平原、河谷、石山、水库湖泊等多种地貌景观，山多土地少、喀斯特山区面积广泛，石漠化问题突出[19-20]。

12.3　研究思路与方法

12.3.1　国土生态修复与生态系统服务

国土生态修复是在区域或国家宏观尺度上，通过国土要素及其空间结构的调整与优化、生态功能修复与提升或者生态系统自我调节与恢复，实现生态系统及其服务的良性健康发展与区域景观生态安全[5, 11]。国土生态修复和生态系统服务两者密切相关、相互影响[12-13]（图 12-1）。国土生态修复活动通过保护、改良、引导、优化、重塑等方式开展国土空间的生态保育、培育、恢复、治理或重建，不仅改变了生态系统的要素（如植被、土壤、水分、小气候等）、结构及土地利用组合方式与空间格局，而且影响着区域生态系统服务损益及其价值供给的可持续性[13-14]。生态系统服务损益与供需平衡变化必然会引起不同利益相关者在土地管理上进行权衡评估、调整与管控[21]，即人们在获得各项生态系统服务过程中，根据社会需求、土地整治修复目标和当前生态系统服务供需状况，对生态系统服务进行权衡和优化，进而潜移默化地影响着国土生态修复的方向、目标、规划设计和分区布局[9-10, 14]。可见，当前生态系统服务空间分异特征、供需匹配及其分区，是构建区域国土生态修复的模式与途径的基础[8-11, 14]，也是土地资源可持续利用的前提条件。

在当前山水林田湖草生命共同体的生态文明建设理念下[11]，从生态系统服务角度开展国土生态修复空间分区的方法路径如图 12-2 所示，国土生态修复过程应在系统工程学、景观生态学、恢复生态学和人地关系理论指导下，分析和清晰生态系统服务空间分异特征、供需匹配及其分区[1, 22-23]，明确国土空间生态修复与生态系统服务之间相互作用机制，进而提出基于生态系统服务的国土生态修复模式及实施策略与措施，构建国土空间生态安全，实现生态系统服务提升和区域可持续发展[11]。首先，要了解区域环境本底信息，定量分析和评价生态系统服务供给和需求状况，明晰其空间格局与分异特征[9]。然后，以空间化的视角分析和识别生态系统服务供需匹配与空间关联特征，并分析和探讨其影响因子与作用机制。最后，结合研究区地形地貌和气候植被土壤等地理特征差异，根据国土生态修复时空维度与修复目标、内容、手段，分析和确定国土生态修复主导方向、分区过程及管控措施[17,24]。其中，生态系统服务供给是指在一定的时间和区域范围内生态系统为人类和社会发展提供的相关产品和服务的能力[24-26]，是国土生态修复及其分区的目标，也是保障区域社会发展的生态基础。生态系统服务需求是指人类社会耗费使用或者希望获得的各种服务[26-27]，是社会发展和土地整治的潜在动力和方向。但在国土生态修复过程中，人们对生态系统服务的需求往往未能得到有效计算[28]，且生态系统服务供需在区域空间上存在明显差异性和错位[27-28]。

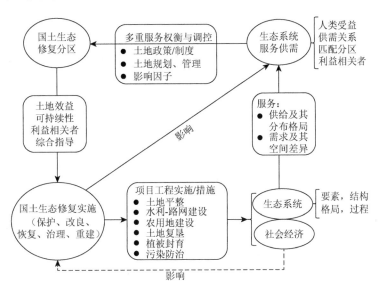

图 12-1　国土生态修复与生态系统服务关联框架

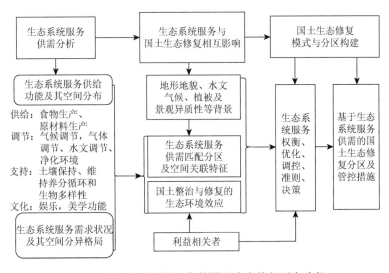

图 12-2　基于生态系统服务的国土生态修复研究路径

12.3.2　生态系统服务供需测算

生态系统服务供给测算主要是结合 Costanza 的生态系统服务价值理论和谢高地[29-31]提出的中国陆地生态系统服务价值当量因子表及标准生态系统生态服务经济价值计算方法[30-32]，并利用广西生物量与全国生物量的比值修订生态系统服务当量因子系数表来消除采用全国参数表征区域特征的误差[30-32]。即，在利用 2015 年广西壮族自治区单位面积粮食产量和全国单位面积粮食产量的比值来修订单位面积农田生态系统服务当量经济价值（约为 3148.5 元/hm²）基础上，结合各种土地利用类型面积及其服务价值，计算广西壮族自治区不同县域生态系统服务总价值［公式（12-1）］[29-31]。

生态系统服务需求，本章综合考虑影响生态系统服务变化的驱动因子及各数据的可获得性[26-27]，分别选取人口密度、土地利用综合程度和地均 GDP 三个指标[26]来反映生态系统服务需求的数量（广度）、消耗强度和潜在深度，借助统计学中取自然对数的方法综合表征区域生态系统服务总需求［公式（12-2）］[26-27]。

$$ESV = \sum A_k \times VC_k \qquad (12-1)$$

$$X = \lg(X_1) + \lg(X_2) + \lg(X_3) \qquad (12-2)$$

式（12-1）中，ESV 为生态系统服务价值（单位：元）；A_k 为第 k 种生态系统类型的面积（单位：hm²）；VC_k 为第 k 种生态系统类型的单位面积生态系统服务价值（单位：元/hm²）。式（12-2）中，X 代表评价单元生态系统服务需求；X_1，X_2，X_3 分别代表评价单元的土地利用综合程度、人口密度和地均 GDP。

12.3.3　生态系统服务供需匹配分析

在计算获得生态系统服务供给量和需求量后利用方差进行 z-score 标准化[10, 26-27]，并将标准化后的结果通过划分象限进行供需匹配分析，以 x 轴表示生态系统服务标准化的供给量、y 轴表示生态系统服务标准化的需求量）[10, 27]，划分出四种供需匹配状态象限：高供给-高需求（Ⅰ象限）、低供给-高需求（Ⅱ象限）、低供给-低需求（Ⅲ象限）、高供给-低需求（Ⅳ象限）[10, 26-27]。随后，利用双变量局部空间自相关模型（LISA）和生态系统服务供需协调度（K）[33-34]分析和探讨区域生态系统服务供需空间聚集程度、匹配特征及协调关联性[17, 33]。在此基础上，结合广西地理环境条件和生态功能区划，利用 GIS 空间分析技术讨论和划分广西土地生态修复空间分区[35]。

$$LISA_i = \frac{(x_i - \bar{x})}{\sum_i (x_i - \bar{x})^2 / n} \sum_j w_{ij}(x_j - \bar{x}) \qquad (12-3)$$

$$K = \sqrt{C \times (\alpha S_供 + \beta D_需)} \qquad (12-4)$$

$$C = \sqrt{\frac{S_{供} \times D_{需}}{\prod (S_{供} + D_{需}) / 2}} \tag{12-5}$$

式（12-3）中，i 表示第 i 个单元县；j 表示毗邻的第 j 个单元县；n 为广西壮族自治区各县市单元的总数；w_{ij} 为空间权重矩阵；x_i 和 x_j 是变量 x 在相邻配对空间单元（或栅格细胞）的取值（属性）；$\bar{x}$ 为属性值的平均值。式（12-4）和式（12-5）中，C 是耦合度；$S_{供}$ 和 $D_{需}$ 分别代表生态系统服务供给和需求；α 和 β 为系数。

12.3.4　数据来源

首先，土地利用数据主要通过 Landsat OLI 8 遥感影像解译获取，影像来源于国家地球系统科学数据共享平台。在参考全国土地利用数据分类标准基础上，利用 ENVI5.3 软件解译和提取广西壮族自治区耕地（水田、旱地等）、林地（含有林地、疏林地、灌木丛等）、草地（包括天然草地草甸和人工草地等）、水域（包括湖泊、水库、河流、坑塘、滩涂等）、建设用地（主要是城镇、农村居民点、交通用地和工矿用地等）和未利用地（主要是裸岩、裸地、沙地等）等 6 种土地利用类型[36]。同时，采用随机抽样统计验证法，结合野外实地调查、土地变更数据库、Google 高清晰地图进行精度检验，影像解译整体精度约为 82%，满足精度要求[2, 35]。其次，统计资料数据主要来自《广西壮族自治区统计年鉴》、《广西农村统计年鉴》、《中国统计年鉴》以及各个地级市的统计年鉴等。

12.4　广西生态系统服务供给空间格局

广西生态系统服务以调节服务为主，支持服务次之。2015 年广西生态系统调节服务价值量约 9.084×10^8 元（占 68.48%），其中水文调节服务最大，气候调节服务次之。支持服务价值量约 2.886×10^8 元（占 21.76%），主要是土壤保持服务和维护生物多样性服务。在空间上，生态系统调节服务和支持服务分布格局相似，主要集中四个片区：广西东部的梧州和贺州市的各县区；南部的上思县、防城区、横县、钦州和博白县；广西西部的田林县、隆林县、右江区、天峨县、环江县、大化县等；北部的龙胜县、融安县、融水县、灵川县、全州县等。供给服务（主要是食物供给和原材料供给服务）和文化服务（景观美学服务）相对较少，两者的价值量分别占 5.40% 和 4.36%。空间分布上，广西生态系统供给服务主要分布在农业种植大县或果园、茶园、人工林木面积规模较大的县市，如广西中南部的灵山县、宾阳县、武宣县、兴宾区、合浦县和贵港市、钦州市、桂林市、贺州市等县市。生态系统文化服务则主要集中在桂林市、贺州市、玉林市、河池市和百色市等旅游资源丰富或乡村旅游较发达的区域。总体上，2015 年广西生态系统服务供给量存在明显的空间格局差异，生态系统服务价值供给量较高的区域主要是森林覆盖较高县区，其生态系统服务价值都超过 61 882 元/hm²（例如昭平县），大致分布在四个区域：

一是广西北部桂林市和三江县、融安县、融水县等；二是广西西部的隆林县、田林县、天峨县、乐业县、右江区、大化县、巴马县等地区；三是昭平县、八步区、苍梧县、金秀县、蒙山县、藤县、岑溪市、容县等广西东部地区；四是上思县、防城区、宁明县、横县、博白县、浦北县等南部地区。生态系统服务供给低值区主要分布在城区（如柳州市区、北海市区）和桂中南平原缓丘地区，不足 47 367 元/hm²，最低是北海市区（仅为 28 309 元/hm²），总量最少的是合山市（2.63×10⁹ 元）。

12.5　广西生态系统服务供需匹配关联分析

1. 需求分析

广西人口密度和地均 GDP 空间分布差异明显，呈现东南部的县区较高，西北山区相对较低。其中，柳州市区人口密度和地均 GDP 最高，分别为 2450 人/km² 和 16 604 万元/km²；百色和河池两市人口密度较低（平均仅为 102 人/km²），且百色市西林县地均 GDP 最低（79 万元/km²）。其次，广西土地开发利用程度中等，平均土地利用综合程度指数约为 229，土地开发利用程度较高的主要集中在广西中部、南部地区，以北海市区最高，其土地利用综合程度指数约为 306，建设用地开发利用率（所占比重）也超过 21%。整体上，根据各县域人口密度、地均 GDP 和土地利用综合程度情况计算获得生态系统服务总需求，发现生态系服务需求高值区主要集中在工农业相对发达的广西中部和东南部地区，尤其是各城市区，例如柳州市区、桂林市区、北海市区、玉林市区和南宁市区等。而广西西北部山区的各县市生态系统服务需求相对较低，均低于 16。

2. 供需匹配关联分析

基于象限分布的生态系统服务供需空间匹配格局如图 12-3 所示，广西生态系统服务供需匹配关系存在一定的区域差异性，大致可分为四种匹配类型：高供给-高需求的空间匹配型（高高型 I，15 个县市）、低供给-高需求的空间错位型（低高型 II，28 个县市）、低供给-低需求的空间匹配型（低低型 III，22 个县市）、高供给-低需求的空间错位型（高低型 IV，29 个县市）。从生态系统服务供给和需求空间关联性上看，皮尔逊相关系数分析广西生态系统服务供需相关性显示生态系统供需服务总体呈现负相关。同时，在进行生态系统服务供需双变量局部空间自相关分析时，其 Moran's I 指数值为 −0.247，并在 95% 的置信度下大多数县市单元（69 个县市）表现为非显著性，即大多数县市生态系统服务供需无明显的聚合现象。其中表现为高高聚集型的是贵港市区、横县、钦州市和南宁市武鸣区，低低聚集型的是凌云县、巴马县、凤山县等 3 个县，高低聚集型的是融水、乐业、田林、天峨、宜州、隆林等 6 个县市，低高聚集型是南宁市区、宾阳县、玉州区、兴业县、陆川县、北流市、容县等 7 个县市，表明生态系统服务供给高的区域，其需求量往往较小，各县市生态系统服务供需匹配空间自相关以高-低或低-高的空间聚集为主。

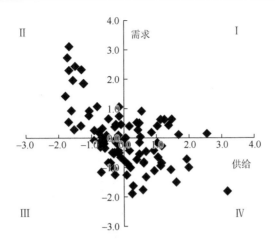

图 12-3　生态系统服务供给与需求分区示意图

按自然断点法将生态系统服务供需协调度划分为三大类七小类，即重度失调 [0，0.045]、中度失调（0.045，0.383]、轻度失调（0.383，0.486]、基本平衡（0.486，0.539]、初级协调（0.539，0.592]、中级协调（0.592，0.663]、高度协调（0.663，0.775]。2015 年广西生态系统服务供需协调度平均值为 0.531（基本平衡），表明广西生态系统服务实际供给与人类需求关系基本良好，生态系统服务可持续。在空间分布上，生态系统服务供需协调度整体呈现桂西北地区较低、东南地区较高。其中，生态系统服务供需协调度较好的区域（>0.539），面积约占 57.21%，集中分布在桂林-柳州-南宁-凭祥一线的广西中东部地区，且以郁江盆地、贺州盆地、来宾平原等工农业较好的盆地缓丘区最高，反映出区域生态系统服务供需关系之间处于良性过程、可持续能力较好。生态系统服务供需协调度基本平衡的区域（0.486，0.539]，面积占 19.43%，主要是上林县、隆安县、右江区、马山县、武宣县、象州县、罗城县、阳朔县等 20 个县市。生态系统服务供需协调度较低的区域（<0.486），面积约占 23.36%，主要分布在人口密集、社会经济发展好的城市区（需求量远远高于供给量）或者地广人稀的山林区和生态功能区（需求量远低于供给量），如桂林市区、柳州市区、北海市区、合山市、南宁市区等城市和田林县、金秀县等县域。

12.6　广西县域国土生态修复空间分区与管控

根据广西生态系统服务供给和需求的空间分布特征和匹配类型、供需协调程度状况，结合广西地理环境与气候差异性、社会经济发展和《广西壮族自治区生态功能区划》，按照区域发展相关理论、主导型和综合性的原则，以县级行政区划为基本单位，从土地整治与生态修复管控的角度将广西划分为 4 个大区 10 个国土生态修复分区，即高高型Ⅰ1 和Ⅰ2，低高型Ⅱ1 和Ⅱ2，低低型Ⅲ1、Ⅲ2 和Ⅲ3，高低型Ⅳ1、Ⅳ2 和Ⅳ3，同时针对不同分区提出差异化管控措施（图 12-4）。

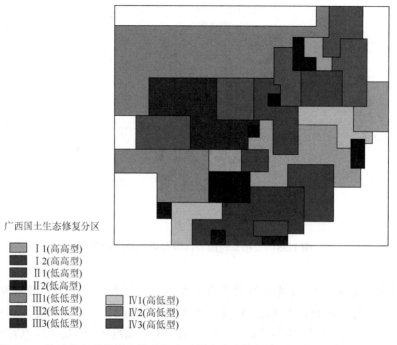

广西国土生态修复分区

Ⅰ1(高高型)
Ⅰ2(高高型)
Ⅱ1(低高型)
Ⅱ2(低高型)
Ⅲ1(低低型)
Ⅲ2(低低型)
Ⅲ3(低低型)

Ⅳ1(高低型)
Ⅳ2(高低型)
Ⅳ3(高低型)

图 12-4　基于生态系统服务供需的广西国土生态修复分区示意图（后附彩图）

（1）桂中-桂东盆地平原区（Ⅰ1）和沿海台地丘陵区（Ⅰ2）：这两个区域生态系统服务都是"高供给-高需求"的空间匹配格局，其供需协调度均表现为高度协调和中度协调。区内地理条件较好，水、土、光、热等自然条件优越，生态本底较好、森林覆盖率高、河流水库面积大；同时人口密度较大、农业生产活动频繁、农林产业发达、社会经济发展水平和城镇化建设较高或中等，是生态系统服务高供给区（尤其是供给服务和调节服务），也是生态系统服务高需求区（平均生态系统服务需求量为 17.71）。因此，该区域主要是保护和维护好当前生态系统及其服务供需状况。一方面，应积极发挥良好的经济与生态优势，重视基本农地保护和高标准农田建设，加强农业生产功能和农地产出效益，如建设以蔗糖、亚热带林果和用材林为主的桂南丘陵农林生态功能区，以水稻-蔗糖-蔬菜-特色水果为核心的郁江-浔江平原农业生态功能区等。另一方面，不断完善水利、路网等基础设施，重视水库建设与流域管理；加快土地平整与综合整治，优化土地利用结构、增加农林用地面积，同时保护生境和改善生态环境。

（2）桂中-桂南工农业发达区（Ⅱ1）：区域内生态系统服务呈现"低供给-高需求"空间格局，主要分布在地势平坦、水土条件好、工农业发达、人口稠密的县区，是广西重点开发区域。区内自然资源相对较少，生态系统服务供给能力难以满足本身的需求，生态系统服务供需关系紧张。该区国土生态修复过程要侧重生态系统服务改良，提高低值地类的利用效益。一方面，合理统筹城乡建设用地，开展农村重构和土地整理[37]。另一方面，切实保护和维护好基本农田，改善低效耕地，发展现代化农业与乡村旅游。

（3）城市辖区（Ⅱ2）：区域内生态系统服务呈现"低供给-高需求"空间格局，主要分布在南宁市区、北海市区、桂林市区、柳州市区、梧州市区、凭祥市、合山市、东兴市等市区。区域内人口多、人类活动频繁、土地利用程度和城镇化水平较高，生态系统服务供给服务远远满足不了人们的需求，供需协调度呈现失调的状况，人地矛盾突出。因此，该区应以生态改良为主，重视生态修复及生态系统服务功能提升，应坚持节约用地和集约发展，在城区不断完善城市绿色基础设施、廊道景观，增加公园与休闲绿地面积，提高植被覆盖率[17]，扩大生态用地空间（如休闲绿地、公园），综合权衡生态文明建设与经济发展。

（4）桂西南喀斯特山地丘陵区（III1）：主要分布在崇左和百色两市内，区域内水、土、光、热等自然条件优越，拥有弄岗国家级自然保护区和老虎跳、西大明山、下雷、恩城、龙虎山、古龙山等多个自然保护区[37]，但农业垦殖、开矿、林木开发等人类生产生活活动频繁。生态系统服务在空间呈现低供给-低需求格局，其供需协调度以初级协调和基本平衡为主。因此，生态修复过程应以改良或重构生态系统服务为主，提升生态系统服务供给，促使区域发展成为南亚热带农林畜牧产业重要区。因此，该区发展措施，一方面严格实施封山育林和退耕还林，推广畜牧圈养方式，加快水土保持林和水源涵养林等生态公益林的建设与恢复，加强石漠化综合治理与干旱等自然灾害的防控[37]。另一方面，加强自然保护区建设和管护，构建生态廊道、保障生境连通性，保护自然生态系统与重要物种栖息地[37]，防治外来物种入侵与河道藻化。

（5）桂东北岩溶孤峰谷地区（III2）：分布在广西东北部喀斯特谷地残丘的土岭石山带，包括有恭城县、灌阳县、富川县、钟山县。区内自然资源有限，农业生产活动较强，经济果木林较多，产业结构优化和城镇化水平相对不高，经济发展较缓慢，属于生态系统服务低供给-低需求类型，其供需协调度处于初级协调和基本平衡水平。今后，该区应侧重于生态改良或重构，一是应加强自然植被恢复，提高森林覆盖率，保护生态系统的完整性。二是开展坡耕地水土流失治理、滑坡泥石流灾害防治、封山育林和土地整治工程[37]。三是努力调整该地区的产业结构与生产布局，着重发展康养产业、生态旅游、壮族和瑶族民族保健与医药文化产业，因地制宜适度开发后备耕地资源，发展绿色食品[37]。

（6）桂西北滇黔桂石漠化生态重建区（III3）：分布在巴马县、凤山县、东兰县、金城江区西南部、大化县、都安县西北部和西南部、马山县东北部和西部、上林县西北部等区域，是广西喀斯特石漠化核心区和原连片集中贫困山区，石漠化面积大，贫困深度高，属于生态系统服务低供给-低需求类型，其供需协调度以失调为主，区域生态系统服务供给能力满足不了地方需求。因此，在国土生态修复中，应侧重于加强基质生态修复与生态重建。一是全面实施石漠化综合治理[37]，通过封山育林、天保林工程、退耕还林还草工程、坡改梯等工程治理、农村厨灶革命和能源建设、生态移民以及改变耕作方式和畜牧圈养方式等措施，恢复乔木灌草等自然植被，促进生态功能的修复。二是实施乡村土地整治工程、易地生态移民搬迁工程等，促进区域内村屯结构重构、脱贫致富与地方经济发展。三是加强生态保护的宣传和教育。利用科普基地、高校、研究院所和多媒体等采用多种手段和方式积极普及生态环境保护教育，宣传广西青山绿水金不换的理念，调动当地群众参与环境保护与监督管理。

（7）桂东和桂西南的中低土山林区（IV1）。生态系统服务整体呈现"高供给-低需求"的空间匹配格局，主要分布在宁明县和上思县、昭平县、蒙山县、苍梧县、金秀县等，是十万大山、桂江中上游山地重要林区和大瑶山自然保护区。由于区域内林区和保护区较多，生态系统服务供给量较高，但部分县区人类活动频繁，生态系统服务需求量大。未来区内发展措施应以保育生态系统服务为主。一是加强保护天然林和水源涵养林、继续恢复自然植被和封山育林、退耕还林还草等，努力降低开矿、林木采伐等人类活动对自然生态系统的各种破坏和干扰。二是在农村广泛开展农村生态能源建设、严禁陡坡垦荒和过度放牧，并防范和控制人工桉树林面积的扩大。三是合理开发旅游资源和动植物资源，积极发展生态旅游和经济林果绿色食品产业。

（8）桂西北-桂北喀斯特峰丛洼地区（Ⅳ2）：生态系统服务呈现"高供给-低需求"的匹配状态，各县域生态系统服务供需协调多为中度或轻度失调，少数为基本平衡。该区域生态环境本底较好，植被覆盖率高，是广西重要的水源涵养地和生物多样性保护重要区，也是西江流域上中游地区重要的生态屏障[37]。同时区内人口密度和城镇化率较低，生态系统服务需求量少。因此，该区域应以保育和维护生态系统服务功能为主，加强水源涵养林的保护和恢复、森林自然保护区建设和管理，构建生物廊道加强生境连通性[37]，提高森林质量，防止区域大规模开发和石漠化。

（9）喀斯特河谷平原与谷地区（Ⅳ3）：生态系统服务整体呈现"高供给-低需求"的空间匹配格局，各县域生态系统服务供需耦合趋向于中度和轻度低度失调。该区域主要分布在广西西南部的右江河谷和湘桂走廊的桂北喀斯特谷地-缓丘-河谷平原区，是广西农林产品重要供给区和水土保持重点区。该区域国土生态修复过程应以生态系统服务培育为主，综合保护生态系统服务高值地类，提升投入产出效益，同时又注意生态环境保护[17]。一方面，合理开发和综合利用区域旅游资源、动植物资源、水力资源，重点发展生态旅游、乡村旅游、亚热带特色林果食品、有机食品加工等生态产业[37]。另一方面，开展废弃矿山、采石场等工矿用地治理与管理，以及水土流失和石漠化的防治工程等。

参 考 文 献

[1] Long H L. Land consolidation: An indispensable way of spatial restructuring in rural China[J]. Journal of Geographical Sciences，2014，24（2）：211-225.

[2] Qu Y B，Jiang G H，Li Z T，et al. Understanding rural land use transition and regional consolidation implications in China[J]. Land Use Policy，2019，82：742-753.

[3] 王军，钟莉娜. 中国土地整治文献分析与研究进展[J]. 中国土地科学，2016，30（4）：88-97.

[4] 王军，钟莉娜. 土地整治工作中生态建设问题及发展建议[J]. 农业工程学报，2017，33（5）：308-314.

[5] 曹小曙. 基于人地耦合系统的国土空间重塑[J].自然资源学报，2019，34（10）：2051-2059.

[6] 龙花楼，张英男，屠爽爽. 论土地整治与乡村振兴[J]. 地理学报，2018，73（10）：1837-1849.

[7] 韩宗伟，焦胜，胡亮，等. 廊道与源地协调的国土空间生态安全格局构建[J]. 自然资源学报，2019，34（10）：2244-2256.

[8] 沈悦，严金明，陈昊. 基于"三生"空间优化的城乡交错区土地整治功能单元划定[J]. 农业工程学报，2018，34（6）：244-255.

[9] 刘春芳，薛淑艳，乌亚汗. 土地整治的生态环境效应：作用机制及应用路径[J]. 应用生态学报，2019，30（2）：685-693.

[10] 王萌辉，白中科，董潇楠. 基于生态系统服务供需的陕西省土地整治空间分区[J]. 中国土地科学，2018，32（11）：73-80.

[11] 曹宇，王嘉怡，李国煜. 国土空间生态修复：概念思辨与理论认知[J]. 中国土地科学，2019，33（7）：1-10.

[12] Li Y R，Li Y，Fan P C，et al. Land use and landscape change driven by gully land consolidation project: A case study of a typical watershed in the Loess Plateau[J]. Journal of Geographical Sciences，2019，29（5）：719-729.

[13]　Zhang Z F，Zhao W，Gu X K. Changes resulting from a land consolidation project（LCP）and its resource-environment effects：A case study in Tianmen City of Hubei Province，China[J]. Land Use Policy，2014，40：74-82.

[14]　Li P Y，Chen Y J，Hu W H，et al. Possibilities and requirements for introducing agri-environment measures in land consolidation projects in China，evidence from ecosystem services and farmers' attitudes[J]. Science of the Total Environment，2019，650（Part 2）：3145-3155.

[15]　刘春芳,乌亚汗,王川. 基于生态服务功能提升的高标准农田建设的分区方法[J].农业工程学报,2018,34(15):264-272.

[16]　田美荣,高吉喜,宋国宝,等. 基于主导生态功能与生态退化程度的生态修复分区研究[J]. 生态与农村环境学报,2017,33（1）：7-14.

[17]　管青春,郝晋珉,许月卿,等. 基于生态系统服务供需关系的农业生态管理分区.[J] 资源科学,2019,41（7）:1359-1373.

[18]　曲衍波,朱伟亚,郧文聚,等. 基于压力-状态-响应模型的土地整治空间格局及障碍诊断[J]. 农业工程学报,2017,33（3）:241-249.

[19]　胡宝清. 广西地理[M]. 北京：北京师范大学出版社,2011.

[20]　李平星,樊杰. 基于 VSD 模型的区域生态系统脆弱性评价：以广西西江经济带为例[J]. 自然资源学报,2014,29（5）：779-788.

[21]　魏子谦,徐增让,毛世平.西藏自治区生态空间的分类与范围及人类活动影响[J].自然资源学报,2019,34(10):2163-2174.

[22]　赵文武,刘月,冯强,等. 人地系统耦合框架下的生态系统服务[J]. 地理科学进展,2018,37（1）：139-151.

[23]　Yu Z W，Xiao L S，Chen X J，et al. Spatial restructuring and land consolidation of urban-rural settlement in mountainous areas based on ecological niche perspective[J]. Journal of Geographical Sciences，2018，28（2）：131-151.

[24]　Chen J Y，Jiang B，Bai Y，et al. Quantifying ecosystem services supply and demand shortfalls and mismatches for management optimization[J]. Science of the Total Environment，2019，650（Part 1）：1426-1439.

[25]　Wang J，Zhai T L，Lin Y F，et al. Spatial imbalance and changes in supply and demand of ecosystem services in China[J]. Science of the Total Environment，2019，657：781-791.

[26]　彭建,杨旸,谢盼,等. 基于生态系统服务供需的广东省绿地生态网络建设分区[J]. 生态学报,2017,37（13）:4562-4572.

[27]　顾康康,杨倩倩,程帆,等. 基于生态系统服务供需关系的安徽省空间分异研究[J]. 生态与农村环境学报,2018,34（7）：577-583.

[28]　Baró F，Palomo I，Zulian G，et al. Mapping ecosystem service capacity，flow and demand for landscape and urban planning：A case study in the Barcelona metropolitan region[J]. Land Use Policy，2016，57：405-417.

[29]　谢高地,甄霖,鲁春霞,等. 一个基于专家知识的生态系统服务价值化方法[J]. 自然资源学报,2008,23（5）：911-919.

[30]　谢高地,张彩霞,张雷明,等. 基于单位面积价值当量因子的生态系统服务价值化方法改进[J]. 自然资源学报,2015,30（8）：1243-1254.

[31]　谢高地,张彩霞,张昌顺,等. 中国生态系统服务的价值[J]. 资源科学,2015,37（9）：1740-1746.

[32]　Xie G D，Zhang C X，Zhen L，et al. Dynamic changes in the value of China's ecosystem services[J]. Ecosystem Services，2017，26（Part A）：146-154.

[33]　翟天林,王静,金志丰,等. 长江经济带生态系统服务供需格局变化与关联性分析[J]. 生态学报,2019,39（15）：5414-5424.

[34]　Ma L，Jin F J，Song Z Y，et al. Spatial coupling analysis of regional economic development and environmental pollution in China[J]. Journal of Geographical Sciences，2013，23（3）：525-537.

[35]　Wang L J，Zheng H，Wen Z，et al. Ecosystem service synergies/trade-offs informing the supply-demand match of ecosystem services：Framework and application[J]. Ecosystem Services，2019，37：100939.

[36]　Gong J，Liu D Q，Zhang J X，et al. Tradeoffs/synergies of multiple ecosystem services based on land use simulation in a mountain-basin area，western China[J]. Ecological Indicators，2019，99：283-293.

[37]　广西壮族自治区人民政府办公厅. 广西壮族自治区生态功能区划[EB/OL].（2008-04-26）[2024-08-15]. http://www.gxzf. gov.cn/zfwj/zzqrmzfbgtwj_34828/2008ngzbwj_34839/t1508206.shtml.

第13章 广西河流分类保护与修复模式

13.1 引 言

13.1.1 规划分区

广西地处中国南部，位于北纬 20°54′09″~26°23′19″，东经 104°26′48″~112°03′24″。东邻广东省，南邻北部湾与海南省隔海相望，西南与越南社会主义共和国毗邻，西连云南省，西北靠贵州省，东北接湖南省。广西区位优越，是西南地区最便捷的出海通道，也是中国西部资源型经济与东南开放型经济的结合，在中国与东南亚的经济交往中占有重要地位。广西行政区域土地面积 23.76 万 km^2，管辖海域面积约 7000km^2。

按照广西各县（区、县级市）功能定位和经济社会发展需求，结合国家发展战略涉及广西相关地区范围，考虑各片区特点，将全区划分为北部湾经济区、桂中桂东珠江-西江经济带、左右江革命老区、桂林国际旅游胜地四大片区，下分 14 个地级行政区为二级区。规划分区见表 13-1。

表 13-1 规划分区情况

规划分区	地级行政区	计算面积/km^2
北部湾经济区	南宁市	22 349
	北海市	3 337
	钦州市	10 616
	防城港市	5 920
	玉林市	12 888
桂中桂东珠江-西江经济带	贵港市	10 641
	贺州市	11 680
	来宾市	13 378
	柳州市	18 592
	梧州市	12 573
左右江革命老区	百色市	36 143
	崇左市	17 255
	河池市	33 600
桂林国际旅游胜地	桂林市	27 689
4 个	14 个	236 661

北部湾经济区：地处华南经济圈、西南经济圈和东盟经济圈的结合部，我国西部大开

发地区唯一的沿海区域，也是我国与东盟国家既有海上通道又有陆地接壤的区域，是中国-东盟开放合作的物流基地、商贸基地、加工制造基地和信息交流中心，成为带动、支撑西部大开发的战略高地、西南中南地区开放发展新的战略支点、21 世纪海上丝绸之路和丝绸之路经济带有机衔接的重要国际区域经济合作区。2017 年，该区域面积占全区总面积的 23.3%，人口约占全区总人口的 38.6%，地区生产总值和工业增加值分别占全区的 44.3%和 41.3%。

桂中桂东珠江-西江经济带：连接我国东部发达地区与西部欠发达地区，是珠江三角洲地区转型发展的战略腹地、西南地区重要的出海大通道、面向港澳和东盟开放合作的前沿地带，是广西全面融入对接粤港澳大湾区的重要区域，也是大湾区向西南辐射拓展的关键通道。2017 年该区域面积占全区总面积的 28.3%，现状人口约 1 569 万，占全区总人口的 32.1%，地区生产总值和工业增加值分别占全区的 31.1%和 35.5%。

左右江革命老区：地处滇桂黔三省（自治区）交界，是国家西南地区通边达海的重要通道和面向东盟开放的前沿地带，是国家重要的"西电东送"基地、有色金属产业基地和特色农产品基地。森林资源丰富，生态环境优良，是国家生物多样性重要宝库、珠江流域重要的生态屏障。是广西民族文化、边关风情、红色旅游资源聚集区域。2017 年区域人口 926 万，约占全区总人口的 18.9%；地区生产总值和工业增加值分别占全区的 14.6%和 15.3%。

桂林国际旅游胜地：桂林自古享有"山水甲天下"的美誉，是世界著名的风景游览城市和国家历史文化名城，是国家第一批水生态文明建设试点城市。发展战略为 2025 年全面建成国际旅游胜地，2030 年建成世界一流的国际旅游胜地。2017 年区域人口 505.75 万，约占全区总人口的 10.4%；地区生产总值和工业增加值分别占全区的 10%和 7.8%。各分区主要社会经济指标见表 13-2。

表 13-2　各分区主要社会经济指标

分区	人口		面积		GDP		工业增加值	
	数量/万人	占全区比例/%	数量/km²	占全区比例/%	数量/亿元	占全区比例/%	数量/亿元	占全区比例/%
北部湾经济区	1 884.76	38.6	55 110	23.2	9 099.65	44.3	3 223.38	41.4
桂中桂东珠江-西江经济带	1 568.81	32.1	66 864	28.3	6 388.45	31.1	2 769.33	35.5
左右江革命老区	925.68	18.9	86 998	36.8	3 003.99	14.6	1 193.17	15.3
桂林国际旅游胜地	505.75	10.4	27 689	11.7	2 045.18	10.0	609.71	7.8
小计	4 885.00	100.0	236 661	100.0	20 537.27	100.0	7 795.59	100.0

13.1.2　河流水系

广西境内河流众多，流域面积在 50km² 及以上河流共有 1350 条，总河长 52 386km，河网密度 0.053km/km²，分属珠江流域、长江流域、桂南沿海诸河和红河流域四大流域。广西境内的珠江流域面积为 202 119km²，占广西陆地总面积的 85.40%，有西江、北江两个水系：西江水系流域面积为 202 082km²，占珠江流域总面积的 44.6%，主要河流有西江（南盘江、红水河、黔江、浔江）、柳江、郁江、桂江、贺江；北江水系流域面积为 37km²，在广西境内无河流。长江流域面积为 8399km²，为洞庭湖水系的湘江、资江（夫夷水）上游。桂南沿海诸河流域面积为 24 385km²（含岛屿面积 84km²），主要河流有南流江、钦江、防城河、茅岭江、大风江、北仑河。红河流域面积为 1758km²，为百都河。

广西全区主要河流情况见表 13-3。其中，北部湾经济区主要有郁江和钦江、南流江等独流入海河流；桂中桂东珠江-西江经济带位于西江中下游，又有柳江、郁江、桂江、贺江等支流汇入，水量丰富；左右江革命老区位于郁江和红水河上游，且有柳江主要支流龙江；桂林国际旅游胜地主要有桂江及其支流。

表 13-3　广西主要河流情况表

流域	河名	流域面积/km²	河长/km	干流平均坡降/‰	流域形状系数
珠江流域	西江	202 082	1 237	0.510	0.132
	柳江	42 044	743	0.427	0.076
	郁江	68 056	1 066	0.31	0.060
	桂江	18 729	450	0.41	0.092
	贺江	8 363	239	0.50	0.146
长江流域	资江	1 321	83	2.86	0.19
	湘江	7 063	201	0.89	0.174
桂南沿海诸河	南流江	9 232	285	0.35	0.114
	钦江	2 391	195	0.32	0.063
	防城河	895	84	1.84	0.127
	茅岭江	2 909	123	0.49	0.193
	大风江	1 888	139	0.21	0.098
	北仑河	182	11	0.72	1.504
红河流域	百都河	1 758	70	6.86	0.359

注：表中流域面积、长度、流域形状系数均按广西境内部分统计计算。

13.1.3　水生态环境问题与风险

1. 生态环境自然禀赋良好，但生态系统退化风险较高

生态系统类型多样，但生态脆弱面积较大。广西动植物资源丰富，河网密集水系发达，自然生态基础良好，生态类型多样，森林、草地、石山、湿地、海洋等生态系统均有分布，但喀斯特石漠化等生态脆弱区约占全区总面积的 21.7%（2018 年）。

石漠化土地分布广，生态系统退化严重。广西岩溶石漠化土地分布广、程度深，石漠化土地总面积为 153.29hm²（2018 年），占广西国土面积的 6.5%，涉及河池、百色、桂林、崇左、南宁、来宾、柳州、贺州、贵港等 9 市 76 县（市、区），石漠化导致岩溶地

区生态系统退化,水土流失严重。石漠化土地集中分布在红水河流域、左江流域、右江流域和漓江流域中下游,威胁西江干流下游地区的生态安全。

森林质量不高,生态屏障功能不强。近年来,广西森林面积不断扩大,森林覆盖率达 62.37%(2018 年),生态屏障建设初见成效。由于长期以来偏重速生林种植,森林系统林种比例失调,单层林多复层林少,单纯林多混交林少,中幼林多成熟林少,林分质量不高,群落结构和树种单一,针叶林化问题突出,生物群落结构简单,生态功能不强,自然灾害、偷盗滥伐林木、非法侵占林地等对森林资源破坏较大,同时工业开发、矿山开采和弃渣占用阔叶林的情况时有发生,森林质量下降。总体上,生态系统自我恢复平衡能力和自我调节能力不强,蓄水保土、涵养水源、保护生物多样性等生态服务功能削弱,未充分起到构筑流域生态安全屏障的作用。

水土流失广泛,水源涵养能力弱。广西降雨侵蚀力较高,山多、坡多的地形地貌又为降雨径流的产生提供了有利条件和较大势能,使得径流冲刷力强,加上土壤抗蚀性差,水土流失很容易发生。根据水利部 2018 年全国水土流失动态监测成果发布,广西水土流失面积为 39 306.50km^2,占广西国土面积的 16.54%,集中分布在百色、河池、桂林、南宁、崇左、柳州等市,水土流失导致水源涵养能力降低,影响生态系统的良性发展。

自然灾害频繁,生态环境破坏风险加剧。广西山地多、平地少,地理地质条件复杂,气候炎热多湿,雨量充沛、暴雨集中,是一个地质环境脆弱、自然灾害频发的地区,山洪、泥石流、滑坡等地质灾害时常发生。近年来,广西洪涝灾害发生频率高、旱灾影响区域广,均在一定程度上加剧了生态环境破坏风险。

2. 人类活动持续增强,人水和谐矛盾突显

水生态空间侵占严重。根据全区各级河长制"一河一策"问题排查成果,西江、南流江、北流河、钦江等河流中下游河滩地保护范围内存在"乱占""乱堆""乱建""乱采"等问题,严重违法围垦湖泊、挤占河道、蚕食水域、滥采河砂等时有发生,2018 年,仅西江干流网箱养殖共 857 处,未划定为可采区的区域共发现 62 处违法采砂,侵占河道岸线和水域建设项目 142 处、住宅 78 处,生活、建筑垃圾堆弃岸线 229 处,导致河道束窄、滨岸带硬化,影响了河流的横向连通性、生物多样性和亲水景观完整性。

水电资源开发生态环境影响突出。郁江、桂江、贺江、龙江等多数河流已建大量拦河闸坝、水电梯级等,导致河流水生生境破碎化,阻隔洄游通道及破坏鱼类"三场"等,造成水生生物多样性下降。西江干流及主要支流等主要江河流域整体性保护和系统治理不足,河流生态廊道呈破碎化,生态系统质量和服务功能呈退化趋势。早期建设的大中型水库和中小型水电站,多数未修建生态流量泄放设施和安装生态流量监测设施,河流生态流量无法得到有效保障,特别是大量引水式电站或缺乏生态流量泄放设施,或调度运行不合理,导致下游局部河段出现减水甚至断流。

部分河流污染问题突出。根据 2018 年水质监测结果,西江干流、左江、郁江、龙江、柳江、桂江、贺江、北流河、南流江、钦江、黑水河、九洲江、湘江、资水等 84 条主要河流超Ⅲ类水河长占比为 2.9%,九洲江、南流江、义昌江等河流局部河段仍为劣Ⅴ类水。独流入海南流江、钦江等河流水质相对较差,西江二级以上支流、城

市内河等水系局部河段仍存在一定程度污染。贵港、来宾、百色等部分沿江城市污水处理率仍偏低，城区局部河段水质稍差。村镇生活污水、生活垃圾收集处理率偏低，河道水系普遍存在倾倒生活垃圾、农业面源污染、生活污水直排河道等现象，水环境变化趋势不容乐观。

饮用水水源地安全隐患依然存在。2018 年全区尚有 13 个县级及以上城市集中式饮用水水源地水质不达标。来宾市区、梧州市区、苍梧县、横县、灵川县、浦北县等集中式饮用水水源地取水口因上移或变动，导致原批复的保护区不够科学合理。一些饮用水水源保护区的地理界标、警示牌和隔离防护设施尚不完善。城市饮用水水源保护区内污染隐患尚未完全清除，工业企业问题、生活面源污染问题仍较为突出，生活面源、农业面源、网箱养殖等已成为水源地主要污染问题。南流江、钦江、明江、郁江、左江等河流上的水源地安全隐患突出，水污染风险较大。

水土流失及土地石漠化问题仍旧突出。广西水土流失广泛，百色、河池、桂林等市水土流失依然严重，河池、百色等市受石漠化影响较为严重，全区坡耕地种植、山丘区农林开发、生产建设活动等人为水土流失问题仍旧突出，桂西北石漠化地区土地资源保护和桂东南崩岗治理任务十分迫切，老、少、边、穷地区严重的水土流失尚未得到有效治理。

3. 生态管控能力较为薄弱，机制体制仍未建立

河湖空间监管手段不足。"一河一策""河长制"的施行，有效增强了水域岸线空间管控，但依然存在水生态空间边界模糊、使用权交叉重叠等问题，河湖空间保护和监管难度大。涉水事务多头管理，顺畅高效的水生态保护与修复体系尚未形成。

市场参与保护治理不够。水生态修复治理过分依赖政府财政资金，多元化投融资机制尚不完善，难以有效带动社会资金投入。水生态保护与修复主体单一，市场、社会组织和公众参与度不够，全社会共同参与水生态保护的机制仍不完善。

13.2　广西河流廊道保护与修复格局

1. 整体格局

以生态源为"点"、以河流生态廊道为"轴"、以生态分区为"片"，按照"点-轴-片"相互驱动的思路，依托广西"两屏四区一走廊"生态安全战略格局，构建了"千里（十二）长廊驱动、'两屏四区'相辅、多点（243 处）支撑"的"结构合理、格局优化、生境稳定、蓝绿交织"的广西河流廊道保护与修复格局，勾勒了"千里八桂清水长流"美卷。其中依托 12 条重要河流、形成水生态廊道及近岸生态保护带，形成"千里（十二）长廊"链接重要生态源、重要生态节点与重要生态保护区域，形成"点-线-面"联动的生态格局。

2. 千里（十二）长廊

千里（十二）长廊包括西江、郁江、桂江、贺江、南流江、钦江、北流河、龙江、

柳江、左江、右江和防城河，它们作为生态廊道（合计 4914km），构建广西水生态修复治理的主轴，连接点、驱动面。千里（十二廊）按照"顺应自然、绿色发展、幸福生活"原则，从自然规律出发，分类分段统筹河道、河岸、水流等水域要素，通过强化管控、保护修复、截污治污、景观提升、文化传承等措施，维持河流系统健康，实现河流清澈流动、廊道蓝绿交织。

3. "两屏四区"

"两屏"包括桂西桂北生态屏障和北部湾沿海生态屏障，主要按照"保护优先"原则，强化桂西桂北喀斯特区石漠化治理与预防相结合、江河源头区生态建设与保育，促进生态自我修复，构建绿色生态屏障；强化北部湾沿海防风林带、湿地保护和海洋生态恢复，构建沿海蓝绿生态屏障。"四区"包括桂东北生态功能区、桂西南生态功能区、桂中生态功能区和十万大山生态保护区，是国家级和自治区级重要功能区。主要按照"保护优先"原则因地制宜地依次强化以水源涵养、森林生态和维护生物多样性的生态建设；强化以石漠化治理、恢复林草植被和水土流失为主要内容的生态建设；强化以森林生态、保护植被和水土流失为主要内容的生态建设。

4. 多点（243 处）

多点指多个生态源（243 处），生态源是整个区域的与水有关的生态环境关键区，具备维持生物多样性、水产种质安全、水源供给等功能，是构建水生态安全的重要保障。广西生态源的类型及数量如表 13-4 所示。按照"保护优先"原则，强化增强各类生态源的生态系统活力的生态建设，严禁胁迫河流生态系统的一切活动。

表 13-4　广西生态源列表

水产种质资源保护区（5 处）：漓江光倒刺鲃金线鲃国家级水产种质资源保护区、西江梧州段国家级水产种质资源保护区、柳江长臀鮠桂华鲮赤魟国家级水产种质资源保护区、恭城古木源大鲵自治区级水产种质资源保护区、资源牛栏江大鲵自治区级水产种质资源保护区。

市级以上涉水自然保护区（9 处）：北仑河口自然保护区、青狮潭自然保护区、茅尾海红树林自然保护区、龙滩自然保护区、红水河来宾段珍稀鱼类自然保护区、左江佛耳丽蚌自然保护区、下雷自然保护区、澄碧河自然保护区、百东河自然保护区。

国家级湿地（27 处）：澄碧河国家重要湿地（澄碧河市级自然保护区）、北仑河口国际重要湿地（北仑河口国家级自然保护区）、山口红树林国家重要湿地（山口国家级红树林生态自然保护区）、广西北海滨海国家湿地公园、广西桂林会仙喀斯特国家湿地公园、广西横县西津国家湿地公园、广西富川龟石国家湿地公园、广西都安澄江国家湿地公园、广西靖西龙潭国家湿地公园、广西百色福禄河国家湿地公园、广西凌云浩坤湖国家湿地公园、广西平果芦仙湖国家湿地公园、广西大新黑水河国家湿地公园、广西龙州左江国家湿地公园、广西东兰坡豪湖国家湿地公园、广西荔浦荔江国家湿地公园、广西龙胜龙脊梯田国家湿地公园、广西南丹拉希国家湿地公园、广西梧州苍海国家湿地公园、广西南宁大王滩国家湿地公园、广西兴宾三利湖国家湿地公园、广西合山洛灵湖国家湿地公园、广西忻城乐滩国家湿地公园、广西全州天湖国家湿地公园、广西灌阳灌江国家湿地公园、广西贺州合面狮湖国家湿地公园、广西昭平桂江国家湿地公园。

市级城市水源地（60 处）：南宁市邕江河南水厂饮用水水源地、南宁市邕江中尧水厂饮用水水源地、南宁市邕江西郊水厂饮用水水源地、南宁市邕江陈村水厂饮用水水源地、南宁市邕江三津水厂饮用水水源地、南宁市峙村河水库饮用水水源地、南宁市西云江水库饮用水水源地、南宁市东山水库饮用水水源地、南宁市天雹水库饮用水水源地、南宁市老虎岭水库饮用水水源地、南宁市大王滩水库饮用水水源地、南宁市龙潭水库饮用水水源地、南宁市凤亭河水库饮用水水源地、柳州市柳西水厂饮用水水源地、柳州市城中水厂饮用水水源地、柳州市柳东水厂饮用水水源地、柳州市柳南水厂饮用水水源地、桂林市城北水厂饮用水水源地、桂林市东镇路水厂饮用水水源地、桂林市东江水厂饮用水水源地、桂林市瓦窑水厂饮用水水源地、桂林市青狮潭水库饮用水水源地、梧州市桂江富民水厂饮用水水源地、梧州市桂江北山水厂饮用水水源地、梧州市浔江龙新水厂饮用水水源地、梧州市西江塘源水厂饮用水水源地、梧州市龙圩区浔江白沙饮用水水源地、北海市牛尾岭水库饮用水水源地、北海市龙潭村地下水饮用水水源地、北海市禾塘水厂水源替代井饮用水水源地、北海市湖海运河东岭段饮用水水源地、防城港市防城河木头滩饮用水水源地、防城港市湾潭水库饮用水水源地、钦州市钦江青年水闸饮用水水源地、钦州市金窝水库饮用水水源地、钦州市大风江饮用水水源地、钦州市大马鞍水库-南蛇水库饮用水水源地、钦州市茅岭江饮用水水源地、贵港市郁江泸湾江饮用水水源地、贵港市达开水库饮用水水源地、玉林市江口水库饮用水水源地、玉林市大容山水库饮用水水源地、玉林市苏烟水库饮用水水源地、玉林市罗田水库饮用水水源地、玉林市南流江饮用水水源地、玉林市郁江引水工程饮用水水源地、百色市右江饮用水水源地、百色市澄碧河水库饮用水水源地、贺州市龟石水库饮用水水源地、河池市肯冲水厂饮用水水源地、河池市加辽水厂饮用水水源地、河池市城北水厂饮用水水源地、河池市城西水厂饮用水水源地、河池市凌霄地下水饮用水水源地、来宾市红水河河西水厂饮用水水源地、来宾市红水河磨东水厂饮用水水源地、来宾市古瓦水库饮用水水源地、来宾市红水河河南水厂饮用水水源地、崇左市左江木排村饮用水水源地、崇左市客兰水库饮用水水源地。

县级城市水源地（142 处）：武鸣区县城灵水饮用水水源地，隆安县那降水库饮用水水源地，隆安县城右江备用饮用水水源地，隆安县城右江规划饮用水水源地，马山县六朝水库饮用水水源地，马山县城地下水饮用水水源地，上林县城北仓河饮用水水源地，上林县城清水河饮用水水源地，宾阳县清平水库饮用水水源地，宾阳县城清水河饮用水水源地，宾阳县自来水厂饮用水水源地，宾阳县商贸城供水公司饮用水水源地，宾阳县新宾供销公司水厂饮用水水源地，横县县城郁江蒙垌村饮用水水源地，横县六蓝水库饮用水水源地，横县娘山水库饮用水水源地，柳城县城融江饮用水水源地，鹿寨县城洛清江饮用水水源地，融安县城融江饮用水水源地，融水县城融江饮用水水源地，三江县城寻江饮用水水源地，阳朔县城桂江饮用水水源地，灵川县城甘棠江饮用水水源地，永福县城西河湾里村饮用水水源地，永福县城西河拉搞村饮用水水源地，龙胜县城桑江饮用水水源地，龙胜县城棉花坪饮用水水源地，平乐县城桂江饮用水水源地，平乐县城木官汀茶江饮用水水源地，荔浦县城荔浦河饮用水水源地，恭城县城恭城河饮用水水源地，苍梧县东安江石桥镇水厂饮用水水源地，梧州市浔江藤县饮用水水源地，蒙山县城茶山水库饮用水水源地，岑溪市赤水水库饮用水水源地，岑溪市义昌江饮用水水源地，岑溪市四滩水库饮用水水源地，合浦县城南流江总江口饮用水水源地，合浦县洪潮江水库饮用水水源地，上思县那板水库饮用水水源地，东兴市北仑河狗尾赖饮用水水源地，东兴市黄淡水库饮用水水源地，灵山县城大步江饮用水水源地，灵山县灵东水库饮用水水源地，灵山县牛皮鞑水库饮用水水源地，浦北县城小江河饮用水水源地，浦北县城石梯江饮用水水源地，浦北县龙头水库饮用水水源地，贵港市覃塘区平龙水库饮用水水源地，贵港市浔江平南县饮用水水源地，贵港市黔江桂平饮用水水源地，容县宁冲水库饮用水水源地，容县城绣江饮用水水源地，陆川县东山水库群饮用水水源地，陆川县西山水库群饮用水水源地，陆川县石剩水库饮用水水源地，博白县城绿珠江饮用水水源地，博白县城南流江饮用水水源地，兴业县富阳水库饮用水水源地，兴业县长壕水库饮用水水源地，兴业县马坡水库饮用水水源地，北流市区圭江饮用水水源地，北流市龙门水库饮用水水源地，北流市佛子湾水库饮用水水源地，田阳县那音水库饮用水水源地，田阳县百东河水库饮用水水源地，田东县城龙须河训屯饮用水水源地，田东县那拔河水库饮用水水源地，平果县布见水库饮用水水源地，德保县城龙须河饮用水水源地，靖西市龙潭水库饮用水水源地，那坡县团结水库饮用水水源地，那坡县那马水库饮用水水源地，

那坡县东泉地下水饮用水水源地，凌云县坡脚水库饮用水水源地，凌云县平林水库饮用水
水源地，乐业县大利水库饮用水水源地，乐业县上岗水库饮用水水源地，田林县启文水库饮用水水源地，西林县龙英水库饮用水水源地，隆林县城冷水河饮用水水源地，隆林县卡达水库饮用水水源地，昭平县城桂江饮用水水源地，钟山县城地下水饮用水水源地，富川县城涝溪河饮用水水源地，富川县富江水文站老水厂饮用水水源地，南丹县接龙滩水库饮用水水源地，南丹县扁坡水库饮用水水源地，南丹县火暮水库饮用水水源地，南丹县河边场水库饮用水水源地，南丹县假发洞地下水饮用水水源地，南丹县幸福泉地下水饮用水水源地，南丹县桥村地下水饮用水水源地，天峨县城红水河陇麻坡饮用水水源地，天峨县拉芽坡水库饮用水水源地，天峨县峨里湖地下水饮用水水源地，凤山县城拉辉河饮用水水源地，凤山县城弄林河饮用水水源地，东兰县城地下水饮用水水源地，罗城县大山、下漕、好峒、瑶山冲水库饮用水水源地，罗城县龙潭沓地下水饮用水水源地，罗城县双坝塘地下水饮用水水源地，环江县城大环江良伞村饮用水水源地，巴马县城盘阳河饮用水水源地，巴马县所略水库饮用水水源地，巴马县巴定水库饮用水水源地，都安县城澄江河饮用水水源地，大化县城红水河饮用水水源地，大化县城红水河规划饮用水水源地，河池市宜州区土桥水库饮用水水源地，河池市宜州区泵村地下水饮用水水源地，河池市宜州区流河地下水饮用水水源地，忻城县城都乐河饮用水水源地，忻城县鸡叫地下河饮用水水源地，象州县城柳江饮用水水源地，武宜县县城饮用水水源地，金秀县城金秀河饮用水水源地，金秀县城公安冲饮用水水源地，金秀县老山水库饮用水水源地，合山市区红水河饮用水水源地，合山市区能容地下水饮用水水源地，扶绥县城左江江西岸村饮用水水源地，扶绥县城左江龙寨村饮用水水源地，宁明县城明江饮用水水源地，宁明县城派连河饮用水水源地，龙州县城水口河饮用水水源地，龙州县城平而河饮用水水源地，大新县城龙门河饮用水水源地，大新县城桃城河饮用水水源地，大新县乔苗水库饮用水水源地，天等县伏漫水库饮用水水源地，天等县念向水库饮用水水源地，天等县孔林地下水饮用水水源地，凭祥市区平而河饮用水水源地，凭祥市燕安水库饮用水水源地，兴安县五里峡水库饮用水水源地，兴安县城湘江饮用水水源地，全州县城万乡河饮用水水源地，全州县城万乡河规划饮用水水源地，灌阳县城灌江饮用水水源地，资源县城毛竹庵河城东水厂饮用水水源地，资源县城石溪河城西水厂饮用水水源地。

13.3　千里（十二）长廊

千里（十二）长廊（以下简称十二廊）是广西国土空间流动的血管，承担了区域水源供给、物质输移、景观连接的功能，其连接 243 个生态源，驱动着重要生态功能区演化，连通构成了复杂的水陆生态系统。以问题为导向，需求为牵引，按照河流生态修复分类保护与修复规划体系，十二廊被划分为 39 个河段，各河段的河流生态修复类型分为 10 种（表 13-5），生态主导功能分为 7 类（表 13-5），各种河流生态修复类型的河长分布如图 13-1 所示。对十二廊采取的生态修复重点措施如表 13-6 所示。

广西重要河流（十二廊）生态修复措施强度可分为轻度、中度和重度，从轻到重，自然河流分为保护（保育）与维护型、保护与修复型和治理型；人工河流的措施强度为重度，属生态化改造（建设）提升型（表 13-7）。一级即轻度 28 段，河长 4038km，占比 82%；二级即中度 5 段，河长 274km，占比 6%；重度即三级 6 段，河长 602km，占比 12%（图 13-2）。

表 13-5 广西重要河流（十二廊）生态修复分类及基本情况

重要河流	河段编号	河段	河流生态修复类型	生态主导功能	长度/km
西江干流	1	岩滩以上	江河源头水源涵养与保护型	水源涵养功能	570
	2	岩滩到大化	峡谷河段生态保护型	廊道功能	83
	3	大化到乐滩	河谷盆地生态廊道维护型	廊道功能	103
	4	乐滩到桥巩	重要河流水源地保护型	水源供给功能	75
	5	桥巩到大藤峡	重要水生境保护型	栖息地功能	214
	6	大藤峡至长洲坝以下	重要河流水源地保护型	水源供给功能	168
	7	长洲坝下至省界	重要水生境保护型	栖息地功能	24
左江	1	崇左木排取水口以上	江河源头水源涵养与保护型	水源涵养功能	135
	2	崇左木排取水口到山秀电站	城区生态廊道建设型	廊道功能	122
	3	山秀电站以下	平原河段生态廊道保护与修复型	廊道功能	86
右江	1	百色水库以上	江河源头水源涵养与保护型	水源涵养功能	293
	2	百色水库至那吉电站	城区生态廊道建设型	廊道功能	63
	3	那吉电站至金鸡滩	河谷盆地生态廊道维护型	廊道功能	160
	4	金鸡滩到老口水利枢纽	重要水源地保护型	水源供给功能	124
郁江	1	老口水利枢纽至邕宁水拦河坝	城区生态廊道建设型	廊道功能	77
	2	邕宁水拦河坝到贵港航运枢纽	重要河流水源地保护型	水源供给功能	233
	3	贵港航运枢纽至河口	重要水生境生态保护型	栖息地功能	116
龙江	1	宜州叶茂电站以上	江河源头水源涵养与保护型	水源涵养功能	165
	2	宜州叶茂电站以下	河谷盆地生态廊道维护型	廊道功能	97
柳江	1	融水县城融江饮用水水源地	江河源头水源涵养与保护型	水源涵养功能	179
	2	融水县至柳城县下界	重要水生境保护型	栖息地功能	122
	3	柳城县下界至红花电站	城区生态廊道建设型	廊道功能	83
	4	红花电站以下	平原河段生态廊道保护与修复型	廊道功能	108

续表

重要河流	河段编号	河段	河流生态修复类型	生态主导功能	长度/km
桂江	1	灵川潭江河口以上	江河源头水源涵养与保护型	水源涵养功能	72
	2	灵川潭江河口到巴江口电站	特色山水景观保护型	景观娱乐功能	189
	3	巴江口电站以下	峡谷河段生态保护型	廊道功能	177
贺江	1	龟石水库以上	江河源头水源涵养与保护型	水源涵养功能	73
	2	龟石水库至合面狮库尾	河谷盆地生态廊道维护型	廊道功能	78
	3	合面狮库尾以下至省界	峡谷河段生态保护型	廊道功能	88
北流河	1	北流市水源地以上	江河源头水源涵养与保护型	水源涵养功能	98
	2	北流市水源地以下至容城电站	水环境综合治理型	水质净化功能	37
	3	容城电站以下	峡谷河段生态保护型	廊道功能	142
南流江	1	南流江玉东湖以上	江河源头水源涵养与保护型	水源涵养功能	25
	2	南流江玉东湖到总江桥闸	水环境综合治理型	水质净化功能	220
	3	总江桥闸以下	河口生态保护与修复型	栖息地功能＋水质净化功能＋地貌功能	38
钦江	1	青年闸以上	重要河流水源地保护型	水源供给功能	159
	2	青年闸以下	河口生态保护与修复型	栖息地功能＋水质净化功能＋地貌功能	32
防城河	1	木头滩拦河闸以上	重要河流水源地保护型	水源供给功能	76
	2	木头滩拦河闸以下	河口生态保护与修复型	栖息地功能＋水质净化功能＋地貌功能	10
合计					4 914

注：各修复类型均附加有景观文化功能。

表 13-6　广西重要河流（十二廊）生态修复类型及重点措施

序号	河流生态修复类型	主要河段	段数	长度/km	重点措施
1	江河源头水水源涵养与保护型	西江干流乐滩以上、左江崇左木排取水口以上、右江百色水库以上、龙江叶茂电站以上、桂江灵川潭江河口以上、贺江龟石水库以上、北流河北流市水源地以上、南流江南江站以上	9	1 610	从山水林田湖草系统角度进行流域资源保护与培育，依托自然保护区划区大保护，禁止一切损害生态环境行为，建设以水源涵养、水土保持林为主的片区珠江防护林工程（片区珠防林），扩大阔叶林面积；提升生态系统服务，25°以上陡坡耕地，进行退耕还林还草，等高耕作等水土保持措施；加强产业结构调整，推广梯田，等高耕作等水土保持措施；加强产业结构调整，大力发展生态旅游等生态修复型产业；对该生态建设区进行生态补偿，以河道为中心建立生态修复型和生态保护三道防线，增强流域生态水源涵养能力
2	峡谷河段生态保护型	西江干流岩滩到大化、桂江巴江口电站以下、贺江合面狮库尾以下至省界、北流江客城电站以下	4	490	按照保护优先、自然恢复为主的策略维持现有的生态系统，因地制宜地拆除支流截河闸，增强河流纵向连通性；加强封山育林及人工造林力度，保持水土，构建河岸防护林带；广西北部加强石漠化治理力度，激活生态系统活动；修复亲水设施，促进水入交流；加强河流空间管控，构建生态廊道
3	河谷盆地生态廊道维护型	西江干流大化到乐滩、右江那吉电站至金鸡滩、龙江宜州电站以下、贺江龟石水库至合面狮库尾	4	438	按照保护优先、自然恢复为主的策略维持现有的生态系统，增加河流纵向连通性，增加河流横向连通性，景观和亲水设施建设；有条件河段进行河流自然化修复；增加自然河道纳废；逐步推进沿入河排污口建设人工湿地，消纳过滤污染；推进绿色水电站评估认证，分类退出或改造
4	平原河段生态廊道保护与修复型	柳江红花电站以下、左江山秀电站以下	2	194	秉承近自然修复的理念，维持自然河流生态廊道不退化。沿河构建"前置库+多塘为系统+生态缓冲带+人工湿地"农业面源纳系统；沿河修建河岸缓冲带、拓宽河道建设生态空间；修建亲水设施，构建生态空间管控，自然、和谐的生态廊道
5	重要河流水水源地保护型	西江干流乐滩到桥巩、西江干流大藤峡至长洲坝下、钦江青年闸以下、右江金鸡滩以下，右江邕宁坝到老口水利枢纽，郁江邕宁河坝到贵港港航运板组	6	835	按照水源保护区外"源控、水降、修复"，区内"封禁"即保护区内禁止一切危害水质行为，进行水源地水污染防能力与提升。依据水域纳污容量上限，划定限养区、禁养（种）区域进行养殖业调整和布局；积极推动集中规模化养殖场布局和产业发展；推广"高架床+益生菌+有机肥+种植""异位发酵床"等多种生态养殖模式，加强畜禽粪便无害化处理；城区河段构建河岸缓冲带、消纳截纳污染；截纳重金属污染；加强土壤重金属污染修复，构建多级多尺度水污染防控体系
6	重要水生生境保护型	西江干流桥巩到大藤峡、西江干流长洲坝下至省界，郁江贵港港运板组至河口、柳江融水县至柳城县下界	4	476	依托自治区级以上水产种质资源保护划区大保护，进行水产种质资源越冬、产卵、索饵、洄游等栖息地和水生野生动物的培育与保护，以修复稀有水产或其他水产种质多样性，丰富生物多样性；以点带面构建鱼类生态系统，提高其生态系统弹性；以保护沿海湿地公园、融合旅游、文化、教育、科研等打造海洋特色产业

续表

序号	河流生态修复类型	主要河段	段数	长度/km	重点措施
7	水环境综合治理型	北流河北流市水源地以下至容城电站、南流江玉东湖到总江桥闸	2	257	按照"源头减排、面源管控、过程阻断、末端治理"方针，建立多级多尺度多过程修复体系。加强养殖、桉树等产业结构调整，依据水域纳污能力指导规模化养殖，划定限养（种）、禁养（种）区域和产业容量上限；积极推动集中规模化养殖模式，推广"高架床+益生菌+有机肥+种植"等养殖粪污资源化利用；有条件地区推进"截污建池、收运还田"养殖粪污治理模式。积极推广"农业测土配方技术、农业绿色防控技术；沿河构建"前置库+多水塘沟渠系统+生态缓冲带+人工湿地"农业面源截纳系统；加强生态疏浚，建设生态护坡，沿河构建多级截留缓冲带、重建植被群落，建设滨海湿地，提升河流水质净化功能、廊道功能和景观娱乐功能
8	河口生态保护与修复型	南流江总江桥闸以下、钦江青年闸以下，防城河木头滩河闸以下	3	80	依托红树林国家级生态保护区积极开展河口生态系统保护，构建沿海红树林防护林带。加强入海生态流量管控，消纳污染物的功能，通过自然养护、人工栽培，增殖放流，河口生物群落修复等适度扩大红树林面积，发挥防风消浪、河口生态系统修复。依托"海上丝绸之路始发港"等史记文化底蕴与传承，丰富河口复合生态系统保护内涵
9	城区生态廊道建设型	左江崇左木排取水口到山秀电站、右江百色水库至那吉电站，郁江老口水利枢纽至邕宁拦河坝、柳江柳城县下界至红花电站	4	345	秉承近自然修复的理念，在满足防洪需求情况下，行洪廊道、行洪廊道三级连通结构，重塑岸线，建设行水通道、整合湿地公园，生态农业基地，依据河流生态空间范围，进宽河道、降低边坡，生态护岸与边坡建设，有条件的河段建设湿地型农业观光园，形成多产业集聚，大力恢复湿地公园，生态创新；实施自治区级以上湿地保护、禁止一切围垦与破坏水生态敏感区（点）等生态保护与修复工程，大力发展生态产业，形成良性发展模式
10	特色山水景观保护型	桂江灵川漓江河口到巴口口电站	1	189	围绕特色喀斯特景观保护需求，整合桂林市6个自治区级以上保护区，布局合理的生物多样性保护网络，加快推进自然保护区、植物园、森林公园、生物廊道等建设；全面提升漓江光倒刺鲃金线鲃国家级水产种质资源保护区，满足漓江两岸保护、绿化、彩化、果化工程；依托水产种质资源保护区，实施上游水库生态调度，进行漓江生态级水产种质保护，禁止一切影响珍稀濒危物种和水产种质资源保护行为，以点带面保护河流生态水野生动植物保护和增殖生态系统
	合计		39	4 914	

表 13-7 广西重要河流（十二廊）生态修复措施强度

河流类型	措施强度-修复类型	主要河段	数量/个	长度/km
自然河流	轻度-保护（保育）与维护型	西江干流乐滩以上、左江崇左木排取水口以上、右江百色水库以上、龙江宜州叶茂电站以上、柳江融水县以上、桂江灵川潞江河口以上、桂江灵川潞江河口到巴江口电站、贺江龟石水库以上、北流河北流市水源地以上、南流江玉东湖以上、西江干流大化到乐滩、西江干流金鸡滩、右江干流那吉电站坝下、桂江巴江口电站以下、贺江江口电站以下、西江河容城库尾以下至省界、北流河容城库尾、西江干流乐滩到合面狮库尾、贺江龟石水库到合面狮水库、西江干流乐滩到桥巩、龙江宜州叶茂长洲以上、龙江宜州叶茂长洲坝下、钦江青年闸河闸以上、右江金鸡滩到老口水利枢纽、郁江昌宁栏河口、柳江融水县至柳城县下界、防城河木头滩坝下大藤峡、西江干流长洲坝下至省界、郁江贵港航运枢纽至河口、郁江贵港航运枢纽至柳城县下界	28	4 038
	中度-保护与修复型	柳江红花电站以下、左江山秀电站以下、南流江总江桥闸以下、钦江青年闸以下、防城河木头滩拦河闸以下	5	274
	重度-治理型	北流河北流市水源地以下至玉容城电站、南流江玉东湖到总江桥闸	2	257
人工河流	重度-生态化改造（建设）提升型	左江崇左木排取水口到山秀电站、右江百色水库以下、郁江老口水利枢纽至昌宁栏河闸、柳江柳城县下界至红花电站	4	345

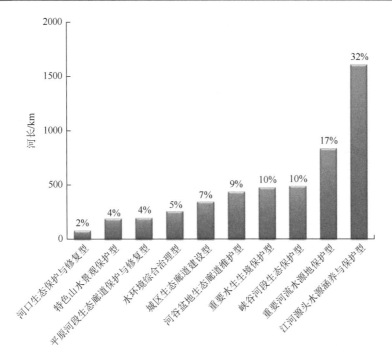

图 13-1　河流生态修复类型河长分布

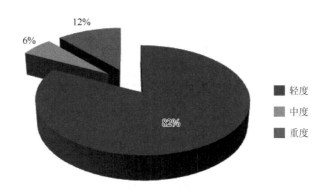

图 13-2　河流生态修复措施强度的河长占比

13.4　亲水文化传承

河流生态修复内在的表现为在充分发挥生态系统自我修复功能的基础上，采取工程和非工程措施，促使河流生态系统恢复到较为自然的状态，改善其生态完整性和可持续性，使得修复后的河流生态系统更加健康、有活力。而外在直观表现为构建亲水的河岸，营造亲水区域，达到传承河流文化的目的，用以满足人类在长期自然历史进化过程中形成的对自然情感的心理依赖。

广西河流众多，孕育了灿烂的水上文明。将桂林山水甲天下、海上丝绸之路始发港等一系列水文化要素构成的名片（表 13-8）融入河流生态修复，扩大亲水路径，可促进河流生态修复可持续性。

表 13-8　广西地市名片和涉水名片

地市	城市名片	涉水名片
南宁市	绿城、邕城、中国水城、美丽山水城市、联合国人居奖	中国水城、美丽山水城市
玉林市	五彩玉林田园都市、国家森林城市、中国药材之都、海峡两岸农业合作示范区	五彩田园
防城港市	西南门户、边陲明珠，中国氧都、中国金花茶之乡、中国白鹭之乡、中国长寿之乡	红树林
钦州市	中国香蕉之乡、中国荔枝之乡、中国奶水牛之乡、中国大蚝之乡	中国大蚝之乡
北海市	珠城、海上丝绸之路始发港	海上丝绸之路始发港
贵港市	荷城	荷城
贺州市	寿城	寿城
梧州市	绿城水都、百年商埠、世界人工宝石之都	绿城水都
河池市	有色金属之乡、世界长寿之乡、中国水电之乡、壮族歌仙刘三姐的故乡	中国水电之乡
百色市	生态型铝产业示范基地、国家园林城市、国家森林城市、革命老区	国家森林城市
崇左市	山水崇左、甜蜜边关、魅力壮乡	山水崇左
来宾市	世界瑶都、国家森林城市	桂中水城
柳州市	桂中商埠、中华石都	水上娱乐运动之都
桂林市	国际旅游城市、桂林山水甲天下、国家可持续发展议程创新示范区	桂林山水

13.5　河流生态廊道分类保护与修复规划

围绕西江、郁江、桂江、贺江、南流江、钦江、北流河、龙江、柳江、左江、右江和防城河等重要河流水生态问题，以流域为单元，统筹流域、河岸和河道等要素推进河流生态系统整体修复，重点打造河流清澈流动、廊道蓝绿交织的河流生态廊道，实现河流生态系统健康演化。

13.5.1　河湖生态流量保障

选取广西境内生态流量管控措施完备、具有调节功能、目前生态较为敏感、亟须加强生态流量管控的重要河流（西江干流、左江、右江、都柳江、柳江、龙江、郁江、桂江、贺江、北流河、南流江和钦江）的 18 个断面，采用 Q90 等方法计算得到生态流量（表 13-9）。

表 13-9 重要河流生态流量

河流	站点	断面性质	生态流量/(m³/s)
西江干流	天生桥	省界控制断面	98.7
	天峨	重要控制断面	404
	迁江	重要控制断面	494
	武宣	重要控制断面	700
	梧州（四）	省界控制断面	1 800
左江	崇左	重要控制断面	66.5
右江	百色（三）	重要控制断面	30.5
都柳江	涌尾	省界控制断面	34
柳江	柳州（二）	重要控制断面	217
龙江	三岔	重要控制断面	41.2
郁江	西津	重要控制断面	140
	贵港	重要控制断面	400
桂江	桂林	重要控制断面	60
	京南	重要控制断面	60
贺江	信都	省界控制断面	41
北流河	金鸡	重要控制断面	40
南流江	常乐	重要控制断面	14
钦江	陆屋	重要控制断面	3.9

加强水利设施生态流量保障。加强工程生态流量监管，对不能按要求下泄生态基流的水电站限期整改，部分未建设下泄设施的水电站安装不间断、永久性泄水设施，加强监管，确保生态基流达到要求。强化工程调度管理，重点在西江干流、龙江、柳江、桂江加强水库和水电站联合调度，合理安排下泄水量和泄流时段过程，提高河流纵向连通性，满足重点断面的基本生态流量需求。

13.5.2 河湖生态空间管控

强化河湖生态空间管控。加快完成河湖水域岸线划定，2025 年前，全面完成主要河湖水域岸线确权划界工作。依据划定的水域岸线管理保护范围，确定水域岸线生态空间功能定位和保护权责，合理划定保护区、保留区、控制利用区和开发利用区边界。加强河湖生态空间管控，实施严格的用途管制，原则上有条件的地区应将保护范围建设为生态绿廊，在城镇及郊区河段建设滨河公园、郊野公园等，增加亲水空间，提升河湖生态系统稳定性。

河湖生态空间划定方法

划定重点河流生态空间保护范围，其他河流在规划实施过程中由专项规划或下层次规划具体划定。湖泊湿地按所在自然保护区面积进行划定。

河湖生态空间保护范围的划分，以水域岸线外缘控制线作为划定基础。有堤防的，以堤脚线为控制边界；有规划岸线的，以规划岸线为控制边界；无堤防、无规划岸线的，以历史最高洪水位或者设计洪水位为控制边界。

城镇段河流，根据沿岸土地开发利用实际情况，由控制边界向陆地延伸50～100m作为其保护范围；平原段河流，根据地理环境、人口分布与河势稳定程度等因素，由控制边界向陆地延伸不少于100m作为其生态空间范围；峡谷段河流，原则上由控制边界向陆地延伸不少于30m作为其生态空间范围。

13.5.3 南流江生态廊道保护与修复

1. 主要问题

2018年，南流江主要受畜禽养殖污染影响，其水质常年为Ⅴ类或劣Ⅴ类，主要是总磷、五日生化需氧量、溶解氧超标。流域人口和经济总量相对较高，生态环境压力大，而水动力条件弱，纳污能力较小，部分河段挤占生态环境用水。流域内桉树种植面积广，很多分布于水库、饮用水水源地保护区。全流域河道采砂猖獗，河道损害严重，未能形成长效管理机制。已有河流生态修复工程功能以景观功能为主，措施较为单一，有待升级改造。部分水源地保护措施未按标准进行建设，保护区范围内有农户、养殖、农田分布，存在水源地水污染的风险。

2. 修复类型

根据河流生态修复分类保护与修复规划体系，南流江南江站以上划分为江河源头水源涵养与保护型，以涵养水源为主导方向；南流江南江站到南流江总江桥闸划分为水环境综合治理型，以水环境改善为主导方向，辅助加强生态景观文化建设；而总江桥闸以下划分为河口生态保护与修复型，以红树林生态系统保护为主导方向。

3. 修复保护目标及重点措施

1）南流江南江站以上——江河源头水源涵养与保护型
保护修复目标：区域生态系统持水量逐年升高。

重点措施：从山水林田湖草角度依托天堂山自然保护区进行流域资源系统保护与培育，通过封山育林、桉树树种改造或替换、科学间伐、水土保持，有条件的地方退耕还林还草、退水还旱、旱作雨养、生态补偿等，增强流域生态系统水源涵养能力，禁止一切损害生态环境行为。推进绿色水电站绿色认证，分类改造或退出。

2）南流江南江站到南流江总江桥闸——水环境综合治理型
保护修复目标：控制断面水质稳定达到Ⅲ类以上，预防水质下降。

重点措施：按照"源头减排、面源调控、过程阻断、末端治理"方针，建立多级多尺度多过程修复体系。加强养殖、桉树等产业结构调整，依据水域纳污能力指导产业调整和布局，划定限养（种）、禁养（种）区域和产业容量上限；积极推动集中规模化养殖，进行养殖场生态化改造，推广"高架床＋益生菌＋有机肥＋种植""异位发酵床"等多种生态养殖模式，有条件地区推进"截污建池、收运还田"养殖粪污资源化利用；积极推广农业测土配方技术指导，减少化肥用量，在有条件地区推广农作物绿色防控技术；加强生态流量调度管理，推进北流河调水入南流江生态用水补水工程，提升南流江纳污能力；与防洪协调，在玉州区、博白县城区等地实施河流生态修复工程，进行生态疏浚，建设生态护坡、沿岸构建多级截留缓冲带、重建植被群落、建设滨海湿地，提升河段水质净化功能、生物栖息地功能、廊道功能和景观娱乐功能；实施南流江云良水闸、会仙湿地等已有生态修复工程升级改造；逐步推进沿入河排污口建设人工湿地，消纳过滤污染；加强绿珠江饮用水水源地、博白县城南流江饮用水水源地、合浦县城南流江总江口饮用水水源地、牛尾岭水库等饮用水水源地达标建设工程；实施河道保育与采砂规划管理，严厉打击非法采砂。对有投资和开发潜力的玉林市、北海市城区南流江一、二级支流进行近自然化改造，构建河岸滨海公园、降低边坡、深潭-浅滩序列、恢复河流蜿蜒性以及多样性水流，构建山清水秀生态相互交融的城市生态廊道，提升城市水元素魅力，打造"五彩田园"城市水文化名片。

3）南流江总江桥闸以下——河口生态系统保护与修复型

保护修复目标：维护河口红树林生态系统不退化。

重点措施：依托山口红树林国家级生态自然保护区积极开展河口生态系统保护，加强南流江入海生态流量管控，发挥湿地消纳污染物的功能，通过自然养护、人工栽培、增殖放流、河口生物群落修复等适度扩大红树林面积，构建复杂多样的河口生态系统；加强红树林资源适度开发；依托"海上丝绸之路始发港"史记文化保护，提升北海水文化底蕴与传承，丰富河口红树林复合生态系统保护内涵。

南流江生态廊道修复技术路线如图 13-3 所示。

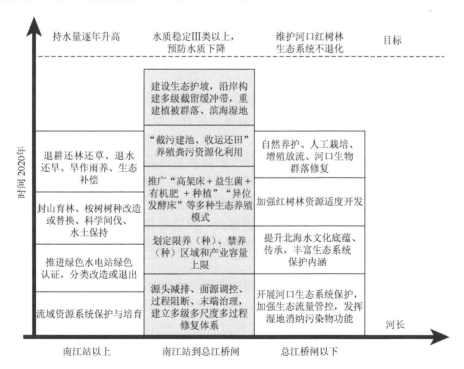

图 13-3　南流江生态廊道修复技术路线

13.5.4　钦江生态廊道保护与修复

1. 主要问题

钦江水质主要受牲畜养殖污染影响，常年超Ⅲ类，主要超标项目为溶解氧、氨氮和总磷。流域人口和经济总量相对较高，生态环境压力大，而河段水急，纳污能力较小。钦江下游青年水闸存在生活、生产用水挤占生态用水现象。流域牲畜养殖、桉树产业发达，影响水源涵养和河道水质。部分水源地保护措施建设监控不到位，保护区范围内有农户、养殖、农田分布，存在水源地水污染的风险。水功能区和重要排污口未能有效监测。全流域河道采砂猖獗，河道损害严重，未能形成长效管理机制。

2. 修复类型

根据河流生态修复分类保护与修复规划体系，钦江青年水闸以上划分为重要河流水源地保护型，以水源地水质达标为主导方向，辅助加强生态景观文化建设，而青年水闸以下划分为河口生态系统保护与修复型，以红树林生态系统和大蚝牧场保护为主导方向。

3. 修复保护目标及重点措施

1）钦江青年水闸以上——重要河流水源地保护型

保护修复目标：控制断面水质稳定达到Ⅲ类以上，预防水质下降。

重点措施：加强灵山县牛皮鞊水库饮用水水源地、灵东水库饮用水水源地、灵山县城大步江饮用水水源地、钦州市大马鞍水库-南蛇水库饮用水水源地、钦江青年水闸饮用水水源地划区保护与管理；按照水源保护区外"源控、水降、修复"，区内"封禁"即保护区内禁止一切危害水质行为，进行水源地水质保护提升。加强养殖、桉树等产业结构调整，依据水域纳污能力指导产业调整和布局，划定限养（种）、禁养（种）区域和产业容量上限；积极推动集中规模化养殖，进行养殖场生态化改造，推广"高架床＋益生菌＋有机肥＋种植""异位发酵床"等多种生态养殖模式，加强牲畜粪便无害化、资源化处理；加强生态流量调度管理，推进引郁入钦补水工程，提升钦江纳污能力；进行河道生态清淤，提升河道生态空间。实施河道保育与采砂规划管理，严厉打击非法采砂。

2）钦江青年水闸以下——河口生态系统保护与修复型

保护修复目标：维护河口红树林生态系统不退化。

重点措施：依托茅尾海红树林自治区级自然保护区和茅尾海大蚝牧场积极开展河口生态系统保护，加强钦江入海生态流量管控，发挥湿地消纳污染物的功能，通过自然养护、人工栽培、增殖放流、河口生物群落修复等适度扩大红树林面积，构建复杂多样的河口生态系统，擦亮"中国大蚝之乡"水产品名片；加强红树林资源适度开发。

钦江生态廊道修复技术路线如图 13-4 所示。

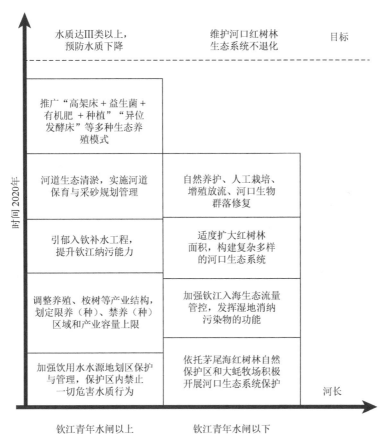

图 13-4 钦江生态廊道修复技术路线

13.5.5 防城河生态廊道保护与修复

1. 主要问题

防城河水质总体较好，主要饮用水水源地水质状况优良，生态本底优越，但因同时面临农业面源污染和钢铁、冶炼、制糖等产业发展引起的工业污染，压力较大。

2. 修复类型

根据河流生态修复分类保护与修复规划体系，防城河木头滩拦河闸以上划分为重要河流水源地保护型，以水源地水质达标为主导方向，辅助加强生态景观文化建设，而木头滩拦河闸以下划分为河口生态系统保护与修复型，以红树林生态系统保护为主导方向。

3. 修复保护目标及重点措施

1）防城河木头滩拦河闸以上——重要河流水源地保护型

保护修复目标：控制断面水质稳定达到Ⅲ类以上，预防水质下降。

重点措施：依托木头滩集中式饮用水水源地划区大保护，按照水源保护区外"源控、水降、修复"，区内"封禁"，即保护区内禁止一切危害水质行为，降低水源地水质污染风险。加强养殖等产业结构调整，依据水域纳污能力指导产业调整和布局，划定限养（种）、禁养（种）区域和产业容量上限；积极推动集中规模化养殖，进行养殖场生态化改造。加强工业废水集中处理，达标排放。推进防城河-林潭水库-茶山水库水系连通工程，扩大水体纳污能力。依托防城金花茶国家级自然保护区加强金花茶保护，提升防城河流域水源涵养和生物多样性。

2）防城河木头滩拦河闸以下——河口生态系统保护与修复型

保护修复目标：维护河口红树林生态系统不退化。

重点措施：依托防城港河口-北仑河口红树林保护区积极开展河口生态系统保护，发挥湿地消纳污染物的功能，通过自然养护、人工栽培、增殖放流、河口生物群落修复等，适度扩大红树林面积，构建复杂多样的河口生态系统；加强红树林资源适度开发。

防城河生态廊道修复技术路线如图 13-5 所示。

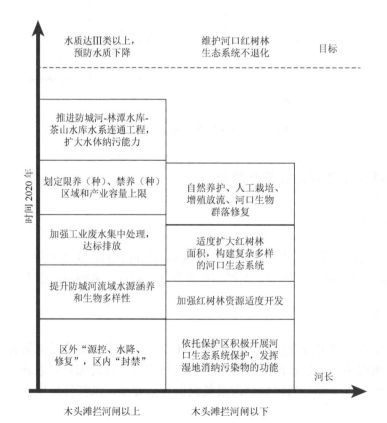

图 13-5　防城河生态廊道修复技术路线

13.5.6　北流河生态廊道保护与修复

1. 主要问题

北流河水质以Ⅰ～Ⅲ类为主，仅在大平坡断面水质达到Ⅳ类，约占总评价河长（151.8km）的 12.5%，超标项目为五日生化需氧量。北流河支流水系片段化严重，分布有 61 座小水电站。建有很多引、提水工程，挤占了河道生态环境用水。部分河段存在侵占河渠、非法采砂问题。

2. 修复类型

根据河流生态修复分类保护与修复规划体系，北流市水源地以上划分为江河源头水源涵养与保护型，以水源涵养为主导方向，辅助加强生态景观文化建设；北流市水源地以下至容城电站划分为水环境综合治理型，以有机水污染治理为主导方向；而容城电站以下划分为峡谷河段生态保护型，以生态廊道连通性维护为主导方向。

3. 修复保护目标及重点措施

1) 北流市水源地以上——江河源头水源涵养与保护型

保护修复目标：控制断面水质稳定达到Ⅲ类以上，预防水质下降。

重点措施：从山水林田湖草角度依托天堂山自然保护区进行流域资源系统保护与培育，通过封山育林、桉树树种改造或替换、科学间伐、水土保持，有条件的地方退耕还林还草、退水还旱、旱作雨养、生态补偿等增强流域生态系统水源涵养能力，禁止一切损害生态环境行为。推进绿色水电站绿色认证，分类改造或退出。

2) 北流市水源地以下至容城电站——水环境综合治理型

保护修复目标：控制断面水质稳定达到Ⅲ类以上，预防水质下降。

重点措施：从流域河流物质通量角度按照"源头减排、面源调节、过程阻断"，建立多级多尺度多过程修复体系。加强农村生活污水治理，逐步实现集中处理；推进推广农业测土配方技术指导，减少化肥用量，在有条件地区推广农作物绿色防控技术；依托天堂山和大容山自然保护区保护，涵养水源，扩大河流水容量；划定畜禽养殖限养（种）、禁养（种）区域和产业容量上限；积极推动集中规模化养殖，进行养殖场生态化改造，推广"高架床＋益生菌＋有机肥＋种植""异位发酵床"等多种生态养殖模式；实施河道保育与采砂规划管理，严厉打击非法采砂。

3) 容城电站以下——峡谷河段生态保护型

保护修复目标：维持峡谷生态廊道不退化。

重点措施：按照保护优先、自然恢复为主的策略维持现有的河流生态系统，推进白马、象棋、金鸡和交口电站生态泄放设施、过鱼通道等生态化改造，增加河流纵向连通性，提升河流廊道功能。

北流河生态廊道修复技术路线如图 13-6 所示。

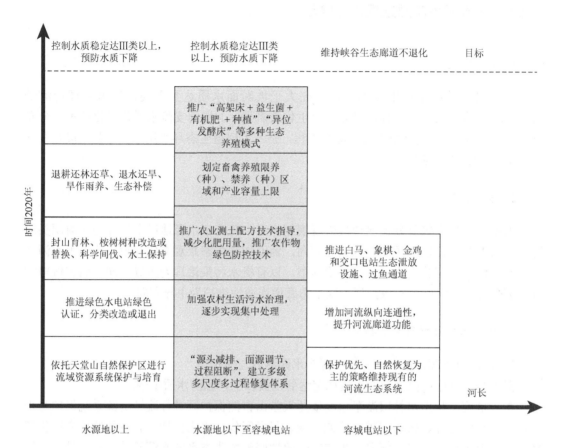

图 13-6　北流河生态廊道修复技术路线

13.5.7　郁江生态廊道保护与修复

1. 主要问题

郁江属于西江水系干流，水量充沛、水质（Ⅰ～Ⅲ类）以及区域生态环境总体较好，承载了南宁市与贵港市经济社会的发展。近年来，受城市不断发展以及贵港形成了以制糖、造纸、建材、机电、化工、冶金、医药、食品为优势产业的产业布局，未来郁江面临严峻的生态环境压力，水生态保护能力亟待提升。主要存在以下问题：①部分河段受农业面源污染影响，枯水期水质不达标，如郁江贵港段年内某月份存在溶解氧超标现象。流域内桉树种植比例较高。②涉水要素顶层设计缺乏，相应的流域综合规划、水生态保护与修复规划、水生态空间规划和水生态文明城市建设规划均未开展。③采砂规范化管理进程较为落后。④河流生态保护有待加强。

2. 修复类型

根据河流生态修复分类保护与修复规划体系，老口水利枢纽至邕宁拦河坝划分为城区生态廊道建设型，以城区生态廊道建设为主导方向，附加水文化景观功能提升；邕宁拦河坝到贵港航运枢纽划分为重要河流水源地保护型，以水源地水质达标为主导方向；而贵港航运枢纽至河口划分为重要水生生境保护型，以四大家鱼产卵场保护为主导方向。以郁江流域为单元进行顶层设计，加强流域综合规划。

3. 修复保护目标及重点措施

1）老口水利枢纽至邕宁拦河坝——城区生态廊道建设型

保护修复目标：构建生物廊道、行洪廊道和行水廊道三级生态廊道体系。

重点措施：秉承近自然修复的理念，在满足防洪需求情况下，重塑岸线，建设行水廊道、行洪廊道和生物廊道三级连通结构。依据河流生态空间范围，扩宽河道，降低边坡，进行生态护岸与边坡建设，打造邕江河湖主题；依托沿岸的豹子头遗址、石船头遗址、灰窑田遗址、三岸明代窑址、缸瓦窑古窑址、林景云烈士故居文物保护进行旅游景观开发与科普教育；沿河排污口配套建设人工湿地，栽种芦苇、睡莲，水岸四周遍植水草、美人蕉等植物，降解污染物美化环境；加强与内河水系连通，打造南宁市"一江引领四湖"的"中国水城"。

2）邕宁拦河坝到贵港航运枢纽——重要河流水源地保护型

保护修复目标：控制断面水质稳定达到Ⅲ类以上，预防水质下降。

重点措施：依托西江水库进行水源保护区划定，衔接西津国家湿地公园保护范围，积极落实《南宁市西津国家湿地公园保护条例》，构建水源地与国家湿地公园双层保护体系。禁止一切危害水质行为，替换桉树种植。加强以河流湿地、沼泽湿地、人工湿地为主体的湿地生态观景体验和科普教育，与保护区外的茉莉花、甘蔗、荔枝、芭蕉生态农业有机结合，形成保护与开发并重的"生态绿肺"，建立西江水库保护长效机制。西江水库以下，实施河道保育与采砂规划管理，严厉打击非法采砂。

3）贵港航运枢纽至河口——重要水生生境保护型

保护修复目标：保护四大家鱼产卵场及水域生态系统和域内的水生野生动植物不退化。

重点措施：依托四大家鱼产卵场划区保护，开展上游水库联合生态调度，营造产卵适宜的水温、洪水过程和流速等因子，开展桂平梯级鱼道建设，打造通畅的生物廊道和生物多样性保护网络；退捕转产，增殖放流，以"线带面"增强河流生态系统活力，实现河流生态系统健康演化。贵港城区开展郁江水系河湖联通，鲤鱼江开展近自然生态修复治理，构建以荷花为主题的人工湿地以及景观文化，提升城区品质，将贵港市打造成中国"荷城"。

郁江生态廊道修复技术路线如图 13-7 所示。

目标	构建生物、行洪和行水三级生态廊道体系	控制水质达Ⅲ类以上，预防水质下降	保护水生野生动植物不退化
时间（2020年）↑	建设人工湿地，栽种芦苇、睡莲、遍植水草、美人蕉降解污染物并美化环境	实施河道保育与采砂规划管理，严厉打击非法采砂	退捕转产，增殖放流，以"线带面"增强河流生态系统活力
	加强与内河水系连通，打造南宁市"一江引领四湖"的"中国水城"	形成"生态绿肺"，建立西江水库保护长效机制	开展桂平梯级鱼道建设，打造通畅的生物廊道和生物多样性保护网络
	依托沿岸的遗址、文物保护进行旅游景观开发与科普教育	加强湿地生态观景体验和科普教育，与生态农业有机结合	构建人工湿地以及景观文化，提升城区品质，将贵港市打造成中国"荷城"
	进行生态护岸与边坡建设，打造邕江河湖主题	禁止一切危害水质行为，替换桉树种植	开展郁江水系河湖联通，鲤鱼江开展近自然生态修复治理
	重塑岸线，建设行水廊道、行洪廊道和生物廊道三级连通结构	构建水源地与国家湿地公园双层保护体系	开展上游水库联合生态调度，营造产卵适宜的水温
河长→	老口水利枢纽至邕宁拦河坝	邕宁拦河坝到贵港航运枢纽	贵港航运枢纽至河口

图 13-7　郁江生态廊道修复技术路线

13.5.8　桂江生态廊道保护与修复

1. 主要问题

桂江属于珠江流域桂贺江水系，流经桂林市和梧州市。以山水风景驰名中外，生态环境自然禀赋深厚。但目前存在以下生态环境问题：①虽水量丰富，但年内分配不均，生态流量保障率低，如桂林断面流量达到 $40m^3/s$，仍未完全满足漓江枯水期流量达 $60m^3/s$ 的要求；②河段片段化严重，特别是支流水电密布，且缺乏生态流量泄放设施，或因管理调度、协调不足造成下游出现减脱水河段；③喀斯特地区生态环境较为脆弱，石漠化程度较深，保护压力大；④支流城区段，水环境问题较为突出；⑤自然保护地建设滞后，生物多样性保护薄弱；⑥水文化历史底蕴深厚，但保护与传承不够。

2. 修复类型

根据河流生态修复分类保护与修复规划体系，灵川潞江河口以上划分为江河源头水源涵养与保护型，以涵养水源为主导方向；灵川潞江河口到巴江口电站划分为特色山水景观保护型，以喀斯特特色山水景观保护为主导方向，附加进行水产种质资源保护；巴江口电站以下划分为峡谷河段生态保护型，以生态廊道连通性维护为主导方向。

3. 修复保护目标及重点措施

1）灵川潞江河口以上——江河源头水源涵养与保护型

保护修复目标：区域生态系统持水量逐年升高。

重点措施：按照山水林田湖草系统理念，重点围绕山、林、水综合开展典型喀斯特岩溶地貌保护，实现喀斯特复合生态系统的健康演化，唱响"桂林山水"名片。依托实施银殿山自治区级自然保护区生态修复及景观资源保护工程，加快推进自然保护区、植物园、森林公园、生物廊道等建设；开展流域公益林保护与低效林改造、荒山荒地及疏林地人工造林，生物栖息地及生物多样性保育，减少水土流失，提高漓江源头森林的水源涵养能力和生物多样性；漓江两岸实施"绿化、彩化、花化、果化"工程；依托实施资源牛栏江大鲵自治区级水产种质资源保护区，禁止一切损害水质行为，加强越冬、产卵等栖息地增强工程和水生野生动植物保护，以点带面保护河流生态系统；基于流域旅游收益，反哺公益林生态补偿，探索全流域的生态补偿新模式；实施灵渠复航补水以及生态修复工程、古桂柳运河等历史著名水利工程开发保护工程，挖掘开发潜力，提升保护品质，实现水文化历史传承。

2）灵川潞江河口到巴江口电站——特色山水景观保护型

保护修复目标：保护喀斯特特色山水景观不退化。

重点措施：围绕特色喀斯特景观保护需求，依托桂林会仙喀斯特国家湿地公园试点建设、荔浦荔江国家湿地公园试点建设，加快推进自然保护区、植物园、森林公园、生物廊道等建设；整合桂林市 6 个自治区级以上保护区，构建类型多样、布局合理的生物多样性保护网络，全面提升自然保护区综合能力；漓江两岸实施"绿化、彩化、花化、果化"工程；依托实施漓江光倒刺鲃金线鲃国家级水产种质资源保护区，恭城古木源大鲵自治区级水产种质资源保护区，禁止一切损害水质行为，加强上游水库生态调度，进行漓江生态补水，越冬、产卵等栖息地增强工程和水生野生动植物保护，以点带面保护河流生态系统；通过实施推广"猪-沼-果"三位一体生态农业恭城模式，开展农村面源污染联动防治。

3）巴江口电站以下——峡谷河段生态保护型

保护修复目标：维持峡谷生态廊道不退化。

重点措施：按照保护优先、自然恢复为主的策略维持现有的河流生态系统，有条件的地方加强主干河岸生态化改造，因地制宜地拆除支流拦河闸，推进绿色小水电站评估认证，分类退出或改造；加强上游水库生态调度，按生态流量要求保障生态需水；推进昭平、金牛坪、京南和旺村电站生态泄放设施、过鱼通道等生态化改造，打造水畅岸绿的生态廊道，与西江共画梧州市"绿城水都"。

桂江生态廊道修复技术路线如图 13-8 所示。

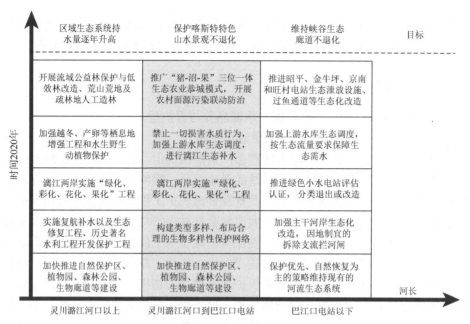

图 13-8　桂江生态廊道修复技术路线

13.5.9　贺江生态廊道保护与修复

1. 主要问题

贺江流域自然景观优美，流域分布有姑婆山国家森林公园、大桂山国家森林公园、黄姚风景名胜区、十八水、玉石林等 4A 级景区，水质较好，生态环境禀赋较高。但仍存在以下主要问题：①梯级开发未考虑缺乏生态流量泄放设施；②大中型水库局部富营养风险较高；③径流式小水电站密布，调节能力差，影响河流物质流通；④采砂活动频繁，酷渔滥捕导致河道生态功能受损。

2. 修复类型

根据河流生态修复分类保护与修复规划体系，龟石水库以上划分为江河源头水源涵养与保护型，以涵养水源为主导方向；龟石水库至合面狮库尾划分为河谷盆地生态廊道维护型，以生态廊道保持与维护为主导方向；合面狮库尾以下至省界划分为峡谷河段生态保护型，以生态廊道保持与维护为主导方向。

3. 修复保护目标及重点措施

1）龟石水库以上——江河源头水源涵养与保护型

保护修复目标：区域生态系统持水量逐年升高。

重点措施：从山水林田角度依托西岭山自治区自然保护区、龟石水库饮用水水源地保护区和龟石国家湿地公园进行流域资源系统保护与培育，通过封山育林、科学间伐、植被恢复、动物保护、退耕还林还草、低效林与疏林地人工造林以及生态补偿等增强流域生态系统水源涵养能力和生物多样性保护；加强水库人工湿地与入库支流河流生态廊道的建设，降污除废，加强瑶族文化为代表的湿地文化特色建设，打造"富水瑶川，生命之源"；推进绿色水电站评估认证，分类退出或改造。

2）龟石水库至合面狮库尾——河谷盆地生态廊道维护型

保护修复目标：维持河流纵横向连通，保护河流自然形态。

重点措施：按照保护优先、自然恢复为主的策略维持现有的河流生态系统，加强增殖放流产漂流性卵的鱼类等，对夏岛等电站进行船闸改、扩建的同时，建设过鱼设施，增加河流纵向连通性；依据河流生态空间范围，降低边坡，进行河岸缓冲区、景观带和亲水步道建设，拓宽河流空间，增加河流横向连通性；外围进行集约富硒农产品示范基地以及生态旅游开发，与河流生态廊道建设结合，擦亮贺州"寿城"名片。推进绿色水电站评估认证，分类退出或改造。

3）合面狮库尾以下至省界——峡谷河段生态保护型

保护修复目标：维持河流纵横向连通，保护河流自然形态。

重点措施：按照保护优先、自然恢复为主的策略维持现有的河流生态系统、辅助增强河流纵横向连通性。加强合面狮水库至信都段鱼类重要生境保护和监测，进行栖息地增强；加强增殖放流产漂流性卵的鱼类等，对云腾渡、合面狮等电站进行船闸改、扩建的同时建设过鱼设施，增加河流纵向连通性，提升河流系统廊道功能。实施河道保育与采砂规划管理，严厉打击非法采砂。

贺江生态廊道修复技术路线如图 13-9 所示。

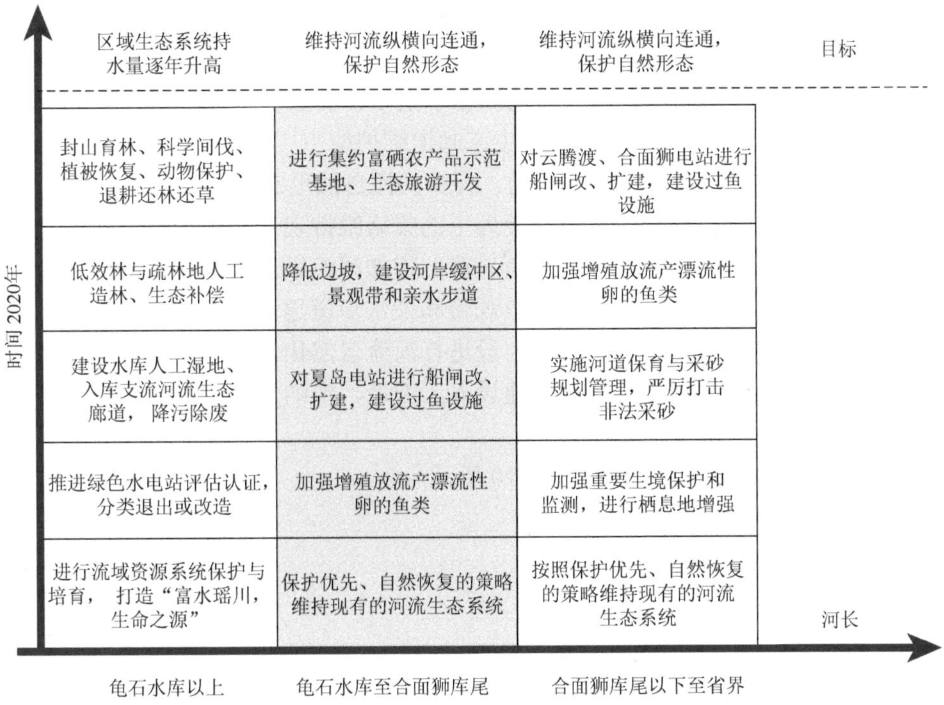

图 13-9　贺江生态廊道修复技术路线

13.5.10　龙江生态廊道保护与修复

1. 主要问题

龙江流域主要面临以下生态环境问题：①属于喀斯特区，生态环境比较脆弱，保护压力较大；②矿产资源丰富，开采开发引起众多环境问题，例如典型的 2012 年龙江镉污染事件；③龙江水利开发利用程度高，建有 12 座梯级电站，干支流河流片段化、库区化程度很高；④河流结构受人类活动干扰强烈，自然河段占比较低。

2. 修复类型

根据河流生态修复分类保护与修复规划体系，宜州叶茂电站以上划分为江河源头水源涵养与保护型，以涵养和保护水源为主导方向；宜州叶茂电站以下划分为河谷盆地生态廊道维护型，以生态廊道保持与维护为主导方向，附加进行水污染治理。

3. 修复保护目标及重点措施

1）宜州叶茂电站以上——江河源头水源涵养与保护型

保护修复目标：区域生态系统持水量逐年升高。

重点措施：从山水林田角度依托木论国家级自然保护区、矿区生态修复进行流域资源系统保护与培育，通过封山育林、公益林保护与低效林改造、荒山荒地及疏林地人工造林、科学间伐、动物保护、退耕还林还草，以及生态补偿等增强流域生态系统水源涵养能力和生物多样性保护；推进矿区生态修复、大小环江流域土壤修复、库区人工湿地以及支流清水廊道建设，降污除废；推进绿色水电站评估认证，分类退出或改造。

2）宜州叶茂电站以下——河谷盆地生态廊道维护型

保护修复目标：维持河流纵横向连通，保护河流自然形态。

重点措施：按照保护优先、自然恢复为主的策略维持现有的河流生态系统，加强增殖放流，在洛东、三岔和糯米滩建设过鱼设施，增加河流纵向连通性；依据河流生态空间范围，降低边坡，进行河岸缓冲带、景观带和亲水步道建设，拓宽河流空间，增加河流横向连通性的同时降污纳废；有条件河段进行河流自然化修复，重塑生态护岸，增加自然河道比例；逐步推进沿入河排污口建设人工湿地，消纳过滤污染；实施推进绿色水电站评估认证，分类退出或改造。

龙江生态廊道修复技术路线如图 13-10 所示。

13.5.11　柳江生态廊道保护与修复

1. 主要问题

柳江广西段起源于国家重要生态功能区，地形地貌多样，生境多变，鱼类资源及生物多样性比较高，生态系统较为稳定。水质常年保持在 II 类以上，水功能区达标率 100%。

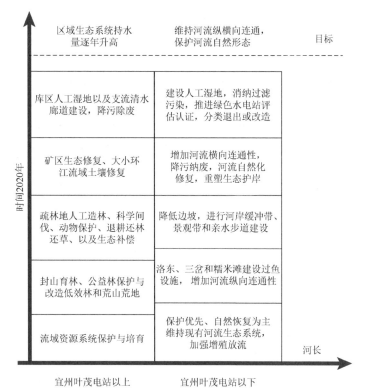

图 13-10　龙江生态廊道修复技术路线

近年来，随着经济社会发展需求不断加大，柳江面临以下生态环境压力：①水源涵养能力降低，水土流失严重；②生物多样性高，但渐有下降趋势；③梯级电站开发影响鱼类生境；④部分河段水环境压力较大。

2. 修复类型

根据河流生态修复分类保护与修复规划体系，融水县城融江饮用水水源地以上划分为江河源头水源涵养与保护型，主要以涵养水源、水土保持为主要导向；融水县城融江饮用水水源地至柳城县界划分为重要水生生境保护型，主要以水产种质栖息地保护为主要导向；柳城县界至红花电站划分为城区生态廊道建设型，以城区生态廊道建设为主导方向，附加水文化景观功能提升；红花电站以下划分为平原河段生态廊道保护与修复型，以生态廊道建设为主导方向。

3. 修复保护目标及重点措施

1）融水县城融江饮用水水源地以上——江河源头水源涵养与保护型
保护修复目标：区域生态系统持水量逐年升高，水土流失面积逐年减少。
重点措施：从山水林田湖草角度进行流域资源系统保护与培育，依托花坪国家级自然保护区、寿山自治区级自然保护区、元宝山自治区级自然保护区划区保护，禁止一切损害生态环境行为，建设以水源涵养、水土保持林为主的防护林工程，扩大阔叶林面积；沿河构筑生态防护林带；25°以上陡坡耕地，进行退耕还林还草，退耕确有困难的，推广梯田、等高耕作等水土保持措施；加强石漠化治理力度，提升生态系统服务；加强产业结构调整，大力发展生态旅游等生态型产业；下游对生态建设区进行生态补偿；加强丙妹洲、丹洲、志意洲鱼类产卵场保护；加强支流小水电站绿色认证与分类退出与改造；以河道为中心建立生态修复区、生态治理区和生态保护区三道防线，增强流域生态系统水源涵养能力。

2）融水县城融江饮用水水源地至柳城县界——重要水生生境保护型

保护修复目标：长臀鮠、桂华鲮、赤魟三种珍稀鱼类等种质资源以及柳城县凤山三江口鱼类产卵场不退化。

重点措施：依托柳江长臀鮠桂华鲮赤魟国家级水产种质资源保护区划区以及大埔电站坝下鱼类产卵场大保护，围绕长臀鮠、桂华鲮、赤魟以及本地特色鱼类构建全生命过程的生境环境，增殖放流以及生物资源保育，形成通畅的生物廊道以及生物多样性保护网络；推行退捕转产与规范渔业捕捞；沿岸依托河流生态空间，构造河岸缓冲带、人工湿地，截纳污染；柳城县城区段建设滨海湿地公园，增强水文化水景观功能；以"线带面"增强河流生态系统活力，实现河流生态系统健康演化。

3）柳城县界至红花电站——城区生态廊道建设型

保护修复目标：构建生物廊道、行洪廊道和行水廊道三级生态廊道体系。

重点措施：秉承近自然修复的理念，充分尊重河流系统的自然规律，在满足防洪需求情况下，考虑与生态、游憩、文化等功能的整合与协调，整合湿地公园、生态农业基地、三门江国家森林公园等建设，扩宽河道，降低边坡，进行缓冲带、生态护岸与边坡建设，集聚多个产业，构建生物廊道、行洪廊道和行水廊道三级生态廊道体系；加强与内河水系连通，做大水上运动品牌，打造"百里柳江"自然人文生态景观，使柳州市成为"城在山水中，山水在城中"的中国生态园林城市。

4）红花电站以下——平原河段生态廊道保护与修复型

保护修复目标：保护自然河流生态廊道不退化。

重点措施：秉承近自然修复的理念，维持自然河流生态廊道不退化。沿河构建"前置库+多水塘沟渠系统+生态缓冲带+人工湿地"农业面源截纳系统；修建亲水设施，促进水人交流；加强河流生态空间管控，构建水畅、岸绿、自然、和谐的生态廊道。

柳江生态廊道修复技术路线如图 13-11 所示。

13.5.12　西江干流生态廊道保护与修复

1. 主要问题

西江流域是国家重要生态功能区，生物多样性十分丰富，水质常年保持在Ⅲ类以上。近年来坚持保护优先和自然恢复为主，一手抓污染治理，一手抓生态建设，使得西江流域"山清水秀生态美"成为一大优势和亮丽品牌，但面临生态环境风险较大：①部分行业（种植业、养殖业）产污量较大；②喀斯特区生态环境较为脆弱，生态退化风险较高；③石头区社会经济发展诉求强烈，配套的水生态保护体系尚不完善；④依托各类保护区尚未建立完善的水生态安全格局。

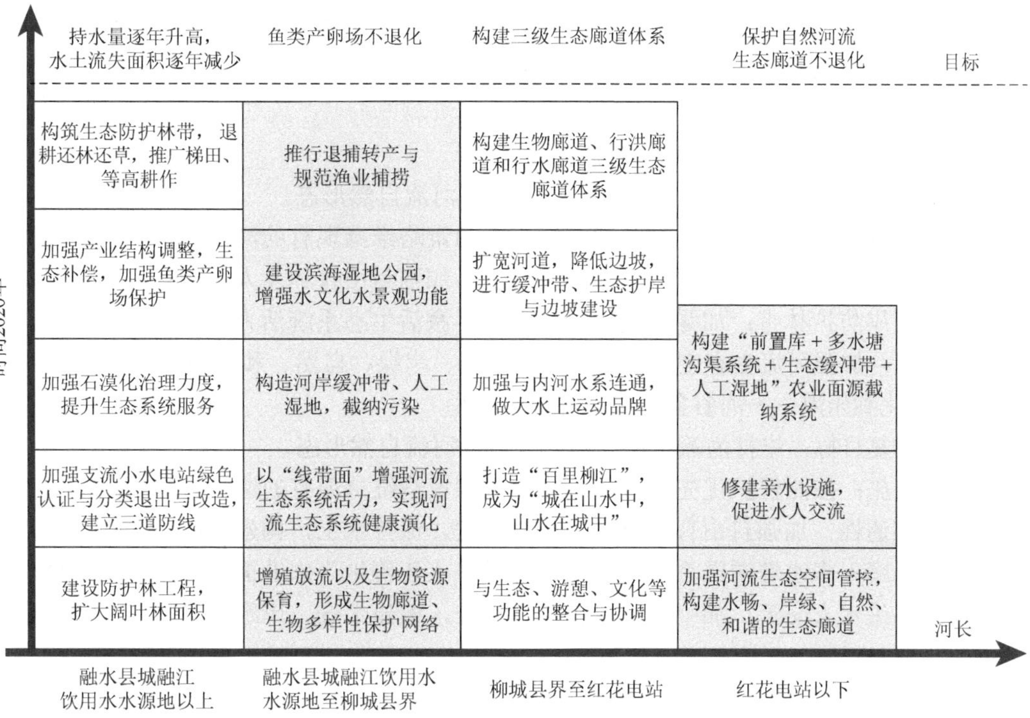

目标	持水量逐年升高，水土流失面积逐年减少	鱼类产卵场不退化	构建三级生态廊道体系	保护自然河流生态廊道不退化
时间2020年 ↑	构筑生态防护林带，退耕还林还草，推广梯田、等高耕作	推行退捕转产与规范渔业捕捞	构建生物廊道、行洪廊道和行水廊道三级生态廊道体系	
	加强产业结构调整，生态补偿，加强鱼类产卵场保护	建设滨海湿地公园，增强水文化水景观功能	扩宽河道，降低边坡，进行缓冲带、生态护岸与边坡建设	
	加强石漠化治理力度，提升生态系统服务	构造河岸缓冲带、人工湿地，截纳污染	加强与内河水系连通，做大水上运动品牌	构建"前置库＋多水塘沟渠系统＋生态缓冲带＋人工湿地"农业面源截纳系统
	加强支流小水电站绿色认证与分类退出与改造，建立三道防线	以"线带面"增强河流生态系统活力，实现河流生态系统健康演化	打造"百里柳江"，成为"城在山水中，山水在城中"	修建亲水设施，促进水人交流
	建设防护林工程，扩大阔叶林面积	增殖放流以及生物资源保育，形成生物廊道、生物多样性保护网络	与生态、游憩、文化等功能的整合与协调	加强河流生态空间管控，构建水畅、岸绿、自然、和谐的生态廊道
河长 →	融水县城融江饮用水水源地以上	融水县城融江饮用水水源地至柳城县界	柳城县界至红花电站	红花电站以下

图 13-11　柳江生态廊道修复技术路线

2. 修复类型

根据河流生态修复分类保护与修复规划体系，岩滩以上划分为江河源头水源涵养与保护型，以涵养和保护水源为主导方向；岩滩到大化划分为峡谷河段生态保护型，以廊道保持与维护为主导方向，附加进行沿岸水土流失治理；大化到乐滩划分为河谷盆地生态廊道维护型，以生态廊道保持与维护为主导方向，附加进行水污染治理；乐滩到桥巩划分为重要河流水源地保护型，以水源水质达标为主导导向；桥巩到大藤峡划分为重要水生生境保护型，以栖息地保护为主导方向；大藤峡至长洲坝下，划分为重要河流水源地保护型，以水源水质达标为主要导向；长洲坝下至省界划分为重要水生生境保护型，以栖息地保护为主导导向。

3. 修复保护目标及重点措施

1）岩滩以上——江河源头水源涵养与保护型

保护修复目标：区域生态系统持水量逐年升高。

重点措施：从山水林田湖草角度进行流域资源系统保护与培育，依托雅长兰科植物国家级自然保护区和东兰坡豪湖国家湿地公园，龙滩自治区级自然保护区、岑王老山自治区级自然保护区、三匹虎自治区级自然保护区保护，禁止一切损害生态环境行为，建设以水源涵养、水土保持林为主的片区珠江防护林工程（片区珠防林），扩大阔叶林面积；沿河构筑生态防护林带；加强封山育林及人工造林力度；加强石漠化治理力度，提升生态系统服务；加强产业结构调整，大力发展生态旅游等生态型产业；下游对生态建设区进行生态补偿；以河道为中心建立生态修复区、生态治理区和生态保护区三道防线，增强流域生态系统水源涵养能力。

2）岩滩到大化——峡谷河段生态保护型

保护修复目标：维持河流纵横向连通，保护河流自然形态。

重点措施：按照保护优先、自然恢复为主的策略维持现有的河流生态系统，因地制宜地拆除支流拦河闸，增强河流纵横向连通性；加强封山育林及人工造林力度，保持水土，构建河岸防护林带；加强石漠化治理力度，激活生态系统活力；修建亲水设施，促进水人交流；加强河流生态空间管控，构建水畅、岸绿、自然、和谐的生态廊道。

3）大化到乐滩——河谷盆地生态廊道维护型

保护修复目标：维持河流纵横向连通，保护河流自然形态。

重点措施：按照保护优先、自然恢复为主的策略维持现有的河流生态系统，增强河流纵横向连通性；加强封山育林及人工造林力度，保持水土，构建河岸防护林带；沿河构建"前置库＋多水塘沟渠系统＋生态缓冲带＋人工湿地"农业面源截纳系统；修建亲水设施，促进水人交流；加强河流生态空间管控，构建水畅、岸绿、自然、和谐的生态廊道。

4）乐滩到桥巩——重要河流水源地保护型

保护修复目标：控制断面水质稳定达到III类以上，预防水质下降。

重点措施：对水源地划区保护，按照水源保护区外"源控、水降、修复"，区内"封禁"，即保护区内禁止一切危害水质行为，进行水源地水质保护提升。依法淘汰铁合金、铅冶炼、水泥、造纸、酒精等行业的落后产能和过剩产能，发展节能环保等新兴产业；加强养殖、种植等产业结构调整，依据水域纳污能力指导产业调整和布局，划定限养（种）、禁养（种）区域和产业容量上限；积极推动集中规模化养殖，进行养殖场生态化改造，推广"高架床＋益生菌＋有机肥＋种植""异位发酵床"等多种生态养殖模式，加强畜禽粪便无害化、资源化处理；在合山市城区河段构建河岸缓冲带，沿排污口构建人工湿地，截纳污染；加强刁江流域土壤重金属污染修复，构建多级多尺度水污染防控体系。

5）桥巩到大藤峡——重要水生生境保护型

保护修复目标：保护定子滩、大步两个鱼类产卵场及红水河下游水域生态系统和域内的水生野生动植物。

重要措施：依托红水河来宾段珍稀鱼类自治区级自然保护区划区保护，禁止一切损害水质行为，进行花鳗鲡、斑鳠、长臀鮠、红河疣螺的越冬、产卵、索饵、洄游等栖息地增强工程和水生野生动植物培育与保护，以花鳗鲡、斑鳠、长臀鮠、红河疣螺保护为目的的增殖放流，丰富生物多样性，以点带面构建复杂的河流生态系统，提高其系统弹性；以红水河来宾市与武宣县城区段滨海公园建设为依托，整合城市内治理，消纳污染、保护生态，打造"桂中水城"，提升来宾市城市品质。

6）大藤峡至长洲坝下——重要河流水源地保护型

保护修复目标：控制断面水质稳定达到II类以上，预防水质下降。

重点措施：对水源地划区保护，按照水源保护区外"源控、水降、修复"，区内"封禁"，即保护区内禁止一切危害水质行为，进行水源地水质保护提升。加强沿岸淀粉制品业、水泥制造业、电镀业、铅锌矿采选业、造纸行业和制革等重点污染行业监管和达标排放；积极推广农业测土配方技术指导，减少化肥用量，在有条件地区推广农作物绿色防控技术；构建"前置库＋多水塘沟渠系统＋生态缓冲带＋人工湿地"农业面源截纳系统；在平南推广"高架床＋益生菌＋有机肥＋种植""异位发酵床"等多种生态养殖模式，加强畜禽粪便无害化、资源化处理；加强大瑶山国家自然保护区与太平山自治区自然保护区水源涵养能力建设以及蒙江河小水电站分类退出与改造，扩大水容量；在平南县城区河段构建河岸缓冲带，沿排污口构建人工湿地，截纳污染等。

7）长洲坝下至省界——重要水生生境保护型

保护修复目标：保护与增强鲮、鳡等物种栖息地。

重点措施：依托鲮、鳡等水产种质进行划区大保护，营造全生命过程的生境保护区（如产卵场、索饵场、越冬场），增强栖息地，构建通畅的生物廊道和以鲮、鳡为主导的生物多样性保护网络；禁止一切可能损害保护区内生物资源和生态环境造成损害的活动；有条件的实施退捕转产；结合梧州沧海国家湿地公园生态保护与建设、西江梧州城区滨水公园建设以及梧州市龙平龙华片区浔江-逸泉湖-玫瑰湖水系连通工程，打造"绿城水都"，提升城市发展品质。

西江干流生态廊道修复技术路线如图 13-12 所示。

13.5.13　右江生态廊道保护与修复

1. 主要问题

右江流域是广西生态重要性较高的区域，自然保护区和重要湿地分布较多，生态环境好，生态多样性高。河流水质良好，Ⅱ类水质河长占比 99%，Ⅲ类水质河长占比 1%，但仍有个别水功能区水质未达标。随着社会经济发展，生态环境面临巨大压力：①流域面源污染问题突出，呈上升趋势，水环境风险较大；②受岩溶地貌极度发育和耕地资源稀缺影响，石漠化与水土流失治理难度较大；③露天开采等粗放开采对生态环境破坏大，而修复治理欠账多；④生态保护力度不足，生境破碎退化；⑤干支流水电站密布，河道纵向连通性较差。

2. 修复类型

根据河流生态修复分类保护与修复规划体系，百色水库以上划分为江河源头水源涵养与保护型，以涵养水源和保持水土为主导方向；百色水库至那吉电站划分为城区生态廊道建设型，以城区生态廊道建设为主导方向，附加水文化景观功能提升；那吉电站至金鸡滩库尾划分为河谷盆地生态廊道维护型，以生态廊道维护为主导方向；金鸡滩到老口水利枢纽划分为重要河流水源地保护型，以水源地水质达标建设为主导方向。

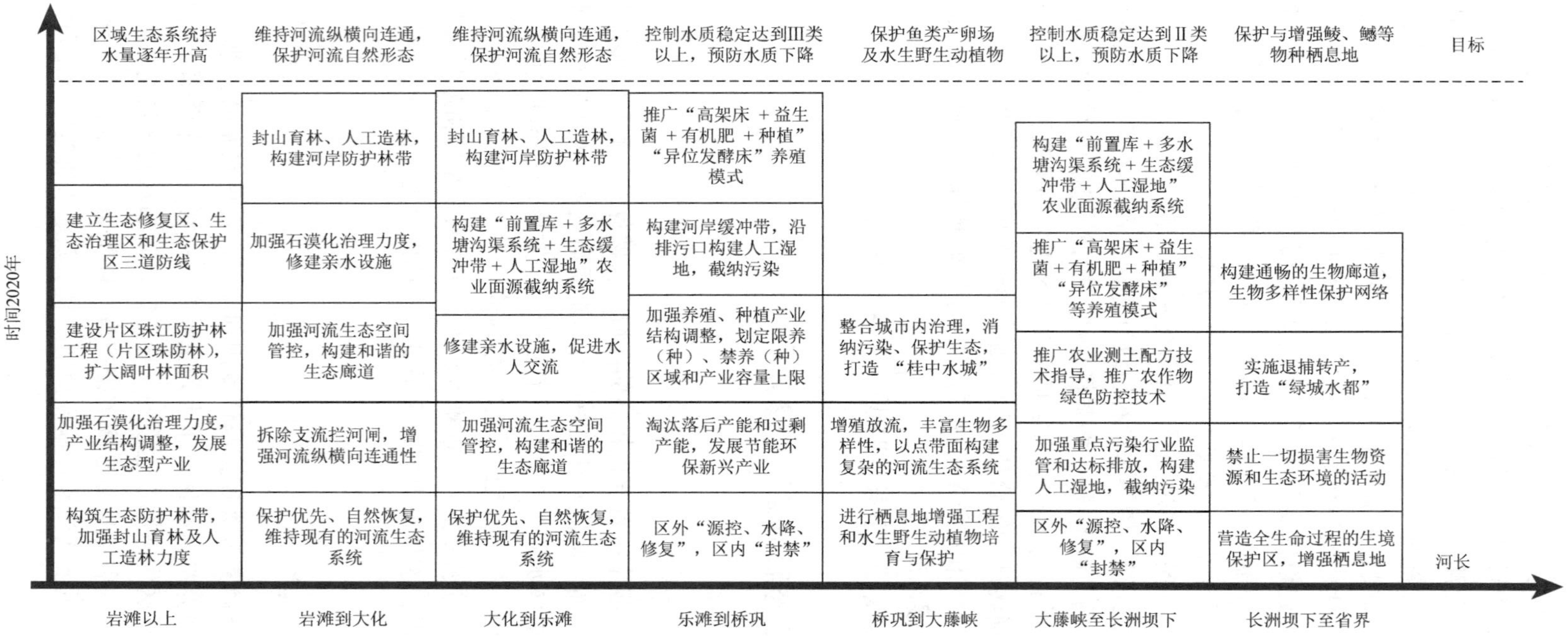
时间2020年
区域生态系统持水量逐年升高
维持河流纵横向连通，保护河流自然形态
维持河流纵横向连通，保护河流自然形态
控制水质稳定达到Ⅲ类以上，预防水质下降
保护鱼类产卵场及水生野生动植物
控制水质稳定达到Ⅱ类以上，预防水质下降
保护与增强鲮、鳡等物种栖息地
目标
建立生态修复区、生态治理区和生态保护区三道防线
建设片区珠江防护林工程（片区珠防林），扩大阔叶林面积
加强石漠化治理力度，产业结构调整，发展生态型产业
构筑生态防护林带，加强封山育林及人工造林力度
封山育林、人工造林，构建河岸防护林带
加强石漠化治理力度，修建亲水设施
加强河流生态空间管控，构建和谐的生态廊道
拆除支流拦河闸，增强河流纵横向连通性
保护优先、自然恢复，维持现有的河流生态系统
封山育林、人工造林，构建河岸防护林带
构建“前置库＋多水塘沟渠系统＋生态缓冲带＋人工湿地”农业面源截纳系统
修建亲水设施，促进水人交流
加强河流生态空间管控，构建和谐的生态廊道
保护优先、自然恢复，维持现有的河流生态系统
推广“高架床＋益生菌＋有机肥＋种植”“异位发酵床”养殖模式
构建河岸缓冲带，沿排污口构建人工湿地，截纳污染
加强养殖、种植产业结构调整，划定限养（种）、禁养（种）区域和产业容量上限
淘汰落后产能和过剩产能，发展节能环保新兴产业
区外“源控、水降、修复”，区内“封禁”
整合城市内治理，消纳污染、保护生态，打造“桂中水城”
增殖放流，丰富生物多样性，以点带面构建复杂的河流生态系统
进行栖息地增强工程和水生野生动植物培育与保护
构建“前置库＋多水塘沟渠系统＋生态缓冲带＋人工湿地”农业面源截纳系统
推广“高架床＋益生菌＋有机肥＋种植”“异位发酵床”等养殖模式
推广农业测土配方技术指导，推广农作物绿色防控技术
加强重点污染行业监管和达标排放，构建人工湿地，截纳污染
区外“源控、水降、修复”，区内“封禁”
构建通畅的生物廊道，生物多样性保护网络
实施退捕转产，打造“绿城水都”
禁止一切损害生物资源和生态环境的活动
营造全生命过程的生境保护区，增强栖息地
河长
岩滩以上
岩滩到大化
大化到乐滩
乐滩到桥巩
桥巩到大藤峡
大藤峡至长洲坝下
长洲坝下至省界

图 13-12　西江干流生态廊道修复技术路线

3. 修复保护目标及重点措施

1）百色水库以上——江河源头水源涵养与保护型

保护修复目标：区域生态系统持水量逐年升高。

重点措施：从山水林田湖草角度进行流域资源系统保护与培育，依托金钟山、花贡、那佐、大王岭-黄连山四个自治区自然保护区提升工程，建设以水源涵养、水土保持林为主的片区珠江防护林工程，恢复天然植被、加强保护区基础设施建设，实施生物多样性就地、近地、迁地保护，禁止一切损害生态环境的行为，提升自然保护区的生态服务功能，保障区域生态系统联通性与完整性；实现石漠化和水土流失重点区域综合治理工程，25°以上陡坡耕地，进行退耕还林还草，退耕确有困难的，推广梯田、等高耕作等水土保持措施；对水电站进行绿色认证，分类改造或退出；推进流域生态补偿，促进区域生态农业转型。

2）百色水库至那吉电站——城区生态廊道建设型

保护修复目标：构建生物廊道、行洪廊道和行水廊道三级生态廊道体系。

重点措施：秉承近自然修复的理念，在满足防洪需求情况下，重塑岸线，建设行水廊道、行洪廊道和生物廊道三级连通结构。依据河流生态空间范围，整合湿地公园、生态农业基地、自然保护区等建设，扩宽河道，降低边坡，进行缓冲带、生态护岸与边坡建设，沿右江干流建设湿地型生态农业观光园，形成多产业集聚，生态创新；实施右江福禄河国家湿地公园、澄碧河国家重要湿地、凌云洞穴鱼类自然保护区、泗水河自治区级自然保护区等生态保护与修复工程，大力恢复湿地植被，禁止一切围垦与破坏生态环境的行为，大力发展生态产业，形成良性发展模式，提升百色市"国家森林城市"内涵。

3）那吉电站至金鸡滩库尾——河谷盆地生态廊道维护型

保护修复目标：维持河流纵横向连通，保护河流自然形态。

重点措施：按照保护优先、自然恢复为主的策略维持现有的河流生态系统，增强河流纵横向连通性；依据河流生态空间范围，"整治四乱"、退耕还河，加强封山育林及人工造林力度，构建河岸防护林带；全面实施矿区土壤复垦与生态修复工程，推广"采矿-剥离-工程复垦-提升-还地"一体化模式；对水电站进行绿色认证，分类改造或退出；沿河构建"前置库＋多水塘沟渠系统＋生态缓冲带＋人工湿地"农业面源截纳系统；加强河流生态空间管控，构建水畅、岸绿、自然、和谐的生态廊道。

4）金鸡滩到老口水利枢纽——重要河流水源地保护型

保护修复目标：控制断面水质稳定达到Ⅱ类以上，预防水质下降。

重点措施：对水源地划区保护，按照水源保护区外"源控、水降、修复"，区内"封禁"，即保护区内禁止一切危害水质行为，进行水源地水质保护提升。加快推进畜禽与水产规模化、生态化养殖，推广养殖池塘-湿地系统，进行生态养殖场认证；加强畜禽粪便无害化、资源化处理；积极推广农业测土配方技术指导，减少化肥用量，在有条件地区推广农作物绿色防控技术；构建"前置库＋多水塘沟渠系统＋生态缓冲带＋人工湿地"农业面源截纳系统；在隆安县城区河段构建河岸缓冲带，沿排污口构建人工湿地，消纳污染。

右江生态廊道修复技术路线如图 13-13 所示。

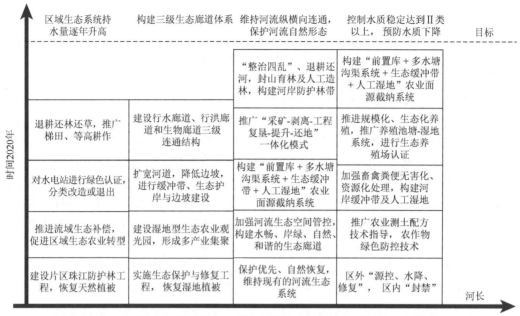

图 13-13　右江生态廊道修复技术路线

13.5.14　左江生态廊道保护与修复

1. 主要的问题

左江流域是广西重要的生态功能区和农产品主产区，拥有 1 个国家级和 6 个自治区级自然保护区，流域生态状况良好，生物多样性丰富。河流水质良好常年保持在Ⅱ类以上，水功能区 100%达标。随着社会经济发展，对生态环境提出了更高要求，面临以下压力：①受岩溶地貌极度发育和耕地资源稀缺影响，石漠化与水土流失治理难度较大；②农业面源污染风险较高；③经济发展需求与生态建设矛盾较为突出。

2. 修复类型

根据河流生态修复分类保护与修复规划体系，崇左木排取水口以上划分为江河源头水源涵养与保护型，以涵养水源和水土保持为主导方向；崇左木排取水口到山秀电站划分为城区生态廊道建设型，以城市生态廊道建设为主导方向；山秀电站以下划分为平原河段生态廊道保护与修复型，以生态廊道保护与修复为主导方向。

3. 修复保护目标及重点措施

1）崇左木排取水口以上——江河源头水源涵养与保护型
保护修复目标：区域生态系统持水量逐年升高。
重点措施：从山水林田湖草角度依托弄岗国家级自然保护区、崇左市白头叶猴自然保护区、大新恩城自然保护区、大新下雷水源林保护区、左江佛耳丽蚌自然保护区和青龙山自然保护区进行流域资源系统划区保护与培育,建设以水源涵养、水土保持林为主的片区珠江防护林工程,恢复天然植被、加强保护区基础设施建设,实施生物多样性保育工程,禁止一切损害生态环境行为,提升自然保护区的生态服务功能;25°以上陡坡耕地,进行退耕还林还草,退耕确有困难的,推广梯田、等高耕作等水土保持措施;进行自然保护区顶层设计,提高保护能力,构建生态网络,建立生态保护大格局;依托左江佛耳丽蚌自然保护区,进行科学考察、栖息地增强和保护,构建复杂的河流生态系统。

2)崇左木排取水口到山秀电站——城区生态廊道建设型

保护修复目标:构建生物廊道、行洪廊道和行水廊道三级生态廊道体系。

重点措施:秉承近自然修复的理念,在满足防洪需求情况下,修复连通左江与城市内河湖,建设功能湿地,继续推进环城水系建设;沿水系构建滨水绿带、生态岸线以及壮乡文化娱乐通道;外围打造生态观光型产业、农业湿地型产业,实现崇左市城区生态水系系统性修复,构建崇左城市发展的生态屏障,打响"山水崇左、甜蜜边关、魅力壮乡"品牌。

3)山秀电站以下——平原河段生态廊道保护与修复型

保护修复目标:维持河流纵横向连通,提升自然河流占比。

重点措施:秉承近自然修复的理念,维持自然河流生态廊道不退化。加强岜盆自然保护区保护;沿河构建"前置库 + 多水塘沟渠系统 + 生态缓冲带 + 人工湿地"农业面源截纳系统;修建亲水设施,促进水人交流;加强河流生态空间管控,构建水畅、岸绿、自然、和谐的生态廊道。

左江生态廊道修复技术路线如图 13-14 所示。

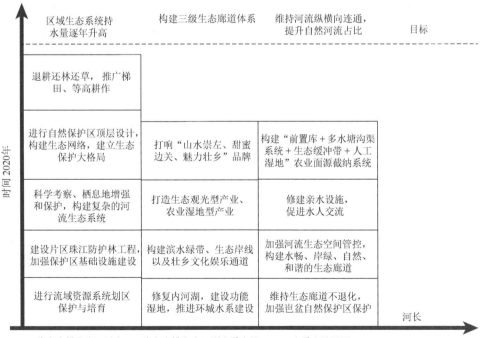

图 13-14　左江生态廊道修复技术路线

第14章 贺州市龟石水库入湖口生态治理设计

14.1 概况及主要环境问题

14.1.1 概况

龟石水库坝址位于贺江上游钟山县龟石村以北 2km 的贺江上游，水库控制集雨面积 1254km²，水库正常蓄水位 182.58m（黄海基面），有效库容 3.48 亿 m³，总库容 5.95 亿 m³，多年平均来水量 9.53 亿 m³，根据龟石水库实测资料统计，水库多年平均蓄水位为 177.20m，具有多年调节性能。龟石水库原设计是以灌溉为主，结合发电、防洪、供水、工业用水等综合利用效益大（2）型水库，水库设计灌溉面积 30.45 万亩，现状有效灌溉面积 26.905 万亩，灌溉渠道设计最大引水流量 21.92m³/s；电站装机容量 1.6 万 kW，多年平均发电量 6600 万 kW·h；现状供水人口 22.4 万；水库设计供水量 4.6 亿 m³，现状供水量 4.25 亿 m³。

1. 灌溉

龟石水库灌区设计灌溉面积 30.45 万亩，有效灌溉面积 26.905 万亩。灌区范围包括钟山县的钟山镇、回龙镇，八步区的八步镇、莲塘镇及平桂管理区的望高镇、羊头镇、西湾镇、黄田镇、沙田镇、鹅塘镇共 10 个乡镇，这些乡镇均是各县区的主要产粮区，农业经济在县区经济结构中占据着重要的地位。龟石水库供给灌区的设计灌溉流量为 21.92m³/s。据统计，1968 年至 2010 年龟石水库向渠道多年平均供水量为 3.018 亿 m³，最大年供水量达到 4.98 亿 m³（1978 年），最小年供水量 1.434 亿 m³（2009 年）。

2. 供水

龟石水库于 2003 年 11 月被确定作为贺州市的水源地（水源地编号 H04451100000R1），承载了全市城镇 80%以上的供水量，是贺州市重要的供水水源。龟石水库现状供水范围为贺州市城区（含平桂管理区城区）、钟山县城区及沿江乡镇，供水人口 14.5 万，供水规模 15.5851 万 m³/d，现状年供水量 4531 万 m³。其中贺州市城区供水规模 5.0 万 m³/d，年供水量约 1263 万 m³；钟山县城区供水规模 3.5 万 m³/d，年供水量约 1065 万 m³；旺高工业园及望高镇区供水规模 2.0 万 m³/d，年供水量约 608 万 m³；华润企业供水规模 5.0851 万 m³/d，年供水量约 1595 万 m³。

3. 防洪

龟石水库总库容 5.95 亿 m³，现状汛限水位 181.10m，主要是为确保水库大坝自身安全设置。水库作为贺江上游的控制性工程，控制贺州市 51%集雨面积，原设计并未承担防洪任务，但运行调度过程中，对下游确实起了一定的防洪作用。在 1994、2002、2008 年等历年大洪水中，水库通过削峰、错峰，为保护下游的贺州市城区、平桂管理区等城镇的防洪安全发挥了重要作用。

4. 发电

龟石电站厂房为坝后式，厂房内装有 4 台水轮发电机组，原设计单机容量 3000kW，总装机容量 1.2 万 kW，功率因数 0.8，额定电压 6.3kV，保证出力 5000kW，设计年利用 5500h。1999 年后，通过技术改造，设计水头 32.0m，发电引用流量 52.8m³/s，单机容量 4000kW，总装机容量达 1.6 万 kW，保证出力 13 600kW，多年平均发电量设计为 6600 万 kW·h，实际多年平均发电量为 5200 万 kW·h，年利用 3339h。

根据《贺州市龟石水库综合利用规划报告》，随着贺州市国民经济和城市建设的快速发展，城市化不断扩大、人口不断增加，城市防洪任务加剧，而城市的防洪工程建设却远远滞后，一旦遭遇洪灾损失将是巨大的，因此对防洪安全的要求更加迫切。龟石水库作为贺江上游控制性工程，以其得天独厚的地理位置，成为关系贺州市经济社会可持续发展及城市安危的重要水利工程。根据新时期的要求，龟石水库的功能顺序调整为防洪、供水、灌溉、发电等综合利用任务。

14.1.2　主要环境问题

1. 入库流域普遍存在农田面源污染

巩塘河自然河道狭窄，周围分布大量农田；富江下游西岸存在部分农田（图 14-1）。由于农村面源污染具有分散性、隐蔽性、随机性、不易监测、难以量化等特征，部分土壤中的农药被雨水、灌溉水冲刷到江河及湖泊中造成水体污染，长此以往，水质严重恶化。

巩塘河周边村屯的村民居住分散，生活垃圾被随意抛在田间地头、房前屋后，大部分垃圾露天堆放，特别是塑料袋、农药包装物等有害垃圾，不仅占据了大片绿地，还可能传播病毒细菌，其渗漏液污染地表水和地下水，导致生态环境恶化。

(a) 富江　　　　　　　　　　　　(b) 巩塘河

图 14-1　富江、巩塘河周边农田情况

2. 生活污水点源污染

污水直排口是固定排放的污染源，由排放口集中汇入江河湖泊，属于点源污染。位于富江东侧有一生活污水直排口（图 14-2），生活污水未经处理直排富江，对水环境造成一定程度影响。

3. 污水处理厂尾水排入富江，对环境造成污染

经现场调研，位于富江西侧的富川县污水处理厂（近期处理量 1 万 m³/d，远期处理量 2 万 m³/d）的尾水直接排入富江（图 14-2），出水执行《城镇污水处理厂污染物排放标准》一级 A 水质标准。

图 14-2　污水处理厂尾水直排口及生活污水直排口

4. 河岸裸露冲刷、稳定性差

通过现场实际调研（图 14-3）发现，巩塘河部分河岸裸露、植被缺失，水体自净功能不足；富江-龟石水库入库口的滩地植被缺失，鱼类缺乏索饵和产卵场所。以上问题易导致水土流失加重，生物多样性锐减以及自然灾害频发等生态环境问题，对区域人口的水环境安全及经济社会可持续发展构成一定威胁。

图 14-3　河岸裸露、植被缺失状况

5. 水运行管理设施单一, 缺乏完备的监测调度系统

经现场调研, 发现水系保护教育宣传单一, 宣传力度较弱; 部分检测设施由人工分散管理, 缺乏完备的设施调度系统。

6. 部分水质指标超标严重

根据贺州市环境监测站对龟石水库的检测数据, 2015~2021 年龟石水库水质四个指标 (化学需氧量、五日生化需氧量、氨氮、总磷) 均可满足《地表水环境质量标准》(GB 3838—2002) 中Ⅲ类标准的要求, 但总氮 (仅作为参考因子) 浓度呈现波动情况。从季节来看, COD 浓度丰水期普遍高于枯水期, 春季相对较高、冬季较低; 氨氮浓度枯水期普遍高于丰水期, 夏季相对较低; 总磷浓度丰水期普遍高于枯水期, 春季相对较高, 冬季较低; 总氮 (仅作为参考因子) 浓度枯水期普遍高于丰水期, 春季、夏季相对较高, 冬季较低。

2021 年枯水期, 对巩塘河、富江、龟石水库、沙洲河共 21 个点的水质进行取样检测, 依据《地表水环境质量标准》(GB 3838—2002) 进行评价, 结果显示: ①90.4%的 BOD_5、COD 指标达到Ⅲ类标准; ②氨氮指标仅有 1 个采样点未达到Ⅲ类标准; ③总磷指标变化不大, 但因进入水库后, 总磷需参考湖、库Ⅲ类标准 (0.05mg/L), 因此龟石水库的总磷 50%尚未达到湖、库总磷的标准; ④总氮 (仅作为参考因子) 总体超标, 水体自净能力对总氮影响不足。

2021 年丰水期, 对巩塘河、富江、龟石水库、沙洲河共 21 个点的水质进行取样检测, 结果显示: ①100%采样点的 COD、氨氮指标均达到Ⅲ类标准; ②仅有 1 个采样点的 BOD_5、总磷未达到Ⅲ类标准; ③总氮 (仅作为参考因子) 总体超标, 水体自净能力对总氮影响不足。

14.2　治理思路

针对上述存在问题, 提出了控制面源污染, 截断外源污染, 恢复河湖缓冲带生态及河湖水域生态、提升水环境监管能力的治理思路 (图 14-4), 具体如下:

（1）控制面源污染。通过设置生态拦截沟渠，减少巩塘河周边农田面源污染对水体的污染。

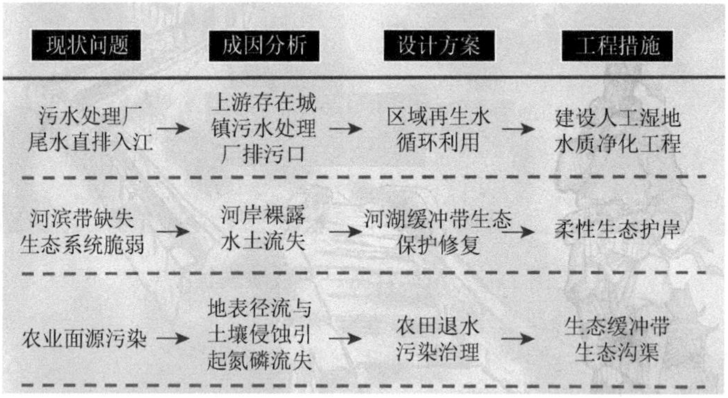

图 14-4　技术路线

（2）截断外源污染。①针对污水未经处理直排入江的问题，通过截污纳管将污水进行处理后达标排放，生活污水管的截污内容，由其他相关部门完成截污工作。②对于富川县污水处理厂直排入江的尾水，将设置一处人工湿地将尾水再次净化，达到进一步削减污染物浓度的目的。

（3）恢复河湖缓冲带生态及河湖水域生态。①针对巩塘河、富江部分河段的河滨带缺失，雨季易造成水土流失的情况，将在两岸设置柔性生态护岸及海绵设施以稳固岸坡的同时，增加护岸拦截污染物的能力，有效削减地表径流输入的 N、P 等营养物，提高河流周边植被覆盖度及物种多样性。②枯水期时，富江-龟石水库入库口有大量浅滩裸露的现象，拟在浅滩设置水库消落带，这是一个完整的生态系统，它不仅包括植物还包括动物及微生物，还具有极其丰富的生物种群，所以从生物种群结构上来说，水库消落带是由植物、动物和微生物共同组成的生态系统，水库消落带又为这些丰富的种群提供了良好的栖息地，为生物的新陈代谢、种群繁衍提供了良好的生境。

（4）提升水环境监管能力。针对工程范围内的设施调度系统，进行优化建设。

相应的设计内容包括：①巩塘河入江口水质净化工程；②富川县污水处理厂尾水提升工程；③龟石水库水源区生态修复工程；④沙洲河入湖口水质净化工程。

14.3　技 术 比 选

14.3.1　人工湿地

1. 设计原则

（1）打造尾水人工湿地，应用生态系统中物种共生、物质循环再生原理，结构与功能协调原则，在促进废水中污染物质良性循环的前提下，充分发挥资源的生产潜力，防止环境的再污染，获得污水处理与资源化的最佳效益。

（2）体现景观价值，采用纯生态系统构建技术为主，形成一定的景观效果。

（3）根据既有的治理经验选择处理效果好的工艺，修复后的水质达到国家地表水环境相应的功能标准，满足较高的娱乐、景观水要求，生态环境得到提升，出现多样性、复杂性的生态环境。

2. 设计思路

通过构建滨水植物带、水生植物生态系统，并进行微生物调控，创造一个出色、生态结构丰富的场所，展示人类通过环境修复重建生态的能力。基于少扰动原则，让自然做功，通过重现自然演变的过程来构建一个自然的、具有自我可持续发展能力的生态河道，为丰富的野生动植物提供栖息地；为社会、农业旅游及经济发展提供独具特色的高品质的环境。

（1）水清水净。采用生态技术，充分利用水生植物及微生物，通过植物吸附、土壤截留、微生物降解、交替氧化还原等措施，培育生物多样性，使水质进一步净化，氨氮等污染物明显去除。

（2）生态优先。尽可能保护和延续原有肌理，对生境的改变控制在最小的程度和范围内，为各种湿地生物生存提供最大的生息空间、营造生物多样性的环境空间。

（3）生态可持续。保持湿地水域环境和陆域环境的整体性，保持湿地水体、生物、微量元素等各种资源的平衡与稳定，促进生态系统良性循环。

（4）人与自然和谐共生。整合现有生态资源，将人文元素、地域特色融入其中，结合居民的生活需求和行为方式，形成以湿地探索、科普、旅游、生态餐饮等为一体的综合体验型人工湿地，满足居民的游憩要求。

3. 湿地类型

按照工程设计和水体流态的差异，生态湿地污水处理系统可以分为表面流生态湿地、水平潜流生态湿地和垂直潜流生态湿地 3 种主要类型。

1）表面流生态湿地

污水从系统表面流过，氧通过水面扩散补给。这种类型的生态湿地具有投资少、操作简单、运行费用低等优点，而且该湿地系统与自然湿地最为类似，具有较高的生态效益。但这种湿地系统占地面积大，水力负荷率较小，去污能力有限，运行受气候影响较大，夏季有滋生蚊蝇的现象。

2）水平潜流生态湿地

水平潜流生态湿地污水从进口经由砂石等系统介质，以近水平流方式在系统表面以下流向出口，在此过程中，污染物得到降解。介质通常选用水力传导性良好的材料，氧主要通过植物根系释放。水平潜流湿地的水力负荷和污染负荷较大，对污染物去除效果好；缺点是系统内氧含量较少，硝化效果不如垂直流生态湿地。示意图如图 14-5、图 14-6 所示。

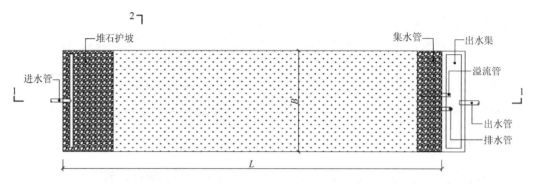

图 14-5　水平潜流生态湿地平面示意图

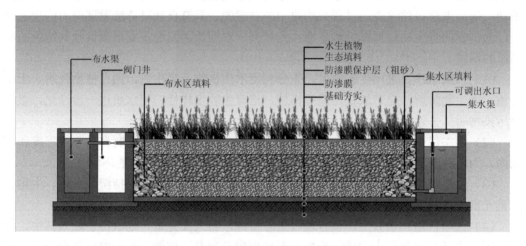

图 14-6　水平潜流生态湿地剖面示意图

3）垂直潜流生态湿地

垂直潜流生态湿地系统通常在整个表面设置配水系统，污水从表面纵向流向填料床底部，氧可以通过大气扩散和植物传输进入生态湿地。该系统有较高的好氧处理能力，因此硝化能力强。为防止堵塞，填料级配复杂，建造要求高，落干/淹水时间长，操作相对复杂。示意图如图 14-7、图 14-8 所示。

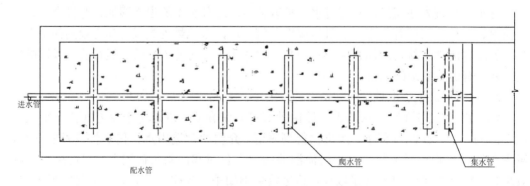

图 14-7　垂直潜流生态湿地平面示意图

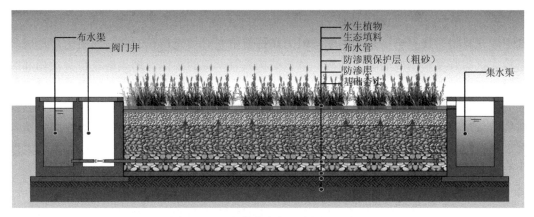

图 14-8　垂直潜流生态湿地剖面示意图

各类型生态湿地对比如表 14-1 所示。

表 14-1　各类型生态湿地对比

特征参数	表面流生态湿地	水平潜流生态湿地	垂直潜流生态湿地
构造	深 0.1～0.6m 的浅池塘或渠道，水位线在地面以上	深 0.6～1.0m，底部坡度为 0.5%～1% 的沟渠或水池，水位低于地面	平均深度 1.0～1.5m
作用机理	植物根茎拦截作用、根基上生成的生物膜的降解作用	附着在砾石或植物根系的生物膜降解作用	植物吸收、基质过滤和微生物降解
水力流动	湿地表面漫流	基质下水平流动	表面向基质底部纵向流动
水力负荷	较低	较高	较高
去污效果	一般对悬浮物、有机物的去除效果较好，对 N、P 的去除率仅为 10%～15%	对 BOD、COD、重金属去除效果好	对 N、P 去除效果好
造价	较低	比前者略高	较高
系统控制	简单，受季节影响大	相对复杂，受季节影响小	相对复杂
环境状况	夏季有恶臭，易滋生蚊蝇	良好	夏季有恶臭，易滋生蚊蝇
备注	特别适用于处理"氧化塘"出流水中所含的过量藻类悬浮物	前端通常需要设置一些预处理单元，以避免大型颗粒流入砾石床中堵塞空隙，降低处理效能	水流通过填料上部的布水管进入填料，流经床体后被铺设在出水端底部的集水管收集而排出

综合对比，结合实际情况，本工程初步设计采用表面流人工湿地和潜流人工湿地相结合的方式，对污水处理厂尾水水质进行进一步净化。

14.3.2　蜂巢格室生态护岸

1. 作用机理

蜂巢格室柔性生态挡墙护坡技术是将高强度蜂巢格室用多层退台式叠砌的方式建设，

采用高分子土工材料,如土工格栅等,加筋和配套的锚杆加固联结形成挡墙结构(图14-9)。利用填充材料与蜂巢格室之间的摩擦阻力和蜂巢格室对填充材料的侧向约束力,形成具有较大抗剪强度和刚度的墙体结构,且该结构具有一定的柔性。蜂巢格室自身及相邻的蜂巢格室之间能够产生一定的侧向变形,从而减小墙背的侧向土压力,能更好地适应地基变形,对地基承载力要求低,且变形后应力会重新分配,而不会发生突然破坏。此外,在台阶状墙面上覆盖有植物营养种植层,柔性生态挡墙堆砌完毕之后,在其表面种植各种低矮型花、草、灌木等植被,通过工程养护从而可实现墙面的绿化,形成完整的柔性生态挡墙护坡系统并达到美观的效果。

图 14-9 蜂巢格室生态护岸(后附彩图)

蜂巢格室是一种新型的高强度土工合成材料,是采用高分子纳米合金材料经高强力超声波焊接而形成的一种三维立体网状格室结构。可伸缩自如,运输可折叠,施工时张拉成网状,展开成蜂窝状的立体网格,与配套的附件如限位帽、连接件、锚杆、加筋绳、土工布、土工格栅等组件构成护坡系统,可回填种植土、碎石、混凝土、基料等松散物料,经过沉降、夯实等处理,构成具有稳定安全柔性的结构体。其结构如图14-10、图14-11所示。

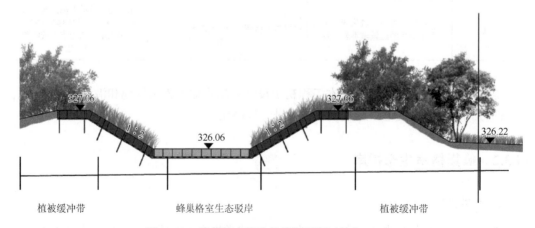

植被缓冲带　　　　　　　　　蜂巢格室生态驳岸　　　　　　　　　植被缓冲带

图 14-10 蜂巢格室生态护岸剖面图(单位:m)

图 14-11　蜂巢格室生态护岸断面结构图

2. 技术特点

利用蜂巢格室工法构建生态驳岸，抗水冲刷，稳固岸坡；有效缓解河道陡岸带来的植物难以存活问题；在河道两岸构建植被缓冲带，有效削减地表径流输入的 N、P 等营养物，提高河流周边植被覆盖度及物种多样性。

（1）柔性结构：可适应地形的轻微起伏，可适应一定的不均匀沉降，结构安全性好。

（2）挡墙轴线：可设计为曲线，可最大限度地保留自然形态的地形，工程痕迹少。

（3）墙式结构：挡墙坡度可以达到垂直，减少占用土地空间，边坡稳定性好；开挖、回填量小，有利于降低工程造价；用工量少，不需要特别的机械设备，施工工艺简单，工程进度快。

（4）节能环保：可使用低质或本地材料为填料，更少使用混凝土。

（5）抗冲刷：蜂巢格室防冲蚀能力强，可有效抵抗强降雨带来的短期径流，防止水土流失。

（6）生态美观：蜂巢格室内可回填植物营养种植土，可根据所在地气候、植被群落等特征选择合适的小灌木、草本、花卉和藤本植物等，外形美观，景观性好。

（7）材质规格：蜂巢格室的高度、长度、宽度、焊距都可以根据实际需要进行定制。格室面板可制成黑、褐、黄、绿或其他特殊颜色面板，墙体可与周边环境融为一体。

14.3.3　水库消落带植被恢复

1. 概述

水库消落带又称涨落带或涨落区，是水库季节性水位涨落而使周边被淹没土地周期性地出露于水面的一段特殊区域，是水生生态系统和陆生生态系统交替控制的过渡地带，是一类特殊的湿地生态系统。

水库消落带通过强烈的相互作用，如水流对库岸的冲刷、陆地雨水径流和污染径流对库岸的作用等，与相邻生态系统间进行着复杂的信息、能量和物质交换，从而保证其与周围生态系统的相互协调和共同发展。

2. 作用机理

水库消落带植被复杂多变，在多数情况下呈斑块状分布，植物种数由库岸向两侧高地，总体上呈抛物线状分布，形成一个演替系列。我国受季风气候的影响，江河湖泊一般在夏秋季涨水，冬春季消落，堤岸形成的自然消落带生长着耐水淹植物。这些植物的生长节律与普通陆生植物刚好相反：它们在夏秋季常被水淹没，生长停止，处于休眠状态；在冬春季常露出水面，进入生长繁殖期。

水库消落带是一个永远处于不断运动和变化状态的动态系统，其退化与重现实际上是生态系统演替的一种类型，通常以链式循环的方式表现（图 14-12）。

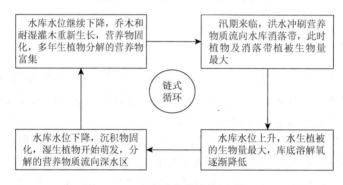

图 14-12　水库消落带链式循环机理

3. 植物配置

（1）水平配置。行间混交、带状混交或块状混交。例如，落羽杉、垂柳、乌桕、芦苇、花叶芦竹等植物混交。

（2）垂直配置：乔灌草垂直配置的多层次复合结构林，依据植物的耐水淹特性，乔木和灌木优先种植于水库消落带受水淹时间短的区域，草本植物可选择种植于消落带长期受水淹的区域。

14.3.4　河滨缓冲带

河滨缓冲带是利用植物体系构建的滨岸缓冲区，是拦截陆域面源污染物、改善生境、水土保持、景观提升及改善自然河道水质的有效手段。人为设置低地势区域以收集雨水，并通过植物、土壤和微生物系统蓄渗、净化，减少初期雨水污染。

1. 工艺要求

河滨缓冲带构建技术应充分考虑缓冲带位置、植物种类、结构和布局及宽度等因素，以充分发挥其功能，并满足下列要求：

（1）缓冲带位置确定应调查河道所属区域的水文特征、洪水泛滥影响等基础资料，宜选择在洪泛区边缘。

（2）从地形的角度，缓冲带一般设置在下坡位置，与地表径流的方向垂直。对于长坡，可以沿等高线多设置几道缓冲带以削减水流的能量。溪流和沟谷边缘宜全部设置缓冲带。

（3）河滨缓冲带种植结构设置应考虑系统的稳定性，设置规模宜综合考虑水土保持功效和生产效益。

（4）植被缓冲区域面积应综合分析确定，在所保护的河道两侧布有较大量的农业用地时，缓冲带总面积比例可参照农业用地面积的 3%～10% 拟定。

（5）河滨缓冲带宽度确定应综合考虑净污效果、受纳水体水质保护的整体要求，尚需综合考虑经济、社会等其他方面的因素进行综合研究，确定沿河不同分段的设置宽度。

（6）充分结合河道蓝线及相关用地规划的原则，缓冲带布置应满足河道蓝线及陆域建筑物控制线规划的有关要求。当没有相关规划要求时，应充分结合地方有关用地规划，从土地综合利用、减少征地拆迁和耕地及农用地侵占、满足环境需求、经济可行和便于实施等方面综合考虑，进行缓冲带总体布置。

2. 植物配置

河滨缓冲带植物种类的设计，应结合不同的要求进行综合研究确定。不同植被类型对缓冲带作用的影响及不同植被类型缓冲带对污染物的截留效果可参考表 14-2 和表 14-3。

表 14-2　不同植被类型对缓冲带作用的影响参考表

作用	草地	灌木	乔木
稳固河岸	低	高	中
过滤沉淀物、营养物质、杀虫剂	高	低	中
过滤地表径流中的营养物质、杀虫剂和微生物	高	低	中
保障地表水和地下水供给	低	中	高
改善水生生物栖息地	低	中	高
抵御洪水	低	中	高

表 14-3　不同植被类型缓冲带对污染物的截留效果参考表

实验植被类型	最佳植被类型	最佳植被截污效果
无植被带、芦苇带、芦苇与香蒲混合带	芦苇与香蒲混合带	对 COD、TN、TP 和 NH_3-N 去除率的周平均值分别为 31%～62%、37%～84%、30%～65% 和 34%～31%
香根草＋沉水植物、湿生植物＋香蒲＋芦苇	香根草＋沉水植物	对 COD、NH_3-N 和 TP 的去除率分别为 43.5%、71.1% 和 69.3%
芦苇带、茭白带和香蒲带	芦苇带	对 COD、NH_3-N 和 TP 的去除率分别为 43.7%、79.5% 和 75.2%
农田、森林和草地	森林和草地	对 N 的截留转化率大于 80%

灌木间距宜为 100~200cm，小乔木间距宜为 3~6m，大乔木间距宜为 5~10m，草本植株间距宜为 40~120cm。

14.3.5　生态沟渠

生态沟渠是目前国内外在灌溉区普遍采用的水污染修复技术。传统型土沟容易引起水土流失且保土能力差，现代型混凝土沟渠虽不具备这些缺点，但只能起到农田排水作用，同样会造成环境污染的问题。而生态沟渠不仅具有沟渠的排灌功能，还能有效拦截农田氮磷等养分、减少其流失，且景观效果好，具有广泛的应用前景。

生态沟渠利用水生植物吸收水体中的氮磷等营养物质，最后通过人工收割植物将固定的氮磷带出水体。另外，水生植物根系发达，可形成密集的拦截网，不溶性胶体会被根系吸附而沉降下来，有机碎屑也被吸附过滤且沉积下来。水生植物增强了生态沟渠对水体的净化能力（图 14-13）。

图 14-13　生态沟渠

生态沟渠建设类型很多，处理效果相似，主要区别在于沟渠壁的不同。设计时结合当地人文自然景观，建设适宜的沟渠，使其与当地风貌契合，可选的沟渠壁建造类型有卵石、六角植草砖、小块石、木桩等。

生态沟渠系统建设的基本原则如下。

（1）生态沟渠系统建设应综合考虑区域特性、气象水文条件、地形地貌、土壤质地、地下水埋深、种养结构等实际情况，宜利用原有排水沟渠进行改造和提升。

（2）生态沟渠系统建设应加强设计、施工、验收、管理、拦截基质资源化利用等环节的衔接，形成统一完整、绿色生态、协同高效的可持续运行系统。

（3）生态沟渠系统应与区域农田排水系统相结合，综合考虑排水通畅、污染拦截、景观生态和安全等因素，主要服务初雨径流污染拦截。

（4）生态沟渠系统应在农田排水主干沟上建设，并由主干排水沟、生态拦截辅助设施、植物等部分组成。其中，生态拦截辅助设施应至少包括节制闸、拦水坎、底泥捕获井、氮磷去除模块，宜设置生态浮岛、生态透水坝设施；植物应包括沉水植物、挺水植物、护坡植物和沟堤蜜源植物，且配置应以本土优势植物为主，兼顾污染净化、生态链恢复、植物季相、景观优化等因素（图 14-14）。

（5）生态沟渠系统服务范围内应设置标识标牌，明确建设、运维、管护责任主体等内容。

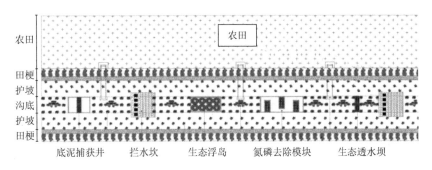

图 14-14　生态沟渠系统概念图

14.4　巩塘河入江口水质净化工程设计

巩塘河位于富江干流上游，全长 6.2km。河道周边由北至南的村屯有巩塘村、长庆塘村、水洲寨、石家寨、龙母村等，《贺州市农村生活污水处理设施运行清单》显示，水洲村、石家寨、龙母村已建设村级污水处理站，处理工艺为"生物接触氧化 + 人工湿地"，因此，河道周边的农村生活污水（点源污染）基本已完成截污。经现场踏勘，巩塘河水质感观较差，情况不容乐观，分析成因如下：①周边有大片农田，经雨水冲刷容易有未被农作物吸收的 N、P 进入河道；②部分河道驳岸裸露，植被缺失，导致生物缺乏栖息场所；③河道中有生活垃圾，影响环境卫生，造成水体污染。2021 年 3 月，经第三方水质检测公司采样检测，巩塘河三个采样点（GT1、GT2、GT3）的水质指标如表 14-4 所示。

表 14-4　巩塘河水质指标

	化学需氧量 (COD)/(mg/L)		五日生化需氧量 (BOD₅)/(mg/L)		氨氮(NH₃-N) 浓度/(mg/L)		总氮(TN) 浓度/(mg/L)		总磷(TP) 浓度/(mg/L)	
	2021-03-03	2021-03-04	2021-03-03	2021-03-04	2021-03-03	2021-03-04	2021-03-03	2021-03-04	2021-03-03	2021-03-04
GT1	25	24	5.3	5.6	0.138	0.147	1.85	1.86	0.06	0.08
GT2	17	16	3.8	3.5	1.05	1.06	2.62	2.64	0.06	0.08
GT3	14	15	2.9	3.4	0.305	0.322	2.63	2.91	0.05	0.06
Ⅲ类水指标	20		4		1.0		1.0		0.2	

根据《贺州市水功能区划》中"珠江重要江河湖泊二级水功能区划登记表（贺州）"的水质目标，贺江富阳饮用水源区的水质目标为Ⅱ～Ⅲ类水，巩塘河作为汇入富江的支

流之一，其水质指标尚未达到水功能区划的要求。因此，本设计依据现场调研情况，在巩塘河入江口处设置生态沟渠、河滨缓冲带，将水域与陆域进行连接，形成"陆域-滨水带-水域"的生态体系，促进生态系统的协同发展。

14.4.1 设计思路

巩塘河入江口附近有大片农田，当雨季来临时，大量的氮磷营养盐将会通过地表径流进入受纳水体，对水体环境造成较大影响。本设计通过采取以下工程措施对农田面源污染进行处理，有效削减氮磷营养盐等污染物。

（1）生态沟渠：采用"生态沟＋拦污栅"的组合设计，有效提高对农业灌溉水（面源污染）的净化效果。

（2）河滨缓冲带：植物吸收氮磷营养盐等物质，对生态塘溢流出的水进行进一步净化。

"陆域-滨水带-水域"体系中的植物在食物链中处于生产者位置，是完成物种多样性恢复的基础，生态治理的目标不只是水质指标的提升，还要延续到水生态、水景观、水文化的全面恢复与提升。因此，滨水带的植被系统是水质提升与物种多样性恢复的关键所在。

14.4.2 生态沟渠

1. 生态沟渠设计

对饮用水水源地一级保护区现有的周边农田293m硬质沟渠和103m土质沟渠进行生态改造，以提高沟渠对于农田退水的净化效果。生态沟渠平面布置如图14-15所示。

具体方案如下：在不破坏硬质沟渠原有结构的基础上，在其沟底依次铺设100mm砾石层和植生毯后植入沉水植物苦草，利用砾石层和苦草的物理拦截和植物净化的作用，有效拦截悬浮物和去除水中的氮磷等污染物。

土质沟渠是在现有结构基础上进行生态改造，并开挖沟渠使沟渠连通生态塘，通过生态沟渠＋生态塘的作用削减农田面源污染。

硬质沟渠全长293m，底宽为1.6～2.0m，深度为1.0～1.2m。生态沟渠设置2个拦污栅，拦污栅为梯形截面，上宽3.6～4.0m，下宽1.6～2.0m，高0.8m，栅条间隙30mm，沟渠底部铺设砾石和植生毯后植入沉水植物苦草，种植区域呈"S"形分布，总种植面积约为沟渠底部面积的1/3，即175m²，改造示意图如图14-16所示。

土质沟渠全长103m，上宽1.64～1.84m，下宽1.0～1.2m，深0.5m，沟底自上而下铺设种植土和砾石后，种植芦苇等挺水植物，挺水植物种植区域呈"S"形分布，总种植面积约为40m²，坡面铺设种植土和植生毯后喷播草籽，稳固坡岸，改造示意图如图14-17所示。

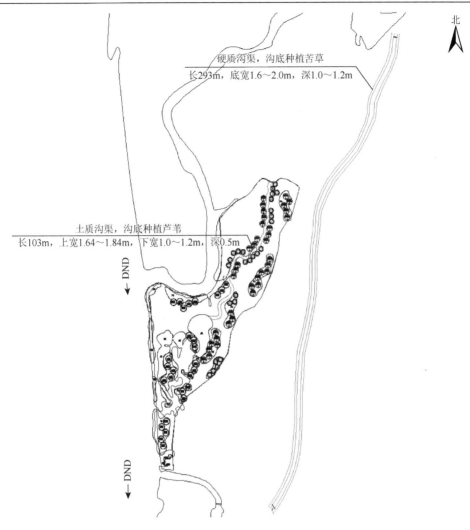

图 14-15　生态沟渠平面布置

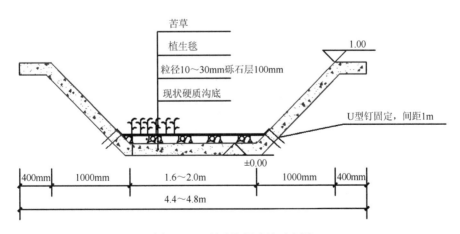

图 14-16　硬质沟渠改造示意图

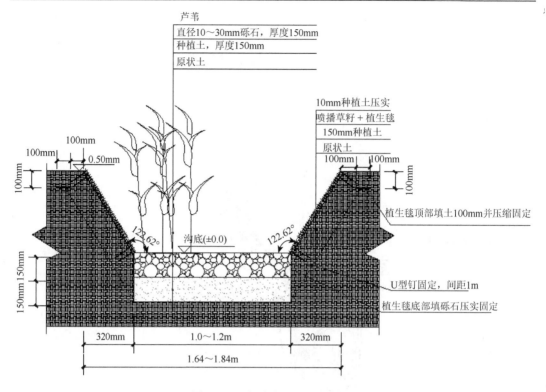

芦苇
直径10～30mm砾石，厚度150mm
种植土，厚度150mm
原状土

100mm
100mm
0.50mm
100mm
100mm

10mm种植土压实
喷播草籽＋植生毯
150mm种植土
原状土
100mm
100mm
100mm

植生毯顶部填土100mm并压缩固定

122.62°
沟底(±0.0)
122.62°

150mm
150mm

U型钉固定，间距1m

植生毯底部填砾石压实固定

320mm
1.0～1.2m
320mm

1.64～1.84m

图 14-17　土质沟渠改造示意图

2. 拦污栅设计

如图 14-18 所示，在农田设置不同规格的拦污栅，拦污栅由边框、横隔板和栅条组成，垂直固定在混凝土墙上。生态沟渠内拦污栅的栅条间隙为 30mm。依据实际条件，在沟渠前端和末端分别设 1 个（共建 2 个）。通过生态沟渠中植物的表面、根系及根系附近微生物的共同作用，农田径流中的 N、P 等营养元素得以有效降低。

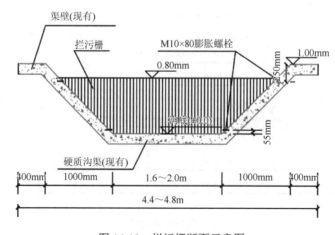

渠壁(现有)
拦污栅
M10×80膨胀螺栓
0.80mm
1.00mm
250mm
沟底(±0.0)
55mm
硬质沟渠(现有)

400mm
1000mm
1.6～2.0m
1000mm
400mm

4.4～4.8m

图 14-18　拦污栅断面示意图

14.4.3　河滨缓冲带

在富江前置库的基础上，增加河滨缓冲带，削减农田退水及初期雨水携带入河的污染物浓度，进一步达到保证水质的目的。河滨缓冲带由乔木植物（柳树＋枫杨）、灌木植物（以木芙蓉＋红叶乌柏球为主）、地被植物（麦冬、草皮）、植草沟组成。由于用地限制，巩塘河周边为基本农田，河道与富江交汇处有2000m²可用绿地，因此河滨缓冲带建设长度为400m，宽度5m，面积共2000m²，区位航拍图如图14-19和图14-20所示。

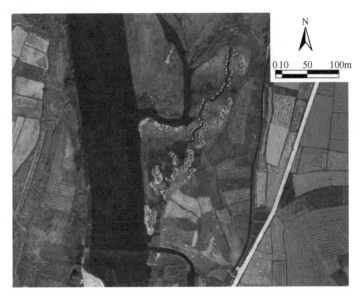

图 14-19　巩塘河河滨缓冲带

图 14-20　巩塘河航拍图

14.5　富川县污水处理厂尾水提升工程设计

富川县污水处理厂现有规模为 1 万 m³/d，实际进水量约 6500～9800m³/d，污水处理厂运行情况较为稳定。根据富川瑶族自治县发展和改革局《关于富川瑶族自治县县城污水处理厂二期工程项目立项的批复》（富发改投资〔2018〕87 号）：①项目建设地点在富阳镇瑞光路野鸭塘；②项目建设规模为增容污水日处理 1 万 t，达到污水日处理 2 万 t，主要建设 CASS 反应池 2 座，污水二级提升泵房 1 座，集水池 1 座，混凝土沉淀池 1 座，滤布滤池 1 座，加药间 1 座及配套工艺设备等。项目主要建设内容为土建工程、安装工程及其他配套设施工程等。本项目人工湿地位置航拍图见图 14-21。

图 14-21　人工湿地位置航拍图

14.5.1　设计目标

本工程旨在通过建设人工湿地对富川县污水处理厂的尾水进行生态处理，以充分发挥人工湿地工程的水质净化功能和景观效应。

通过表面流人工湿地和潜流人工湿地的一系列生态处理，实现含氮磷尾水的生态净化和营养盐削减目标的同时，以水和植物为主要元素，通过合理设计和科学管理，构建兼具水处理、生态、景观等多功能的生态湿地，湿地出水资源化利用，直接入河作为生态补水。

14.5.2　设计原则

根据我国有关环境保护法规及排水工程的要求，本工程将遵循如下设计原则：

（1）严格执行国家及地方的现行有关环保法规及经济技术政策。根据国家有关规定和建设方的具体要求，合理地确定各项指标的设计标准。

（2）设计方案应符合环保、生态、节能等要求，以实现水质稳定达标为主要设计目的，兼顾生态环境修复与改善，适度考虑景观效果与休闲功能。

（3）本着技术上先进、安全、可靠，经济上合理可行的原则，尽量采用技术成熟、流程简单、处理效果稳定的污水处理系统。从降低运行成本与管理成本方面精心设计，在技术经济上达到最佳效果。

（4）在总体规划布局方面，充分利用现有条件，因地制宜，少占用地；同时保证使污水处理设施与周围环境协调一致，不会影响环境美观。

（5）选用的人工湿地工艺系统易于操作管理，减轻劳动强度。同时也要考虑出水水质的稳定性，确保水源地不被污染。

（6）人工湿地工程中的材料选用国内优质产品，确保工程质量。

（7）设计方案中，各专业设计技术先进，经济合理，安全实用。

（8）设计方案应具有较强的可实施性。

14.5.3　设计思路

目前富川县污水处理厂尾水出水指标为《城镇污水处理厂污染物排放标准》一级 A 水质标准，而富江位于龟石水库上游，河段水质要求为地表Ⅲ类水，因此，通过建立人工湿地工程对富川县污水处理厂尾水进行进一步的净化处理，有效削减氮磷营养盐等污染物。

经现场踏勘富川县污水处理厂周边土地现状，并根据《富川瑶族自治县县城总体规划（2016—2030）》中的土地规划，针对富川县污水处理厂 2 万 m^3/d 尾水，采用湿地处理工艺，设计思路如下：

1）平面布置

人工湿地位于富川县污水处理厂南侧绿地，建设规模为 2.0 万 m^3/d。该湿地拟设置为组合型人工湿地（表面流人工湿地 + 水平潜流人工湿地），主要建设内容包括表面流人工湿地、潜流人工湿地、沉水植物塘等，占地约 9.16 万 m^2（图 14-22）。

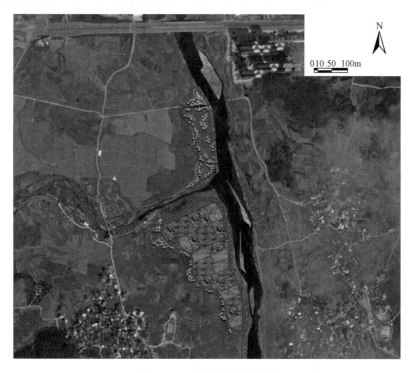

图 14-22　人工湿地航拍图

2）高程设计

富江干流从石狮村穿岩起，其高程 258m，自北而南，经城北、富阳、富阳镇，汇东西两岸溪流之水注入龟石水库，经水库下泄钟山（富江下游）。富江上游干流至龟石水库流程 21.3km，河面平均宽度 60m，落差 65m，河道比降 3.15‰，沿江建有桥渡 14 处，龟石水库控制的流域面积为 1209.35km²。

根据富阳水文站提供资料，该站洪水位情况如表 14-5 所示。

表 14-5　富阳水文站洪水位情况

洪水频率	百年一遇	五十年一遇	二十年一遇	十年一遇	五年一遇
洪水位/m	190.73	190.24	189.57	189.04	188.48

富阳水文站距离项目点约 2.7km，经计算，人工湿地进水处的洪水位情况如表 14-6 所示。

表 14-6　人工湿地进水处洪水位情况

洪水频率	百年一遇	五十年一遇	二十年一遇	十年一遇	五年一遇
人工湿地进水处洪水位/m	182.225	181.735	181.065	180.535	179.975

根据水利部大坝安全管理中心文件《关于印发龟石水库大坝安全鉴定成核查意见的函》（坝函〔2022〕242 号），龟石水库位于广西贺州市钟山县龟石村富江干流上，水库总库容 4.612 亿 m³，工程等别为Ⅱ等，主要建筑物级别为 2 级，水库正常蓄水位 182.00m。本工程结合工艺需求对地形进行整理，利用土方回填，将地面标高调整为 182.0～184.0m。

3）水体流向设计

根据人工湿地设计工艺流程，结合场地地形布置工艺处理设施。为降低运行能耗，污水处理厂尾水经非标溢流井，依靠重力流经湿地全程，整体布局按工艺流程采用"非标溢流井-沉淀缓冲区-表面流人工湿地-水平潜流人工湿地-沉水植物塘"的连续布置形式，主要设沉水植物塘、表面流人工湿地、水平潜流人工湿地。水流方向由北向南，依靠重力流至沉水植物塘出水。

4）植物选择思路

在选择植物物种时，可根据耐污性、生长适应能力、根系的发达程度及经济价值和美观要求确定，同时也要考虑因地制宜。

14.5.4　设计方案

1. 设计规模

设计处理污水处理厂尾水水量为 2 万 m³/d。

2. 人工湿地参数选择

参考《人工湿地水质净化技术指南》，广西属于全国气候分区的Ⅳ区（表 14-7），适用的人工湿地主要设计参数如表 14-8 所示。

表 14-7　全国气候分区及其行政区划范围（Ⅳ区）

区代号	分区名称	气候主要指标	辅助指标	各区辖行政区范围
Ⅳ	夏热冬暖地区	1 月平均气温＞10℃ 7 月平均气温 25～29℃	年日平均气温≥25℃的日数 100～200d	广东、广西、海南、台湾、香港、澳门全境；福建（厦门市、泉州市、福州市、莆田市、漳州市）；云南（玉溪市）

表 14-8　人工湿地主要设计参数（Ⅳ区-广西地区适用）

设计参数	湿地类型		
	表面流人工湿地	水平潜流人工湿地	垂直潜流人工湿地
水力停留时间/d	1.5～5.0	1.0～3.0	0.6～2.5
表面水力负荷/[m^3/(m^2·d)]	0.1～0.5	0.3～1.0	0.4～1.5
化学需氧量削减负荷/[g/(m^2·d)]	1.2～6.0	5.0～12.0	6.0～15.0
氨氮削减负荷/[g/(m^2·d)]	0.08～0.5	2.0～3.5	2.5～4.5
总氮削减负荷/[g/(m^2·d)]	0.1～1.5	2.0～6.0	2.0～8.0
总磷削减负荷/[g/(m^2·d)]	0.012～0.1	0.05～0.2	0.07～0.25

3. 湿地设计进水水质

在污水处理厂出水进入富江之前，设置生态湿地，进一步削减水体的污染负荷，避免污水处理厂出水对富江原生态水环境的直接冲击，保障生态补水效果，改善富江及下游龟石水库的水环境质量。设计污染物削减量为 COD 415.23t/a、NH_3-N 62.0t/a、TN 69.2t/a、TP 4.38t/a，并且进水达到 2 万 m^3/d 时，可达到设计削减量，冬季削减效果减少 50%。设计进水水质按《城镇污水处理厂污染物排放标准》一级 A 水质标准，其中 COD≤50mg/L、NH_3-N（以 N 计）≤5（8）mg/L、TN≤15mg/L、TP≤0.5mg/L。

本工程的工艺核心为人工湿地处理系统，通过湿地建设实现生态修复，达到增加生物多样性、防止水土流失、改善生态气候和涵养水源的目的。

4. 工艺介绍

人工湿地是由人工建造和控制运行的与沼泽地类似的地面，将污水有控制地投配到经人工建造的湿地上，污水在沿一定方向流动的过程中，主要利用土壤、人工介质、植物、微生物的物理、化学、生物三重协同作用，对污水、污泥进行处理的一种技术。其作用机理包括吸附、滞留、过滤、氧化还原、沉淀、微生物分解、转化、植物遮蔽、残留物积累、蒸腾水分和养分吸收及各类动物的作用。

　　人工湿地是一个综合的生态系统，它应用生态系统中物种共生、物质循环再生原理，结构与功能协调原则，在促进废水中污染物质良性循环的前提下，充分发挥资源的生产潜力，防止环境的再污染，获得污水处理与资源化的最佳效益。

　　1）自然表面流人工湿地（surface flow constructed wetland，SFCW）

　　自然表面流人工湿地与自然湿地形态特征比较接近，水力路径以地表流动为主，自由水面暴露于大气，水位一般比较浅（0.2～0.7m）。在处理过程中，污染物主要通过自然沉降，挺水植物、浮叶植物与沉水植物的拦截吸收，以及土壤吸附过滤等途径去除。自然表面流人工湿地植物根系发达，可通过根系向基质送氧，使基质中形成多个好氧、兼性厌氧和厌氧小区，利于多种微生物的繁殖，自然表面流人工湿地如图 14-23 所示。其优点是基础建设与运行管理费用低，操作管理简单与具有良好的景观生态效果等。其缺点是夏季卫生条件差，容易滋生蚊虫；冬天容易受到低温的影响，表面会结冰。

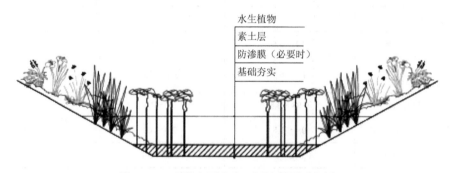

图 14-23　自然表面流人工湿地剖面示意图

　　2）潜流人工湿地（sub-surface flow constructed wetland，SSFCW）

　　潜流人工湿地系统也称渗滤湿地系统，污水在湿地床体内部流动，一方面可以充分利用填料表面生长的生物膜、丰富的根系及表层土和填料截流等的作用，另一方面由于水流在湿地床体内流动，不暴露于大气，具有保温性能较好、处理效果较高而且受低温季节的影响较小、卫生条件较好等特点。

　　（1）水平潜流人工湿地（horizontal flow constructed wetland，HFCW）

　　水平潜流人工湿地，因污水从一端水平流过湿地基质填料床而得名，它由一个或多个基质填料床组成，床体填充基质（如砾石、炉渣、沸石或砂等），床底铺设防渗层或复合土工膜，防止污水污染地下水。在湿地表层种植挺水植物，植物成熟后，根系深入 0.6～0.7m 的填料层中，与填料交织形成根系层，起到截留过滤的作用，并且为填料层输送氧气。与自然表面流人工湿地相比，水平潜流人工湿地具有对 COD、BOD_5、SS 等污染物的去除效果好，水力与污染负荷高，且无恶臭和蚊虫滋生等优点。该类型人工湿地的缺点是投资费用比自然表面流人工湿地大，控制相对复杂，脱氮、除磷效果不如垂直潜流人工湿地。

（2）垂直潜流人工湿地（vertical flow constructed wetland，VFCW）

垂直潜流人工湿地因水流在填料层中垂直向下流动而得名。湿地填有大量的卵石、碎石、砂或土壤等多孔介质材料，基质表面栽种植物，因而可充分利用填料表面与植物根系上的生物膜等，来处理污水。

湿地表面一般安装布水系统，而在填料底部安装出水收集管。此类型人工湿地的布水方式可促进湿地内部复氧，硝化强度较高，有较好的脱氮效果。垂直潜流人工湿地置于绿化地下，不会对周围环境景观造成不良影响。此外，还具有占地面积相对较小、水力负荷较高等优点，但其基础建设费用较高，操作管理相对复杂。

5. 工艺流程

根据各类型湿地的特点及本工程水量水质特点，综合考虑工程的投资、用地条件及 COD、NH_3-N、TP 等污染物的去除，单独选用某一个类型的湿地作为污水处理工艺，均达不到最佳、最明显的净化效果。因此，本工程选择三种类型湿地的组合工艺，并加以改进，形成"表面流人工湿地 + 水平潜流人工湿地 + 沉水植物塘"的生态处理工艺，分三个单元并联运行，有效提高湿地净化效率，弥补一种流态湿地的自有缺陷。

湿地工艺流程如图 14-24 所示。在正常运行条件下，污水处理厂尾水通过排水管输送至湿地前端，经表面流人工湿地初步处理后，进入人工湿地净化系统，分六组并联，依次经过多级水平潜流人工湿地，在植物、微生物、基质三者协同作用下，降解有机污染物，并进行脱氮除磷；最后进入沉水植物塘进一步去除有机物，出水最终外排至河流。

6. 总平面设计

1）总平面设计原则

（1）应充分利用自然环境的有利条件，按建筑物使用功能和流程要求，结合地形、气候、地质条件、施工便利性、维护和管理等因素，合理安排，紧凑布置，力求便于施工、便于安装、便于维修。

（2）合理的功能分区，布置紧凑，力争减小占地面积和连接管渠的长度，便于操作管理。工程采用流畅、自然的道路串起区域，组成工程的交通骨架，从而实现区内便捷、亲切、景观变化丰富、功能设置完整的交通网络及功能分区，使地段土地利用实现最大化。

（3）处理构筑物尽量按流程布置，避免管道不必要的转弯和交叉。

（4）强调工程功能分区的差异性与组团性，综合考虑人工湿地系统的轮廓，不同类型人工湿地单元的搭配，水生植物的配置，景观小品设置营建等因素，使工程达到相应的景观效果。

（5）充分利用地形，竖向设计力求节省开挖、回填量，尽量采用重力流，减少污水提升泵的使用，节约投资和运行费用。

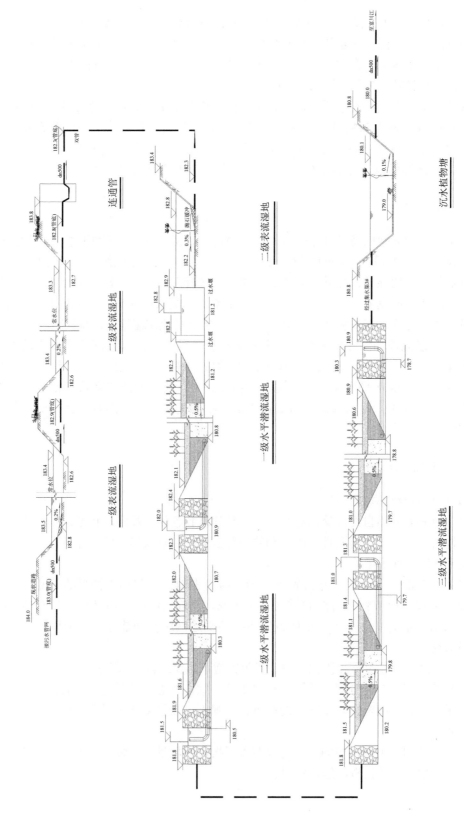

图 14-24　湿地工艺流程（单位：m）

（6）符合《人工湿地水质净化技术指南》的平面设计，与周围环境相协调。

2）总平面布置

湿地平面按功能类别设置了两大功能分区，分别为生态科普点和湿地核心净化区，后者包括泡泽草滩（表面流人工湿地）、溪塘秘境（表面流人工湿地）、浅滩花溪（表面流人工湿地）、湿地绿道（水平潜流人工湿地）、清水幽滩（沉水植物塘）。人工湿地平面布置如图 14-25 所示。

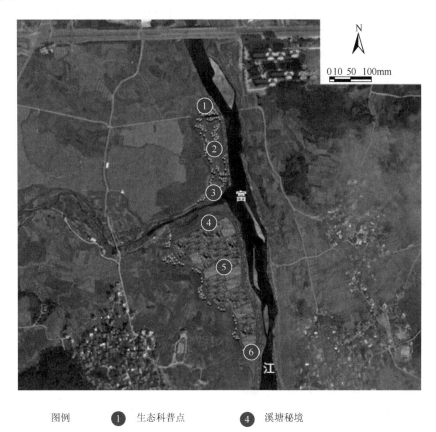

图例	① 生态科普点	④ 溪塘秘境
	② 泡泽草滩	⑤ 湿地绿道
	③ 浅滩花溪	⑥ 清水幽滩

图 14-25　人工湿地平面布置

7. 竖向设计

1）设计原则

（1）充分结合测绘图及现场地形条件，在满足处理流程功能的前提下尽量减少土方开挖，保持土方平衡。

（2）设施建设兼顾美观，不破坏周围原有整体环境。

（3）湿地流动形式采用重力流形式，减少工程投资及运行费用。

2）竖向设计方案

根据场地地形图，人工湿地厂址布置靠近富江，所处地面原高程在 178.6～182.6m，北侧现状污水处理厂设计地面高程为 186.0m，末端出水构筑物水位高程为 184.5m。厂址临近的河流富江二十年一遇洪水水位 183.27m，十年一遇洪水位为 182.74m。为保障人工湿地不受洪水侵袭及污水、雨水进排水顺畅，湿地防洪水位根据富川水文站的数据推算，人工湿地距离污水厂约 700m，湿地进水口临近的河流富江二十年一遇洪水位 181.065m，十年一遇洪水位为 180.535m，五年一遇的洪水位为 179.975m。人工湿地工程施工前进行场地准备及平整，平整后场地地面现状高程为 181.6～182.5m。

根据地块规划设计要求，在尽可能减少土方开挖、保持土方平衡等原则下对人工湿地的竖向高程进行设计，最终确定人工湿地平均设计地面高程为 181.5m，构筑物的设计高程为 182.5m，水力高程为 178.2～182.0m。且为保证湿地与周围地面的合理衔接，施工中用多余土方在湿地周围填充夯实，并进行 1：0.75 放坡处理。

8. 湿地设计计算

1）表面流人工湿地

湿地面积 $A=17770m^2$；系统深度 H = 0.6m；水力停留时间 T 近期取 1.06d，远期取 0.53d；地块 1 湿地长、宽分别为 190m 和 55m；地块 2 湿地长、宽分别取 106m 和 30m；地块 3 分为两组，每组湿地长、宽分别取 72m 和 20m；水力管道取 D = 500mm 的管道。具体计算过程参考 15.4.2 节。

2）水平潜流人工湿地

（1）湿地表面积的理论值：$A=44000m^2$。

（2）系统深度。本设计潜流人工湿地的有效水深为 1.3m。

（3）水力停留时间。

理论值：

整体容积：$V=44000\times1.3=57200m^3$

孔隙率 n 取 50%，整体水力停留时间：$T=V\times n/Q=57200\times0.5/20000=1.43d$

实际值：

将湿地拆分为两部分：第一部分为纵向（北向南）布水，第二部分为横向（西向东）布水。

第一部分纵向布水面积：$A=20730m^2$

第二部分横向布水面积：$A=22595m^2$

总面积 $A=43\ 325m^2$

则水力停留时间

$T=43\ 325\times1.3\times0.5/20000=1.40d$（远期），符合规范要求。

（4）水力负荷。

总体负荷 $q=Q/A=20000/43325=0.46m^3/(m^2\cdot d)$（远期），符合规范要求。

（5）处理单元的长宽比。

纵向、横向布水每个单元取长 60m，宽 30m，平均单元面积 1800m²。

3）沉水植物塘

采用单塘，矩形塘长宽比为 3∶1 到 4∶1，本次设计取 4∶1，在塘内设计多个进水点。

（1）面积 $A = 3970\text{m}^2$。

（2）有效水深 1.1m。

（3）有效容积：$V = 3970 \times 1.1 = 4367\text{m}^3$。

（4）水力停留时间：$T = 4367/20000 = 0.21\text{d}$（远期）；$T = 4367/10000 = 0.43\text{d}$（近期）。

（5）水力负荷：$q = Q/A = 20000/4367 = 4.5\text{m}^3/(\text{m}^2\cdot\text{d})$（远期）；

$q = Q/A = 10000/4367 = 2.28\text{m}^3/(\text{m}^2\cdot\text{d})$（近期）。

9. 湿地管道设计

1）管材选择

（1）选择原则。

①使用寿命长，安全可靠性强，维修量少；

②管道内壁光滑不结垢，管路畅通，水头损失小；

③在保证管道质量、输水安全的前提下，造价相对较低；

④管材、管件的规格齐全，能满足安装、运行和维护的需要；

⑤管材适应性强，拆装方便。

（2）管材比选。

我国排水工程中常用的非金属管材主要有钢筋混凝土管（PCP）、硬聚氯乙烯（UPVC）管、高密度聚乙烯（HDPE）管、聚乙烯（PE）管、玻璃纤维增强塑料夹砂管（以下称玻璃钢夹砂管）（RPRM），金属管材有钢管（SP）和铸铁管。

①钢筋混凝土管（PCP）。

管材制作方便，造价低，在排水管道中应用很广。但缺点是抗渗性能差、管节短、接口多和搬运不便等。钢筋混凝土管口径一般在 500mm 以上，长度在 1～3m。多用在埋深大或地质条件不好的地段。其接口形式有承插式、企口式和平口式。

②硬聚氯乙烯（UPVC）管。

UPVC 管采用橡胶圈承插柔性接口，对管道基础要求低。

UPVC 管内壁光滑，具有优越的物理化学性能，抗腐蚀、抗老化、耐磨性能好，使用寿命长；排水性能良好；管材轻，施工方便，降低成本，可缩短工程周期，提高建筑物的经济性；管材价格低，易清洗、美观。

③高密度聚乙烯（HDPE）管。

HDPE 管内壁光滑、耐腐蚀性好、柔韧性好、管材轻，采用热熔黏接性接口，对管道基础要求低。

连接可靠：高密度聚乙烯管道系统之间采用电热熔方式连接，接头的强度高于管道本体强度。

低温抗冲击性好：高密度聚乙烯的低温脆化温度极低，可在 –60～60℃温度范围内安全使用。冬季施工时，因材料抗冲击性好，不会发生管子脆裂。

抗应力开裂性好：HDPE 管具有低的缺口敏感性、高的剪切强度和优异的抗刮痕能力，耐环境应力开裂性能也非常突出。

耐化学腐蚀性好：HDPE 管可耐多种化学介质的腐蚀，土壤中存在的化学物质不会对管道造成任何降解作用。聚乙烯是电的绝缘体，因此不会发生腐烂、生锈或电化学腐蚀现象；此外它也不会促进藻类、细菌或真菌生长。

耐老化，使用寿命长：含有 2%～2.5% 的均匀分布的炭黑的 HDPE 管能够在室外露天存放或使用 50 年，不会因遭受紫外线辐射而损害。

耐磨性好：HDPE 管与钢管的耐磨性对比试验表明，HDPE 管的耐磨性为钢管的 4 倍。

④聚乙烯（PE）管。

PE 材料是一种结晶度高且是非极性的热塑性树脂，呈乳白色，在微薄截面则是具有一定透明度的半透明状。

PE 管卫生性能良好，且材料没有毒性，不会滋生细菌，因此能够避免污染；除了少数强氧化剂外，可以耐多种化学介质的侵蚀和腐蚀，因此耐腐蚀性好；韧性好，能够耐冲击，即使受到重压，管道也不会出现开裂、破裂现象；连接性能好，施工简单方便，且造价低；在正常使用情况下，使用寿命长，能够达到 50 年以上。由于以上特点，PE 管被广泛应用于给排水领域。

⑤玻璃钢夹砂管（RPRM）

玻璃钢夹砂管材质轻，运输安装方便、内阻小、耐腐蚀性强，使用寿命可达 50 年以上，但价格略高。国外已有广泛使用，给水压力管大多采用 d1000 以下管道。无压管已有采用大于 d3600 直径的例子。目前，玻璃钢夹砂管已生产顶管管材，广州市排水干管 d2500 穿越珠江已有很成功的经验，是一种很有发展前途的管材。

⑥钢管（SP）

钢管有较好的机械强度，耐高压，耐振动，材质较轻，单管长度大，接口方便，有较强的适应性，但其价格较高，耐腐蚀性差，防腐造价高，且施工工艺要求比较高，现场加工非常困难。钢管一般多用于大口径（1.2m 以上）、高压处、有地质和地形条件限制、穿越铁路、河谷和地震区等情况。一般在污水管道中钢管宜少用，以延长整个管网系统的耐久性。

⑦铸铁管

铸铁管用于给水、排水和煤气输送管线，它包括铸铁直管和管件，劳动强度小。铸铁管按铸造方法不同，可分为连续铸铁管和离心铸铁管，其中离心铸铁管又分为砂型和金属型两种；按材质不同，可分为灰口铸铁管和球墨铸铁管；按接口形式不同，有柔性接口、法兰接口、自锚式接口、刚性接口等类型。铸铁管耐腐蚀性较好、经久耐用、价廉，但质脆、承受振动和弯折能力较差、自重较大、管长较短。

根据对几种管材的技术经济条件比较，同时借鉴以往项目经验，最终确定本工程湿地前端进水采用 PE100 管，单元间管道管材采用 PE100 管，湿地尾部尾水提升泵站进水管采用 HDPE 钢带增强聚乙烯螺旋波纹管，出水管采用 PE100 管，湿地过河管段采用焊接钢管。

2）管道工艺设计

（1）污水传输管线工程设计。

由于富川县污水处理厂 2 万 m^3/d 的尾水直排入富江干流，增加了水体对污染的削减负担。因此，将现状尾水管改线，经过人工湿地的生态深度处理后再排入富江，以便降低污水处理厂尾水对富江的污染负荷。

本项目污水管道分三部分进行设计：

①于污水处理厂尾水排放管接 dn560，PE100 污水压力管，尾水沿富江干流西侧敷设，进入一级表面流人工湿地。

②由二级表面流人工湿地尾端设置规格为焊接钢管 D480×9 连通管，管道通过富江支流 1#后，尾水流入三级表面流人工湿地。

③三级表面流人工湿地尾部设置尾水提升泵站，用于洪水期湿地尾水外排，防止湿地内涝。

（2）尾水提升泵站设计。

设计泵站参数：

出水管管长 $L = 10\text{m}$，水力坡降 $i = 0.0099$。

管道水头损失计算：

沿程水头损失：$h_\text{f} = iL = 0.0099 \times 10 = 0.099\text{m}$。

局部水头损失：取沿程水损 15%，$h_\text{j} = h_\text{f} \times$ 沿程水损 $= 0.099 \times 0.15 \approx 0.015\text{m}$。

管道水头损失：$h_\text{w} = h_\text{f} + h_\text{j} = 0.114\text{m}$。

泵站静扬程 = 压力管释放口中心标高–泵站内停泵液位标高 = 181.64–177.00 = 4.64m，余量 2m。

泵站总水头损失：

$h_\text{t} = 0.114 + 4.64 + 2 = 6.754\text{m}$，取泵扬程为 7m。

故一体化泵站采用潜污泵 2 台，近期 1 用 1 备，远期两用。单台设计参数为 $Q = 400\text{m}^3/\text{h}$，$h_\text{t} = 7\text{m}$，$N = 15\text{kW}$。水位达报警液位时，同时启动备用泵。

（3）工程量。

根据调查现状管线资料，本次项目方案结合现场实际情况，确定本项目配套建设 dn630 聚乙烯 PE100 管 583m，dn315 聚乙烯 PE100 管 10m，D480×6 焊接钢管 98m，D219×6 焊接钢管 24m，dn500 钢带增强螺旋波纹管 2m，非标蝶阀 2 座、φ1000 检查井 2 座、2200×3000 钢筋混凝土矩形卧式蝶阀井 1 座、流量计井 1 座、1200×1200 钢筋混凝土矩形排气阀井 1 座、D = 1000 砖砌圆形排泥湿井 1 座、1400×1800 钢筋混凝土矩形闸阀井 1 座。

（4）管道基础。

管道基础是管道与地基之间经人工处理过的或专门建造的构筑物，其作用是将管道较为集中的荷载均匀分布，以减少对地基单位面积的压力。本工程采用砂垫层基础。

（5）管道设计埋深。

管道的管顶最小覆土深度，应根据管材强度、外部荷载、土壤冰冻深度和土壤性质等条件综合确定。根据《室外排水设计标准》（GB 50014—2021），管道覆土厚度在车行道下不小于 0.7m；人行道或绿化带下的管道覆土厚度不宜小于 0.6m。覆土厚度确有困难不能满足上述要求，应在管道外采取适当的保护加固措施（混凝土包管）。

管道施工时遇水位较浅区域，需考虑降水，应保证沟槽干燥。

（6）管道检修放空。

为满足管道试压、冲洗以及发生事故时放空检修的需要，根据各个构筑物运行需求，本设计在单元进水口主管道设置相应的检修蝶阀，以便出现事故时可以关闭任何一段管道进行放空检修。

（7）管道施工。

①管道施工属线形施工的范畴，其特点是施工面窄，工作面长，牵涉面广，对周围环境有所影响。本次设计的管道采用开槽施工法，施工前必须了解各种地下管线位置、标高，并做出施工保护措施，在保证其他管线安全使用的情况下顺利施工。

②在施工开挖安装过程中，必要时在工作面设置安全保护栏和警示标志，避免一切不安全事故的发生，以保证施工安全。

③沟槽的宽度应便于管道铺设和安装，应便于夯实机具操作和地下水排出。当采用机械开挖时，保留槽底高程之上300mm左右土层，由人工清挖。遇有地下水时可采用排水沟加集水坑降水。

④沟槽边坡的最陡坡度应符合现行国家标准《给水排水管道工程施工及验收规范》（GB 50268—2008）的有关规定。根据沟槽的土质情况，必要时沟槽壁应设置支撑或护板。开挖时，弃土不宜堆载过高，并避开雨季施工，加强施工观测，确保边坡稳定。

（8）管道试压。

管道铺设完成后，首先对接口及管基做认真检查，然后在管身两侧及上部回填不小于0.5m的回填土，回填土不得含有有机物及砖石碎块，采用轻夯压实，然后进行试压。

管道两侧压实面高差不应超过30cm，回填土密实度为90%。回填土的含水量在其最佳含水量附近（其差值不超过4%），并选择合适的夯实措施，以达到回填土密实度要求。管顶以上部分可采用素土回填，回填土密实度应在90%以上，管顶为道路时，其回填土密实度还应满足道路路基的要求。

预试验阶段：将管道内水压缓缓地升至试验压力并稳压30min，其间如有压力下降可注水补压，但不得高于试验压力；检查管道接口、配件等处有无漏水、损坏现象；有漏水、损坏现象时应及时停止试压，查明原因并采取相应措施后重新试压。

主试验阶段：停止注水补压，稳定15min；当球墨铸铁管压力下降不超过0.03MPa，PE管压力下降不超过0.02MPa时，将试验压力降至工作压力并保持恒压30min，若外观检查无漏水现象，则试验合格。

10. 湿地植物选配

1）选用原则
植物选用原则有以下六点：
（1）植物具有良好的生态适应能力和生态营建功能。
（2）植物具有很强的生命力和旺盛的生长势。
（3）所引种的植物必须具有较强的耐污染能力。
（4）植物的年生长期长。
（5）所选择的植物将不对当地的生态环境构成威胁，具有生态安全性。

（6）具有一定的经济效益、文化价值、景观效益和综合利用价值。

2）配置分析

植物的配置应遵循以下四点：①根据植物类型分析；②原生环境；③养分需求；④适应能力。

另外，还要综合考虑主要生态因子如温度、湿度、土壤、水质等方面。

3）选择与种植方式

人工湿地植物的选择宜适合当地气候环境，优先选择本土植物。基于对贺州市本地湿地植物的调研、贺州市的气候特点、植物的选用与配置原则、植物的生长习性以及结合景观设计，本项目选择种植再力花、纸莎草、芦苇、菖蒲、香蒲、芦竹、水芹菜、黑藻、苦草等 9 种植物。各处理单元植物配置见表 14-9。

表 14-9　植物配置

处理单元名称	处理植物选择
表面流人工湿地	再力花、纸莎草、芦苇、菖蒲、香蒲、芦竹、黑藻、苦草
水平潜流人工湿地	再力花、纸莎草、香蒲、芦竹、水芹菜
沉水植物塘	再力花、黑藻

11．湿地基质设计

填料既为微生物的生长提供稳定的依附表面，也为水生植物提供载体和营养物质，是湿地化学反应的主要界面之一。污水流经湿地填料时，填料通过吸收、吸附、过滤、离子交换或络合等途径去除污水的污染物。

本工程的湿地填料采用当地生产的砾石、卵石、素土及功能性填料。

1）表面流人工湿地

为增加湿地内部生境多样性，提高湿地生物多样性及维持生态系统结构稳定，增强湿地景观效果，表面流人工湿地内部设计深潭与浅滩相结合，种植沉水植物、挺水植物，提高湿地的净化效果。

（1）壤土种植层。应优先选择当地土壤，以松软土质为佳（种植土），并具较高的肥力，渗透系数宜为 0.025～0.35cm/h，厚度取 300～400mm。

（2）防渗层。采用 $800g/m^2$ 两布一膜 HDPE 复合土工膜进行防渗处理。

（3）缓冲层。缓冲层采用素土夯实找平并防止土层刺破防渗布。

2）水平潜流人工湿地

水平潜流人工湿地由上而下划分为植物种植层、无纺布、核心净化层、防渗布缓冲层、防渗层、缓冲层。

（1）植物种植层。考虑到植物的生长与系统的维护，给植物生长提供附着载体，采用 15cm 厚度的砾石（Φ15mm）层。

（2）无纺布。设置无纺布可防止因碎石层下漏而堵塞基质净化层，从而影响布水走水和湿地的净化功能。

（3）核心净化层。设置净化层，为微生物附着、植物生长提供载体。总厚度120cm，分两层设置，其中上层 Φ25mm 砾石厚度 50cm，下层 Φ40mm 砾石厚度 50cm。

（4）防渗布缓冲层。防渗布缓冲层的主要功能是防止防渗布被上层碎石刺破或施工时被机械压坏，缓冲层采用黏土厚度 100mm。

（5）防渗层。采用 800g/m^2 两布一膜 HDPE 复合土工膜进行防渗处理。

（6）缓冲层。缓冲层采用素土压实找平并防止土层刺破防渗布。

3）沉水植物塘

为增加湿地内部生境多样性，提高湿地生物多样性及生态系统结构稳定，增强湿地景观效果，沉水植物塘设计深潭、浅滩相结合，种植沉水植物、挺水植物，提高湿地的净化效果。

（1）壤土种植层。应优先选择当地土壤，以松软土质为佳（种植土），并具较高的肥力，渗透系数宜为 0.025～0.35cm/h，厚度取 300～400mm。

（2）防渗层。采用 800g/m^2 两布一膜 HDPE 复合土工膜进行防渗处理。

（3）缓冲层。缓冲层采用素土夯实找平并防止土层刺破防渗布。

12. 防渗设计

根据设计规范，湿地系统各构筑物单元底部与侧壁须进行防渗处理，防渗层的渗透系数不应大于 10^{-8}cm/s。

人工湿地底部采用 800g/m^2 两布一膜 HDPE 复合土工膜进行防渗处理。敷设复合土工膜前，应先将场址基地整平压实，对于地表高低起伏过大及土质松软的区域应加以改善，不能有尖锐突出物在地面上。湿地复合土工膜下铺 100mm 厚素土，敷设复合土工膜后，上铺 100～200mm 厚黏土，以防止防渗层被上层砾石刺破。

13. 湿地绿化配套

人工湿地周围建设坡度较缓的植被区，经植被拦截及土壤下渗作用减缓地表径流流速，并去除径流中的部分污染物。适用于湿地道路的周边。

在湿地单元周围设计草皮绿化，与湿地净化植物搭配。草皮采用冷季型，狗牙根草籽播种，播种密度为 25g/m^2。

14.6　龟石水库水源区生态修复工程设计

龟石水库水源区生态修复工程的治理范围，北起富川县 G538 环城南路以南（富江段），南至龟石水库取水口，全长约 16.8km，属于所在一级水功能区"贺江贺州开发利用区"的范围内。根据《贺州市农村生活污水处理设施运行清单》的数据，大部分村屯已建成村农村生活污水处理设施，该设施采用工艺"生物接触氧化 + 人工湿地"及"MBR + 微生物一体化罐"工艺，尚未设置污水处理设施的村屯已敷设污水管网并引至保护区外处理，因此，龟石水库一级保护区内已完成生活污水截污。

经现场调研，龟石水库入库口周边虽然已完成农村生活污水的截污，但仍然存在如下问题：①富川县 G538 环城南路以南（富江段）周边有大片耕地，耕地种植产生的 N、P 肥料经雨水冲刷进入富江，而驳岸经常年水利冲刷已露出黄土，无法进一步削减农田带来的 N、P 污染；②位于富江东侧有一生活污水直排口，生活污水未经处理直排富江，对水环境造成一定程度影响，但本工程不涉及生活污水管的截污内容；③富江-龟石水库入库口的滩地植被缺失，枯水期水库浅滩裸露，"陆域-滨水带-水域"之间的植被存在断层现象；④因浅水区域的植被缺失，导致微生物缺乏生境环境，鱼类缺乏索饵和产卵场所。

14.6.1　设计思路

通过采取蜂巢格室生态护岸和水库消落带对上述污染问题进行净化处理，有效削减氮磷营养盐等污染物。

14.6.2　蜂巢格室生态护岸

拟在富江环城南路以南，新建蜂巢格室生态护岸，采用自然放坡，边坡比为 1∶5～1∶8，总长度 2km，建设位置如图 14-26 所示。

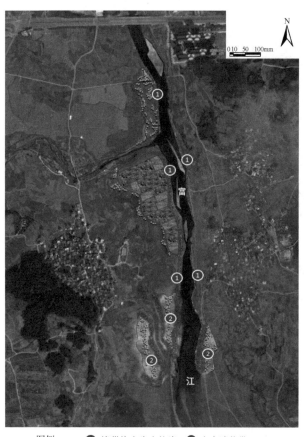

图例　❶ 蜂巢格室生态护岸　❷ 水库消落带

图 14-26　蜂巢格室生态护岸、水库消落带建设位置

14.6.3 水库消落带

水库消落带的功能主要包括以下几方面：①保护自然库岸廊道以及与之相联系的地表和地下水径流；②拦截径流中的泥沙；③稳定岸坡，减少侵蚀；④拦截吸附氮、磷、杀虫剂等污染物；⑤减缓水流，降低其破坏性；⑥维持生物物种多样性，调节水流温度等微气候环境；⑦提供生物栖息地，保护野生动植物生境以及其他特殊地和旅行廊道，保持生态系统的动态稳定性；⑧美化水库廊道景观。

消落带植被是生长在消落带域的植物的总和，是消落带功能的主体，其特征及其生态过程是由水位涨落过程、区域气候、地质构造、沿库岸上下及两侧的生物和非生物过程等共同决定的，并同局部地形、地貌、土壤、水文、干扰级别等密切相关，如库区的水位变化，明显地影响消落带植被的种类组成、物候、结构及生产力。

经过与相关部门沟通，龟石水库正常蓄水位 182.58m，汛限水位为 181.10m，死水位 171.58m。因此，拟在龟石水库入库口（图 14-27）前端建设 6 万 m² 水库消落带，植被覆盖落差为 176~182m。水库消落带的建设位置如图 14-26 所示。

图 14-27　富江与龟石水库交汇口航拍图

14.7　沙洲河入湖口水质净化工程设计

沙洲河入湖口水质净化工程范围，北起富川-梧州公路，南至沙洲河-龟石水库入湖口。全长约 2.8km。经现场踏勘（图 14-28），沙洲河入湖口周边已有自然湿地，但因水位涨落，部分植被已被冲刷消失，河岸暴露黄土，因此岸带生物缺乏生境，无法消纳因地表径流所带来的污染物，造成水体部分指标超标。2021 年 3 月，经第三方水质检测公司采样检测，沙洲河 2 个采样点（G3、G4）的水质指标如表 14-10 所示。

图 14-28　沙洲河现场航拍图

表 14-10　沙洲河水质指标

	化学需氧量 (COD)/(mg/L)		五日生化需氧量 (BOD₅)/(mg/L)		氨氮(NH₃-N) 浓度/(mg/L)		总氮(TN) 浓度/(mg/L)		总磷(TP) 浓度/(mg/L)	
	2021-03-03	2021-03-04	2021-03-03	2021-03-04	2021-03-03	2021-03-04	2021-03-03	2021-03-04	2021-03-03	2021-03-04
G3	22	24	5.0	5.0	0.178	0.191	0.98	1.06	0.07	0.04
G4	14	15	2.9	3.3	0.312	0.330	2.05	2.04	0.06	0.10
III 类水指标	20		4		1.0		1.0		0.2	

14.7.1　设计思路

在沙洲河入湖口处建设河滨缓冲区，配置乔木植物、灌木植物、地被植物；并建设河口修复区。

14.7.2　河滨缓冲区及河口修复区

在原有湿地的基础上，增加河滨缓冲区，控制面源污染，进一步达到保证水质的目的。河滨缓冲区由乔木植物（落羽杉、垂柳）、灌木植物（芦苇、花叶芦竹、旱伞草、香蒲、狗尾草、鸭跖草、狗牙根）、地被植物（麦冬、蓼子草）组成。

河滨缓冲区建设面积约 1407m²，河口修复区建设面积约 3000m²，苗木补种区域 913m²，分别建设于沙洲河岸边，建设范围如图 14-29 所示，宽度见图 14-30。

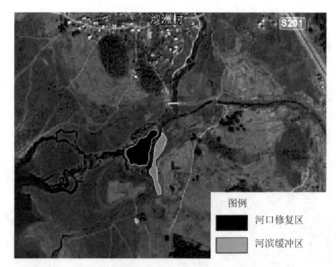

图 14-29　沙洲河河滨缓冲区、河口修复区建设范围

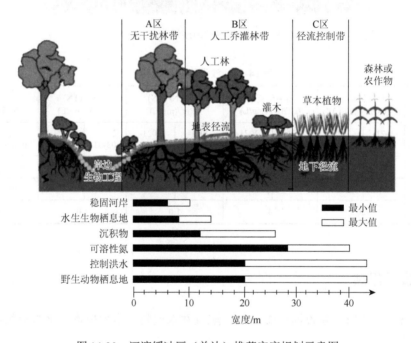

图 14-30　河滨缓冲区（单边）推荐宽度规划示意图

第15章 钦州市茅岭江流域水生态修复工程

15.1 概况及主要环境问题

15.1.1 概况

茅岭江古称渔洪江，属桂南沿海诸小河流，独流入海，发源于钦州市板城镇屯车村委龙门村，流经新棠、长滩、小董、那蒙、大寺、黄屋屯等乡镇，至康熙岭镇的团和、防城港市防城港区的茅岭注入茅尾海。茅岭江干流全长122.67km，其中茅岭江钦南区段长31.62km，流域面积2909.21km²，干流坡降为0.49‰，总落差135m，流域平均高程为109m。流域西部为十万大山山脉，集雨面积在100km²以上的支流有板城江、那蒙江、南晓河、大寺江、新圩河、滩营河（西显江）、屯笔河、大直江等8条，全河流呈扇形分布。茅岭江上游小董段河面宽约120m，平常水深约1m，岸高3～6m；中游三门滩河段河面宽约150m，平常水深约1.5m，河床浅窄；下游茅岭渡河段河面宽约300m，平常水深4～5m，沙质河床，冲淤变化较大，沿河河段较稳定。海潮可上溯到黄屋屯的牛皮坝附近，牛皮坝以下河段为感潮河段。

茅岭江流域地处南亚热带海洋性季风气候区，高温多雨，干湿分明，夏长冬短，季风盛行，夏秋之间台风和暴雨较为频繁。流域多年平均降雨量2151mm，最大年降雨量2807.7mm，降雨集中在4～9月，约占全年的82%。河流水量较为丰沛，据黄屋屯水文站多年观测，年平均流量为82.12m³/s，多年平均年径流量为25.9亿m³，年径流深为1000mm。由于受降水变化的影响，河流流量的年内变化较大，在汛期（4～9月），径流量为19.99亿m³，占年径流量的77.2%。茅岭江下游因河床浅窄，加上坡降平缓（三门滩至河口约为万分之一），又有潮水顶托，一遇洪水，常常成灾。茅岭江（黄屋屯水文站）的水文特征：较大洪水的最大水位变幅接近9m，一般变幅5m左右；洪水历时一般为2～3d，涨洪历时约1d，落洪历时约2d。发生洪水期间潮汐消失。潮汐期间，一般每日发生高、低潮各一次，半月周期的新老潮期交替之日则发生高、低潮各两次，基本上属不正规混合全日潮型。涨潮潮差最大为2.11m，平均为1.01m；落潮潮差最大2.06m，平均1.04m。涨潮历时最大为8h13min，平均4h31min；落潮历时最大为23h41min，平均17h8min。

2020年钦州市生产总值为1387.96亿元，按可比价格计算，同比增长2.6%。其中，第一产业增加值为282.82亿元，同比增长4.3%；第二产业增加值为390.13亿元，同比下降12.3%；第三产业增加值为715.01亿元，同比增长12.7%。

15.1.2 主要生态环境问题

1）加其村监测站水质存在波动

茅岭江加其村监测数据显示，2021～2022 年，两年间有大于 1/4 时间断面为地表Ⅳ类水，呈现波动。分析原因，主要是上游点源生活污染和农业面源污染负荷较大。经现场调研，上游主要点源污染源为板城镇、长滩镇、那蒙镇、小董镇等镇区污水处理厂直接排入茅岭江的尾水，出水执行《城镇污水处理厂污染物排放标准》一级 B 水质标准；面源污染则是由于茅岭江沿岸存在大量农田，且护岸受损。

2）茅岭大桥国控断面水质逐年变差

根据水质数据分析，茅岭大桥水质由 2020 年的Ⅱ类水，至 2021 年下降至Ⅲ类水，2022 年未见好转且还在下降。其中主要变差的指标为氨氮、总磷，浓度均逐年递增，并且总磷指标已由Ⅱ类水浓度恶化至Ⅲ类水浓度。

从时间轴来看，水质恶化主要集中在上半年。此时正值春耕及雨季，农药、化肥随地表径流进入茅岭江，造成水体富营养化，水质超标。并且国控断面所属的茅岭江下游区域，田林密布、种植业广，须采取必要措施削减农业面源污染，保护茅岭江水生态环境。

3）点源污染、面源污染严重

经过现场调研图 15-1 和图 15-2，茅岭江两岸分布着大量村屯，污水随意散排，往往随着灌溉沟渠、小溪流入茅岭江，这是影响茅岭江水质的重要污染源之一。对沿岸农村生活污水现状进行调查发现，污染源包括农业面源污染及生活垃圾污染等，人工纯林面积比重较大，森林结构单一，涵养水源、保持水土等生态服务功能下降，生物物种减少；部分区域如大寺江入干口区域耕地面积大，有水土流失现象；同时农林产品提供区耕地面积减少，土壤肥力下降，农业面源污染比较突出。由于农业面源污染具有分散性、隐蔽性、随机性、不易监测、难以量化等特征，部分土壤中的农药被雨水、灌溉水冲刷到江河及湖泊中造成水体污染，长此以往，致水质严重恶化。

图 15-1　农田滨河带缺乏植被　　　　图 15-2　茅岭江周边农田情况

4）岸坡现状问题严峻

现场实际调研（图 15-3）发现，茅岭江周边因为历史自然因素和人为采砂等因素导致部分河岸裸露、植被缺失，水体自净功能不足，这易导致水土流失加重、水体富营养化、生物多样性锐减以及自然灾害频发等生态环境问题。这种岸坡为疏松土质自然岸坡，汛期水量较大时，容易造成冲刷，致使河岸崩塌，造成部分河道淤积和死水区，对区域人口的水环境安全及经济社会可持续发展构成一定威胁，迫切需要进行护岸工程建设。

图 15-3　河岸裸露、植被缺失

5）污水处理厂尾水影响

茅岭江主干河道上分布着 8 个乡镇，其中大垌镇、大寺镇远离茅岭江，黄屋屯镇污水厂实际进水规模小，康熙岭镇排水与茅岭江方向相反。排除此 4 个镇，小董、那蒙、长滩及板城镇的污水处理厂尾水都为直排入茅岭江。此四镇的污水处理厂，总处理规模达 4500m³/d，虽然为合法排口，出水水质达到一级 B 要求，但相对于该河段的Ⅲ类水质要求来看，还是对该河段的水质有一定影响。

6）支流影响

茅岭江流域有众多支流汇入，上游河段植被茂密，依靠水体自然净化尚还能维持稳定。但下游白土沟、大直河等支流附近农田多，林地多为桉树林，缺少岸上植被对氮磷的拦截。

大直河（图 15-4）对茅岭江的影响是非常大的，由第三方数据采样可知，大直河入干口检测水质较差，为Ⅳ类水，茅岭江干流水质要求为Ⅲ类水，意味着干流需要承担支流入河后的水体自净任务。但大直河入干口离茅岭江出海口只有 10km，自净空间不足，并且茅岭江出海口段生态环境较差，水体自净能力不足，还需承担消纳支流任务，这是非常艰难的。通过现场调研，大直河两岸农田密布，农田退水沟渠入河是主要污染源。

大寺江、白土沟虽然检测水质为Ⅲ类水，但相对干流检测水质来说，水质下降不少，根据现场调研（图 15-5），支流承纳的农田面积很大，且护岸为土质疏松岸坡，植被稀疏，水土保持能力不足，容易垮塌。而且护岸植被不完善，除了拦截农田退水能力弱外，对初期雨水地表径流的拦截能力更差，综合导致支流河水氮磷含量超标，最终流入茅岭江中，造成茅岭江水质逐年变差。

根据调研情况（图 15-6）及第三方检测数据，小董河水质较差，其两岸植被稀疏，土壤裸露，无保持水土能力；且小董河主要位于城区一侧，初期雨水的地表径流往往携带大量城区垃圾而污染河道，河道短小，生态环境差，水体难以自净，往往直接流入茅岭江造成污染。

图 15-4 大直河河道状况

图 15-5 白土沟支流状况

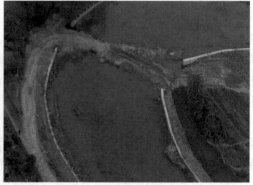

图 15-6 小董河河道状况

15.2　规　划　依　据

1. 《中华人民共和国国民经济和社会发展第十四个五年规划和 2035 年远景目标纲要》相关摘要

"第三十三章　积极拓展海洋经济发展空间　坚持陆海统筹、人海和谐、合作共赢，协同推进海洋生态保护、海洋经济发展和海洋权益维护，加快建设海洋强国。……第二节　打造可持续海洋生态环境　探索建立沿海、流域、海域协同一体的综合治理体系。严格围填海管控，加强海岸带综合管理与滨海湿地保护。拓展入海污染物排放总量控制范围，保障入海河流断面水质。加快推进重点海域综合治理，构建流域-河口-近岸海域污染防治联动机制，推进美丽海湾保护与建设。"

2. 《广西生态环境保护"十四五"规划》相关摘要

该规划涉及茅岭江流域的内容有：

第六章"第二节　深化重点流域环境综合治理和保护"中的"加强重点流域环境综合治理。逐步建立健全信息通报、环境准入、结构调整、企业监管、截流治污、河道整治等一体化的流域综合防治体系。实施工业源、生活源、养殖污染源、农业面源等污染治理；开展入河排污口排查，实施排污口整治和达标排放管理；加强内河船舶和内河港口水污染防治，提高船舶和港口产生的生活污水、含油污水、化学品洗舱水接收、处理能力。深化漓江、南流江、钦江、九洲江、西江（梧州段）等重点流域水环境综合治理和保护，开展大风江、南康江、茅岭江、白沙河、西门江、义昌江、明江等小流域水环境治理，提升水环境质量"。

第六章"第四节　推动水生态保护修复"中的"加强水生态保护修复。加强河流、湖库岸线保护与开发利用管理，对西江经济带（广西）内干流和主要支流岸线实施分区管理，在重要河流干流、主要支流和重点湖库周边划定生态缓冲带，强化岸线用途管制，整治不符合水源涵养区、水域岸线、河湖缓冲带等保护要求的人类活动。实施江河湖库湿地生态修复与保护建设，加强河道生态整治，提升西江、漓江、南流江、九洲江和青狮潭、大王滩等江河湖库水体修复净化能力。建立健全河流湖泊休养生息长效机制，科学划定河湖禁捕、限捕区域，重点水域逐步实行禁渔期制度；在漓江、桂江、红水河、右江、柳江、龙江、左江等重点河段逐年开展增殖放流活动，逐步恢复土著鱼类。实施重点流域和湖库水生态监测、水生态安全评估、生物多样性评估等专项调查，开展重点流域水生态系统健康评估"。其中"重点小流域环境综合治理"的内容中提到："开展大风江、南康江、茅岭江、白沙河、西门江、义昌江、明江等重点小流域水环境综合治理，实施生活源、农业面源等污染整治，以及水生态调查与保护修复、污水处理设施提标改造。"

3. 《钦州市"十四五"重点流域水生态环境保护高质量发展规划》相关摘要

1）水生态保护与修复仍存在短板
钦江、茅岭江等流域两岸存在大面积农业种养生产活动挤占生态空间，部分河岸地表裸露，河滨生态缓冲带缺失受损的情况。钦州市对水生态本底情况掌握不明，缺乏水生态监测数据和全面有效的水生态恢复保护措施。

2）加强生态保护协同增效

坚持以自然恢复为主，推行森林、草原、河流、湖泊、湿地休养生息，推进山水林田湖草海湿地生态系统保护和修复治理，协同增强流域生态系统碳汇功能。开展河湖湿地生态安全调查和评估，改善河流湖库水生态环境，提升水体自然岸线保有率，保持生态系统质量和稳定性；实施保护修复和综合治理，保障河湖湿地生态水量。加强小流域综合治理，推进水生态环境保护修复。加强水系连通和生态保护修复。因地制宜建设人工湿地水质净化等工程设施，保护河湖生态系统功能。

3）茅岭江流域保护要点

强化农业农村污染防治，开展水生态调查及保护恢复。

4）积极推动水生态保护与修复

加强湿地保护与修复，开展重要湿地保护和富营养化风险防控。加强湿地保护与修复方案可行性、合理性评估，健全湿地监测评价体系。

5）积极推动水生态保护与修复

开展多种工程措施进行河湖生态综合整治。深入推进重点生态功能区、自然保护区、自然岸线等区域生态保护修复试点。开展河道清淤及河岸生态修复工程，对侵占自然河湖等水源涵养空间的"四乱"予以清理，通过生态化改造、岸坡修复等措施，在水岸、水体中植绿，栽种绿色水生植物，强化岸边带生态修复，提高水体自净能力，扩充生态环境容量，实施茅岭江、武利江、南流江等流域水生态调查与保护修复工程、东西干渠沿岸生态化改造提升、大榄江环境综合整治等综合整治与生态修复试点建设，

6）规划项目及投资

规划要点中关于茅岭江水生态保护项目内容见表15-1。

表 15-1　规划项目表

序号	项目名称	项目概况	投资/万元
1	茅岭江源头片区污水处理设施提标改造工程项目	茅岭江源头流域涉及的小董镇、大寺镇、那蒙镇、新棠镇、板城镇、贵台镇、大直镇、大简镇等范围内分别进行污水厂提标改造、生态净水项目建设、建设 D300-DN500 污水管网及配套建设检查井，长度约 80 公里、农村环境综合治理、白土沟（马皇沟）治理、污水截流、排水口整治等工程	45 100
2	茅岭江流域水生态调查与保护修复工程	开展茅岭江水生态调查分析工作、河流水生态改善和 10 公里河岸生态缓冲带修复等	2 000

4.《广西茅尾海环境综合治理规划》相关摘要

茅尾海位于广西壮族自治区钦州湾海域顶部，内宽口窄，形似布袋状又如湖泊，是一个半封闭式的袋状内海，钦江和茅岭江是注入湾内最大河流。

目前，钦江、大榄江、茅岭江流域设有国控断面，监测数据表明水污染形势有所改善，但仍需持续加大流域污染治理力度。

第三节为逐步提升种植业面源污染防治水平——二、开展种植污染过程阻断和末端治理探索推广农田氮磷流失生态拦截工程。以建设生态农业产业带、核心示范基地、生态农场为载体，利用现有沟、塘、窖等，通过建设生态沟渠、植物隔离条带、净化塘、地表径流积池等设施，有效拦截和减缓农田氮磷流失，减少对水体环境的直接污染。综合考虑钦江、茅岭江流域农村生活、农业生产及面源污水产排污特征，确定治理边界和重点区域，因地制宜规划布局，重点在平山镇、佛子镇、灵城镇、青塘镇、平吉镇、久隆镇、三隆镇、尖山街道、大寺镇、小董镇和长滩镇等乡镇于距茅岭江和钦江干流 2000米以内的范围建设拦截沟渠，实施面源污水导流工程和生态净化工程。

第四节为大力推进陆海水生态修复——加强河流、湖库岸线保护与开发利用管理，在钦江、茅岭江干流及主要支流周边划定生态缓冲带，强化岸线用途管制和河湖空间管控，整治不符合水源涵养区、水域岸线、河湖缓冲带等保护要求的人类活动。在钦江流域和茅岭江流域的饮用水水源保护区，实施水源涵养林、湿地系统建设等项目。实施水域岸线整治保护，对钦江流域和茅岭江流域河道管理范围内不符合功能区划及影响河流水生态环境、防洪安全、水安全、生态安全的建筑（构筑）物进行清理整治，大力打击非法采砂活动。推动海岸带生态系统结构恢复和服务功能提升，实施退养还滩（湿）工程，改善岸滩生态环境。

5. 结合以上规划要点综合解读

1）本工程建设内容贴合"十四五"规划

钦江和茅岭江是注入湾内最大河流。茅尾海位于北部湾广西境内，介于钦州市与防城港市之间，其流域-海域大部分属钦州市管辖。茅尾海生态系统类型多样，生物多样性高，海洋资源丰富，具有重要的生态效益、经济效益和社会效益。当前，茅尾海面临着水体污染多源、海洋生境破碎、环境风险增多等问题和挑战。本工程通过在茅岭江流域建设板城镇、长滩镇、那蒙镇以及小董镇污水处理厂尾水湿地工程、支流水生态修复工程、生态沟渠建设工程等，净化农田退水和污水处理厂尾水，削减入河污染负荷，既符合《中华人民共和国国民经济和社会发展第十四个五年规划和 2035 年远景目标纲要》中关于控制入海污染物排放总量，"加快推进重点海域综合治理，构建流域-河口-近岸海域污染防治联动机制，推进美丽海湾保护与建设"的规划要求，也与《广西生态环境保护"十四五"规划》中"开展大风江、南康江、茅岭江、白沙河、西门江、义昌江、明江等重点小流域水环境综合治理，实施生活源、农业面源等污染整治，以及水生态调查与保护修复、污水处理设施提标改造"的工作要求保持一致。

本工程实施内容紧紧围绕着《钦州市"十四五"重点流域水生态环境保护高质量发展规划》中明确指出的主要目标和茅岭江流域保护重点，主要目标：水生态保护修复有效推动。湿地生态系统进一步改善，水生生物多样性保护水平有效提升，河湖生态缓冲带等水生态空间保护修复初见成效。预期目标修建河湖生态缓冲带修复长度 5.5km，湿地恢复（建设）面积≥100 亩。通过这些建设工程，以实现茅岭江水质稳定保持优良、水环境风险控制得到加强为目标，以"基础设施建设和联防联控"为工作重点，推动流域水生态环境质量持续改善，茅岭大桥断面稳定达到Ⅲ类水质及以上目标要求。

2）监管机制围绕"十四五"规划建设

本工程对长效管理机制建设进行了内容细化：完善河湖管理制度建设、监管能力建设，完善相关的监督管理方案。紧密围绕着国家、地方"十四五"规划水生态保护篇中完善生态环境保护现代监管制度体系的要求，为茅岭江日常维护管理提供有力保障。

3）治理重点围绕"十四五"规划中工程项目表实施

《钦州市"十四五"重点流域水生态环境保护高质量发展规划》和《广西茅尾海环境综合治理规划》的规划要点是在国家"十四五"规划、广西"十四五"规划的大方针指导下细化的、有针对性地对于钦州市范围内的流域水生态情况问题进行解析及制定的水生态环境保护规划。

本工程的实施，对修复茅岭江水生态环境有重大帮助，可为构建人与环境和谐共生发挥巨大效益，响应国家"十四五"规划对环境治理的要求。

15.3 治 理 思 路

15.3.1 技术路线和总体思路

在茅岭江流域现场调研和污染源解析基础上，识别主要生态问题，解析界河水环境、水生态问题成因。以问题为导向，遵照"净、截、育、管"的原则，确定茅岭江流域生态环境主要目标，并结合该区具体概况，分解工程指标。随后针对工程区现状，结合当地相关规划，选择合理可行的生态修复工艺，设计工程方案，形成文本。具体技术路线如图15-7所示。

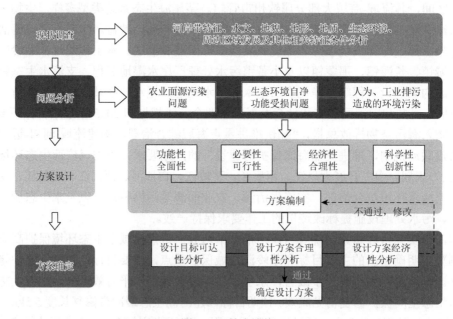

图 15-7 技术路线

从钦州市实际出发，以流域污染防治"治、用、保"为依据，以水质净化为目的，运用人工湿地技术、生态修复技术，对茅岭江流域进行深度净化，改善河道水质，修复河道生态系统，打造一处集水质净化、生态修复功能于一体的绿色生态廊道，保障水环境安全。

水生态修复工程实施范围内周边开发强度高，多处镇区人口密集。根据工程建设实施范围的地理位置及特点，在保证水利作用的前提下，恢复河流生态功能，使退化的河流生态系统修复达到与其原有能保持自然潜能状态极相近的状态。

根据河道现状、河水水质情况及周边土地利用现状，结合相关规划，综合考虑技术的适用性、综合性、经济性和长效性，确定水生态修复工程总体思路为"截外源、消内源、增自净、强修复、幸福河"（图 15-8）。

截外源：控制污染源是河道治理的基础与前提，若污染源得不到控制，水质达标问题就不可能得到根本解决。因此，应注重对沿河点源、面源污染入河加强管理与监督，避免对河流水体质量造成影响。

消内源：对河道基底进行修复，以减少内源污染释放，修复生态系统结构。

增自净：采取工程措施，借鉴先进可行的生态原位处理技术，对已存在污染的水体的质量进行提升，在现有镇区污水处理厂设置尾水湿地，种植湿地植物以吸收、吸附和转化水的有机物、氮、磷等污染物质，同时为各种水生植物提供良好的生活环境，构建水体生物多样性，提高水体自净能力，使水体构成一个完整的生态系统（即包含恰当数量及种类的生产者、消费者和分解者），在水质改善中发挥重要作用。

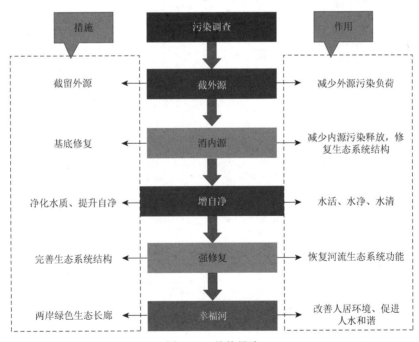

图 15-8　总体思路

强修复：采用以自然演替理论为基础的动态设计方法，对两侧岸坡进行设计，构建生态护岸、乔灌防护带，有效减轻地表径流造成的污染，形成湿地生态保护屏障；同时构建丰富的生境，为植物、昆虫、候鸟等提供适宜的生命廊道，进而促进生态系统中物种多样性和食物链的完善。首先通过工程措施将实施范围内的生态系统恢复成具备自然演替基础、具备一定生态胁迫承受能力的生态系统，然后通过较长时间的运营管理，增加系统的生物多样性，提高系统抗干扰能力，使水生态系统结构更加稳定，最终形成适合于茅岭江河道的顶级生态系统。

幸福河：通过对河道水环境进行综合治理，完善河道生态系统结构和功能，储蓄优质水资源，提升两岸人居环境，使茅岭江成为人民的幸福河。

为实现健康水环境、优质水资源及再生水资源循环补给，结合"治、用、保"和"截外源、消内源、增自净、强修复、幸福河"的总体思路，在保证水质的前提下，提升河道自净能力、恢复水系生态功能，使退化的河流生态系统修复达到与其原有能保持自然潜能状态极相近的状态，实现水环境综合治理。

15.3.2　总体方案

本工程主要建设内容为建设四个镇级的污水处理厂尾水湿地工程、生态护岸建设工程、支流水生态修复工程、生态沟渠建设工程、河滩地生态修复工程。工程总平面布置如图 15-9 所示。

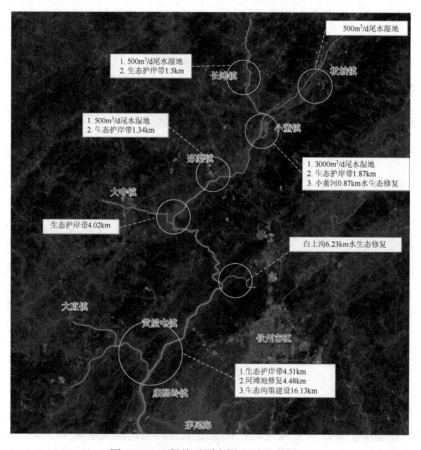

图 15-9　工程总平面布置（后附彩图）

（1）污水处理厂尾水湿地工程。主要建设人工湿地，种植水生植物等，总占地 32 亩，总设计规模 4500m³/d。

（2）生态护岸建设工程。主要建设生态护岸带 13.24km，建设内容主要为岸坡修复、种植挺水植物，总修复面积 13.25 万 m²。

（3）支流水生态修复工程。在小董河、白土沟支流构建深潭-浅滩生态修复工程，河道总修复长度 7.1km，总修复面积 3.42 万 m²。

（4）生态沟渠建设工程。在黄屋屯镇区域内，建设 9 条生态沟渠，总建设长度 16.13km。

（5）河滩地生态修复工程。在黄屋屯镇区域内，对 4.48km 河滩地进行生态修复，河滩地总修复面积 4.48 万 m²。

15.4　污水处理厂尾水湿地工程

15.4.1　现状分析

1. 分布概况

茅岭江流域内各镇污水处理厂出水执行《城镇污水处理厂污染物排放标准》一级 B 水质标准，茅岭江水质处于Ⅱ类和Ⅲ类之间，污水处理厂排入的尾水对于受纳水体茅岭江而言属于高浓度氮磷营养盐污水，为一个个大的点源污染，对水体环境有较大影响。设计建议通过建立人工湿地水质净化工程，对有建设条件的镇污水处理厂尾水进行进一步的净化处理，有效削减氮磷营养盐等污染物。

2. 流域内各污水处理厂概况

各镇区污水处理厂运行情况如表 15-2 所示。

表 15-2　污水处理厂运行情况

序号	镇区名称	设计规模	出水指标	实际进水量	尾水去向
1	小董镇	1. 近期规模 3000m³/d 2. 远期规模 9000m³/d	一级 B 标准	2300～2700m³/d	直接流入茅岭江
2	长滩镇	1. 近期规模 500m³/d（2025 年） 2. 远期规模 1500m³/d（2030 年）	一级 B 标准	300m³/d	流入附近沟渠，最后汇入茅岭江
3	板城镇	1. 近期规模 500m³/d 2. 远期规模 1000m³/d	一级 B 标准	300m³/d	流入附近沟渠，最后汇入茅岭江
4	那蒙镇	1. 近期规模 500m³/d（2025 年） 2. 远期规模 1500m³/d（2030 年）	一级 B 标准	330～400m³/d	流入附近沟渠，最后汇入茅岭江

15.4.2　污水处理厂尾水湿地设计

本工程所建人工湿地位于重点排污单位出水口下游，设计采用表面流人工湿地的方式，对污水处理厂出水水质进行提升。那蒙镇、小董镇、长滩镇、板城镇 4 个镇的污水处理厂尾水湿地工程雷同，以下仅以那蒙镇污水处理厂尾水湿地工程为例。

1. 设计规模

本工程主要用于处理那蒙镇污水处理厂尾水，根据污水处理厂目前的处理量，核定本工程的设计处理规模 500m³/d。

2. 湿地位置及平面布置

本工程人工湿地水质净化系统用于那蒙镇污水处理厂尾水净化，且出水作为茅岭江生态补水，从投资与节能方面考虑，人工湿地选址优先选择与茅岭江、那蒙镇污水处理厂较近的厂址。根据现场踏勘并结合钦州市国土空间总体规划，充分利用闲置坑塘及洼地，以及结合那蒙镇镇政府推荐，最终确定人工湿地选址如图 15-10 所示。

图 15-10　　湿地选址

人工湿地系统高程设计的目的是：确定人工湿地单体、构筑物及泵房等的高程，布置连接管渠尺寸及标高，计算人工湿地单体及水处理构筑物的水面标高，使水按设计的流程在人工湿地单体之间顺畅流动和排出。

土方费用直接影响人工湿地工程投资费用的高低。人工湿地高程布置应尽量利用原有地形，在平坦地形中，串联级数过多，水头损失会增大，会使前后高程相差很大，增大土方量和投资费用。在设计时应尽量做到挖方和填方的土方平衡，减少土方运输量，以降低土方工程费用。

应尽可能减少进水提升次数，降低能耗，使水流沿重力流动。应尽可能精确计算人工湿地单体、构筑物及连接管的水头损失。在计算水头损失时，须以最大流量作为计算流量，设计时适当留有富余，还要考虑扩建时预留备用水头。水力计算时，应选择距离最长、水头损失最大的流程进行计算。

人工湿地系统最终出水的设计高程一般采用最高洪水位或最高潮水位，以免受洪水和潮汐的顶托。高程计算时，以最终出水设计高程为基准从后向前推算。

3. 进出水水质

本工程进水主要来自那蒙镇污水处理厂的尾水，目前那蒙镇污水处理厂的出水执行《城镇污水处理厂污染物排放标准》（GB 18918—2002）中的一级 B 标准，本工程进水主要水质指标（表 15-3）根据污水处理厂设计出水主要水质指标（表 15-4）确定。综合考虑本工程的处理能力，确定本项目设计出水水质为一级 A 标准。

表 15-3　本工程设计进水主要水质指标　　　　　（单位：mg/L）

项目	COD_{cr}	氨氮	总氮	总磷
进水水质	60.0	8.0	20.0	1.00

表 15-4　污水处理厂设计出水主要水质指标　　　　　（单位：mg/L）

项目	COD_{cr}	氨氮	总氮	总磷
出水水质	50.0	5.0	15.0	0.50

4. 参数设计

人工湿地设计主要参数包括表面水力负荷、水力停留时间、污染物削减负荷等，具体参数应基于气候分区设计。根据生态环境部《人工湿地水质净化技术指南》"表 1　全国气候分区及其行政区划范围"，钦州市属于"夏热冬暖地区"为Ⅳ区。对应的主要参数取值范围见表 14-8。

1）表面水力负荷

湿地表面水力负荷按下述公式计算：

$$q = \frac{Q}{A}$$

式中，q 为表面水力负荷〔单位：$m^3/(m^2 \cdot d)$〕；Q 为设计水量（单位：m^3/d）；A 为人工湿地面积（单位：m^2）。

本工程拟建人工湿地类型为表面流人工湿地，设计处理规模 $500m^3/d$，总占地面积为 4 亩。考虑配水渠、集水渠、调节池、道路等所占非净化面积，按照总占地面积的 10% 计，即 $250m^2$，故人工湿地有效面积为 $2250m^2$。根据公式核算得出表面水力负荷 q 为 $0.22m^3/(m^2 \cdot d)$，在 $0.1 \sim 0.5m^3/(m^2 \cdot d)$，满足要求。

2）水力停留时间

水力停留时间按下述公式计算：

$$T = \frac{V}{Q}$$

式中，T 为水力停留时间（单位：d）；V 为有效容积（有效面积与设计水深之积）（单位：m³）。

本工程设计人工湿地有效面积为 2250m²，表面流人工湿地设计水深 0.5～1.5m，根据公式核算得出水力停留时间 2.25～6.75d，满足 1.2～5.0d 的要求。

3）污染物削减负荷

污染物削减负荷按下述公式计算：

$$N_A = \frac{Q(S_0 - S_1)}{A}$$

式中，N_A 为污染物削减负荷（以化学需氧量、氨氮、总氮和总磷计）[单位：g/（m²·d）]；S_0 为进水污染物浓度（单位：g/m³）；S_1 为出水污染物浓度（单位：g/m³）。

根据本工程已知参数，核算人工湿地化学需氧量、氨氮、总氮和总磷削减负荷分别为 2.22g/(m²·d)、1.00g/(m²·d)、1.11g/(m²·d) 和 0.121g/（m²·d）。表面流人工湿地均符合所有污染物削减负荷的参数设计要求。

5. 工艺设计

1）引水管线

本工程设计引水管线布设自污水处理厂尾水排出口，由提升泵站至湿地。管道输水量 500m³/d，总长度约 750m。结合本工程实际条件，考虑到水质影响、材料供货方便性以及建设成本。结合地形，本工程设计引水管采用压力管，管径取 DN200，管材采用 PE100 管，满足要求。

2）提升泵站

本工程设置一体化提升泵站一座，设计规模为 500m³/d。

一体化提升泵站主要包含以下内容：

（1）一体化筒体：玻璃钢材质，筒体直径 $\phi = 1.5m$，高度 $H = 3m$。

（2）潜水泵：2 台，1 用 1 备。

（3）管路系统：包括进出水管道、阀门等。

（4）智能控制柜：成套配置，包含电气设备及自动控制系统。

3）尺寸设计

（1）由于工程建设利用原有坑塘进行改造，表面流人工湿地可根据实际地形，在避免出现死水区的前提下，因地制宜地设计处理单元形状。

（2）表面流人工湿地长宽比为 3：1～5：1。

（3）为了水深与水生植物配置相匹配，本工程平均水深 0.75m，最大水深不超过 1.5m，超高大于风浪爬高，一般大于 0.5m。

表面流人工湿地分区设置，一般分为进水区、处理区和出水区。处理区需设置一定比例的深水区，深水区水深为 1.5m，深水区面积比例小于 30%。对形状不规则的人工湿地，设置防止短流、滞留的导流设置，保证水利分配均匀。

4）植物设计

表面流人工湿地植物选择：挺水植物选择芦苇、香蒲、黄菖蒲，浮叶植物选择荷花、睡莲，漂浮植物选择槐叶萍或者水鳖，沉水植物选择苦草、黑藻。

（1）植物栽种以植物移栽为主，同一批种植的植物植株应大小均匀。

（2）植物种植时间应根据植物生长特性确定，一般在春季或者初夏，必要时也可在夏季、秋季种植，但应采取保证成活率的措施。

（3）根据植物种类与工艺类型合理确定种植密度，挺水植物宜为 9～25 株/m²，浮水植物宜为 1～9 株/m²，沉水植物宜为 16～36 株/m²。

（4）水生植物自起苗开始暴露时间不超过 8h，起苗数量不超过当日能完成的种植量。

（5）水生植物可直接采用裸根种植，种植前应清洗种苗，灭杀有害生物，防止外来入侵种。

（6）水生植物种植前应对植物种苗分散整理，选用生长状态良好、茎叶壮硕的植株。植物运输过程需要做保湿处理。水生植物种植前合理修剪植株茎叶，修剪后的茎高不宜低于 20cm。

5）尾水去向

可经由沟渠，灌溉农田，其余最终流向茅岭江。

15.4.3　结构设计

1. 一般规定

在进行人工湿地的地基与基础工程之前，应根据围堰或围护结构的类型、工程水文地质条件、施工工艺和地面荷载等因素制定施工方案，经审批后方可施工。

（1）施工降排水。人工湿地施工降排水应符合《给水排水构筑物工程施工及验收规范》（GB 50141—2008）的有关规定。

（2）基坑开挖与回填。人工湿地基坑开挖与回填应符合《给水排水构筑物工程施工及验收规范》（GB 50141—2008）的有关规定。

（3）质量验收标准。人工湿地地基与基础工程验收应符合《建筑地基处理技术规范》（JGJ 79—2012）及其相关专业规范的有关规定。

（4）主体工程。潜流人工湿地的主体构筑物宜采用现浇钢筋混凝土结构，小型潜流人工湿地亦可采用砌体结构，生态滞留塘、表面流人工湿地的主体构筑物宜采用塘体结构。

2. 防渗层

防渗层的设计应符合以下要求：

（1）人工湿地建设时，应进行防渗处理，防渗措施应根据当地土壤性质和工程区地质情况，并结合施工、经济与工期等多方面因素确定。

（2）防渗层下方基础层应平整、压实、无裂缝或松土，表面应无积水、石块、树根和尖锐杂物，人工湿地开挖时应保持原土层，并在其上采取防渗措施。

（3）人工湿地防渗可采用黏土碾压法、三合土碾压法、土工膜法和混凝土法等方法，并应符合下列要求：

　　a. 黏土碾压法：黏土碾压厚度应大于 0.5m，有机质含量比例应小于 5%，压实度应控制在 90%～94%。

　　b. 三合土碾压法：石灰粉、黏土、沙子或粉煤灰的体积比应为 1：2：3，厚度可根据地下水位和湿地水位确定，但不得小于 0.2m。

　　c. 土工膜法：采用二布一膜（400～700g/m^2）形式，膜底部基层应平整，不得有尖硬物，膜的接头应黏接，膜与隔墙和外墙边的接口可设锚固沟，沟深应大于或等于 0.6m，并应采用黏土或素混凝土锚固；膜与填料接触面可视填料状况确定是否设黏土或砂保护层。

　　d. 混凝土法：混凝土强度等级应大于 C15，厚度宜大于 0.1m；防渗层面积较大时应分块。

　　浇筑，施工缝应大于 15mm，缝间应填充沥青防水。

　　（4）表面流人工湿地应根据进水水质和土壤渗透系数，采取必要的防渗设计。

15.5　生态护岸建设工程设计

15.5.1　设计目标及范围

　　根据水质监测结果、河道地形地貌、相关支流汇入情况和钦州市水环境保护"十四五"规划要点，在要点中规划了约 10km 河岸带修复，经现场踏勘选择了护岸较严重区域进行生态护岸改造（图 15-11）。建设区域分为护岸建设带及岸上植物修复带，平均建设宽度约 10m，建设总长度约 13.25km，总修复面积约 13.25 万 m^2。

图 15-11　河岸现状概况

15.5.2　工程设计

　　针对茅岭江污染情况，生态护岸主要承担防止水土流失、拦截等功能，同时建设地周围存在大量农田，无硬质护岸，因此护岸的建设需考虑不至于破坏原有的河岸带生境而且具有较强的抗冲刷能力。本工程选择适用性广、建设方便、结构稳定的生态袋护岸，其截面设计简图如图 15-12 所示。

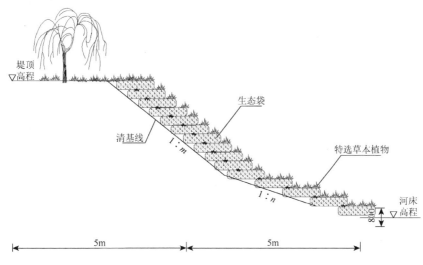

图 15-12　生态袋护岸截面设计简图

1）清坡

清除坡面浮石、浮根，平整坡面。

2）生态袋填充

将基质材料装入生态袋并进行密封，每垒砌 $4m^2$ 生态袋墙体中，有 1 袋生态袋填充粗砂以利排水。

3）生态袋和生态袋联结扣及加筋格栅的施工

基础和上层形成的结构：将生态袋联结扣水平放置在两个袋子之间靠近袋子内边缘的地方，以便每一个生态袋联结扣跨两个袋子，摇晃扎实袋子以便每一个联结扣刺穿袋子的中腹正下面。每层袋子铺设完成后在上面放置木板并由人在上面行走踩踏，这一操作是用来确保生态袋联结扣和生态袋之间良好的联结。铺设袋子时，注意把袋子的缝线结合一侧向内摆放，每垒砌三层生态袋便铺设一层加筋格栅，加筋格栅一端固定在生态袋联结扣上。

4）栽植灌木

对构筑好的生态袋墙面进行浇水养护，并且补栽部分灌木。

5）滨水带植被修复

（1）植物配置优先选用本地植物，杜绝外来优势物种侵入。

（2）所选植物应具有良好的生态适应能力和生态营建功能，管理简单方便，净化能力强，抗逆性相仿，生长量较小。一般应优先选用当地或本地区天然存在的植物。

（3）所选植物应具有抗冻抗热能力，即使在恶劣的环境下也能基本正常生长，而那些对于自然条件适应性较差或不能适应的植物，将直接影响净化效果。

（4）所选植物应具有抗病虫害能力。生态处理系统中的植物易滋生病虫害，抗病虫害能力直接关系到植物自身的生长与生存，也直接影响其在处理系统中的净化效果。

（5）所选植物应具有对周围环境的适应能力。由于植物根系要长时期浸泡在水中和接触浓度较高且变化较大的污染物，因此应选用根系比较发达、对污水承受能力强的水生植物。

（6）修复系统常出现因冬季植物枯萎、死亡或生长休眠而导致功能下降的现象，因此，应着重选用冬季生长旺盛的常绿植物类型。

（7）所选择的植物将不对当地的生态环境构成隐患或威胁，具有生态安全性，所选植物根据当地气候等现状条件，确定其应用较成熟和广泛，防止对本土植物形成生态威胁。

（8）所选植物在满足以上要求的同时，应尽可能选择价格低廉的植物种类，以降低成本。

15.6　支流水生态修复工程设计

15.6.1　建设区域选择

茅岭江各支流的水质好坏会对茅岭江造成很大影响。有的支流大，本身的水体自净能力好，能对入河污染物进行有效降解，避免直接影响茅岭江。有的植被覆盖情况良好，能对入河污染物进行有效拦截。但也有的支流小，水环境容量小，受人类活动影响及天灾，容易遭受污染，并形成恶性循环，最终污染物很大比例进入茅岭江，对其造成影响。目前小董河植被稀疏且处于城镇范围内，受人类活动影响大，且下雨时雨水往往携带大量垃圾、农田肥料进入河中。小董河的河道不长，水环境容量小，难以自净，受污染的河水直接汇入茅岭江，对主河道造成污染。白土沟两岸均为农田、林地，且林地多为桉树林，农业面源污染排放量大。通过对这两条支流进行水生态修复工程（图 15-13 和图 15-14），恢复水生态环境，可为保障茅岭江水质提供有效助力。

图 15-13　小董河水生态修复工程

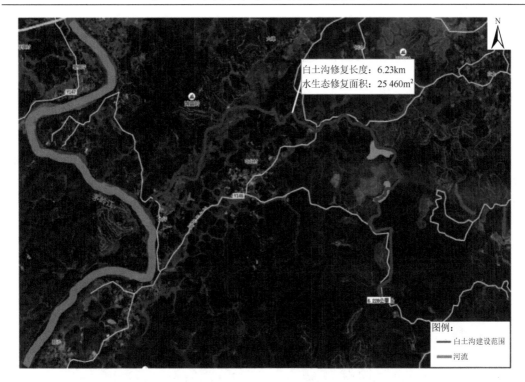

图 15-14　白土沟水生态修复工程

15.6.2　工程设计

1）浅滩修复

浅滩的修复要选择级配良好、有棱角的砂砾料，以保证浅滩的稳定，保证砂砾石颗粒相互咬合，增加稳定性；由漂石或卵石组成的河床底质粒径不宜过大，以避免在高速水流作用下失稳，并且粒径太大的底质材料也不利于形成适于鲤鱼等鱼类产卵的栖息地。

2）生态护底固槽

护底固槽是为了防止河床下切侵蚀、缓和河床比降，采用砌石、混凝土块体等材料在河床上修建的挡水建筑物。生态护底固槽将垂直落差转变为缓坡，并在急流浅滩下方设置约 3m 深的深潭，所形成的深潭-浅滩既有利于鱼类迁徙洄游，又为水生生物提供栖息地。

3）植物恢复

在浅滩上恢复植物群落宜遵循生态系统自身的演替规律，构建生物群落和生态系统结构，实现植被的自然演替。水位变幅区植物群落恢复应基于河滩地的水流条件，确保植物群落修复后的稳定性。水位变幅区植被恢复范围为设计高、低水位之间的岸边水域，一般保证有 3~5m 的宽度范围。植被种植以芦苇等挺水植物为主，为防止影响河道行洪，不种植沉水植物、浮叶植物和大型木本植物，浅滩内选择芦苇和菖蒲等挺水植物进行种植，栽种时间为 2~6 月。

在小董河、白土沟处构建深潭-浅滩生态修复工程，小董河生态修复长度 0.87km，白土沟生态修复长度 6.23km，总修复面积 3.42 万 m²。

15.7　生态沟渠建设工程

15.7.1　建设区域选择

茅岭江河口段河岸带植被覆盖度低、土质疏松、河岸受损，且该区域内多沟渠、小溪等，耕地沿河广泛分布（图 15-15）。根据现场踏勘，结合现状水质状况及河道植被情况，本次设计区域选择在茅岭江下游黄屋屯镇大直河入干口附近。该区域工程建设可为治理环境问题发挥较大作用，具体区域见图 15-16。

图 15-15　农田生态沟渠现状

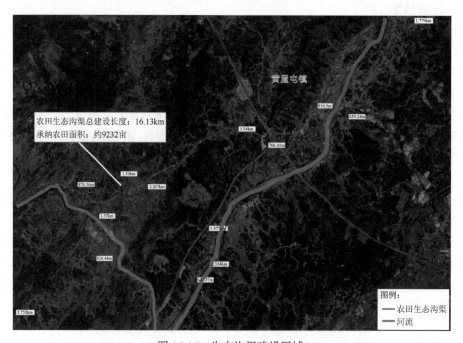

图 15-16　生态沟渠建设区域

15.7.2　平面布置

本次设计在黄屋屯镇以及大直河入干口附近对承纳农田面积可达 150 亩以上的沟渠进行生态化改造，削减农业面源污染，经过筛选，共选择 9 条沟渠，总长度 16.13km，承纳农田面积达 9232 亩。通过将土沟生态化改造，削减吸收入河污染物，净化农业灌溉水，提升茅岭江水质。

15.7.3　工程设计

1. 基本原则

生态沟渠建设的基本原则见本书 14.3.5 节。

2. 主干沟设计

（1）生态沟渠（图 15-17）系统主干沟长度应在 300m 以上，具有承纳 $10hm^2$（150亩）以上农田汇水和排水的能力，本工程所选 9 条沟渠均满足要求。

图 15-17　生态沟渠示意图（后附彩图）

（2）主干沟可采用梯形、矩形或 U 形断面，具体以现状沟渠形状进行设计。断面沟壁材质宜采用生态袋、六角砖、圆孔砖、鹅卵石等有利于护岸植物定植的材料。

（3）生态沟渠沟壁与土壤接合处不应衬砌或建不透水护面，主干沟过流断面底宽和深度不宜小于 0.4m。

（4）主干沟应分段设置拦水坎，宜在主干沟末端位置设置生态透水坝，兼具净化水质与为下游沟渠提供势能的效果。

（5）设计选择。

镇区附近沟渠建设在保证削减能力下，需考虑有一定景观效果，靠近镇区的 4 条生态沟渠选择采用块石渠壁建设形式，建设总长度 4.42km。乡村附近沟渠建设在保证削减能力下，也需要考虑到渠壁稳固性，避免频繁维护，其 5 条沟渠采取硬制渠壁留孔的形式建造，建设总长度 11.71km。

3. 生态拦截辅助设施设计

（1）拦水坎高度应大于沟渠底面 0.15～0.20m。

（2）生态透水坝坝高不宜超过沟深的 30%，坝顶应种植湿生或水生植物。

（3）每条生态沟渠系统设置 1 座以上底泥捕获井。底泥捕获井宜设置在拦水坎、生态透水坝等构筑物上游的位置；井深深度应小于 1m，井宽不小于沟渠底宽，井长大于 1m，每 0.5m 安置 1 个氮磷去除模块，井口应安放可卸式格栅，格栅上可定植湿生或水生植物。

（4）在底泥捕获井中放置多个氮磷去除模块时，应水平交错放置；模块深度应与底泥捕获井基本一致，模块宽度应为底泥捕获井宽度一半以上，模块上表面应与沟渠底面齐平，模块厚度设置 0.1m。

4. 植物选择

（1）沉水植物选择：考虑苦草、黑藻，种植密度为 10 株/m²。

（2）挺水植物选择：考虑香蒲、黄菖蒲，种植密度为 10 株/m²。

（3）护坡植物选择：考虑狗牙草、再力花，狗牙草种植密度为 10g 草籽/m²，再力花种植密度为 20 株/m²。

5. 生态塘建设

农田退水净化塘湿地（生态塘）建设，给村庄农田留下生态空间，可让大自然自净功能得到充分发挥，努力实现"流畅、水清、岸绿、宜居"的生态修复目标，总建设面积 7024m²。

（1）在河塘深水区建造前端沉降塘系统，在浅水区建造后端滞留系统，用于收集、滞留沟渠排水，通过颗粒物的重力降尘作用，让污水中的氨氮、总磷等得以净化，进而提高农业面源污染物的拦截效率。

（2）建设人工生态岛屿。一方面能够充分吸收、净化氮磷污染物；另一方面，还能够给水鸟提供宜居环境，增加生物多样性，形成人工湿地生态群落缓冲区，进一步净化水质，改善生态环境。

15.8 河滩地生态修复工程

15.8.1 平面布置

建设位置在黄屋屯镇，大直河交界处，修复长度约 4.48km，修复面积约 4.48 万 m²（图 15-18）。

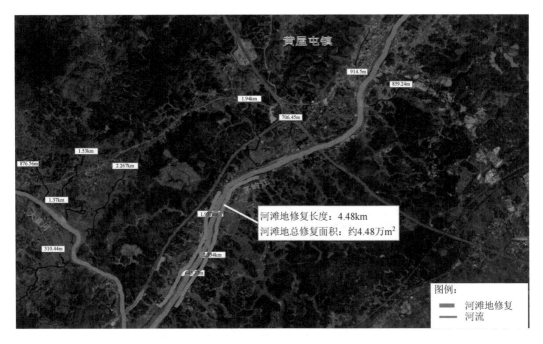

图 15-18　河滩地建设区域

15.8.2　工程设计

1）清滩

清除滩面浮石、浮根，平整坡面。

2）生态木桩固槽

在河滩地滨水带打入深度 1.5m 以上木桩，固定滩边，防止滩面受到冲刷。

3）植物种植

在清整滩面后，种植芦苇、茳芏这些耐碱植物。

4）后期管理

（1）防治虫害。生态处理系统中的植物易滋生病虫害，抗病虫害能力直接关系到植物自身的生长与生存，也直接影响其在处理系统中的净化效果，日常维护需要关注植物的生长状况。

（2）监测植物对周围环境的适应能力。由于植物根系要长时期浸泡在水中和接触浓度较高且变化较大的污染物，初生植物未与环境相协调，需要密切监测。

15.9　削减量计算

1. 污水处理厂尾水湿地工程污染物削减量

根据进出水指标，各镇人工湿地污染物削减量见表 15-5。

表 15-5　各镇人工湿地污染物削减量

	COD 削减量/(t/a)	氨氮（NH₃-N）削减量/（t/a）	总磷（TP）削减量/（t/a）
那蒙镇	1.83	0.55	0.09
小董镇	10.95	3.29	0.55
长滩镇	1.83	0.55	0.09
板城镇	1.83	0.55	0.09
总计	16.44	4.94	0.82

2. 生态护岸建设工程污染物削减量

根据相关技术指标，生态护岸对防护区域的污染物去除情况见表 15-6。

表 15-6　生态护岸污染物去除情况

	COD	NH₃-N	TP
去除率/%	4.67～13.32	26.2～41.5	43.9～67.3
削减负荷/[mg/(m²·d)]	770～3260	78.0～178.0	11.2～20.5

茅岭江生态护岸防护区域面积为 13.25 万 m²，通过计算，生态护岸工程各指标削减量见表 15-7。

表 15-7　生态护岸污染物削减量

	COD	NH₃-N	TP
削减量/（t/a）	37.24	3.78	0.54

3. 生态沟渠建设工程污染物削减量

根据相关技术指标，生态沟渠对承纳区域的污染物去除情况见表 15-8。

表 15-8　生态沟渠污染物去除情况

	COD	NH₃-N	TP
去除率/%	20.11～30.78	15.20～22.76	12.35～29.14
削减负荷/[mg/(m²·d)]	1600～8000	800～1600	300～1000

生态沟渠建设长度为 16.13km，建设面积约为 3.23 万 m²，通过计算，生态沟渠污染物削减量见表 15-9。

表 15-9　生态沟渠污染物削减量

	COD	NH_3-N	TP
削减量/(t/a)	18.86	9.43	3.54

4. 主要工程量统计

主要工程量汇总如表 15-10 所示。

表 15-10　主要工程量统计表

序号	名称	单位	数量	备注
一	那蒙镇污水处理厂尾水湿地工程	m^2	2500	
1	生态配水渠	m	100.00	截面为 1.3m×0.6m，钢混结构，厚度 220mm
2	挺水植物	m^2	1 500.00	考虑香蒲、黄菖蒲，种植密度为 20 株/m^2
3	沉水植物	m^2	200.00	考虑苦草、黑藻，种植密度为 16 株/m^2
4	浮叶植物	m^2	500.00	考虑荷花、睡莲，种植密度为 9 株/m^2
5	填料砾石 50mm	m^3	300.00	砾石，厚度 300mm，粒径 50mm
6	填料砾石 10mm	m^3	100.00	砾石；上基层：直径 10mm 砾石，厚度 100mm
7	塑料管	m	1 000	湿地内综合管线，含集水管、布水管、通气管，材质 UPVC，dn110
8	湿地护栏	m	200.00	12J003，F20（1）号围栏
9	湿地大门	套	1	12J003，F19（1）号门
10	湿地宣传栏	块	1	1 500mm×1 000mm×60mm，非标，SS304
11	防水土工膜	m^2	2600	
12	一体化提升泵站	座	1	
13	电气工程	项	1	
14	DN200 聚乙烯 PE100 管	m	750.00	0.6MPa，泵站压力出水管
15	ϕ1000 砖砌排气阀井	座	5	
16	ϕ1000 砖砌排泥阀井	座	5	
17	Ⅱ级钢筋混凝土管 DN400	m	100	截面为 1.3m×0.6m，钢混结构，厚度 220mm
18	湿地检修通道	m^2	150.00	
19	清表	m^2	2 500.00	
20	一般土方开挖	m^3	5 350.00	
21	挖土方废弃量	m^3	2 370.00	砾石，厚度 300mm，粒径 50mm
22	回填土	m^3	1 410.00	砾石；上基层：直径 10mm 砾石，厚度 100mm
23	种植土	m^3	450.00	湿地内综合管线，含集水管、布水管、通气管，材质 UPVC，dn110
24	基础中粗砂	m^3	320	12J003，F20（1）号围栏
25	回填砂砾石	m^3	160	12J003，F19（1）号门
26	施工便道	m^2	800	1500mm×1000mm×60mm，非标，SS304

续表

序号	名称	单位	数量	备注
二	小董镇污水处理厂尾水湿地工程	m²	13 200	
1	生态配水渠	m	250.00	截面为1.3m×0.6m，钢混结构，厚度220mm
2	挺水植物	m²	8 000.00	考虑香蒲、黄菖蒲，种植密度为20株/m²
3	沉水植物	m²	1 000.00	考虑苦草、黑藻，种植密度为16株/m²
4	浮叶植物	m²	3 000.00	考虑荷花、睡莲，种植密度为9株/m²
5	填料砾石50mm	m³	3 600.00	砾石，厚度300mm，粒径50mm
6	填料砾石10mm	m³	2 400.00	砾石；上基层：直径10mm砾石，厚度200mm
7	塑料管	m	3 000	湿地内综合管线，含集水管、布水管、通气管，材质UPVC，dn110
8	湿地护栏	m	500.00	12J003，F20（1）号围栏
9	湿地大门	套	1	12J003，F19（1）号门
10	湿地宣传栏	块	1	1 500mm×1 000mm×60mm，非标，SS304
11	防水土工膜	m²	15 000	
12	Ⅱ级钢筋混凝土管DN600	m	400.00	湿地进出水管
13	φ1000钢筋混凝土检查井	座	8	
14	湿地检修通道	m²	150.00	150砂石层+200水泥混凝土路面，$L×B=100m×2m$
15	清表	m²	13 200.00	考虑挖、装、运、弃及弃土消纳费
16	一般土方开挖	m³	16 560.00	机械与人工结合
17	挖土方废弃量	m³	9 640.00	运距暂按10km，运至岸坡作生态袋土使用
18	回填土	m³	3 840.00	原土回填
19	种植土	m³	2 400.00	厚200mm，暂估运距10km，外购
20	基础中粗砂	m³	80	
21	回填砂砾石	m³	120	
22	施工便道	m²	600	长300m，宽2m，做法：20cm厚碎石层，底设20cm厚的泥结石
三	板城镇污水处理厂尾水湿地工程	m²	2500	
1	生态配水渠	m	100.00	截面为1.3m×0.6m，钢混结构，厚度220mm
2	挺水植物	m²	1 500.00	考虑香蒲、黄菖蒲，种植密度为20株/m²
3	沉水植物	m²	200.00	考虑苦草、黑藻，种植密度为16株/m²
4	浮叶植物	m²	500.00	考虑荷花、睡莲，种植密度为9株/m²
5	填料砾石50mm	m³	300.00	砾石，厚度300mm，粒径50mm
6	填料砾石10mm	m³	100.00	砾石；上基层：直径10mm砾石，厚度100mm
7	塑料管	m	1 000	湿地内综合管线，含集水管、布水管、通气管，材质UPVC，dn110
8	湿地护栏	m	200.00	12J003，F20（1）号围栏
9	湿地大门	套	1	12J003，F19（1）号门

续表

序号	名称	单位	数量	备注
10	湿地宣传栏	块	1	1500mm×1000mm×60mm，非标，SS304
11	防水土工膜	m²	2 600	
12	一体化提升泵站	座	1	
13	DN200 聚乙烯 PE100 管	m	1 924.00	0.6MPa，泵站压力出水管
14	电气工程	项	1	
15	Ⅱ级钢筋混凝土管 DN400	m	270	湿地出水管
16	ϕ1000 钢筋混凝土检查井	座	8	
17	湿地检修通道	m²	150.00	150 砂石层 + 200 水泥混凝土路面，$L \times B = 50\text{m} \times 3.0\text{m}$
18	清表	m²	2 500.00	考虑挖、装、运、弃及弃土消纳费
19	一般土方开挖	m³	4 470.00	机械与人工结合
20	挖土方废弃量	m³	1 906.00	运距暂按 10km，运至岸坡作生态袋土使用
21	回填土	m³	740.00	原土回填
22	种植土	m³	400.00	厚 200mm，暂估运距 10km，外购
23	基础中粗砂	m³	424	
24	回填砂砾石	m³	636	
25	施工便道	m²	1 000	长 500m，宽 2m，做法：20cm 厚碎石层，底设 20cm 厚的泥结石
四	长滩镇污水处理厂尾水湿地工程	m²	2 500	
1	生态配水渠	m	100.00	截面为 1.3m×0.6m，钢混结构，厚度 220mm
2	挺水植物	m²	1 500.00	考虑香蒲、黄菖蒲，种植密度为 20 株/m²
3	沉水植物	m²	200.00	考虑苦草、黑藻，种植密度为 16 株/m²
4	浮叶植物	m²	500.00	考虑荷花、睡莲，种植密度为 9 株/m²
5	填料砾石 50mm	m³	300.00	砾石，厚度 300mm，粒径 50mm
6	填料砾石 10mm	m³	100.00	砾石；上基层：直径 10mm 砾石，厚度 100mm
7	塑料管	m	1 000	湿地内综合管线，含集水管、布水管、通气管，材质 UPVC，dn110
8	湿地护栏	m	200.00	12J003，F20（1）号围栏
9	湿地大门	套	1.00	12J003，F19（1）号门
10	湿地宣传栏	块	1.00	1500mm×1000mm×60mm，非标，SS304
11	防水土工膜	m²	2 600	
12	Ⅱ级钢筋混凝土管 DN400	m	300	湿地进出水管
13	ϕ1000 钢筋混凝土检查井	座	6	
14	湿地检修通道	m²	150.00	150 砂石层 + 200 水泥混凝土路面，$L \times B = 50\text{m} \times 3.0\text{m}$
15	清表	m²	2 500.00	考虑挖、装、运、弃及弃土消纳费
16	一般土方开挖	m³	4 290.00	机械与人工结合
17	挖土方废弃量	m³	2 830.00	运距暂按 10km，运至岸坡作生态袋土使用

续表

序号	名称	单位	数量	备注
18	回填土	m³	700.00	原土回填
19	种植土	m³	500.00	厚200mm，暂估运距10km，外购
20	基础中粗砂	m³	60	
21	回填砂砾石	m³	90	
22	施工便道	m²	200	长100m，宽2m，做法：20cm厚碎石层，底设20cm厚的泥结石
五	生态护岸建设工程	m²	132 500.0	
1	边坡清表	m²	66 250	考虑弃置费
2	一般土方开挖	m³	43 062.5	机械与人工结合
3	边坡修补回填	m³	36 437.5	原土回填修补
4	挖土方废弃量	m³	6 625.00	运距暂按1km，运至岸坡作生态袋土使用
5	生态袋	m³	19 875.00	袋装基质材料，袋间以联结扣连接
6	灌木丛补植	m²	39 750.00	选用本地品种灌木丛，补种于生态袋墙面，种植密度为1簇/m²考虑
7	滨水植物补植	m²	26 500.00	考虑香蒲、芦苇，种植密度为15株/m²
8	乔木防护带	m²	2 100.00	考虑垂柳，种植密度为1株/m²
六	支流水生态修复工程	m²	34 200.00	
1	河滨挺水植物种植	m²	7 476	考虑香蒲、芦苇，种植密度为15株/m²
2	农田退水净化塘	m²	3 900	修复浅滩及固化滩边，补填部分砾石
3	一般土方开挖	m³	4 119	机械与人工结合
4	边坡修补回填	m³	778.75	原土回填修补
5	挖土方废弃量	m³	3 340	运距暂按1km，运至岸坡作生态袋土使用
6	净化塘滨水植物	m²	1 249	考虑美人蕉，种植密度为20株/m²
7	人工生态岛屿	m²	3 900	考虑1000mm×500mm框架式，由不锈钢框架加发泡聚苯乙烯组成，种植香蒲、黄菖蒲，密度为20株/m²
8	植草沟	m²	1 869	考虑长1246m，宽1m，喷洒狗牙草的草籽，密度为20g/m²
9	施工便道	m²	600	长300m，宽2m，做法：20cm厚碎石层，底设20cm厚的泥结石
七	生态沟渠建设工程	m	16 130.00	
1	边坡、基底修整开挖	m³	14 517	沟渠，生态塘边坡修整
2	边坡、基底修补回填	m³	7 258.5	破损边坡修复
3	土方弃运	m³	7 258.5	运距暂按5km，含弃土消纳费
4	拦污栅	座	20	$L×B×H=1.5m×1m×0.5m$，不锈钢
5	沉水植物	m²	9 678	考虑苦草、黑藻，种植密度为10株/m²
6	挺水植物	m²	6 452	考虑香蒲、黄菖蒲，种植于沟渠中，密度为20株/m²
7	护坡植物	m²	12 098	狗牙草的草籽种植密度为10g/m²，再力花种植密度为20株/m²

续表

序号	名称	单位	数量	备注
8	拦水坎	座	20	高度 0.2m，钢混梯形坎，尺寸 $L \times B \times H = 1.5m \times 0.75m \times 0.3m$，上底 0.5m
9	农田退水净化塘	m²	3 124	修复浅滩及固化滩边，补填部分砾石
10	底泥捕获井	座	20	布置于拦水坎上游端，$L \times B \times H = 2m \times 1.5m \times 0.5m$，钢混结构，含 4 个 10cm 活性炭氮磷去除模块、不锈钢格栅
11	净化塘滨水植物	m²	1 522	考虑美人蕉，种植密度为 20 株/m²
12	人工生态岛屿	m²	1 562	考虑 1000mm×500mm 框架式，由不锈钢框架加发泡聚苯乙烯组成，香蒲、黄菖蒲，密度为 20 株/m²
八	河滩地生态修复工程	m²	44 800.00	
1	基底修整开挖	m³	22 400	沟渠，生态塘边坡修整
2	基底修补回填	m³	8 960	破损边坡修复
3	土方弃运	m³	13 440	运距暂按 5km，含弃土消纳费
4	河滩地植物种植	m²	8 960	考虑茳芏、芦苇，密度为 20 株/m²
5	滨河带石笼固滩	m	4 480	稳固河滩边
6	施工便道	m²	2 400	长 600m，宽 4m，做法：20cm 厚碎石层，底设 20cm 厚的泥结石

15.10　乔灌木植物种植

15.10.1　施工技术

1）平整地面

栽植前进行地形整理，对不同的种植区分别进行地面平整，施工场地整地时，将灰渣、砂石、砖块混凝土及生活垃圾清除。本工程对施工区进行块状清理：60cm×60cm，用工量 0.50 个/亩。

2）定点放线

根据设计图的种植比例尺在地面上确定各树木的种植点，平坦开阔地一般要求做到横平竖直，整齐美观，若地形复杂或范围较小，可依地形变化进行布置定点，尽可能做到自然流畅，疏密间距适当。

3）挖穴换土

乔灌木：栽植坑（穴）位置确定后，根据树种根系特点（或土球）大小确定挖坑（穴）的规格。一般要求比规定根幅或土球大，约加宽放大 20~25cm，加深 15~25cm。根据本区域实际情况和特点，一般要求乔木坑（穴）规格为 70cm×70cm×70cm，灌木及小苗坑（穴）为 50cm×50cm×50cm。整地方式为穴状整地。穴的行距按照具体植物种规格来确定，用工量为 1.5 个/亩。穴状整地形式见图 15-19 和图 15-20。

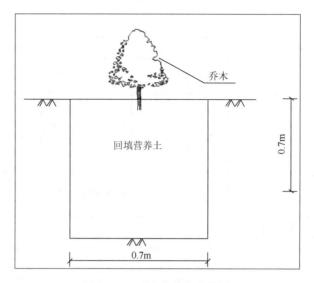

图 15-19　乔木栽植穴大样图

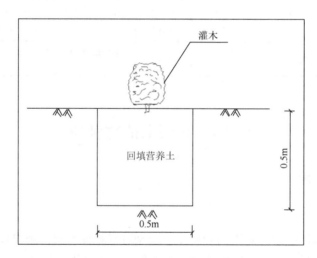

图 15-20　灌木栽植穴大样图

4）施放底肥

乔灌木：乔木每穴施足农家肥 1.5kg、灌木每穴施足农家肥 1.0kg。先将客土填于穴底，客土底层厚度 10cm。然后将农家肥均匀地铺于客土上，耙平后复填客土 5cm 厚。乔木每穴施复合肥 0.4kg、灌木每穴施复合肥 0.25kg。树坑在种植前先灌透底水，待底水全部渗透后进行苗木栽种，以加快生根成活。定苗后必须在当天淋透定苗水。第二年雨季追复合肥一次，离苗主干 5～10cm，乔木 0.2kg/株、灌木 0.15kg/株。

草类：施肥以基肥为主，追肥为辅。一般每亩施 600kg 厩肥，首次施肥可用有机肥为底肥，并结合实际情况，以本工程施工清淤的表土、底泥为主，可以考虑生活污水厂的污泥，乡村环境综合整治清理的泥土表土。合理施肥能使草皮迅速恢复生长，增加绿色，加快草皮的生长速度。

5）种植

科学安排栽植工作，结合施工实地条件，全盘考虑，统一规划。

栽植前先检查坑的大小及深度，以确保其符合标准。苗木及草的种植选择在 6～8 月（雨季）进行，尽量选用最佳的阴而无风天，晴热天则安排在上午 11 时前或下午 3 时后进行。

苗木在栽植前剪去枯病枝、受伤枝，将苗木连同营养杯（如有塑料布包扎的营养杯，应将塑料布在移栽前瞬间去掉），放置在上述施足底肥的穴内，立即复土、扶正苗木，并踩紧穴内客土。

栽植过程按照先乔灌木、后草本的顺序进行。树苗定坑穴后，前左右行对齐，分层填土踏实、提苗培土、做好树盘。栽植用工量为 2 个/亩。

6）栽后养护

一般要求栽后立即浇水，无雨天不要超过昼夜就应上头遍水，旱季加紧连夜浇水，一定要浇透，使土壤吸足水分，有助于根系与土壤密接，并隔数日（约 3～5d）连浇三遍。每日浇水渗入以后，应将歪斜的树苗扶正，并对塌陷处填实土壤，达到验收标准后转入成活期日常养护。

15.10.2　后期管护

树木种植完工后，应加强后期的管理养护。本工程提出如下措施：

（1）定植后，要根据实际情况适时浇水。南方夏季秋初常有伏旱，高温无雨，易引起树叶干枯，应及时浇水。土壤含水量宜保持在：砂土 2.8%～4.5%，砂壤土 5.7%～8.5%，壤土 10%～15%，黏土 18%～20%。

（2）要经常检查各种植物的生长情况，发现死苗要及时补植，补植的树种要求与原来植株规格相同，采取追施无污染肥料、加强浇水等保养措施。

（3）发现病虫害要及时防治。可采取综合防治、化学防治、物理人工防治和生物防治等方法，尽量采用生物防治法以减少对环境的污染。用化学方法防治时，喷药一般在晚上进行；药物、用量及对环境的影响，要符合环保的要求与标准。若发生病虫害，最严重的危害率控制在 10%以下。

（4）大风、暴雨过后，要对植物措施进行全面的检查，修复倒伏的植株。

（5）在夏季或秋季追施 1～2 次速效氮肥（尿素），可采取埋施或叶面施肥的方式。施肥量应适当，不能过多，避免出现因肥料不能被植物完全吸收而进入河道中对水资源造成污染。

（6）同时实行全封禁育林，严禁人为破坏。

第16章　北部湾陆海统筹生态环境修复方案

16.1　北部湾陆海统筹修复的需求

16.1.1　北部湾及其入海河流概况

北部湾位于广西的南部，东面是广东省的雷州半岛和海南省，经琼州海峡与南海北部沿岸相通，西面是越南北部，南部湾口与南海相通，南边以海南岛莺歌嘴与越南来角之间连线海域为界[1]。北部湾略大于渤海湾，是我国沿海第一大海湾，东西宽约390km，东北至西南长约550km，面积约 $1.29 \times 10^5 km^2$。

北部湾三面被陆地和岛屿环绕，西向凸出、湾口朝南呈扇形，是一个天然的半封闭浅海湾。北部湾整体位于大陆架之上，湾内海底地形平坦，等深线分布趋势大致与海岸平行，尤其是北部近岸海域，东北部岸边至20m等深线海域的海底坡度较平缓，平均坡度约0.035%；西北部自岸边至50m等深线海底平缓倾斜，平均坡度仅有0.03%[2]。北部湾内海水的运动主要受潮流、季风和径流的驱动，潮流由全日潮和半日潮主导，主要为往复流，潮流流速为1m/s左右[3]。北部湾大部分海区潮差3～6m，湾顶最大潮差达到6m以上，风浪冬季以NE向为主，从4月出现NW向和N向浪，夏季以NW向浪为主，秋季开始出现NE向浪[4]。北部湾表层海流因受东亚季风、海水密度梯度、潮汐以及琼州海峡的共同影响，在冬季和夏季均表现为明显的逆时针方向[3]。

北部湾地处热带和亚热带，主要受东亚季风控制，影响北部湾海岸带的热带气旋平均每年有4.5个[5]，年降水量1100～2800mm，海岸西段多，东段少。北部湾干、湿季显著，5～9月为雨季，雨量充沛，月平均降雨量都在100mm以上，7～9月雨量约占全年总雨量的55%～70%。北部湾3～8月盛行南风及西南风，10月至翌年2月盛行东及东北风，冬季风较夏季风稳定、持久而且强烈[6]。北部湾周边的流域众多，汇入北部湾最大的河流是越南的红河，其流域面积、河流长度及径流量都是北部湾周边区域河流中最大的。除了红河之外，北部湾周边的河流没有其他大江大河，都属于中小型河流，其中主要分布在广西沿海地区，以及流经广西、广东的九洲江，除此之外从广东和海南汇入北部湾的流域都较小。在广西沿海，自西向东注入北部湾海域的常年性河流中流域面积较大的主要有白沙河、南康江、西门江、南流江、大风江、钦江、茅岭江、防城江、北仑河等。

广西海岸线西起中越边界的北仑河口，东至与广东接壤的英罗港，岸线全长1628.59km[7]。广西沿海港湾众多，自东向西比较大的海湾有铁山港湾、廉州湾、钦州湾（含其内湾的茅尾海）、防城港湾（含防城港东湾和西湾）和珍珠湾。广西主要的入海河流也主要是汇入这些主要海湾。南流江是广西沿海最大的入海河流，其流域面积接近1万 km^2，长度接近290km，它从廉州湾入海。除了南流江之外，广西沿海其他入海河流较小，其中钦江和茅岭江是这 9 条河流中比南流江流域范围略小的河流，它们的流域面积在 2000～3000km² （表 16-1），都汇入了钦州湾的茅尾海，给茅尾海带来较大的影响。除了南流江之外，西门江也汇入廉州湾，而大风江在廉州湾的西侧，因此廉州湾共同承受着南流江、西门江、大风江的共同影响。除此之外，其他河流都较小，对海湾的影响较小。

表 16-1　广西沿海汇入北部湾的主要入海河流基本情况

河流名称	河流长度/km	流域面积/km²	多年平均流量/(m³/s)	汇入海湾
白沙河	72	654	16.2	铁山港湾
南康江	30	177	4.9	铁山港湾
西门江	43	262	2.8	廉州湾
南流江	285	9 232	233	廉州湾
大风江	139	1 888	59.0	大风江口
钦江	195	2 391	64.4	钦州湾（茅尾海）
茅岭江	123	2 909	49.0	钦州湾（茅尾海）
防城江	84	895	32.7	防城港湾
北仑河（东兴市友谊桥以上）	98	789	94.2	北仑河口

16.1.2　北部湾环境质量及主要生态问题

除了红河之外，汇入北部湾的主要河流主要分布在北部湾的北部，即广西近岸海域。为了掌握北部湾海洋环境质量的特征及主要问题，主要采用 2011～2015 年广西近岸海域的环境监测数据进行分析。

广西近岸海域海水质量常年总体保持良好以上水平，用广西近岸海域国家考核站点和广西自行考核的站点的数据，按点位水质优良率计算，2011～2015 年期间每年一类和二类海水比例合计均大于 80%，变化范围为 81.8%～90.9%，2011～2014 年水质为良好，2015 年水质为优。2011～2015 年广西近岸海域海水各类水质比例具体见图 16-1。

2011～2015 年广西近岸海域海水水质类别的空间分布特征，呈现出入海河流的河口附近海湾水质较差，从河口往外水质明显变好，除了靠近河口的海湾之外，北部湾绝大部分海湾都达到一类水质标准。超出海水二类水质标准的水质主要分布在茅尾海、廉州湾、防城港湾及铁山港湾等局部海域，超标因子按频率大小排序主要为无机氮、pH、活性磷酸盐，溶解氧和化学需氧量也偶尔超标，其他因子均达到或优于一类水质标准，可见北部湾由于属于后发展湾区，周边工业欠发达，以农业为主，因此主要污染物为常见的营养物质，重金属、持久性有机污染物等有毒有害污染物含量极低。

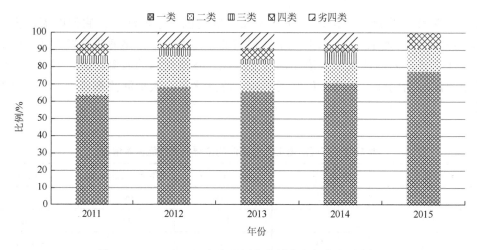

图 16-1　2011～2015 年广西近岸海域海水各类水质比例

根据以上评价，北部湾广西近岸海域生态环境质量总体良好，但也存在一些问题，主要是河口海湾的富营养化问题，这也会导致海洋生态系统服务功能退化，海洋环境风险隐患增加，其中一个最主要的生态环境问题就是加重了赤潮发生的风险。

赤潮是海洋生态系统中的一种异常现象，是在特定的环境条件下，海水中某些赤潮生物爆发性增殖或高密度聚集而引起水体变色的一种生态现象。有毒赤潮生物种类发生的赤潮或无毒种类过度爆发性增殖往往会威胁、危害人类健康和生态系统，因而被称为有害赤潮或有害藻华。

为了掌握北部湾赤潮发生的特征及演变趋势，本章收集了 1995～2015 年的资料。根据《广西海洋环境质量公报》以及相关文献报道，与长江口以及珠江口等海域相比，北部湾海域赤潮发生次数较少，频率较低，规模不大，产生的环境影响较小。1995 年北部湾海域首次被报道发生赤潮现象，在廉州湾及北海银滩附近海域发现微囊藻赤潮。1995～2015 年，北部湾近岸海域被确切记录和报道的赤潮现象共计 18 次（表 16-2）。

表 16-2　北部湾近岸海域赤潮发生记录

时间	持续天数/d	面积/km²	海域	赤潮生物	是否有毒	参考文献
1995 年 3 月	—	—	廉州湾	微囊藻	—	[36]
1999 年 12 月	3	0.065	涠洲岛	铜绿微囊藻	有	[37]
2001 年 5 月	—	8	涠洲岛	—	—	[38]
2002 年 5 月	4	3	涠洲岛	—	—	[39]
2002 年 6 月	5	20	涠洲岛	汉氏束毛藻	无	[38]
2003 年 7 月	4	3～4	涠洲岛	红海束毛藻	无	[40]
2004 年 2 月	9	40	廉州湾	水华微囊藻	有	[39]
2004 年 3 月	3	2	涠洲岛	水华微囊藻	有	
2004 年 6 月	5	40	涠洲岛	红海束毛藻	无	[41]
2008 年 4 月	4	0.025	涠洲岛	夜光藻	无	[42]

续表

时间	持续天数/d	面积/km²	海域	赤潮生物	是否有毒	参考文献
2008 年 4 月	3	0.001	钦州湾	夜光藻	无	[42]
2009 年 7 月	4	—	廉州湾	中肋骨条藻	无	[43]
2010 年 5 月	—	150	广西北部湾	—	—	[44]
2011 年 4 月	8	1.2	钦州湾	夜光藻	无	[45]
2011 年 11 月	4	10	廉州湾	球形棕囊藻	有	[45]
2013 年 9 月	5	—	防城港企沙	角毛藻	无	[15]
2014 年 2 月	10	>100	廉州湾、铁山港湾	球形棕囊藻	有	[46]
2015 年 1 月	>30	>200	广西北部湾	球形棕囊藻	有	[15]

综合以上的记录，可以总结出北部湾赤潮主要显现以下特征：

（1）赤潮次数少，频次低。1995～2015 年北部湾海域每年发生的赤潮次数为 0～3 次，平均每年发生 0.86 起，2004 年是发生赤潮最多的年份共被报道发生赤潮 3 次。与我国其他海域如福建沿海（2001～2010 年）平均每年发生 16.1 起赤潮[8]，深圳海域自 20 世纪 90 年代末至 21 世纪初平均每年发生 7～8 起赤潮[9]相比，北部湾海域赤潮发生频率相对较低。

（2）赤潮时间季节性不明显，赤潮持续时间短。北部湾发生的赤潮基本上分布在一年中的各个季节，相对集中在冬春两季。除了 2014～2015 年冬季发生的球形棕囊藻外，赤潮持续时间较短，都在 10 天以内，大部分赤潮发生 3～5 天就自行消亡。

（3）赤潮发生海区较为集中。在 2008 年以前北部湾发生的赤潮主要集中在北海市的涠洲岛海域和廉州湾海域，2008 年以后涠洲岛海域赤潮发生次数明显减少，但廉州湾仍是北部湾赤潮高发海区。自 2008 年及以后，钦州湾、防城港湾和铁山港湾也开始陆续发生赤潮，其中在 2010 年和 2015 年发生了覆盖北部湾大部分海域的赤潮。

（4）赤潮发生年份呈现阶段性。北部湾海域赤潮发生时间阶段性明显，根据发生频次和赤潮生物种类可以分为三个阶段。第一个阶段为 1999～2004 年，是北部湾的一个赤潮高发期，连续 6 年均发生赤潮，且在 2004 年到达最高值。这个阶段赤潮生物种类主要为蓝藻，分别为微囊藻和束毛藻。2008～2011 年是北部湾赤潮发生的第二个阶段，连续 4 年发生赤潮，主要赤潮生物种类为硅藻和甲藻中的夜光藻。第三个阶段为 2012～2015 年，基本上每年均发生赤潮，赤潮的种类为球形棕囊藻和硅藻。

（5）赤潮发生规模和范围较小。1995～2015 年发生的 18 次赤潮中，一半以上的赤潮发生面积小于 10km²，80%以上的赤潮发生面积小于 50km²，均属于小规模赤潮。

（6）赤潮影响较小，危害不严重。1995～2015 年，北部湾海域赤潮发生次数少，持续时间短，规模小，因此除了 2011 年钦州湾夜光藻赤潮之外其他赤潮只对局部海区产生轻微影响，对北部湾海洋生态系统产生的影响较小，对旅游业、养殖业和人类健康等危害较轻。到 2015 年为止未见北部湾赤潮造成人体中毒等现象。

虽然北部湾赤潮发生次数少、危害不大，但受到北部湾经济快速发展带来的严峻压力，尤其是主要河口海湾氮磷超标、富营养化等问题的加重，北部湾赤潮特征发生了较大变化，北部湾海域赤潮风险在增加，出现较多严峻问题，总体上北部湾海域赤潮呈现出正在加重的趋势。

一是赤潮发生频次在增加。2008～2015年，北部湾海域基本上每年都有赤潮发生。根据广西近岸海域水质自动监测网络赤潮预警的结果，2009～2013年北部湾类似赤潮的水质异常频次呈现明显增加的趋势，2013年出现了12次。根据广西海洋环境质量公报或广西海洋环境监测中心站自动监测与比对分析结果，2001～2010年十年间，广西海域共发生8起小范围、时间短的水质异常或赤潮、绿潮事件。而2011～2015年期间广西海洋环境监测中心站自动监测预警结果显示水质异常、藻类异常增殖现象开始增多，如2011年，廉州湾、钦州湾海域分别发生赤潮事件共2次；2012年，廉州湾、三娘湾海域分别发生藻类异常增殖导致水质异常事件共2次；2013年，廉州湾、钦州湾、三娘湾、防城港西湾、北仑河口附近海域单独或连片发生藻类异常增殖导致水质异常事件共12次，表明"十二五"期间所发生的水质异常和生态事件明显比以往多[10]。

二是赤潮持续时间在变长。2014年2月廉州湾和铁山港湾发生的球形棕囊藻赤潮持续时间持续10天，2014年12月至2015年2月广西近岸海域球形棕囊藻赤潮持续时间打破了北部湾赤潮的记录[11]，持续时间接近2个月，赤潮持续时间呈现明显变长的趋势。

三是有害赤潮种类在增加。北部湾经济区开发后，北部湾赤潮发生的种类发生了较大变化。2008年之后，夜光藻和球形棕囊藻发生了较多的赤潮，2008年还有薄壁几内亚藻赤潮现象，这些种类都有发生过较大危害的记录，北部湾赤潮危害风险在增大。

四是赤潮规模和范围在扩大。2010年发生了150km^{2}的大范围赤潮。之后球形棕囊藻赤潮的规模和范围呈现出显著扩大的趋势，2014年廉州湾和铁山港湾均发生赤潮，2015年1～2月几乎整个广西近岸海域都有发现球形棕囊藻的大量存在，海南西岸和琼州海峡也报道发生赤潮，其严重程度超出北部湾赤潮历史记录。在2021年初，北部湾中部也发生了一次较大规模的夜光藻赤潮，根据网络报道，2021年2月14日海洋一号C/D卫星海岸带成像仪均捕捉到北部湾大面积赤潮，面积约6400km^2，又再次打破了原来的历史记录[12]。

五是赤潮影响和危害在加大。2011年4月钦州湾发生的夜光藻赤潮导致了大量死鱼现象。2014年和2015年广西近岸海域发生的球形棕囊藻赤潮导致胶质囊大量聚集于近岸沙滩，北部湾赤潮的危害开始显现，除了影响海洋渔业、生态环境和滨海自然景观之外，还严重威胁防城港核电站的冷源安全[13]。

近岸海域富营养化引起的生态问题，除了赤潮之外，还引起了绿潮，即在冬末春初近岸滩涂上大型海藻大量生长，并在生长末期大量堆积到滩涂沙滩等现象。自2008年以来，北部湾开始出现浒苔等大型海藻暴发引起的绿潮，冬季、春季北海近岸海域经常出现浒苔大面积聚集，如2019年2月北海银滩遭到大量浒苔侵袭，浒苔暴发期间每天清理浒苔10t以上，最高峰一天清理46t浒苔[14]。近年来钦州湾及防城港湾附近也偶尔有部分报道。北部湾绿潮的暴发，也带来了一些社会和生态问题。如北海银滩及北岸等旅游景点附近暴发绿潮破坏了海水浴场的滨海景观和环境，降低游客的旅游体验，对旅游业形成潜在的威胁。此外，绿潮暴发也会对海草床、红树林等重要生态系统产生不利影响。2008～2011年期间，铁山港湾在冬春季节大型海藻大量生长，在海草床附近海域浒苔堆积的厚度达到10～20cm，不仅侵占了海草生长的生境，在草斑处大量滞留的浒苔等藻类覆盖在海草表面，阻碍海草的光合作用，影响海草的生长，近年来铁山港湾海草床急剧退化，这很可能是原因之一。在红树林海域，大量繁殖的浒苔堆积到红树林底部，会阻碍红树林的呼吸作用，浒苔缠绕在红树林的枝干、树丫、根部，会增加潮水对苗木的冲击力，严重时会压断树枝或树苗，对红树林苗木易造成机械伤害。近岸氮磷营养物质的大量输入以及大型海藻大量堆积在红树林，也容易造成北部湾红树林虫害频发，北海市冯家江滨海湿地、廉州湾等地出现了团水虱暴发使红树林大规模死亡的现象。因此河流及海湾周边输入的污染物，不仅会导致海湾水质的超标问题，也会带来较为严重的生态问题，需要及时治理，防止造成生态系统退化。

16.1.3　北部湾生态环境问题溯源

北部湾主要生态环境问题之一——赤潮发生的原因较为复杂，其包括人类活动导致海区的富营养化、赤潮生物、气象水文理化条件、微量元素以及气候变化等。近年来北部湾赤潮从少而小逐步往变多变大的趋势发展，主要原因是赤潮高发海区环境的变化。北部湾周边地区工农业生产、城镇化和海水养殖业迅猛发展，大量工农业废水、生活污水和养殖废水排入海洋，尤其是无机氮、磷酸盐等营养物质大量增加，导致河口、近海、港湾富营养化程度日趋严重，为赤潮的发生提供了物质基础和首要条件。

因此，北部湾局部海域无机氮、活性磷酸盐超标，是导致富营养化趋势增加，进而增加赤潮风险及生态环境退化风险的直接原因。对 2001~2015 年海水中所含污染物浓度进行的统计显示，北部湾海域无机氮浓度相对较高，年均超《海水水质标准》第二类标准的比例达 14.5%；化学需氧量、活性磷酸盐的单因子污染指数以及海水富营养化指数虽然较低，但其变化呈显著性上升趋势。在赤潮高发海区中，钦州湾（含茅尾海）的活性磷酸盐、化学需氧量和富营养化指数，铁山港湾的化学需氧量，防城港湾的活性磷酸盐、化学需氧量和富营养化指数均呈显著上升趋势，廉州湾也呈现中度-重度富营养化，海水质量有所下降。

入海流域及周边地区排入近岸海域的氮、磷污染物总量增加，是导致河口海湾氮磷超标、富营养化加重的根本原因。北部湾入海流域及沿海地区农村面源污染、工业污染、生活污水、养殖废水等未能得到有效处理，近岸海域污染物总量持续不断地增加。2001 年以来，通过入海河流携带、直排海工业排污口和市政排污口以及海水养殖排放进入广西近岸海域的总磷、总氮总量变化呈显著上升趋势。2014 年，总磷入海总量达 2948t，总氮入海总量达 33 965t，高锰酸盐指数总量达 49 962t[15]。近岸海域营养盐受河流、海洋排污、大气沉降、水体交换等多方面因素影响[16-17]。一般来说，无机氮和磷酸盐主要来源于陆源性径流输入以及海洋微生物的氧化分解[18]。广西主要河口海湾营养盐及 COD 总体表现出丰水期浓度明显高于枯水期和平水期，这和盐度的变化特征正好相反，表明了营养盐及 COD 主要是受径流的影响。根据广西海洋环境监测中心站 2012 年入海污染源调查统计结果，河流输入对氨氮及总氮的贡献比例可达到 90%以上（图 16-2），河流输入对高锰酸盐指数（有机物）的贡献比例也达到 80%以上[19]，表明了河流输入是广西主要海湾最主要的污染来源。但不同的污染物也有所差异，河流输入对总磷贡献比例略低于氨氮和总氮，不到 75%，总磷的第二大来源是海湾周边直排海的市政污水，它的贡献接近 20%。廉州湾氮磷浓度与环境因子的相关性分析表明 PO_4^{3-}-P 与盐度的相关系数低于 DIN[19]，也说明 PO_4^{3-}-P 的影响因素与 DIN 有所不同，海湾周边的城市生活排污、水产养殖以及海湾沉积物中磷酸盐的溶出可能对海湾 PO_4^{3-}-P 的分布和变化有重要的影响。

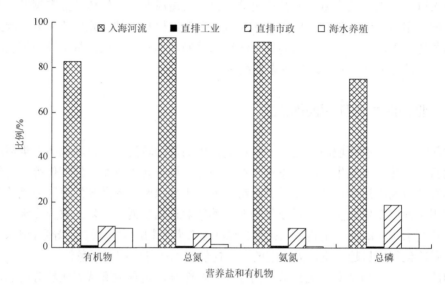

图 16-2　2012 年营养盐和有机物入海污染源比例构成

追根溯源的结果表明，入海河流是北部湾主要河口海湾最主要的污染来源，因此流域污染治理中减少污染物排入海湾是最主要的途径。同时，海湾周边以及海湾本身的污染源如城市生活排污、水产养殖以及工业污染等也对磷酸盐等有一定的贡献，需要同时与流域进行协同治理，方能从根本上改善修复河口海湾的生态环境。

作为后发展湾区，北部湾周边的工业欠发达，以农业为主，这也导致了沿海工业的污染比重很低。在北部湾广西海域入海河流携带入海的污染物量占入海总量的 90%以上，明显比其他发达的沿海地区的比重要高，如邻近北部湾的湛江湾，遂溪河氮磷输入量的占比分别为 71.1%和 58.8%[20]，胶州湾的入海河流化学需氧量和氨氮的排放比例分别为 55.6%和 67.9%[21]。因此，鉴于入海河流是主要的入海污染源，只着眼于海湾及近岸海域本身，以及紧邻的海湾周边本身开展污染治理，将无法抓住主要来源，不可能从根本上改善海湾的环境质量和解决生态问题。只有从流域治理着手，流域和海域协同治理，方能从根本上解决，陆海统筹系统修复的重要性显而易见。

16.2　北部湾陆海统筹修复总体方案

16.2.1　北部湾陆海统筹修复目标

由于长期以来对陆海生态系统完整性认识的不足、"条块分割"，环境修复治理是以行政边界确定治理范围的，某一流域或海域、流域-海域以及多个流域-海域的经济发展和资源管理、环境修复治理可能是由多个地方政府分而治之，这种分割式管理导致流域、陆域、海域污染未得到有效控制和治理。陆海统筹环境治理，是以生态系统为基础确定生态环境治理范围边界，强调要根据陆地海洋生态系统分布的空间范围划定治理边界，打破传统的环境修复治理模式和边界。它需要各个行政区、各个区域之间环境修复治理相互协调、目标统一，最终让区域整体生态环境得到有效治理和促进区域整体发展。

陆海统筹环境修复治理需要相互协调、目标统一，因此首先需要的是逐级细化、明确海域、流域、支流及各控制单元的水质控制或修复目标，并以改善海的环境质量和提升生态服务功能为核心及最终目标，并以此为约束倒逼汇入该海域的沿岸、流域和陆域等在内的整个区域生态环境修复，达到陆海区域内生态环境和经济社会可持续发展的良性循环。因此陆海统筹生态环境修复治理实际是以近岸海域、海湾及河口的水质达标、生态改善为目标，再来细化、分解汇入海湾的各个流域、控制单元的治理目标及任务，最后再细化到流域的各个支流、控制单元及污染源的治理目标和任务，即以海定陆的目标和任务细化分解，最终实现流域海域生态环境问题的缓解与根本解决，同步改善与修复流域海湾生态环境。

因此北部湾陆海统筹生态环境修复需要以问题为导向，从北部湾实际出发，坚持系统观念，从流域-沿海-海湾的整体，协同推进从山顶到海洋的系统治理，缓解、解决北部湾的主要生态环境问题，最终改善和修复北部湾的生态环境。结合在 16.1.2 节中的系统调查分析结果，北部湾是我国大陆岸线中最洁净的海域也是生态特别丰富的海域，主要问题是局部河口海湾水质超标及其带来的赤潮、绿潮风险以及对红树林、海草床等重要生态系统的损害，归根到底，是流域和沿海陆源污染输入所致，以此最主要的问题为导向，从流域-沿海开展污染治理，减少控制污染物的输入，改善茅尾海、廉州湾、防城港湾及铁山港湾等水质，促进其水质达标是最主要的目标，此目标的实现也将促进上述生态问题的缓解及根本解决。同时，针对受损的红树林、海草床等生态系统，针对性查找其他胁迫和破坏因素并解决，辅以人工种植修复保护等措施，促进红树林、海草床等恢复，最终实现海湾的"水清滩净、鱼鸥翔集、人海和谐"，即将主要海湾、岸段及整个北部湾建设成"美丽海湾"。与此同时，在通过流域生态环境治理的过程中，将入海河流打造成"有河有水、有鱼有草、人水和谐"的美丽河湖，最终目标是促进北部湾的人与自然和谐共生。

16.2.2　北部湾陆海统筹修复技术路线

北部湾陆海统筹环境修复治理遵循以下技术路线：

首先，需要对近岸海域开展系统调查，确定需要治理的海湾及海域，明确其治理目标。综合区域内河口海湾受损情况、政府民众的要求、治理目标等情况，分析特定河口海湾的治理需求，明确需要治理的河口海湾。结合在 16.1.2 节中的系统调查分析结果，北部湾生态环境质量总体为优良，近年来连续多年海水水质结果排在全国前三，因此总体问题不大，但因广西是欠发达地区，财政收入较低，无法支撑对广西所有入海河流及近岸海域开展系统修复。16.1.2 节中的系统调查分析结果显示，茅尾海、廉州湾、防城港湾及铁山港湾等的水质有超二类水质标准的风险，其中茅尾海常年水质处在四类-劣四类的状态，廉州湾水质经常出现四类，偶尔会出现劣四类，而且廉州湾也成为广西的主要赤潮高发区，而防城港湾及铁山港湾大多数时间都可以达到二类海水水质。因此在修复经费有限的情况下，应该抓住最主要的问题及区域，最急迫需要开展陆海统筹修复的海湾是廉州湾和茅尾海，最急需解决的问题是环境质量不达标问题。

其次，在明确了具体需要治理的河口或海湾后，需要划出河口或海湾的边界范围，并以海定陆，追溯到所有汇入确定河口及海湾的流域和陆域范围，确定整个汇水和海域范围。北部湾沿海的入海河流众多，即使忽略那些较小的河流，也存在多种河-海的情况，比如一条河流汇入一个海湾、多条河流汇入一个海湾以及一条河流汇入多个海湾等。以广西钦州湾为例，其汇水区包括钦州湾周边及整个钦江流域和茅岭江流域，行政区域包括了钦州市部分、防城港市部分以及南宁市极小部分。

而针对廉州湾，廉州湾的边界是以北海市的冠头岭至合浦县西场镇西南，即大风江的东侧，而且在广西近岸海域的环境管理中，大风江口也作为单独的控制单元，因此不将大风江纳入廉州湾的汇水流域，在陆海统筹系统修复治理中只考虑南流江和西门江这两个主要的流域，至于廉州湾周边沿岸其他小流域则纳入廉州湾周边沿岸治理中进行考虑。因此廉州湾的汇水区范围包括了整个南流江、西门江及廉州湾沿岸其他小河流，未包括大风江，涉及 3 个地级市 11 个县区。

然后，在确定治理范围的基础上，根据流域内的支流分布情况和行政区划边界等，将汇水区科学合理地划分为若干控制单元，并开展系统调查，准确掌握海湾及其汇水区范围内的各个流域、控制单元的生态环境问题，以问题为导向，追根溯源，诊断海湾和流域各控制单元的主要问题，这也是陆海统筹治理的关键一步。

接下来，以海湾环境质量达标为目标，通过数学模型研究海域的污染物环境容量以及生态承载力等可量化的关键参数，计算出海岸带及陆域、流域及控制单元的排污总量、水质目标以及生态压力限值等关键控制目标，并逐级分解细化，确定各流域、控制单元及污染源的允许排放污染物总量，以海定陆确定各级控制单元的治理目标。

最后，结合陆海治理目标以及当前治理差距，坚持以海域的生态环境质量和生态系统服务功能改善为目标导向，以此目标倒逼任务措施，研究有针对性的治理任务措施，科学制定治理路线图和时间表，强化科学决策与系统施治，全面涵盖污染减排、环境承载力提升和水生态修复等措施，并科学评估措施的效果，基于总量分配的结果进行比较，分析其治理成效是否已达到了所分配的要求，再进行优化，最终实现陆海环境同步改善与达标。

16.3　海湾和流域控制单元问题诊断

16.3.1　廉州湾生态环境问题诊断

廉州湾是广西的重要海湾之一，位于北部湾的北部、广西海岸中部、北海半岛北面，由北海半岛西南端冠头岭岬角至大风江口东岸大木城村连线与沿岸围成，湾口朝西半开放，东、南临北海市海城区，北临合浦县，西连北部湾，是亚热带典型的半封闭海湾。廉州湾呈半圆状，海湾口门宽约 17km，全海湾岸线长约 72km，海湾面积约 190km²。广西沿海最大的独流入海河流南流江流入廉州湾，因此廉州湾也属于典型的河口湾，巨大的径流带来大量的入海泥沙，湾内大部分区域水深较浅，仅在北海市冠头岭及外沙沿岸形成一条潮流深水槽，滩涂面积 100km²，超过海湾的一半，深水区位于海湾的南部——北海港深潭区。

近年来随着南流江流域以及廉州湾周边地区经济社会的快速发展及养殖业的日益兴起，海湾的生态环境受到了严重的威胁，廉州湾已成为广西近岸海域赤潮高发区，赤潮的暴发频次也呈增加趋势[15]。

在廉州湾海域共布设 5 个固定监测站位，站位分布如图 16-3 所示。基于 2005～2015 年在廉州湾海域 5 个站位枯水期（2～3 月）、丰水期（7～8 月）和平水期（10～11 月）共32 个航次的调查，分析了廉州湾丰平枯三个水期营养盐、COD 和富营养化指数的 11 年时空变化以及结构变化特征，探讨引起该海域营养状况变化的主要影响因素及其与赤潮演变的关系，以期诊断廉州湾的主要生态环境问题。各水期数据为各站位平均值，年均值为各站位各水期的平均值。

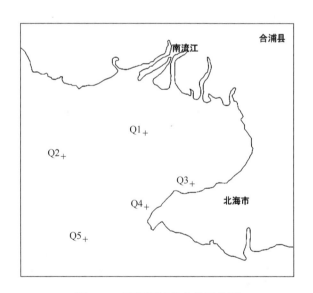

图 16-3　廉州湾站位布设示意图

如图 16-4（a）所示，DIN 在枯水期、丰水期和平水期的浓度范围分别为 0.06～0.55mg/L、0.15～0.52mg/L、0.02～0.43mg/L（图 16-4），平均值分别为 0.22mg/L、0.30mg/L 和 0.11mg/L。调查期间 DIN 最高值和最低值分别出现在 2014 年的枯水期和平水期。从各水期特征及变化趋势看，丰水期 DIN 平均浓度最高，其次为枯水期，除了 2011 年之外均明显高于平水期。2005～2015 年枯水期和平水期 DIN 浓度表现出上升趋势，丰水期则略呈下降趋势，年均浓度整体上没有明显的变化趋势。

如图 16-4（b）所示，PO_4^{3-}-P 在枯水期、丰水期和平水期的浓度范围分别为 0.002～0.039mg/L，0.002～0.032mg/L，0.002～0.027mg/L，平均值分别为 0.011mg/L、0.012mg/L 和 0.010mg/L。调查期间 PO_4^{3-}-P 最高值和最低值出现时间与 DIN 一致。各水期 PO_4^{3-}-P 浓度波动较大，变化规律不明显，以丰水期 PO_4^{3-}-P 浓度在各年份最高的出现频率较大（占50%）。2005～2015 年枯水期 PO_4^{3-}-P 浓度表现出显著的上升趋势，丰水期则略呈下降趋势，平水期除 2006 年、2011 年和 2015 年出现较高值外其余年份变化较为平稳，年均浓度呈现出上升趋势。

如图 16-4（c）所示，SiO_3^{2-}-Si 在枯水期、丰水期和平水期的浓度范围分别为 0.29～0.89mg/L，0.34～2.18mg/L，0.15～0.80mg/L，平均值分别为 0.57mg/L、1.03mg/L 和0.48mg/L。调查期间 SiO_3^{2-}-Si 最高值出现在 2007 年丰水期，最低值出现在 2005 年平水期。丰水期 SiO_3^{2-}-Si 浓度相对较高，平水期和枯水期相差不大。SiO_3^{2-}-Si 浓度年际间波动幅度较小，整体上呈下降趋势。

如图 16-4（d）所示，COD 在枯水期、丰水期和平水期的浓度范围分别为 0.53～1.29mg/L，0.95～2.66mg/L，0.60～1.35mg/L，平均值分别为 0.90mg/L、1.67mg/L 和 1.00mg/L。调查期间 COD 最高值出现在 2011 年丰水期，最低值出现在 2006 年枯水期。

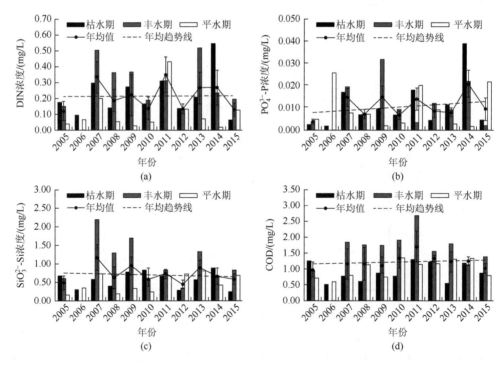

图 16-4　廉州湾营养盐及 COD 的季节和年际变化

丰水期 COD 明显高于其他水期，平水期和枯水期相差不大。2005～2015 年枯水期COD 表现出上升趋势，丰水期和平水期变化趋势不明显，年均浓度在 2005～2011 年呈现上升而在 2011～2015 年呈下降趋势。

2005～2015 年廉州湾海域在枯水期、丰水期和平水期的富营养化指数范围分别为
0.02～5.52，0.13～4.46，0.01～2.21，平均值分别为 0.87、1.52 和 0.35。调查期间两个高
峰值分别出现在 2014 年枯水期（5.52）和 2009 年丰水期（4.46）。各水期富营养化指数
总体表现为丰水期＞枯水期＞平水期。年均富营养化指数范围为 0.10～1.85，平均值为
0.74，年均值整体呈现波动上升趋势（图 16-5），海域富营养化程度为加剧状态。采用富
营养等级划分，调查海域在枯水期有 82%、9%、9%比例分别属于贫营养、轻度富营养和
重富营养，丰水期有 50%、20%、30%比例分别属于贫营养、轻度富营养和中度富营养，
平水期有 91%、9%比例分别属于贫营养和中度富营养，海域富营养状态以贫营养为主，
较高富营养状态主要出现在丰水期和枯水期。

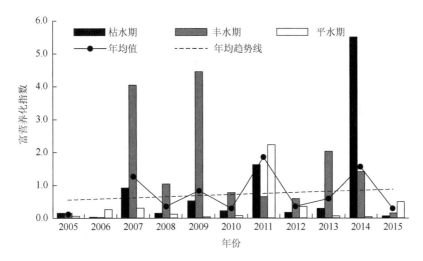

图 16-5　廉州湾富营养化指数的季节和年际变化

廉州湾 5 个站位分布范围较大，平均值可能掩盖了部分海区的环境问题。选取活性
磷酸盐、化学需氧量、无机氮、石油类，分析廉州湾 5 个站位 2005～2015 年这 4 项指标
的最大值出现的时间和站位（表 16-3）。结果表明，活性磷酸盐、化学需氧量、无机氮、
石油类 4 项指标的最大值均出现在南流江口站位 Q1，时间主要集中于 2007 年和 2014 年，
活性磷酸盐和无机氮均远超过四类水质标准，属于劣四类水质，也达到重富营养的水平。
这也表明南流江是影响廉州湾水质的主要因素。

表 16-3　2005～2015 年廉州湾 4 种指标的最大值及相关统计

指标	浓度/(mg/L)	出现时间	出现站位
活性磷酸盐	0.067 8	2014 年 3 月	GX015
化学需氧量	4.97	2008 年 7 月	GX015
无机氮	1.344	2014 年 3 月	GX015
石油类	0.05	2007 年 4 月	GX026
		2007 年 8 月	GX015

　　综合以上的分析，廉州湾 5 个站位的水质不稳定，廉州湾水质时常出现达不到二类水质的要求，尤其是位于南流江口附近的 Q1，经常出现四类和劣四类的水质，靠近北海市外沙渔港的 Q3 也经常出现四类水质的现象，主要是受北海市污水处理厂排水及外沙渔港的影响。由于廉州湾近年没有较大的填海活动，南流江口分布有较广的红树林，生长较好，只有少量的互花米草及无瓣海桑，生态破坏问题较少。廉州湾较大的生态问题是近年来成为赤潮相对高发区，这是氮磷污染增加所致。因此，通过详细资料的收集和系统调查发现，廉州湾的主要生态环境问题属于污染损害型问题，而不是生态破坏型问题或者两者兼有的复合型问题。廉州湾的陆海统筹综合治理，应以严格控制、治理流域和海湾沿岸污染为主，辅以海上污染防控及生态修复的策略。

16.3.2　钦州湾生态环境问题诊断

　　钦州湾是广西的重要海湾之一，位于北部湾的北端、广西沿海中部，茅尾海位于钦州湾内湾，是一个典型的受径流影响的半封闭性海湾，近年来已经发展成为贝类等重要养殖区。在茅尾海共布设 5 个固定监测站位，站位分布如图 16-6 所示。基于 2001～2016 年在茅尾海海域 5 个站位枯水期（2～3 月）、丰水期（7～8 月）和平水期（10～11 月）的调查，分析钦州湾水质及富营养化变化状况，以诊断其主要生态环境问题。其中各水期数据为各站位的平均值，年均值为各站位各水期的平均值。

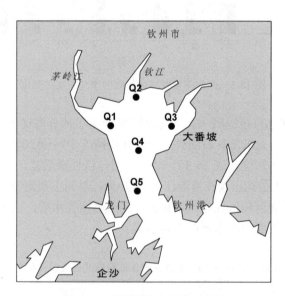

图 16-6　钦州湾站位布设示意图

　　钦州湾水体富营养化指数的空间分布，总体呈现出从河口往外逐渐降低的趋势，但在不同年份和季节有一定的变化。高富营养化指数主要出现在河口附近，局部达到重富营养状态，从河口往外湾富营养化程度逐渐减轻。钦州湾的 COD 和无机氮等污染物主要是受径流输入的影响[22-24]，从而导致了富营养化指数的这种分布特征。由图 16-7 可以看出，钦州湾枯水期富营养化指数的空间分布可分为两种模式，即从钦江口（含大榄江，下同）或茅岭江口往外湾逐渐降低。其他年份和季节的空间分布也显示为这种特征（图略）。从 2001～2010 年富营养化指数的空间分布来看，从钦江口往外递减的模式为绝对优势，而只有较少年份和季节是另一种模式。这表明钦江对海湾的富营养化影响较大，这与钦州市市区位于钦江口不远的上游有较大的关系，工业排污和市政排污影响海湾的 COD 和营养盐[22-24]。

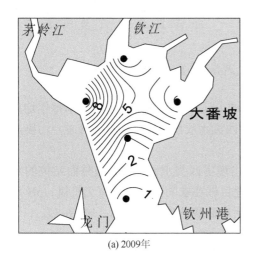
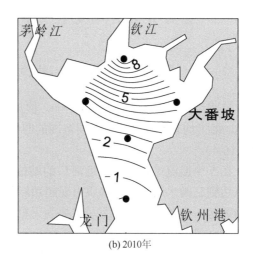

图 16-7　枯水期钦州湾富营养化指数的空间分布示意图

为了解钦州湾富营养化相关污染物和富营养化指数随着时间的变化，图 16-8 展示了钦州湾中间站位 Q4 枯水期和平水期平均浓度的变化，代表性展现钦州湾 2001～2010 年富营养化的连续变化。2001～2010 年钦州湾 COD、无机氮、磷酸盐以及富营养化指数的变化可明显分为 2001～2005 年和 2006～2010 年两个阶段。在 2001～2005 年阶段，COD 表现为下降的特征，无机氮和磷酸盐则表现为先增加后回落的特征，因而这阶段的富营养化指数也变化不大，除了 2003 年达到轻度富营养化之外均处于贫营养状态。而在 2006～2010 年阶段，COD 和磷酸盐均显现出增加的趋势，无机氮也明显高于前一阶段，故富营养化指数也呈增加趋势，海湾从贫营养逐步往中度富营养和重富营养状态发展，2010 年海湾大部分站位均达到了重富营养的程度。

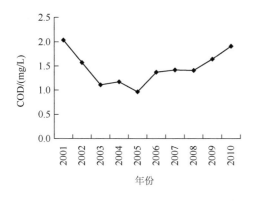
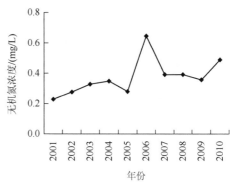

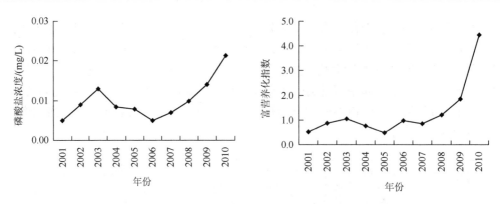

图 16-8　钦州湾 2001～2010 年 COD、营养盐和富营养化指数的变化

　　监测结果表明，2011～2016 年，钦州湾海域上述站位海水功能区达标率每年均只为
20%，每年均有不同程度、不同范围的四类、劣四类水质出现，水质持续较差，污染严重
（表 16-4）。

　　在 5 个监测站位中，靠近河口的站位经常出现劣四类水质，只有最外面站位的水质
可以达到三类水质。导致水质出现超功能区管理目标要求的因子主要有无机氮、pH 和活
性磷酸盐；出现超四类的因子主要为无机氮，活性磷酸盐也偶尔超标（表 16-5）。

表 16-4　2011～2016 年钦州湾茅尾海水质评价结果

年份	水质比例/%					功能区达标率/%	水质状况
	一类	二类	三类	四类	劣四类		
2011	0	0	20	20	60	20	极差
2012	0	0	20	20	60	20	极差
2013	0	0	0	20	80	20	极差
2014	0	0	40	20	40	20	极差
2015	0	20	0	80	0	20	极差
2016	0	0	0	20	80	20	极差

表 16-5　茅尾海近岸海域环境质量状况及超标情况一览表

站位编号	实测水质类型						超四类因子
	2011 年	2012 年	2013 年	2014 年	2015 年	2016 年	
Q1	劣四类	劣四类	劣四类	四类	四类	劣四类	无机氮、活性磷酸盐
Q2	劣四类	劣四类	劣四类	劣四类	四类	劣四类	无机氮
Q3	劣四类	劣四类	劣四类	劣四类	四类	劣四类	无机氮
Q4	四类	四类	劣四类	三类	四类	劣四类	无机氮
Q5	三类	三类	四类	三类	二类	四类	无机氮

图 16-9 列出了 2001～2010 年钦州湾富营养化指数与钦州市人口及 GDP 之间的相互关系，海湾富营养化指数与钦州市人口、钦州市 GDP 均有着显著的正相关性（$p < 0.01$）。从钦州市人口、GDP 与钦州湾富营养化相关参数的比较可以发现，在人口和经济增长较为缓慢阶段，无机氮、磷酸盐和富营养化指数呈较小的波动变化，COD 甚至下降；而在人口和经济增长较快阶段，无机氮、磷酸盐、COD 和富营养化指数均显示出明显增加的特征。这种的人口及经济发展与富营养化各参数变化较好吻合表明了地区人口和经济的增长对钦州湾的营养盐和富营养化有着较大的影响。尤其是北部湾经济区大开发热潮的兴起，经济快速发展也伴随着海湾营养盐的增加和富营养化的加重。磷酸盐的变化特征与富营养化指数最为相似（图 16-8），其与 GDP 的关系也比无机氮和 COD 更相关，这很可能是因为近年随着经济快速发展废水排放增加，但除磷效果不到位而导致磷酸盐增加，由此引起富营养化的急剧加重。

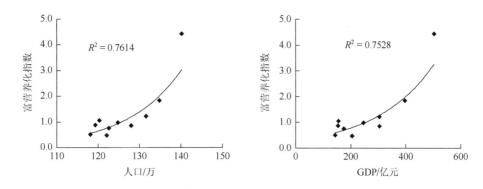

图 16-9　富营养化指数与钦州市人口和 GDP 的关系

钦州湾水质严重超标和富营养化加重，也带来了一些生态问题。浮游植物生长受多重因素的制约[24-25]，长期以来钦州湾处在磷限制的状态[22, 24, 26]，因而 2003 年之前钦州湾叶绿素 a 浓度较低[22-24]。随着 2001～2003 年无机氮和磷酸盐的增加，2003 年以后叶绿素 a 浓度显著增加[26]。营养盐是浮游植物生长的生源要素，富营养化程度的加重往往会引起浮游植物生物量的增加[27-28]。虽然富营养化指数与浮游植物生物量之间没有显著正相关性，但富营养化增加了钦州湾发生赤潮的生态风险[26]。因而随着钦州湾周边经济快速增长，污染物的增加导致富营养化急剧加重，尤其是磷酸盐的增加，给海湾生态系统健康带来了较大的潜在风险，如赤潮、浮游植物结构变化、浮游动物小型化等[29]。

在 2008 年以前，钦州湾很少有见赤潮的报道，但近年来钦州湾春季和夏季藻华现象也开始有所显现。从 2008 年以来该海湾局部海域在春夏期间多次均接近或发生了赤潮（表 16-2）。这与该海湾富营养化急剧加重有着较大的关系。由于钦州湾氮磷污染和富营养化程度的加重，增加了赤潮的风险和隐患，因而在条件适宜的情况下更容易暴发赤潮。而磷酸盐的增加是其中最主要的因素，对该海湾修复治理须加强对磷酸盐输入的治理，以降低赤潮等生态灾害的风险。

16.4　流域主要污染源解析及问题诊断

在 2012～2016 年期间，广西海洋环境监测中心站等对南流江、西门江-廉州湾以及钦江、茅岭江-钦州湾开展了系统、详尽的调查，并根据海湾、流域的自然特征和行政区划等，对上述海湾及流域划定了县区层面的控制单元及乡镇层面的控制单元，以详细分析广西近岸海域主要海湾、入海流域的污染物排放、入河及入海情况，并诊断各个控制单元的污染来源及主要环境问题。本书直接引用该调查的结果。蓝文陆和邓琰出版了《陆海统筹生态环境治理研究》，对南流江和西门江的控制单元划分、流域污染物排放调查、污染物入海量统计分析、主要环境问题及治理任务等开展了系统研究，蓝文陆等出版的《北部湾全流域环境治理研究》也对钦江和茅岭江开展了类似的系统研究。综上，本书将对南流江、西门江、钦江和茅岭江的污染源解析、流域问题诊断等进行简要的归纳总结，从总体上针对主要入海河流进行环境问题诊断，以期为北部湾陆海统筹系统修复提供基础。

16.4.1　南流江流域污染源解析及问题诊断

2015～2016 年对南流江-廉州湾流域进行了污染源数据资料收集与统计，计算了流域内各乡镇和街道的污染物排放量，分析了流域污染源的结构。2015 年，南流江流域 COD_{Cr}、NH_3-N、TN 和 TP 的排放量分别为 20 万 t、1 万 t、2.3 万 t 和 0.4 万 t。从地级行政区来看，各地级市污染物排放量大小的排序依次是玉林市、钦州市和北海市。各县市区排放量最大的是博白县，其次是浦北县，排放量最小的是钦南区；从南流江流域各较大一级支流单元来看，干流博白北段、车陂江和武利江是流域最主要的污染源。

根据统计资料，南流江-廉州湾流域内的主要污染源为畜禽养殖、城镇生活、农村生活、种植业、工业和水产养殖。其中，畜禽养殖源的 COD_{Cr}、NH_3-N、TN 和 TP 的排放量占总量的比例分别为 76.37%、34.09%、40.88% 和 68.15%；城镇生活源的 COD_{Cr}、NH_3-N、TN 和 TP 的排放量占总量的比例分别为 8.62%、30.11%、20.71% 和 8.35%；种植业源的 NH_3-N、TN 和 TP 的排放量也较高，占总量的比例分别为 6.22%、19.38% 和 11.27%。水产养殖和工业源排放的污染物所占的比例较小。

对各污染源所排放的污染物量以及入河系数进行计算，各类污染物入南流江的总量合计为 5.37 万 t，其中氨氮 0.2 万 t，化学需氧量 4.5 万 t，总氮 0.6 万 t，总磷 0.07 万 t。畜禽养殖污染物入河量最大，占总入河污染物量的 45%；其次为工业污染源，第三为农村和城镇生活污染源，其他污染源产生的污染物入河量较少。按行政区域进行统计，玉林市各类污染源产生的污染物入河量占总入河污染物量的 70%，北海市和钦州市的污染物入河占比相近且远低于玉林市。

根据 2015～2016 年资料收集统计分析的污染源解析、部门调研和实地走访调查，南流江流域的主要环境问题有以下几个方面：

（1）南流江流域养殖规模过大，养殖方式传统粗放，养殖结构以生猪为主，大多沿江布局，养殖排泄物未得到有效综合利用和处置，是流域最主要的污染问题。

（2）城镇生活污水收集和处理能力不足。南流江流域 83 个乡镇和街道中，截止到 2015 年底，完成污水处理设施建设的共有 27 个，尚未完成污水处理厂建设的乡镇为 56 个（占比 67.5%）。且现有的城市污水处理厂也面临着处理能力不足的问题。南流江-廉州湾流域共有 13 个工业园区，其中仅北海市的 3 个工业园区建设了园区污水处理厂，大部分尚未建成完善的污水集中处理设施，部分园区及企业有超标排放甚至污水直排现象。

（3）农村农业面源污染未得到有效整治，生活污水和垃圾处理能力滞后。

农村生活垃圾日渐增多，农村"脏、乱、差"现象严重，但农村环境连片整治只有在南流江上游即北流市的部分乡镇实施了整治示范，其余区域均没有实施相关工作，农村环境连片整治没有体现连片和集中，没有重点导向河流两岸，沿河村庄生活污染日趋加剧，环境欠账多，生活垃圾得不到收集处理，散养畜禽所产生的污染物基本得不到处理，易受雨水冲刷进入河流。农业生产方式也比较传统，现代农业发展缓慢，化肥使用量未得到有效控制，流域内种植业面源污染对南流江的总氮和总磷贡献仍较大，是导致南流江总氮总磷浓度较高的重要原因之一。

16.4.2　西门江污染源解析及问题诊断

2016 年对西门江流域进行了污染源数据资料收集与统计，计算了流域内各乡镇和街道的污染物排放量，分析了流域污染源的结构。经过调查统计分析，2015 年西门江流域污染物排放量中化学需氧量 7620t、氨氮 519t、总氮 1473t、总磷 154t，排放总量中农村面源占比大，其中畜禽散养占比最大。污染物入河总量中化学需氧量 3074t、氨氮 275t、总氮 737t、总磷 56t。从各控制单元污染物入河量来看，县城单元污染物入河量占比最大，其次是廉北单元、廉南单元、石湾单元和廉西单元。从行政区域污染物入河量来看，廉州镇污染物入河量占比最大。

主要污染物来源行业分析表明，化学需氧量的入河量中来自城镇生活污染源的较大，其次是规模化养殖污染源、水产养殖污染源和污水处理厂污染源。氨氮的入河量中来自城镇生活污染源的较大，其次是规模化养殖污染源和污水处理厂污染源。总氮的入河量中来自污水处理厂污染源的较大，其次是城镇生活污染源和规模化养殖污染源。污水处理厂污染源也是总磷入河量的主要来源，城镇生活污染源、水产养殖污染源、规模化养殖污染源和散养式畜禽污染源也对总量有着较大的贡献。

根据 2016 年资料收集统计分析的污染源解析、部门调研和实地走访调查，西门江流域的主要环境问题有以下几个方面：

（1）合浦县城污水管网不完善，雨污不分问题突出。

合浦县城区大部分区域排水为雨污合流制，未形成完整体系，缺乏统一管理，部分生活污水未经统一处理即就近直接排入附近的水塘和水道，造成县城有多处臭水塘和臭水沟。随着沿江两岸居住人口密度不断加大，直排生活污水不断增多，加之西门江边上农贸市场等区域缺乏初期雨水收集设施，直排入西门江的排污量不断增加，造成西门江岸堤内淤积严重，水质严重恶化。同时，由于截流工程与雨污分流措施脱节，截污管网缺少泵站输送、自流不全，拦截坝拦截能力不足，以及缺少对截流管网和截水坝的运行监管等原因，现阶段截流未见显著成效。

雨污不分的问题导致了污水处理厂进水浓度低，提标改造亟须补充碳源。纳入合浦县污水处理厂的进水为雨污合流废水，导致污水处理厂进水量大、进水浓度普遍偏低，C/N/P 营养比例严重失调，导致生物脱氮除磷效果不佳。目前县城污水管网不完善，有大量污水没有收纳，污水管网完善后，现有污水处理厂的处理能力不能满足处理要求。

（2）畜禽养殖污染量较大。

流域畜禽养殖量大，禁养区内的养殖场亟待搬迁。西门江流域中畜禽养殖量大，部分养殖场地存在不同程度的超额养殖现象。流域有 8 家规模化畜禽养殖场位于规划划定的禁养区内。流域规模化养殖模式传统粗放，不能适应污染治理及减排的需求。

（3）临海附近的污水处理厂和工业废水排放对河口及海域影响较大。

合浦县污水处理厂尾水排放口和北海东红制革有限公司生产废水排放口离入海断面近、排水量大。合浦县污水处理厂尾水排放口离入海考核断面仅 1500m，但其废水排放量大，约占西门江径流量的 20.5%，其尾水虽能达标排放，但排放水总磷浓度为 0.77～0.83mg/L，远远高于考核断面水质要求（0.3mg/L）。北海东红制革有限公司生产废水排放口离考核断面近（2000m），其废水排放量较大（40.7 万 t/a），外排废水浓度（化学需氧量 99mg/L、氨氮 2.23mg/L）虽然能达到其外排标准，但相对考核断面水质要求亦较高。

（4）江河底污泥淤积严重，内源释放问题日渐严重。

合浦县城区内存在较多的排污沟渠，有部分沟渠水体甚至接近于黑臭水体，其内污泥淤积严重，平均厚度为 15～35cm，最深达到 50cm，流域河流底泥氮磷含量高，西门江底泥内源释放也是水质恶化的一个重要原因。

16.4.3　钦江污染源解析及问题诊断

经过 2016 年对钦江流域的调查统计分析，钦江流域（含大榄江流域，因当时大榄江的入海断面在环境管理上定为钦江西断面，下同）污染物中氨氮和总磷超标较严重。根据污染源调查统计结果，青年水闸以下重点区域氨氮主要污染来源是城镇生活污染源；其次是污水处理厂尾水；总磷的主要来源是污水处理厂尾水，其次是城镇生活污染源。灵山县河段区域氨氮主要来源于城镇生活污染源，其次是农村生活污染源；总磷主要来源于畜禽养殖污染源，其次是农村生活污染源。2016 年，钦江流域各种污染源合计所排放的污染物总量为 6.1 万 t，其中化学需氧量 4.7 万 t，氨氮 0.3 万 t，总氮 0.9 万 t，总磷 0.13 万 t。其中农村面源是最主要的污染来源，畜禽养殖污染源和农村生活污染源的污染物排放量分别占污染物排放总量的 45% 和 38%。

分析各污染源入河污染量的结构，从流域空间内各县区分布上看，灵山县污染物排放总量较大，其次是钦南区，第三是钦北区。其中钦州市区重点控制区（青年水闸以下的钦州市钦南区主城区）占比为 21.1%。

钦江流域内的各河段（县区单元）内的入河污染来源结构差异较大。在靠近河口的重点控制区,污染源以点源为主,城镇生活污染源最大,占总排放量的 48.8%;其次为农村生活污染源和污水处理厂尾水,分别占 22.1% 和 17.8%。化学需氧量、氨氮和总氮污染物来源中城镇生活污染源占比最大,总磷污染物来源中污水处理厂尾水占比最大。

钦江钦北区污染源以面源为主,散养式畜禽养殖污染源占比最大,占总排放量的 30.9%;城镇生活污染源、农村生活污染源分别占 28.6% 和 24.3%。钦江灵山县污染源也以面源为主,其中农村生活污染源污染物排放量最大,占总排放量的 25.5%;其次为城镇生活污染源、散养式畜禽养殖污染源和规模化养殖污染源,分别占 21.9%、18.7% 和 16.9%。

根据 2016 年资料收集统计分析的污染源解析、部门调研和实地走访调查,钦江流域的主要环境问题有以下几个方面:

(1) 钦州市区污水收集管网不完善,雨污不分问题突出。

部分区域污水收集管网不完善,存在盲区,导致污水收集率低。截污工程未全面铺开,仍存在较多小而散的直排口,污水直排入钦江或市区沟渠。其中河西片区的西干渠、沙江沟周边区域的直排问题较为严重,沙江沟是钦江西入海断面接纳水体大榄江的主要污染来源。此外,截流工程与雨污分流措施未能较好衔接,截流工程没有对进截流管网之前的污水进行雨污分流,导致当时截流未见显著成效。

(2) 现有污水处理厂尾水对考核断面等的水质影响贡献大。

河西污水处理厂位于钦江西入海断面上游,水路距离较短,约 5.4km,且由于受纳河流大榄江流量小(枯水季小于 1m³/s),氮、磷削减能力弱,而河西污水处理厂尾水排放量大,其水体的总磷浓度在 0.6~1.3mg/L,远高于考核断面地表水Ⅳ类水质标准值(0.3mg/L),对钦江西入海断面及河口、茅尾海的水质影响贡献大。

(3) 乡镇污水处理厂及管网建设滞后,农村环境问题普遍存在。

钦南区的康熙岭镇、久隆镇,钦北区的青塘镇和灵山县的平山镇等 10 个乡镇尚未建设污水处理厂,沙埠镇、尖山镇等城镇管网建设滞后,生活污水为分散式排放最终汇入钦江。灵山县城尚存在部分生活污水与农灌水合流口直排钦江。

农村环境卫生较差,生活垃圾未能得到有效转运及处理,大榄江沿岸有几处生活垃圾乱堆河边。据统计,灵山县钦江流域共 41 个行政村建设了生活污水及垃圾收集处理设施,但因缺乏技术人员管理、缺少运行维护费用等,约 60% 的污水处理设施运转效率低甚至处于停运状态。

(4) 畜禽养殖方式传统粗放,污染治理能力有待提高。

流域内尚有 30% 的规模化养殖场采取水冲粪或半干清粪的方式,养殖模式传统粗放,废水、臭味问题仍较突出。流域中规模化养殖场突出和普遍存在雨污不分流或污水收集沟是明渠等问题。沼液贮存设施场所基本无防渗漏、防溢流、防雨水等配套设施。大部分规模化养殖场周边林地和鱼塘消纳能力有限,部分废水和沼液排入附近水体。此外,钦江流域畜禽养殖以分散养殖为主,规模化养殖的比例较低,畜禽散养户呈现多、散、杂的特点,采用传统栏舍和传统湿喂、水冲洗的养殖方式占比依然较大。

(5) 农业种植污染不容忽视。

钦江沿岸是钦州市重要的水稻、甘蔗及水果产区,化肥使用强度大。青年水闸、灵东水库和牛皮鞑水库水源保护区内的部分区域种植速生桉，桉树的施肥及水土流失对水源地的水质存在一定的影响。

（6）工业区污水处理厂建设滞后。

钦江流域尚处于工业化初级阶段，大多为中小型企业，生产水平落后，部分企业尚不能完全做到废水稳定达标。流域大多数乡镇的屠宰场未建设有污水处理设施。

16.4.4 茅岭江污染源解析及问题诊断

收集与调查 2012 年茅岭江流域范围内各类污染源排污及其污染物处理处置情况的数据显示，流域内钦州市部分流域污染物排放量为 31 812t，占 91.8%，其中畜禽养殖和农村生活污染源的污染物排放量最大。城镇生活污染源污染物入河量最大，占总入河污染物量的 36.3%；第二为畜禽养殖，占 27.6%；第三为农村生活污染源，占 13.9%；其他污染源污染物入河量较少。

茅岭江的主要污染问题为畜牧养殖和农村生活污水问题，流域内未建设好城镇生活污水处理厂和农村生活污水处理设施，生活垃圾收集处置设施不完善，流域内的城镇和农村生活污水不经处理，直接或间接排入茅岭江或排入支流汇入茅岭江。同时流域内畜禽养殖量大，畜禽养殖以散养为主，规模化养殖比例低。很多散养户没采取有效的治理措施，粪便大都无序排放，有相当部分动物粪便经降水淋洗或排灌等形式注入茅岭江，造成茅岭江水质污染。

16.5 以海定陆污染物总量分配

16.5.1 近岸海域水质目标确定

本书所重点关注的两个海湾——廉州湾和钦州湾相近，会相互影响，而且由于北海半岛和企沙半岛的阻隔作用，这两个海湾除了受北部湾的影响之外，受周边其他河流及海湾的影响较小，因此为了近岸海域水质目标的协同统一性，本书在以海定陆开展近岸海域环境容量及总量分配计算中，将两个海湾及其中间的海域同时考虑进去。在两个海湾中间的大风江，因其紧邻廉州湾，且通过沿岸流的作用也会对钦州湾有部分影响，因此在计算中也将其纳入模型模拟计算，以求更科学精确。

在本书作者研究廉州湾、钦州湾陆海统筹环境修复治理初期，在 2012～2016 年期间，考虑到廉州湾及其邻近海域水质未达到近岸海域环境功能区水质目标的现象仍然十分突出，因此本书也考虑在达到近岸海域环境功能区水质目标的条件下污染物的总量分配。廉州湾和钦州湾及其邻近海域近岸海域环境功能区水质目标见图 16-10，即考虑廉州湾、钦州湾及其中间的大风江、三娘湾等海域所有环境功能区的水质都达标为模型计算目标。在 2016 年收集到的海洋地形地貌、水文动力以及区域主要入海河流、排污口、环境质量等基础信息的基础上，通过模型计算，基于上述海区的环境功能区水质目标，计算研究区域范围的环境容量以及该范围内各主要入海河流及排污口的允许污染物排放总量。

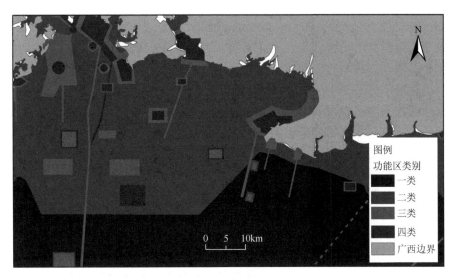

图 16-10　廉州湾和钦州湾及其邻近海域近岸海域环境功能区水质目标示意图

16.5.2　以海定陆污染物总量分配方法

研究期间，中国环境科学研究院孟庆佳博士使用海洋三维数值模型 ROMS（Regional Ocean Modelling System）对廉州湾-钦州湾进行模型配置，计算廉州湾-钦州湾海域水环境数值模拟与响应场。该模型是一个现今广泛应用的三维非线性的斜压原始方程模式，由 Rutger University 与 UCLA（University of California，Los Angeles）共同研究开发完成。ROMS 功能比较完善，现在 ROMS 模型在国际上被广泛应用于悬浮物等各类污染物的输运研究。

数值模型模拟大的区域为北部湾，计算海区为 19.43～22.00°N，105.49～110.00°E 所覆盖的范围，水平分辨率为 0.5′（约 0.86km），网格数是 332×542（图 16-11），垂向分

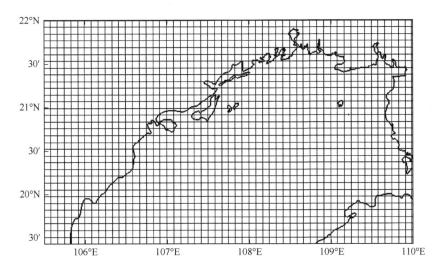

图 16-11　大区模拟范围和网格结构示意图

20 层。湍混合方案为经典的 Mellor-Yamada 湍封闭方案，底摩擦系数选 0.0015。模式所采用的风应力数据使用 COADS 气候态数据。其中对廉州湾和钦州湾进行了网格加密处理，分别进行水动力模型验证和污染物输运扩散计算。污染源、入海河流以及海洋环境质量的数据基准年都是 2016 年。

在廉州湾-钦州湾水环境数值模拟与响应场计算结果的基础上，近岸海域污染物总量分配主要采用线性规划方法和按比例分配的规划模型进行计算[30-32]。线性规划方法的基本假设是，每一个污染源都在计算区域形成独立的浓度场，计算区域总的污染物浓度为各个污染源响应浓度值的代数叠加。从水质模型的表达形式及应用实践来看，这一假设是合理的。如果此时所求的目标函数也为线性函数，则整个规划构成了线性规划问题。而按比例分配的规划模型则是根据公平性、经济性和可行性的原则，进行更优化、公平性的分配。按照上述线性规划问题所求得的最优解，往往可能不一定适用，因为在上述问题中，虽然能够取得污染物最大允许排放量，但对污染源之间的公平性有欠考虑。因此在某些情况下，可能已经知道污染源之间的分配比例，也就是说，在污染源之间的公平性已经有所考虑的前提下，要求污染源的最大允许纳污量。

因此本书综合上述两种方法，即采用线性规划方法计算污染物最大允许排放量，同时按照污染物现状排放量按比例计算最大允许排放量，最终的分配总量为两种方法结果的平均值。此外，由于北部湾水文动力以及径流量在冬夏两季存在较大差异，在模型模拟时分冬季和夏季分别模拟。研究期间，中国环境科学研究院邓义祥博士协助进行模型配置，计算廉州湾、钦州湾的污染物总量分配计算。

16.5.3　海域污染物总量分配

按近岸海域环境功能区水质目标以及冬季和夏季两种污染源响应场，计算污染物最大允许排放量，即基于现有污染物输入方式、水质目标及水文条件下的环境容量，计算廉州湾-钦州湾海域周边污染源的污染物允许排放总量，结果见表 16-6。

表 16-6　廉州湾和钦州湾附近主要污染源夏季和冬季污染物分配量

季节	污染源	污染物分配量/(t/a)			
		COD$_{Mn}$	NH$_3$-N	TN	TP
夏季	排污口	1 722.5	520.1	665.2	99.3
	南流江	18 296	2 093.0	5 763.1	387.0
	大风江	3 761.0	414.0	293.7	22.9
	西门江	714.0	253.0	279.7	16.7
	钦江东	6 199.0	894.7	2 053.1	47.1
	钦江西	3 403.0	1 047.5	1 507.4	27.9
	茅岭江	4 807.0	228.3	1 126.9	16.8
	所有污染源	38 902.5	5 450.6	11 689.1	617.7

续表

季节	污染源	污染物分配量/(t/a)			
		COD$_{Mn}$	NH$_3$-N	TN	TP
冬季	排污口	1 722.5	433.4	665.2	111.5
	南流江	18 296.0	2 093.0	12 113.9	839.1
	大风江	3 761.0	414.0	544.7	40.9
	西门江	714.0	253.0	156.5	34.7
	钦江东	6 199.0	1 017.2	1 083.0	61.0
	钦江西	3 403.0	513.6	1 299.0	45.4
	茅岭江	4 807.0	607.0	717.2	52.2
	所有污染源	38 902.5	5 331.2	16 579.5	1 184.8

　　从表 16-6 来看，夏季 COD$_{Mn}$、NH$_3$-N、TN 和 TP 的分配量分别为 38 902.5t/a、5450.6t/a、11 689.1t/a 和 617.7t/a；冬季 COD$_{Mn}$、NH$_3$-N、TN 和 TP 的分配量分别为 38 902.5t/a、5331.2t/a、16 579.5t/a 和 1184.8t/a。

　　最终的污染物最大允许排放量取冬夏两季污染物分配量的均值，见表 16-7。各污染源 COD$_{Mn}$、NH$_3$-N、TN 和 TP 的最终分配量分别为 38 902.5t/a、6200.2t/a、13 325.2t/a 和 901.2t/a。

表 16-7　廉州湾和钦州湾附近主要污染源流量和污染物分配量

序号	污染源	流量/(万 t/a)	污染物分配量/(t/a)			
			COD$_{Mn}$	NH$_3$-N	TN	TP
1	排污口	1 816.71	1 722.5	476.8	665.2	105.4
2	南流江	533 682	18 296.0	2 093.0	8 938.5	613.0
3	大风江	90 182	3 761.0	414.0	419.2	31.9
4	西门江	14 129	714.0	253.0	218.1	25.7
5	钦江东	157 978	6 199.0	1 535.2	988.9	54.0
6	钦江西	57 368	3 403.0	1 010.5	1 173.2	36.6
7	茅岭江	161 592	4 807.0	417.7	922.1	34.5
8	所有污染源	1 016 747.71	38 902.5	6 200.2	13 325.2	901.2

　　根据各入海河流和排污口的流量，主要污染源污染物分配量对应的浓度见表 16-8。各污染源 COD$_{Mn}$、NH$_3$-N、TN 和 TP 总体入海平均浓度分别为 3.83mg/L、0.61mg/L、1.31mg/L 和 0.089mg/L，对应的地表水水质类别分别为Ⅲ、Ⅲ、Ⅲ和Ⅱ类。

表 16-8　廉州湾和钦州湾附近主要污染源污染物分配浓度

序号	污染源	污染物分配浓度/(mg/L)			
		COD_Mn	NH_3-N	TN	TP
1	排污口	94.81	26.24	36.61	5.802
2	南流江	3.43	0.39	1.67	0.115
3	大风江	4.17	0.46	0.46	0.035
4	西门江	5.05	1.54	1.79	0.182
5	钦江东	3.92	0.97	0.63	0.034
6	钦江西	5.93	1.76	2.05	0.064
7	茅岭江	2.97	0.26	0.57	0.021
8	所有污染源	3.83	0.61	1.31	0.089

根据廉州湾和钦州湾附近主要污染源污染物的基准年即 2016 年的排放量，主要入海河流及其他排污口以及海湾的污染物环境都超出了环境容量，需要进行减排，根据允许的污染物排放总量，各河流及其他排污口需要进行削减。各污染源分配量对应的削减量见表 16-9。

表 16-9　廉州湾和钦州湾附近主要污染源污染物削减量

序号	污染源	污染物削减量/(t/a)			
		COD_Mn	NH_3-N	TN	TP
1	排污口	0.0	0.0	368.0	64.7
2	南流江	0.0	0.0	7 967.5	667.0
3	大风江	0.0	0.0	1 112.8	139.1
4	西门江	0.0	0.0	368.9	27.3
5	钦江东	0.0	94.1	2 078.8	162.9
6	钦江西	0.0	125.8	1 414.5	178.3
7	茅岭江	0.0	189.3	890.9	94.5
8	所有污染源	0.0	409.2	14 201.5	1 333.9

根据表 16-9，各污染源 COD_Mn、NH_3-N、TN 和 TP 的削减量分别为 0t/a、409.2t/a、14 201.5t/a 和 1333.9t/a，COD_Mn 仍有环境容量，而 NH_3-N、TN 和 TP 需要大幅削减才能促进海域环境功能区水质的达标，对应的削减比例见表 16-10。各污染源 COD_Mn、NH_3-N、TN 和 TP 的削减比例分别为 0%、6%、51% 和 60%，可见廉州湾和钦州湾氮磷已明显超出环境容量，需要削减超过基准年超过一半的排放量。这也和两个海湾主要存在氮磷超标的问题相符合。

表 16-10　廉州湾和钦州湾附近主要污染源污染物削减比例

序号	污染源	污染物削减比例/%			
		COD$_{Mn}$	NH$_3$-N	TN	TP
1	排污口	0	0	44	38
2	南流江	0	0	47	52
3	大风江	0	0	73	81
4	西门江	0	0	63	51
5	钦江东	0	9	58	75
6	钦江西	0	10	58	83
7	茅岭江	0	31	49	73
8	所有污染源	0	6	51	60

16.5.4　以海定陆流域污染物总量分配

基于海域的以海定陆环境容量与总量分配结果,对流域逐级细化分配各支流、控制单元及乡镇的污染物允许排放总量,确定各控制单元的治理目标。水环境容量与总量分配是目前进行水质目标管理技术体系中较为成熟的指标。采用数学模型法对钦江流域的水环境容量和总量分配进行计算,以水质目标要求进行钦江流域总量分配量、削减量计算和分析[33]。以数学模型——CSTR 模型(Continuously-Stirred-Tank-Reactor Model)[34-35]开展廉州湾和钦州湾的南流江、西门江、钦江和茅岭江 4 个主要流域的水环境容量测算与总量分配。在水质模型的基础上,对流域进行控制单元的进一步划分,并对河流和排污口进行概化,排污口分点源和面源两种类型,建立概化排污口与控制断面水质响应关系。总量分配以实现海域总量分配给流域的污染物允许排放总量,以及流域各监测断面全面稳定达到水质管理目标的双重目标为原则,先对各控制单元污染物总量分配进行计算,然后再按乡镇、街道办所属区(县)分别汇总,计算各区(县)的污染物总量控制目标。

同样,在蓝文陆和邓琰出版的《陆海统筹生态环境治理研究》一书中,已对南流江和西门江开展了基于廉州湾陆海统筹的污染物总量分配研究,在蓝文陆等出版的《北部湾全流域环境治理研究》也对钦江和茅岭江开展了类似的系统研究。因此本书对南流江、西门江、钦江和茅岭江流域的污染物总量细化分配不再详细分析,可参看上述两本书。

但需要说明的是,基于近岸海域、海湾的陆海统筹系统修复与基于河流本身控制单元或入海断面水质达标的目标略有不同,前者是基于海湾的水质达标及生态修复,兼顾了河流本身的达标需求,而后者只考虑自身的达标需求,没有考虑前者。

以西门江为例,如果按照广西对该流域的考核要求,只需要达到Ⅳ类水质即可,但根据廉州湾以海定陆的污染物总量分配结果,以地表水和海域水质目标双重约束进行计算和要求,西门江河口区域的污染的水质目标只有水质考核指标浓度的一半左右(表 16-11)。

表 16-11　西门江河口区水质目标

约束条件	污染物浓度/(mg/L)			
	CODCr	NH3-N	TN	TP
水质考核目标	30	1.5	无	0.3
近岸海域环境功能区水质目标	15.15	1.54	1.79	0.182
地表水和海域水质目标双重约束	15.15	1.54	1.79	0.182

相似的情况在钦江-茅尾海的陆海统筹环境修复中也存在，根据茅尾海污染物总量分配结果，以地表水和海域水质目标双重约束进行计算，钦江东、钦江西河口区域的污染的水质目标也明显更严格于单独的地表水考核要求（表 16-12）。

表 16-12　钦江东、钦江西河口区水质目标

约束条件		污染物浓度/(mg/L)			
		CODCr	NH3-N	TN	TP
地表水考核水质目标	钦江东	20	1	无	0.2
	钦江西	30	1.5	无	0.3
近岸海域环境功能区水质目标	钦江东	11.76	0.63	0.97	0.034
	钦江西	17.79	1.76	2.05	0.064
地表水和海域水质目标双重约束	钦江东	11.76	0.63	0.97	0.034
	钦江西	17.79	1.5	2.05	0.064

茅岭江河口区的入海断面也一样，从基准年 2015～2016 年期间来看，茅岭江已达到地表水Ⅲ类的标准，符合地表水考核要求，不用再去做过多的治理等工作。但由于茅尾海水质超标严重，仍需要进行削减，根据茅尾海污染物总量分配结果，茅岭江河口区域的污染的水质目标以地表水和海域水质目标双重约束进行计算，其浓度值需要达到Ⅱ类水的要求（表 16-13）。

表 16-13　茅岭江河口区水质目标

约束条件	污染物浓度/(mg/L)			
	CODCr	NH3-N	TN	TP
水功能区水质目标	20	1	无	0.2
近岸海域环境功能区水质目标	8.92	0.26	0.57	0.021
地表水和海域水质目标双重约束	8.92	0.26	0.57	0.021

通过大量的治理，钦江水质已经总体达到地表水Ⅲ类，茅岭江也稳定达到Ⅲ类，而茅尾海的水质仍不达标的主要原因，是因为茅尾海水质要想达到功能区水质的要求，需要流域做更大力度的污染物削减。这也会导致陆海统筹环境系统修复对流域的要求更高，因其分配的污染物允许排放量更少，其对现有污染物排放量的削减力度更大。

　　还是以钦江为例,如果按照以地表水和海域水质目标双重约束进行计算,基于蓝文陆等《北部湾全流域环境治理研究》中钦江污染物总量分配相同的条件,包括控制单元划分、点源和面源同一套收集的数据资料,开展基于茅尾海水质达标的以海定陆钦江流域水环境容量计算和污染物总量分配。按此条件进行模拟计算,钦江流域的点源、面源及总污染源污染物的总量分配结果分别见表 16-14、表 16-15、表 16-16,钦江流域总污染源污染物 COD_{Cr}、NH_3-N、TN 和 TP 的总量分配结果约为 16 000.77t/a、969.73t/a、1511.10t/a 和 57.13t/a。而基于钦江入海断面达标的总量分配结果,钦江流域总污染源污染物 COD_{Cr}、NH_3-N 和 TP 的总量分配结果为 17 352t/a、1153t/a 和 214t/a[14]。两者相比,COD_{Cr} 相近,NH_3-N 有差别但相差不大,TN 因地表水的河流没有标准而不作要求,TP 差异很大,基于茅尾海达标的配额只有基于入海断面达标的约 1/4。由此可见对于像茅尾海这样的海湾,要实现根本性修复难度很大,需要更科学合理地去制定其修复目标,方能切实提升陆海统筹修复的可行性。

表 16-14　钦江流域点源污染物总量分配结果

区县	乡镇、街道	污染物分配量/(t/a)			
		COD_{Cr}	NH_3-N	TN	TP
灵山县	平山镇	106.42	6.73	12.95	1.10
	佛子镇	170.25	18.40	24.78	2.29
	灵城镇	743.63	46.79	167.40	2.57
	新圩镇	519.08	26.83	51.76	0.40
	檀圩镇	344.45	21.40	50.47	0.34
	烟墩镇	159.08	17.05	25.48	1.98
	那隆镇	169.19	18.77	23.62	0.15
	旧州镇	258.18	15.75	22.29	0.54
	三隆镇	181.80	18.90	24.29	0.17
	陆屋镇	798.54	49.43	84.62	0.76
	小计	3 450.62	240.05	487.66	10.30
钦北区	青塘镇	97.88	11.15	14.00	0.09
	平吉镇	224.51	28.32	28.13	0.21
	钦北区城区	318.26	36.47	5.69	0.34
	小计	640.65	75.94	47.82	0.64
钦南区	久隆镇	198.57	7.50	10.26	1.15
	钦南区城区	1 373.07	114.25	103.25	3.99
	沙埠镇	794.44	41.36	134.69	7.80
	尖山镇	60.09	3.70	4.46	0.87
	康熙岭镇	76.47	8.43	7.02	0.23
	小计	2 502.64	175.24	259.68	14.04
合计		6 593.91	491.23	795.16	24.98

表 16-15　钦江流域面源污染物总量分配结果

区县	乡镇、街道	污染物分配量/(t/a)			
		COD_Cr	NH₃-N	TN	TP
灵山县	平山镇	130.27	7.39	14.94	0.94
	佛子镇	403.72	20.93	54.03	3.50
	灵城镇	621.39	36.55	33.55	2.84
	新圩镇	495.91	32.78	64.25	1.25
	檀圩镇	576.54	33.66	67.92	1.09
	烟墩镇	429.54	25.22	60.43	2.36
	那隆镇	638.16	33.88	31.73	1.49
	旧州镇	570.74	33.69	80.23	2.23
	三隆镇	442.17	21.97	22.66	1.01
	陆屋镇	760.55	29.82	17.50	1.77
	小计	5 068.99	275.89	447.24	18.48
钦北区	青塘镇	520.69	14.08	5.81	1.32
	平吉镇	1 038.75	43.57	24.60	2.32
	钦北区城区	126.20	0.58	6.93	0.11
	小计	1 685.64	58.23	37.34	3.75
钦南区	久隆镇	471.91	21.91	37.15	2.88
	钦南区城区	726.30	53.62	110.23	2.56
	沙埠镇	770.47	33.63	46.49	3.56
	尖山镇	271.78	12.67	15.48	0.10
	康熙岭镇	411.72	22.49	22.00	0.81
	小计	2 652.18	144.32	231.35	9.91
	合计	9 406.81	478.44	715.93	32.14

表 16-16　钦江流域总污染源污染物总量分配结果

区县	乡镇、街道	污染物分配量/(t/a)			
		COD_Cr	NH₃-N	TN	TP
灵山县	平山镇	236.70	14.12	27.89	2.04
	佛子镇	573.97	39.33	78.81	5.79
	灵城镇	1 365.04	83.35	200.95	5.41
	新圩镇	1 014.98	59.61	116.01	1.65
	檀圩镇	921.00	55.05	118.39	1.42
	烟墩镇	588.63	42.27	85.91	4.34
	那隆镇	807.34	52.66	55.35	1.64
	旧州镇	828.92	49.45	102.52	2.77
	三隆镇	623.98	40.87	46.95	1.18
	陆屋镇	1 559.09	79.25	102.12	2.53
	小计	8 519.65	515.96	934.90	28.77

续表

区县	乡镇、街道	污染物分配量/(t/a)			
		COD$_{Cr}$	NH$_3$-N	TN	TP
钦北区	青塘镇	618.56	25.23	19.81	1.42
	平吉镇	1 263.26	71.90	52.73	2.54
	钦北区城区	444.46	37.06	12.62	0.44
	小计	2 326.28	134.19	85.16	4.40
钦南区	久隆镇	670.47	29.41	47.42	4.03
	钦南区城区	2 099.39	167.89	213.48	6.54
	沙埠镇	1 564.91	74.99	181.19	11.37
	尖山镇	331.88	16.37	19.93	0.97
	康熙岭镇	488.19	30.92	29.02	1.05
	小计	5 154.84	319.58	491.04	23.96
合计		16 000.77	969.73	1 511.10	57.13

16.6　北部湾陆海统筹修复对策

　　基于基准年 2015～2016 年的调查研究，针对廉州湾、钦州湾以及南流江、西门江、钦江和茅岭江的污染源解析结果、问题诊断，以及总量分配结果和削减任务，从入海河流污染治理、海湾污染防治、海湾生态修复以及陆海协同监管等四个方面，提出北部湾陆海统筹生态环境修复的措施建议。根据前面的研究，北部湾及入海流域存在诸多共性的环境问题，首先围绕这些共性问题，开展系统治理，然后针对各个海湾和流域自身的其他问题，有针对性地开展污染治理，全面控制流域的污染物排放，削减污染物，并开展生态修复与系统监管治理，促进达到海湾的水质改善达标、生态问题的解决及生态系统结构和功能的恢复。

16.6.1　入海河流水污染防治对策

1. 全面控制污染物排放

1) 防治畜禽养殖污染

　　调整规划养殖总量和布局，推进畜禽养殖分区管理，划定禁养区，全面关闭和拆除禁养区内的养殖场（小区）。切实提升粪污综合利用率并逐步实现完全综合利用。积极推进畜禽养殖方式转变，提高养殖废弃物综合利用水平。

　　完善现有规模畜禽养殖场污染治理设施建设，加强畜禽养殖业环境监管。对畜禽规模养殖场（小区）进行环境影响评价，并监督推进整改工作。严格执行新建规模养殖场的准入条件，新建规模养殖场必须落实环保"三同时"措施，符合养殖规划，并进行环境影响评价。

加强对达不到规模养殖的畜禽专业养殖户的污染减排改造，加强畜禽养殖粪便污水的综合化利用。继续通过补贴等方式对专业养殖户进行雨污分流、干清粪、沼气池、尾水灌溉等污水减排改造。加快有机肥厂和病死畜禽无害化处理厂建设，鼓励引导大中型企业建设区域性有机肥厂和病死畜禽无害化处理厂。

2）推进城镇生活污染治理

加强各流域内建成区污水管网建设。强化建成区内城中村、老旧城区和城乡接合部的污水截流、收集。根据污水收集的需要，适当建设污水泵站，促使截流污水被有效收集入污水处理厂。加强建成区雨污分流管网改造。

对县级以上污水处理厂进行提标改造。加快各流域内城镇生活污水处理设施建设，提高县级以上生活污水处理能力。完善污水处理配套管网建设。加快乡镇污水处理设施建设。

加强推进各流域内污水处理厂的中水回用和污泥处置。积极开展污水处理厂的中水再生利用工程建设，建立中水再生利用补贴政策，加强新工艺新技术的利用，建设中水回用管网和泵站。推进污水处理厂产生的污泥资源化利用。

3）强化工业污染防治

以水洗、制革、造纸和印染行业为重点，制定专项整治工作方案并进行专项治理，确保企业污水排放标准。加强对各流域内有毒有害污染物排放企业的监管。工业集聚区建设配套污水管网，建设污水处理厂或处理站，提高中水回用率。

4）加强垃圾污染治理

深入推进建成区垃圾分类收集与减量化、资源化利用。完善建区与生活垃圾无害化处理、资源化利用相配套的垃圾收、转、运体系。

各流域内县（市、区）、乡镇、村分别建设符合本地实际的农村垃圾分类、收集、转运和处理设施网络。积极推进垃圾分类收集。

5）推动农村环境综合整治

积极推进农村环境综合整治，整治农村环境卫生。采用增加分散小湿地、生态补水的措施，治理农村和农业面源污染。

6）控制农业面源污染

实施农业面源治理和节水工程。实施测土配方施肥、农作物病虫害综合防治和绿色防控，推广微灌等农业节水净化工程。

2. 促进经济结构转型升级

1）实施生态化产业转型

依法淘汰落后产能。加大对水洗、造纸、制革、食品加工等重点企业的监管力度，开展清洁生产和技术升级。鼓励发展高架床等生态养殖模式。严格环境准入，新建、改建、扩建的建设项目，必须满足水环境质量以及污染物总量控制要求，符合工业企业环境准入规定。

2）优化空间布局

合理确定发展布局、结构和规模。充分考虑水资源、水环境承载能力。按照流域生态红线、海洋生态红线以及畜禽养殖禁养区、限养区的要求，合理布局产业发展空间。对不能按规定完成技术改造、未达到国家法定排放标准的企业，推动其合理退出机制。

3. 保护水和湿地生态系统

开展河流源头生态建设。结合农村环境综合整治，对河流源头的畜禽养殖、农村生活污染源进行优先治理，确保源头水质达标。开展流域生态红线划分，并制订相应的红线管理办法与保障措施。

16.6.2　主要海湾及近岸海域污染防治对策

1. 陆海统筹全面控制污染物入海

1）加强入海河流流域污染控制

稳步推进南流江、钦江、西门江、白沙河、北仑河等主要入海河流流域内畜禽养殖、水产养殖、工业、农村生活、城镇生活、农业面源污染和河道污染治理。重点实施南流江-廉州湾陆海统筹水环境综合整治规划以及钦江、西门江重污染入海河流环境综合整治计划。深入实施"河长制"，进一步完善市、县、乡（镇）三级河长体系，切实加强流域污染防治管理，认真落实各级河长"治、管、护"职责。

2）加强沿海城镇生活污染治理

加强城镇污水处理设施改造和建设，强化脱氮除磷功能，大力推进城镇污水处理设施全覆盖，争取实现镇镇建成污水处理厂的目标。全面加强配套管网建设，强化城中村、老旧城区和城乡接合部污水截流、收集，加快现有合流制排水系统雨污分流改造，使进入污水处理厂的生活污水量和进水浓度达到要求；提高污水处理厂的负荷率。

3）强化沿海工业污染防治

优化沿海地区工业结构，提高工业企业准入门槛，合理调控海岸带区域经济发展空间布局。建立覆盖所有固定污染源的企业排放许可制度，加强工业污染源排放监管，实施工业污染源全面达标排放计划。

集中治理工业集聚区水污染。进一步完善钦州港胜科、大榄坪、铁山港工业区、大西南临港工业园、江平工业园等园区污水处理厂配套管网和提升泵站的建设，不断提高污水收集率和处理率，强化工业集聚区污染集中治理。

促进生态经济绿色发展。加强工业水循环利用和再生水利用。推进沿海钢铁、造纸、石油石化、化工等高耗水企业废水深度处理回用。发展生态经济，推进循环经济发展，积极推行清洁生产，加快构建循环经济园区，就地化解残渣、废料，实现资源循环利用、充分利用、可持续利用。

4）加强沿江、沿海地区面源污染控制

（1）防治沿江、沿海地区畜禽养殖污染。科学划定各入海河流沿岸及沿海畜禽禁养、限养和适养区。依法关闭或搬迁禁养区内或直接排放粪污入江河/海域的畜禽养殖场（小区）和养殖专业户。提高散养畜禽的集约化程度，推动畜禽养殖业整体转型升级，提高畜禽养殖业清洁生产及废弃物资源化利用水平。

（2）加强海水养殖污染综合防治。严格执行沿海三市的"十三五"养殖水域滩涂规划，合理布局海水养殖，严格控制养殖区域、养殖密度和养殖面积，全面执行海洋生物资源养护规定。大力推广集约化生态养殖，推广养殖互净清洁生产工艺，建立无公害养殖基地，积极发展浅海贝藻养殖和鱼贝藻间养，限制近海投饵网箱养殖，推广深海网箱养殖。加强对养殖系统内的水质调控技术、病害的生物防治技术和水产优质饲料技术等的应用和推广。加强养殖池塘污泥清淤和藻类养殖废弃物的合理处置，防止直接冲刷入海。开展虾塘养殖废水治理的试点，实行养殖废水达标排放制度。

（3）控制农业种植面源污染。推广使用高效、低毒、低残留农药，推进作物病虫害绿色防控和统防统治融合发展。实行测土配方施肥，推广精准施肥技术和机具，降低化肥流失率，控制氮肥施用量，提高化肥、农药利用率。推进种养业废弃物资源化利用、无害化处理。

（4）推动农村环境综合整治。深化"以奖促治"政策，实施"清洁家园，清洁水源，清洁田园"农村清洁工程，开展农村生活污水、垃圾和畜禽养殖污染治理，开展河道沟渠清淤疏浚，创新管护方式，推进农村环境连片整治。

（5）逐步开展小河道水环境修复。因地制宜，开展黑臭水体修复，采取沿河修建生物廊道、生物湿地或卵石滤池设施净化水质等措施，开展小河道水环境修复，构建经济而有效地控制村镇点面污染源的工程体系，减轻面源污染影响。

5）加强船舶港口污染防治

加强船舶和港口污染防治管理，积极治理渔船渔港和码头污染。不断完善渔港和码头废水、垃圾处理处置等污染防治设施建设。强化渔港港池黑臭水体整治，采取控源截污、垃圾清理、清淤疏浚、生态修复等措施，加大港池黑臭水体治理力度。完成北海内港渔港、侨港渔港等黑臭水体治理目标。

6）加强海岸带污染控制

规范与整治入海排污口设置。对入海排污口进行规范整治，未批准的按要求进行截污，完成排污口清理整治工作的检查、验收。

2. 防治并举主抓重点海湾综合整治

对近年持续出现水质超标的廉州湾、茅尾海和防城港湾海域等重点海湾，全面实施综合整治计划，采取有效措施，遏制各重点海湾海水水质发生恶化。

1）廉州湾海域

（1）对南流江和西门江流域实行综合防治，改善河流入海水质。

（2）加快北海市和合浦县污水处理厂配套管网建设，加快红坎污水处理厂和合浦县污水处理厂二期工程建设，提高污水收集处理能力，增加北海市和合浦县污水处理厂脱磷脱氮工艺，提高脱氮除磷效率，减少氮磷的排放量。

（3）对北海市外沙、侨港和南万等内港实行综合整治，改善港池水质；完善港池周边的污水收集管网，提高城市污水收集处理率。

（4）制定陆源污染物总量控制计划，严格控制氮磷污染物入海总量。

2）茅尾海海域

（1）加快推进钦州市河东污水处理厂、河西污水处理厂提标升级改造工程。加快完善钦州市城市污水处理厂配套管网建设，强化钦州市城区内城中村、老旧城区和城乡接合部、东干渠及西干渠污水截流、收集，实施生活污水直排口截流工作，有效提升污水收集处理率，加强钦州市城区雨污分流管网改造。

（2）对钦江、茅岭江两大流域进行综合防治，着力改善钦江西支入海河流水质。加强建设钦江、茅岭江沿江乡镇城镇生活污水处理厂和生活垃圾收集处理设施，加强沿江畜禽养殖污染防治、农村集聚区环境综合整治等面源污染控制。

（3）优化茅岭工业集中区和茅尾海周边的产业布局，严格限制废水排放量大的企业在茅尾海周边建设，钦州滨海新城的生活污水集中处理达标后需引致钦州港区附近的深海排污区排放。

（4）制定茅尾海养殖业规划，优化茅尾海及周边的海水养殖业布局，严格控制养殖规模。

（5）制定陆源污染物总量控制计划，严格控制陆源氮磷污染物入海总量。

3. 加强洁净海域的保护

对靠外海域及现状水质达到或优于二类的近岸海域，即铁山港湾、银滩海域、珍珠湾、北仑河口、涠洲岛海域等近岸海域加强保护，开展生态环境安全评估，制定实施生态环境保护方案，加强洁净海域的保护和管理，严防死守洁净海域不受污染，确保各海域海水质量持续保持优良。

16.6.3　保护修复重要生态系统

1. 积极保护沿岸和近岸海域生态空间

划定并严格执行广西海洋生态红线，严格实施海洋生态红线控制管理，积极保护生态空间。强化对海岸带开发利用活动的引导，严格近岸海域岸线用途管制。科学评估近年北部湾分散式和集中式填海的生态影响，认真执行填海管制计划，严格围填海管理和监督，海洋自然保护区的核心区及缓冲区、海洋特别保护区的重点保护区及预留区、重点河口区域、重要滨海湿地区域、重要砂质岸线及沙源保护海域、特殊保护海域及重要海洋海域禁止实施围填海，生态脆弱敏感区、自净能力差的海域严格限制围填海。对围填海工程较为集中的区域，以及海上养殖集中区域，要统筹规划，科学评估，合理安排，防止大规模围填海造成海湾水文动力改变导致净化能力和环境容量降低。

2. 积极保护滨海重要湿地生态系统

开展红树林、珊瑚礁、海草床、河口、滨海湿地、潟湖等典型海洋湿地生态系统及生物多样性的调查与保护研究，推进重要湿地生态系统保护，建立重要生态系统的监测评估网络体系，实施生态保护和管理。加大对非法破坏红树林、海草床、珊瑚礁和占用湿地及滩涂行为的打击力度。以海洋生态环境保护目标为约束条件，强化海洋和滨海湿地生态保护，有序安排各种开发活动，动态调控海洋开发利用强度，限制不良的海洋开发活动行为，建立协调的生态经济模式。

3. 积极开展生态修复建设

积极开展生态海岸带修复建设，大力推进红树林自然修复和人工种植，加大退塘（虾塘）还林（红树林）力度；积极开展海草床和珊瑚礁生态修复建设，逐步恢复和增加海草床、珊瑚礁的面积及覆盖度；积极开展海湾综合生态修复建设，对南流江、钦江河口以及廉州湾、茅尾海、防城港湾等富营养化的河口海湾，实施多元化的物理、生物等综合生态修复，消纳海湾氮磷污染物；积极开展蓝色海湾和蓝色牧场建设，示范开展贝类-藻类混养技术，以及鱼-虾-贝-藻等综合生态养殖修复技术的研究与示范，在确保生态安全下推广，实现经济环境社会效益的科学发展。

16.6.4　提升能力加强生态环境监测网络建设

1. 完善近岸海域生态环境监测网络

认真落实国办发〔2015〕56 号印发的《生态环境监测网络建设方案》，构建近岸海域生态环境监测网络，基本实现环境质量、重点污染源、生态状况监测全覆盖。

加强环境质量监测预报预警，构建河海兼顾、陆海统筹、天地一体的近岸海域环境自动监控预警系统。完善主要河流入海断面水质自动监测系统，完善广西近岸海域水质自动监测网络，研究建设海上污染源和大气沉降污染源自动监控网络。加强生态遥感观测，建立天地一体化的近岸海域生态卫星遥感监测系统，加强无人机遥感监测和地面生态监测，实现对近岸海域大范围、全天候监测。完善建设沿海地区入海河流、河口海湾及近岸海域自动监控预警系统，实现入海河流、直排污染源、海上污染源和近岸海域环境自动监测数据的同化集成，研究区域生态环境数学模型，河海兼顾、陆海统筹、天地一体的近岸海域环境自动监控预警系统，科学引导环境管理与风险防范。

提升近岸海域生态环境风险监测评估与预警能力。定期开展近岸海域生态状况调查与评估，建立生态保护红线监管平台，对重要生态功能区人类干扰、生态破坏等活动进行监测、评估与预警。

2. 加强赤潮绿潮等生态风险防范能力

加强对北部湾赤潮和绿潮的发生、发展和消亡规律的研究，开发赤潮、绿潮预警预报技术和处置技术，加快建立陆海统筹天地一体化的近岸海域赤潮绿潮监控预警系统，发展完善赤潮绿潮预警技术，开展赤潮绿潮预警预报，及时发布预警信息，事前提早应对生态灾害，为赤潮绿潮等生态风险应急提供技术储备和现实保障。

3. 陆海统筹和区域联动严格环境监管

健全和推进近岸海域环境治理，协同推进陆海统筹管理机制。健全跨部门、行政区、流域、海域水环境保护议事协调机制。完善水污染防治和近岸海域环境保护法规标准、健全法规、政策和环境标准。

参 考 文 献

[1]　刘忠臣，刘保华，黄振宗，等. 中国近海及邻近海域地形地貌[M]. 北京：海洋出版社，2005.

[2]　吴敏兰. 北部湾北部海域营养盐的分布特征及其对生态系统的影响研究[D]. 厦门：厦门大学，2014.

[3]　Shi M C，Chen C S，Xu Q C，et al. The role of Qiongzhou Strait in the seasonal variation of the South China Sea circulation[J]. Journal of Physical Oceanography，2002，32（1）：103-121.

[4]　苏纪兰. 中国近海水文[M]. 北京：海洋出版社，2005.

[5]　苏志，余纬东，黄理，等. 北部湾海岸带的地理环境及其对气候的影响[J]. 气象研究与应用，2009，30（3）：44-47.

[6]　李树华，夏华永，陈明剑. 广西近海水文及水动力环境研究[M]. 北京：海洋出版社，2001.

[7]　黎树式，黄鹄，戴志军，等. 广西海岛岸线资源空间分布特征及其利用模式研究[J]. 海洋科学进展，2016，34（3）：437-448.

[8]　李雪丁. 福建沿海近 10a 赤潮基本特征分析[J]. 环境科学，2012，33（7）：2210-2216.

[9]　冷科明，江天久. 深圳海域近 20 年赤潮发生的特征分析[J]. 生态科学，2004（2）：166-170，174.

[10]　陈兰，蒋清华，石相阳，等. 北部湾近岸海域环境质量状况、环境问题分析以及环境保护建议[J]. 海洋开发与管理，2016，33（6）：28-32.

[11]　彭在清，李天深，蓝文陆. 广西海域赤潮研究[M]. 北京：海洋出版社，2017.

[12]　海节知圈. 春节期间"海洋一号 C/D 卫星"发现北部湾夜光藻赤潮[EB/OL].（2021-02-19）[2024-08-20]. https://www.sohu.com/a/451533497_726570.

[13]　贺立燕，宋秀贤，於凡，等. 潜在影响防城港核电冷源系统的藻类暴发特点及其监测防控技术[J]. 海洋与湖沼，2019，50（3）：700-706.

[14]　蓝文陆，邓琰. 陆海统筹生态环境治理研究[M]. 北京：科学出版社，2023.

[15]　罗金福，李天深，蓝文陆. 北部湾海域赤潮演变趋势及防控思路[J]. 环境保护，2016，44（20）：40-42.

[16]　张哲，王江涛. 胶州湾营养盐研究概述[J]. 海洋科学，2009，33（11）：90-94.

[17]　Zhai S J，Yang L Y，Hu W P，et al. Observations of atmospheric nitrogen and phosphorus deposition during the period of algal bloom formation in Northern Lake Taihu，China[J]. Environmental Management，2009，44（3）：542-551.

[18]　张静，张瑜斌，周凯，等. 深圳湾海域营养盐的时空分布及潜在性富营养化程度评价[J]. 生态环境学报，2010，19（2）：253-261.

[19]　彭小燕，喻泽斌，蓝文陆，等. 近 10a 廉州湾富营养化因子变化特征及其与赤潮演变的关系[J]. 海洋环境科学，2018，37（5）：670-677.

[20]　张鹏，魏良如，赖进余，等. 湛江湾夏季陆源入海氮磷污染物浓度、组成和通量[J]. 广东海洋大学学报，2019，39（4）：63-72.

[21]　孙立娥，王艳玲，刘旭东. 2015 年胶州湾主要污染物入海量研究[J]. 中国环境管理干部学院学报，2016，26（6）：66-69.

[22]　韦蔓新，童万平，赖廷和，等. 钦州湾内湾贝类养殖海区水环境特征及营养状况初探[J]. 海洋环境科学，2001，19（4）：51-55.

[23]　韦蔓新，赖廷和，何本茂. 钦州湾近 20a 来水环境指标的变化趋势 I 平水期营养盐状况[J]. 海洋环境科学，2002，21（3）：49-52.

[24]　韦蔓新，何本茂. 钦州湾近 20a 来水环境指标的变化趋势 V 浮游植物生物量的分布及其影响因素[J]. 海洋环境科学，2008，27（3）：253-257.

[25]　Turner R E，Rabalais N N.，Justic D，et al. Future aquatic nutrient limitations[J]. Marine Pollution Bulletin，2003，46：1032-1034.

[26]　蓝文陆，彭小燕. 茅尾海富营养化程度及其对浮游植物生物量的影响[J]. 广西科学院学报，2011，27（2）：109-112，116.

[27]　石海明，尹翠玲，张秋丰，等. 近年来渤海湾赤潮监控区营养盐变化及其结构特征分析[J]. 海洋环境科学，2010，29（2）：246-249.

[28]　池缔萍，郭翔宇，钟仕花. 近 5a 来深圳大鹏湾南澳赤潮监控区营养盐变化及其结构特征[J]. 海洋环境科学，2010，29（4）：564-569.

[29]　蓝文陆，王晓辉，黎明民. 应用光合色素研究广西钦州湾丰水期浮游植物群落结构[J]. 生态学报，2011，31（13）：3601-3608.

[30]　邓义祥，孟伟，郑丙辉，等. 基于响应场的线性规划方法在长江口总量分配计算中的应用[J]. 环境科学研究，2009，22（9）：995-1000.

[31]　邓义祥，王斯栓，李子成，等. 水质模型在东莞污染源负荷估算中的应用[J]. 环境科学学报，2009，29（11）：2458-2464.

[32]　邓义祥，雷坤，富国，等. 基于分配指数的渤海 TN 总量分配研究[J]. 环境科学研究，2015，28（12）：1862-1869.

[33]　雷坤，孟伟，乔飞，等. 控制单元水质目标管理技术及应用案例研究[J]. 中国工程科学，2013，15（3）：62-69.

[34]　邓义祥，富国，郑丙辉，等. CSTR 水力学模型数值求解方法探讨[J]. 环境科学研究，2008，21（2）：40-43.

[35]　邓义祥，郑丙辉. Taylor 方法在 CSTR 河流水质模型结构可识别性分析中的应用[J]. 数学的实践与认识，2011，41（6）：90-95.

[36]　韦蔓新，何本茂. 廉州湾富营养化与赤潮形成的研究[J]. 热带海洋，1998（4）：65-72.

[37]　邱绍芳，赖廷和，庄军莲. 涠洲岛南湾港海域发生铜绿微囊藻赤潮实例分析[J]. 广西科学，2005（4）：330-333.

[38]　张少峰，李武全，林明裕，等. 涠洲岛海域赤潮发生与海洋水文气象关系初步研究[J]. 广西科学，2009，16（2）：200-202.

[39]　李凤华，赖春苗. 广西海域赤潮调查及对策建议[J]. 环境科学与管理，2007（9）：76-77，109.

[40]　广西壮族自治区海洋局. 广西壮族自治区 2003 年海洋环境质量公报[R]. 2004.

[41]　广西壮族自治区海洋局. 广西壮族自治区 2004 年海洋环境质量公报[R]. 2005.

[42]　广西壮族自治区海洋局. 广西壮族自治区 2008 年海洋环境质量公报[R]. 2009.

[43]　李天深，李远强，赖春苗，等. 廉洲湾赤潮自动监测结果与分析[J]. 中国环境监测，2011，27（4）：32-35.

[44]　国家海洋局. 2010 年中国海洋灾害公报[R/OL].（2011-04-26）[2024-09-28]. https://www.nmdis.org.cn/c/2011-04-26/56124.shtml.

[45]　广西壮族自治区海洋局. 广西壮族自治区 2011 年海洋环境质量公报[R]. 2012.

[46]　李波，蓝文陆，李天深，等. 球形棕囊藻赤潮消亡过程环境因子变化及其消亡原因[J]. 生态学杂志，2015，34（5）：1351-1358.

第三篇　北部湾南流江流域生态修复专题篇

第17章 南流江水生态状况评估

17.1 引　　言

淡水生态系统维持着丰富的物种多样性,对人类福祉至关重要。鱼类是淡水生态系统中最主要的脊椎动物类群,维持鱼类生物多样性对淡水生态系统的健康与稳定有着重要作用[1-3]。鱼类也是指示河流生态环境健康和区域生物多样性的重要水生生物类群,其多样性常用来评价水生态环境[4]。在全球气候变化和人类活动,例如水体污染、过度捕捞、水利工程修建的影响下,生物多样性正以前所未有的速度下降,渔业资源持续衰退[5-7]。研究鱼类群落和多样性特征及其与环境因子间的响应关系,既可以了解鱼类生活习性,又可以探究人类活动对鱼类群落的影响,已成为学者关注的热点[8-10],用于支撑渔业资源保育以及河流生态修复。

南流江是广西北部湾最大的独流入海河流,位于我国热带与亚热带生物多样性关键地区之一,流域内生境多样性高,生物资源丰富,为鱼类提供了良好的栖息和繁殖场所[11],且南流江河长短、沿程变化大、咸淡交替,是良好的科学研究区域。2011年Chen在南流江博白段报道了新鱼种多斑眼鳅鱼(*Cobitis multimaculata*)[12]。随着南流江流域经济社会高速发展,重要物种的栖息地对人类活动响应敏感,生物多样性敏感性问题较突出[13],但鲜有相关报道,严重制约了南流江乃至北部湾地区河流生态系统保育以及渔业资源开发利用。据此,本书作者团队于2021年7~8月在南流江流域开展夏季鱼类资源调查,分析鱼类物种组成、多样性及分布特征,阐明流域鱼类物种多样性空间特征以及与环境因子的关系,以期改善南流江乃至北部湾区域鱼类资源现状,为渔业资源保育和生态系统保护修复提供科学依据。

17.2 南流江概况

南流江流域位于广西壮族自治区东南部,地处21°34′~22°52′N,108°51′~110°22′E,干流全长285km,流域面积9232km²。南流江发源于玉林市与北流市交界的大容山南麓三叉水仙女桥,纵穿玉林市、钦州市和北海市,最终注入北部湾。流域内以低山丘陵和冲积平原为主,东部、西部和北部地势相对较高,中部和南部地势偏低。上游是玉林盆地,中游是博白盆地和丘陵,下游是合浦冲积平原。南流江流域属南亚热带季风气候区,夏季高温多雨,冬季温凉少雨,多年平均气温为21.5~22.4℃,多年平均降水量达1400~1760mm,雨量充沛。流域多年平均径流量为166m³/s,水力资源较丰富。流域内主要土壤类型为红壤、砖红壤、棕壤、赤红壤等,植被以亚热带常绿阔叶林为主。

据统计,南流江流域2016年GDP为933.3亿元,占全广西GDP的5.09%,但流域面积仅占全广西总面积的 3.90%。2016 年南流江流域 65%以上的林地已转变为人工桉树林。近 60 年来南流江径流量呈现不显著轻微上升，而泥沙量呈现显著下降，水沙关系变化剧烈[14]。随着工业化、城镇化推进以及千亿元冶金精深加工、石油化工等产业集群在此布局，入海污染物总量逐年升高，南流江成了北部湾最大的陆域污染输入源，也成为中央生态环境保护督察组重点督查的河流。南流江流域面临的生态环境问题反映了亚热带独流入海河流的开发与大力发展"向海经济"实现绿色可持续发展面临的共性问题，但近几十年来受到的关注较少。

17.3　水生态状况调查评价

17.3.1　调查方法

2021 年 7 月至 8 月在南流江干支流共设置 13 个鱼类采样点和 9 个浮游植物采样点（图 17-1）。尽可能联合使用三种鱼类采集方法获得鱼类样品：①挂网法。将 3～5 张网长 20～50m、高 1～2m、网目大小 2～8cm 的流刺网分别悬挂在深水区和浅水区，2～3h 后提起挂网，主要采集水体中上层鱼类样品。②电鱼法。在采样点上下游 100m 范围内一边使用电鱼器电鱼，一边手持抄网捕获鱼类样品，采样持续时间 5h，主要补充收集浅水区及小水体生境鱼类样品。③地笼法。在采样区域放置地笼，地笼长 10m、宽 32cm、高 24cm、

图 17-1　南流江采样点分布示意

网目 5mm，过夜 12h 后将地笼抬起，主要采集底栖鱼类样品。对采集到的渔获物进行现场鉴定，并测量体长和体重。鱼类样品的处理与保存、种类鉴定参考《流域生态健康评估技术指南》（试行）、《广西淡水鱼类志》[15]、《珠江鱼类志》[16]、《南海鱼类志》[17]等。同期 pH、溶解氧（DO）、高锰酸盐（COD$_{Mn}$）、五日生化需氧量（BOD$_5$）、氨氮（NH$_3$-N）、总磷（TP）月均值水质监测数据由广西壮族自治区生态环境监测中心提供。

浮游植物分别在每个采样点采集 4 个定性和定量样品，其中，浮游植物定性样品的采集方法为，在表面到 0.5m 的深度，用 25 号网（网孔 0.064mm）以 20～30cm/s 速度进行∞形拖动，时间约 3min；浮游植物定量样品的采集方法为，采表层 1L 水样，根据《水和废水监测分析方法》（2002 年）的测定标准对样品采集、分析和鉴定。

17.3.2　多样性评价方法

1. 优势度（D）

$$D = N_{max}/N \tag{17-1}$$

式中，N_{max} 表示样点中优势种的个体数；N 表示样点中所有物种的个体数。

2. 香农-维纳多样性指数（H'）

$$H' = -\sum_{i=1}^{S} P_i \log_2 P_i \tag{17-2}$$

式中，S 表示某一群落中出现的所有物种数；P_i 表示某一群落中第 i 个种群的比例。

3. Margalef 丰富度指数

$$M = (S-1)/\log_2 N \tag{17-3}$$

式中，S 表示某一群落中出现的所有物种数；N 表示该群落中所有物种的个体数。

4. Pielou 均匀度指数

$$J = H'/\log_2 S \tag{17-4}$$

式中，H' 表示香农-维纳多样性指数；S 表示某一群落中出现的所有物种数。

17.3.3　鱼类多样性及保护对策

1. 鱼类种类组成

本次调查共采集鱼类样本 3507 尾，共计 58 种，分别隶属于 6 目 20 科 50 属（表 17-1），其中鲈形目 12 科 20 属，鲤形目 2 科 24 属，鲇形目 3 科 3 属，鲱形目、鲻形目、鳗形目则均为 1 目 1 科。南流江鱼类以鲈形目为主，共 2217 尾，占 63.22%；鲤形目次之，共 1170 尾，占 33.36%；鲇形目 100 尾，占总数量的 2.85%，而鳗形目、鲱形目、鲻形目的鱼类物种在南流江中较少，分别采集到 14 尾、5 尾和 1 尾。

表 17-1 南流江流域鱼类物种组成

物种名称	总数量/尾	体长/cm		体质量/g	
		范围	均值±标准差	范围	均值±标准差
多鳞鱚（Sillago sihama）	1060	6.30～13.00	9.65±3.35	1.80～15.60	8.70±9.75
尼罗罗非鱼（Oreochromis niloticus）	616	3.30～23.70	13.47±7.04	0.47～280.60	88.27±85.96
七带银鲈（Gerres septemfasciatus）	236	3.70～6.40	5.05±1.35	0.47～4.00	2.23±2.49
鰲（Hemiculter leucisculus）	167	7.40～24.80	15.82±6.09	2.79～105.28	36.31±35.64
矛尾虾虎鱼（Chaemrichthys stigmatias）	150	5.90～13.20	9.55±3.65	1.88～17.89	9.88±11.32
花鱛（Hemibarbus maculatus）	143	5.50～19.00	10.61±5.10	1.45～63.63	19.11±23.69
纹唇鱼（Osteochilus salsburyi）	103	7.50～18.50	12.51±3.85	5.15～102.96	38.31±38.53
鲫（Carassius auratus）	97	6.20～21.00	10.83±4.79	2.87～150.65	33.98±57.50
越南鱊（Acheilognathus tonkinensis）	93	3.70～9.20	6.12±2.10	0.60～11.20	4.84±4.86
大鳞副泥鳅（Paramisgurnus dabryanus）	83	10.60～16.50	12.54±2.10	8.26～39.55	16.54±13.00
鲮（Cirrhinus molitorella）	74	7.50～32.00	20.46±6.30	3.37～378.34	116.57±106.60
中间黄颡鱼（Pelteobagrus intermedius）	54	6.40～27.00	16.96±6.20	2.73～915.53	153.94±273.60
海南鲌（Culter recurviceps）	54	10.80～28.90	20.40±6.16	7.70～200.84	75.31±63.88
斑纹舌虾虎鱼（Glossogobius olivaceus）	53	8.80～16.40	12.60±3.80	6.16～48.76	27.46±30.12
须鲫（Carassioides cantonensis）	52	23.00	23.00±0	14.50～200.84	107.67±131.76
大鳍鱊（Acheilognathus macropterus）	40	3.80～10.20	5.85±2.00	0.51～303.31	41.10±106.02
似鮻小鳔鮈（Microphysogobio labeoides）	39	5.00～13.00	9.12±2.43	0.71～14.71	7.17±5.85
马口鱼（Opsariichthys bidens）	37	7.70～19.00	14.76±3.79	3.43～97.20	45.46±34.72
似鮈（Pseudogobio vaillanti）	33	6.90～16.80	9.44±3.80	2.78～33.22	8.91±12.04
鲤（Cyprinus carpio）	32	5.60～42.00	21.50±11.46	6.06～1098.70	301.77±348.20
条纹小鲃（Puntius semifasciolatus）	30	3.60～5.40	4.50±0.90	0.48～2.49	1.48±1.42
高体鳑鲏（Rhodeus ocellatus）	26	3.60～10.00	5.26±1.79	0.61～7.85	1.93±2.17
下口鲇（Hypostomus plecostomus）	24	5.40～29.90	16.00±7.71	1.21～207.82	63.85±81.88
间鱛（Hemibarbus medius）	23	9.20～24.10	14.71±4.82	6.00～138.62	42.6±49.71
大刺鳅（Mastacembelus armatus）	22	18.00～34.50	27.61±5.50	18.78～135.80	79.16±42.66
胡子鲇（Clarias fuscus）	18	11.00～29.00	20.00±6.40	12.85～204.67	90.36±81.33
子陵吻虾虎鱼（Rhinogobius giurinus）	18	5.20～7.60	6.25±0.86	1.80～5.15	2.71±1.62
鲬（Platycephalus indicus）	14	13.00～20.50	16.75±3.75	9.81～60.20	35.00±35.63
绿斑细棘鰕虎鱼（Acentrogobius chlorostigmatoides）	12	6.30～11.50	8.90±2.60	4.20～16.91	10.55±8.98
短吻鲾（Leiognathus brevirostris）	11	3.50～10.20	6.85±3.35	0.50～16.24	8.37±11.12
南方拟鰲（Pseudohemiculter dispar）	9	9.20～19.20	13.30±3.59	6.86～83.30	30.83±29.25
赤眼鳟（Squaliobarbus curriculus）	8	15.50～38.90	24.75±8.78	33.51～792.23	256.24±359.21
蚓形副平牙虾虎鱼（Parapocryptes serperaster）	8	15.00～17.00	16.00±1.00	11.87～16.36	14.11±3.17
青鱼（Mylopharyngodon piceus）	6	11.00～14.50	12.75±1.75	17.40～58.20	37.80±28.84
叉尾斗鱼（Macropodus opercularis）	5	5.00～6.20	5.60±0.48	1.30～2.90	2.05±0.80

续表

物种名称	总数量/尾	体长/cm		体质量/g	
		范围	均值±标准差	范围	均值±标准差
斑鳢（*Channa maculata*）	5	14.00～27.50	20.60±4.33	27.80～225.03	103.79±73.34
麦穗鱼（*Pseudorasbora parva*）	4	6.00～7.50	6.67±0.60	2.32～4.35	3.09±0.93
黄颡鱼（*Pelteobagrus fulvidraco*）	4	18.90	7.50	3.57	3.57
海南华鳊（*Sinibrama melrosei*）	4	7.50～9.30	8.40±0.90	4.44～10.66	7.55±4.39
斑鰶（*Konosirus punctatus*）	4	6.70～26.50	15.37±8.68	2.63～185.84	70.20±87.09
黄鳍棘鲷（*Acanthopagrus latus*）	4	6.50～11.30	8.90±2.40	6.04～26.77	16.58±14.4
刺盖塘鳢（*Eleotris acanthopoma*）	4	6.00～8.40	7.20±1.20	3.00～9.02	6.01±4.25
南方波鱼（*Rasbora steineri*）	3	6.50～7.30	6.76±0.37	1.85～2.52	2.09±0.37
草鱼（*Ctenopharyngodon idellus*）	3	17.60～35.60	29.40±8.34	73.27～500.89	334.27±228.55
孔虾虎鱼（*Trypauchen vagina*）	3	13.50～18.00	15.75±2.25	12.60～20.40	16.50±5.51
线鳢（*Channa striata*）	2	8.90～15.10	12.00±3.10	6.17～56.04	31.10±35.26
鳙（*Aristichthys nobilis*）	2	32.00～34.50	33.25±1.25	375.15～454.28	414.71±55.95
东方墨头鱼（*Garra orientalis*）	2	14.40～16.60	15.50±1.10	34.40～88.57	61.48±38.30
勒氏枝鳔石首鱼（*Dendrophysa russelii*）	2	6.40～6.90	6.65±0.25	3.10～4.00	3.55±0.63
髭缟虾虎鱼（*Tridentiger barbatus*）	2	7.80～8.80	8.30±0.50	7.48～11.60	9.54±2.91
绿斑缰虾虎鱼（*Amoya chlorostigmatoides*）	2	7.50～8.20	7.85±0.35	3.20～3.88	3.54±0.48
桂林似鉤（*Pseudogobio guilinensis*）	1	8.60	8.60	4.95	4.95
银鲴（*Xenocypris argentea*）	1	20.20	20.20	74.80	74.80
大眼华鳊（*Sinibrama macrops*）	1	15.20	15.20	40.81	40.81
黑棘鲷（*Acanthopagrus schlegelii*）	1	10.70	10.70	24.44	24.44
鲻（*Mugil cephalus*）	1	15.80	15.80	32.68	32.68
细鳞鯻（*Terapon jarbua*）	1	4.60	4.60	1.63	1.63
双带缟虾虎鱼（*Tridentiger bifasciatus*）	1	5.90	5.90	3.01	3.01

2. 鱼类优势种类

鱼类优势种共有 7 种，分别是尼罗罗非鱼（*Oreochromis niloticus*）、大鳞副泥鳅（*Paramisgurnus dabryanus*）、纹唇鱼（*Osteochilus salsburyi*）、鲫（*Carassius auratus*）、鳘（*Hemiculter leucisculus*）、须鲫（*Carassioides cantonensis*）、多鳞鱚（*Sillago sihama*），其中河源段的尼罗罗非鱼优势度最高，为 0.777。尼罗罗非鱼为外来入侵种鱼类，在南流江流域部分水域已形成自然种群。鳘是一种常见的经济鱼类，生活在河流水域的中上层，当地俗称"白条"。纹唇鱼是一种生活在小河、溪流的小型经济鱼类。大鳞副泥鳅生活在底泥较深的浅水水域，在我国广泛分布。鲫为生活在河流水域的底层鱼类，是我国最常见的淡水鱼类之一。须鲫主要活动在河流水流小、水草多的地方，主要分布在我国华南地区。多鳞鱚主要栖息于江河入海口、内湾水域或者淡水域，是近海小型鱼类（表 17-2）。

表 17-2　采样点鱼类优势种

站点	优势种	优势度
河源段	尼罗罗非鱼	0.777
博白城市段	尼罗罗非鱼	0.423
玉林城市段	尼罗罗非鱼	0.688
丽江平原段	尼罗罗非鱼	0.589
横江站平原段	大鳞副泥鳅	0.637
合江平原段	纹唇鱼	0.297
水鸣河平原段	尼罗罗非鱼	0.359
武利江河谷段	鲫	0.517
马江河谷段	尼罗罗非鱼	0.639
合浦城市段	鳘	0.660
石埇河谷段	鳘	0.228
石湾平原段	须鲫	0.495
河口段	多鳞鱚	0.676

3. 鱼类多样性空间分布

南流江鱼类香农-维纳多样性指数、丰富度指数和均匀度指数在各采样点的变化趋势基本一致（图 17-2）。三者变化范围分别为 1.237~3.249、0.7792~3.0080、0.3771~0.8397。

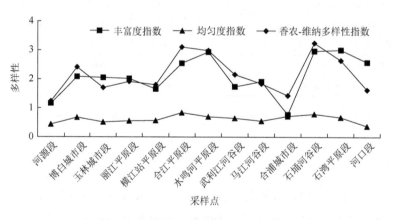

图 17-2　采样点鱼类多样性变化趋势

从空间分布（图 17-3）来看，南流江干流中游地区的鱼类香农-维纳多样性指数高于上游地区和下游地区，上游采样点中，河源段的鱼类香农-维纳多样性指数最低，玉林城市段、横江站平原段 2 个采样点的鱼类香农-维纳多样性指数相差不大，中游的博白城市段、水鸣河平原段、石埇河谷段 3 个采样点的鱼类香农-维纳多样性指数较高，尤其是石埇河谷段的鱼类香农-维纳多样性指数达到峰值，下游的 3 个采样点中石湾平原段的香农-维纳多样性指数为 2.646，合浦城市段的和河口段的香农-维纳多样性指数相差不大。支流中，合江平原段的香农-维纳多样性指数最高，为 3.107，武利江河谷段次之，丽江平原段和马江河谷段相差不大。三个指数的空间分布结果基本一致。

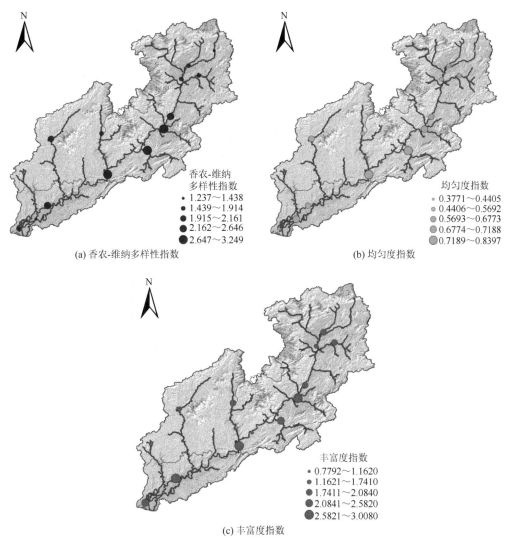

(a) 香农-维纳多样性指数

(b) 均匀度指数

(c) 丰富度指数

图 17-3　采样点鱼类多样性空间分布

4. 保护管理措施建议

与《广西淡水鱼类志》[15]中记载的 1979 年调查资料对比，四十余年来南流江鱼类发生了重大变化。《广西淡水鱼类志》中记载了南流江淡水鱼类共 58 种，本次调查采集到了 40 种淡水鱼类。《广西淡水鱼类志》中记录的 32 种鱼类未采集到，新增鱼类 16 种。新增鱼种包含外来入侵物种尼罗罗非鱼、下口鲇。尼罗罗非鱼捕获 616 尾，仅次于多鳞鱚成为南流江第二大种群鱼类，且已发展为南流江优势种。尼罗罗非鱼能在野外越冬与繁殖，生存繁殖能力较强，已对自然水系构成威胁，对本地生物群落和多样性产生严重影响[18-19]。

南流江中游地区鱼类多样性最高，其次为上游地区，下游地区鱼类多样性最低。随着河流级别的递增鱼类多样性随之增加，南流江中上游鱼类符合一般河流鱼类分布格局。上游鱼类多样性较低主要受水质的影响，黄王等研究得出南流江上游因生产、生活污水排放，水质较差[20]。南流江河长较短，下游地区基本属于入海口地，河口地区受盐度影响，主要分布咸水鱼类，淡水鱼类较少，这与承亚男等研究南流江河口鱼类受盐度影响的结果一致[21]。

由于采砂、过度捕捞以及流域大规模的人类活动等影响，南流江鱼类资源呈现衰退趋势，四十余年来 55.17%淡水鱼类未能采集到，且外来物种尼罗罗非鱼已成为第二大种群。建议在以下几个方面加强鱼类多样性保护：①进一步加强水环境南流江污染治理，降低水体 NH_3-N 负荷。南流江水质逐年改善，2022 年国家地表水多个考核断面水质稳定达到Ⅲ类，建议进一步根据鱼类分布情况识别关键生境区进行水生态修复，建设生态水利工程设施，减少水体 NH_3-N 负荷。②加强外来物种鱼类的管控与治理力度，严防养殖鱼类逃逸到自然水体形成新的外来鱼类，规避生态风险。对本次研究发现的 2 种外来入侵物种进行影响评估，保育土著鱼类生存环境的健康。③定期监测南流江流域鱼类物种组成，开展鱼类洄游通道和生境修复。

17.3.4　浮游植物多样性

1. 浮游植物种类组成

本次调查浮游植物共鉴定出 5 门 31 属 64 种，绿藻门包括 10 属 25 种，占全部物种数的 39.06%；硅藻门包括 11 属 18 种，占全部物种数的 28.12%；蓝藻门 6 属 15 种，占全部物种数的 23.44%；甲藻门 2 属 4 种，占全部物种数的 6.25%；裸藻门 2 属 2 种，占全部物种数的 3.13%，具体如图 17-4 所示。其中绿藻门包括丝藻属、角星鼓藻属、集星

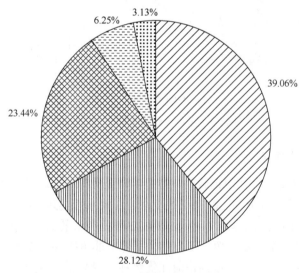

图 17-4　浮游植物种类组成

藻、四刺藻属、四角藻属、新月藻属、盘星藻属、顶棘藻属、纤维藻属、栅藻属；硅藻门包括骨条藻属、根管藻属、斜纹藻属、针杆藻属、舟形藻属、菱形藻属、海线藻属、等片藻属、平板藻属、布纹藻属、直链藻属；蓝藻门包括鱼腥藻属、平裂藻属、螺旋藻属、颤藻属、念珠藻属、空星藻属；甲藻门包括鳍藻属、原甲藻属；裸藻门包括弦月藻属、扁裸藻属。

2. 浮游植物优势种类

根据计算结果（表 17-3），浮游植物的优势种有 5 种，分别为龙骨栅藻（*Scenedesmus carinatus*）、点形平裂藻（*Merismopedia punctata*）、集星藻（*Actinastrum hantzschii*）、碎片菱形藻（*Nitzschia frustulum*）、沼泽颤藻（*Oscillatoria limnetica*）；优势度分布为 0.184～0.919，其中石埇调查点的集星藻优势度最高，为 0.919，横江站的龙骨栅藻优势度最低，为 0.184。

表 17-3　采样点浮游植物优势种类

调查点	优势度	优势种
河源段	0.222	龙骨栅藻
玉林城市段	0.684	点形平裂藻
横江站平原段	0.184	龙骨栅藻
博白城市段	0.375	龙骨栅藻
石埇河谷段	0.919	集星藻
马江河谷段	0.195	龙骨栅藻
武利江河谷段	0.262	龙骨栅藻
石湾平原段	0.329	碎片菱形藻
河口段	0.406	沼泽颤藻

3. 浮游植物多样性空间分布

由图 17-5 可以看出，在各个取样点，三个指数的变化趋势基本保持一致。香农-维纳多样性指数、丰富度指数变化范围分别为 0.6519～3.683、2.025～4.978，最大值出现在河源段，最小值出现在石埇河谷段。均匀度指数变化范围为 0.1669～0.8392，最小值出现在石埇河谷段，最大值出现在武利江河谷段。

从空间分布（图 17-6）来看，南流江干流中上游和下游的浮游植物香农-维纳多样性指数，高于中游地区。中上游的博白城市段、横江站平原段、玉林城市段、河源段采样点的浮游植物丰富度指数较高，均大于 4，在博白城市段达到峰值。中游的石埇河谷段丰富度指数最低，为 2.025，下游的石湾平原段和河口段 2 个采样点的丰富度指数相差不大，均大于 4。支流中马江河谷段的丰富度指数最高，为 3.859，武利江河谷段较低，为 2.782。香农-维纳多样性指数、均匀度指数、丰富度指数三个指数的空间分布趋势基本一致。

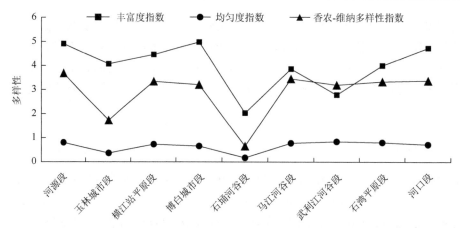

图 17-5　采样点浮游植物多样性变化趋势

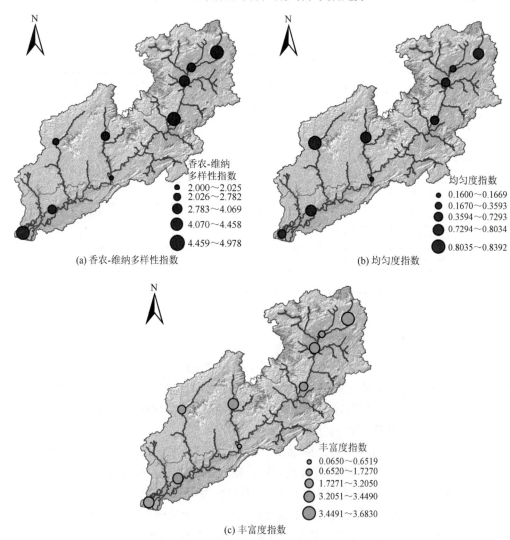

图 17-6　采样点浮游植物多样性空间分布

参 考 文 献

[1] 朱书礼，陈蔚涛，李新辉，等. 柳江鱼类群落结构及多样性研究[J]. 水生生物学报，2022，46（3）：375-390.

[2] 帅方敏，李新辉，陈方灿，等. 淡水鱼类功能多样性及其研究方法[J]. 生态学报，2017，37（15）：5228-5237.

[3] 宋洁，梅肖乐，王鑫洋，等. 高邮湖鱼类群落结构特征[J]. 淡水渔业，2022，52（1）：37-44.

[4] 王小刚，郭纯青，田西昭，等. 广西南流江流域水环境现状及综合管理[J]. 安徽农业科学，2011，39（5）：2894-2895，3010.

[5] Xiao H，Li H Y，Li J. Exploring the fish assemblage structure in the process of ecological stocking：A case study of Daye Lake[J]. Water Cycle，2022，3：18-25.

[6] 程馨雨，陶捐，武瑞东，等. 淡水鱼类功能生态学研究进展[J]. 生态学报，2019，39（3）：810-822.

[7] Liu X J，Olden J D，Wu R W，et al. Dam construction impacts fish biodiversity in a subtropical river network，China[J]. Diversity，2022，14（6）：476.

[8] Aidoo E N，Mueller U，Hyndes G A，et al. Spatial characterisation of Demersal Scalefish diversity based on recreational fishing data[J]. Fisheries Research，2022，254：106403.

[9] Luo D M，Wan Z W，Jia C C，et al. Temporal changes of fish diversity and driver factors in a national nature reserve，China[J]. Animals，2022，12（12）：1544.

[10] 陈国柱，金锦锦，张方方，等. 云南剑湖鱼类多样性变化与区系演变[J]. 生态学杂志，2018，37（12）：3691-3700.

[11] 田义超，黄远林，张强，等. 北部湾南流江流域土地覆盖及生物多样性模拟[J]. 中国环境科学，2020，40（3）：1320-1334.

[12] Chen Y X，Chen Y F. Two new species of cobitid fish（Teleostei，Cobitidae）from the River Nanliu and the River Beiliu，China[J]. Folia Zoologica，2011，60（2）：143-152.

[13] 阚兴龙，周永章. 北部湾南流江流域生态功能区划[J]. 热带地理，2013，33（5）：588-595.

[14] Tong K，Zhao Y J，Wei Y P，et al. Quantifying sediment retention by high-density small water conservancy facilities under insignificant variation of water discharge in the Nanliu River Basin，Beibu Gulf[J]. Journal of Hydrology：Regional Studies，2022，43：101184.

[15] 广西水产研究所，中国科学院动物研究所. 广西淡水鱼类志（第二版）[M]. 南宁：广西人民出版社，2006.

[16] 郑慈英. 珠江鱼类志[M]. 北京：科学出版社，1989.

[17] 中国科学院动物研究所，中国科学院海洋研究所，上海水产学院. 南海鱼类志[M]. 北京：科学出版社，1962.

[18] 赵立朝，吴志强，张曼，等. 广西南部主要水系野生罗非鱼建群状况调查分析[J]. 南方农业学报，2019，50（2）：397-404.

[19] Banha F，Diniz A M，Del Amo R O，et al. Perceptions and risk behaviors regarding biological invasions in inland aquatic ecosystems[J]. Journal of Environmental Management，2022，308：114632.

[20] 黄王，赵银军，蓝文陆. 南流江全流域水质空间分布特征及年际变化[J]. 广西科学院学报，2021，37（4）：331-338.

[21] 承亚男，黄欣，吴志强，等. 南流江河口红树林潮沟主要鱼类时空生态位[J]. 热带地理，2023，43（1）：59-70.

第18章 南流江流域水质状况评价与水质污染成因分析

18.1 引　　言

　　河流水质是影响人类生存和生态环境的重要因素,也是影响河口海湾水质的来源[1-3]。南流江作为广西桂东南诸河中最大的独流入海河流[4],其水质的好坏受到社会和学者的广泛关注。由于工农业、畜禽养殖业、城市化的迅速发展,工农业污水、生活污水、养殖废水排放量增加,南流江水质恶化严重[5],治理南流江污染成为广西跨世纪绿色工程之一[6]。因此,研究南流江近年来的水质空间分布特征及其变化情况,对南流江的科学治理以及评价其治理效果都是很有必要的。目前南流江水质分析评价已有一些研究,对南流江水质的总体分布及 21 世纪初的变化有了初步的认识。代俊峰等[6-7]分析 2003~2009 年南流江下游常乐站和总江口的水质数据,发现南流江水质恶化的影响因素主要是禽畜养殖业、农业等面源污染。李昆明等[8]以南流江玉林段为例,分析南流江上游玉林段的水质。林卉等[9-10]分析了南流江干流亚桥、南域、江口大桥、横塘和六司桥 5 个断面,发现南流江下游的污染程度低于中上游,氨氮、总磷和五日生化需氧量是主要污染指标。这些研究主要集中在南流江干流或者上游、下游部分干流断面,但对南流江包括各个支流在内的全流域水质缺乏整体性研究,无法全面了解南流江水质空间分布状况,不能很好地为南流江的科学精细化管理提供支撑。本章利用 2016 年、2019 年和 2020 年共三年南流江干流和各支流超过 60 个断面的监测数据,结合单因子水质标识指数法和综合水质标识指数法,全面研究南流江全流域水质空间分布,分析自 2016 年南流江综合治理以来南流江水质的年际变化特征,探讨南流江水质时空变化原因,以期为南流江流域的精细化管理、治理和评估等工作提供支撑。

18.2 数据来源与方法

18.2.1 数据来源

　　针对南流江以面源污染为主的特点,结合南流江综合治理实践选取了 2016 年、2019 年和 2020 年每年 5 月数据为代表,以分析其治理前后的变化。2016 年 5 月在南流江干流和支流共布设了 42 个监测断面,2019 年 5 月和 2020 年 5 月布设了 61 个监测断面,数据来源于广西壮族自治区海洋环境监测中心站和广西壮族自治区生态环境监测中心。

18.2.2 水质评价方法

　　本章分别采用单因子水质标识指数法和综合水质标识指数法进行水质评价。根据前期研究成果，选择南流江的主要超标（III类）因子进行分析，重点选取的水质分析数据包括高锰酸盐指数、五日生化需氧量、氨氮和总磷 4 项指标，结合水质标识指数，利用 ArcGIS 软件将南流江水质状况进行空间化，分析其空间变化和年际变化特征。

单因子水质标识指数既能按照国家《地表水环境质量标准》（GB 3838—2002）[14]进行水质类别的定性评价，又能根据标识指数在同一类水的水质指标中进行定量评价[15]。

单因子水质标识指数法由一位数字和小数点后两位小数组成，表达式为[16-17]

$$P = X_1.X_2X_3 \tag{18-1}$$

$$X_2 = \frac{C_i - C_{ik下}}{C_{ik上} - C_{ik下}} \times 10 \tag{18-2}$$

式中，P 为单因子水质标识指数；X_1 是某项水质指标的水质类别，可与相应国家水质标准指标进行比较确定，当某项水质指标水质类别为 I 类，$X_1 = 1$，某项水质指标水质类别为 II 类，$X_1 = 2$，…，以此类推；c_i 是第 i 项指标的实测浓度，$c_{ik下}$ 为某项水质指标在第 K 类水质区间的下限值，mg/L，$c_{ik上}$ 为上限值；X_3 为水质类别与水质功能区类别比较的结果；单因子水质指标判断关系如表 18-1 所示。单因子水质标识指数法的具体计算方法参考文献[16]和[17]。

表 18-1　单因子水质指标类别判定

判断依据	单项水质指标级别
$1.0 \leqslant X_1.X_2 \leqslant 2.0$	I 类
$2.0 < X_1.X_2 \leqslant 3.0$	II 类
$3.0 < X_1.X_2 \leqslant 4.0$	III类
$4.0 < X_1.X_2 \leqslant 5.0$	IV类
$5.0 < X_1.X_2 \leqslant 6.0$	V 类
$X_1.X_2 > 6.0$	劣 V 类

综合水质标识指数法是基于单因子水质标识指数法，并结合河流和监测点总体的水质信息、水环境功能区等相关内容进行合理评价的水质评价方法[18-19]。

综合水质标识指数法由一位整数和三位（或四位）小数组成，其表达式为[18-19]：

$$I = X_1.X_2X_3X_4 \tag{18-3}$$

$$X_1.X_2 = \frac{1}{m}\sum_{i=1}^{m}(P_1 + P_2 + \cdots + P_m) \tag{18-4}$$

式（18-3）中，$X_1.X_2$ 为综合水质类别；X_3 是在参评的单项水质指标中，比水质功能区目标差的水质指标个数；X_4 是综合水质类别与水质功能区类别的比较结果，如果 $X_4 = 0$，说明综合水质类别达到或者优于功能区，如果 $X_4 = 1$，说明综合水质类别比功能区差 1 个类别，以此类推。在这里按照南流江水质功能区《地表水环境质量标准》（GB 3838—2002）III类标准进行比较评价。

式（18-4）中，m 表示参与综合水质评价的单项指标个数；$P_1, P_2, \cdots, P_m$ 分别为第 1, 2, …, m 个水质因子的单因子水质标识指数，对应的是单因子水质标识指数中的 $X_1.X_2$。

$X_1.X_2$ 可以判断综合水质类别，具体判断关系如表 18-2 所示。综合水质标识指数法具体计算方法参考文献[18]和[19]。

表 18-2　综合水质评价级别判定

判断依据	综合水质级别
$1.0 \leqslant X_1.X_2 \leqslant 2.0$	Ⅰ 类
$2.0 < X_1.X_2 \leqslant 3.0$	Ⅱ 类
$3.0 < X_1.X_2 \leqslant 4.0$	Ⅲ 类
$4.0 < X_1.X_2 \leqslant 5.0$	Ⅳ 类
$5.0 < X_1.X_2 \leqslant 6.0$	Ⅴ 类
$X_1.X_2 > 6.0$	劣 Ⅴ 类

18.3　水质状况评价

18.3.1　单因子水质标识指数空间变化

根据单因子水质标识指数结果（图 18-1），2016 年 4 个指标的单因子水质标识指数空间变化显著，空间变化规律各异。高锰酸盐指数在中上游出现劣Ⅴ类、Ⅳ类水质较多，下游主要以Ⅲ类、Ⅱ类为主。五日生化需氧量在整个流域内主要以Ⅳ类、Ⅲ类为主。氨氮和总磷在中上游局部出现劣Ⅴ类、Ⅳ类，下游以Ⅰ类和Ⅱ类为主，但在水鸣河、马江、张黄江、武利江的部分监测断面中出现劣Ⅴ类、Ⅳ类。

2019 年高锰酸盐指数、五日生化需氧量指标空间差异不明显，氨氮、总磷指标的单因子水质标识指数空间差异较大。高锰酸盐指数和五日生化需氧量均达到或优于南流江Ⅲ类水质功能区类别（下同）。氨氮以Ⅲ类、Ⅱ类为主，上游局部出现Ⅳ类，中游博白县出现劣Ⅴ类，下游北海石康镇则出现了劣Ⅴ类。

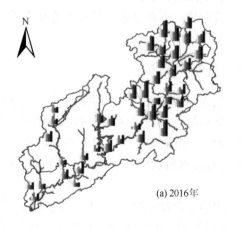
(a) 2016年

(b) 2019年

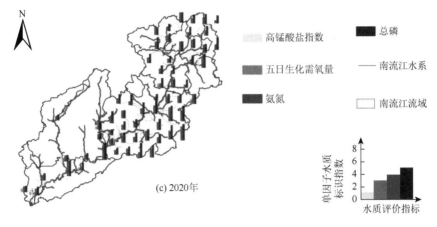

图 18-1　2016 年、2019 年和 2020 年南流江单因子水质标识指数空间变化分布示意图

注：由于 2019 年和 2020 年部分断面的高锰酸盐指数和五日生化需氧量未进行监测，图中无数据

2020 年高锰酸盐指数、五日生化需氧量指标差异不显著，高锰酸盐指数、五日生化需氧量均达到水质功能区类别。氨氮在中上游以Ⅲ类、Ⅱ类为主，在兴业县、玉州区、博白县部分断面出现Ⅳ类、Ⅴ类，下游以Ⅰ类、Ⅱ类为主，在石康镇断面出现了Ⅴ类。总磷则呈现由上游的Ⅲ类逐渐向中游Ⅳ类、Ⅴ类增加的趋势，再逐渐向下游转为Ⅲ类、Ⅱ类。

18.3.2　综合水质标识指数空间变化

根据综合水质标识指数空间分布结果（图 18-2）分析，南流江 2016 年总体水质类别为Ⅳ类，Ⅳ类主要分布在北流市、玉州区、福绵区、陆川县。Ⅴ类水质分布在兴业县、玉州区、福绵区、博白县。劣Ⅴ类水质则出现在玉州区，Ⅰ类和Ⅱ类水质则主要分布在浦北县、灵山县和合浦县。2019 年和 2020 年南流江总体水质类别为Ⅲ类，2019 年和 2020 年Ⅳ类水质主要分布在兴业县、玉州区、博白县，Ⅴ类水质在玉州区、博白县；博白县部分支流水质恶化，由 2019 年的Ⅳ类水质变为劣Ⅴ类水质。Ⅰ类和Ⅱ类水质则主要

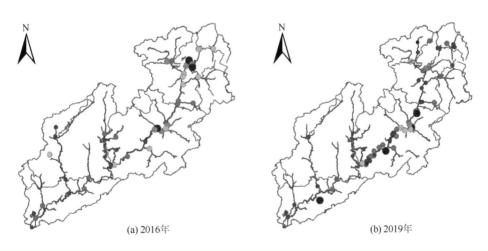

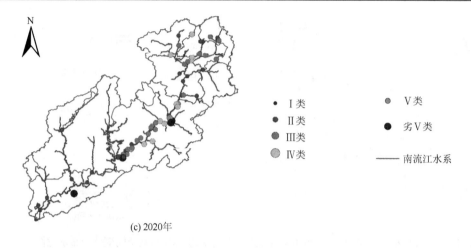

(c) 2020年

图 18-2　南流江综合水质标识指数空间分布示意图

集中在下游的灵山县、合浦县。与 2016 年相比，2019 年和 2020 年玉林市境内的综合水质类别在Ⅰ～Ⅲ类内有所增加。

18.3.3　单因子水质标识指数年际变化

由于 2019 年 5 月和 2020 年 5 月南流江支流部分监测断面的高锰酸盐指数和五日生化需氧量的数据未进行监测，因此只分析氨氮和总磷的单因子水质标识指数年际变化。

从图 18-1 和图 18-3 来看 2016 年南流江干流中，北流市、博白县、玉州区，福绵区的大部分监测断面氨氮浓度超标，超标断面单因子水质标识指数（下称"单因子指数"）在 4.0～8.0，下游合浦县单因子指数在 1.5～2.5。2019 年和 2020 年玉林市氨氮单因子指数有所下降，特别是北流市、玉州区、福绵区，但是博白县部分断面氨氮单因子指数仍较高。2016 年干流中，北流市、福绵区、玉州区监测断面总磷浓度超标，博白县、合浦县超过一半的监测断面也超标，5 个区（县）超标断面单因子指数在 4.5～8.5。到 2019 年和 2020 年，福绵区、北流市、玉州区、博白县、合浦县总磷超标断面有所减少，但仍有些监测断面总磷浓度超标，单因子指数在 4.5～8.5。

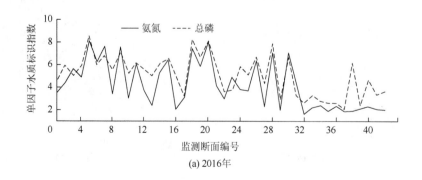

(a) 2016年

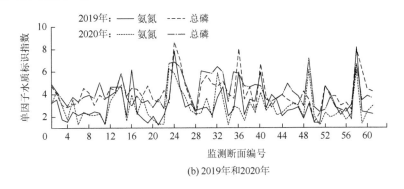

图 18-3　南流江氨氮、总磷 2016 年、2019 年和 2020 年单因子水质标识指数结果

在上游支流中,定川江流域氨氮浓度下降明显,2016 年单因子指数为 3.5~7.5,2019 年和 2020 年氨氮单因子指数为 1~4。清湾江流域氨氮浓度下降明显,单因子指数 2016 年为 4.5~6.0,2019 年为 1~5,到 2020 年转为 2~3.5。仁东河流域氨氮浓度有所下降,2016 年单因子指数为 6.5~8.5,到 2019 年和 2020 年,为 4.5~6.5,但氨氮浓度依然超标。沙生江流域、丽江流域和沙田河流域氨氮浓度优于水质功能区类别,单因子指数均小于 4.0。在中游支流中,绿珠江流域氨氮浓度优于水质功能区类别。水鸣河流域氨氮浓度下降显著,由 7.0~8.0 转为 2.5~4.0。鸦山江流域氨氮浓度超标,单因子指数变动较大,由 2016 年 5.0~6.0 变为 2019 年的 3.5~8.0,2020 年为 5.0~6.0。合江流域氨氮单因子指数由 2016 年的 4.0 变为 2019 和 2020 年的 2.5~4。在下游支流中,武利江流域、张黄江流域、洪潮江流域氨氮浓度优于水质功能区类别,单因子指数均为 1.5~3.0。

在上游支流中,定川江流域总磷浓度下降显著,2016 年单因子指数为 4.5~7.5,2019 年和 2020 年为 3.0~4.5。清湾江流域总磷浓度下降明显,单因子指数 2016 年为 5.0~6.0,2019 年为 1~5,到 2020 年转为 2~3.5。仁东河流域总磷浓度超标,2016 年单因子指数为 6.0~9.0,到 2019 年和 2020 年为 4.3~6.0。沙生江流域总磷单因子指数较小,水质类别均达到水质功能区类别。沙田河流域总磷浓度下降明显,由 2016 年的 4.5~5.5 转为 2019 年和 2020 年的 3.0~4.0。在中游支流中,绿珠江流域总磷浓度出现反复,单因子指数由 2016 的 3.6 变为 2019 年的 4.3,到 2020 年转为 2.7。水鸣河流域、鸦山江流域、合江流域总磷浓度超标,三年单因子指数均大于 4.5。在下游支流中,武利江流域、张黄江流域、洪潮江流域氨氮浓度优于Ⅲ类水质功能区类别,单因子指数均小于 4。

18.3.4　综合水质标识指数年际变化

根据综合水质标识指数结果分析(图 18-2,图 18-4),南流江整体水质上呈现好转趋势。Ⅰ~Ⅲ类水质比例上升,Ⅳ类、Ⅴ类、劣Ⅴ类则有所下降。

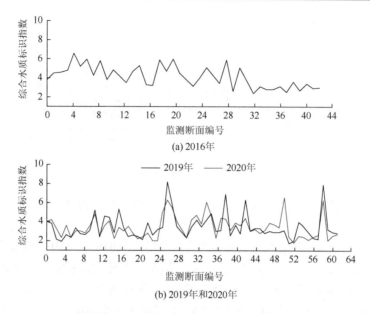

图 18-4　南流江流域监测断面综合水质标识指数结果

2016 年南流江干流区域的北流市、福绵区、玉州区，博白县部分监测断面水质较差（$I>4$），下游的合浦县、浦北县总体水质较好（$I\leqslant4$）；到 2019 年和 2020 年，北流市、玉州区、福绵区的水质有所好转。博白县部分监测断面水质有所好转，但部分断面水质仍较差，主要集中在博白镇、水鸣镇、东平镇、菱角镇、亚山镇。合浦县其他水质监测断面保持良好，但在石康镇水质较差（$I\geqslant6$）。

在上游支流中，定川江流域 2016 年总体水质较差（$I>4$），2019 年和 2020 年总体水质呈现好转趋势（$I\leqslant3$）。仁东河流域流经城镇玉州区和福绵区，污染较为严重，2016 年仁东河流域水质类别为 V 类和劣 V 类（$I>5$），2019 年和 2020 年水质类别为IV类。清湾江流域和丽江流域总体水质呈现好转趋势，水质由IV类逐渐转为III类和 II 类水质。沙生江流域和沙田河流域水质在 2016 年、2019 年和 2020 年保持良好，均在III类及以上（$I\leqslant3$）。

在中游支流中，马江流域水质较好；绿珠江流域水质在这三年里水质均达到III类及以上水质。鸦山江流域水体污染加重，水质由 2016 年的IV类逐渐转为 2019 年和 2020 年的劣 V 类（$I\geqslant6$）。水鸣河流域水质呈现好转趋势，由 V 类逐渐转为IV类。合江流域水质问题出现反复，2016 年水质类别为IV类，2019 年达到水质功能区要求，2020 年水质又恶化为IV类。

在下游的支流中，张黄江流域、洪潮江流域水质保持良好，均达到III类及以上（$I\leqslant4$）。武利江流域水质呈现好转趋势，在 2016 年中有部分监测断面水质为IV类，到 2019 年和 2020 年水质均达到 II 类。

18.4　水质污染成因

（1）南流江水质较差的区域集中在玉林市玉州区、福绵区、博白县，主要污染物为氨氮、总磷。由前人的研究结果可知，禽畜养殖污染、城镇及农村生活污染、工业污染是南流江水质污染的主要来源[20]，生活污水的排放及禽畜养殖业是南流江氨氮、总磷的主要来源[9]。南流江流域存在大量禽畜养殖，是广西生猪养殖业的主要地区之一，主要集中在玉州区、福绵区、博白县、浦北县、合浦县[21]，如 2016 年南流江流域生猪出栏 838.09 万头[22]。但由于养殖模式粗放、流域环境污染防治管理水平较差等原因，南流江流域养殖业污染问题越来越突出；监测数据显示，2015 年南流江生猪养殖的氨氮、总磷排放量分别为 673.29t、256.32t[23]，这些养殖废水直排南流江，导致南流江氨氮、总磷超标。此外，南流江流域人口众多，根据研究显示 2015 年玉林市、钦州市、北海市城镇生活污水排放量为 6428.68t、635.11t、3025.94t，农村生活污水排放量为 4055.60t、1899.24t、813.57t[21]；然而南流江流域城镇和农村生活污水处理设施建设滞后，处理能力不足，无法处理日益增长的生活污水，甚至部分生活污水未经处理直排入江。

（2）南流江 2016 年、2019 年、2020 年三年里水质总体上趋于改善，玉林市范围南流江干支流中氨氮、总磷年际变化明显。这可能与政府对南流江流域综合整治相关。近年来，南流江水质污染较为严重，甚至因整治不力被生态环境部约谈。为综合治理南流江流域水环境，2016～2018 年全区共投入约 28.6 亿元；并且广西各级政府针对南流江实际情况出台了污染防治方案，制定计划和措施，例如为了禽畜养殖污染治理，玉林市完成畜禽养殖场截污池、生态养殖场等建设；博白县截污建池，收运还田[24]。截至 2018 年，玉林市完成了 41 个镇级污水处理厂的建设和设备安装，用于治理生活污水；北海市建成 6 个乡镇污水处理厂并投入试运行。为了治理工业废水，玉林市 7 个工业园区已建设完成并投入运行[24]。经过治理，到 2020 年 5 月南流江流域国控断面和区控断面水质均达Ⅲ类，说明治理已有成效；然而在南流江总体水质好转的情况下，依然还有部分地区的监测断面水质超标严重，在 2019 年玉林市博白县博白镇、亚山镇、北海市合浦县石康镇出现劣Ⅴ类水质，玉林市福绵区福绵镇和玉州区南江街道出现Ⅴ类水质。2020 年劣Ⅴ类出现在博白县博白镇、东平镇、菱角镇、合浦县石康镇，意味着还要继续推进南流江"两年显著见效，三年大见成效"的工作目标。

（3）南流江水质变好可能受生猪数量减少等因素影响。与 2016 年相比，2019 年玉林市出栏生猪 460.03 万头，同比下降 21.9%[25]。南流江生猪养殖数量的下降，一定程度上从源头减少了禽畜养殖污染。

参 考 文 献

[1] Wang Y，Wang P，Bai Y J，et al. Assessment of surface water quality via multivariate statistical techniques：A case study of the Songhua River Harbin region，China[J]. Journal of Hydro-Environment Research，2013，7（1）：30-40.

[2] 程琳琳，杨开宇，杜鹃，等. 河北省河流水质时空变化特征及受人类活动的影响分析[J]. 水资源与水工程学报，2015，26（1）：1-7.

[3] 王佳宁，李新艳，晏维金，等. 基于 MEA 情景的长江流域氮平衡及溶解态无机氮通量：流域-河口/海湾氮综合管理[J]. 环境科学学报，2016，36（1）：38-46.

[4] 朱凌锋. 南流江流域水环境问题及对策研究[J]. 水利科技与经济，2006（8）：530-533.

[5] 覃祖永. 关于广西南流江流域水环境修复的探讨[J]. 水土保持应用技术，2014（1）：34-36.

[6] 代俊峰，张学洪，王敦球，等. 北部湾经济区南流江水质变化分析[J]. 节水灌溉，2011（5）：41-44.

[7]　代俊峰，张学洪，王敦球，等. 北部湾经济区河流水质评价研究[J]. 中国农村水利水电，2012（1）：21-24.

[8]　李昆明，莫创荣，凌政学，等. 南流江流域玉林段水质综合评价研究[J]. 节能与环保，2018（12）：48-51.

[9]　林卉，蓝月存，许园园，等. 南流江水质时空变化特征及影响因素研究[J]. 绿色科技，2020（10）：10-14.

[10]　林卉，李楠，黄伯当，等. 基于主成分分析的南流江水质评价[J]. 广东化工，2020，47（4）：144-146.

[11]　王丹媛. 基于 SWAT 模型的南流江流域非点源污染时空特征分析[D]. 南宁：南宁师范大学，2019.

[12]　胡宝清，周永章. 北部湾南流江流域社会生态系统过程与综合管理研究[M]. 北京：科学出版社，2017.

[13]　姜大川. 气候变化下流域水资源承载力理论与方法研究[D]. 北京：中国水利水电科学研究院，2018.

[14]　国家环境保护总局，国家质量监督检验检疫总局. 地表水环境质量标准：GB 3838—2002[S]. 北京：中国环境科学出版社，2002.

[15]　周佳楠，傅国圣，安浩，等. 里下河腹部典型区水质时空变化特征及其原因分析[J]. 中国农村水利水电，2020（4）：22-29.

[16]　徐祖信. 我国河流单因子水质标识指数评价方法研究[J]. 同济大学学报（自然科学版），2005（3）：321-325.

[17]　孙伟光，邢佳，马云，等. 单因子水质标识指数评价方法在某流域水质评价中的应用[J]. 环境科学与管理，2010，35（11）：181-184.

[18]　徐祖信. 我国河流综合水质标识指数评价方法研究[J]. 同济大学学报（自然科学版），2005（4）：482-488.

[19]　胡成，苏丹. 综合水质标识指数法在浑河水质评价中的应用[J]. 生态环境学报，2011，20（1）：186-192.

[20]　黄喜寿，叶凡，陈志明，等. 北部湾入海河流南流江水质现状研究[J]. 企业科技与发展，2018（10）：155-157.

[21]　广西壮族自治区环境保护科学研究院. 南流江-廉州湾陆海统筹水环境综合整治规划（2016-2030）研究报告[R]. 2016.

[22]　玉林市统计局. 2016 年玉林市国民经济和社会发展统计公报[EB/OL].（2017-06-07）[2024-09-30]. http://tjj.gxzf.gov.cn/tjsj/tjgb/ndgmjjhshfz/t2382767.shtml.

[23]　玉林市人民政府办公室. 玉林市南流江流域养殖业"十三五"科学发展规划[R]. 2017.

[24]　李茹玉. 黑水变清水 南流风景美：南流江流域综合治理凸显成效[N]. 中国环境报，2020-04-03（02）.

[25]　玉林市统计局. 2019 年玉林市国民经济和社会发展统计公报[EB/OL].（2020-05-04）[2024-09-30]. http://www.tjcn.org/tjgb/20gx/36427.html.

第19章　不同空间尺度景观格局对南流江水质的影响

19.1　引　　言

全球人口持续增长引起食物、基础设施、能源等需求增加对水环境产生了巨大的压力[1]。清洁用水（SDG6）是联合国设定的 2030 年 17 个可持续发展目标（SDGs）中的重要一项。水环境危机已成为人类当前面临的一大挑战，严重威胁着人类的生存和可持续发展。目前我国各类点源污染已得到了有效治理，而非点源污染由于涉及范围广、负荷大、潜伏周期长、控制难度大，已成为流域水环境治理的重点。研究表明流域非点源污染与其景观组成及景观格局变化密切相关[1-5]，而人类活动引起的流域景观格局变化显著影响污染物迁移转化过程，是河流水质变化的主要影响因素[1-5]。

景观格局与水质关联研究已成为国内外研究热点[5-8]，将景观生态学中的空间格局引入到土地利用对水质的影响机制中，重点关注了不同空间尺度下的景观组成、景观指数与水质之间的量化关系。Xu 等[8]在多尺度上建立了景观格局对季节水质的实证模型，结果表明流域的自然特征与土地利用交互对水质产生影响，景观格局指数能够较好地解释水体理化参数的整体变化，不同尺度上景观格局与水质关系的效应有所不同。岳隽等[9]分析了深圳市西丽水库流域"源""汇"景观在不同尺度上对非点源污染输出和削减的贡献率之间的对比关系，发现景观空间负荷对比指数随着高度、坡度和距离增加方向上的变化表现出"汇"景观贡献逐渐增加的特征。景观特征对水质的影响还表现出了空间尺度上依赖性。杨洁等[10]探究城镇化进程中水质与景观格局的关系，发现太湖流域苏州市的水质受到城镇用地、旱地及水田的影响，斑块数目（number of patches，NP）、斑块密度（patch density，PD）、多样性指数（Shannon's diversity index，SHDI）、均匀度指数（Shannon's evenness index，SHEI）与水质有正相关关系，而蔓延度指数（contagion index，CONTAG）、最大斑块指数（largest patch index，LPI）与水质有负相关关系，并表现出尺度效应。Li 等对汉江的襄阳城市段研究发现 300m 河岸缓冲带的景观对水质的影响程度最大，500m～8km 范围内景观对水质的影响存在差异[11]。Shen 等则发现在高度城市化流域 100m 河岸缓冲带相比其他尺度对地表水质影响最大[4]。受景观特征及其变化的复杂性与异质性影响，景观特征对水质影响的共性认识有待进一步深入研究[12]。此外从研究的空间尺度来看，对河岸带和河段关注较多，但全流域不同空间尺度的综合分析尚不多见。

广西北部湾被誉为我国最后一片"洁海"，海水水质整体优良。2008 年《广西北部湾经济区发展规划》、2017 年《北部湾城市群发展规划》国家批复同意后，北部湾成为国家战略格局中的重要组成部分，在保障地区安全、海洋强国战略以及提升我国国际影响力方面具有至关重要的意义。随着区域经济社会高速发展，流域环境污染和生态退化风险加剧。陆源污染是造成海洋环境污染的首要因素，占海洋污染的 70%～80%，而南流江是广西北部湾最大的独流入海河流，流域人口密度大、水质污染、森林转型等问题历来比较突出。据统计 2015 年南流江流域人工桉树林总面积 2227km^2，约占流域总面积的24%。随着南流江流域城镇化进程以及 2000 亿产值冶金精深产业、石油化工产业等聚集，陆地景观格局发生了显著变化，入海污染物总量逐年升高，已成为北部湾最大的陆域污染输入源[13]。

19.2 数据来源与方法

19.2.1 空间尺度的建立

本章建立子流域、河岸缓冲带、圆形缓冲区 3 种空间尺度，探讨不同尺度下南流江流域景观特征对河流水质的影响。经文献调研与实地考察，河岸带 50m 范围内的缓冲区可能很好地预测水质的状况[14]；以采样点上游 500m 为圆心建立半径 500m 的圆形缓冲区具有较好地预测水质的效果[6]。因此，本章应用 ArcGIS 10.2 软件对研究区 30m DEM数据进行水文分析，提取河网并结合流域干支流水系特点，最终划分了 17 个子流域；使用空间分析工具以线状水系为基准向河流两岸生成 50m 的河岸缓冲带尺度；通过将采样点向上游平移 500m，以平移后的点为地理中心，生成半径为 500m 的圆形缓冲区尺度。

19.2.2 水质指标的选取及测定

依据流域干支流水系特征以及水质自动监测站分布，在南流江的 17 个子流域出口附近分别布设监测断面（图 19-1），于 2020 年 5 月进行了水质监测分析，并取月均值。根据前人研究成果，选取 pH、溶解氧（DO）、高锰酸盐指数（COD$_{Mn}$）、五日生化需氧量（BOD$_5$）、氨氮（NH$_3$-N）、总磷（TP）6 个南流江水质主要超标指标来反映其水质状况[15]。水质监测数据由广西壮族自治区生态环境监测中心提供。

19.2.3 土地利用类型的划分

获取南流江流域 2020 年 LC8 遥感影像，运用软件 ENVI 5.3 对影像进行预处理，采用监督分类与目视解译结合的方法对流域土地利用类型进行解译，得到耕地、园地、林地、草地、建设用地、水域和其他用地 7 种土地利用类型图（图 19-1）。将流域土地利用类型图与 3 种尺度的矢量数据进行相交操作，统计分析得到不同尺度下的各个景观类型的面积占比，并以此来表征区域景观特征[16]。

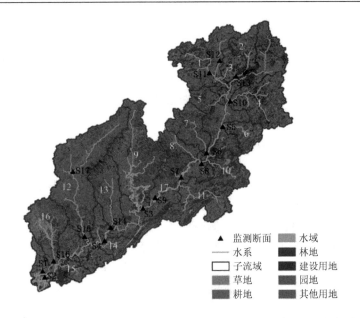

图 19-1　研究区土地利用类型、监测点分布以及子流域划分（后附彩图）

S1～S17 为监测点，数字为子流域代码

19.2.4　景观格局指数

　　景观格局指数是对景观格局特征的定量表征[17]，能够高度浓缩景观格局信息[18]，通过景观格局指数反映景观格局的空间异质性特征，是景观生态学中广泛运用的定量研究方法[19]。基于景观格局指数的生态学意义，优先考虑那些在文献中被证明对河流水质有重大影响的景观变量[20~21]。通过 Fragstats5 软件来计算 NP（反映景观的空间特征）、PD（反映人类活动对景观的影响）、LPI（反映人类活动的方向和强弱）、边界密度（edge density，ED，反映景观被边界的分割程度）、CONTAG（反映拼块类型聚集度）、SHDI（反映景观的异质性）和 SHEI（反映景观受到优势拼块类型支配的程度）。所选取的景观格局指数从景观的蔓延度、破碎度和多样性等方面描述了流域内景观格局的空间特征。

19.2.5　景观特征与水质相关性分析

　　Spearman 秩相关分析原理是由小及大将两个因子的样本值按次序编排，对各因子样本值的位次进行演算[22]。本章基于 SPSS 25 软件，对不同尺度下的景观特征与水质指标之间进行两两相关分析，采用 Spearman 相关系数来衡量景观特征与河流水质之间关联的强度。其计算公式如下：

$$r_s = 1 - \frac{6\sum d_i^2}{N^3 - N}$$

$$d_i = x_i - y_i$$

式中，r_s 为秩相关系数；x_i 为周期按浓度值从小到大排列的序号；y_i 为按时间排列的序号；d_i 为变量 x_i 和变量 y_i 的差值；N 为时间周期数。$-1 \leqslant r_s \leqslant 1$，$r_s$ 为正时，表示正相关。本章中 r_s 值越大表示景观特征对水质污染贡献越大；$r_s = 0$，无相关性；r_s 为负时，数值越小表示景观特征对水质的改善贡献越大。

冗余分析（redundancy analysis，RDA）是一种约束性排序方法，它可以将样点投射到一个由两个排序轴组成的二维平面上，通过样点的散集模式在象限的分布等来反映研究区的特点[23]。RDA 的分析结果可以用来确定影响水质变化的关键因子，也可以从整体上分辨景观特征对水质的影响大小[24]。景观特征与水质的影响大小通常是通过箭头的长短来反映，箭头离坐标轴原点越远，影响越大。景观特征与水质的关系由它们之间的夹角大小来判断，夹角大于 90°相关性为负；夹角等于 90°，两者不相关；夹角小于 90°，呈正相关。本章基于 Canoco 5，以水质指标为因变量，以景观特征要素为自变量，建立线性回归模型来分析景观特征对水质指标的影响。

19.3　景观特征与水质关联分析

19.3.1　水质空间变化特征

对 17 个监测断面 2020 年 5 月水质指标平均浓度进行统计并按照《地表水环境质量标准》（GB 3838—2002）评价（表 19-1）。从整体来看，17 个监测断面中位于玉林市城区的 5 个断面（S8～S11、S13）水质超出了地表水Ⅲ类标准，超标水质指标为 TP、DO 和 NH₃-N，超标频次依次为 4 次、3 次和 1 次。各监测断面水质 pH 均位于 6～9，符合地表水水质标准要求，DO 除超标的 S9～S11 断面外其余均达到了地表水Ⅱ类以上标准，BOD₅ 均达到了地表水Ⅰ类标准。NH₃-N 和 TP 指标的变异系数明显高于其他水质指标，达到了 0.5 以上，说明二者空间离散程度较大，分布极为不均。

表 19-1　南流江水质平均浓度统计特征

水质指标	浓度最小值/(mg/L)	浓度最大值/(mg/L)	浓度均值/(mg/L)	标准差	变异系数
pH	6.34	8.47	7.30	0.58	0.08
溶解氧（DO）	3.80	9.70	6.64	1.39	0.21
高锰酸盐指数（COD$_{Mn}$）	3.00	3.90	3.56	0.33	0.09
五日生化需氧（BOD₅）	0.70	1.40	1.16	0.27	0.23
氨氮（NH₃-N）	0.04	1.04	0.36	0.26	0.72
总磷（TP）	0.05	0.38	0.17	0.09	0.51

19.3.2　不同空间尺度陆地景观组成差异

不同空间尺度的景观组成类型有所不同，但整体上以林地和耕地为主（图 19-2）。在子流域尺度，景观组成面积占比表现为林地＞耕地＞园地＞建设用地＞水域＞草地＞其他用地，其中 94%的子流域的林地面积占比大于 20%，林地为主导用地类型，耕地次之，

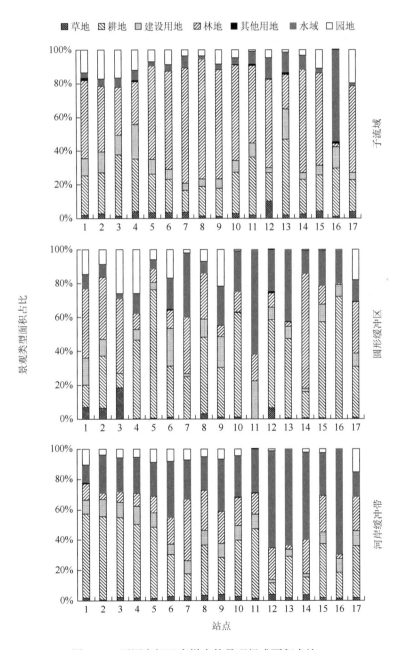

图 19-2　不同空间尺度样本的景观组成面积占比

其他用地面积占比最小，不足流域的 1%。在圆形缓冲区尺度，景观组成面积占比表现为耕地＞林地＞水域＞建设用地＞园地＞草地＞其他用地，其中耕地面积平均占比为 38%，76%的圆形缓冲区内耕地面积比例大于 20%，耕地为主导用地类型，林地次之，其他用地面积占比最少。在河岸缓冲带尺度，景观组成面积占比表现为耕地＞水域＞林地＞建设用地＞园地＞草地＞其他用地，其中耕地与水域土地利用类型占比最大，平均面积占比分别为 32%和 31%，76%的河岸缓冲带耕地面积比例大于 20%，耕地为主导用地类型。

19.3.3　景观特征与水质指标的 Spearman 秩相关分析

由表 19-2 可知，林地面积占比仅在河岸缓冲带尺度与 pH 呈显著负相关；耕地面积占比在子流域尺度与 pH 呈显著正相关，在河岸缓冲带尺度与 COD_{Mn}、BOD_5 也呈显著的正相关；建设用地占比仅在子流域尺度与 pH、COD_{Mn} 呈显著正相关；水域面积在河岸缓冲带与 BOD_5 呈显著负相关，在圆形缓冲区尺度与 COD_{Mn}、BOD_5 呈显著负相关；园地在子流域尺度与 COD_{Mn}、BOD_5 呈正相关。草地在河岸缓冲带尺度与 BOD_5 呈负相关；其他用地在河岸带缓冲区尺度与 TP 呈正相关。各土地利用类型面积占比在三种尺度上均与 DO、$NH_3\text{-}N$ 呈不显著关系，而 COD_{Mn}、BOD_5 最为相关。具体来看，林地面积占比与水质指标关系不大，而耕地面积占比与水质污染关联最为显著，尤其是在河岸带耕地面积越大可能对附近水体的 COD_{Mn}、BOD_5 负荷贡献也越大，其 r_s 分别到达到了 0.708 和 0.764。而水域面积大小在小尺度上与水质改善关联最为显著，例如在采样点附近的圆形缓冲区内水域面积占比与 COD_{Mn} 和 BOD_5 的 r_s 分别达到了−0.562 和−0.618，说明水域面积越大可能会显著改善附近水体的 COD_{Mn} 和 BOD_5。建设用地面积增加可能在较大尺度对水体中的 COD_{Mn} 负荷有显著贡献。总的来看，耕地、建设用地、园地的面积与水质指标 COD_{Mn}、BOD_5 有显著正相关关系，而草地、水域的面积与其有显著的负相关关系，随着不同土地利用类型面积增加可能对附近水体水质状况产生不同程度的污染或改善。

表 19-2　景观组成与水质的 Spearman 秩相关性

景观组成	空间尺度	水质指标					
		pH	DO	COD_{Mn}	BOD_5	$NH_3\text{-}N$	TP
林地	子流域	−0.403	−0.315	−0.336	−0.277	0.081	0.267
	河岸缓冲带	−0.564*	−0.308	−0.295	−0.320	0.152	0.119
	圆形缓冲区	−0.232	−0.080	0.077	0.192	0.012	−0.037
耕地	子流域	0.576*	0.087	0.333	0.282	−0.103	−0.157
	河岸缓冲带	0.133	−0.291	0.708*	0.764**	−0.142	0.071
	圆形缓冲区	0.423	0.126	0.169	0.076	−0.169	−0.243
建设用地	子流域	0.522*	0.096	0.493*	0.442	−0.211	−0.080
	河岸缓冲带	−0.211	−0.353	0.410	0.302	−0.096	0.137
	圆形缓冲区	−0.235	−0.104	−0.141	−0.60	0.333	0.281
水域	子流域	0.314	0.375	−0.284	−0.369	0.078	−0.147

续表

景观组成	空间尺度	水质指标					
		pH	DO	COD_{Mn}	BOD_5	$NH_3\text{-}N$	TP
水域	河岸缓冲带	0.203	0.309	−0.459	−0.549*	0.076	−0.258
	圆形缓冲区	−0.058	−0.244	−0.562*	−0.618**	0.409	0.171
园地	子流域	−0.359	−0.055	0.579*	0.585*	−0.255	−0.200
	河岸缓冲带	−0.299	−0.136	0.215	0.38	−0.391	0.072
	圆形缓冲区	−0.374	−0.030	0.405	0.346	−0.388	−0.006
草地	子流域	−0.244	0.010	0.264	0.121	−0.145	−0.288
	河岸缓冲带	−0.285	0.119	−0.479	−0.485*	0.118	0.075
	圆形缓冲区	−0.094	0.005	0.124	0.299	0.160	0.133
其他用地	子流域	0.458	0.200	0.189	0.204	0.000	−0.098
	河岸缓冲带	0.104	−0.352	−0.072	0.065	0.282	0.585*
	圆形缓冲区	−0.242	0.279	−0.212	−0.290	0.126	0.012

注：*代表有显著相关性。

景观格局指数与水质指标的相关性（表 19-3）可以看出，景观格局指数与水质指标中的 COD_{Mn}、BOD_5 在不同空间尺度呈现出了较多的显著性相关关系。在子流域尺度，CONTAG 与 COD_{Mn}、BOD_5 均呈显著负相关，r_s 分别为−0.617 和−0.586；SHDI 与 COD_{Mn}、BOD_5 均呈显著正相关，r_s 分别为 0.565 和 0.516；SHEI 与 COD_{Mn}、BOD_5 均呈显著正相关，r_s 分别为 0.611 和 0.587。在河岸缓冲带尺度，PD 与 TP 呈显著正相关，r_s 为 0.544；SHEI 与 COD_{Mn}、BOD_5 均呈显著负相关，r_s 分别为−0.611 和−0.697。在圆形缓冲区尺度，SHDI、SHEI 与 pH 均呈显著负相关，r_s 分别为−0.490 和−0.534。可见，PD、CONTAG、SHDI 和 SHEI 可能是引起南流江水质状况变化的主要景观影响因子。

表 19-3　景观格局指数与水质指标的相关性

空间尺度	景观格局指数	水质指标					
		pH	DO	COD_{Mn}	BOD_5	$NH_3\text{-}N$	TP
子流域	NP	−0.393	−0.256	0.178	0.030	−0.059	−0.064
	PD	0.240	0.335	0.402	0.329	−0.343	−0.422
	LPI	−0.146	−0.216	−0.439	−0.412	0.135	0.178
	ED	−0.103	−0.129	0.376	0.246	0.150	−0.098
	CONTAG	−0.254	−0.347	−0.617**	−0.586*	0.191	0.252
	SHDI	0.126	0.277	0.565*	0.516*	−0.162	−0.250
	SHEI	0.269	0.383	0.611**	0.587*	−0.257	−0.264
河岸缓冲带	NP	−0.057	−0.243	0.045	−0.096	−0.146	0.104
	PD	−0.231	−0.308	−0.026	−0.054	0.390	0.544*
	LPI	0.141	0.239	0.099	0.267	0.082	−0.123
	ED	−0.036	−0.139	−0.256	−0.180	−0.153	0.154
	CONTAG	0.030	0.189	0.238	0.280	0.109	−0.093
	SHDI	−0.311	−0.096	−0.206	−0.325	−0.172	0.126
	SHEI	−0.379	−0.022	−0.611**	−0.697**	0.145	0.065

续表

空间尺度	景观格局指数	水质指标					
		pH	DO	COD$_{Mn}$	BOD$_5$	NH$_3$-N	TP
圆形缓冲区	NP	0.218	0.105	0.137	0.132	−0.199	−0.239
	PD	−0.204	0.136	0.134	0.080	0.338	0.121
	LPI	0.050	−0.230	−0.233	−0.228	−0.031	0.096
	ED	−0.236	−0.147	−0.140	−0.031	0.048	0.061
	CONTAG	−0.280	−0.163	0.304	0.177	0.289	0.224
	SHDI	−0.490**	−0.150	0.163	0.254	0.112	−0.026
	SHEI	−0.534**	−0.300	0.190	0.224	0.303	0.199

*在 0.05 级别（双尾）相关性显著，**在 0.01 级别（双尾）相关性显著；NP：斑块数目；PD：斑块密度；LPI：最大斑块指数；ED：边缘密度；CONTAG：蔓延度指数；SHDI：多样性指数；SHEI：均匀度指数。

19.3.4　景观特征与水质指标的冗余分析

　　景观组成和景观格局指数对水质指标变化的解释能力如表 19-4 所示。景观组成面积占比在子流域、河岸缓冲带和圆形缓冲区尺度的总解释率分别为 51.3%、57.0% 和 40.9%；景观格局指数在子流域、河岸缓冲带和圆形缓冲区尺度的总解释率分别为 57.2%、64.7% 和 43.9%。景观组成和景观格局指数对河流水质指标的影响空间尺度依赖均表现为河岸缓冲带＞子流域＞圆形缓冲区。反映在河岸缓冲带尺度上，景观特征对附近水体水质指标影响最为显著，其次是子流域尺度，圆形缓冲区尺度影响程度最小，且在三种空间尺度上景观格局指数比景观组成面积占比对水质的影响大。

表 19-4　冗余分析的各排序轴的解释率

景观特征要素	空间尺度	参数	第一轴	第二轴	总解释率/%
景观组成面积占比	子流域	特征值	0.375 6	0.120 0	51.3
		相关性累计百分比/%	73.01	69.32	
	河岸缓冲带	特征值	0.442 6	0.110 4	57.0
		相关性累计百分比/%	81.22	62.58	
	圆形缓冲区	特征值	0.282 4	0.096 4	40.9
		相关性累计百分比/%	67.46	54.97	
景观格局指数	子流域	特征值	0.388 9	0.167 7	57.2
		相关性累计百分比/%	74.53	81.35	
	河岸缓冲带	特征值	0.542 5	0.092 5	64.7
		相关性累计百分比/%	88.18	60.09	
	圆形缓冲区	特征值	0.268 1	0.150 8	43.9
		相关性累计百分比/%	63.26	72.88	

　　景观组成面积占比和景观格局指数与不同尺度的水质指标 RDA 排序图（图 19-3 和图 19-4）显示，在子流域尺度，水质指标 COD$_{Mn}$、BOD$_5$ 与耕地占比、建设用地占比、

园地占比、PD、NP、ED、SHDI 和 SHEI 呈正相关，NH$_3$-N、TP 与林地占比、CONTAG、LPI 和 NP 呈正相关，pH、DO 与水域占比、草地占比、建设用地占比、PD、SHDI、SHEI 与呈正相关，其余景观特征参数与其余水质指标呈负相关。在河岸缓冲带尺度，COD$_{Mn}$、BOD$_5$ 与耕地占比、建设用地占比、园地占比、CONTAG 和 LPI 呈正相关，pH、DO 与水域占比和 CONTAG 呈正相关，NH$_3$-N 与林地占比、水域占比、其他用地占比、ED、SHDI 和 SHEI 呈正相关，TP 与其他用地占比、建设用地占比、林地占比、PD、NP、ED、SHDI 和 SHEI 呈正相关，其余景观特征参数与其余水质指标呈负相关。在圆形缓冲区尺度，COD$_{Mn}$、BOD$_5$ 与园地占比、草地占比、林地占比、CONTAG、PD、NP、SHDI 和 SHEI 呈正相关，PH、DO 与林地占比、草地占比和 NP 呈正相关，NH$_3$-N、TP 与水域占比、建设用地占比、ED、LPI、SHDI 和 SHEI 呈正相关，其余景观特征参数与其余水质指标呈负相关。这与景观特征与水质指标的 Spearman 秩相关分析（表 19-2 和表 19-3）结果一致。

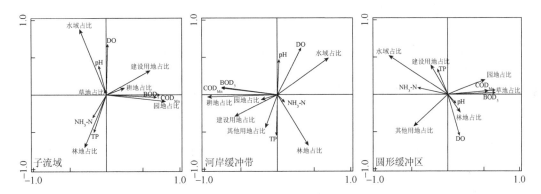

图 19-3　景观组成面积占比与不同尺度的水质指标冗余分析排序图

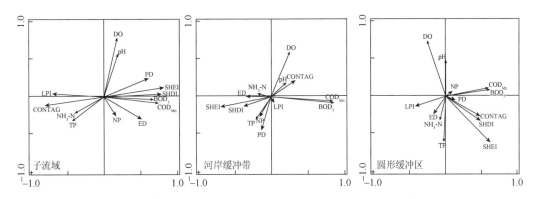

图 19-4　景观格局指数与不同尺度的水质指标冗余分析排序图

19.4　讨　　论

19.4.1　景观特征对水质影响

流域内景观格局演变会改变水沙迁移过程对污染物的吸附、贮存和解吸等环境行为，利用景观特征与水质指标之间存在的相关性,可很好地解释水质状况变化,有助于对水质指标变化进行快速预测[25]。研究发现耕地、建设用地、其他用地和园地的面积占比与水质指标有正相关关系,对水质指标污染负荷贡献大,其中耕地表现最为显著。耕地耕作过程使用的农用化学品以及未被利用的养分随径流进入附近水体引起水质变差。例如流域总磷负荷的 75%以泥沙吸附的颗粒态磷进行迁移。建设用地增加了不透水面积且人口与产业聚集,生活污水和工业废水集中大量排放,致使水体污染物浓度升高[26]。其他用地和园地大多也受到人类活动的干扰,也存在污染物的输出效应[27]。此外,草地、林地、水域与水质指标有负相关关系,其面积增加可减少地表径流对土壤的侵蚀程度,降低污染物输出负荷,滞留进入河流中的污染物,从而对水质有净化作用。研究发现林地面积占比较大的流域,河流水质往往也较好[28]。

19.4.2 景观格局对水质影响

景观格局指数和水环境污染之间存在很大的相关性,且表现出了尺度差异。CONTAG在子流域尺度上与水质指标有负相关关系,表明该尺度各斑块间的黏合度好,水质受到人类活动的影响较小。PD 在河岸带缓冲区尺度与水质指标有正相关关系,表明南流江河岸带耕地斑块密度较大增加了水体污染负荷。SHDI 在子流域尺度上与水质指标有正相关关系,SHDI 值越大景观越破碎,降低了景观的吸收截留作用,水质污染越严重。SHDI在圆形缓冲区尺度上与水质指标有负相关关系,SHDI 值越大,景观多样性和异质性越大,景观类型中以建设用地和耕地为主的低植被的优势程度和主导作用下降,减轻了对水质的影响,这与王瑛等研究一致[29]。SHEI 子流域尺度上与水质指标有正相关关系,其值越大,景观越破碎,增加了斑块与周围环境接触面积,接收污染物质的可能性也随之增加。在河岸带缓冲区和圆形缓冲区尺度,SHEI 与水质指标有负相关关系,其值越大,各景观组成类别分布越匀和,水体污染程度相对较轻。SHDI、SHEI 水质的相关性在不同尺度上存在差异,这两种不同结果的出现可能与不同尺度上景观组成类型有关,呈正相关区域受到耕地、建设用地等引起河流水质退化;呈负相关区域林地、水域降低了进入河流中的污染物负荷。

19.4.3 不同空间尺度景观特征对水质影响

在不同尺度下景观特征对河流水质影响具有差异性。不同土地利用类型主导的流域其景观格局与水质指标的关系不同,由于空间范围的变化,在同一流域的景观格局与水质指标的关系也会发生变化[11]。本书研究表明河岸缓冲带尺度景观特征对水质影响最大,子流域尺度次之,圆形缓冲区尺度最小。这与胡琳等[26]对龙川流域以及康文华对赤水河流域喀斯特地貌景观区的研究结论一致[6]。李艳利等对浑太河流域的研究表明土地利用类型在子流域尺度与水质的相关性更显著,而景观格局指数在河岸带尺度对水质的解释能力更强[14]。上述研究结果差异可能来源于不同流域甚至流域内自然属性、人类活动以及景观格局的差别,也可能与所尺度大小有关。本章对比了南流江河岸带 50m、100m、200m、

300m 和 400m 景观格局指数对水质指标的解释程度，总解释率依次为 64.7%、31.5%、48.1%、45.7%和49.3%，说明南流江 50m 河岸缓冲带景观格局是对水质指标影响的最有效区域。南流江属山区型河流，城镇、村庄多沿河分布、人口密度大，50m 河岸缓冲带耕地占比最大，人类活动胁迫强烈，是未来水环境保护的关键区域，建议加强河岸带耕地面积管控、建立河岸缓冲带并进行景观结构优化和水环境保护。

参 考 文 献

[1] Giri S，Qiu Z Y. Understanding the relationship of land uses and water quality in Twenty First Century：A review[J]. Journal of Environmental Management，2016，173：41-48.

[2] Wu J H，Lu J. Spatial scale effects of landscape metrics on stream water quality and their seasonal changes[J]. Water Research，2021，191：116811.

[3] Ruan X F，Huang J Y，Williams D，et al. High spatial resolution landscape indicators show promise in explaining water quality in urban streams[J]. Ecological Indicators，2019，103（2）：321-330.

[4] Shen Z Y，Hou X S，Li W，et al. Impact of landscape pattern at multiple spatial scales on water quality：A case study in a typical urbanised watershed in China[J]. Ecological Indicators，2015，48：417-427.

[5] 朱磊，李怀恩，李家科，等. 考虑非点源影响的水源地水库水质预测研究[J]. 水土保持通报，2012，32（3）：111-115.

[6] 康文华，蔡宏，林国敏，等. 不同地貌条件下景观对河流水质的影响差异[J]. 生态学报，2020，40（3）：1031-1043.

[7] Rajaei F，Sari A E，Salmanmahiny A，et al. Surface drainage nitrate loading estimate from agriculture fields and its relationship with landscape metrics in Tajan watershed[J]. Paddy and Water Environment，2017，15（3）：541-552.

[8] Xu S，Li S L，Zhong J，et al. Spatial scale effects of the variable relationships between landscape pattern and water quality：Example from an agricultural karst river basin，Southwestern China[J]. Agriculture，Ecosystems & Environment，2020，300：106999.

[9] 岳隽，王仰麟，李贵才，等. 不同尺度景观空间分异特征对水体质量的影响：以深圳市西丽水库流域为例[J]. 生态学报，2007，27（12）：5271-5281.

[10] 杨洁，许有鹏，高斌，等. 城镇化下河流水质变化及其与景观格局关系分析：以太湖流域苏州市为例[J]. 湖泊科学，2017，29（4）：827-835.

[11] Li K，Chi G Q，Wang L，et al. Identifying the critical riparian buffer zone with the strongest linkage between landscape characteristics and surface water quality[J]. Ecological Indicators，2018，93：741-752.

[12] 李雪，张婧，于婉晴，等. 京杭运河杭州段城市景观格局对河网水环境的影响[J]. 生态学报，2021，41（13）：5242-5253.

[13] Zhao Y J，Zeng L，Wei Y P，et al. An indicator system for assessing the impact of human activities on river structure[J]. Journal of Hydrology，2020，582：124547.

[14] 李艳利，徐宗学，李艳粉. 浑太河流域多尺度土地利用/景观格局与水质响应关系初步分析[J]. 地球与环境，2012，40（4）：573-583.

[15] 黄玥，赵银军，蓝文陆. 南流江全流域水质空间分布特征及年际变化[J]. 广西科学院学报，2021，37（4）：331-338.

[16] 张勇荣，周忠发，蒋翼，等. 筑坝河流不同尺度土地利用结构对库区水质的影响：以平寨水库为例[J]. 水利水电技术，2019，50（4）：138-145.

[17] 李明涛，王晓燕，刘文竹. 潮河流域景观格局与非点源污染负荷关系研究[J]. 环境科学学报，2013，33（8）：2296-2306.

[18] 王明浩，王文杰，冯宇，等. 湖南水府庙水库流域景观格局与水质特征关系分析[J]. 环境工程技术学报，2015，5（4）：333-340.

[19] 伍恒赟，张起明，齐述华，等. 土地利用景观格局对信江水质的影响[J]. 中国环境监测，2014，30（3）：166-172.

[20] 夏琳琳，刘仁志，张珂. 基于 GIS 的白洋淀流域景观格局对水质的影响研究[J]. 应用基础与工程科学学报，2012，20（S1）：87-95.

[21] 张亚娟，李崇巍，胡蓓蓓，等. 城镇化流域"源-汇"景观格局对河流氮磷空间分异的影响：以天津于桥水库流域为例[J].

生态学报，2017，37（7）：2437-2446.

[22] 杨盼，卢路，王继保，等. 基于主成分分析的 spearman 秩相关系数法在长江干流水质分析中的应用[J]. 环境工程，2019，37（8）：76-80.

[23] 张茜，周国英，董文统，等. 基于冗余分析的降香黄檀人工林叶部病害与土壤因子的关系研究[J]. 植物保护，2016，42（3）：36-44，51.

[24] 李昆，王玲，孙伟，等. 城市化下景观格局对河流水质变化的空间尺度效应分析[J]. 环境科学学报，2020，40（1）：343-352.

[25] 张微微，李晓娜，王超，等. 密云水库上游白河地表水质对不同空间尺度景观格局特征的响应[J]. 环境科学，2020，41（11）：4895-4904.

[26] 胡琳，李思悦. 不同空间尺度土地利用结构与景观格局对龙川江流域水质的影响[J]. 生态环境学报，2021，30（7）：1470-1481.

[27] Meneses B M，Reis R，Vale M J，et al. Land use and land cover changes in Zêzere watershed（Portugal）：Water quality implications[J]. Science of the Total Environment，2015，527/528：439-447.

[28] 郝敬锋，刘红玉，胡俊纳，等. 城市湿地小流域尺度景观空间分异及其对水体质量的影响：以南京市紫金山东郊典型湿地为例[J]. 生态学报，2010，30（15）：4154-4161.

[29] 王瑛，张建锋，陈光才，等. 太湖流域典型入湖港口景观格局对河流水质的影响[J]. 生态学报，2012，32（20）：6422-6430.

第20章　南流江流域生态安全格局构建与修复分区
——生态系统服务视角

20.1　引　言

生态系统服务是连接自然环境与人类福祉的桥梁，是维系区域生态安全的基本保障[1-2]。生态安全格局是保障区域生态安全和提升人类福祉的重要手段，是美丽中国和国土生态文明建设的核心内容[3-4]，被认为是缓解生态保护与经济发展之间矛盾的重要空间途径之一[5]。随着"碳达峰与碳中和"纳入生态文明建设整体布局，党的二十大也明确强调牢固树立和践行绿水青山就是金山银山的理念，加大生态系统保护力度，构建国土空间开发保护新格局、优化生态安全屏障体系[6]，促进人与自然和谐共生的中国式现代化。与此同时，我国科技部在2022年发布的"十四五"国家重点研发计划"典型脆弱生态系统保护与修复"重点专项申报指南，也强调要践行绿水青山就是金山银山理念、筑牢生态安全屏障，并提出研究重点方向与任务，即生态安全辨识、预警与监管技术（含生态安全格局构建技术）、重要生态区保护修复技术（例如，黄土高原低效人工林生态系统质量提升技术、喀斯特峰丛洼地石漠化地区生态服务提升技术与模式、南方低山丘陵区山水林田湖草系统治理技术与示范等）、城市生态功能提升与区域生态安全协同技术（例如，闽三角城市群生态安全格局构建与修复研究等）、生物多样性保护、重大工程生态修复与安全保障（例如，山水林田湖草沙耦合机制与系统修复模式）、生态保护修复的前沿性和探索性方法与技术等。

自20世纪80年代以来，生态安全及其格局逐渐成为国际生态学、地理学、景观规划等多学科领域的热点[7]，其研究领域范围广泛，生态安全问题是多尺度、多层次的综合性研究问题。国外生态安全格局研究早期是从生物多样性保护及生物保护地体系的建立研究入手[8-9]，此后随着社会、经济与生态环境保护关系日益紧密，生态安全格局研究正经历由生态系统要素构建向自然生态-社会经济系统耦合分析的转变过程[10-11]。国内相关研究主要经历了生态功能界定、生态系统评价体系构建、生态风险、生态机理挖掘和以景观安全格局为理论基础的区域生态安全格局[12]，并借助遥感和地理信息系统等技术开展不同尺度下的生态安全格局研究[13-14]。在此过程中，马克明等提出了区域生态安全格局概念，即针对区域生态环境问题，能够保护和恢复生物多样性、维持生态系统完整性、实现对区域生态环境问题有效控制和持续改善的区域性空间格局[15]。由此可见，区域生态安全格局是一种健康、稳定、可持续的生态安全状态[16]。研究尺度上，生态安全格局研究的尺度涉及全球、国家、区域、流域等多个尺度[17]；研究区域上，有的学者侧重于省市县等行政单元[18]，也有学者侧重于城市区及城市群区域[19]、自然保护地、典型生态脆弱区[20-21]、陆海交错带的大湾区[22]等特定单元。研究方法上，生态安全格局的构建方法已日趋成熟，逐渐形成了"生态源识别-阻力面构建-廊道提取"的区域生态安全构建研究框架与基本模式[23]。景观生态学"源地-廊道-汇"理论、生态系统服务评估、最小累积阻力模型（minimum cumulative resistance，MCR）、GIS 空间分析技术、数学形态学方法等理论与方法相继被引入研究与分析生态安全格局的生态源地识别、阻力面构建、廊道提取与划分、生态节点辨识等[24]。例如，吴健生等[25]通过采用生态系统服务价值重要度指数和空间丰富度指数对重庆市两江新区生态系统服务静态价值进行重构和计算，并依此结果构建了低、中、高三种安全水平上的生态安全格局。毛诚瑞等[26]以辽宁省辽河流域为例，通过分析辽河流域土壤保持、粮食供给、固碳服务和产水量等 4 项关键生态系统服务及其重要性评价，识别了生态源地、廊道、关键节点等，进而构建流域生态安全格局。赵诚诚等[27]利用多源空间数据和 GDP、人口密度等数据计算和分析了黄河流域甘肃段的生态系统供给和需求量，以此构建并优化区域生态安全格局。赵文祯等[28]以辽宁省瓦房店市为研究单元，在计算和评估生态系统食物供给、NPP、产水量及土壤保持四项生态系统服务基础上，引入 OWA 和最小累积阻力模型模拟生态系统服务优先保护区作为生态源地、识别生态廊道、构建瓦房店的生态安全格局。由此可见，从生态系统服务视角构建和分析区域生态安全格局是可行的，且逐渐成为生态安全格局研究的新方向。

生态系统服务是人类感知生态安全状态的最直接方式，也是区域生态安全的底线，而生态安全格局是提升生态系统服务的手段与路径，两者紧密联系、相互影响、相互作用[29-30]。一方面，生态系统服务是实现生态安全与人类福祉的纽带[31-32]。生态系统服务直接联系着生物物理过程与社会经济过程，其变化过程和供需失衡会加剧生态安全风险并影响区域生态安全格局[33]。同时，作为自然系统和社会系统耦合关系的重要纽带，生态系统服务评价是对生态过程、生态功能和人类活动的综合评价，契合了生态安全格局体系的构建[34-35]。另一方面，生态安全是区域生态基础设施与生态系统物质流、生物流、能量流构成的生态网络格局的综合表现[36]。生态安全格局构建的目的是通过各种手段对生态系统格局与过程进行有效调控来充分发挥生态系统功能、促进生态产品与服务的提升，满足人类社会的生存需求，是保障生态系统服务可持续性的重要途径[37]。因此，生态系统服务是生态安全的前提，生态系统服务及其评价是综合生态系统格局-过程-服务的生态评价的有效手段，通过探讨生态系统服务之间的关系可以达到对生态安全的测度，能为生态安全格局构建的动态模拟提供了理论指导[35]。生态安全是生态系统服务的表征，是生态系统服务供给与人类需求的平衡[38]。当生态安全受到威胁或下降时，生态脆弱性及生态风险均增加，进而导致生态系统服务功能不正常发挥，生态系统服务与产品供给无法满足人类发展需求[39-40]。开展生态安全格局构建与优化是对人类活动发展需求和国土空间开发保护优化与风险模拟，是促进人与自然和谐共生的现代化、落实碳达峰与碳中和目标保障人类福祉的关键[41-43]。因此，基于生态系统服务的生态安全格局构建与优化是当前区域生态安全研究和国土生态文明建设的热点，也是站在人与自然和谐共生的高度谋划区域高质量发展、优化城镇-农业-生态空间布局的迫切需求。

流域是以地表水和地下水为主要纽带，密切连接上、中、下游系统的各种水-土-气-生等自然要素和人文活动的综合生态地域系统，是具有清晰边界的复杂而又独立的地理生态单元[44]。区域生态环境问题和社会经济发展之间的矛盾常常与流域的资源不合理利用和非理性人类活动密切相关[45]。因此，在经济社会快速发展背景下，从流域视角去分析生态安全格局、权衡流域上下游保护与经济社会发展的关系，探究流域生态修复与保护显得尤为重要[46]。南流江流域是广西北部湾经济区最大的入海河流，是拥有着山地-盆地-平原-丘陵-岗地-江河-湖库-浅海等多种自然地理元素的亚热带典型的过渡性地理空间。近年来随着北部湾经济区及城市群的发展，南流江流域内产生了一系列生态问题以及上中下游之间的矛盾逐渐凸显，如水土流失、环境污染和生物多样性减少等，这些生态问题的本质是生态系统服务的不协调导致生态安全格局的缺失[47]。因此，从生态系统服务角度构建流域生态安全格局，探究可落于空间实地的生态安全格局优化策略与措施，不仅能为流域生态保护与环境管理的政策制定与决策过程提供科学参考依据，而且有助于提高南流江流域生态系统管理效率与可持续发展，为类似流域管理和研究提供示范案例。

20.2　研究方法

20.2.1　生态系统服务供给与需求的计算方法与模型

1. 生态系统食物供给服务

1）供给量化指标与方法

食物供给不仅是食物数量上充足，而且强调食物种类丰富、安全有营养[48]。随着社会的发展和食物供需变化，人们对食物消费结构和营养摄入的观念也发生较大变化[49]，除了通过水稻、小麦、玉米以及豆菽类等传统主粮外，也越来越重视水果、蔬菜、食糖、奶类等农产品的消费和营养成分均衡摄入[50-51]。因此，从食物能量与营养供给的角度上展开生态系统食物生产供给服务功能更贴切老百姓的生活，也是衡量区域食物安全的重要内容之一。南流江流域是广西粮食主要生产地之一，通过将流域土地生态系统农产品转化为食物能量作为统计标准，结合食物营养计算方法和 GIS 空间分析平台，量化分析流域食物能量供给状况及其空间分布特征。具体计算公式如下：

$$\text{NUTR} = \sum_{i=1}^{n}(M_i \times \text{EP}_i \times A_i) \tag{20-1}$$

式中，NUTR 表示食物能量（单位：kJ）；M_i 表示研究区第 i 种食物的产量（单位：t）；EP_i 表示第 i 种食物可食部的比例（单位：%）；A_i 表示每 100g 可食部中所含能量状况，$i = 1, 2, 3, \cdots, n$ 为南流江流域食物种类。

2）需求量化指标与方法

人口的数量和分布会直接影响食物需求，通过以人定食物需求的方法评估南流江流域食物需求状况[52]。根据《中国食物与营养发展纲要（2014—2020 年）》的要求，为保障营养充足又预防营养过剩造成的肥胖等问题，纲要建议人们每日摄入热量 2300kcal[①]（即正常标准水平），每人每年摄入食物热量大约 3.52×106kJ。

---

① 1cal = 4.1868J。

$$\mathrm{FD} = P_{\mathrm{pop}} \times S_{\mathrm{avg}} \qquad (20\text{-}2)$$

式中，FD 为食物热量需求（单位：kJ）；P_{pop} 指人口密度数据（单位：人/km^2）；S_{avg} 则代表人均食物能量需求量（单位：kJ）。

2. 生态系统固碳服务

1）供给量化计算模型

生态系统固碳服务的供给量可用碳储存来表示。生态系统碳储存主要包括地上部分碳、地下部分碳、土壤碳和死亡有机碳四个部分。其中，地上部分碳储存指地表植被碳存储部分，如树皮、树干、树枝和树叶等；地下部分碳主要是植物根系；土壤碳库主要包括矿质土壤的有机碳和有机土壤；死亡有机碳则是凋落物和已死亡的树木[53]。通过试验分析、查阅相关文献[54-56]和参考 InVEST 模型推荐数据来确定各个不同组成部分的碳密度数值，然后借助 InVEST 模型计算输出总的碳储存量。具体计算公式如下：

$$C_{\mathrm{total}} = C_{\mathrm{above}} + C_{\mathrm{below}} + C_{\mathrm{soil}} + C_{\mathrm{dead}} \qquad (20\text{-}3)$$

式中，C_{total} 为总碳储量；C_{above} 表示地上部分碳储量；C_{below} 是地下部分碳储量；C_{soil} 是土壤碳储量；C_{dead} 表示死亡有机碳储量。

2）需求量化指标及计算模型

生态系统固碳服务的需求量可用碳排放量来表示，可通过计算人均碳排放量和人口密度的乘积而获得[57]。基于广西能源消耗总量（煤炭、原油、汽油、煤油、柴油、燃料油、电力）、碳排放系数和广西常住人口，计算获得广西人均碳排放量［式（20-4）］；然后，结合南流江流域人口密度栅格数据，将研究区人均碳排放量数据和栅格化人口密度数据相乘，计算获得南流江流域碳排放量，即碳固持服务需求［式（20-5）］。

$$D_{\mathrm{cp}} = \left(\sum_{i=1}^{n} C_i \times \mathrm{EF}_i \right) / \mathrm{POP}_t \qquad (20\text{-}4)$$

$$D_{\mathrm{c}} = D_{\mathrm{cp}} \times \rho_{\mathrm{pop}} \times 0.2727 \qquad (20\text{-}5)$$

式中，D_{cp} 是广西人均二氧化碳排放量；C_i 表示为第 i 种能源的消耗量；n 是消耗的能源种类；EF_i 是第 i 种能源的碳排放系数（单位：t）；POP_t 是 t 时期广西常住人口。D_{c} 是南流江流域碳排放量；ρ_{pop} 是南流江流域栅格人口密度。

3. 生态系统土壤保持服务

1）供给量化计算方法

区域生态系统土壤保持服务的供给量一般为裸地与有林地之间的土壤侵蚀量差值，通过 InVEST 模型计算获得。InVEST 模型土壤保持模块是在土壤侵蚀方程基础上，综合考虑了土壤侵蚀减少量和不同地表状况对泥沙截留效应的水文过程[56, 58]，其具体计算式如下：

$$\mathrm{SEDRET}_x = \mathrm{PKLS}_x - \mathrm{USLE}_x + \mathrm{SEDR}_x \qquad (20\text{-}6)$$

$$\mathrm{PKLS}_x = R_x \cdot K_x \cdot \mathrm{LS}_x \qquad (20\text{-}7)$$

$$\mathrm{SEDR}_x = \mathrm{SE}_x \sum_{y=1}^{x-1} \mathrm{USLE}_y \prod_{z=y+1}^{x-1} (1 - \mathrm{SE}_x) \qquad (20\text{-}8)$$

式中，R_x、K_x、LS_x 分别为栅格 x 的降雨侵蚀力因子、土壤可蚀性因子、地形因子；SEDRET_x

为栅格 x 的土壤保持量；$SEDR_x$ 表示栅格 x 的泥沙截留量；SE_x 为栅格 x 的泥沙截留效率。$PKLS_x$ 表示栅格 x 潜在土壤侵蚀量；$USLE_x$ 和 $USLE_y$ 分别表示栅格 x 及其上坡栅格 y 的实际土壤侵蚀量，植被覆盖和水土保持措施下的土壤侵蚀量。

2）需求量化计算方法

土壤保持服务的需求者往往是由于土壤侵蚀量减少而受益的农户老百姓，因此土壤保持服务需求量是当地人们期望能够被治理的实际土壤侵蚀量[59]。具体计算公式如下：

$$USLE = R \times K \times LS \times C \times P \tag{20-9}$$

式中，USLE 表示实际土壤侵蚀量；R、K、LS、C、P 分别表示降雨侵蚀力因子、土壤可蚀性因子、坡长因子、植被覆盖因子和水土保持措施因子。

4. 区域生境质量

生境质量是生态系统为个体或种群的生存提供适宜的生产条件的能力，反映着生物栖息地质量状况，是生态系统和景观生物多样性的直接体现[60]。生境质量好的地区，不仅生物多样性高，而且是生态安全格局重要的生态源地。借助 InVEST-Habitat Quality（生境质量）模型可定量评估区域生境质量状况。该模型是以土地覆被景观为基础，通过结合景观类型敏感度和外界威胁强度以及各个威胁因子的位置、威胁影响距离分析区域生境稀缺性及退化程度，进而计算获得生境质量，以此反映生态系统生物多样性水平状态，生境质量大小将代表区域生物多样性丰富程度。具体模型数学函数如下：

$$D_{xj} = \sum_{r=1}^{R} \sum_{r=1}^{Y_r} \left(\frac{W_r}{\sum_{r=1}^{R} w_r} \right) r_y i_{rxy} \beta_x S_{jr} \tag{20-10}$$

$$Q_{xj} = H_j \left[1 - \left(\frac{D_{xj}^2}{D_{xj}^2 - k^z} \right) \right] \tag{20-11}$$

式中，Q_{xj} 表示栅格 x 上第 j 类生境类型的生境质量；H_j 表示第 j 类生境的生境适宜程度；D_{xj} 为栅格单元 x 上第 j 类生境类型的生境退化度。k 表示半饱和系数；Z 是归一化的常量，模型中默认为 2.5。R 表示威胁因子个数，W_r 表示第 r 类威胁因子的权重，Y_r 表示第 r 种威胁因子得栅格总数；i_{rxy} 表示栅格 y 的胁迫值 r_y 对栅格 x 的胁迫程度；β_x 是各种威胁因子对栅格的可达性；S_{jr} 是第 j 类生境类型对威胁因子 r 的敏感度。

5. 生态系统服务空间匹配分析

以栅格为单元，使用分区统计工具计算和分析综合生态系统服务供需比的平均值，获取综合生态系统服务供需比（CER），反映南流江流域生态系统综合供需匹配平衡状况（盈余、平衡或失衡）[22, 28, 54]。具体计算公式如下：

$$ER = \frac{S - D}{(S_{max} - D_{max}) / 2} \tag{20-12}$$

$$CER = \frac{1}{n} \sum_{i=1}^{n} ER \tag{20-13}$$

式中，ER 表示某一项生态系统服务供需比指数；S 为某一项生态系统服务供给量；D 为其需求量；S_{max} 为该服务供给量最大值；D_{max} 为其需求量最大值。当 ER 为正值时说明该项生态系统服务供过于求，负值表示生态系统服务供不应求。当 ER 趋向于 0 时表明生态系统服务供需趋向于平衡状态。CER 表示综合生态系统服务供需比率；n 为生态系统服务类型总量。

20.2.2　生态安全格局构建

1. 源地识别

1）生态源地识别

采用综合识别的方式，以综合生态系统服务表征流域生态系统服务的质量，以生态系统服务综合供需比表征生态系统服务协调稳定性，以生境质量表示生态系统生物多样性，同时考虑研究区自然保护地、森林保护区、湿地等物种保护的重要地区[61-62]。首先，将南流江流域各生态系统服务评估结果归一化后，进行空间叠加获得流域综合生态系统服务，利用 GIS 空间分析方法划分综合生态系统服务重要区，即低值区（Ⅰ）、一般区（Ⅱ）、中等区（Ⅲ）、较高重要区（Ⅳ）、极重要（Ⅴ）五个等级。其次，将生态系统服务综合供需比评估结果、生境质量也分别划分为低（Ⅰ）、较低（Ⅱ）、中（Ⅲ）、较高（Ⅳ）、高（Ⅴ）等级。最后，将综合生态系统服务、生态系统服务供需比、生境质量进行空间叠加，选取综合生态系统服务功能极重要（Ⅴ）、高生态系统服务供需比（Ⅴ）、高生境质量（Ⅴ）作为研究区的生态源地。同时，将南流江流域自然保护地、森林保护区、湿地等重要生态斑块，列为生态源地。

2）需求地识别

生态需求地是指区域生态系统服务需求较高的区域，提取高、较高等级的需求区域并且需求大于供的斑块区域作为生态需求区[63]。首先，将流域食物供给、碳排放和土壤保持等生态系统服务需求进行叠加得到南流江流域综合生态系统服务需求，并采用分位数法划分生态系统服务需求量分为低（Ⅰ）、较低（Ⅱ）、中（Ⅲ）、较高（Ⅳ）、高（Ⅴ）五个等级。随后，结合生态系统服务综合供需比评估结果和研究区城镇及农村居民点分布格局，提取较高（Ⅳ）、高（Ⅴ）级别生态系统服务需求区、生态系统服务综合供需比低值区（Ⅰ）及城镇居民点的区域作为需求地识别的初步结果。

2. 生态廊道

1）生态阻力面

阻力面表示物质能量流通过程中需要付出的成本大小。生态阻力面大多基于土地覆被类型、植被覆盖度、地形因素等生态要素进行构建，为了使生态阻力面构建更具有综合性，本章以南流江流域生态系统服务的供给能力作为阻力赋值的标准，将综合生态系统服务供给进行标准化后取倒数，作为生态系统服务流通的阻力成本，表示生态系统服务供给能力越高，生态功能越强，生态系统服务、生态物质能量在流通的过程中需要克服的阻力越小[64]。

2）生态廊道计算与提取

最小累积阻力模型（MCR）通过计算物种从源地到目的地过程中所需的成本，来模拟物种的迁移的可能性路径，能够较好地表达景观格局与生态过程的相互作用关系[65]。采用最小累积阻力模型（MCR）建立生态系统服务流动扩散的最小累积阻力面，进而提取生态廊道[65-66]。识别出主要生态源地和需求地后，计算各个生态源地斑块的质心，以每个源地斑块质心为起点，以剩余源地斑块质心为抵达终点，利用成本距离工具将划分出的生态阻力面，进行最小阻力路径分析，从而确定了路径的走向，形成生态源地与源地间的生态廊道，即源间生态廊道、生态源地与需求地间的生态廊道即供需廊道。廊道将各源地联系起来，实现了斑块间生态系统服务、生态物质能量的互通。MCR 的计算公式为

$$\mathrm{MCR} = f_{\min} \sum_{j=n}^{i=m} (D_{ij} \times R_i) \tag{20-14}$$

式中，MCR 表示南流江流域最小累积阻力值；$f_{\min}$ 表示最小累积阻力与生态系统服务流动过程的正相关关系；D_{ij} 表示物质能量从源地 j 移动到目的地 i 的空间距离；R_i 为物质能量移动到目的地 i 的阻力系数。

3. 生态节点识别

生态节点是在生态廊道上能够发挥引导物种迁移的作用的基质[67]，它能为不同区域中物质、能量交换起到关键作用，对维持区域生态系统连通与稳定具有重要意义。本章中生态节点表现为生态廊道的交叉点以及最小累积阻力值生态廊道的交点[68]。

20.3　南流江流域生态系统服务供给与需求分析

20.3.1　南流江流域生态系统食物供给服务供给与需求分析

2020 年南流江流域生态系统食物能量供给约 4.35×10^{18} kJ，主要分布在地势平坦，土壤肥沃的下游合浦三角洲、玉林盆地、博白盆地等区域。具体地，流域食物能量供给服务高值区域主要分布在博白县的菱角镇、沙河镇、顿谷镇及其沿线一带的农业种植区；而食物能量供给服务低值区则集中在玉林市玉州区、福绵区的城市区和博白县博白镇、浦北县江城镇、灵山县文利镇等县城或规模较大的城镇、水域等区域。总体上，南流江流域粮食能量空间分布格局呈现北部和南部粮食供给服务较高，中部较低的特点。从土地利用类型上看，食物能量供给高值区主要属于水田、旱地和有林地，三者总和约占 79.3%。食物能量供给最低的是未利用地，其比重仅为 0.01%；其次，水域和城镇建成区，两者占比分别为和 0.4% 和 0.5%，这可能与各个土地利用类型的面积有关。从食物类型上看，南流江北部的玉林市、兴业县及北流市多以油料种植为主，而博白县、灵山县和钦州市区则以糖类种植居多，对比油料供给的食物热量相对较高；南流江南部的合浦县、灵山县及钦州市区的果蔬所占比重较大，相比油料和糖类供给的食物热量，水果类农产品的食物供给食物热量值则更小。

南流江流域供给服务需求量约为 1.526×10^{14}kJ，其食物能量需求较高的区域主要集中分布在人口数量多、分布相对密集的玉林市城区、县城及城镇发展区，其次是人口密度相对较大的平原和盆地地区，而食物能量需求较低的区域主要分布在自然保护区、山林地面积比重较大且远离中心城区的乡镇、自然保护区和未利用地等区域。从土地利用类型上，以耕地为核心的农作区、以建设用地为主的城市建成区和乡村聚落地的食物能量需求占比较大，两者分别占流域食物能量需求的 37.9% 和 22.83%；食物需求较低的则是人烟稀少的未利用地、水库区和灌木林地等。

20.3.2　南流江流域生态系统固碳服务供给与需求分析

2020 年南流江流域生态系统固碳服务在 3.987×10^{7}t 左右，其供给源（即碳储存）主要为植被和土壤。南流江流域森林植被主要集中在流域西北向的六万大山、四洲山、五皇山，东侧的云开山脉和北部的大容山脉地区。南流江流域生态系统碳储量高值主要分布于博白县境内，占流域碳储存总量的 29.4%；浦北县次之，约占流域碳储存总量的 20% 左右。这些区域林地面积较大，森林连片分布，林相郁闭，仅六万林场面积就高达 1.46 万多公顷，同时森林生态类型主要为常绿阔叶林、落叶阔叶林、针阔混交林，如松、杉、楠、桉、樟、椎、枫、椿、苦楝、乌桕等林木资源十分丰富，植被常绿、人类干扰程度低。南流江流域碳储存量较低的区域主要分布在人类活动频繁的城镇居民点和河流岸堤、水库和滩涂、沙砾等未利用地的区域。

南流江流域生态系统固碳服务需求量（碳排放）呈现中上游平原和盆地地区及城镇区较高、中下游山林地较小的特征，且中心城区建设用地的固碳服务需求量远高于周围的耕地，呈现出圈层式向外扩张的特点。其中玉州区、福绵区、北流市建设用地碳排放量高值区面积较大，这与流域经济社会发展水平相对一致。城镇相对密集，人口密度大的区域，社会经济发展水平相对较高，人类活动强度和土地开发利用程度高，对生态体系固碳服务的需求即碳排放自然也相对较多。

20.3.3　南流江流域生态系统土壤保持服务供给与需求分析

南流江流域生态系统土壤保持服务总体上呈现沿流域的东北—西北—西南逐渐减弱的趋势，其生态系统土壤保持服务高值区主要集中分布在流域中上游山林地和自然保护区中，如五皇山、葵扇顶山脉等六万大山森林公园或林场，植被覆盖度高，水土保持能力较强。而在流域内城乡区和农耕区土壤保持量相对较少。从县域行政区划上看，土壤保持总量最大的是博白县，其次玉州区和浦北县。从不同土地利用类型上，南流江流域陆地生态系统土壤保持量最大的是有林地为 3.500×10^{8}t，其次是水田为 1.268×10^{8}t，最小值是未利用地为 8×10^{5}t，其土壤保持量由大到小依次为：有林地>灌木林>水田>旱地>疏林地>城乡居民用地>园地>草地>河流>工矿用地>未利用地。

南流江流域生态系统土壤保持服务需求的空间分布格局与供给量的分布格局相似。流域生态系统土壤保持服务需求的高值区多集中在山地和丘陵地区的经济林区、人工林等山林地和农林交错带上，这些地区位于山地丘陵地区，地势较高且河网密布，容易受到河流侵蚀和坡面侵蚀，虽然丰富的植被能够起到较好的土壤保持作用，但是土壤保持的需求量仍然较高。生态系统土壤保持服务需求较低的区域主要分布在南流江两岸的玉林市、博白县、合浦县中心城区，这些区域由于城市建设形成了不透水面、降水量小等特征，土壤受到的侵蚀也小，土壤保持服务需求也比其他区域少。

20.3.4　南流江流域综合生态系统服务供需空间匹配

通过对南流江流域生态系统食物供给、固碳服务和土壤保持服务彼此之间的供需关系的计算，获得南流江流域综合生态系统服务供需比大约为 0.24，表明南流江流域生态系统服务的供给能力能够满足区域发展的基本要求，但是局部地区存在生态系统供需不匹配，甚至趋向失衡的状态。其中，综合生态系统服务供需失衡的区域主要分布在流域各市县的主城区及其周围地区，这些区域人口密度大、工农业集聚，对各项生态系统服务的需求相对较高，而生态系统服务供给能力明显不足。生态系统供需盈余的区域主要分布在自然资源禀赋较好的自然保护区、山区和林区，这些地区人口稀少，生态系统服务的需求较低，生态环境资源丰富，能够提供多种生态系统服务。

20.4　流域生态安全格局构建与分区管控建议

生态系统服务供需平衡是促进实现区域生态安全的基础，也是实现与维护生态安全的最根本保障。生态安全格局是提升区域生态系统服务和人类福祉的重要手段和国土生态文明建设的核心内容。以生态系统服务为基础构建生态安全格局，不仅有助于缓解生态系统服务的供需矛盾，而且能促进区域生态环境改善和区域生态安全维护的落实与实施[69-70]。生态安全格局是由景观中的关键要素及其空间联络构成的格局[4, 71]，通常包含了生态源地、生态需求地、生态廊道与生态节点等关键生态要素。生态源地一般是生态系统服务供给良好、对于生态系统过程-格局具有显著促进作用的重要斑块，是生态安全格局的基础；生态系统服务需求较高的生态斑块则为生态需求地。在生态安全格局中，生态源地与生态需求地是通过生态廊道相互连接的，以生态节点作为物种在源地斑块之间迁移与扩散的踏板。因此生态廊道和生态节点对生态系统物质流、信息流的传递过程具有极为重要的支撑作用，是维持区域生态过程和生态安全的关键地段[68, 72]。

因此，本章基于南流江流域 2020 年的数据，依据生态系统服务"源地-廊道-节点"理论，从生态系统服务供需关系的视角，在了解和分析生态系统服务供需及流域生境质量的基础上，利用最小累积阻力模型 MCR 模型识别和构建生态源地、生态需求地、生态廊道、生态节点等生态安全格局要素，进而形成连接生态系统服务空间的南流江流域生态安全格局并进行分区，最后针对不同的生态安全分区因地制宜地提出相关的管控建议，旨在为流域人与自然和谐共生和可持续发展提供科学参考。

20.4.1 生态源地识别

1. 生态源地识别

根据生态源地识别方法，以综合生态系统服务功能极重要、高生态系统服务供需比和高生境质量为原则辨识南流江流域备选生态源地斑块。同时，将南流江流域内自然保护地、森林保护区、湿地等重要生态斑块，列为生态源区。考虑到只有一定规模的面积才能促使生态系统服务的流通和功能的发挥，选择将小于 $10km^2$ 的破碎生态斑块剔除，以此获得分布集中、面积较大的景观斑块作为生态源地。结果表明，全流域共计 21 块生态源地，面积为 $2875.45km^2$，占全流域总面积的 30.81%，主要分布在北流市西琅镇、博白县黄凌、三滩镇、浦北的那林镇以及灵山的文利镇等乡镇，这些地区以提供碳储存、土壤保持等生态系统服务和生境质量较高的山林地、天然林地、自然保护区为主（图 20-1）。

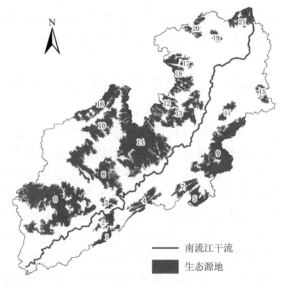

图 20-1 南流江流域生态源地分布示意图

2. 需求地识别

根据生态系统服务需求的评估结果以及生态系统服务综合供需比结果，识别南流江流域的需求地。由于需求地斑块较为零碎，因此将面积小于 $1km^2$ 的零星斑块剔除，最终确定了主要的生态需求地斑块，面积规模约 $171.37km^2$，占流域总面积的 1.8%。南流江流域需求地主要分布在人口密集的城市建成区及其郊区，如玉林市的玉州区、福绵区、北流市区、博白县城、合浦县城等各县的县城区域。其中，需求地面积最大的是玉林市区，面积为 $90.46km^2$；其次是北流市，需求地面积为 $32.27km^2$；需求地面积最小的是浦北县，仅为 $6.75km^2$。

20.4.2　生态廊道识别结果

1. 阻力面构建

本章以生态系统服务供给能力高低作为服务流通的阻力，当生态系统服务供给能力越高时，生态阻力值越小，生态源地越容易扩张，生态系统物质、能量的流通越顺畅；反之，生态系统服务供给能力越低，物质流通受到的阻力越大。南流江流域累计阻力从生态源地向外递增，以上游玉林盆地和下游三角洲的生态阻力值最高，博白盆地及其南流江两岸、流域西南地区（如武利镇、北通镇、白石水镇等）和下游三角洲等区域次之，这些区域人类活动强度大、工农业相对发达。

2. 源间生态廊道

源间生态廊道是源地之间进行物质能量交换时受到阻力最小的路径，体现了生态源地间最有效的连接。结合生态源地与最小累积阻力面的计算结果，创建南流江流域生态源地之间的最小成本路径，对生成的路径进行删除、合并、去重叠，最终提取的源间生态廊道共 20 条，总长度大约 395.05km。如图 20-2 所示，南流江流域源间生态廊道主要沿着南流江两侧山脉，整体呈现东北—西南方向延伸。从廊道在各县区的分布上看，浦北县的生态廊道长度最长，达 135.18km，占源间生态廊道总长度的 34.22%，其次是博白县，廊道长度为 130.74km，占源间生态廊道总长度的 33.09%，表明浦北县和博白县是南流江流域生态建设的重要分布区。

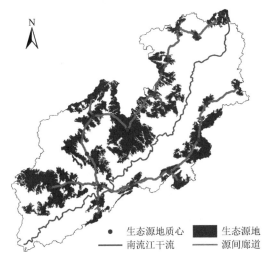

图 20-2　南流江流域源间生态廊道分布示意图

3. 供需生态廊道识别

基于最小累积阻力模型（MCR），运用 ArcGIS10.8 软件的成本距离工具，创建生态源地与需求地之间的最小成本路径,通过删除、合并、去重叠后,共提取供需生态廊道30 条,总长度为 899.52km(图 20-3)。行政区分布上,博白县供需生态廊道最长,高达362.90km,占南流江流域供需生态廊道总长度的 40.34%,主要分布在西部和东部。其次是浦北县,供需生态廊道长度为 140.18km,占供需生态廊道总长度的 15.58%,主要连接六万大山、五皇山和泗洲山的生态源地。合浦县供需生态廊道长约 104.24km,主要连接洪潮江水库及东北部岗地的生态源地。北流市、玉州区、福绵区的供需生态廊道长度为50~100km,主要连接大容山自然保护区、云开山脉的生态源地。灵山县和陆川县的供需生态廊道长度均在 50km 以下。供需生态廊道是连接流域内自然生态空间和城镇空间的通道,应加强供需生态廊道的生态绿化建设,进而拓展生态源区服务的空间范围,缓解南流江流域社会经济发展对生态系统服务需求的压力。

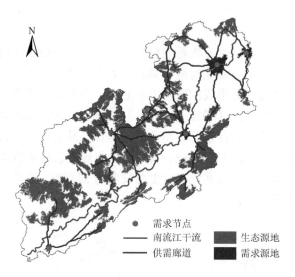

图 20-3　南流江流域供需生态廊道分布示意图

20.4.3　生态节点

　　生态节点是各源地之间相互联系的重要节点,保护生态节点对于提高区域生态系统结构功能的完整性具有重要意义。本章将廊道间的交点和生态廊道与不同等级最小累积阻力值之间的交点作为生态节点,识别出生态源地间的生态节点主要有 30 处(图 20-4),这些节点主要集中于大容山脉、云开大山、六万大山、五皇山等农林地带上源地斑块较破碎的地区,使生态廊道在连接各大生态源地斑块过程时所面临的阻力存在增大的风险。因此把生态节点作为生态网络中重要的承接点,加强生态建设,减少人为活动对生态系统带来的干扰,提升生态系统服务质量,实现结构重要性向功能重要性的转变。

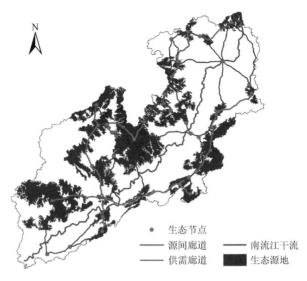

图 20-4　南流江流域生态节点分布示意图（后附彩图）

20.4.4　分区管控建议

综合南流江流域生态源地、廊道、生态节点以及最小累积阻力面，在 ArcGIS 10.8 软件平台上进行空间叠加获取南流江流域生态安全格局，在此基础上，考虑南流江流域实际特征和生态建设的需求，利用空间分析技术将流域划分为四个生态安全分区，即生态保育区、生态优化区、生态缓冲区和生态建设区（图 20-5），并因地制宜地提出差异化的管理建议。具体如下：

（1）南流江流域生态保育区面积为 2864.52km^2，占流域总面积的 31.07%，是流域生态系统服务供给最核心、最重要的区域，这些区域人类活动少，生态系统服务供给大于需求，生态系统服务及产品相对盈余，是维系流域生态安全的基底，主要分布在山林地和自然保护区，例如六万大山脉及其周边铜罗山、勾头嶂山、腊鸭岭、以篱嶂山岭为核心的云开大山脉等区域。生态保育区要以保护为主，第一，实施严格的区域准入措施，严禁人为活动对生态系统的干扰，严禁与生态保护不符的工矿、商用及城镇开发建设等人类活动，严格控制农业产业活动。第二，注重保护生物栖息地，例如保障候鸟拥有安全的栖息地和迁徙通道等。第三，加强生态基础设施建设，通过封山育林、退耕还林还草工程、林业改革等工程治理、农村厨灶革命、生态移民以及改变耕作方式和畜牧圈养方式等措施，恢复乔木灌草等自然植被，促进生态系统服务功能的修复和提升。第四，对区域居民实施生态移民工程或建立生态补偿机制，减少人类活动对生态的影响和破坏。

（2）南流江流域生态优化区面积约为 1579.69km^2，占流域总面积的 17.13%。生态优化区在生态源地与外界之间起到屏障作用，不仅隔离来自外部社会环境的干扰和影响，而且是南流江流域生态源地的重要后备资源和备选区。南流江流域生态优化区主要分布在流域生态保育区的周边以及水库区周边丘陵岗地。生态优化区是流域生态安全的重点管控区，与生态保育区共同组成流域生态环境的重点保护区，对维护流域生态安全格局和可持续发展方面有着不可替代的作用。因此，在流域生态环境管控过程中，一是严格控制建设用地的开发强度和规模，明确当地居民生产和生活活动范围，禁止城乡居民点的开发再建，依法依规保护区域内生态空间的利用，稳步增加生态用地规模和效率。二是，稳步推进退耕还林等生态政策，加强土地综合整治工程、建设与保护农林复合生态区，促进农业空间与生态空间的复合利用。同时在农村广泛开展农村生态能源建设、严禁陡坡垦荒。三是，合理开发旅游资源和动植物资源，积极发展生态旅游、乡村旅游、亚热带特色经济林果绿色食品产业、有机食品加工等生态产业。

（3）南流江流域生态缓冲区面积为 2327.05km²，面积占比约为 26.54%。该区域是流域生态空间与人们生产-生活空间的缓冲控制区，也是生态系统服务功能重要区的缓冲地带。区域内人地相互作用关系复杂，在优化生态安全格局和生态修复整治过程中，一是应履行严格的用地审批和生态环境保护要求，提升工业生产用地的准入门槛，适当减少低效能的工业用地，加快传统高能耗、高污染工业的转型。二是合理统筹城乡建设用地，允许在一定条件下开展农林牧生产活动以及农村重构和土地整理等，同时切实保护和维护好基本农田，改善低效耕地，加强生态农业集约发展和保护生态环境的基础设施建设。三是加强生态修复与建设，维护生态系统供给，适度扩大生态空间面积，构筑流域生态安全屏障。

（4）南流江流域生态建设区面积为 2327.05km²，面积占全流域的 25.24%，以提供食物供给服务为主，主要分布在上游的玉州平原、兴业县城及周边区域，中游的博白盆地，下游的合浦县、钦南区等。这些区域人口密度较大、城镇发展较好、工农业生产活动频繁，整体生态系统服务需求较大，属于一般管控区。在生态建设过程中，该区域应坚持

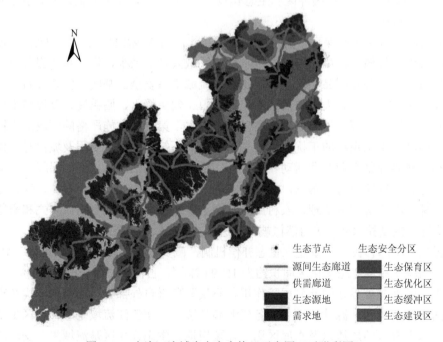

图 20-5　南流江流域生态安全格局示意图（后附彩图）

生态优先、绿色发展理念，在生态环境承载力允许的条件下，一方面科学地规划资源的开发与利用，合理地开展农业、工业等经济生产建设活动，重视基本农田保护和高标准农地建设，加强农业生产功能和农田产出经济效益，例如建设以蔗糖-水稻-特色水果-蔬菜为核心的平原丘陵农业生态功能区等。另一方面，加大生态重建与修复力度，鼓励生态环境修复与保护的行为以及公众参与，推动城乡生态间隔带建设，提升区域生态连通性，增强区域生态功能。同时，在城市区构建多层次公共绿色空间体系，开发开放区域公共绿地、广场及公园等公共空间，提升街道环境品质，构建人居环境与自然环境相适应相协调的环境。

参 考 文 献

[1] 潘竟虎，李磊. 利用 OWA 和电路模型优化黄河流域甘肃段生态安全格局[J]. 农业工程学报，2021，37（3）：259-268.

[2] 彭建，吕丹娜，董建权，等. 过程耦合与空间集成：国土空间生态修复的景观生态学认知[J]. 自然资源学报，2020，35（1）：3-13.

[3] Chen J，Wang S S，Zou Y T，et al. Construction of an ecological security pattern based on ecosystem sensitivity and the importance of ecological services：A case study of the Guanzhong Plain urban agglomeration，China[J]. Ecological Indicators，2022，136：108688.

[4] 彭建，李慧蕾，刘焱序，等. 雄安新区生态安全格局识别与优化策略[J]. 地理学报，2018，73（4）：701-710.

[5] Fu Y J，Shi X Y，He J，et al. Identification and optimization strategy of county ecological security pattern：A case study in the Loess Plateau，China[J]. Ecological Indicators，2020，112：106030.

[6] Li Y G，Liu W，Feng Q，et al. The role of land use change in affecting ecosystem services and the ecological security pattern of the Hexi Regions，Northwest China[J]. Science of the Total Environment，2023，855：158940.

[7] Wu J G. Urban ecology and sustainability：The state of the science and future directions[J]. Landscape and Urban Planning，2014，125（2）：209-221.

[8] 刘国华. 西南生态安全格局形成机制及演变机理[J]. 生态学报，2016，36（22）：7088-7091.

[9] 韩宗伟，焦胜，胡亮，等. 廊道与源地协调的国土空间生态安全格局构建[J]. 自然资源学报，2019，34（10）：2244-2256.

[10] Schirpke U，Candiago S，Vigl L E，et al. Integrating supply，flow and demand to enhance the understanding of interactions among multiple ecosystem services[J]. Science of the Total Environment，2019，651（1）：928-941.

[11] 高梦雯，胡业翠，李向，等. 基于生态系统服务重要性和环境敏感性的喀斯特山区生态安全格局构建：以广西河池为例[J]. 生态学报，2021，41（7）：2596-2608.

[12] 于贵瑞，杨萌，陈智，等. 大尺度区域生态环境治理及国家生态安全格局构建的技术途径和战略布局[J]. 应用生态学报，2020，32（4）：1141-1153.

[13] 傅伯杰. 土地资源系统认知与国土生态安全格局[J]. 中国土地，2019（12）：9-11.

[14] 王正伟，王宏卫，杨胜天，等. 基于生态系统服务功能的新疆绿洲生态安全格局识别及优化策略：以拜城县为例[J]. 生态学报，2022，42（1）：91-104.

[15] 马克明，傅伯杰，黎晓亚，等. 区域生态安全格局：概念与理论基础[J]. 生态学报，2004，24（4）：761-768.

[16] 欧定华，夏建国，张莉，赵智. 区域生态安全格局规划研究进展及规划技术流程探讨[J]. 生态环境学报，2015，24（1）：163-173.

[17] 易浪，孙颖，尹少华，等. 生态安全格局构建：概念、框架与展望[J]. 生态环境学报，2022，31（4）：845-856.

[18] 汤峰，王力，张蓬涛，等. 基于生态保护红线和生态网络的县域生态安全格局构建[J]. 农业工程学报，2020，36（9）：263-272.

[19] Peng J，Zhao S Q，Dong J Q，et al. Applying ant colony algorithm to identify ecological security patterns in megacities[J]. Environmental Modelling and Software，2019，117：214-222.

[20] 杜悦悦，胡熠娜，杨旸，等. 基于生态重要性和敏感性的西南山地生态安全格局构建：以云南省大理白族自治州为例.

生态学报，2017，37（24）：8241-8253.

[21] 卫新东，林良国，冯小龙，等. 神木市生态安全格局构建与生态问题定量诊断[J]. 生态学报，2023，43（1）：82-94.

[22] 林媚珍，刘汉仪，周汝波，等. 多情景模拟下粤港澳大湾区生态系统服务评估与权衡研究[J]. 地理研究，2021，40（9）：2657-2669.

[23] 叶鑫，邹长新，刘国华，等. 生态安全格局研究的主要内容与进展[J]. 生态学报，2018，38（10）：3382-3392.

[24] 魏建兵，郑泓，程雨露，等. 基于 CiteSpace 的生态安全格局研究进展[J]. 生态环境学报，2022，31（4）：835-844.

[25] 吴健生，罗可雨，马淑坤，等. 基于生态系统服务与引力模型的珠三角生态安全与修复格局研究[J]. 生态学报，2020，40（23）：8417-8429.

[26] 毛诚瑞，代力民，齐麟，等. 基于生态系统服务的流域生态安全格局构建：以辽宁省辽河流域为例[J]. 生态学报，2020，40（18）：6486-6494.

[27] 赵诚诚，潘竟虎. 基于供需视角的黄河流域甘肃段生态安全格局识别与优化[J]. 生态学报，2022，42（17）：6973-6984.

[28] 赵文祯，韩增林，闫晓露，等. 基于生态系统服务多情景权衡的生态安全格局构建：以大连市瓦房店为例[J]. 自然资源学报，2020，35（3）：546-562.

[29] 申嘉澍，李双成，梁泽，等. 生态系统服务供需关系研究进展与趋势展望[J]. 自然资源学报，2021，36（8）：1909-1922.

[30] 周新宇，孟士婷，黄庆旭，等. 结合生态系统服务供需和人类福祉的区域规划[J]. 生态学报，2022，42（14）：5748-5760.

[31] Peng J，Yang Y，Liu Y X，et al. Linking ecosystem services and circuit theory to identify ecological security patterns[J]. Science of the Total Environment，2018，644：781-790.

[32] 刘焱序，于丹丹，傅伯杰，等. 生物多样性与生态系统服务情景模拟研究进展[J]. 生态学报，2020，40（17）：5863-5873.

[33] Pan J H，Wei S M，Li Z. Spatiotemporal pattern of trade-offs and synergistic relationships among multiple ecosystem services in an arid inland river basin in NW China[J]. Ecological Indicators，2020，114：106345.

[34] 陈利顶，景永才，孙然好. 城市生态安全格局构建：目标、原则和基本框架[J]. 生态学报，2018，38（12）：4101-4108.

[35] 景永才，陈利顶，孙然好. 基于生态系统服务供需的城市群生态安全格局构建框架[J]. 生态学报，2018，38（12）：4121-4131.

[36] Gou M M，Li L，Ouyang S，et al. Integrating ecosystem service trade-offs and rocky desertification into ecological security pattern construction in the Daning river basin of southwest China[J]. Ecological Indicators，2022，138：108845.

[37] Palomo I，Martín-López B，Potschin M，et al. National Parks，buffer zones and surrounding lands：Mapping ecosystem service flows[J]. Ecosystem Services，2013，4：104-116.

[38] Zhang M N，Ao Y，Liu M，et al. Ecological security assessment based on ecosystem service value and ecological footprint in the Pearl River Delta urban agglomeration，China[J]. Ecological Indicators，2022，144：109528.

[39] Kang J M，Zhang X，Zhu X W，et al. Ecological security pattern：A new idea for balancing regional development and ecological protection：A case study of the Jiaodong Peninsula，China[J]. Global Ecology and Conservation，2021，26：e01472.

[40] Jia Q Q，Jiao L M，Lian X H，et al. Linking supply-demand balance of ecosystem services to identify ecological security patterns in urban agglomerations[J]. Sustainable Cities and Society，2023，92：104497.

[41] 陈利顶，孙然好，孙涛，等. 城市群生态安全格局构建：概念辨析与理论思考[J]. 生态学报，2021，41（11）：4251-4258.

[42] Pan Z Z，He J H，Liu D F，et al. Ecosystem health assessment based on ecological integrity and ecosystem services demand in the Middle Reaches of the Yangtze River Economic Belt，China[J]. Science of the Total Environment，2021，774：144837.

[43] Ran Y J，Lei D M，Li J，et al. Identification of crucial areas of territorial ecological restoration based on ecological security pattern：A case study of the central Yunnan urban agglomeration，China[J]. Ecological Indicators，2022，143：109318.

[44] 许妍，高俊峰，赵家虎，等. 流域生态风险评价研究进展[J]. 生态学报，2012，32（1）：284-292.

[45] 席海燕，王圣瑞，郑丙辉，等. 流域人类活动对鄱阳湖生态安全演变的驱动[J]. 环境科学研究，2014，27（4）：398-405.

[46] 潘竟虎，王云. 基于 CVOR 和电路理论的讨赖河流域生态安全评价及生态格局优化[J]. 生态学报，2021，41（7）：2582-2595.

[47] Ouyang Z Y，Zheng H，Xiao Y，et al. Improvements in ecosystem services from investments in natural capital[J]. Science，2016，352（6292）：1455-1459.

[48]　Yue T X，Wang Q，Lu Y M，et al. Change trends of food provisions in China[J]. Global and Planetary Change，2010，72（3）：118-130.

[49]　王莉雁，肖燚，饶恩明，等. 全国生态系统食物生产功能空间特征及其影响因素[J]. 自然资源学报，2015，30（2）：188-196.

[50]　王情，岳天祥，卢毅敏，等. 中国食物供给能力分析[J]. 地理学报，2010，65（10）：1229-1240.

[51]　辛良杰，王佳月，王立新. 基于居民膳食结构演变的中国粮食需求量研究[J]. 资源科学，2015，37（7）：1347-1356.

[52]　谢余初，张素欣，刘巧珍，等. 基于热量的食物供给服务时空分异研究：以广西土地农产品为例[J]. 中国生态农业学报，2020，28（12）：1859-1868.

[53]　Tallis H T，Ricketts T，Guerry A，et al. InVEST 2.5.6 User's Guide[M]. Palo Alto（America）：Stanford University，2013.

[54]　张欣蓉，王晓峰，程昌武，等. 基于供需关系的西南喀斯特区生态系统服务空间流动研究[J]. 生态学报，2021，41（9）：3368-3380.

[55]　张影，谢余初，齐姗姗，等. 基于 InVEST 模型的甘肃白龙江流域生态系统碳储量及空间格局特征[J]. 资源科学，2016，38（8）：1585-159.

[56]　谢余初. 基于 InVEST 模型的甘肃白龙江流域生态系统服务时空变化研究[D]. 兰州：兰州大学，2015.

[57]　王耕，俞乔山. 大连金普新区碳固持生态服务供需格局时空差异[J]. 生态学报，2023，43（12）：4847-4857.

[58]　陈万旭，梁加乐，卞娇娇，等. 黄河流域景观破碎化对土壤保持服务影响研究[J]. 地理科学，2022，42（4）：589-601.

[59]　梁丽丽. 基于 SPANs 模型土壤保持服务和洪水调控服务供给、需求和服务流的量化评估与制图[D]. 太原：山西师范大学，2018.

[60]　谢余初，巩杰，张素欣，等. 基于遥感和 InVEST 模型的白龙江流域景观生物多样性时空格局研究[J]. 地理科学，2018，38（6）：979-986.

[61]　和娟，师学义，付扬军. 基于生态系统服务的汾河源头区域生态安全格局优化[J]. 自然资源学报，2020，35（4）：814-825.

[62]　曾黎，杨庆媛，杨人豪，等. 三峡库区生态屏障区景观格局优化：以重庆市江津区为例[J]. 生态学杂志，2017，36（5）：1364-1373.

[63]　Dong R C，Zhang X Q，Li H H. Constructing the ecological security pattern for sponge city：A case study in Zhengzhou，China[J]. Water，2019，11（2）：284.

[64]　苏珍来. 河池市国土空间生态安全格局构建研究[D]. 南宁：南宁师范大学，2020.

[65]　刘双嘉. 基于生态系统服务供需与生境质量的京津冀生态安全格局构建研究[D]. 保定：河北农业大学，2021.

[66]　Li S C，Xiao W，Zhao Y L，et al. Incorporating ecological risk index in the multi-process MCRE model to optimize the ecological security pattern in a semi-arid area with intensive coal mining：A case study in northern China[J]. Journal of Cleaner Production，2020，247：119143.

[67]　魏家星，张昱镇，连紫璇，等. 基于生态供需空间的区域生态安全格局构建研究：以苏南城市群为例[J]. 长江流域资源与环境，2022，31（2）：387-397.

[68]　韩斐雪. 基于生态系统服务供需的江苏省生态安全格局研究[D]. 徐州：中国矿业大学，2020.

[69]　Jiang H，Peng J，Dong J Q，et al. Linking ecological background and demand to identify ecological security patterns across the Guangdong-Hong Kong-Macao Greater Bay Area in China[J]. Landscape Ecology，2021，36：2135-2150.

[70]　Zhang C，Li J，Zhou Z X，et al. Application of ecosystem service flows model in water security assessment：A case study in Weihe River Basin，China[J]. Ecological Indicators，2021，120：106974.

[71]　张豆，渠丽萍，张桀滈. 基于生态供需视角的生态安全格局构建与优化：以长三角地区为例[J]. 生态学报，2019，39（20）：7525-7537.

[72]　王慧. 县域生态安全格局关键地段识别研究[D]. 徐州：中国矿业大学，2018.

第 21 章　南方红壤区侵蚀性雨量标准及降雨侵蚀力时空变化

在流域侵蚀性雨量标准的确定下计算流域降雨侵蚀力，分析降雨侵蚀力在长时间序列下的时间变化特征，包括年际变化、突变年份以及降雨侵蚀力在季节、汛期、非汛期的变化，在空间上主要分析降雨侵蚀力整体的空间分布、变化趋势以及在四季中的空间变化趋势特征。

21.1　研　究　方　法

1. 降雨侵蚀力模型

本文采用第一次全国水利普查水土保持专项普查使用的章文波等[1]日降雨侵蚀力估算方程，该方法在中国南方降水丰沛的地区表现较好、计算精度相对较高[2-3]。具体计算公式如下：

$$R = \alpha \sum_{i=1}^{k} D_j^{\beta} \tag{21-1}$$

$$\beta = 0.8363 + 18.144 / P_{d12} + 24.455 / P_{y12} \tag{21-2}$$

$$\alpha = 21.586 \beta^{-7.1891} \tag{21-3}$$

式中，R 为第 i 个半月的降雨侵蚀力因子[单位：MJ·mm/(hm²·h)]；k 为半月的天数，D_j 为半月内第 j 天的侵蚀性日雨量；α，β 为模型参数，根据区域的降水量确定。半月时段的划分方法是以每月的 1~15d 作为第一个半月，余下的天数作为第二个半月。P_{d12} 是日雨量大于侵蚀性降雨标准的日平均雨量，P_{y12} 是日雨量大于侵蚀性降雨标准的年平均雨量。

2. 研究方案设计

河流下游输沙量与流域土壤侵蚀密切相关，是反映区域土壤侵蚀与流失状况的重要指标[3]。基于土壤侵蚀与降雨特征的关系及响应理论，采用逆推思维的方法，通过计算分析河流输沙量与流域降雨侵蚀力的关系，分析南流江流域侵蚀性雨量。即，以南流江流域日雨量分别为≥10mm、≥12mm、≥15mm、≥20mm、≥25mm、≥30mm、≥35mm、≥40mm 和≥50mm 作为 9 种不同级别雨量标准，结合下游常乐水文站 1961~2018 年观测的输沙量，计算分析不同级别雨量下降雨侵蚀力与流域输沙量的相关性，以最大相关性为原则，分析和选取流域侵蚀性雨量标准。

21.2　流域侵蚀性雨量标准的确定

我国学者在应用日降雨量方法计算降雨侵蚀力时，通常采用 12mm 作为侵蚀性降雨标准，然而由于不同区域间地形地貌、土壤和植被等地表环境的差异性以及降雨量、降雨历时和强度的不同，甚至同一地区不同的试验观测点或不同的计算原理与方法，其结果也存在一定程度的不一致性或区域的差异性[4]。为此，国内外学者们就不同地理环境下区域侵蚀性降雨开展了大量工作[5-6]，但针对广西红壤和砖红壤区的侵蚀性降雨标准及降雨侵蚀力的研究尚鲜有报道。南流江流域是广西典型红壤和亚热带生态系统水土保持的重要区域之一。近年来，随着全球环境变化以及北部湾经济区的不断发展、森林转型（林权改革）等影响，流域内降水空间分异大、土地覆被变化强烈，亟须开展南流江流域降雨侵蚀力的时空分异特征研究[7]。在没有侵蚀实测数据的前提下，基于气象数据计算的降雨侵蚀力关键在于侵蚀性降雨的拟定。而对于没有试验样区和长时序观测数据的广西沿海红壤-砖红壤区，如何选取南流江流域的侵蚀性降雨标准是一个值得深思和讨论的问题。为此，本章拟利用南流江流域日降雨资料和泥沙观测数据，初步探讨南流江流域侵蚀性降雨，分析流域内多年平均降雨侵蚀力及其空间分布及变化趋势状况，旨在为广西沿海红壤-砖红壤区土壤侵蚀评价研究及环境管理工作等提供科学依据。

本章以南流江流域 1961～2018 年常乐站的日降雨数据为基础，基于河流输沙量和降雨侵蚀力的相互作用关系，分析流域在不同雨量标准下降雨侵蚀力与下游输沙量的相关性，结合下游常乐水文站 1961～2018 年观测的输沙量，计算分析不同级别雨量下降雨侵蚀力与流域输沙量的相关性，阐明在长时间序列内流域降雨侵蚀力的变化。

由图 21-1 可知，9 种不同级别日雨量标准计算获得的降雨侵蚀力与南流江下游输沙量的相关系数差异性不大。日雨量在 10～20mm 时，根据日降雨量计算得到的年降雨侵蚀力与常乐站年输沙量的相关系数逐渐增大；日雨量在 20～50mm 时，随日雨量的增大，降雨侵蚀力与输沙量的相关系数逐渐减弱。在日降雨量为≥20mm 时，降雨侵蚀力与输沙量的相关系数相对最高，约为 0.773，日降雨量为≥25mm 时，两者的相关系数次之，约为 0.758，日降雨量为≥50mm 时，其相关系数最低（约为 0.727）。当选用全国侵蚀性降雨标准（日降雨量≥12mm）计算时，降雨侵蚀力与输沙量的相关系数为 0.747。

从降雨侵蚀力（日降雨量≥20mm 作为流域的侵蚀性雨量）与 1961～2018 年下游常乐站输沙量的变化曲线对比来看（图 21-2），两者变化曲线大体一致，土壤侵蚀除受降雨量、降雨强度、降雨时间等因素影响外，还受植被覆盖变化及坡度坡长等的影响，当降雨达到一定的程度后，才形成径流冲刷地表，破坏土壤表层发生侵蚀，而降雨量的变化影响着流入河道的输沙量变化，界定是否发生侵蚀的降雨阈值至关重要。因此，把引起南流江流域土壤流失的侵蚀性降雨标准定义为日降雨量≥20mm 的单次降雨量较合适。此结果与卢程隆等[8]以闽东南为研究区的侵蚀性降雨量一致，也与王万中等[9]对南方地区进行详细的研究得出年降雨侵蚀力主要是由≥20mm 日降雨构成的结论相一致。

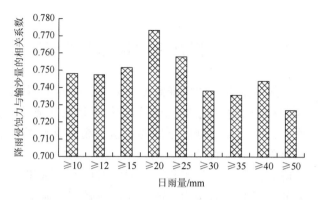

图 21-1　1961～2018 年南流江流域不同日雨量标准下降雨侵蚀力与常乐站输沙量的相关系数

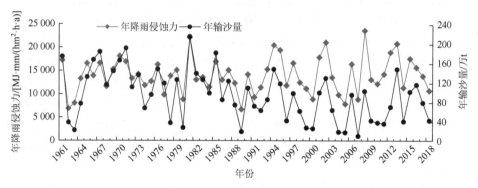

图 21-2　1961～2018 年南流江流域降雨侵蚀力与常乐站输沙量的变化曲线

降雨侵蚀力与土壤流失密切相关，且呈正相关性，而侵蚀性降雨标准是计算和分析区域降雨侵蚀力的基础，河流输沙量又是反映区域土壤侵蚀与流水的重要指标之一。在缺乏径流试验小区和水土保持监测数据的情况下，利用河流输沙量和降雨侵蚀力的相关性，逆推分析估算流域侵蚀性雨量在一定程度上是可行的。如钟莉娜等[10]利用降雨侵蚀力与河流输沙量的关系，结合实地试验观测结果，分析和讨论了不同降雨侵蚀力简易模型在黄土丘陵沟壑区应用的差异性。广西沿海红壤-砖红壤区长期缺乏土壤侵蚀监测数据，尤其是南流江流域并没有设置或建设径流试验小区。在此情况下，本章基于逆推思维，利用流域下游泥沙观测数据与降雨侵蚀力的关系，初步确定南流江流域侵蚀性雨量标准约为 20mm，这与其他学者在相近红壤区的研究结果相似，如广东五华县人工林灌草地侵蚀性雨量标准为 19.9～27.8mm[11]；赣北红壤区侵蚀性雨量标准为 16.2mm[12]；云南玉溪红壤区侵蚀性雨量标准为 15～25mm[13]；福建东南地区侵蚀性降雨为次降雨量≥20mm[8]；我国南方地区对年降雨侵蚀力影响较大的是日雨量≥20mm 的降雨[11-14]。可见，相对于全国日雨量 12mm 作为侵蚀性降雨标准，选取日雨量≥20mm 作为南流江流域侵蚀性降雨标准能更合理、客观地反映区域降雨侵蚀力状况。

本章研究是在没有试验样区和长时序观测数据的无奈之下的一种尝试，结果表明基于河流输沙量确定的南流江流域侵蚀性降雨标准应该大于或等于 20mm 在一定程度上是可以接受的，当然，单纯基于河流下游泥沙观测数据与降雨侵蚀力的关系逆推流域侵蚀性雨量标准是在无试验小区观测的前提下的一种假设和尝试，研究过程和方法的适用性仍需要更多的实地验证与观测，同时下游常乐站集雨面积占研究区面积的 71%，使得研究结果可能存在较大的不确定性。因此，今后应建立区域径流试验小区和加大长时序、多水文径流泥沙野外观测与水文过程记录。

21.3　降雨侵蚀力的时间变化特征

21.3.1　降雨侵蚀力年际变化及突变

1961～2018 年南流江流域平均降雨侵蚀力为 14 007.5MJ·mm/(hm²·h·a)，介于 6 712.0～23 559.3MJ·mm/(hm²·h·a)，变异系数 CV 为 0.274。年降雨侵蚀力总体上呈波动增加的趋势，增速为 228.9MJ·mm/(hm²·h·a)/10a（图 21-3），从 5 年滑动平均曲线来看，将流域 58 年的降雨侵蚀力变化划分为四个阶段：1961～1971 年流域年降雨侵蚀力波动不大呈缓慢增加趋势；1972～1989 年，降雨侵蚀力呈波动下降趋势；1990～2005 年降雨侵蚀力波动弱增；2006～2018 年也呈增加趋势，振幅达 9 551.8MJ·mm/(hm²·h·a)。从降雨侵蚀力与降雨量的变化来看，两者的变化趋势一致，相关系数达 0.972，在 0.01 的置信度极显著性水平。流域内多年平均降雨为 1 738.9mm，介于 1 123.0～2 470.4mm，增速为 17.8mm/10a，变异系数 CV 为 0.185，相比降雨侵蚀力的波动幅度较平缓。

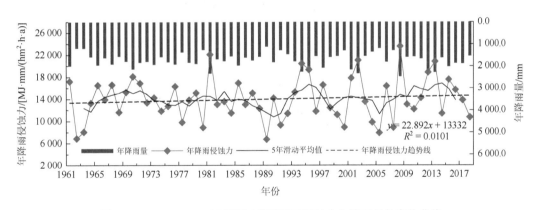

图 21-3　1961～2018 年南流江流域降雨侵蚀力与降雨量的变化曲线

运用累积距平方法，可将降雨侵蚀力的变化趋势分为五个阶段：呈上升趋势的区间为 1961～1971 年、1993～2002 年和 2008～2018 年；呈下降趋势的区间为 1972～1992 年和 2003～2007 年。由图 21-4（a）中可知，其结果与 5 年滑动平均曲线的变化趋势相似，因此，在 1971 年、1992 年、2002 年、2008 年流域降雨侵蚀力可能会存在突变点。

采用 Mann-Kendall（MK）法对 1961～2018 年流域降雨侵蚀力做趋势检验，如图 21-4（b）所示，根据 UF 统计量曲线，大多数年份的 R 值多处于正值，UF 统计值大于 0，但没有通过 0.05 置信度，表明其降雨侵蚀力总体上呈增加趋势，但趋势不明显。统计对 1971 年、1992 年、2002 年、2008 年这 4 个突变点做进一步检验，分析发现南流江流域降雨侵蚀力在两条显著性水平线内 UF 和 UB 曲线间存在 6 个交点，分别为 1964 年、

1974 年、1976 年、1981 年、2006 年、2008 年，与累积距平法分析的突变点相比，其在 1971 年、1992 年、2002 年并没有交点，但在 2008 年存在交点。因此，结合这两种突变分析法表明，南流江流域降雨侵蚀力在 2008 年出现突变。

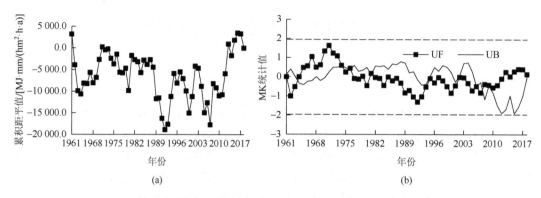

(a)　　　　　　　　　　　　　　(b)

图 21-4　1961～2018 年南流江流域降雨侵蚀力累积距平曲线（a）和 MK 突变曲线（b）

21.3.2　降雨侵蚀力季节和汛期、非汛期变化

以四季、汛期和非汛期为时段对流域 58 年的降雨侵蚀变化进行趋势分析。根据流域气候及降雨特征，将每年的 3～5 月划分为春季，6～8 月划分为夏季，9～11 月划分为秋季，12 月至第二年 2 月划分为冬季；4～9 月为汛期，10 月～第二年 3 月为非汛期。

南流江流域季节降雨侵蚀力变化各不同，秋季、夏季降雨侵蚀力波动较大呈上升趋势，春季、冬季波动较平缓（图 21-5）。1961～2018 年，流域春、夏、秋、冬各季节多年平均降雨侵蚀力分别为 3 250.5MJ·mm/(hm^2·h·a)、7 896.0MJ·mm/(hm^2·h·a)、2 314.0MJ·mm/(hm^2·h·a)、546.9MJ·mm/(hm^2·h·a)，降雨侵蚀力主要发生在春、夏两季，共占多年平均比重的 79.58%（春季 23.21%，夏季 56.37%），秋、冬季分别占全年比重的 16.52%、3.90%。

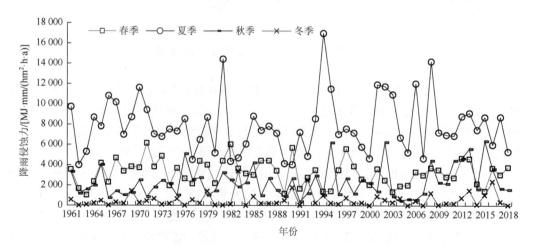

图 21-5　1961～2018 年南流江流域降雨侵蚀力季节变化曲线图

从汛期和非汛期时段变化来看（图 21-6），流域汛期多年平均值为 12 210.9MJ·mm/(hm²·h·a)，占流域多年平均值的 87.17%，当年比重介于 64.4%～97.3%。流域汛期的降雨量多年平均值为 1404.0mm，占多年平均值的 80.7%，当年比重介于 60.6%～91.0%。可见，降雨侵蚀力和降雨量在年内的分配比例大体上保持一致，汛期的降雨量是引起流域降雨侵蚀力变化的主要原因。

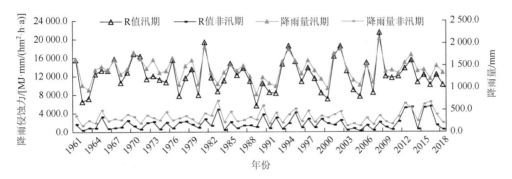

图 21-6　1961～2018 年南流江流域降雨侵蚀力和降雨量汛期、非汛期变化曲线图

21.4　降雨侵蚀力的空间变化特征

21.4.1　降雨侵蚀力整体空间格局变化特征

依据南流江流域 1961～2018 年的日降雨数据计算各自年份的降雨侵蚀力，结合 ArcGIS 软件中的克里金法得到流域内 58 年平均降雨侵蚀力和平均降雨量的空间分布示意图（图 21-7）。

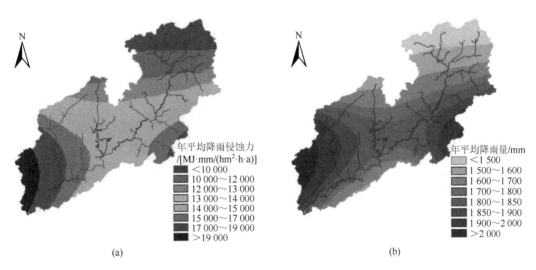

(a)　　　　　　　　　　　　　　　　　　(b)

图 21-7　1961～2018 年南流江流域年平均降雨侵蚀力（a）和年平均降雨量（b）空间分布示意图
（后附彩图）

流域年降雨侵蚀力的空间分布大致从东北向西南方向递增的趋势。流域在上游内陆东北部的降雨侵蚀力较小，其中玉林、北流地区的降雨侵蚀力最小的在 10 000MJ·mm/(hm²·h·a) 以下，流域在下游沿海西南部的降雨侵蚀力较大，其中在合浦、常乐地区尤为明显，R 值达到 19 000MJ·mm/(hm²·h·a) 以上。流域年均降雨侵蚀力和年均降雨量的空间分布大体上一致，主要表现为从东北部的 1 500mm 以下逐渐上升到西南部的 2 000mm 以上，但在博白地区降雨量发生转变，达到 1 900mm 以上，可以看出，降雨量的强弱中心点和降雨侵蚀力的高低值区基本吻合。

21.4.2 降雨侵蚀力空间变化趋势分析

流域内各气象站点的降雨侵蚀力的 MK 值大部分都大于 0，在浦北及常乐部分地区小于 0，但整个流域的降雨侵蚀力趋势系数的均值|Z|<1.96，因此总体上流域呈现不显著的增长趋势［图 21-8（a）］。Z 值在合浦部分地区有一个高值区，达到 1.931，接近 0.05 的置信度（|Z|>1.96），其增长趋势较明显，可能是位于下游临海口容易受到台风暴雨等天气的影响；在浦北、常乐地区存在低值区，其呈现不显著的下降趋势，这可能是中上游暴雨发生的频次相较下游的少和 2000 年以来地表植被发生变化有关。流域内大部分地区的 R 值表现为增长趋势，应加强流域内的水土保持工作，尤其重点关注合浦地区。

从流域 58 年内降雨侵蚀力变异系数的空间分布［图 21-8（b）］来看，流域内的降雨侵蚀力变异系数差异不大，介于 0.32～0.37。其中在常乐及灵山东部地区变异系数存在高值中心区，处于 0.35～0.37，可能是由于在流域西部（灵山和浦北周围）连着六万大山，山区地形起伏大，加之降雨量不稳定，R 值在年际间变动大，因此变异系数相对较高；而其他地区地势较为平缓，R 值变化波动较小，其变异系数较低。

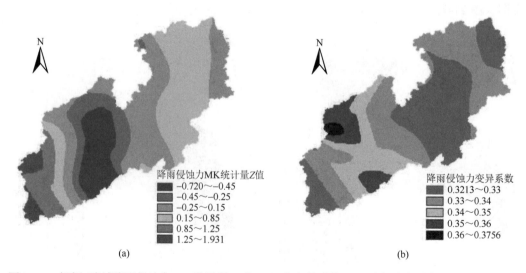

降雨侵蚀力MK统计量Z值
- −0.720～−0.45
- −0.45～−0.25
- −0.25～0.15
- 0.15～0.85
- 0.85～1.25
- 1.25～1.931

降雨侵蚀力变异系数
- 0.3213～0.33
- 0.33～0.34
- 0.34～0.35
- 0.35～0.36
- 0.36～0.3756

(a) (b)

图 21-8 南流江流域降雨侵蚀力 MK 统计量 Z 值（a）和变异系数（b）空间分布示意图（后附彩图）

从流域四季的降雨侵蚀力 MK 统计量 Z 的空间分布来看（图 21-9），各季节的降雨侵蚀力的变化趋势差异明显，流域在春季绝大部分地区的 Z 值大于 0，但 R 值整体上表现为不显著的增加趋势，且在合浦地区存在高值区，Z 值达到 1.39，R 值呈不显著的增加趋势，在浦北地区的降雨侵蚀力表现为不显著的降低趋势［图 21-9（a）］；夏季整个流域的 MK 统计量 Z 均值大于 0，表明降雨侵蚀力总体上呈不显著的增加趋势，在浦北和常乐等地区存在 Z 统计量的低值中心，最低为 -1.50，其 R 值呈不显著的减弱趋势；在秋季，玉林、北流、常乐地区的 Z 值小于 0，降雨侵蚀力表现为不显著的减弱趋势，其他地区均呈不显著的升高趋势；冬季在整体上由流域的东北和西南方向向东南方向递增，仅在博白部分地区存在一个 Z 值的高值区，呈不显著的增加趋势，其余地区均呈现不显著的下降趋势，因此在冬季整个流域内呈不显著的下降趋势。

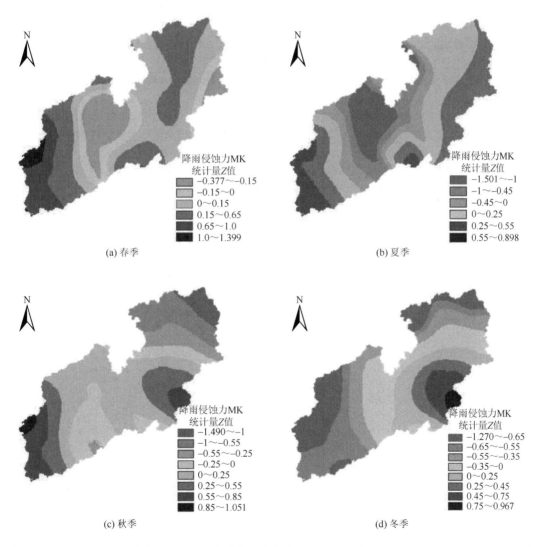

图 21-9　南流江流域春（a）、夏（b）、秋（c）、冬（d）季降雨侵蚀力 MK 统计量 Z 值空间分布示意图
（后附彩图）

参 考 文 献

[1] 章文波, 谢云, 刘宝元. 利用日雨量计算降雨侵蚀力的方法研究[J]. 地理科学, 2002, 22 (6): 705-711.

[2] 赖成光, 陈晓宏, 王兆礼, 等. 珠江流域 1960—2012 年降雨侵蚀力时空变化特征[J]. 农业工程学报, 2015, 31 (8): 159-167.

[3] 李林育, 王志杰, 焦菊英. 紫色丘陵区侵蚀性降雨与降雨侵蚀力特征[J]. 中国水土保持科学, 2013, 11 (1): 8-16.

[4] 谢云, 刘宝元, 章文波. 侵蚀性降雨标准研究[J]. 水土保持学报, 2000, 14 (4): 6-11.

[5] 张兴刚, 王春红, 程甜甜, 等. 山东省药乡小流域侵蚀性降雨分布特征[J]. 中国水土保持科学, 2017, 15 (1): 128-133.

[6] Wischmeier W H, Smith D D. Rainfall energy and its relationship to soil loss[J]. Transactions American Geophysical Union, 1958, 39 (2): 285-291.

[7] 谢坤坚, 卢远, 蔡卓杰, 等. 广西降雨侵蚀力时空变化分析[J]. 中国水土保持, 2016 (12): 50-53, 69.

[8] 卢程隆, 黄炎和, 李荣源, 等. 闽东南花岗岩侵蚀区的土壤侵蚀与治理I. 降雨参数对土壤侵蚀的影响[J]. 福建农学院学报, 1989 (4): 504-509.

[9] 王万中, 焦菊英, 郝小品, 等. 中国降雨侵蚀力 R 值的计算与分布 (II) [J]. 土壤侵蚀与水土保持学报, 1996 (1): 29-39.

[10] 钟莉娜, 王军, 赵文武. 基于修正简易模型的陕北黄土丘陵沟壑区降雨侵蚀力分布特征[J]. 中国水土保持科学, 2016, 14 (5): 8-14.

[11] 黄俊, 亢庆, 金平伟, 等. 南方红壤区坡面次降雨产流产沙特征[J]. 中国水土保持科学, 2016, 14 (2): 23-30.

[12] 汪邦稳, 方少文, 宋月君, 等. 赣北第四纪红壤区侵蚀性降雨强度与雨量标准的确定[J]. 农业工程学报, 2013, 29 (11): 100-106.

[13] 林春蕾, 王克勤, 陈若君, 等. 玉溪市尖山河流域侵蚀性降雨的特征[J]. 水土保持通报, 2018, 38 (1): 235-240.

[14] 王万中, 焦菊英, 郝小品, 等. 中国降雨侵蚀力 R 值的计算与分布 (I) [J]. 水土保持学报, 1995 (4): 5-18.

第 22 章　南流江流域土壤侵蚀特征分析

22.1　修正的通用土壤流失方程

1. 降雨侵蚀力因子（R）

降雨侵蚀力因子详见 21.1 节，此处不再赘述。

2. 土壤可蚀性因子（K）

土壤可蚀性因子（soil erosibility，K）是指土壤对侵蚀的敏感性，在外营力作用下对土壤团粒的破坏、搬移的难易程度，反映了土壤的抗侵蚀性。我国在 20 世纪 90 年代初开始采用国外较成熟的经验公式计算 K 值，其中以采用 Sharpley 等提出的 EPIC 公式[1]居多。该模型主要是通过土壤中的有机碳含量及土壤机械组成来估算 K 值，数据易获，实验操作易简单。本章引用 EPIC 公式计算流域内不同土壤类型的可蚀性，公式如下：

$$K = \left\{ 0.2 + 0.3\exp^{\left[-0.0256\text{SAN}\left(1 - \text{SIL}/100 \right) \right]} \right\} \times \left[\text{SIL} \middle/ (\text{CIA} + \text{SIL}) \right]^{0.3} \times \{1 - 0.25Q / [Q + \exp^{(3.72 - 2.95Q)}]\} \times$$

$$\left\{ 1 - 0.75\left(1 - \text{SAN}/100 \right) \middle/ \left[\left(1 - \text{SAN}/100 \right) + \exp^{\left[-5.51 + 22.9\left(1 - \text{SAN}/100 \right) \right]} \right] \right\} \tag{22-1}$$

式中，SAN 为砂粒，SIL 为粉粒，CIA 为黏粒，Q 为有机碳含量（单位：%），K 值为美制单位。为了后续的计算方便，需将 K 值转换，即乘以 0.1317，转换为国际单位 $t \cdot hm^2 \cdot h/(hm^2 \cdot MJ \cdot mm)$。

首先根据《广西土壤》中矢量化获取南流江流域的土壤亚类，再从《广西土种志》和中国土壤数据库中选择距离流域较近的同种土壤亚类的土壤剖面数据（表层 20cm），得到 7 种土壤亚类的 28 个剖面数据，取其平均值作为流域 7 种土壤类型的土壤机械组成和有机质含量。

3. 坡长坡度因子（LS）

坡长坡度因子统称为地形因子（LS），是反映地貌对土壤侵蚀的作用程度，一般地，地形越高的地区愈容易发生侵蚀，当地形达到一定的高度时，侵蚀会降低，地形与侵蚀的关系类似于倒 "U" 型。南流江流域西北部连着六万大山，东部与云开大山相邻，南部为低丘平原，河流独流入北部湾，地形落差相对较大，因此若引用 RUSLE 中坡度因子的计算将会与流域的实际状况不符。因此本章引用刘斌涛等[2]在 2015 年提出的在西南土石山区对坡度因子的计算方法。坡长因子则采用由 Weschmeier 和 Smith 提出、由刘元宝修正的坡长公式进行计算[3]。

$$S = \begin{cases} 10.8\sin\theta + 0.03, & \theta \leqslant 1° \\ 16.8\sin\theta - 0.50, & 1° < \theta \leqslant 3° \\ 20.204\sin\theta - 1.2404, & 3° < \theta \leqslant 5° \\ 29.585\sin\theta - 5.6079, & \theta > 5° \end{cases} \tag{22-2}$$

$$L = \left(\frac{\lambda}{22.1}\right)^{m} \tag{22-3}$$

$$m = \begin{cases} 0.2, & \theta \leqslant 1° \\ 0.3, & 1° < \theta \leqslant 3° \\ 0.4, & 3° < \theta \leqslant 5° \\ 0.5, & \theta > 5° \end{cases} \tag{22-4}$$

式中，S 为坡度因子，θ 为坡度值；L 为坡长因子，λ 是水平投影坡长，m 为坡长指数。

将流域的 DEM 进行填洼，采用 ArcGIS 软件中"坡度"工具计算出坡度值。由于计算出的坡度是以角度为单位，而公式中的坡度是以弧度为单位，因此代入上述公式时需要进行转化。运用 ArcGIS 软件中栅格计算器计算得到 LS。

4. 植被覆盖与管理因子（C）

植被覆盖与管理因子是指在外界条件同等的情况下，特定地物或植被覆盖下的土壤流失量相较无覆盖的裸地流失量的比例，反映了地表植被抵抗侵蚀的能力强弱，其值在 $0\sim1$，高植物覆盖度为 0，无覆盖则为 1[4]。归一化植被覆盖指数能很好地反映地表的植被覆盖情况，本章将采用蔡崇法等[5]提出的植被覆盖度与 C 值的关系式来计算流域的植被覆盖与管理因子情况，计算公式如下：

$$f = \frac{\mathrm{NDVI} - \mathrm{NDVI}_{\min}}{\mathrm{NDVI}_{\max} - \mathrm{NDVI}_{\min}} \tag{22-5}$$

$$C = \begin{cases} 0, & f \geqslant 78.3\% \\ 0.6508 - 0.3436\lg f, & 0 < f < 78.3\% \\ 1, & f = 0 \end{cases} \tag{22-6}$$

式中，f 为植被覆盖度；C 为植被覆盖与管理因子；NDVI 为归一化植被覆盖指数；$\mathrm{NDVI}_{\max}$ 和 $\mathrm{NDVI}_{\min}$ 分别为流域 NDVI 的最大值和最小值。

5. 水土保持措施因子（P）

水土保持措施因子是指在采取了水土保持措施之后，土壤流失量相较顺坡种植的土壤流失的比值。P 因子无量纲，其取值范围为 $0\sim1$，值越小表明水土保持措施效果越好[6]。黄杰总结了我国在估算 P 因子时主要有五种方法：小区试验法，美国农业部手册查询法，RS 和 GIS 结合的提取法，通用水土流失方程的反求法以及经验模型法。本章是结合遥感和 GIS 技术进行解译来获取流域的土地利用类型，参考已有的研究成果[2]，根据不同的土地利用类型赋予 P 值，将 P 值录入图层，作为属性以栅格的形式显示。

22.2　土壤侵蚀因子

　　根据南流江流域 8 个气象站点的逐日降雨量数据，结合式（21-1）至式（21-3）计算各站点的降雨侵蚀力（侵蚀性降雨标准取日降雨量≥20mm），采用克里金空间差值法得到流域相对应年份的降雨侵蚀力分布图。根据式（22-1）得到流域土壤可蚀性空间分布图 22-1（a），流域的土壤可蚀性范围介于 0.0162～0.0317，不同土壤类型的可蚀性强弱为：黄壤＞潮土＞红壤＞紫色土＞水稻土＞赤红壤＞砖红壤；根据式（22-2）至式（22-4），得到流域坡长坡度因子［图 22-1（b）］，流域的地形因子值在介于 0.047～43.041，在中上游河段的地形相对较高，特别是在浦北和灵山部分地区，地形起伏较大；利用 Landsat8 影像，经过几何校正、大气校正、拼接裁剪等预处理过程，结合式（22-5）和式（22-6），得到流域植被覆盖与管理因子［图 22-1（c）］；基于遥感影像预处理分别解译流域在 1990 年、2000 年、2010 年、2015 年的土地利用数据，分析比较确定 P 值（表 22-1），以空间形式表示如图 22-1（d）所示。

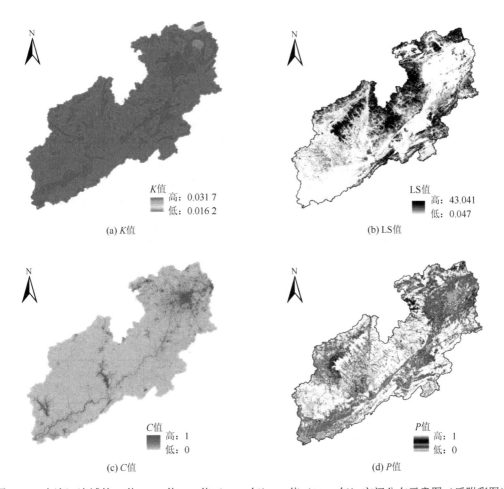

　　(a) K值　　　　　　　　　　　　　(b) LS值

　　(c) C值　　　　　　　　　　　　　(d) P值

图 22-1　南流江流域的 K 值、LS 值、C 值（2015 年）、P 值（2015 年）空间分布示意图（后附彩图）

应用修正的通用水土流失方程模拟南流江流域的土壤侵蚀空间分布特征，通过分析流域的土壤侵蚀在时间和空间上的变化特征及侵蚀的冷热点分析，探讨不同类型侵蚀的分布与演变规律，为了深入细化了解流域在不同情况下的侵蚀特征，分析流域在不同的市（县）区、不同海拔的侵蚀热点分布特征，以期为管理部门采取有针对性的水保措施提供参考。

表 22-1　南流江流域不同土地利用类型 *P* 值

土地利用类型	*P* 值	土地利用类型	*P* 值
工矿用地	0.4	水田	0.01
城乡居民用地	0.005	旱地	0.1
草地	1	河流/水系	0
灌木林	1	未利用地	0.4
疏林地	1	园地	0.2
有林地	1		

22.3　土壤侵蚀时间变化特征

将各因子代入土壤侵蚀公式中，依据《土壤侵蚀分类分级标准》（SL 190—2007）对南方红壤丘陵区水蚀的等级划分，得到流域在 1990～2015 年的土壤侵蚀统计表。由表 22-2 可知，流域在 1990 年、2000 年、2010 年、2015 年的土壤侵蚀模数分别为 382.21t/(km²·a)、149.62t/(km²·a)、413.56t/(km²·a)、395.06t/(km²·a)，土壤侵蚀总量为 352.14 万 t、142.40 万 t、381.03 万 t、363.98 万 t，整体呈现快速减小再急剧增加到小幅降低的趋势。各年份的侵蚀主要是以发生微度侵蚀为主，其次为轻度侵蚀，两者面积占总面积的 96%～98% 以上，在 2000 年微度侵蚀面积达到最高为 96.28%。在研究期间，微度侵蚀面积呈先增后降再缓慢增加的变化趋势；剧烈侵蚀的面积有所增长，呈快速增加再缓慢减少的趋势，且在 1990～2000 和 2001～2010 年剧烈侵蚀面积的增长幅度明显，增加率分别为 387.46% 和 297.58%；其余侵蚀强度的面积总体上均呈现为先降后升再减少的趋势。

表 22-2　1990～2015 年流域土壤侵蚀统计

	面积/km² （比例/%）				1990～2000 年面积变化/km²	2000～2010 年面积变化/km²	2010～2015 年面积变化/km²
	1990 年	2000 年	2010 年	2015 年			
微度侵蚀	7 653.25 (83.07)	8 869.14 (96.28)	8 445.81 (91.67)	8 828.19 (95.82)	1 215.89	−423.33	382.38
轻度侵蚀	1 212.95 (13.17)	255.78 (2.78)	477.52 (5.18)	185.4 (2.01)	−957.17	221.74	−292.12
中度侵蚀	238.77 (2.59)	40.64 (0.44)	112.78 (1.22)	61.54 (0.67)	−198.13	72.14	−51.24

续表

	面积/km² (比例/%)				1990～2000 年面积变化/km²	2000～2010 年面积变化/km²	2010～2015 年面积变化/km²
	1990 年	2000 年	2010 年	2015 年			
强烈侵蚀	73.66 (0.80)	14.3 (0.14)	51.72 (0.56)	34.11 (0.37)	−59.36	37.42	−17.61
极强烈侵蚀	30.5 (0.33)	13.49 (0.15)	46.5 (0.50)	37.04 (0.40)	−17.01	33.01	−9.46
剧烈侵蚀	4.07 (0.04)	19.84 (0.22)	78.88 (0.86)	69.1 (0.75)	15.77	59.04	−9.78
土壤侵蚀模数/[t/(km²·a)]	382.21	149.62	413.56	395.06	—	—	—
土壤侵蚀总量/10⁴t	352.14	142.40	381.03	363.98	—	—	—

为了更进一步了解时间尺度上不同侵蚀类型之间的变化情况，将各年份的侵蚀数据进行叠加分析，统计得到年份间不同土壤侵蚀类型之间的面积转移矩阵，见表 22-3 至表 22-6。由表可知，南流江流域内土壤侵蚀不同等级之间具有相互转移的特点，并且主要以等级较强的侵蚀类型向等级较弱的侵蚀类型转移为主，以微度侵蚀的转移面积最稳定，达到 92.74%～98.72% 的转移比率。1990～2000 年、2010～2015 年、1990～2015 年均表现为微度侵蚀面积转入大于转出的特点，共转入面积分别为 1315.22km²、640.07km²、1382.07km²，不同土壤侵蚀等级均有 60%～80% 左右的面积转入到微度侵蚀，相应年份转出的面积分别是 98.32km²、260.69km²、209.25km²，主要转出到轻度、中度和剧烈侵蚀，且当年剧烈侵蚀的面积超半数以上是由微度侵蚀转入的。而在 2000～2010 年微度侵蚀面积则呈现为转出大于转入的特点，转出面积为 643.58km²，转入面积为 220.25km²，且主要转出到轻度和中度侵蚀，分别占转出面积的 64.58%、14.08%，其中，由微度侵蚀转出到剧烈侵蚀的面积占 2010 年剧烈侵蚀面积的 78.08%。整体上，南流江流域在 1990～2000 年和 2010～2015 年期间土壤侵蚀情况总体上好转，在 2000～2010 年则表现为"局部恶化，总体向好"的趋势。

表 22-3 1990～2000 年南流江流域不同土壤侵蚀类型面积转移矩阵

1990 年侵蚀类型	2000 年不同土壤侵蚀类型面积/km²						总计
	微度	轻度	中度	强烈	极强烈	剧烈	
微度	7 554.93	64.59	10.64	4.86	7.17	11.06	7 653.25
轻度	1 066.45	130.30	8.80	1.97	2.45	2.98	1 212.95
中度	176.52	45.57	10.59	2.16	1.39	2.53	238.76
强烈	49.88	11.71	7.35	2.19	1.00	1.53	73.66
极强烈	19.96	3.45	3.04	1.74	1.11	1.20	30.50
剧烈	2.41	0.24	0.23	0.27	0.37	0.55	4.07
总计	8 870.15	255.86	40.65	13.19	13.49	19.85	9 213.19

表 22-4　2000~2010 年南流江流域不同土壤侵蚀类型面积转移矩阵

2000 年侵蚀类型	2010 年不同土壤侵蚀类型面积/km²						总计
	微度	轻度	中度	强烈	极强烈	剧烈	
微度	8 225.56	412.54	90.64	40.45	38.36	61.59	8 869.14
轻度	175.78	53.60	14.45	5.26	3.30	3.39	255.78
中度	22.54	7.79	4.44	2.42	1.51	1.94	40.64
强烈	7.29	1.88	1.20	1.95	0.98	1.01	14.30
极强烈	6.73	1.09	1.14	0.62	1.30	2.61	13.49
剧烈	7.91	0.61	0.92	1.02	1.05	8.33	19.84
总计	8 445.81	477.52	112.78	51.72	46.50	78.88	9 213.20

表 22-5　2010~2015 年南流江流域不同土壤侵蚀类型面积转移矩阵

2010 年侵蚀类型	2015 年不同土壤侵蚀类型面积/km²						总计
	微度	轻度	中度	强烈	极强烈	剧烈	
微度	8 188.11	139.08	40.29	21.16	22.20	37.96	8 445.81
轻度	414.34	33.29	12.35	6.16	5.71	5.83	477.52
中度	91.55	6.79	4.18	2.69	2.77	4.84	112.78
强烈	39.93	2.51	1.85	1.48	1.75	3.11	51.72
极强烈	36.55	1.80	1.40	1.23	1.98	3.56	46.50
剧烈	57.70	1.93	1.49	1.39	2.63	13.79	78.88
总计	8 828.18	185.40	61.56	34.11	37.04	69.10	9 213.20

表 22-6　1990~2015 年南流江流域不同土壤侵蚀类型面积转移矩阵

1990 年侵蚀类型	2015 年不同土壤侵蚀类型面积/km²						总计
	微度	轻度	中度	强烈	极强烈	剧烈	
微度	7 443.87	110.69	29.53	15.66	17.62	35.75	7 653.25
轻度	1 088.35	63.82	22.49	11.76	11.87	14.64	1 212.95
中度	204.62	8.40	7.11	4.31	4.38	9.94	238.77
强烈	61.65	1.88	1.67	1.65	1.99	4.82	73.66
极强烈	24.64	0.55	0.68	0.61	1.03	2.98	30.50
剧烈	2.81	0.04	0.05	0.11	0.13	0.92	4.07
总计	8 825.94	185.40	61.54	34.11	37.04	69.10	9 213.20

22.4　土壤侵蚀的空间变化特征分析

22.4.1　流域土壤侵蚀的总体空间变化

从图 22-2 可知，南流江流域各年份在空间上侵蚀分异显著，侵蚀主要发生在流域的中上游山区林地，总体上呈现沿流域的桂东北—桂西北—桂西南逐渐减弱，极强烈侵蚀和剧烈侵蚀呈零散分布。玉林、博白、浦北一带地形相对较高，与六万大山和云开大山相连，在植被的覆盖作用下，侵蚀产生的泥沙在输移过程中受到不同作物的截流，降低了地表径流的携带能力，但在研究区内，桉树大面积种植，且大多种植在耕地、坡耕地和山区中，其采伐周期为 4～5 年，加上在生长过程中人为除草、修剪枝叶等人类活动的干扰，使得在桉树区容易发生侵蚀，如大容山、五皇山、云飞嶂山脉等林区或林场。而发生侵蚀较少的区域为较平坦的农耕区，如下游合浦三角洲地区。极强烈和剧烈零散分

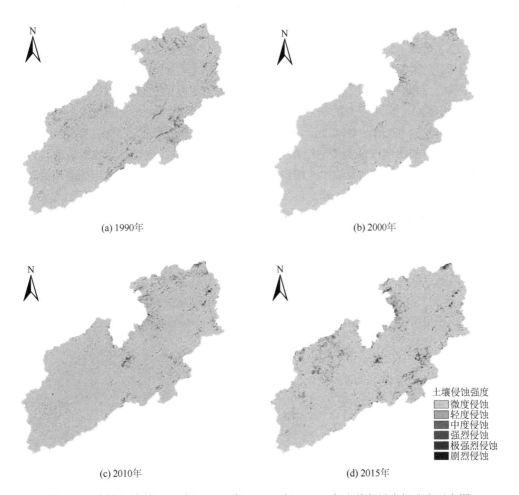

(a) 1990年　　　　　　　　　　　　　　　(b) 2000年

(c) 2010年　　　　　　　　　　　　　　　(d) 2015年

土壤侵蚀强度
微度侵蚀
轻度侵蚀
中度侵蚀
强烈侵蚀
极强烈侵蚀
剧烈侵蚀

图 22-2　南流江流域 1990 年、2000 年、2010 年、2015 年土壤侵蚀空间分布示意图

布主要是由短时间内的强降雨所引起，根据任世奇等[7]在广西南宁观测桉树林的穿透雨量的研究表明，当雨强为暴雨以上时，桉树林几乎全部转为林内降雨，如若在桉树采伐期和种植幼苗期发生暴雨极端天气，更加剧水土流失。

22.4.2　基于渔网的侵蚀强度热点分析

为了反映流域内侵蚀强度的空间演变情况，本章拟创建覆盖整个流域面积的 1.5km×1.5km 的渔网网格，并将流域 1990 年、2000 年、2010 年、2015 年各自的侵蚀分类进行面积的提取，统计各侵蚀强度的面积后再通过 ArcGIS 软件中的关联工具与渔网网格联系，而后采用空间统计工具中的热点分析工具来针对流域内不同年份中的侵蚀类型的空间变化进行分析。从置信度水平为 0.1、0.05 和 0.01 来判断流域在不同侵蚀强度的冷热点空间变化，其重点分析区域侵蚀的热点分布情况，以热点分析公式中 $Z<1.65$ 划分为过渡区，$1.65<Z<2.58$ 为次热点区，$Z>2.58$ 为热点区（即通过冷点 0.1、0.05、0.01 置信度和不显著的区域为过渡区，通过热点 0.1 和 0.05 置信度的区域为次热点，通过热点 0.01 置信度的区域为热点）。

由图 22-3 可知，1990 年、2000 年、2010 年、2015 年侵蚀热点分布地区大体上相似，在各年份不同侵蚀类型的热点分布上略有不同，侵蚀热点区主要发生流域的东北及东南部，在博白、玉林、浦北等地势较高的山区广为分布。从发生侵蚀热点的面积来看，2010 年南流江流域在极强烈、剧烈侵蚀的热点面积变化大于 1990 年、2000 年和 2015 年，热点区侵蚀面积分别为 54.08km^2、49.42km^2、63.84km^2，占流域总面积的 0.59%、0.54%、0.69%。从 1990~2015 年的不同侵蚀类型的空间变化来看，轻度侵蚀：侵蚀热点比较破碎，1990~2000 年发生侵蚀的热点区主要集中在博白及合浦部分地区，演变为 2010 年的陆川县和灵山县南部，2015 年的玉州区西部、浦北县等地区；中度侵蚀：侵蚀热点比较破碎，1990 年集中在兴业县、博白县东南部、合浦水库附近，演变为 2000~2010 年的玉州区西部、陆川北部、博白等地，到 2015 年扩大到浦北等地；强烈侵蚀：侵蚀热点从 1990 年的博白地区演变为 2000~2015 年的玉州区西部等地区，在 2010 年热点区零散分布有所扩大，到 2015 年侵蚀热点区相对减少；极强烈侵蚀：侵蚀热点从 1990~2000 年的玉州区西部，演变为 2010 年扩大到兴业县，到 2015 年侵蚀热点区相对减少；剧烈侵蚀：侵蚀热点区相对集中，从 1990 年的博白县演变为 2000~2010 年的玉州区西部及兴业县，在 2010 年热

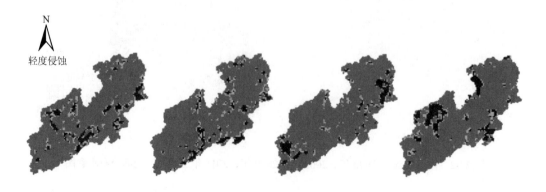

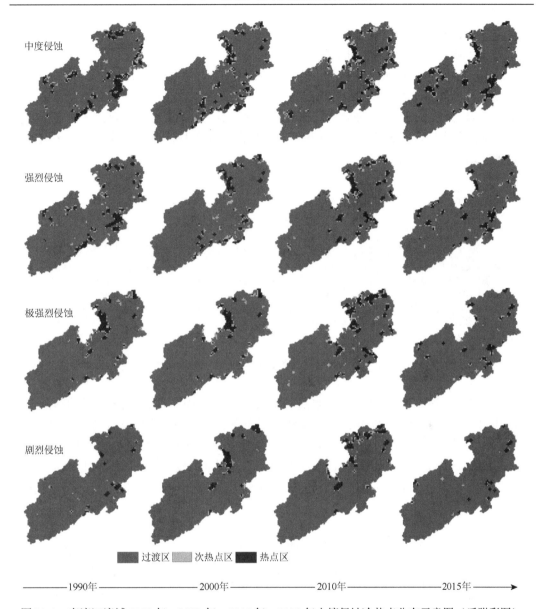

图 22-3　南流江流域 1990 年、2000 年、2010 年、2015 年土壤侵蚀冷热点分布示意图（后附彩图）

点区面积达到最大，到 2015 年剧烈侵蚀的热点区明显减少，零散分布在博白及北流等地。可以看出，在相对微弱的侵蚀如若不加以水土保持措施，长此以往下去可能会引发更加高强度的侵蚀，因此中度和强烈侵蚀的热点地区应多加重视。

22.4.3　基于不同市（县）区的侵蚀热点分析

将各年份的侵蚀热点分别与流域内的市（县）区进行叠加，统计得到各市（县）区内不同的侵蚀类型下的热点面积分布比例。从各市（县）区的热点和次热点的面积占比来看，流域在 1990～2015 年的侵蚀热点区聚集在上游的博白地区，次热点区在上游的玉林、兴业、陆川以及下游的浦北和灵山等地区广布。

从图 22-4 可知，1990 年博白地区不同侵蚀等级下的热点区侵蚀面积均为最大，在剧烈等级下的热点区侵蚀面积占比达到最高为 53.23%，在极强烈等级下的热点区侵蚀面积居第二，为 52.03%；其次，浦北地区在不同侵蚀等级下的热点区和次热点区均有不同程度的侵蚀面积占比，在轻度等级的次热点区面积占比最高为 29.95%；除钦州地区以外，其他地区均存在侵蚀热点。

	热点区	次热点区	热点区	次热点区	热点区	次热点区	热点区	次热点区	热点区	次热点区
兴业	2.07	6.09	10.78	8.65	9.07	7.77	8.99	11.18	5.32	8.73
北流	0.97	2.64	5.04	5.87	6.03	4.94	5.26	4.76	7.72	6.59
玉林	0.74	5.68	5.63	8.87	9.91	16.76	16.12	8.94	19.87	6.51
陆川	14.70	7.39	8.28	20.98	6.11	8.40	6.40	5.81	8.43	2.42
博白	42.35	32.04	47.36	31.32	49.51	38.01	52.03	44.16	53.23	45.08
浦北	22.57	29.95	10.90	15.42	7.32	16.66	3.22	13.41	2.21	15.00
灵山	6.06	8.82	4.70	7.08	5.76	3.50	4.01	6.71	1.10	13.53
钦州	0.00	0.00	0.00	0.00	0.00	0.00	0.00	0.00	0.00	0.00
合浦	10.53	7.39	7.31	1.82	6.30	3.96	3.97	5.02	2.12	2.14
	轻度		中度		强烈		极强烈		剧烈	

图 22-4　南流江流域 1990 年不同地区空间土壤侵蚀热点区和次热点区面积分布比例（单位：%）

从图 22-5 可知，2000 年的侵蚀热点仍然集中在博白地区，在中度等级下的热点区侵蚀面积占比达到最高为 47.40%，在强烈等级下的次热点区侵蚀面积占比达到最高为 63.34%；其次，玉林地区在极强烈和剧烈等级下的热点区侵蚀面积占比较高，分别为 42.32% 和 38.53%，其在不同的侵蚀等级下均有不同程度的侵蚀热点面积占比；浦北地区的侵蚀热点面积有所减少，除了钦州和灵山地区以外，其他地区均存在有不同程度的侵蚀热点面积占比。

	热点区	次热点区	热点区	次热点区	热点区	次热点区	热点区	次热点区	热点区	次热点区
兴业	5.09	7.15	10.99	7.14	16.64	9.61	10.18	9.82	5.98	2.42
北流	0.68	3.33	4.87	7.26	7.19	6.54	11.53	11.15	20.82	3.41
玉林	7.20	10.14	19.78	15.03	26.16	8.83	42.32	16.34	38.53	24.06
陆川	10.61	11.13	4.39	2.67	3.21	2.22	2.52	4.39	0.00	3.61
博白	44.89	37.31	47.40	51.74	33.47	63.34	26.57	42.04	30.36	59.55
浦北	11.52	19.21	4.32	6.67	6.18	1.94	5.36	13.86	4.29	6.35
灵山	0.00	0.27	0.00	0.00	0.00	0.00	0.00	0.00	0.00	0.00
钦州	0.00	0.00	0.00	0.00	0.00	0.00	0.00	0.00	0.00	0.00
合浦	20.01	11.45	8.24	9.48	7.15	7.52	1.53	2.39	0.02	0.60
	轻度		中度		强烈		极强烈		剧烈	

图 22-5　南流江流域 2000 年不同地区空间土壤侵蚀热点区和次热点区面积分布比例（单位：%）

从图 22-6 可知，2010 年侵蚀热点有从博白往玉林方向转移的趋势，整体上其侵蚀热点在博白地区较为集中，在中度和强烈等级下的热点区侵蚀面积占比达到最高为 37%左右，在极强烈等级下的次热点区侵蚀面积占比达到最高为 33.06%，在不同侵蚀等级下均有不同程度的侵蚀热点面积占比；玉林地区在中度、强烈、极强烈和剧烈等级下的热点区和次热点区的侵蚀面积占比介于 15%～30%，在强烈等级的热点区面积占比达到最高为 29.71%，与 2000 年基本持平；流域内均存在着不同程度上的侵蚀热点面积比例，其中钦州地区的热点侵蚀面积比例最低。

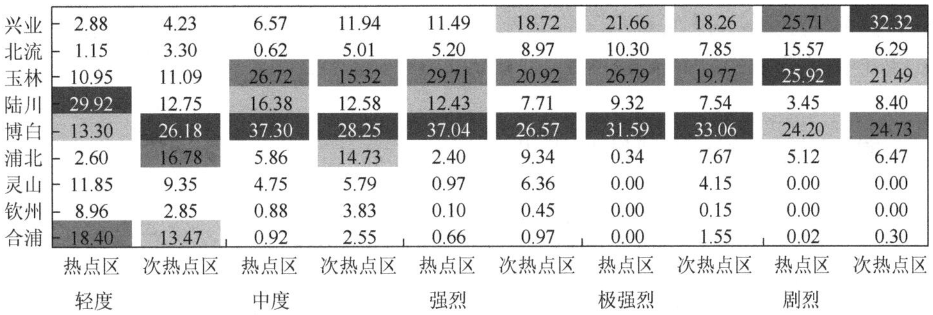

	热点区	次热点区	热点区	次热点区	热点区	次热点区	热点区	次热点区	热点区	次热点区
兴业	2.88	4.23	6.57	11.94	11.49	18.72	21.66	18.26	25.71	32.32
北流	1.15	3.30	0.62	5.01	5.20	8.97	10.30	7.85	15.57	6.29
玉林	10.95	11.09	26.72	15.32	29.71	20.92	26.79	19.77	25.92	21.49
陆川	29.92	12.75	16.38	12.58	12.43	7.71	9.32	7.54	3.45	8.40
博白	13.30	26.18	37.30	28.25	37.04	26.57	31.59	33.06	24.20	24.73
浦北	2.60	16.78	5.86	14.73	2.40	9.34	0.34	7.67	5.12	6.47
灵山	11.85	9.35	4.75	5.79	0.97	6.36	0.00	4.15	0.00	0.00
钦州	8.96	2.85	0.88	3.83	0.10	0.45	0.00	0.15	0.00	0.00
合浦	18.40	13.47	0.92	2.55	0.66	0.97	0.00	1.55	0.02	0.30
	轻度		中度		强烈		极强烈		剧烈	

图 22-6　南流江流域 2010 年不同地区空间土壤侵蚀热点区和次热点区面积分布比例（单位：%）

从图 22-7 可知，2015 年侵蚀热点有从博白往浦北、玉林方向扩散的趋势，整体上其侵蚀热点仍然集中在博白地区，在各侵蚀等级的热点区和次热点区的侵蚀面积占比介于 20%～50%，其中在强烈的热点区和极强烈下的次热点区的侵蚀面积占比最高分别为 48.7%和 51.96%；浦北地区在轻度、中度、强烈等级下的热点区和次热点区的侵蚀面积相比玉林地区的大，而玉林地区则在极强烈和剧烈侵蚀等级上的面积相较浦北的大；灵山地区在 2015 年相比 1990～2010 年侵蚀热点面积有所扩大，在剧烈等级下的次热点区面积占比为 26.10%，比同等级下的博白、浦北、玉林等这些侵蚀热点的常聚集区所占的面积还高，在轻度、中度、强烈等级下的侵蚀热点区面积比例在同等级侵蚀下排位第三；下游的合浦地区相较之下在 2015 年的侵蚀热点面积大幅度增加，在剧烈等级下的次热点区侵蚀面积占比为 9.75%，而在 1990 年的占比为 2%左右，2000 年和 2010 年几乎不占比例。

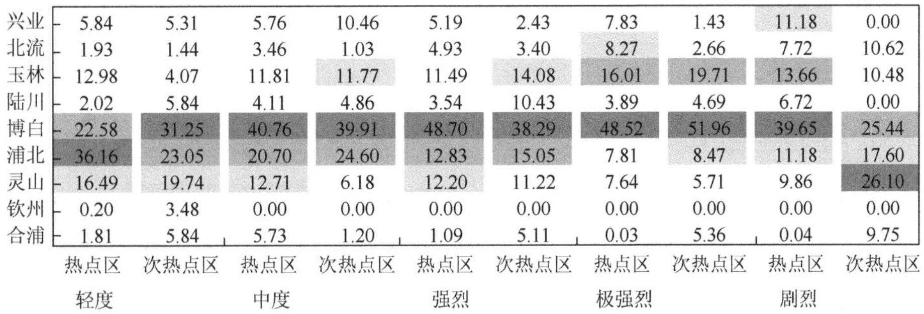

	热点区	次热点区	热点区	次热点区	热点区	次热点区	热点区	次热点区	热点区	次热点区
兴业	5.84	5.31	5.76	10.46	5.19	2.43	7.83	1.43	11.18	0.00
北流	1.93	1.44	3.46	1.03	4.93	3.40	8.27	2.66	7.72	10.62
玉林	12.98	4.07	11.81	11.77	11.49	14.08	16.01	19.71	13.66	10.48
陆川	2.02	5.84	4.11	4.86	3.54	10.43	3.89	4.69	6.72	0.00
博白	22.58	31.25	40.76	39.91	48.70	38.29	48.52	51.96	39.65	25.44
浦北	36.16	23.05	20.70	24.60	12.83	15.05	7.81	8.47	11.18	17.60
灵山	16.49	19.74	12.71	6.18	12.20	11.22	7.64	5.71	9.86	26.10
钦州	0.20	3.48	0.00	0.00	0.00	0.00	0.00	0.00	0.00	0.00
合浦	1.81	5.84	5.73	1.20	1.09	5.11	0.03	5.36	0.04	9.75
	轻度		中度		强烈		极强烈		剧烈	

图 22-7　南流江流域 2015 年不同地区空间土壤侵蚀热点区和次热点区面积分布比例（单位：%）

整体看来，流域在 1990～2015 年的侵蚀热点主要发生在博白地区，向玉林、浦北等地区扩散的趋势，博白地区在不同侵蚀等级聚集的侵蚀热点区和次热点区的面积几乎在30%以上。究其原因可能是由于博白地区在流域内面积占比相对较大，为 35.95%，浦北地区为 19.58%。其次，可能是由于博白人口基数大，经济的快速发展，人地矛盾突出，养殖污染问题严峻，土地承载能力下降；此外，博白地区矿产资源丰富，开矿、修路等工程对原始森林造成极大破坏，加上单一植被速生桉的大面积种植，地表抗侵蚀能力下降，易引起水土流失的发生。因此，在重点关注上游河流发源地的水源涵养保护及治理的同时，应针对性地对侵蚀易发区制定相应的治理对策，并且应加强沿海地区，如合浦地区的水土保持措施。

22.4.4　基于不同海拔的侵蚀热点分析

各年份的侵蚀热点分别与流域所处的不同海拔分区进行叠加，统计得到在不同海拔高度下，不同侵蚀类型的次热点区与热点区的面积分布比例（图 22-8）。从不同海拔的热点面积占比可以看出，低海拔主要以发生轻度侵蚀为主，随着海拔的升高侵蚀强度也随之增强，高侵蚀热点区的海拔梯度主要分布在 90～500m。以强烈等级以上的侵蚀热点区的曲线变化来看，1990 年和 2010 年侵蚀热点区的海拔梯度分布均表现为单峰型特点，以150～300m 的海拔内侵蚀热点区分布最广，尤以极强烈热点区的面积占比最大，分别为

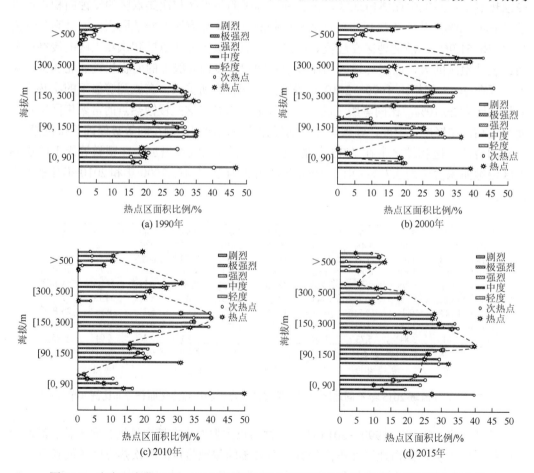

图 22-8　南流江流域 1990～2015 年不同海拔土壤侵蚀次热点区和热点区面积分布比例

30.35%和40.54%，次热点区是以2010年在剧烈等级下的面积占比最为突出，为40.38%；2000年和2015年侵蚀热点区的海拔梯度分布也表现为单峰型特点，但形成峰值的海拔梯度不一致，前者是在300～500m的海拔侵蚀热点区比例最大，为极强烈等级下的热点区，约占39.35%，后者则在海拔90～150m达到最大，为剧烈等级下的热点区，约占39.36%，次热点区则在2000年的150～500m的海拔内，剧烈等级下的面积占比较大，为45%左右，而2015年的则在90～150m的海拔内，剧烈等级下的面积占比为39.11%。

参 考 文 献

[1] Sharpley A，Williams J R. EPIC-erosion/productivity impact calculator：2. User manual[J]. Technical Bulletinnited States Department of Agriculture，1990，4（4）：206-207.

[2] 刘斌涛，宋春风，史展，等. 西南土石山区土壤流失方程坡度因子修正算法研究[J]. 中国水土保持，2015（8）：49-51.

[3] 何珍. 南充市水土流失变化研究[D]. 南充：西华师范大学，2016.

[4] 潘美慧，伍永秋，任斐鹏，等. 基于USLE的东江流域土壤侵蚀量估算[J]. 自然资源学报，2010，25（12）：2154-2164.

[5] 蔡崇法，丁树文，史志华. 应用USLE模型与地理信息系统IDRISI预测小流域土壤侵蚀量的研究[J]. 水土保持学报，2000，14（2）：19-24.

[6] 黄杰，姚志宏，查少翔，等. USLE/RUSLE中水土保持措施因子研究进展[J]. 中国水土保持，2020（3）：37-39，56.

[7] 任世奇，项东云，肖文发，等. 广西南宁桉树人工林降雨再分配特征[J]. 生态学杂志，2017，36（6）：1473-1480.

第23章 南流江水文连通性时空变化

23.1 引　　言

　　了解流域尺度水文连通性的空间分布和动态变化，可以为预测流域中径流泥沙输移至各个地方的潜在可能性提供依据。由于水文连通性指数具有较强的机理性，因此在流域径流泥沙输移中具有广泛的应用前景。本章以南流江流域为例子，为基础进行模拟计算，获取研究区四期（1990 年、2000 年、2010 年、2015 年）的水文连通性指数的空间分布和时间变化及流域内连通性指数均值，并以连通性指数为基础模拟计算流域泥沙输移比并分析其时空变化。

23.2　连通性指数

　　连通性指数（index of connectivity，IC）综合考虑了研究流域内汇水节点上游部分的特征及侵蚀泥沙输移至下游最近沉降点的路径长度。即流域内某一位置 A 输移至另一位置 B 的径流量或泥沙量，取决于位置 A 的产流产沙量和 A、B 之间的传输路径，径流或泥沙在不同区域间输移越容易，则它们之间的连通性越大，因此，连通性指数可用于定量描述流域尺度上各节点间的水文连通性。连通性指数采用 GIS 数据作为数据源，如土地利用/覆被数据、DEM 等，且适用于中小尺度流域，所以被广泛用于流域水文连通性计算中。由于其不受降雨等气候指标的影响，所以连通性指数具有较强的空间直观性。

　　对流域内的每一个单元而言，连通性指数是对其上游部分径流泥沙输移至下游部分的潜在可能性进行估计。对于每个栅格单元而言，连通性指数是由上坡部分参数 D_{up} 和下坡部分参数 D_{dn} 组成的。D_{up} 为计算单元上游汇流区域，表示上游坡面产生的径流泥沙向下游输移的可能性；D_{dn} 为上游径流泥沙经过汇流节点抵达下游沉降区所经过的水流路径长度，表示径流泥沙经过水流路径到达下游最近沉降点的可能性。

　　因此，连通性指数可以对山坡上侵蚀泥沙通过径流路径输移至下游沉降点的可能性进行预测分析。对于栅格图层中每一个栅格单元的连通性指数值，其计算公式如下：

$$IC = \log_{10}\left(\frac{D_{up}}{D_{dn}}\right) = \log_{10}\left(\frac{\overline{WS}\sqrt{A}}{\sum \frac{d_i}{w_i s_i}}\right) \tag{23-1}$$

式中，IC 代表栅格单元的连通性指数；W 是上游区域平均权重因子（无量纲），代表径流或侵蚀泥沙在输移过程中遇到的阻抗，其影响径流泥沙输移至河道和下游沉降区的效率，与研究区植被覆盖、土地利用/覆被变化等有关，因此，本章采用 RUSLE 模型中植被覆盖

与管理因子 C 作为权重因子；S 是上游集水区平均坡度（单位：m/m）；A 是上游集水区面积（单位：m^2）；d_i 是第 i 个栅格单元沿着径流路径到达下游泥沙沉降点的距离（单位：m）；w_i 是第 i 个栅格单元的权重因子（无量纲）；S_i 是第 i 个栅格单元的坡度（单位：m/m）。

在通用土壤流失方程中，植被覆盖与管理因子 C 的大小与发生土壤侵蚀的高低风险成正比，基于 DEM 计算的地表粗糙度指数仅考虑了地形自身的变化对水文连通性的影响，未考虑地表覆被对水文连通性的阻抗影响，因此，本章在计算流域水文连通性以通用土壤流失方程中的 C 作为上述公式中的权重因子。

23.3 连通性指数空间分布

南流江流域在 1990 年、2000 年、2010 年、2015 年连通性指数的空间分布如图 23-1 所示，变化范围分别为 $-12.165 \sim 1.255$、$-12.165 \sim 1.925$、$-12.165 \sim 1.849$、$-12.165 \sim 0.135$，

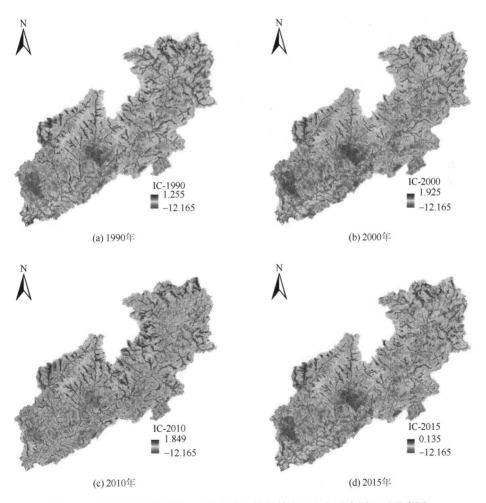

(a) 1990年

(b) 2000年

(c) 2010年

(d) 2015年

图 23-1 南流江流域 1990～2015 年连通性指数空间分布示意图（后附彩图）

其空间分布与河流沟谷的走向相近，且整体上呈现"沟谷大，坡面小"的特点，即与河道相离较近的区域，连通性较大，反之较小。各年份间的坡面的 IC 均表现为小于沟谷的 IC，这与连通性指数的计算过程密切相关。IC 的计算公式是由上坡 D_{up} 以及下坡 D_{dn} 共同组成，即越靠近河谷的汇水点，其上坡的汇水面积越大，在权重因子和坡度因子变化不明显的情况下，计算的上坡 D_{up} 值也越大；同时该汇水点距离下坡河谷的距离越小，则计算下坡 D_{dn} 值亦越小。D_{up} 和 D_{dn} 的变化导致越接近河谷地区的 IC 越大，远离河谷的坡面地区 IC 亦越小。因此，在连通性指数的计算过程中，上坡 D_{up} 和下坡 D_{dn} 变化趋势表明：靠近河谷地区的 IC 较大，径流泥沙较容易输移到下游河道，径流泥沙转移量较大；距离河谷较远的地区，IC 较小，径流输移到河道的距离相对较远，至下游的泥沙亦较小，径流泥沙转移量较小。

南流江流域在 1990～2015 年连通性指数整体上呈现"沟谷大，坡面小"的特点，在下游人类活动较频繁的区域连通性指数相对较小。在各年份内，流域在中下游的博白县、合浦等部分区域连通性较小，其主要原因是该地区有小江水库和洪潮江水库，对山坡上冲刷下来的径流泥沙进行人为的拦截，阻碍泥沙向下游输移，尤其是小江水库作为大型水库，将水库四周集水面积的径流泥沙进行大量的拦截，经过两处溢洪道最终将水流注入南流江，因此水库及其附近区域的连通性指数较小。

南流江流域 1990 年、2000 年、2010 年、2015 年这四期连通性指数的平均值如表 23-1 所示，平均值的变化范围介于 −6.628～−4.429，流域内的连通性指数整体上呈缓慢减少的变化趋势。以 1990 年南流江流域的连通性指数平均数为基准年，2000 年、2010 年、2015 年相比 1990 年连通性指数平均值分别减少了 2.172、1.631、2.199，虽然在 2010 年有小幅度的回升，但到 2015 年连通性指数下降到最低。到 2010 年，社会发展对土地的需求日益增大，建设用地急剧增加，因而在人口密集的地区 IC 有所增加。随着时间的推移，IC 缓慢减小的趋势表明流域内植被覆盖和城镇化发展等土地利用类型的变化对径流泥沙的输移影响越来越大。这与流域内土地利用方式的变化方向一致，即研究区内近十年来林地面积增大趋势明显，尤其自 21 世纪以来，主要从自然林地向桉树人工林地转变，大面积的草地、耕地转化为林地，城乡建筑面积、工矿用地以及交通用地面积虽然也相应有所增加，但在流域内仍然以林地为主，流域内地表植被覆盖增加，在一定程度上减弱了裸露土壤的侵蚀性，加上历年来流域有效的水土保持治理措施也相应地减少了径流对地表的侵蚀，使得流域连通性指数总体上呈现减小的趋势。

植被的恢复以及下垫面的变化影响流域坡面及沟道侵蚀，植被覆盖度及枯落物拦截、根系涵养等改变水文连通性，且不同土地利用类型的水文效应各异。草地和林地与裸地相比具有更强的入渗能力，从而提高了土壤的保水能力；原始森林由人工林地转变等土地利用方式的变更改变了土壤的水力学特性，从而改变了径流泥沙向下游的输移能力，影响流域水文连通性的变化。因此，植被覆盖度的提高和合理的土地利用空间的利用是南流江流域水文连通性减小的主要原因。

表 23-1　南流江流域 1990～2015 年连通性指数变化统计表

年份	IC 变化范围	IC 平均值
1990	−12.165～1.255	−4.429
2000	−12.165～1.925	−6.601
2010	−12.165～1.849	−6.060
2015	−12.165～0.135	−6.628

23.4　连通性指数空间变化

以 1990～2000 年和 2000～2010 年连通性指数的空间增减变化为例，结果如图 23-2 所示。1990～2000 年南流江流域大部分地区的连通性指数减小，只有位于武利江中游以及合浦县西南部地区洪潮江水库附近地区的连通性指数有所增大，可能是由于该地区位于水库周边易受到季节性水位涨落的淹没，植被生长受损，植被恢复期较长。流域在1990 年到 2000 年，农业速度发展，为响应政府号召，以改变单一的粮食种植，多种种植方式并存，鼓励农户大力发展热带水果种植产业，因而大量的坡耕地、旱地和草地开垦为园地，在 1990 年到 2000 年流域园地面积增加了 162.60km²，增加率为 26.88%，草地面积减少了 24.89km²，减少率为 9.03%，流域内裸露地区面积减少，植被覆盖度总体上增加，连通性指数较低，水土保持能力增大。

2000～2010 年流域大部分地区连通性指数均呈减小趋势，只有在博白、合浦等地区零星分布着连通性指数增大的地区。从流域发展的近 10 年土地利用变化的情况来看，2000 年到 2010 年流域耕地面积减少了 263.31km²，减少率为 11.39%；林地面积增加了约115.43km²，增加率为 2.40%；受区域经济、工业的发展，建设用地面积增加率更为明显，达到了 22.51%（表 23-2）。大量的耕地面积转变为林地，地表植被覆盖度大幅度增加，提高了对径流泥沙的拦截能力，使得泥沙在向下游输移过程中发生泥沙淤积现象，从而

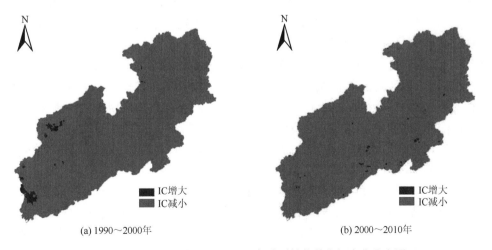

(a) 1990～2000年　　　　　　　　　　　　(b) 2000～2010年

图 23-2　南流江流域 1990～2010 年连通性指数空间变化分布图

表 23-2　南流江流域 1990～2015 年土地利用类型面积统计表

地类	面积/km²				1990～2000 年变化率/%	2000～2010 年变化率/%	2010～2015 年变化率/%
	1990 年	2000 年	2010 年	2015 年			
林地	4 845.28	4 801.24	4 916.68	4 734.77	−0.91	2.40	−3.70
草地	275.72	250.83	243.51	306.72	−9.03	−2.92	25.96
耕地	2 439.82	2 311.31	2 048.00	1 938.35	−5.27	−11.39	−5.35
园地	604.95	767.56	790.90	898.36	26.88	3.04	13.59
水域	453.53	456.43	463.36	466.41	0.64	1.52	0.66
建设用地	581.13	626.08	767.00	858.38	7.74	22.51	11.91

减少流入河道的径流泥沙量，水文连通性降低。随着小流域综合治理的推进，到 2010 年流域坡耕地的面积显著减少，坡改梯和水土保持林能有效拦截径流泥沙，减少向下游输移的泥沙量，因此，2010 年流域内大部分地区的连通性指数较 2000 年的小。

23.5　不同土地利用类型 IC 分布

根据流域内不同土地利用类型，统计不同地类下的 IC 区间的频数。为探讨不同植被覆盖度下林地作物的 IC 变化，以 2017 年流域 IC 空间分布为例，把研究区内的林地树种细分为桉树林、松树林、杉木林、阔叶林、经济林、竹林，其余的地类分为耕地、建筑用地、草地。

如图 23-3 所示，几乎所有地类的 IC 均呈现小于 0，表明具有良好的水土保持能力，不同树种和地类在 IC 区间的分布略有差异。从不同林地树种的 IC 频率来看，桉树林的 IC 在(−11.0, −7.4]低值区间出现的频率比其他树种的高，IC 在(−7.4, −2.6]高值区间时，桉树林 IC 值的频率比其他树种低，因而整体上桉树林相较于其他树种而言 IC 较低，水土保持能力也较强；松树林在 IC 的低值区间频率仅次于桉树林，在 IC 的高值区间频率在桉树林之上，且小于或近似等于其他树种的 IC 在高值区间的频率，整体上 IC 略高于桉树林，水土保持能力仅次于桉树林；阔叶林和杉木林 IC 在[−7.4, −6.2)区间出现的频率最大，均达到 50%左右的阔叶林和杉木林的 IC 介于该区间；经济林、竹林的 IC 频率分布相似，在 IC 在[−6.2, −5.0)区间出现的频率相比其他树种的高，均有 20%左右的经济林和竹林的 IC 介于该区间；从不同树种与其他地类的 IC 频率比较来看，耕地和建设用地与经济林的 IC 频率分布最相似，前两者的 IC 在[−6.2, −5.0)区间出现的频率最大，分别有 32%、35%的耕地和建设用地的 IC 介于该区间，后者则有 28%的经济林的 IC 介于该区间；草地和松树林的 IC 频率分布最为贴合，两者均在 IC 在[−7.4, −6.2)区间时频率最高，分别为 35%和 38%。

不同的植被覆盖度和土地利用类型具有不同的水文效应，草地通过降雨的入渗进而比裸地具有更高的水土保持能力。连通性指数越小，径流泥沙输移到下游的阻碍则越大，对土壤的水土保持能力越强。总体来看，流域内不同的林地树种对区域的水土保持均有良好的效果，耕地和建设用地对径流泥沙的拦截能力较弱，连通性相对较大。总体上，南流域流域在不同地类下的水文连通性略有差异，且不同植被覆盖度下对水文连通性的变化有一定的影响，流域内不同地类 IC 的大小顺序依次为：桉树林＜松树林＜阔叶林＜杉木林＜草地＜竹林＜经济林＜耕地＜建设用地，其水土保持能力也相应地依次减弱。

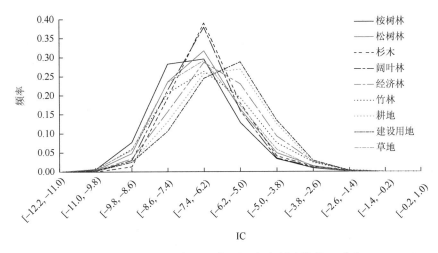

图 23-3　南流江流域 2017 年不同土地利用类型 IC 分布

23.6　不同土壤类型与植被对 IC 分布的影响

为了解流域内不同的土壤类型下的土地利用类型的水文连通性的变化，以 2017 年不同的树种以及土地利用类型为例，提取同种地类下不同土壤类型的 IC 进行比较分析。根据相关资料显示，南流江流域内土壤类型以赤红壤为主，约占流域面积的 60%，其次是砖红壤和水稻土，零星分散着其余土壤类型，因此，本章主要分析流域内赤红壤、红壤、水稻土、砖红壤、紫色土这 5 种土壤类型下土地利用类型 IC 的变化，结果如图 23-4 所示。

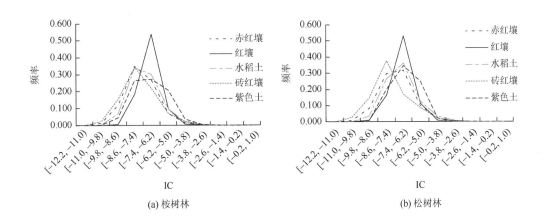

(a) 桉树林　　　　　　　　　　　　　(b) 松树林

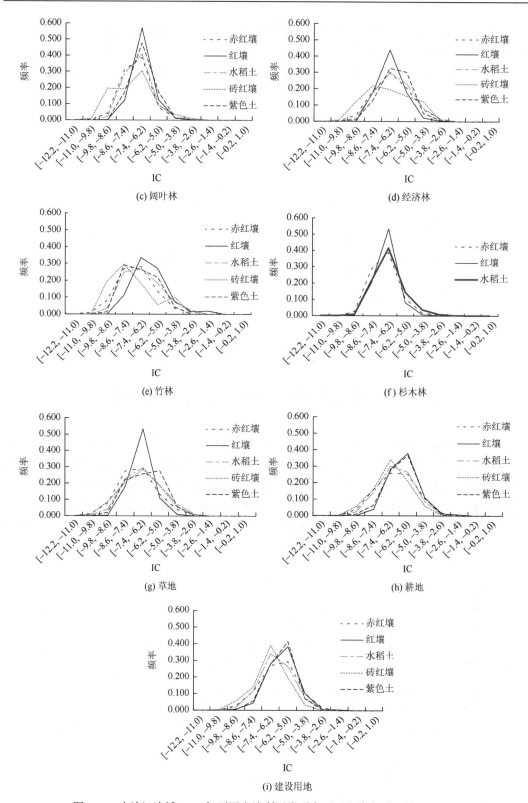

图 23-4　南流江流域 2017 年不同土地利用类型在不同土壤类型下的 IC 分布

图 23-4（a）呈现了流域在 2017 年桉树林在 5 种不同土壤类型下的 IC 分布，由该图可知，桉树林在不同土壤类型中整体上水文连通性较低，除红壤外，其余土壤类型在 IC[-8.6，-7.4)区间的频率最高，均有 40%以上的区域集中在该区间，而红壤只有 22.1%的区域介于该区间；而 IC 在[-7.4，-6.2)区间，红壤有 64.6%的区域在该区间，其余土壤均有 30%左右的区域。可以看出，桉树林的水沙拦截效果总体上较好，在赤红壤、水稻土、砖红壤土壤类型的区域水土保持效果较突出，红壤类型下的桉树林相对于其他土壤类型的水保能力较弱。

图 23-4（b）呈现了松树林在 5 种不同土壤类型下的 IC 值分布，由该图可知，松树林在不同土壤类型下整体上水文连通性较低，不同土壤类型下的水文连通性分布强弱略有差异。砖红壤区域在 IC[-8.6，-7.4)区间的频率达到最高，其有 45.1%的区域介于该区间，而红壤、水稻土、紫色土区域的 IC 在[-7.4，-6.2)区间的频率达到峰值，分别有 63.7%、43.5%、41.6%的区域介于该区间，赤红壤在 IC[-8.6，-7.4)和[-7.4，-6.2)区间频率相差无几，均达 35%区域左右。可以看出，松树林的水沙拦截效果稍逊于桉树林，总体上表现良好，在砖红壤土壤类型下的水土保持效果更突出。

图 23-4（c）呈现了阔叶林在 5 种不同土壤类型下的 IC 分布，由该图可知，阔叶林在不同土壤类型下整体上水文连通性较低，砖红壤地区的 IC 在[-9.8，-8.6)区间，占比为 23.4%，远高于同一区间下其他土壤类型的 IC 值频率，并且与在[-8.6，-7.4)区间的频率相似，占比为 22.9%，总体上阔叶林在砖红壤类型下的连通性指数低。各种土壤类型的 IC 在[-7.4，-6.2)区间的频率均达到峰值，其中红壤地区最高，占比为 68.4%。可以看出，阔叶林的水沙拦截效果总体上表现较好，相较于其他土壤类型，在阔叶林植被类型覆盖下砖红壤土壤类型的水土保持效果最佳。

图 23-4（d）呈现了经济林在 5 种不同土壤类型下的 IC 分布，由该图可知，经济林在不同土壤类型下上水文连通性差异明显，砖红壤的 IC 集中范围较广，IC 在[-9.8，-3.8)区间均呈不同程度变化，在 IC 较低的[-9.8，-8.6)区间，占比为 14.7%，在[-8.6，-7.4)区间的频率最高，区域占比为 26.4%，在 IC 相对较高的[-6.2，-5.0)和[-5.0，-3.8)区间，占比分别为 18.6%、14.7%，远高于同一区间下其他土壤类型的 IC 区域面积比值。可以看出，经济林在水沙拦截效果整体上良好，相较于其他土壤类型，在经济林植被类型覆盖下砖红壤土壤类型的水土保持效果稍差。

图 23-4（e）呈现了竹林在 5 种不同土壤类型下的 IC 分布，由该图可知，砖红壤在 IC 较低的[-9.8，-8.6)区间的占比仍然较大，为 23.3%，赤红壤、水稻土、紫色土的 IC 分布频率相近，均主要集中在[-8.6，-7.4)，而红壤地区在此区间的 IC 远低于其他土壤类型，并主要集中在区间[-7.4，-6.2)。可以看出，竹林的水沙拦截效果总体上表现良好，在砖红壤土壤类型的水土保持效果最突出，竹林在红壤类型下的水保能力相比在其他土壤类型下的水保能力更弱。

图 23-4（f）呈现了杉木林在不同土壤类型下的 IC 分布，由于在流域内杉木林种植区域并未分布有砖红壤和紫色土，因此只分析杉木林在赤红壤、红壤以及水稻土这 3 种土壤类型下的 IC 分布，由该图可知，赤红壤、红壤、水稻土 IC 值均主要集中在[-7.4，-6.2)区间，相比之下 3 种土壤类型在杉木林植被覆盖下的水土保持能力的大小依次为：赤红壤＞水稻土＞红壤。

图 23-4（g）呈现了草地在不同土壤类型下的 IC 分布，由该图可知，赤红壤、砖红壤、水稻土的 IC 的分布频率相似，均主要集中在[−7.4, −6.2)区间，而紫色土主要集中在[−6.2, −5.0)区间，红壤地区的 IC 依然在[−7.4, −6.2)区间最高。在草地地类覆盖下的土壤类型水文连通性相差不大，均呈现良好的水土保持能力。

图 23-4（h）呈现了耕地在不同土壤类型下的 IC 分布，由该图可知，赤红壤、砖红壤、水稻土在耕地的 IC 分布频率相近，而红壤和紫色土的 IC 频率分布也最为接近，并且在[−6.2, −5.0)区间最高。可以看出，在红壤和紫色土的类型下的耕地作物的水文连通性较大，相比其他土壤类型水土保持能力较弱，径流泥沙输移能力较强，值得注意的是，在耕地的垦殖期，耕地种植作物具有很好的拦截径流的水土保持能力，但在垦殖期结束之后，大片的耕地转变为裸地，如遇到暴雨天气，会增大流域的侵蚀风险。

图 23-4（i）呈现了建设用地在不同土壤类型下的 IC 分布，由该图可知，砖红壤、水稻土在耕地的 IC 分布频率相近，而红壤、紫色土的 IC 频率分布也最为接近。由于流域中紫色土成片集中在玉林城区内，城市水利设施的完善，泥沙径流的疏通，在一定程度上影响连通性指数，使得 IC 相对较高。

总体来看，不同树种在各土壤类型中均有较好的水土保持能力，不同的土壤类型下的土地利用类型的水文连通性略有差异。砖红壤在不同的土地利用类型中水文连通性较低的区间均有不同程度的比值，具有较强的水沙拦截能力；红壤土壤类型在桉树林、松树林、阔叶林、经济林、杉木林、草地的 IC 区间最为集中，赤红壤、水稻土土壤类型在不同的地类中 IC 分布最为相近，且在 IC 的低值区间面积比例比红壤类型的大，在 IC 高值区间面积比例比红壤类型的小，因而总体上赤红壤，水稻田的 IC 相较于红壤的低，水土保持能力较强；紫色土在耕地和建设用地地类中 IC 变化相近。综合相比之下，不同土壤类型的水沙拦截能力从大到小依次为：砖红壤＞赤红壤＞水稻土＞红壤＞紫色土。

23.7　连通性指数与年径流量的关系

连通性指数表征着径流泥沙输移能力的强弱。取流域 1990 年、2000 年、2010 年、2015 年的 IC 平均值，计算其随时间变化的回归方程，根据回归方程计算得到 1990～2015 年流域相对应年份的 IC，以下游常乐站年汛期径流量表示全流域的年汛期径流量，分析连通性指数与径流量的关系。

流域的连通性指数平均值随时间的递增而减小，两者的 R^2 为 0.7067，具有良好的线性拟合关系。由图 23-5 所示，IC 平均值随时间序列的变化趋势看出，1990～2000 年 IC 的减小幅度大于 2000～2010 年的减小幅度，表明在 2000 年前流域的土地利用类型的变化以及流域的综合治理明显提高了流域内的植被覆盖度，使得水土保持能力有所加强，连通性指数明显减小；到 2000 年后流域内的植被覆盖度趋于一个稳定平衡的状态，连通性指数波动变化不大。从流域的 IC 平均值与年汛期径流量的拟合趋势关系可以看出，随着连通性指数的减小，年汛期径流量呈递减的变化趋势，这与连通性指数的定义相一致，即连通性指数减小，使得径流泥沙输移过程的阻力增强，输移到下游的能力减弱，到河流出水口的径流量减少。

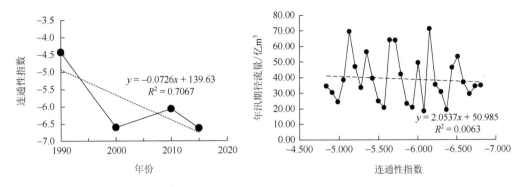

图 23-5　南流江流域连通性指数及其与年汛期径流量的线性变化趋势

第24章 南流江泥沙输移比时空变化

24.1 泥沙输移比空间分布

研究以南流江流域 1990 年、2000 年、2010 年、2015 年的连通性指数为基础数据计算相应时期的泥沙输移比(SDR),研究结果能更有助于理解在流域不同的植被覆盖下对泥沙径流输移过程的影响,为流域的治理和侵蚀防控提供一定的参考。南流江流域 1990~2015 年四个时期的泥沙输移比空间分布如图 24-1 所示。

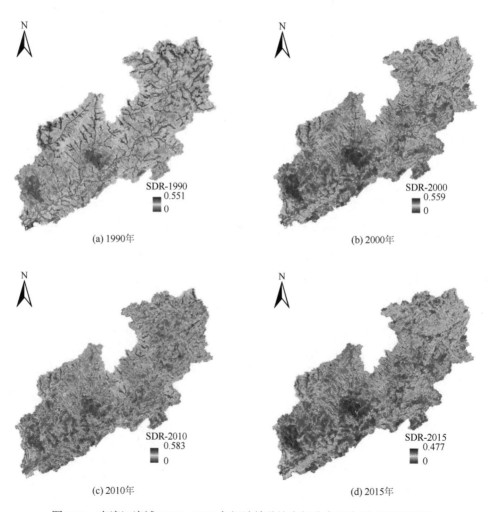

图 24-1 南流江流域 1990~2015 年泥沙输移比空间分布示意图(后附彩图)

1990～2015 年流域泥沙输移比的变化范围分别为 0～0.551、0～0.559、0～0.583、0～0.477，整体上呈现下降的趋势，空间分布与连通性指数接近，总体上呈现"沟谷大，坡面小"的特点。由图可知，流域河道及支流沟谷附近泥沙容易聚集，泥沙输移比相对较大，与河道沟谷走向大致上保持一致；在降雨过程中，沟谷的坡面及上游地区是产生泥沙和径流的区域，在向下游输移过程中受到地形和地表覆被的截流作用，汇流量较小，泥沙容易沉积，导致在坡面和上游地区的泥沙输移比较小。流域泥沙输移的空间分布是基于连通性指数计算得来，与水文连通性指数的空间分布差异相关，又与不同时期流域内的土地利用类型的转变密切相关，泥沙输移比随着 IC 的增大而增大，减小而减小，在离河道较近的地区，径流泥沙输移到下游的路程短，易抵达河道，泥沙容易聚集，泥沙输移比较大，离河道较远的地区，径流泥沙输移到下游的路程较长，在此过程中由于地表植被的拦截，泥沙聚集较少，因此，离河道较远的坡面和上游地区的泥沙输移比较小。

流域在 1990 年的泥沙输移比整体较大，到 2000～2015 年，三个时期的泥沙输移比均呈现轻微下降的趋势，其中主河道附近和城镇区下降比较明显。进入 2000 年以来，随着社会的发展，土壤侵蚀的危害逐渐受到重视，人们加快完善农业水利措施，泥沙在输移过程中被人为地拦截利用，使得主城区附近区域的泥沙输移比有所下降。同时伴随着坡改梯、营造水土保持林、种草、封禁治理等一系列小流域水土保持综合治理工程，坡面侵蚀产生的泥沙在输移中被梯田措施拦截，泥沙进入沟道后被蓄水池等小型水利工程拦截。流域在这数十载的生态修复和小流域综合治理中，植被覆盖度提高，水土保持措施完善，明显改变了下垫面环境，因此，在 1990～2015 年南流江流域的泥沙输移比总体上呈下降的趋势。

南流江流域 1990 年、2000 年、2010 年、2015 年四个时期泥沙输移比的平均值如表 24-1 所示，平均值的变化范围介于 0.236～0.435，流域内的泥沙输移比整体上呈缓慢下降的变化趋势。以 1990 年南流江流域的泥沙输移比平均数为基准年，2000 年、2010 年、2015 年相比 1990 年泥沙输移比平均值分别下降了 0.148、0.150、0.199，随着时间的推移，南流江流域泥沙输移比明显下降，表明流域内土地覆被的变化和水利水保工程措施对泥沙运移的阻力越来越大。其结果与流域内土地利用方式的变化方向一致，即研究区内林地面积增大趋势明显，地表植被覆盖度增加，下垫面植被的变化影响了降雨过程中产生的侵蚀泥沙的沉降过程；加上流域生态修复和综合治理的有效推进，农业水利水保措施的建设完善，相应地提高了泥沙向下游输移过程中的拦截率，因此流域泥沙输移比总体上降低。

表 24-1　南流江流域 1990～2015 年泥沙输移比变化统计表

年份	SDR 变化范围	SDR 平均值
1990	0～0.551	0.435
2000	0～0.559	0.287
2010	0～0.583	0.285
2015	0～0.477	0.236

24.2　泥沙输移比的空间变化

以 1990～2000 年和 2000～2010 年南流江流域泥沙输移比的空间增减变化为例，结果见图 24-2。2000 年在武利江中游以及合浦县西南部地区洪潮江水库附近地区的泥沙输移比相较 1990 年的有所增大，其余地区的均减小，泥沙输移比的这一空间变化分布与相对应时期的连通性指数的变化相似。流域在 1990 年到 2000 年，随着退耕还林还草和流域治理工程的推进，大量的坡耕地、旱地转化为林地和经济果林，流域内荒草地和裸露地区面积逐渐减小，植被覆盖度逐渐增加，水保能力提高；加上坡改梯以及小型水利水保工程的建设对径流泥沙的拦截储蓄，降低了泥沙向下输移的可能性。因此，流域在 2000 年大部分地区的泥沙输移比相较 1990 年的有所减小。

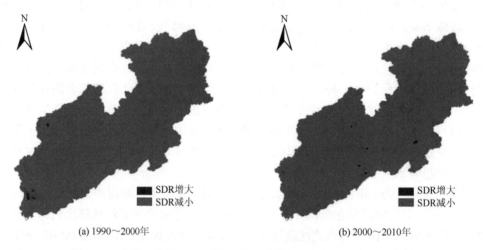

(a) 1990～2000年　　　　　　　　　　(b) 2000～2010年

图 24-2　南流江流域 1990～2010 年泥沙输移比空间变化分布示意图

2000～2010 年流域大部分地区泥沙输移比均呈减小趋势，只有在博白、玉林等地势较高的山区林地地区零星分布着泥沙输移比增大的地区。流域发展的近 10 年土地利用变化的明显，随着工业的发展，农村务农人员大量外出务工，使得耕地疏于管理，大片面积停耕向林地转变，流域内植被覆盖度大幅度增加，提高了对地表径流泥沙的拦截能力；但由于流域内树种种植单一，相关研究表明在单一植被的林地，其水土保持能力不及原始林地，流域内欠缺搭配组合种植模式和恰当的经营模式，使得在高植被覆盖度下的林地也不能很好地发挥水土保持作用，因而在流域森林覆盖面积大量增加的同时，应更加注意考虑林种的组合间作以及在短轮伐期内裸露林地的水土维护措施。因此，2010 年流域内大部分地区的泥沙输移比相较 2000 年的变化不大，总体上表现为轻微减小。

24.3　泥沙输移比与输沙量的关系

通过连通性指数计算的泥沙输移比表征着流域内径流泥沙输移到河道的能力强弱。

取流域 1990 年、2000 年、2010 年、2015 年的泥沙输移比平均值进行相关性分析，计算出其随时间变化的回归方程，根据回归方程得到 1990～2015 年流域对应年份的 SDR 值，以下游常乐站年输沙量表示全流域的年输沙量，分析泥沙输移比与输沙量的关系。

　　流域的泥沙输移比平均值随时间的递增而减少，两者的 R^2 为 0.8373，具有良好的线性拟合关系。由图 24-3 中泥沙输移比平均值随时间序列的变化趋势看出，1990～2000 年泥沙输移比的减小幅度大于 2000～2010 年的减小幅度，这与水文连通性在流域内的变化相一致，表明在 2000 年前流域的土地利用类型的变化以及流域的综合治理更加明显地减小了泥沙输移比；到 2000 年后流域内的植被覆盖度趋于一个稳定平衡的状态，连通性指数波动变化不大，因而泥沙输移比变化较小。以流域的泥沙输移比平均值与年输沙量的拟合趋势关系可以看出，随着泥沙输移比的减小，年输沙量呈递减的变化趋势，这与连通性指数的定义相一致，即随着泥沙输移比的减小，泥沙输移到下游河道的可能性减小，因而减少了达到河流出水口的泥沙量。

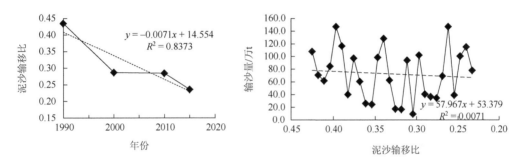

图 24-3　南流江流域 1990～2015 年泥沙输移比及其输沙量线性变化趋势

24.4　流域产沙量模拟与实测输沙量的关系

　　产沙量是流域内某一特定河口断面以上的侵蚀量与泥沙输移比的乘积，而河流输沙量是客观反映水土流失强度变化的重要指标。本章以修正的 RUSLE 模型计算得出的流域土壤侵蚀量，并结合基于连通性指数计算得到的泥沙输移比来估算流域的产沙量，结合流域内的把口站常乐水文站 1990～2017 年的实测年输沙量对计算得到的产沙量模拟值进行精度检验，联合相关性系数与纳什系数共同进行精度评价，分析产沙量模拟值与输沙量的关系。

　　如图 24-4 所示，常乐站输沙量与产沙量模拟值在时间序列上变化相似，整体上均呈逐渐下降的变化趋势，而产沙量的下降速率较输沙量的明显，且两者的吻合度较好，相关性系数和纳什系数分别为 0.621 和 0.617，二者均在 0.6 以上，表明产沙量模拟值结果可以接受。在 2000 年前模拟的产沙量几乎都大于或接近实测输沙量，到 2000 年以后输沙量都普遍大于产沙量模拟值。侵蚀的泥沙由于地面或沟道拦截而沉积，流域产沙量通常在不同程度上小于流域输沙量、土壤侵蚀量和土壤流失量。

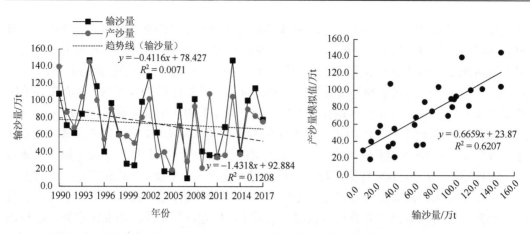

图 24-4　南流江流域 1990～2017 年常乐站输沙量与产沙量模拟值变化趋势及相关性

第25章 南流江流域泥沙收支平衡

25.1 引 言

泥沙收支平衡概括为流域内侵蚀、输移和沉积这三者的相互关系。基于 RUSLE 计算的流域侵蚀量，结合连通性指数的泥沙输移比，基于泥沙收支平衡概念估算流域沉积量总和，并通过对比影像图描绘流域沉积汇的空间分布图，以强烈以上发生的侵蚀区域作为侵蚀源，分析流域内侵蚀源和沉积汇的分布特征。

25.2 流域泥沙沉积量

流域在 1990～2017 年的土壤侵蚀量、产沙量、输沙量和沉积量的变化如图 25-1 所示，可以看出，流域的沉积量均大于产沙量，尤其在 2005 年以后，沉积量与产沙量的变化波动较大，且在 2010 年以后流域的沉积量远大于产沙量。其中在 2000 年前沉积量与产沙量的比值是 1.3～1.6，在 2000 年之后沉积量与产沙量的比值为 1.8～3.2，尤其在 2014 年之后沉积量达到产沙量的 3 倍之多。这与同期的水利水保措施下对流域的输沙量变化结果相对应（图 25-1），在 2000 年以前大兴修建水库，主要以水利措施对泥沙进行拦截，加上当时的原始植被覆被尚未遭到严重破坏，对地表也能起到一定的保水固沙作用，减少了入河泥沙；2000 年以来在流域综合治理的影响下，大兴退耕还林还草等水保措施，在水利工程继续发挥拦蓄作用的同时，随着植被的生长流域内对泥沙的拦截效益逐年增强，使得泥沙在进入河道前发生沉积，堆积在流域河道外的泥沙量增加，甚至大于入河泥沙量。结果表明流域历年来侵蚀产生的泥沙在输移过程中，地表覆被以及水利措施对泥沙径流的起到较好的拦截效果，有效拦截了泥沙进入河道。

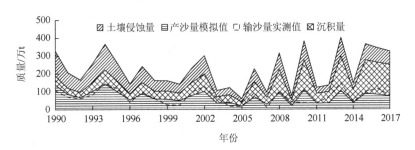

图 25-1 南流江流域 1990～2017 年土壤侵蚀量、产沙量、输沙量和沉积量的变化图

25.3 流域泥沙沉积汇分布

流域侵蚀产生的泥沙通过径流向下游输移，当径流的输移能力支撑不了泥沙的运动

时，就产生了沉积，形成了"汇"。在不同的降雨条件下，形成的产流不同，"源汇"区也有可能互换，径流从集水面汇集成一条条水流，从小沟小流汇集成径流，汇入更大的沟道，泥沙在流域内任何地方都可能发生沉积，而径流在沟谷河道汇集泥沙也容易集中沉积在沟谷和河道。通过对南流江流域野外实地考察调研，分析南流江流域主干道上泥沙沉积的大致情况。

通过在 2020 年 11 月 1 日至 5 日对南流江流域进行的实地调研证实了以上的观点，泥沙大多集中堆积在下游的河道两侧以及河床（图 25-2）。在流域上游河段大部分都有植被缓冲带，并且植被生长茂密，在河岸及河漫滩周围很少有泥沙的堆积，水流相对下游的急湍，河道两旁长期受到流水的冲刷发生侵蚀，使得河道两岸坡度较陡；在流域的下游河道旁随处可见不同程度的泥沙堆积，河漫滩普遍较宽且大多数生长着杂草或裸露地表，同时从附近居民中了解到下游易发生洪水，淹没河漫滩，冲刷河岸植被，洪水退去后泥沙沉积在河漫滩，河岸旁的植被缓冲带受到洪水的轮番淹没，因此河漫滩较宽且不利于乔木植被的生长。下游沿途采砂现象严重，图 25-3 为南流江流域合法的采砂点分布示意图，主要集中在下游河漫滩，以及武利江中游和小江水库汇入

横江水文站   太松大桥   沙田镇砥柱村河段

博白水文站   博白县平辽坡   东平镇（新郑村河段）

总江口   石湾下游1   石湾下游2

常乐站下游　　　　　　　　常乐水文站　　　　　　　　马口

江口大桥

图 25-2　南流江流域主干流河道的野外调研布点现场照片

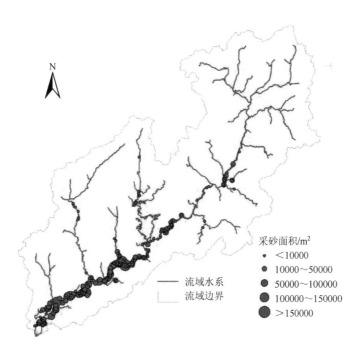

图 25-3　南流江流域采砂点分布示意图（后附彩图）

口、博白水文站等也有小规模的采砂行为，尤其在流域下游合浦常乐镇牛轭滩一带，采砂场密布，开采面积达到 15hm^2 以上，由于处于河流的凸岸，河流弯曲度大，靠近凸岸边水深较浅，上游水流带来的泥沙容易在此处发生沉积，形成边滩。在不完全统计下，已有的合法采砂场数量已达 300 个之多，流域下游采砂场分布广且多也进一步证实了河流泥沙在此处的沉积量之大，因此流域的泥沙沉积主要汇集中下游的河床以及河岸的河漫滩上。

25.4　流域侵蚀源空间分布

侵蚀源是指土壤发生流失的源头。基于修正的通用水土流失方程计算流域在不同侵蚀强度下的空间，以极强烈侵蚀和剧烈侵蚀这两个等级作为流域发生侵蚀泥沙的主要源头区，分析比较流域侵蚀源在 1990～1999 年、2000～2009 年和 2010～2017 年这三个时期的变化。结果如图 25-4 所示。

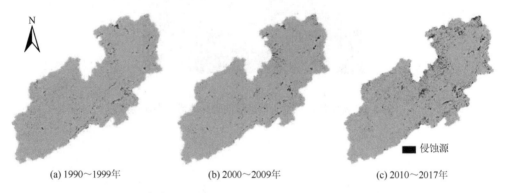

(a) 1990～1999年　　　　　(b) 2000～2009年　　　　　(c) 2010～2017年

图 25-4　南流江流域 1990～2017 年侵蚀源的空间分布示意图

由图 25-4 可以看出，南流江流域在 1990～2017 年发生侵蚀源区比较集中，主要集中分布在流域上游西北部的兴业县、玉林东部和博白县的东南部、中下游的合浦水库附近，以及在罗阳山和六万大山山区地带零散分布。流域在 1990～2009 年发生的侵蚀源在空间分布上基本上一致，到 2000～2009 年在灵山县和浦北县之间的罗阳山的侵蚀源零散分布的密度相比 1990～1999 年的小，发生高侵蚀强度的地区有所减少，但在六万大山上部侵蚀源分布密度相比 1990～1999 年的增加，侵蚀源在此处有扩大的趋向；到 2010～2017 年，侵蚀源在兴业县、玉林东部、博白县的东南部集中分布，在河流发源地的大容山底下、六万大山以及罗阳山地区侵蚀源零星密布，相比前两个时期，侵蚀源扩张速度明显。结果表明若区域一旦演变为高侵蚀强度的区域将很难修复，进而逐渐演变为侵蚀源，从前面的结论中也提及由弱侵蚀等级直接演变为侵蚀源的地区也不在少数，因此在重点修复侵蚀源区的同时，更应该加强在低侵蚀区的水土养护。

25.5　流域输沙量变化分析

常乐站历年输沙量的变化如图 25-5 所示，呈波动下降的趋势。影响径流泥沙量减少的因素有很多，已有研究表明，流域的降雨量的变化对泥沙的减少贡献率较小，主要是受人类活动因素影响导致泥沙量的减少。从流域的年降雨量和常乐站历年输沙量的对比也可以简单看出，历年来降雨量呈弱增加的趋势，而输沙量呈下降的趋势，说明降雨量的变化不是河流输沙量减少的主要因素。因此本章主要从水利水保措施这一人为因素的角度来分析对流域输沙量的变化。

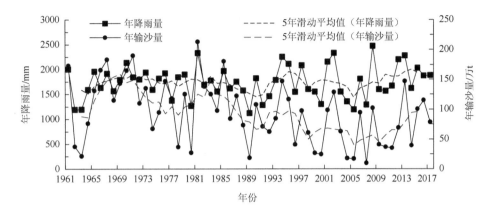

图 25-5　南流江流域 1961～2017 年年降雨量和常乐站年输沙量的变化曲线图

　　河流断面输沙量的变化不仅受到气候因素的影响，人类活动引起下垫面的改变也会在一定程度上影响着输沙量的变化。不同的降雨过程形成的水沙各异，而水沙是由下垫面通过降雨所形成的，下垫面的不同形成的产流和汇流过程也有所差异，其拦截和减蚀能力也有所区别，因此在降雨过程相同的情况下，不同的下垫面将形成不同的水沙过程。为减少泥沙进入河道，泥沙淤积而抬高河床，人类通过修建水库、引水引沙、小型蓄水工程等一系列的水利措施和坡改梯、造林、种草和封禁等水保措施，明显改变了下垫面，侵蚀泥沙得到有效的拦截，减少汇入河流的来沙量。

　　为了分析水利水保措施引起的下垫面变化对输沙量的影响，需要排除或减少气候因素对输沙量的影响。本章以序列年份的常乐站年输沙量与年流域面平均降雨侵蚀力的比值（T_S/R）来表征流域内水利水保措施对南流江流域输沙量的影响，结果如图 25-6 所示。

　　以南流江流域把口站常乐站输沙量代表全流域的输沙量，从年 T_S/R 的时间序列上可以看出，T_S/R 值随时间的变化呈减小的趋势，在 1998 年后 T_S/R 值有明显的减小趋势。流域从 20 世纪 50 年代初开发建设不同程度的大中小型水库，到 90 年代后水库的建设数量锐减至停建（图 25-7），与此同时流域大力推广生态修复及小流域的综合治理。在水利水保措施中水库竣工建成即能发挥拦截储蓄效益，而大面积的造林、种草、坡改梯等水保措施在短时间内还不能起到减沙拦截的效果，是随着植被的生长而增长呈动态变化，因而在 90 年代以前主要是以水利措施对径流泥沙的拦截发挥主要效益，相应的 T_S/R 值下降速率较快；到 90 年代后生态建设意识逐渐加强，大兴推广退耕还林还草等水保措施，在水利措施继续发挥效益的同时水保措施效益逐年增强，相应的 T_S/R 值下降到最低且逐渐趋于平稳。这与同期的输沙量的变化趋势相一致（图 25-5），可认为这一趋势主要是由水利水保措施在一定程度上减少流域的来沙量效益所导致。

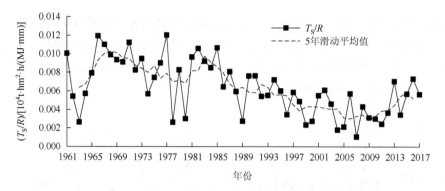

图 25-6　南流江流域 1961～2017 年 T_S/R 及其 5 年滑动平均曲线

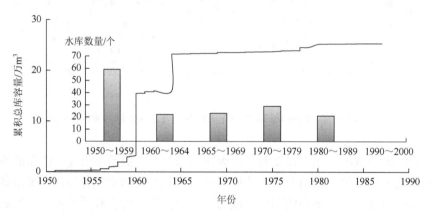

图 25-7　南流江流域 1950～1990 年水库数量及其累积总库容量统计图

第26章　南流江生态流量核算

26.1　引　　言

随着人类对水资源开发利用增强，导致河流污染、断流等一系列环境问题。水资源作为生物生存所必需的物质基础，维护水资源可持续利用对推进生态文明建设有极其重要的作用。生态需水量是维持流域生态系统良性循环所需的水量，其研究涉及水文学、生态学等诸多学科，近年来已成为国内外研究的热点[1-2]。目前，国内外河流生态需水量的研究方法超过200种，大致可分为4类：水文学方法（Tennant法、7Q10法、基本流量法、多年最小月平均流量法等）、水力学方法（湿周法、R2CROSS法、生态水力半径法等）、生境模拟法（IFIM法、PHABSIM法、有效宽度法等）和整体分析法（Holistic法、BBM法等）。不同计算方法适用条件不同，各有其优缺点：水文学方法数据需求少、资金需求少，但衡量指标较为单一；水力学方法操作相对简单，但忽略河流的季节性变化；生境模拟法综合水力、生物等因素，但操作复杂，耗时长；整体分析法充分考虑水流、水温等因素，但同样需大量的人力和物力[3]。

当前流域生态需水的研究多见于干旱半旱区流域，如黄河[4]、塔里木河等[5-6]，而在南流江流域类似工作较少开展。南流江是广西壮族自治区第一大独流入海河流，承担着玉林、钦州、北海三市城乡供水、工农业用水和生态环境供水任务，确定和保障南流江生态流量，有利于统筹规划流域生活、生产和生态用水，合理配置水资源，对促进流域高质量发展有重要意义。南流江具有较长的历史观测资料，但缺乏生态监测数据，栖息地法和整体分析法无法在南流江应用。基于此，本章应用水文学方法（Tennant法、Q90法）、水力学方法（湿周法、多年平均流量法）和水文学与水力学方法相结合的生态水深-流速法分别进行南流江生态流量计算，并计算生态流量保证率，为北部湾经济区河流生态健康提供参考。

26.2　研　究　方　法

1. 湿周法

湿周法通过建立河道湿周与流量的关系曲线，估算生态流量[10-12]。假设河流为恒定匀速流的前提下，依据曼宁公式，湿周与流量的关系式可表达为[13-14]

$$Q = \frac{1}{n} A^{\frac{5}{3}} J^{\frac{1}{2}} P^{-\frac{2}{3}} \qquad (26\text{-}1)$$

式中，Q 为流量（单位：m^3/s）；n 为糙率；A 为过水断面面积（单位：m^2）；J 为水力坡度；P 为湿周。

根据 Gippel 等对湿周法的研究[15]，湿周与流量间的关系为对数函数和幂函数[16]：

$$P = a\ln Q + b \tag{26-2}$$

$$P = cQd \tag{26-3}$$

式中，a，b，c，d 为常数。式（26-2）可用于三角形、U 形和抛物形河道断面，而式（26-3）则适用于矩形和梯形河道断面[16-17]。

2. Tennant 法

Tennant 法是基于河流断面的流量数据，应用数理统计的方法，在不同月份采用不同百分数来估算河道生态需水量[18-21]。由于 Tennant 法不适用于季节性流量变化大的河流，故采用典型年流量代替多年平均流量的做法，对 Tennant 法进行改进[22-24]。将河流生态流量按季节性划分为 4~6 月（鱼虾繁殖高峰期）、7~10 月（丰水期）、11 至翌年 3 月（枯水期）3 个时段。流量百分数结果见表 26-1。

表 26-1 改进 Tennant 法推荐生态流量百分数

河流流量状况	推荐的生态流量百分数（平均流量）/%		
	4~6 月	7~10 月	11 月至翌年 3 月
最大	230	120	200
最佳范围	40~100	35~100	40~140
极好	35	30	35
非常好	30	25	30
好	25	20	25
一般	20	15	20
差或最差	10	10	15
极差	0~10	0~10	0~15

3. Q90 法

Q90 法是一种基于水文学参数且考虑水质因素的计算方法，采用 90%保证率对应的最枯月平均流量作为生态流量[25-27]。Q90 法计算过程为：根据河流的历史多年日平均流量统计资料，依据获取的日流量资料计算出多年月平均流量，统计出各年的最枯月均流量进行频率计算，理论频率计算采用皮尔逊Ⅲ型曲线进行，当保证率为 90%时即为生态流量值。

4. 多年平均流量法

多年平均流量法指集雨面积 50km^2 及以上的水电站，或有部分的特殊生态保护要求的河道断面，可采用多年平均流量的 10%进行生态流量计算[28-29]。特殊生态保护要求是指分布在国家级自然保护区、重要乡镇和部分省级以上风景名胜区，如省、市河。如果水电站的年平均流量已在设计中报告，并且采用了批准的多年平均流量法，则可直接批准该电厂的生态流量。对于不能直接获取河道流量资料的电站，可利用水文基准站与经批准的电站进行比较来确定其河道的生态流量。计算多年平均流量，本方法依据历史月平均流量数据系列，计算多年平均流量，以多年平均流量的 10%作为生态流量。

5. 生态水深-流速法

生态水深-流速法通过结合河流水文学（流量、水深）和水力学（曼宁公式等）特征，来推断河流生态流量[30]：

$$v = n^{-1} R^{\frac{2}{3}} J^{\frac{1}{2}} \tag{26-4}$$

式中，n 为糙率；R 为水力半径；J 为水力坡度。南流江常乐站河道水深远小于河宽，式中 R 可用平均水深代替。

6. 生态流量保证率

生态流量保证率表示河流监测站的逐日水量满足河流生态流量保证程度[31-32]，其计算公式[33]为

$$P = \frac{1}{n} \sum_{i=1}^{n} \frac{d}{D} \times 100\% \tag{26-5}$$

式中，P 为生态流量保证率；n 为河流监测站数目；D 为实测流量序列总天数；d 为实测流量序列总天数 D 中满足最小生态流量的天数。

26.3　生态流量计算

1. 湿周法计算结果

南流江水文站断面如图 26-1 所示（2010 年实测），断面呈近似梯形形状，梯形断面的湿周与流量呈现出对数关系，湿周与流量的关系可以按照对数关系进行拟合（图 26-2）。在湿周与流量关系曲线上，当切线斜率为 1 时，其对应的流量即为生态流量[19]。如图 26-2 所示，用湿周法算得南流江生态流量为 38.9m³/s。

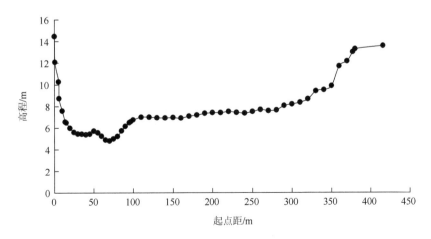

图 26-1　常乐站横断面图

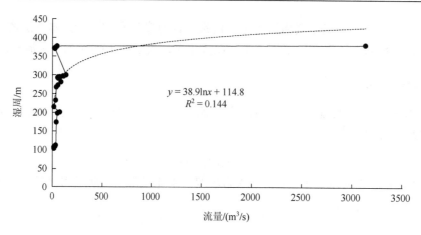

图 26-2 常乐站湿周-流量关系图

2. Tennant 法计算结果

运用改进的 Tennant 法对常乐镇水文站 1953～2016 年日平均流量统计资料进行计算。1957 年流量模数值最接近 1.0，因此选择 1957 年为典型年。按照 4～6 月、7～10 月、11 至翌年 3 月分别确定其相对应的百分数，计算结果详见表 26-2。

表 26-2 常乐水文站时段生态流量

河流流量状况	推荐的生态流量（平均流量）/（m³/s）		
	4～6 月	7～10 月	11 至翌年 3 月
平均流量	289.48	209.75	69.75
最大	665.81	251.70	139.50
最佳范围	115.79～289.48	73.41～209.75	27.9～39.06
极好	101.32	62.93	24.41
非常好	86.84	52.44	20.93
好	72.37	41.95	17.44
一般	57.90	31.46	13.95
差或最差	28.95	20.98	10.46
极差	0～28.95	0～20.98	0～10.46

参照取同期平均流量的 10%，因此，4～6 月南流江生态流量应不小于 28.95m³/s，7～10 月应不小于 20.98m³/s，11 月至翌年 3 月应不小于 10.46m³/s。

3. Q90 法计算结果

常乐水文站最枯月均流量值见图 26-3。结果显示，常乐水文站多年最小月均流量为 33.88m³/s，均方差为 14.63，变差系数为 0.43，偏态系数为 1.51，皮尔逊Ⅲ型（P-Ⅲ型）频率曲线的离均系数 Φ 值为 0.56。将最枯月均最小流量值视为样本（$n=64$）进行频率计算 [经验频率 = 最枯月均最小流量值/(实测年数 + 1)]，计算得出南流江生态流量为 18.74m³/s。

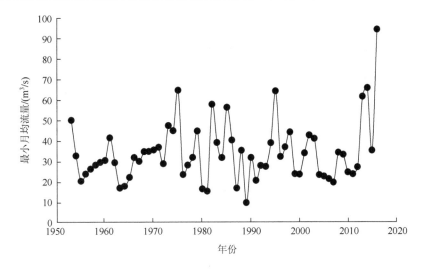

图 26-3　常乐水文站最枯月均流量值

4. 多年平均流量法计算结果

根据常乐水文站 1953~2016 年日平均流量统计资料，计算各年年平均流量值，如图 26-4 所示，得出南流江生态流量为 16.33m³/s。

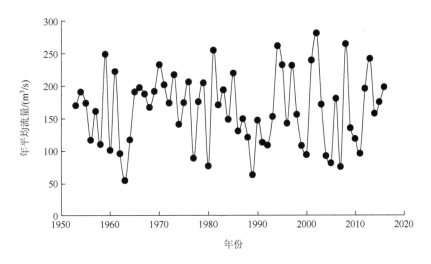

图 26-4　常乐水文站各年年平均流量值

5. 生态水深-流速法计算结果

广西水产研究所对南流江鱼类调查显示，鲤形目是南流江主要淡水鱼类群，占淡水鱼总量的 71.62%，其适应流速如表 26-3 所示，其产卵所需的最低流速为 0.3m/s。依据流量-流速关系（图 26-5）及产卵流速推算南流江生态流量为 34.73m³/s。

表 26-3 鲤科类鱼适应流速的能力表

种类	体长/cm	感觉流速/(m/s)	喜爱流速/(m/s)	极限流速/(m/s)
鲤	22～25	0.2	0.3～0.8	1.0
	25～35	0.2	0.3～0.8	1.1

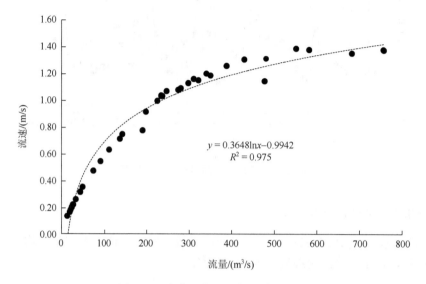

图 26-5 南流江常乐站流量-流速关系

26.4 适宜生态流量确定

本书采用多年平均流量法、Tennant 法、Q90 法、湿周法和生态水深-流速法对南流江常乐水文站的生态流量进行了计算，计算结果如表 26-4。湿周法计算的生态流量最大，多年平均流量法最小，二者分别占多年平均径流量的 23.87% 和 10%；Q90 法计算的生态流量占多年平均径流量的 11.62%；改进的 Tennant 法 4～6 月计算的生态流量占多年平均径流量的 17.77%，7～10 月占 12.87%，11 月至翌年 3 月占 6.42%；生态水深-流速法计算的生态流量占多年平均径流量的 21.26%。

表 26-4 生态流量不同计算方法对比 （单位：m³/s）

水文站名称	生态流量						
	多年平均流量法	Tennant 法			Q90 法	湿周法	生态水深-流速法
		4～6 月	7～10 月	11 月至翌年 3 月			
常乐站	16.33	28.95	20.98	10.46	18.74	38.88	34.73

Q90 法由美国 7Q10 法改进而来，是一种基于水文学参数且考虑水质因素的计算方法，但未考虑水生生物的需水量和水量的季节变化，其计算值较小。多年平均流量法主要考虑水生生物的正常生长以及入渗补给、污染自净等方面的要求，仍是侧重于分析水质，

计算值较小。从改进的 Tennant 法计算所得的生态流量值来看，常乐镇水文站 1953～2016 年，各年最枯月均流量值与各年年均流量值相比之下差距过大，这体现了南流江季节性河流的典型特征；其中，11 月至翌年 3 月流量较小，长期处于这一流量条件，将会对水生生物和生态环境的健康状况产生一定的影响。湿周法计算的生态流量相对过大，以此进行河流流量控制将产生较大的政策和经济压力。生态水深-流速法考虑河流水深、主要水生动物喜爱流速及产卵流速等水文、水力学参数和经济因素，其计算结果考虑全面，较为合理。因此，可认为按照生态水深-流速法计算出的流量结果 34.73m³/s 是维持南流江生态环境需求的"生态流量"。

基于生态水深-流速法生态流量计算的南流江生态流量保证率如图 26-6 所示。多年平均保证率为 77.9%，其中 1963 年最低，保证率仅为 33.08%，1982 年最高，保证率为 99.73%。汛期生态流量保证率为 92.68%，非汛期生态流量保证率为 61.04%，保证率年内年际差别大，这与南流江流域内降水的时空变化有关[34-35]。

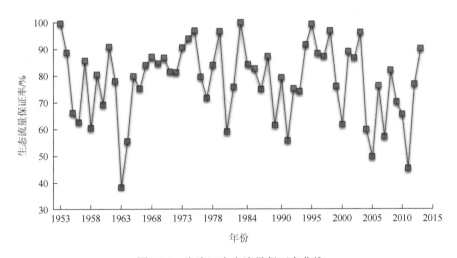

图 26-6 南流江生态流量保证率曲线

参 考 文 献

[1] 王琲，肖昌虎，黄站峰. 河流生态流量研究进展[J]. 江西水利科技，2018，44（3）：230-234.

[2] 李原园，廖文根，赵钟楠，等. 新时期河湖生态流量确定与保障工作的若干思考[J]. 中国水利，2019（17）：8，13-16.

[3] 郝伏勤，黄锦辉，李群. 黄河干流生态环境需水研究[M]. 郑州：黄河水利出版社，2005.

[4] 陈亚宁，郝兴明，李卫红，等. 干旱区内陆河流域的生态安全与生态需水量研究：兼谈塔里木河生态需水量问题[J]. 地球科学进展，2008，23（7）：732-738.

[5] 王进，龚伟华，沈永平，等. 塔里木河干流上游中、下段河床淤积和耗水对生态环境的影响[J]. 冰川冻土，2009，31（6）：1086-1093.

[6] 阚兴龙，周永章. 北部湾南流江流域生态功能区划[J]. 热带地理，2013，33（5）：588-595.

[7] 黄馨娴，胡宝清. 五大发展理念视角下的南流江流域综合管理研究[J]. 人民长江，2018，49（5）：30-35，84.

[8] 杨明智，肖伟华，鲁帆，等. 气候变化对我国华南沿海地区水资源的影响：以南流江流域为例[J]. 广西大学学报（自然科学版），2017，42（5）：1951-1959.

[9] 李彪，卢远，许贵林. 南流江流域土地利用与生态脆弱性评价[J]. 环保科技，2016，22（3）：5-10.

[10] 吉利娜, 刘苏峡, 王新春. 湿周法估算河道内最小生态需水量: 以滦河水系为例[J]. 地理科学进展, 2010, 29 (3): 287-291.

[11] 水艳, 刘建, 娄云. 湿周法计算淮河流域主要河流断面生态流量[J]. 治淮, 2017 (11): 35-36.

[12] 吉小盼, 蒋红. 基于湿周法的西南山区河流生态需水量计算与验证[J]. 水生态学杂志, 2018, 39 (4): 1-7.

[13] 张新华, 李红霞, 肖玉成, 等. 河流最小生态基础流量计算方法研究[J]. 中国水利水电科学研究院学报, 2011, 9 (1): 66-73.

[14] 徐建新, 赵尚飞, 杜彦良, 等. 梧桐河生态流量分析[J]. 华北水利水电大学学报 (自然科学版), 2018, 39 (6): 78-83.

[15] Gippel G J, Stewardson M J. Use of wetted perimeter in defining minimum environmental flows[J]. Regulated Rivers: Research and Management, 1998, 14 (1): 53-67.

[16] 耿昭克, 陆丹. 湿周法估算巴音河河道内最小生态需水量[J]. 东北水利水电, 2016, 34 (7): 33-34, 65, 72.

[17] 郭文献, 夏自强. 对计算河道最小生态流量湿周法的改进研究[J]. 水力发电学报, 2009, 28 (3): 163, 171-175.

[18] 尚松浩. 确定河流生态流量的几种湿周法比较[J]. 水利水电科技进展, 2011, 31 (4): 41-44.

[19] 贺玉琼, 丁镇, 廖梓瑾, 等. 珠江河道最小生态流量分析计算[J]. 水文, 2009, 29 (1): 50-53.

[20] Poff N L R, Matthews J H. Environmental flows in the Anthropocence: Past progress and future prospects[J]. Current Opinion in Environmental Sustainability, 2013, 5 (6): 667-675.

[21] 娄利华. 河道适宜生态流量研究[J]. 水资源开发与管理, 2018 (10): 35-39.

[22] 张国辉, 郭晓丽, 吴沛. 丹江干流 (河南段) 生态流量研究[J]. 中国农村水利水电, 2019 (9): 121-124.

[23] 黄康, 李怀恩, 成波, 等. 基于 Tennant 方法的河流生态基流应用现状及改进思路[J]. 水资源与水工程学报, 2019, 30 (5): 103-110.

[24] 郑志宏, 张泽中, 黄强, 等. 生态需水量计算 Tennant 法的改进及应用[J]. 四川大学学报 (工程科学版), 2010, 42 (2): 34-39, 57.

[25] 郑小康, 侯红雨, 付永锋. 基于改进 Tennant 法的湟水流域河道内生态环境需水量分析[J]. 南水北调与水利科技, 2015, 13 (4): 681-685, 690.

[26] 徐伟, 董增川, 罗晓丽, 等. 基于改进 7Q10 法的滦河生态流量分析[J]. 河海大学学报 (自然科学版), 2016, 44 (5): 454-457.

[27] 潘扎荣, 阮晓红, 周金金, 等. 河道生态需水量研究进展[J]. 水资源与水工程学报, 2011, 22 (4): 89-94.

[28] 彭涛, 陈晓宏, 王高旭, 等. 基于湿周法的河道最小生态需水量多目标评价模型[J]. 水利水电科技进展, 2012, 32 (5): 6-10.

[29] 李紫妍, 刘登峰, 黄强, 等. 基于多种水文学方法的汉江子午河生态流量研究[J]. 华北水利水电大学学报 (自然科学版), 2017, 38 (1): 8-12.

[30] 陈毅, 郭纯青. 北部湾经济区河流环境流量计算[J]. 中国农村水利水电, 2012 (1): 8-12, 17.

[31] 王宇佳. 大凌河生态流量保证程度分析[J]. 黑龙江水利科技, 2019, 47 (3): 27-29.

[32] 夏冬, 梁丹丹. 淮河流域重要河流生态流量 (水量) 保障性分析[J]. 治淮, 2018 (12): 31-33.

[33] 徐伟, 董增川, 付晓花, 等. 滦河流域生态流量保证程度分析[J]. 人民长江, 2015, 46 (24): 13-16.

[34] 黄锡荃, 李惠明, 金伯欣. 水文学[M]. 北京: 高等教育出版社, 1985.

[35] 张欧阳, 熊明. 基于实测流量成果的生态流量计算方法[J]. 人民长江, 2017, 48 (S2): 61-64.

第27章　南流江河流健康评价及修复对策

27.1　南流江分类分段

基于河流结构特征的河流分类方法，结合《河湖健康评价指南（试行）》和《河湖健康评估技术导则》（SL/T 793—2020），同时兼顾河长管辖范围，将南流江划分为河源段、河谷段、平原段、城市段、河口段5种评价河流类型和13个结构相似的评价河段（图27-1），各河段的起点、终点及长度如表27-1所示。

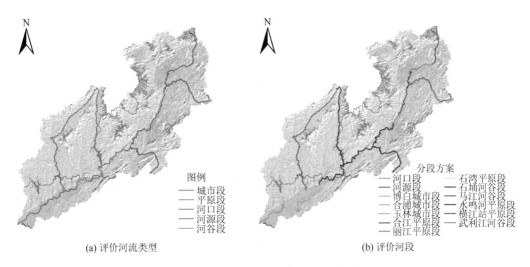

(a) 评价河流类型　　　　　　　　　　(b) 评价河段

图 27-1　南流江分段方案（后附彩图）

表 27-1　南流江分段方案及相应数据情况

编号	评价河段	起点	终点	长度/km
1	河口段	北海市合浦县廉州镇总江口村	南流江入海口	21.36
2	合浦城市段	北海市合浦县石湾镇川山村	北海市合浦县廉州镇总江口村	7.09
3	石湾平原段	北海市合浦县常乐镇六益村	北海市合浦县石湾镇川山村	39.77
4	石埇河谷段	玉林市博白县沙河镇香丝景村	北海市合浦县常乐镇六益村	67.76
5	水鸣河平原段	玉林市博白县博白镇珠江村	玉林市博白县沙河镇香丝景村	41.03
6	博白城市段	玉林市博白县博白镇九龙村	玉林市博白县博白镇珠江村	7.91
7	横江站平原段	玉林市福绵区福绵镇	玉林市博白县博白镇九龙村	43.99
8	玉林城市段	玉林市玉州区长望村	玉林市福绵区福绵镇	21.26
9	河源段	南流江源头	玉林市玉州区长望村	34.99
10	武利江河谷段	浦北县福旺镇坪铺村	合浦县石康镇筏埠村	127

编号	评价河段	起点	终点	长度/km
11	马江河谷段	浦北县福旺镇大双村	博白县菱角镇小马口村	86.7
12	合江平原段	博白县新田镇亭子村	博白县合江镇新政村	51.2
13	丽江平原段	北流市六麻镇六美村	玉州区新桥镇田横村	61

27.2　数据来源及方法

27.2.1　数据来源

依据第 6 章构建的独流入海河流健康评价指标体系，本章数据主要来源于资料收集和野外采样（表 27-2）。

表 27-2　指标数据来源汇总

指标	数据来源
生态流量满足程度	广西沿海水文中心
流量过程变异程度	—
水质优劣程度	广西壮族自治区生态环境监测中心
水体自净能力	广西壮族自治区生态环境监测中心
鱼类多样性指数	野外采样
浮游植物多样性	野外采样
河流连通性	Google Earth 历史影像目视解译和实地考察
河岸稳定性	野外考察
河岸植被覆盖率	野外考察
水土流失率	文献资料（《南流江流域泥沙空间分异及收支平衡研究》）[1]
蜿蜒度	Google Earth 历史影像目视解译和实地考察
自然岸线保有率	北海市海域使用动态监管中心
水资源开发利用率	政府文件（《玉林市水资源调查评价》《北海市水资源综合规划》）
公众满意度	实地问卷调查
灌溉保证率	文献资料（《广西防洪安全保障方案研究》）
防洪达标率	文献资料（《广西防洪安全保障方案研究》）

27.2.2　不同河流类型健康指标权重计算

本文通过 AHP 确定各项指标的权重。利用软件 yaahp10.0 进行计算分析，与传统方法相比,摒弃了复杂的计算步骤,直接利用平台导入相关数据,结合专家意见、《河湖健康评估技术导则》(SL/T 793—2020)、《广东省 2021 年河湖健康评价技术指引》等文献对各因素进行重要性程度排序,根据河源段、河谷段、城市段、平原段、河口段 5 种河流类型确定不同河流类型河段的权重(表 27-3 至表 27-7),并在 yaahp10.0 进行计算分析,直接得到最终的检验结果。

表 27-3　河源段评价指标权重

目标层	准则层	准则层权重	指标层	指标层权重
河源段健康评价 A	水文 B1	0.152 0	生态流量满足程度 C1	0.667
			流量过程变异程度 C2	0.333
	水质 B2	0.254 6	水质优劣程度 C3	0.500
			水体自净能力 C4	0.500
	生物 B3	0.193 3	鱼类多样性指数 C5	0.500
			浮游植物多样性 C6	0.500
	生境 B4	0.153 3	河流连通性 C7	0.174
			河岸稳定性 C8	0.243
			河岸植被覆盖率 C9	0.243
			水土流失率 C10	0.340
	社会服务功能 B5	0.246 8	水资源开发利用率 C11	0.500
			公众满意度 C12	0.500

表 27-4　河谷段评价指标权重

目标层	准则层	准则层权重	指标层	指标层权重
河谷段健康评价 A	水文 B1	0.152 0	生态流量满足程度 C1	0.667
			流量过程变异程度 C2	0.333
	水质 B2	0.254 6	水质优劣程度 C3	0.500
			水体自净能力 C4	0.500
	生物 B3	0.193 3	鱼类多样性指数 C5	0.500
			浮游植物多样性 C6	0.500
	生境 B4	0.153 3	河流连通性 C7	0.174
			河岸稳定性 C8	0.243
			河岸植被覆盖率 C9	0.243
			蜿蜒度 C10	0.340
	社会服务功能 B5	0.246 8	水资源开发利用率 C11	0.500
			公众满意度 C12	0.500

表 27-5　平原段评价指标权重

目标层	准则层	准则层权重	指标层	指标层权重
平原段健康评价 A	水文 B1	0.152 0	生态流量满足程度 C1	0.667
			流量过程变异程度 C2	0.333
	水质 B2	0.254 6	水质优劣程度 C3	0.500
			水体自净能力 C4	0.500
	生物 B3	0.193 3	鱼类多样性指数 C5	0.500
			浮游植物多样性 C6	0.500
	生境 B4	0.153 3	河流连通性 C7	0.200
			河岸稳定性 C8	0.400
			河岸植被覆盖率 C9	0.400
	社会服务功能 B5	0.246 8	水资源开发利用率 C10	0.250
			公众满意度 C11	0.250
			灌溉保证率 C12	0.500

表 27-6　城市段评价指标权重

目标层	准则层	准则层权重	指标层	指标层权重
城市段健康评价 A	水文 B1	0.152 0	生态流量满足程度 C1	0.667
			流量过程变异程度 C2	0.333
	水质 B2	0.254 6	水质优劣程度 C3	0.500
			水体自净能力 C4	0.500
	生物 B3	0.193 3	鱼类多样性指数 C5	0.500
			浮游植物多样性 C6	0.500
	生境 B4	0.153 3	河流连通性 C7	0.200
			河岸稳定性 C8	0.400
			河岸植被覆盖率 C9	0.400
	社会服务功能 B5	0.246 8	水资源开发利用率 C10	0.250
			公众满意度 C11	0.250
			防洪达标率 C12	0.500

表 27-7　河口段评价指标权重

目标层	准则层	准则层权重	指标层	指标层权重
河口段健康评价 A	水文 B1	0.152 0	生态流量满足程度 C1	0.667
			流量过程变异程度 C2	0.333
	水质 B2	0.254 6	水质优劣程度 C3	0.500
			水体自净能力 C4	0.500
	生物 B3	0.193 3	鱼类多样性指数 C5	0.500
			浮游植物多样性 C6	0.500

续表

目标层	准则层	准则层权重	指标层	指标层权重
河口段健康评价 A	生境 B4	0.153 3	河流连通性 C7	0.174
			河岸稳定性 C8	0.243
			河岸植被覆盖率 C9	0.243
			自然岸线保有率 C10	0.340
	社会服务功能 B5	0.246 8	水资源开发利用率 C11	0.500
			公众满意度 C12	0.500

27.3　水文健康评价

27.3.1　生态流量满足程度

国内河流的最小生态流量，10 月至次年 3 月通常取多年平均径流量的 10%~20%；4 月至 9 月取 20%~30%。在此基础上，结合季风气候区的特点和南流江水资源现状，利用《全国水资源保护规划技术大纲》所规定的 Tennant 方法，对流域内的生态流量按 10 月至次年 3 月（非汛期）取多年平均径流量的 10%，4 月至 9 月（汛期）取多年平均径流量的 20%进行了测算。

按照式（6-1）计算 EF_1，EF_2，并对照表 6-3，得到南流江生态流量满足程度的得分结果（表 27-8），由于南流江流量资料覆盖度不高，只有常乐站点的流量数据，故采用此站点的生态流量满足程度数据作为南流江其他评价河段的生态流量满足程度得分。

表 27-8　生态流量满足程度得分

河流	10 月至次年 3 月最小日均流量/(m³/s)	10 月至次年 3 月多年平均径流量/(m³/s)	EF_1	4~9 月最小日均流量/(m³/s)	4~9 月多年平均径流量/(m³/s)	EF_2	EF_1 得分	EF_2 得分	EF 得分
南流江	9.38	7	133.98%	17.20	49.86	34.49%	100	40	40

根据表 27-8 可知，南流江生态流量满足程度得分为 40 分，处于不健康状态，说明生态流量满足程度低，不能很好地维持河流生态系统功能和结构稳定。

27.3.2　水文准则层得分

受限于资料，此次评价不具备计算流量过程变异程度的条件，因此，将该指标按比例分配到生态流量满足程度指标中，即水文准则层得分=生态流量满足程度得分，结果如表 27-9 所示，南流江水文准则层得分为 40 分，处于不健康状态。

表 27-9　水文准则层得分

评价河段	生态流量满足程度		流量过程变异程度		水文准则层得分
	得分	权重	得分	权重	
河口段	40	1	—	—	40
合浦城市段	40	1	—	—	40
石湾平原段	40	1	—	—	40
石埇河谷段	40	1	—	—	40
水鸣河平原段	40	1	—	—	40
博白城市段	40	1	—	—	40
横江站平原段	40	1	—	—	40
玉林城市段	40	1	—	—	40
河源段	40	1	—	—	40
武利江河谷段	40	1	—	—	40
马江河谷段	40	1	—	—	40
合江平原段	40	1	—	—	40
丽江平原段	40	1	—	—	40

注："—"代表该指标数据缺失，将该指标权重按比例分配到同一河段的其他指标中。

27.4　水质健康评价

27.4.1　水质优劣程度

南流江水质优劣程度根据《地表水环境质量标准》（GB 3838—2002），对氨氮、总磷、五日生化需氧量等地表水水质考核指标进行计算，并按照表 6-5 确定南流江的水质状况得分。结果如表 27-10 所示，石湾平原段和玉林城市段的氨氮、总磷超标，合江平原段的总磷超标，这 3 个河段的水质优劣程度得分均为 0 分；其他监测断面不存在水质超标指标，得分为 80 分或 100 分，为健康或非常健康状态。

表 27-10　水质优劣程度得分

评价河段	水质	主要超标指标	水质优劣程度得分
河口段	Ⅲ类	无	80
合浦城市段	Ⅱ类	无	100
石湾平原段	劣Ⅴ类	氨氮、总磷	0
石埇河谷段	Ⅲ类	无	80
水鸣河平原段	Ⅲ类	无	80
博白城市段	Ⅱ类	无	100
横江站平原段	Ⅲ类	无	80
玉林城市段	Ⅴ类	氨氮、总磷	0

续表

评价河段	水质	主要超标指标	水质优劣程度得分
河源段	III类	无	80
武利江河谷段	II类	无	100
马江河谷段	III类	无	80
合江平原段	V类	总磷	0
丽江平原段	III类	无	80

27.4.2　水体自净能力

由于南流江溶解氧资料覆盖度不高，故无法用全年的溶解氧月均浓度，按照汛期和非汛期计算水体自净能力指标，在此采用 2020 年 5 月的溶解氧数据计算得分。结果如图 27-2 所示，除了玉林城市段外，其他评价河段中水体溶解氧浓度相对较高，水体自净能力得分均较高，为 80 分或 100 分，处于健康或非常健康状况；玉林城市段水体中溶解氧浓度较低，水体自净能力得分较低，为 30 分，处于劣态。

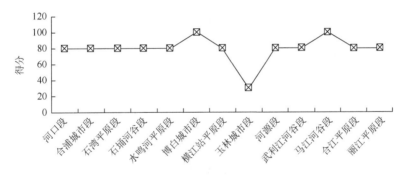

图 27-2　水体自净能力得分

27.4.3　水质准则层得分

水质准则层包括 2 项指标，以 2 项指标得分与权重乘积之和作为该准则层的得分。经过计算，确定各个评价河段的水质准则层得分。由表 27-11 可知，13 个评价河段中，河口段、合浦城市段、石埇河谷段、水鸣河平原段、博白城市段、横江站平原段、河源段、武利江河谷段、马江河谷段、丽江平原段的水质状况较好，均在 80 分及以上，处于健康状况；石湾平原段、合江平原段、玉林城市段水质较差，处于不健康状况或劣态。总体来说，河源段、河谷段、河口段的水质相对较好，平原段、城市段部分评价河段水质相对较差。

表 27-11　水质准则层得分

评价河段	水质优劣程度		水体自净能力		水质准则层得分
	得分	权重	得分	权重	
河口段	80	0.5	80	0.5	80
合浦城市段	100	0.5	80	0.5	90
石湾平原段	0	0.5	80	0.5	40
石埆河谷段	80	0.5	80	0.5	80
水鸣河平原段	80	0.5	80	0.5	80
博白城市段	100	0.5	100	0.5	100
横江站平原段	80	0.5	80	0.5	80
玉林城市段	0	0.5	30	0.5	15
河源段	80	0.5	80	0.5	80
武利江河谷段	100	0.5	80	0.5	90
马江河谷段	80	0.5	100	0.5	90
合江平原段	0	0.5	80	0.5	40
丽江平原段	80	0.5	80	0.5	80

27.5　生物健康评价

27.5.1　鱼类多样性指数

根据第 17 章南流江水生态状况调查分析，南流江鱼类隶属 6 目 20 科 50 属，计算南流江鱼类多样性指数，并根据鱼类多样性指数指标得分标准表（表 6-7），确定各个评价河段的鱼类多样性指数得分（表 27-12）。

表 27-12　鱼类多样性指数得分

评价河段	H	鱼类多样性指数得分
河口段	1.63	40
合浦城市段	1.438	40
石湾平原段	2.646	80
石埆河谷段	3.249	80
水鸣河平原段	2.981	80
博白城市段	2.414	60
横江站平原段	1.804	40
玉林城市段	1.703	40
河源段	1.237	40
武利江河谷段	2.161	60

续表

评价河段	H	鱼类多样性指数得分
马江河谷段	1.845	40
合江平原段	3.107	80
丽江平原段	1.914	40

南流江干流 9 个评价河段中，河源段至横江站平原段的鱼类多样性指数持平，从中游博白城市段开始鱼类多样性指数逐渐升高，在石埇河谷段达到最高，再从下游石湾平原段至河口段慢慢降低；支流中合江平原段的鱼类多样性指数较高，武利江河谷段、马江河谷段、丽江平原段的鱼类多样性指数较低；整体来说，中游的鱼类多样性指数高于上游和下游，各个评价河段的鱼类多性指数相差较大。其中石湾平原段、石埇河谷段、水鸣河平原段、合江平原段的鱼类多样性指数较高，处于健康状况；其他河段得分为 40 分或 60 分，均为亚健康状况或者不健康状况。

27.5.2　浮游植物多样性指数

根据第 17 章南流江水生态状况调查分析，本次调查浮游植物共鉴定出 5 门 31 属 64 种。计算浮游植物多样性指数，并根据表 6-8，确定各个评价河段的浮游植物多样性指数得分（表 27-13）。

表 27-13　浮游植物多样性指数得分

评价河段	SW	浮游植物多样性指数得分
河口段	3.373	80
合浦城市段	—	—
石湾平原段	3.334	80
石埇河谷段	0.651 9	0
水鸣河平原段	—	—
博白城市段	3.205	80
横江站平原段	3.344	80
玉林城市段	1.727	40
河源段	3.683	80
武利江河谷段	3.195	80
马江河谷段	3.449	80
合江平原段	—	—
丽江平原段	—	—

注："—"代表该指标数据缺失，将该指标权重按比例分配到同一河段其他指标中。

表 27-13 显示，在 9 个评价河段中，玉林城市段浮游植物多样性指数较低，得分为 40 分，为不健康状况，石埇河谷段浮游植物多样性指数得分为 0 分，为劣态，其他评价河段中，浮游植物多样性指数较高，为 80 分，处于健康状况。

27.5.3　生物准则层得分

生物准则层包含鱼类多样性指数和浮游植物多样性指数 2 个指标，分别以 2 项指标权重与得分乘积之和作为该准则层的得分，即生物准则层得分 = 鱼类多样性指数得分×0.5 + 浮游植物多样性指数得分×0.5。经过计算，确定各个评价河段的生物准则层得分，结果如表 27-14 所示。13 个评价河段中石湾平原段、水鸣河平原段、合江平原段的生物状况较好，均在 80 分以上，处于健康状况；河口段、博白城市段、横江站平原段、河源段、武利江河谷段、马江河谷段的生物状况一般，得分在 50～70 分，处于亚健康状况；合浦城市段、石浦河谷段、玉林城市段、丽江平原段的生物状况差，得分为 40 分，处于不健康状况。

表 27-14　生物准则层得分

评价河段	鱼类多样性指数		浮游植物多样性指数		生物准则层得分
	得分	权重	得分	权重	
河口段	40	0.5	80	0.5	60
合浦城市段	40	1	—	—	40
石湾平原段	80	0.5	80	0.5	80
石埇河谷段	80	0.5	0	0.5	40
水鸣河平原段	80	1	—	—	80
博白城市段	60	0.5	80	0.5	70
横江站平原段	40	0.5	80	0.5	60
玉林城市段	40	0.5	40	0.5	40
河源段	40	0.5	80	0.5	60
武利江河谷段	60	0.5	80	0.5	70
马江河谷段	40	0.5	80	0.5	60
合江平原段	80	1	—	—	80
丽江平原段	40	1	—	—	40

注："—"代表该指标数据缺失，将该指标权重按比例分配到同一河段的其他指标中。

27.6　生境健康评价

27.6.1　河流连通性

通过资料收集、影像评判和实地调研发现，在 13 个评价河段中，河口段、合浦城市段、

石埇河谷段、玉林城市段、河源段、合江平原段影响南流江连通性的建筑物或设施数量各
1 个，武利江河谷段 4 个，马江河谷段 2 个，计算河流连通性，结果如表 27-15 所示。

表 27-15　河流连通性得分

评价河段	G	河流连通性得分
河口段	5.28	0
合浦城市段	14.10	0
石湾平原段	0.00	100
石埇河谷段	1.48	0
水鸣河平原段	0.00	100
博白城市段	0.00	100
横江站平原段	0.00	100
玉林城市段	4.89	0
河源段	2.50	0
武利江河谷段	3.15	0
马江河谷段	2.31	0
合江平原段	1.95	0
丽江平原段	0.00	100

　　结果显示，河口段、合浦城市段、石埇河谷段、玉林城市段、河源段、合江平原段、
武利江河谷段、马江河谷段的河道阻隔严重，得 0 分，均为劣态；石湾平原段、水鸣河
平原段、博白城市段、横江站平原段、丽江平原段无阻隔现象，得 100 分，处于非常健
康状况。

27.6.2　河岸稳定性

　　对河岸带的岸坡倾角、岸坡高度、岸坡植被覆盖率、基质和河岸冲刷状况等因素进
行评估。经实地调研，按照表 27-16 确定各评价河段的河岸稳定性得分。南流江 13 个评
价河段的河岸稳定性得分在 62.5～95 分；13 个评价河段中，11 个河岸岸坡倾角较小，小
于或等于 30°，其余河岸岸坡倾角在 15°～60°；13 个评价河段中 6 处岸坡有冲刷现象，
属于轻度冲刷，9 个评价河段岸坡高度小于或等于 1m，4 个评价河段岸坡高度在 1～5m；
13 个评价河段中，4 个河岸的岸坡植被覆盖率处于 75%～100%；13 个评价河段中，11 个
评价河段的河岸处于基本稳定状态，尽管河岸有松动发育、侵蚀的迹象，但不会在短期
内发生变形和破坏；2 个评价河段的河岸处于次不稳定状态（25～75 分），存在明显的裂
痕发育痕迹，在某些情况下，河岸发生变形和破坏，发生中度的土壤侵蚀。河岸稳定性
调查表见附录。

表 27-16 河岸稳定性得分

评价河段	岸坡倾角(°) 左岸	岸坡倾角(°) 右岸	岸坡植被覆盖率/%	岸坡高度/m 左岸	岸坡高度/m 右岸	基质 左岸	基质 右岸	河岸冲刷状况	岸坡倾角得分 左岸	岸坡倾角得分 右岸	岸坡倾角得分 总得分	岸坡植被覆盖率得分	岸坡高度得分 左岸	岸坡高度得分 右岸	岸坡高度得分 总得分	基质得分 左岸	基质得分 右岸	基质得分 总得分	河岸冲刷状况得分	河岸稳定性得分
河口段	≤15	≤15	[5,25)	≤1	≤1	岩土	岩土	无冲刷迹象	100	100	100	0	100	100	100	75	75	75	100	75
合浦城市段	≤15	≤15	[75,100]	(1,2]	(1,2]	岩土	岩土	轻度冲刷	100	100	100	100	75	75	75	75	75	75	75	85
石湾平原段	≤15	≤15	[25,50)	≤1	≤1	岩土	岩土	轻度冲刷	100	100	100	25	100	100	100	75	75	75	75	75
石埇河谷段	(15,30]	≤15	[25,50)	≤1	≤1	岩土	岩土	轻度冲刷	75	100	87.5	25	100	100	100	75	75	75	75	72.5
水鸣河平原段	≤15	(30,45]	[50,75)	≤1	≤1	岩土	岩土	无冲刷迹象	100	25	62.5	75	100	100	100	75	75	75	100	82.5
博白城市段	≤15	≤15	[25,50)	(1,2]	≤1	岩土	岩土	无冲刷迹象	100	100	100	25	75	100	87.5	75	75	75	100	77.5
横江站平原段	≤15	(15,30]	[75,100]	≤1	≤1	岩土	岩土	轻度冲刷	100	75	87.5	100	100	100	100	75	75	75	75	87.5
玉林城市段	(15,30]	(15,30]	[50,75)	≤1	(1,2]	黏土	岩土	无冲刷迹象	75	75	75	75	100	75	87.5	25	75	50	100	77.5
河源段	(15,30]	(15,30]	[50,75)	≤1	≤1	黏土	岩土	无冲刷迹象	75	75	75	75	100	100	100	25	75	50	100	80
武利江河谷段	≤15	≤60	[50,75)	(2,3]	(3,5]	岩土	岩土	无冲刷迹象	100	0	50	75	25	0	12.5	75	75	75	100	62.5
马江河谷段	≤15	≤15	[50,75)	≤1	≤1	岩土	岩土	轻度冲刷	100	100	100	75	100	100	100	75	75	75	75	85
合江平原段	≤15	(15,30]	[75,100]	≤1	≤1	黏土	岩土	轻度冲刷	100	75	87.5	100	100	100	100	25	75	50	75	82.5
丽江平原段	≤15	≤15	[75,100]	≤1	≤1	岩土	岩土	无冲刷迹象	100	100	100	100	100	100	100	75	75	75	100	95

27.6.3　河岸植被覆盖率

以南流江 13 个水生态采样点为河岸植被覆盖率考察区,通过实地调研,直接进行评估,分别计算每个采样点左岸和右岸的河岸植被覆盖率的算术平均值,并根据表 6-11 确定南流江 13 个评价河段的河岸植被覆盖率得分,结果如表 27-17 所示。

表 27-17　河岸植被覆盖率得分

评价河段	左岸得分	右岸得分	总得分
河口段	25	25	25
合浦城市段	50	50	50
石湾平原段	75	100	87.5
石埇河谷段	50	50	50
水鸣河平原段	50	75	62.5
博白城市段	50	50	50
横江站平原段	100	75	87.5
玉林城市段	75	75	75
河源段	75	50	62.5
武利江河谷段	25	100	62.5
马江河谷段	75	75	75
合江平原段	100	75	87.5
丽江平原段	75	75	75

由表 27-17 可知,石湾平原段、水鸣河平原段、武利江河谷段右岸植被覆盖率高于左岸,横江站平原段、河源段、合江平原段左岸植被覆盖率高于右岸;南流江中上游河岸植被覆盖率良好,河岸植被覆盖率得分在 50～87.5 分,处于健康状况,下游合浦城市段、石湾平原段河岸植被覆盖率良好,也处于健康状况,河口段为防洪需要,主要是硬质护岸,导致植被覆盖率较低,处于不健康状况。

27.6.4　水土流失率

水土流失率用水土流失面积与总土地面积之比表示。按照《土壤侵蚀分类分级标准》(SL 190—2007),采用 RUSLE 模型来获取南流江流域土壤侵蚀状况,划分为微度、轻度、中度、强烈、极强烈、剧烈五个等级。《区域水土流失动态监测技术规定(试行)》规定,轻度及其以上各级土壤侵蚀强度面积之和为水土流失面积,基于此,可计算得出各个评价河段的水土流失率结果,最后确定水土流失率得分。由表 27-18 可知,河源段水土流失率为 15.77%,得分为 60 分,处于亚健康状况。

表 27-18 水土流失率得分

评价河段	水土流失率/%	水土流失率得分
河源段	15.77	60

27.6.5 蜿蜒度

河流的蜿蜒度是河段实际长度与直线距离的比值。本章利用 Google Earth 历史影像矢量化南流江 13 个评价河段，并导入 ArcGIS 软件计算流线长度，使用度量工具评价河段的直线长度，计算每个评价河段的蜿蜒度。根据计算结果可知，参照表 27-19，武利江河谷段、马江河谷段、石埇河谷段三个河段的蜿蜒度较好，在 1.50～2.00，均为健康状况。

表 27-19 蜿蜒度得分

评价河段	W	蜿蜒度得分
石埇河谷段	1.57	80
武利江河谷段	1.93	100
马江河谷段	1.68	100

27.6.6 自然岸线保有率

河口岸线以砂砾质、淤泥质、基岩、生物岸线为主。利用遥感影像矢量化南流江自然岸线，计算自然岸线占总岸线的比例，并进行自然岸线保有率赋分，结果如表 27-20 所示。

表 27-20 自然岸线保有率得分

评价河段	自然岸线保有率/%	自然岸线保有率得分
河口段	66.59	60

根据计算结果可知，河口段自然岸线保有率为 66.59%，得 60 分，处于亚健康状况，说明南流江河口段自然岸线保有率较差，人类活动对岸线造成的影响较大。

27.6.7 生境准则层得分

经过计算，确定各个评价河段的生境准则层得分，结果如表 27-21 所示。

表 27-21　生境准则层得分

评价河段	河流连通性		河岸稳定性		河岸植被覆盖率		水土流失率		蜿蜒度		自然岸线保有率		生境准则层得分
	得分	权重	得分	权重	得分	权重	得分	权重	得分	权重	得分	权重	
河口段	0	0.174	75	0.243	25	0.243					60	0.340	44.7
合浦城市段	0	0.200	85	0.400	50	0.400							54
石湾平原段	100	0.200	75	0.400	87.5	0.400							85
石埇河谷段	0	0.174	72.5	0.243	50	0.243			80	0.340			56.968
水鸣河平原段	100	0.200	82.5	0.400	62.5	0.400							78
博白城市段	100	0.200	77.5	0.400	50	0.400							71
横江站平原段	100	0.200	87.5	0.400	87.5	0.400							90
玉林城市段	0	0.200	77.5	0.400	75	0.400							61
河源段	0	0.174	80	0.243	62.5	0.243	60	0.340					55.028
武利江河谷段	0	0.174	62.5	0.243	62.5	0.243			100	0.340			64.375
马江河谷段	0	0.174	85	0.243	75	0.243			100	0.340			72.880
合江平原段	0	0.200	82.5	0.400	87.5	0.400							68
丽江平原段	100	0.200	95	0.400	75	0.400							88

注：水土流失率是河源段的个性指标，蜿蜒度是河谷段的个性指标，自然岸线保有率是河口段的个性指标，故其他评价河段不计算该个性指标。

根据结果可知，在生境准则层中，石湾平原段、水鸣河平原段、横江站平原段、丽江平原段得分大于 75 分，均处于健康状态；博白城市段、玉林城市段、武利江河谷段、马江河谷段、合江平原段处于亚健康状态；河口段、合浦城市段、石埇河谷段、河源段处于不健康状态；主评指标中，状况最好的是河岸稳定性，河岸植被覆盖率较为一般，状况相对较差的是河流连通性。个性指标中，河源段的水土流失率较高，河口段的自然岸线保有率较差，河谷段的蜿蜒度很好。各评价河段存在一定程度的波动，体现了人类活动对南流江生境的影响。

27.7　社会服务健康评价

27.7.1　水资源开发利用率

根据《玉林市水资源调查评价》，玉林市行政区范围内南流江地表水资源量 46.63 亿 m³，地表水资源可利用量 18.53 亿 m³，南流江地表水资源可利用率 39.7%。玉林市南流江流经的玉州区、福绵区、陆川县、博白县、兴业县、北流市 6 个市县区地表水资源可利用率分别为 38.7%、35%、36.2%、37.4%、34.4%、37%。根据《北海市水资源综合规划》，北海市地表水资源可利用量 4.37 亿 m³，北海市内南流江地表水资源量 10.81 亿 m³，地表水资源可利用率 40.4%。根据表 6-15 进行赋分，玉林市范围内的水资源开发利用率得 50 分，北海市范围内的水资源开发利用率得 20 分。

27.7.2　公众满意度

2021 年 7 月和 8 月，在对各个监测点进行水生态采样的同时，开展了南流江公众满意度调查，共收集了 113 份公众满意度调查表（格式如表 27-22 所示），其中沿岸居民 90 份，河道管理者 1 份，河周边从事生产活动者 17 份，常来旅游者 1 份，偶尔来旅游者 4 份。总体满意度程度方面，对目前南流江现状很满意的有 22 人，占比 19.47%；满意的有 41 人，占比 36.28%；基本满意的有 44 人，占比 38.94%；不满意的有 6 人，占比 5.31%。公众满意度调查人群分布情况如图 27-3 所示，公众满意度打分情况如表 27-23 所示，公众满意度指标的总体得分为 71.7 分，处于亚健康状态。

表 27-22　公众满意度调查表

性别：男□　女□		年龄：15≤年龄<30□　　30≤年龄<60□　　年龄≥60□			
与河的关系		沿岸居民□　河道管理者□　河周边从事生产活动者□　常来旅游者□　偶尔来旅游者□			
防洪安全状况		岸线状况			
洪水漫溢现象		河岸乱采、乱占、乱堆、乱建情况		河岸破损情况	
经常	□	严重	□	严重	□
偶尔	□	一般	□	一般	□
不存在	□	无	□	无	□
水质状况				水生态状况	
透明度	清澈	□	鱼类	数量多	□
	一般	□		一般	□
	浑浊	□		数量少	□
颜色	优美	□	水草	太多	□
	一般	□		正常	□
	异常	□		太少	□
垃圾、漂浮物	多	□	水鸟	数量多	□
	一般	□		一般	□
	无	□		数量少	□
水环境状况					
景观绿化情况	优美	□	娱乐休闲活动	适合	□
	一般	□		一般	□
	较差	□		不适合	□
对河流满意度程度调查					
总体满意度		不满意的原因是什么？		希望的状况是什么样的？	
很满意 （90≤分数≤100）					

对河流满意度程度调查		
总体满意度	不满意的原因是什么？	希望的状况是什么样的？
满意（75≤分数＜90）		
基本满意（60≤分数＜75）		
不满意（0≤分数＜60）		

表 27-23　公众满意度打分情况

公众满意度	公众满意度调查表的数量/份						公众满意度百分比/%
	沿岸居民	河道管理者	河周边从事生产活动者	常来旅游者	偶尔来旅游者	总份数	
很满意（90≤分数≤100）	17	1	3	0	1	22	19.47
满意（75≤分数＜90）	36	0	3	0	2	41	36.28
基本满意（60≤分数＜75）	32	0	11	0	1	44	38.94
不满意（0≤分数＜60）	5	0	0	1	0	6	5.31

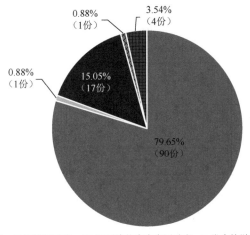

图 27-3　公众满意度调查人群分布

27.7.3　灌溉保证率

　　由于灌溉保证率的数据覆盖度不全，没有具体市县区，因此北海市、玉林市选取有效灌溉面积、耕地实际灌溉面积计算灌溉保证率。根据《广西防洪安全保障方案研究》，2017 年北海市有效灌溉面积 81.09 万亩，玉林市 238.13 万亩；北海市耕地实际灌溉面积 53.33 万亩，玉林市 205.2 万亩。计算得出结果后，根据表 6-17 进行赋分，可得玉林市范围内灌溉保证率得 80 分，北海市范围内灌溉保证率得 60 分（表 27-24）。

表 27-24　灌溉保证率得分

评价河段	灌溉保证率/%	灌溉保证率得分
石湾平原段	66	60
水鸣河平原段	86	80
横江站平原段	86	80
合江平原段	86	80
丽江平原段	86	80

27.7.4　防洪达标率

根据《广西防洪安全保障方案研究》，2017 年南流江玉林市城区已建堤防 31.884km，已达标堤防 31.884km，南流江博白县已建堤防 5.957km，已达标堤防 5.957km，合浦已建堤防 54.493km，已达标堤防 0km。根据表 6-18 进行赋分，防洪达标率得分如表 27-25 所示。

表 27-25　防洪达标率得分

评价河段	防洪达标率/%	防洪达标率得分
合浦城市段	0	0
博白城市段	100	100
玉林城市段	100	100

27.7.5　社会服务功能准则层得分

经计算，在该准则层中，合浦城市段处于劣态状态，河口段、石湾平原段、石埇河谷段、河源段得分在 40～55 分，处于不健康状态；水鸣河平原段、横江站平原段、武利江河谷段、马江河谷段、合江平原段、丽江平原段得分在 60～67.5 分，处于亚健康状态，博白城市段、玉林城市段处于健康状态（表 27-26）。从结果来看，该准则层得分较低，主要是因为南流江水资源开发程度较高；另外公众对南流江的满意度不高，使得公众满意度指标得分较低。

表 27-26　社会服务功能准则层得分

评价河段	水资源开发利用率		公众满意度		灌溉保证率		防洪达标率		社会服务功能准则层得分
	得分	权重	得分	权重	得分	权重	得分	权重	
河口段	20	0.5	60	0.5					40
合浦城市段	20	0.25	60	0.25			0	0.5	20
石湾平原段	20	0.25	60	0.25	60	0.5			50
石埇河谷段	50	0.5	60	0.5					55

续表

评价河段	水资源开发利用率		公众满意度		灌溉保证率		防洪达标率		社会服务功能准则层得分
	得分	权重	得分	权重	得分	权重	得分	权重	
水鸣河平原段	50	0.25	60	0.25	80	0.5			67.5
博白城市段	50	0.25	60	0.25			100	0.5	77.5
横江站平原段	50	0.25	60	0.25	80	0.5			67.5
玉林城市段	50	0.25	60	0.25			100	0.5	77.5
河源段	50	0.5	60	0.5					55
武利江河谷段	—	—	60	1					60
马江河谷段	—	—	60	1					60
合江平原段	50	0.25	60	0.25	80	0.5			67.5
丽江平原段	50	0.25	60	0.25	80	0.5			67.5

注：灌溉保证率是平原段的个性指标，防洪达标率是城市段的个性指标，故其他评价河段不计算该个性指标。

27.8　健　康　状　况

27.8.1　分段健康状况

从水文、水质、生物、生境、社会服务功能 5 个准则层计算 13 个河段健康综合得分，结果如表 27-27 所示。

表 27-27　南流江评价河段健康综合得分

评价河段	水文		水质		生物		生境		社会服务功能		综合得分	健康状况
	得分	权重	得分	权重	得分	权重	得分	权重	得分	权重		
河口段	40	0.1520	80	0.2546	60	0.1933	44.7	0.1533	40.0	0.2468	54.77	不健康
合浦城市段	40	0.1520	90	0.2546	40	0.1933	54	0.1533	20.0	0.2468	49.94	不健康
石湾平原段	40	0.1520	40	0.2546	80	0.1933	85	0.1533	50.0	0.2468	57.10	不健康
石埇河谷段	40	0.1520	80	0.2546	40	0.1933	56.968	0.1533	55.0	0.2468	56.49	不健康
水鸣河平原段	40	0.1520	80	0.2546	80	0.1933	78	0.1533	67.5	0.2468	70.53	亚健康
博白城市段	40	0.1520	100	0.2546	70	0.1933	71	0.1533	77.5	0.2468	75.08	健康
横江站平原段	40	0.1520	80	0.2546	60	0.1933	90	0.1533	67.5	0.2468	68.50	亚健康
玉林城市段	40	0.1520	15	0.2546	40	0.1933	61	0.1533	77.5	0.2468	46.11	不健康
河源段	40	0.1520	80	0.2546	60	0.1933	55.028	0.1533	55.0	0.2468	60.06	亚健康
武利江河谷段	40	0.1520	90	0.2546	70	0.1933	64.375	0.1533	60.0	0.2468	67.20	亚健康
马江河谷段	40	0.1520	90	0.2546	60	0.1933	72.880	0.1533	60.0	0.2468	66.57	亚健康
合江平原段	40	0.1520	40	0.2546	80	0.1933	68	0.1533	67.5	0.2468	58.81	不健康
丽江平原段	40	0.1520	80	0.2546	40	0.1933	88	0.1533	67.5	0.2468	64.33	亚健康

　　根据评价结果，南流江评价河段健康综合得分从高到低为：博白城市段（75.08）＞水鸣河平原段（70.53）＞横江站平原段（68.50）＞武利江河谷段（67.20）＞马江河谷段（66.57）＞丽江平原段（64.33）＞河源段（60.06）＞合江平原段（58.81）＞石湾平原段（57.10）＞石埇河谷段（56.49）＞河口段（54.77）＞合浦城市段（49.94）＞玉林城市段（46.11）。在 13 个评价河段中，1 个评价河段处于健康状态；6 个评价河段处于亚健康状态，得分在 60.06～70.53；6 个评价河段处于不健康状态，得分在 46.11～58.81。总体上，上游和中游健康状态优于下游；从 5 个准则层来看，水质、生物、生境、社会服务功能波动比较大，水文波动不大。

　　按照《河湖健康评价指南》与《河湖健康评估技术导则》要求，将河流健康状况进行空间可视化，得到南流江 13 个评价河段健康状态示意图。其中，黄色代表亚健康，橙色代表不健康，绿色代表健康，结果见图 27-4。

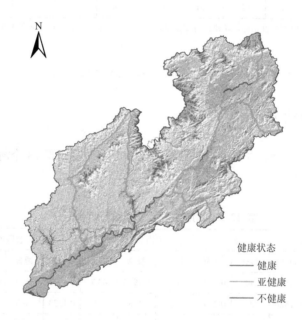

健康状态
—— 健康
—— 亚健康
—— 不健康

图 27-4　南流江评价河段健康状态示意图（后附彩图）

　　河口段在水文、生境和社会服务功能准则层上处于不健康状态；在水质准则层上处于健康状态；在生物准则层上处于亚健康状态。对于河口段整体评价，得分 54.77 分，河口段的评价结果为不健康。从评价结果可以看出，河口段水质状况良好，河岸稳定，但生态流量不足，鱼类生物多样性差，河流阻隔严重，河岸植被覆盖率较低，河段较为顺直，公众满意度低，自然岸线被人类活动侵占或者破坏，说明人类活动频繁，对河口段的影响较大。

　　城市段中，博白城市段（75.08）＞合浦城市段（49.94）＞玉林城市段（46.11）；博白城市段处于健康状态，合浦城市段和玉林城市段处于不健康状态。博白城市段在水文准则层上处于不健康状况；在水质准则层上处于非常健康状态；在生境和生物准则层上处于亚健康状态；在社会服务功能准则层上处于健康状态。从结果来看，博白城市段得分 75.08 分，为健康状态。从评价结果可以看出，博白城市段水质状况良好，达到Ⅲ类水质标准；浮游植物多样性较好；河流连通性好，无堤防、闸坝阻隔；河岸稳定，水沙含量较低；防洪工程达标。但生态流量不足，鱼类多样性较差，河岸植被覆盖率较差，水资源开发利用程度超过 30%阈值，公众满意度低。玉林城市段在水文和生物准则层上，处于不健康状况；在水质准则层上处于劣态状况；在生境准则层上处于亚健康状况；在社会服务功能准则层上处于健康状态。合浦城市段在水文和生物准则层上处于不健康状态；在水质准则层上处于非常健康状态；在生境准则层上处于不健康状态；在社会服务功能准则层上处于劣态状况。对于合浦城市段整体评价，得分 49.94 分，合浦城市段的评价结果为不健康。从评价结果可以看出，合浦城市段水质状况良好，达到Ⅲ类水质标准；河流连通性差，堤防或闸坝阻隔严重；河岸稳定，水沙含量较低；河岸植被覆盖率较高。但生态流量不足，鱼类生物多样性差，河段较为顺直，水资源开发利用程度超过 30%阈值，公众满意度低，防洪不达标。玉林城市段整体得分为 46.11 分，处于不健康状况。从评价结果可以看出，玉林城市段河岸稳定，水沙含量较低；河岸植被覆盖率较高；防洪工程达标。但生态流量不足；水质差，未达到Ⅲ类水质标准；生物多样性低；水资源开发利用程度超过 30%阈值，公众满意度低。

平原段中，水鸣河平原段（70.53）＞横江站平原段（68.50）＞丽江平原段（64.33）＞合江平原段（58.81）＞石湾平原段（57.10）。水鸣河平原段、横江站平原段、丽江平原段处于亚健康状况，合江平原段和石湾平原段处于不健康状况。水鸣河平原段在水文准则层上，处于不健康状态；在水质、生物和生境准则层上，处于健康状态；在社会服务功能准则层上，处于亚健康状态。水鸣河平原段水质状况良好，达到Ⅲ类水质标准，河岸稳定，水沙含量较低，河流连通性好，没有堤防或闸坝阻隔，灌溉用水有保障，河岸植被覆盖率一般，生物多样性较高；但生态流量不足，水资源开发利用程度超过 30%阈值，公众满意度低。横江站平原段在水文准则层上，处于不健康状态；在生物和社会服务功能准则层上，处于亚健康状态；在水质准则层上处于健康状态；在生境准则层上，处于非常健康状态。横江站平原段水质状况良好，达到Ⅲ类水质标准，河岸稳定，水沙含量较低，河流连通性好，没有堤防或闸坝阻隔，河岸植被覆盖率较好，灌溉用水有保障，浮游植物多样性较为良好；但生态流量不足，鱼类多样性较差，水资源开发利用程度超过 30%阈值，公众满意度低。丽江平原段在水文和生物准则层上，处于不健康状况；在水质和生境准则层上，处于健康状态；在社会服务功能准则层上，处于亚健康状态。丽江平原段水质状况良好，达到Ⅲ类水质标准，河岸稳定，水沙含量较低，河流连通性好，没有堤防或闸坝阻隔，河岸植被覆盖率好，灌溉用水有保障，浮游植物多样性较为良好；但生态流量不足，鱼类多样性较差，水资源开发利用程度超过 30%阈值，公众满意度低。合江平原段在水文和水质准则层上，处于不健康状况；在生物准则层上，处于健康状况；在生境和社会服务功能准则层上，处于亚健康状态。合江平原段生物多样性较高，河岸稳定，水沙含量较低，河岸植被覆盖率好，灌溉用水有保障；但生态流量不足，水质状况差，未达到Ⅲ类水质标准，河流连通性差，堤防或闸坝阻隔严重，水资源开发利用程度超过 30%阈值，公众满意度低。石湾平原段在水文、水质和社会服务功能准则层上，处于不健康状态；在生境和生物准则层上，处于健康状态。石湾平原段生物多样性较好，河岸稳定河岸植被覆盖率好，水沙含量较低；但生态流量不足，水质状况差，未达到Ⅲ类水质标准，河流连通性差，堤防或闸坝阻隔严重，灌溉用水不足，水资源开发利用程度超过 30%阈值，公众满意度低。

河谷段中，武利江河谷段（67.20）＞马江河谷段（66.57）＞石埇河谷段（56.49），武利江河谷段和马江河谷段处于亚健康状况，石埇河谷段处于不健康状况。武利江河谷段在水文准则层上，处于不健康状况；在生物、社会服务功能和生境准则层上，处于亚健康状况；在水质准则层上，处于非常健康状态。武利江河谷段水质状况良好，达到Ⅲ类水质标准，生物多样性高，河段较为弯曲；但生态流量不足，河岸不够稳定，河流连通性差，堤防或闸坝阻隔严重，河岸植被覆盖率较差，公众满意度低。马江河谷段在水文准则层上，处于不健康状况；在生物、生境和社会服务功能准则层上，处于亚健康状况；在水质准则层上，处于非常健康状态。马江河谷段水质状况良好，达到Ⅲ类水质标准，浮游植物多样性较高，河岸稳定，水沙含量较低，河岸植被覆盖率好，河段较为弯曲；但生态流量不足，河流连通性差，堤防或闸坝阻隔严重，鱼类多样性差，公众满意度低。石埇河谷段在水文、生物、生境和社会服务功能准则层上，处于不健康状况；在水质准则层上，处于健康状态。石埇河谷段水质状况良好，达到Ⅲ类水质标准，鱼类多样性好，河岸稳定，水沙含量较低，河段较为弯曲；但生态流量不足，河流连通性差，堤防或闸坝阻隔严重，河岸植被覆盖率一般，公众满意度低。

河源段在水文、生境和社会服务功能准则层上，处于不健康状况；在水质准则层上，处于健康状态；在生物准则层上，处于亚健康状况。对于河源段整体评价，得分 60.06 分，为亚健康状态。从评价结果可以看出，河源段水质状况良好，达到Ⅲ类水质标准，浮游植物多样性较高，河岸稳定，水沙含量较低；但生态流量不足，鱼类多样性较差，河流连通性差，堤防或闸坝阻隔严重，河岸植被覆盖率一般，水土流失率较高，水资源开发利用程度超过 30%阈值，公众满意度低（图 27-5）。

27.8.2　综合健康状况

计算南流江健康评价赋分，水文准则层得分 40 分，水质准则层得分 75.74 分，生物准则层得分 61.36 分，生境准则层得分 70.12 分，社会服务功能准则层得分 63.18 分；综合 13 个评价河段 5 项准则层得分进行加权计算，得出南流江健康评估得分为 63.57 分，属于亚健康状况（图 27-6）。

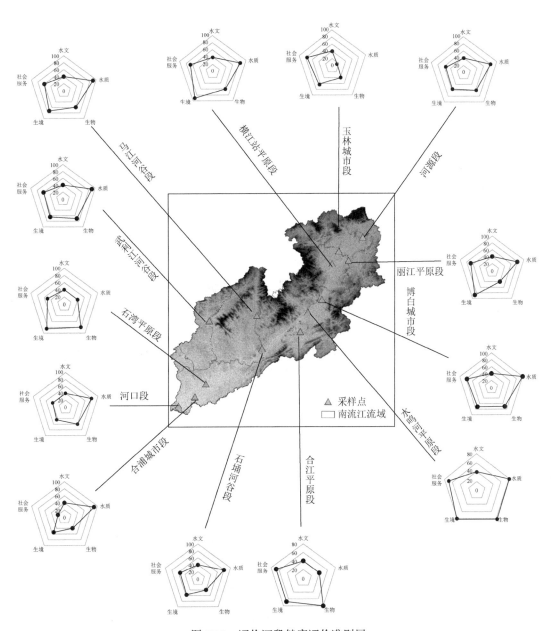

图 27-5　评价河段健康评价准则层

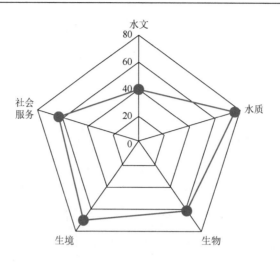

图 27-6　南流江健康评价结果

27.9　分类管理对策

　　南流江整体处于亚健康状况。"亚健康"是介于"健康"与"不健康"的过渡状态，存在向两个方向发展的趋势。对于健康河段，若采取有效的治理措施，对河流健康进行有效的生态修复，则可以促进河流健康的健康发展，进而提高其服务功能，实现可持续发展；反之，若不加以治理，任其发展，不仅会导致河流生态环境恶化，还会对人类的经济社会发展产生影响。因此，本书研究基于评估河流类型，对健康河段，建议加以保持；对不健康河段，根据每个准则层的指标健康状态提出具体的河流健康修复对策，来指导河流健康管理（表 27-28）。

表 27-28　南流江健康修复对策

评价河段	评价河流类型	修复方向	健康修复对策
河口段	河口段	以水文、生物、生境和社会服务功能修复为主	**水文**：加强生态调度，保障生态流量 **生物**：实施流域鱼类保育和增殖放流，恢复南流江土著鱼类种群 **生境**：加强水系连通性；恢复河岸带植被和自然岸线 **社会服务功能**：提高水资源优化配置；建设亲水文化，提高人民生活幸福感
合浦城市段	城市段	以水文、生物和社会服务功能修复为主	**水文**：加强生态调度，保障生态流量 **生物**：实施流域鱼类保育和增殖放流，恢复南流江土著鱼类种群 **社会服务功能**：提高水资源优化配置；建设亲水文化，提高人民生活幸福感
石湾平原段	平原段	以水文、水质、生境和社会服务功能修复为主	**水文**：加强生态调度，保障生态流量 **水质**：推进生活污水处理设施管网升级，提升生活污水和养殖污水治理能力 **生境**：加强水系连通性；拆除无用的闸、坝；恢复河岸带植被 **社会服务功能**：提高水资源优化配置；建设亲水文化，提高人民生活幸福感

续表

评价河段	评价河流类型	修复方向	健康修复对策
石埇河谷段	河谷段	以水文、生物、生境和社会服务功能修复为主	**水文**：加强生态调度，保障生态流量 **生物**：通过培育和增殖投放水生植物，恢复土著水生植物种群 **生境**：恢复水系连通性；拆除无用的闸、坝；恢复河岸带植被 **社会服务功能**：提高水资源优化配置；建设亲水文化，提高人民生活幸福感
水鸣河平原段	平原段	以水文和社会服务功能修复为主	**水文**：加强生态调度，保障生态流量 **社会服务功能**：提高水资源优化配置；建设亲水文化，提高人民生活幸福感
博白城市段	城市段	以水文和生物修复为主	**水文**：加强生态调度，保障生态流量 **生物**：实施流域鱼类保育和增殖放流，恢复南流江土著鱼类种群
横江站平原段	平原段	以水文、生物和社会服务功能修复为主	**水文**：加强生态调度，保障生态流量 **生物**：实施流域鱼类保育和增殖放流，恢复南流江土著鱼类种群 **社会服务功能**：提高水资源优化配置；建设亲水文化，提高人民生活幸福感
玉林城市段	城市段	以水文、水质、生物和生境修复为主	**水文**：加强生态调度，保障生态流量 **水质**：加强生活污水和养殖污水的治理工作 **生物**：实施浮游动植物保育和增殖放流，恢复土著浮游动植物种群；实施流域鱼类保育和增殖放流，恢复南流江土著鱼类种群 **生境**：加强水系连通性
河源段	河源段	以水文、生物、生境、社会服务功能修复为主	**水文**：加强上游跨流域水库生态调度，保障生态流量 **生物**：实施流域鱼类保育和增殖放流，恢复南流江土著鱼类种群 **生境**：加强水系连通性；恢复河岸带植被 **社会服务功能**：提高水资源优化配置；建设亲水文化，提高人民生活幸福感
武利江河谷段	河谷段	以水文、生境和社会服务功能修复为主	**水文**：加强上游跨流域水库生态调度，保障生态流量 **生境**：加强水系连通性；恢复和重建退化河岸带系统 **社会服务功能**：提高水资源优化配置；建设亲水文化，提高人民生活幸福感
马江河谷段	河谷段	以水文、生物、生境和社会服务功能修复为主	**水文**：加强水量科学调度，采取闸坝调度、生态补水等措施保障生态流量 **生物**：实施流域鱼类保育和增殖放流，恢复土著鱼类种群 **生境**：加强水系连通性 **社会服务功能**：提高水资源优化配置；建设亲水文化，提高人民生活幸福感
合江平原段	平原段	以水文、水质、生境、社会服务功能修复为主	**水文**：加强生态调度，保障生态流量 **水质**：加强生活污水和养殖污水的治理工作 **生境**：加强水系连通性 **社会服务功能**：提高水资源优化配置；建设亲水文化，提高人民生活幸福感
丽江平原段	平原段	以水文、生物和社会服务功能修复为主	**水文**：加强生态调度，保障生态流量 **生物**：实施流域鱼类保育和增殖放流，恢复南流江土著鱼类种群 **社会服务功能**：建设亲水文化，提高人民生活幸福感

对 13 个河段按照功能修复模式方法进行分类，南流江功能修复空间分布如图 27-7 所示。

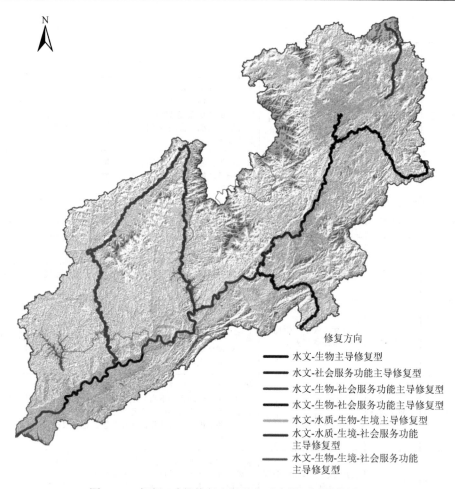

图 27-7　南流江功能修复空间分布示意图（后附彩图）

参 考 文 献

[1]　陈国清. 南流江流域泥沙空间分异及收支平衡研究[D]. 南宁：南宁师范大学，2021.

第28章　南流江流域土壤硒含量空间格局与富硒产业布局

28.1　引　言

硒（Se）是一种人与动物体内生理必需的微量营养元素和植物生长发育所需的营养元素[1-2]，对于人类预防心血管疾病、肿瘤、癌症等有重要作用[3]。人体缺硒会引起诸多疾病，如白肌病、克山病及大骨节病等[4]。

硒在地表的分布极不均匀，世界土壤硒平均值为 0.4mg/kg[5]。我国表层土壤硒含量平均值仅为 0.29mg/kg[6]，约 72%的区域表现出不同程度的缺硒特征[7]，而广西却是我国连片富硒土壤面积最大的区域[8]。对于缺硒类人群，经天然富硒农产品等膳食摄入是人体补充硒元素最安全有效的途径[9]，因此，合理开发利用富硒土壤资源，加快富硒农产品产业发展具有重大意义。

虽然广西属于富硒地区，但其土壤硒含量分布不均。早前赵子宁等[10]、柴龙飞等[11]分别对北流、桂中南部地区的土壤硒含量分布进行了研究，但对广西北部湾的相关研究鲜有报道。研究方法多采用地统计学中的克里金法对土壤中硒元素进行空间变异分析和空间插值，但受样本数量不足以及地理环境地带性差异限制，具体参数率定仍是一大难题。

北部湾经济区是中国沿海经济发展新一极，而南流江是广西北部湾最大的独流入海河流[12]，土地资源丰富，富硒农产品开发潜力巨大。为此本章以南流江流域土壤硒为研究对象，对比分析半变异函数，优选出最佳拟合模型，构建克里金插值模型，研究南流江流域土壤硒含量的空间格局，并提出富硒农业开发的对策建议，为南流江流域农产品高质量发展提供科学依据和技术支持。

28.2　数据来源与研究方法

28.2.1　数据来源

2017 年 6 月采集南流江流域耕作表层土壤（0~20cm）样品 892 个（受经费影响，未含陆川县、钦州市钦南区）。土壤样品均匀布设在平缓坡地、山间平坝、低洼地带等土壤易于汇集部位，土样经自然风干后用木棍碾压，并采用静电吸附法清除细小已断的植物须根，土样全部通过 2mm 的孔径尼龙筛。硒元素样点分布见图 28-1。

28.2.2　数据处理及分析方法

在地统计分析前需要先剔除原始数据中的异常值，并检查剔除异常值后的数据是否服从正态分布。数据符合正态分布是进行变异函数拟合和克里金插值的前提，若数据不服从正态分布，则对数据进行对数变换，使其服从正态分布。研究采用 ArcGIS 10.1 软件中地统计分析模块的直方图对硒元素数据进行异常值的剔除，并做正态分布检验，经自然对数转换后，数据基本服从对数正态分布，利用 GS⁺ 9.0 软件完成半方差函数和理论模型的自动拟合、最优选择、参数计算及半方差图绘制[13]，应用 ArcGIS 10.1 软件地统计分析模块进行克里金插值。

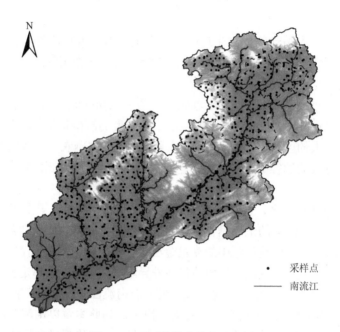

图 28-1　硒元素样点分布示意图

　　本章依据半方差图选择最优拟合模型及测算重要参数，测算的块金值（C_0）反映随机因素引起的空间变异[14]；基台值（$C+C_0$）由随机性变异和结构性变异构成，反映自然因素和社会因素共同引起的空间变异；变程（a）也称自相关距离，在变程范围内，数据具有空间自相关性。块金值与基台值的比值 $C_0/(C+C_0)$ 表示随机部分引起的空间异质性占系统总变异的比例，若比值小于 25%，说明变量具有强烈的空间相关性，受外在自然因素影响较大；若比值在 25%～75%，说明变量具有中等的空间相关性；若比值大于75%，说明变量具有较弱的空间相关性，受社会人为因素影响较大[15]。

　　为获取最优拟合模型，分别用线性模型、指数模型、球状模型、高斯模型进行拟合，应用 GS⁺ 9.0 软件测算各模型的半变异函数参数，采用决定系数（R^2）和残差（RSS）来衡量硒元素含量的各种模型拟合效果，RSS 越小且 R^2 接近于 1，说明模型拟合效果越好[16]。由南流江流域土壤中硒元素的半变异函数参数（表 28-1）可知，四种模型的决定系数和残差很接近，其中硒元素的线性模型拟合效果相对来说略微显优势（图 28-2），由线性模型的 $C_0/(C+C_0)$ 值为 0.161 可知，硒元素具有很强的空间相关性，其空间变异是受结构性因素和随机性因素共同作用的结果，其中，结构性因素主要是当地的自然因素，如气候、母质、土壤类型等；随机性因素主要是当地的人为因素，如水利工程、水土保持、采砂、海水养殖、林业开垦等[17]。

表 28-1　南流江流域土壤中硒元素的半变异函数参数

元素	模型	C_0	$C + C_0$	$C_0/(C + C_0)$	变程/km	R^2	RSS
硒	线性模型	0.098	0.117	0.161	0.809	0.221	1.536×10^{-3}
	球状模型	0.000 1	0.109	0.999	0.064	0.193	1.594×10^{-3}
	指数模型	0.006	0.109	0.945	0.075	0.204	1.571×10^{-3}
	高斯模型	0.013	0.109	0.879	0.055	0.193	1.595×10^{-3}

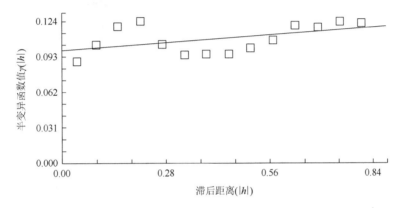

图 28-2　硒元素含量的线性模型拟合曲线

28.3　土壤硒含量统计分析

对剔除异常值的硒元素含量数据进行描述性统计分析（表 28-2），南流江土壤硒元素含量范围为 0.12～2.00mg/kg，根据《土地质量地球化学评价规范》（DZ/T 0295—2016），土壤硒含量大于 3mg/kg 为硒过剩，本次采样点中土壤硒含量小于 3mg/kg，没有超标；中值为 0.49mg/kg；硒含量平均值为 0.55mg/kg，接近广西土壤中硒的背景值 0.56mg/kg[18]，高于世界表层土壤平均值 0.40mg/kg 和全国土壤 A 层平均值 0.29mg/kg[8]；标准差为 0.29mg/kg，变异系数为 52.22%，为中等变异。

表 28-2　表层土壤硒含量统计特征

元素	土壤硒含量/(mg/kg)				变异系数/%	变异程度	偏度	峰度
	最大值	最小值	平均值	标准差				
Se	2.00	0.12	0.55	0.29	52.22	中等变异	1.53	6.41
InSe（Se 的对数）	0.69	−2.14	−0.72	0.49	−68.73		0.03	2.84

28.4　土壤硒含量的空间分布

由硒元素含量分布示意图（图 28-3）可知，从整个南流江流域的研究区来看，硒含量的空间格局特点呈片状与岛状分布，高值斑块片状分布在南流江流域的西部和东北部，岛状分布在南流江流域的南部。从各区县来看，高值斑块片状集中于灵山县东部、浦北县南部、福绵区西部、兴业县东部、北流市南部；岛状零星分布于合浦县西北部、南部以及博白县的南部和东部。

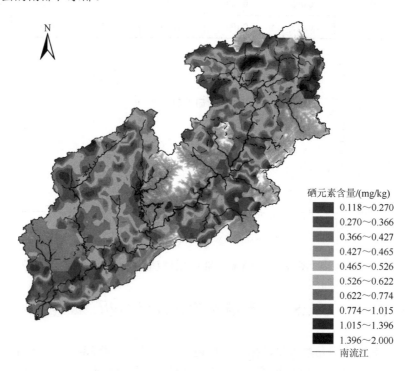

图 28-3　硒元素含量分布示意图（后附彩图）

28.5　土壤硒潜在环境风险评价

依据《土地质量地球化学评价规范》（DZ/T 0295—2016），以硒含量标准值（单位：mg/kg）≤0.125、0.125~0.175、0.175~0.400、0.4000~3.000 和 >3.000 分别划分为缺硒、低硒、足硒、富硒和硒过剩 5 个等级，绘制潜在环境风险评价示意图（图 28-4）。研究区土壤硒含量总体较高，但没有硒过剩的潜在环境风险。富硒土壤面积为 4 474.589km²，占研究区面积的 48.47%，占插值区域面积的 64.37%；足硒土壤面积为 1 999.418km²，占研究区面积的 21.66%，占插值区域面积的 28.76%。富硒和足硒合计占插值面积的比例高达 93.13%，南流江流域的富硒和足硒土壤资源丰富，具有很高的土地利用和农业开发价值。低硒和缺硒合计仅占插值区域面积的 6.87%，应注意该区的环境风险防范。总体来看，南流江流域土壤硒潜在环境风险较低。

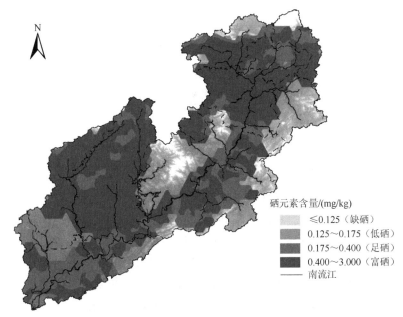

图 28-4　潜在环境风险评价示意图

28.6　富硒产业布局

南流江流域的富硒土壤资源丰富，但面临着富硒农业种植规模小、分布散，缺少规模化效应等问题。基于南流江流域土壤硒含量空间布局以及自然环境，链接《钦州市富硒农业发展规划（2021—2025 年）》《玉林市国土空间总体规划（2021—2035 年）》《北海市城市总体规划（2013—2030 年）（2019 年修订）》，形成八个富硒产业区（表 28-3）。

表 28-3　南流江流域富硒农业发展规划布局表

县名	富硒农业种植/养殖布局
浦北县	**富硒水果** 富硒黄皮、富硒百香果、富硒荔枝、富硒龙眼、富硒番石榴等 **富硒养生作物** 富硒香芋、富硒花生、富硒马铃薯等 **富硒茶叶** 富硒五皇山茶叶
灵山县	**富硒水果** 富硒荔枝、富硒沃柑、富硒番石榴、富硒杨桃等 **富硒茶叶**
合浦县	**富硒养生作物** 富硒豇豆、富硒板栗薯、富硒甘薯、富硒花生、富硒玉米等 **富硒养殖** 富硒狮头鹅、富硒虾、富硒蟹、富硒鱼等
博白县	**富硒水果** 富硒沃柑、富硒火龙果、富硒砂糖橘等 **富硒食用菌** 富硒凤尾菇、富硒姬菇、富硒秀珍菇、富硒茶树菇等
福绵区	**富硒粮食** 富硒稻谷、富硒红米等 **富硒中药材** 富硒天冬、富硒八角、富硒鸡骨草等

县名	富硒农业种植/养殖布局
玉州区	**富硒粮食** 富硒水稻 **富硒蔬菜**
北流市	**富硒粮食** 富硒水稻
兴业县	**富硒茶叶** 富硒兴业茶 **富硒中药材** 富硒粉葛

富硒养生作物产业区：涉及浦北县和合浦县。依托钦州市浦北县"世界长寿之乡"品牌，在龙门、张黄、泉水、小江、福旺等镇和街道布局富硒养生作物种植，主要布局花生、香芋、黄豆、马铃薯等富硒杂粮养生作物，并以龙门镇、浦北经济技术开发区为富硒产品加工聚集区积极发展富硒农产品加工。北海市合浦县的石湾、石康、常乐等镇布局富硒养生作物种植，主要布局豇豆、板栗薯、甘薯、花生、玉米等，具体为石湾镇的富硒豇豆，常乐镇的富硒板栗薯、甘薯，石康的富硒花生、玉米等。

富硒中药材产业区：福绵区和兴业县重点打造中药材产业。目前福绵区大力发展中药材规模种植，天冬、八角、鸡骨草等中药材面积已超 8 666.67hm^2，连片 6.67hm^2 以上的种植基地有十多个。兴业县葵阳镇葵西村和泉江村通过种植中药材粉葛走上了脱贫致富路，可积极扩大发展富硒粉葛。

富硒粮食产业区：以北流市、玉州区和福绵区部分乡镇水稻种植为基础，根据已有的富硒产业发展经验，在南流江富硒地区进一步扩展富硒水稻种植。北流市于 2018 年在新荣镇建成了"广西现代特色农业核心示范区（四星级）"——北流市富硒水稻产业核心示范区；2021 年，北流市富硒水稻产业现代化示范区被认定为"广西特色农业现代化示范区（五星级）"。玉州区的水稻等农产品已获得广西富硒农产品认定。福绵区建立了超 666.67hm^2 富硒优质稻示范基地，以引导和推动富硒水稻的开发和布局。为加快建设特色农业产业集群，培育壮大现代农业特色，深入实施"特色农业基地"建设，可开展北流市、玉州区和福绵区的水稻在富硒地区扩规模、提质量、增效益行动。

富硒蔬菜产业区：依托玉州区的城西和玉城的城郊结合部区位优势，盛产特色蔬菜。可开展特色蔬菜在富硒地区扩规模、提质量、增效益行动。

富硒茶叶产业区：依托兴业县、浦北县部分乡镇的独特气候与土壤，积极发展富硒茶叶种植，通过茶叶种植带动文化旅游产业开发。兴业县生态环境优良，有着悠久的种茶历史，"兴业茶"已入选 2022 年第一批农产品地理标志登记产品，为充分发挥富硒土壤资源禀赋优势，可进一步扩大发展富硒茶叶。浦北县五皇山坐落龙门、北通、大成、白石水、张黄五镇交界处，素有天然氧吧、森林浴场之称，可依托优越的五皇山自然环境及高富硒土壤条件，在周边发展富硒茶叶。

富硒食用菌产业区：博白县近年来统筹考虑当地的地域特色、自然环境、市场前景等因素，坚持把发展种植食用菌产业作为新兴优势产业稳定增收的重要途径，主要种植有凤尾菇、姬菇、秀珍菇、茶树菇、大球盖菇、木耳、金针菇等高品质食用菌。目前旺茂镇建有黑皮鸡枞食用菌基地，顿谷镇主要种植有凤尾菇、姬菇、秀珍菇等。博白县可依托迅速发展的食用菌特色优势产业，进一步开拓生产规模，充分利用自身富硒土壤资源，推动富硒食用菌的开发和种植。

富硒水果产业区：立足于灵山县、浦北县以及博白县的水果丰产地区，逐步带动农业生产者发展富硒水果种植，形成水果品种丰富、质量上乘的富硒水果种植区。灵山县可充分依托灵山荔枝之乡的品牌优势，积极发展荔枝、沃柑、番石榴、杨桃等富硒水果种植。浦北县可开展黄皮、百香果、荔枝、龙眼、番石榴等多种富硒水果生产。博白县可以结合以沃柑、火龙果、砂糖橘为主的亚热带特色优势水果产业，打造富硒沃柑、富硒火龙果、富硒砂糖橘等优质富硒水果产业。

富硒养殖产业区：立足合浦县养殖传统，结合合浦县大力推进的"一镇一业"特色农业产业发展，星岛湖镇可建立起肉鸽养殖、屠宰、加工、销售、物流等全产业链条发展模式，发展富硒肉鸽；沙岗镇正打造狮头鹅标志农产品品牌，可发展富硒狮头鹅；廉州镇则发展对虾、青蟹、大弹涂鱼、罗非鱼、巴沙鱼、龟鳖等高值品种养殖生产，可积极发展富硒水产。

<h1 style="text-align:center">参 考 文 献</h1>

[1] Wang J, Li H R, Li Y H, et al. Speciation, distribution and bioavailability of soil selenium in the Tibetan Plateau Kashin-Beck disease area: A case study in Songpan County, Sichuan Province, China[J]. Biological Trace Element Research, 2013, 156: 367-375.

[2] Dinh Q T, Cui Z W, Huang J, et al. Selenium distribution in the Chinese environment and its relationship with human health: A review[J]. Environment International, 2018, 112: 294-309.

[3] 田兴磊, 雒昆利. 三峡地区埃迪卡拉系至下寒武统地层中硒的含量分布富集规律[J]. 中国科学：地球科学, 2017, 47 (8): 881-898.

[4] 谭见安. 生命元素硒的地域分异与健康[J]. 中国地方病学杂志, 1996 (2): 67.

[5] Fiona F, 周群芳. 硒的地球化学与健康[J]. AMBIO-人类环境杂志, 2007, 36 (1): 89-92.

[6] 徐强, 迟凤琴, 匡恩俊, 等. 方正县土壤硒的分布特征及其与土壤性质的关系[J]. 土壤通报, 2015, 46 (3): 597-602.

[7] 王锐, 余涛, 曾庆良, 等. 我国主要农耕区土壤硒含量分布特征、来源及影响因素[J]. 生物技术进展, 2017, 7 (5): 359-366.

[8] 张春来, 杨慧, 黄芬, 等. 广西马山县岩溶区土壤硒含量分布及影响因素研究[J]. 物探与化探. 2021, 45 (6): 1497-1503.

[9] 徐雪生, 骆检兰, 黄逢秋, 等. 富硒耕地质量评价体系构建及其在湖南省新田县新圩镇的应用[J]. 中国地质, 2022, 49 (3): 789-801.

[10] 赵子宁, 卢小霞, 陶记增, 等. 广西北流地区土壤硒地球化学特征及其富集来源浅析[J]. 矿产勘查, 2018, 9 (1): 176-182.

[11] 柴龙飞, 李杰, 钟晓宇, 等. 广西桂中南部地区富硒土壤硒含量及其与土壤理化性状的关系[J]. 土壤通报, 2019, 50 (4): 899-903.

[12] 王子. 广西南流江流域生态风险评价研究[D]. 桂林：广西师范学院, 2014.

[13] Machiwal D, Mishra A, Jha M K, et al. Modeling short-term spatial and temporal variability of groundwater level using geostatistics and GIS[J]. Natural Resources Research, 2012, 21 (1): 117-136.

[14] Simasuwannarong B, Satapanajaru T, Khuntong S, et al. Spatial distribution and risk assessment of As, Cd, Cu, Pb, and Zn in topsoil at Rayong Province, Thailand[J]. Water, Air, & Soil Pollution, 2012, 223 (5): 1931-1943.

[15] Liu X M, Wu J J, Xu J M. Characterizing the risk assessment of heavy metals and sampling uncertainty analysis in paddy field by geostatistics and GIS[J]. Environmental Pollution, 2006, 141 (2): 257-264.

[16] 白亚林, 孙文彬, 黎宁, 等. 基于地统计的刁江流域土壤重金属元素空间分布及污染特征研究[J]. 矿业科学学报, 2017, 2 (5): 409-415.

[17] 舒晓艺. 南流江流域土地利用/覆被变化模拟研究[D]. 南宁：南宁师范大学, 2022.

[18] 班玲, 丁永福. 广西土壤中硒的分布特征[J]. 中国环境监测, 1992 (3): 98-101.

附录: 河岸稳定性调查表

日期:　　　　　　调查点位:　　　　　　经纬度:

天气:　　　　　　气温:　　　　　　调查人:

水生植物: 有口 无口　　覆盖比___%

浊度: 清澈口 微浊口 浑浊口

水体气味: 正常口 臭口 其他口

指标		左岸	右岸			左岸	右岸			左岸	右岸
岸坡倾角	≤15°	口	口	岸坡植被覆盖率	≥75%	口	口	结构完整性	乔灌草结合	口	口
	15°～30°	口	口		50%～75%	口	口		乔灌或乔草结合	口	口
	30°～45°	口	口		25%～50%	口	口		灌草结合	口	口
	45°～60°	口	口		5%～25%	口	口		只有草本	口	口
	>60°	口	口		<5%	口	口		基本无植物	口	口

着色: 左岸 右岸

		左岸	右岸			左岸	右岸
岸坡高度	≤1m	口	口	河岸植被缓冲带宽度	大于河宽的1倍	口	口
	1～2m	口	口		河宽的0.5～1倍	口	口
	2～3m	口	口		河宽的0.25～0.5倍	口	口
	3～5m	口	口		河宽的0.1～0.25倍	口	口
	>5m	口	口		小于河宽的0.1倍	口	口
					无	口	口

记录项目:

河岸基质: 基岩口 岩土口 黏土口 非黏土口

河岸冲刷状况: 无口 轻度口 中度口 重度口

河岸带植被优势类型: 乔木口 灌木口 草地口 藤蔓口 其他____

河岸带土地利用类型: 森林口 草地口 农田口 居民区口 工业用地口 裸露用地口 道路口 其他____

评价河段长度____km 监测河段长度____m 监测河段宽度____m

其他情况: 留存实地考察照片或其他资料

彩　图

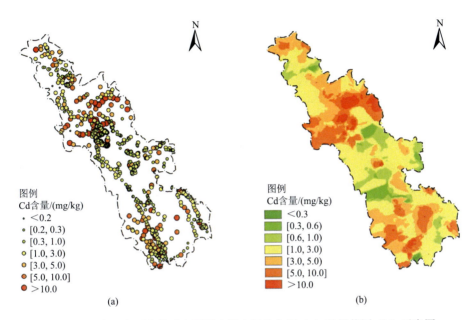

图例
Cd含量/(mg/kg)

· <0.2
● [0.2, 0.3)
● [0.3, 1.0)
○ [1.0, 3.0)
● [3.0, 5.0)
● [5.0, 10.0]
● >10.0

(a)

图例
Cd含量/(mg/kg)

■ <0.3
■ [0.3, 0.6)
■ [0.6, 1.0)
■ [1.0, 3.0)
■ [3.0, 5.0)
■ [5.0, 10.0]
■ >10.0

(b)

图 7-2　矿产研究区土壤重金属镉含量空间分布图（a）及插值图（b）示意图

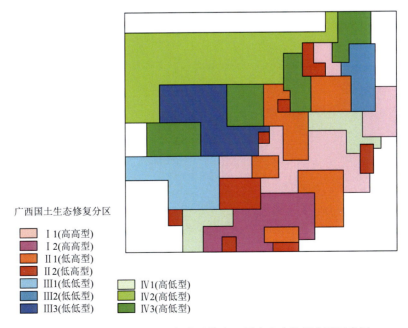

广西国土生态修复分区

■ Ⅰ1(高高型)
■ Ⅰ2(高高型)
■ Ⅱ1(低高型)
■ Ⅱ2(低高型)
■ Ⅲ1(低低型)
■ Ⅲ2(低低型)
■ Ⅲ3(低低型)

■ Ⅳ1(高低型)
■ Ⅳ2(高低型)
■ Ⅳ3(高低型)

图 12-4　基于生态系统服务供需的广西国土生态修复分区示意图

图 14-9　蜂巢格室生态护岸

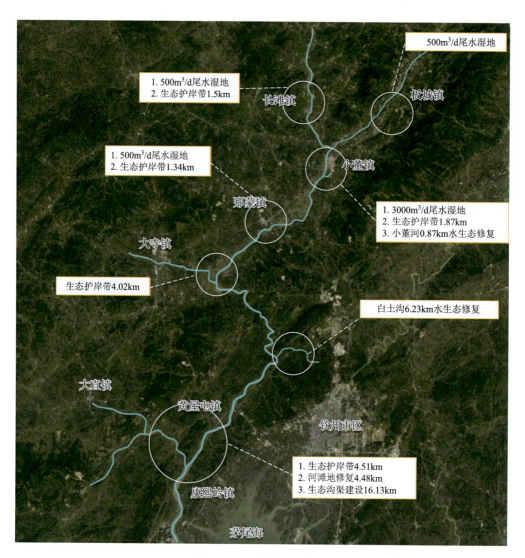

图 15-9　工程总平面布置

图 15-17　生态沟渠示意图

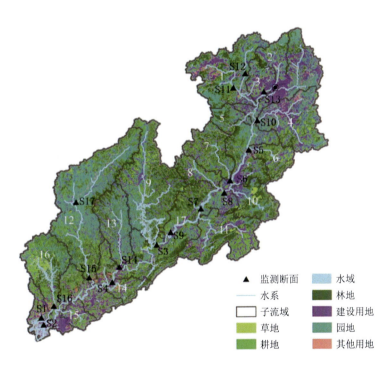

图 19-1　研究区土地利用类型、监测点分布以及子流域划分

S1～S17 为监测点，数字为子流域代码

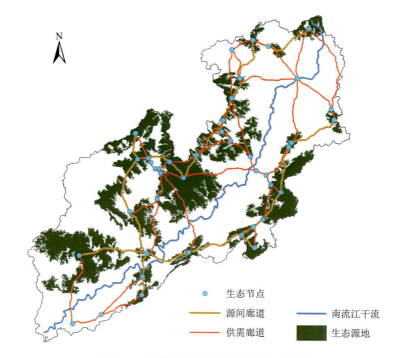

图 20-4 南流江流域生态节点分布示意图

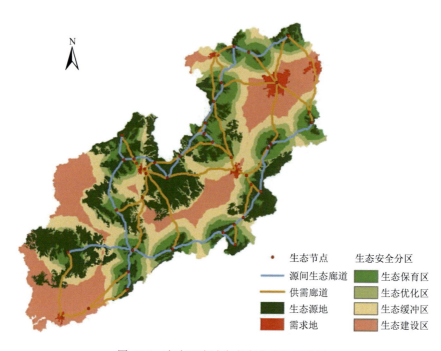

图 20-5 南流江流域生态安全格局示意图

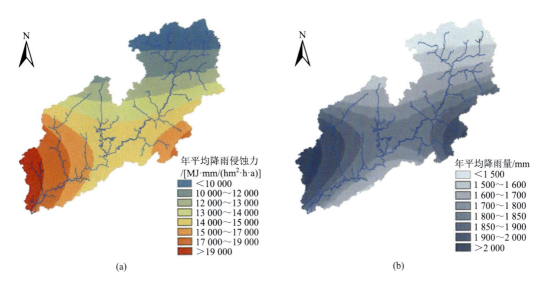

(a)

(b)

图 21-7   1961～2018 年南流江流域年平均降雨侵蚀力（a）和年平均降雨量（b）空间分布示意图

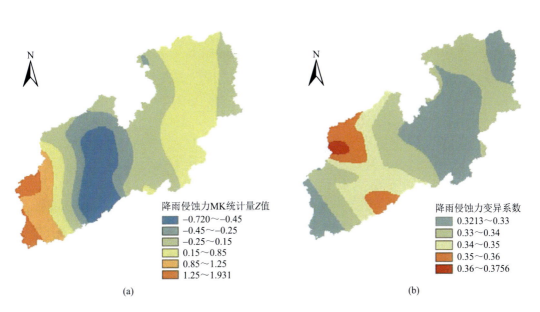

(a)

(b)

图 21-8   南流江流域降雨侵蚀力 MK 统计量 Z 值（a）和变异系数（b）空间分布示意图

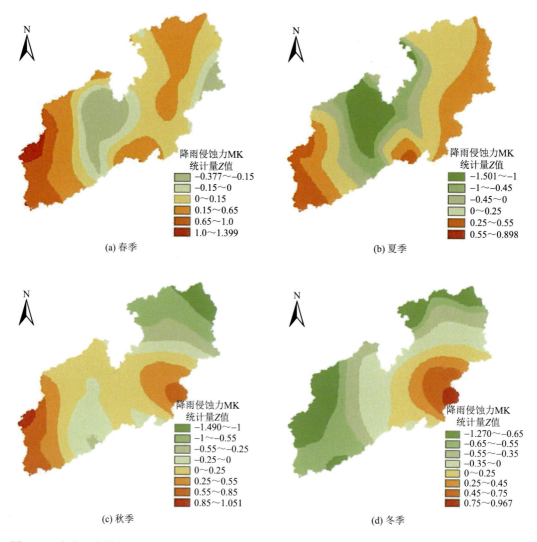

图 21-9 南流江流域春（a）、夏（b）、秋（c）、冬（d）季降雨侵蚀力 MK 统计量 Z 值空间分布示意图

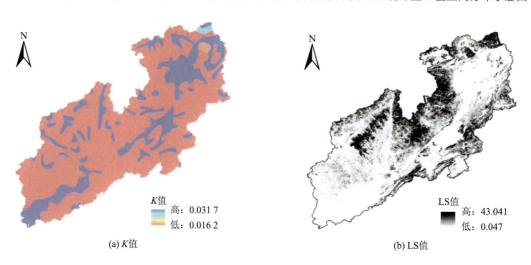

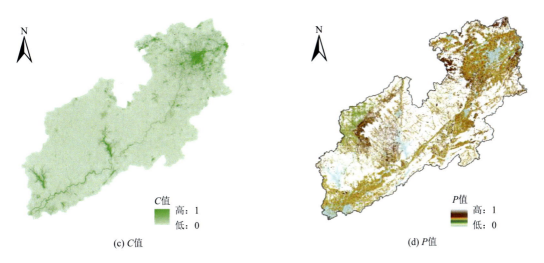

(c) C值   (d) P值

图 22-1 南流江流域的 *K* 值、LS 值、*C* 值（2015 年）、*P* 值（2015 年）空间分布示意图

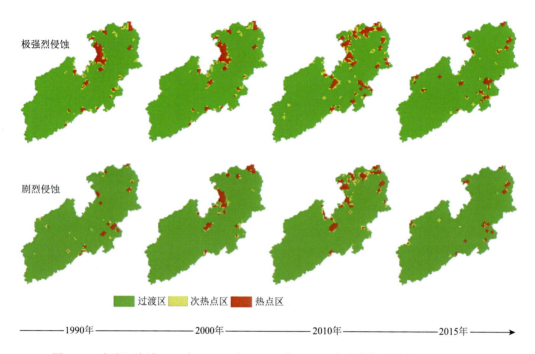

图 22-3　南流江流域 1990 年、2000 年、2010 年、2015 年土壤侵蚀冷热点分布示意图

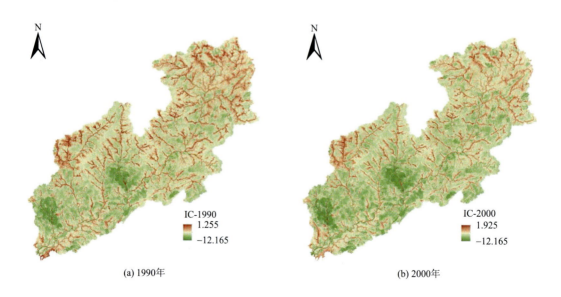

(a) 1990年　　　　　　　　　　　　　　　　　　(b) 2000年

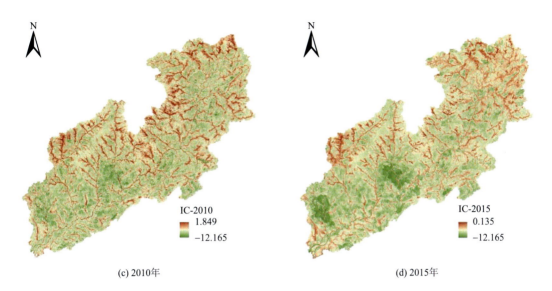

(c) 2010年   (d) 2015年

图 23-1   南流江流域 1990～2015 年连通性指数空间分布示意图

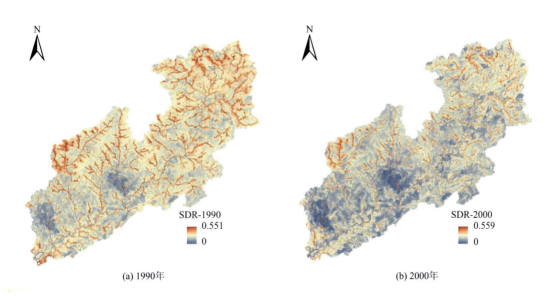

(a) 1990年   (b) 2000年

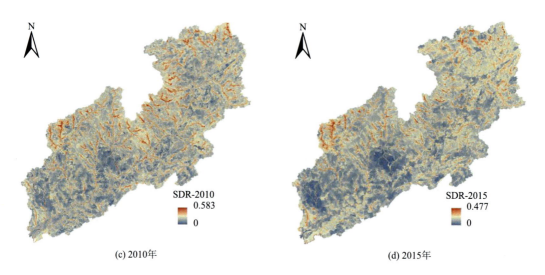

(c) 2010年   (d) 2015年

图 24-1　南流江流域 1990～2015 年泥沙输移比空间分布示意图

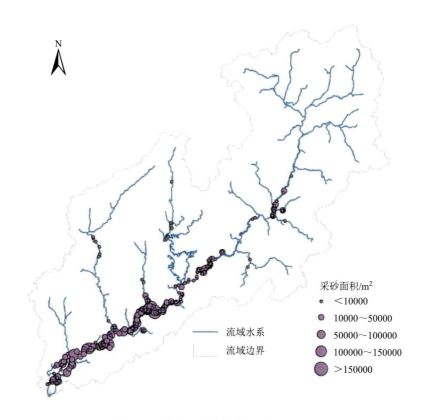

图 25-3　南流江流域采砂点分布示意图

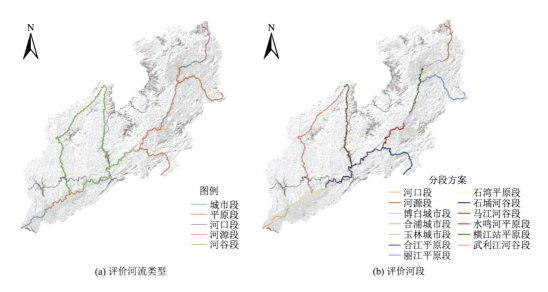

(a) 评价河流类型

图例

城市段
平原段
河口段
河源段
河谷段

(b) 评价河段

分段方案

河口段　　　石湾平原段
河源段　　　石埇河谷段
博白城市段　马江河谷段
合浦城市段　水鸣河平原段
玉林城市段　横江站平原段
合江平原段　武利江河谷段
丽江平原段

图 27-1　南流江分段方案

健康状态

健康

亚健康

不健康

图 27-4　南流江评价河段健康状态示意图

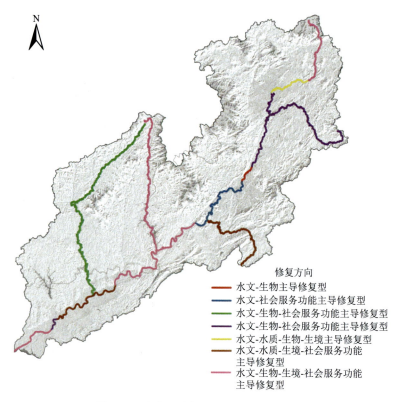

图 27-7　南流江功能修复空间分布示意图

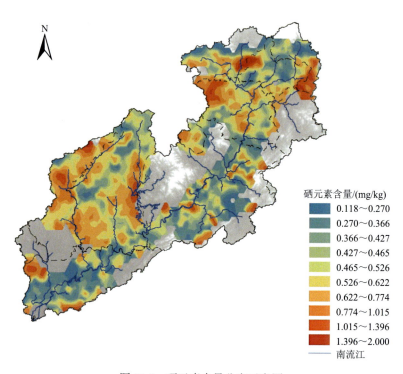

图 28-3　硒元素含量分布示意图